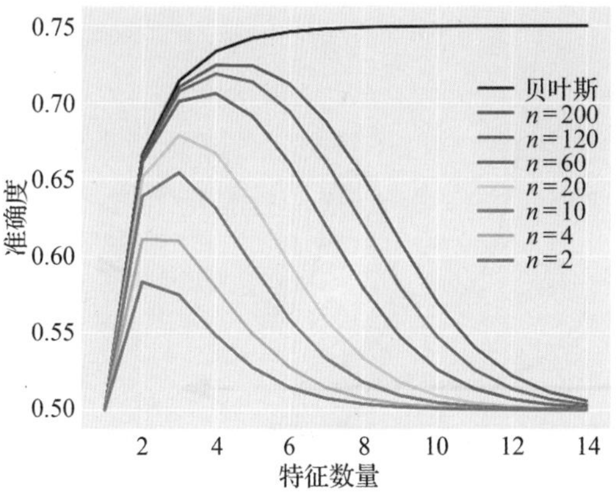

a) 峰值现象（由c01_hughes.py生成的图）

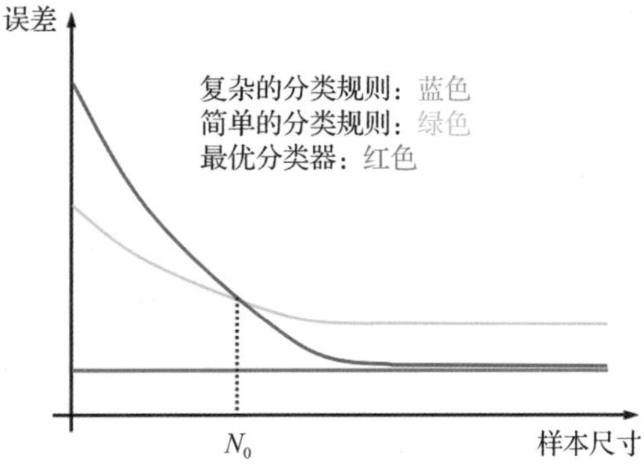

b) 剪刀图

图 1.2

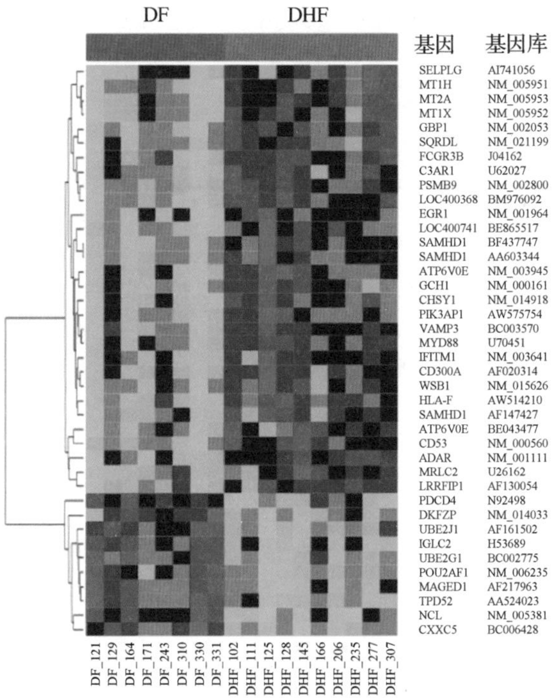

a）基因表达微阵列数据矩阵的热图。红色和绿色色标分别表示高表达值和低表达值。按行进行层次聚类，热图左侧显示出树状图

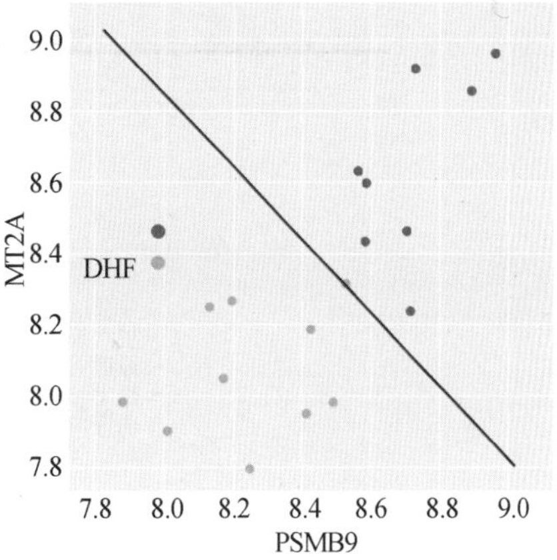

b）用选择的两个转录副本构造出两变量LDA分类器（由c01_bioex.py生成的图）

图 1.4

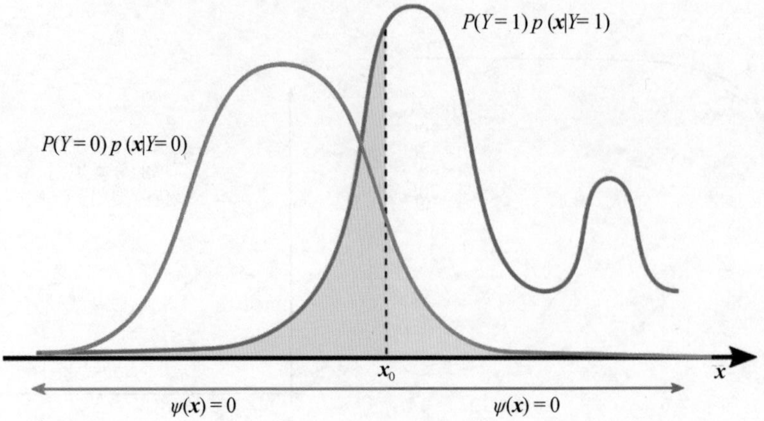

图 2.3

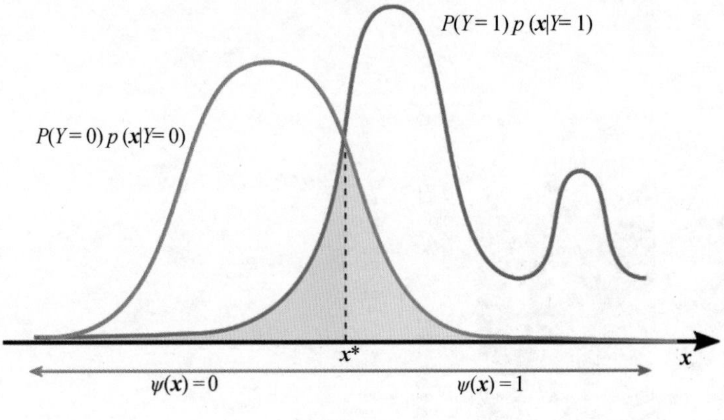

图 2.5

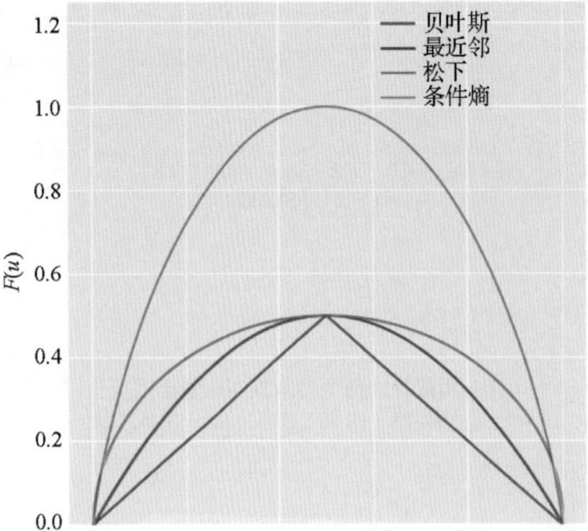

图 2.7

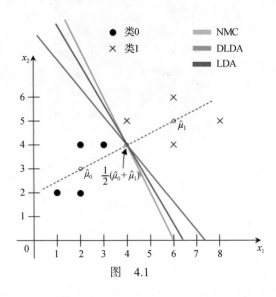

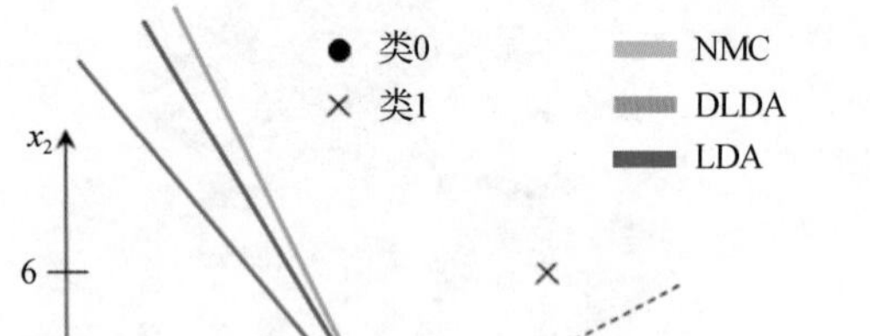

图 4.1

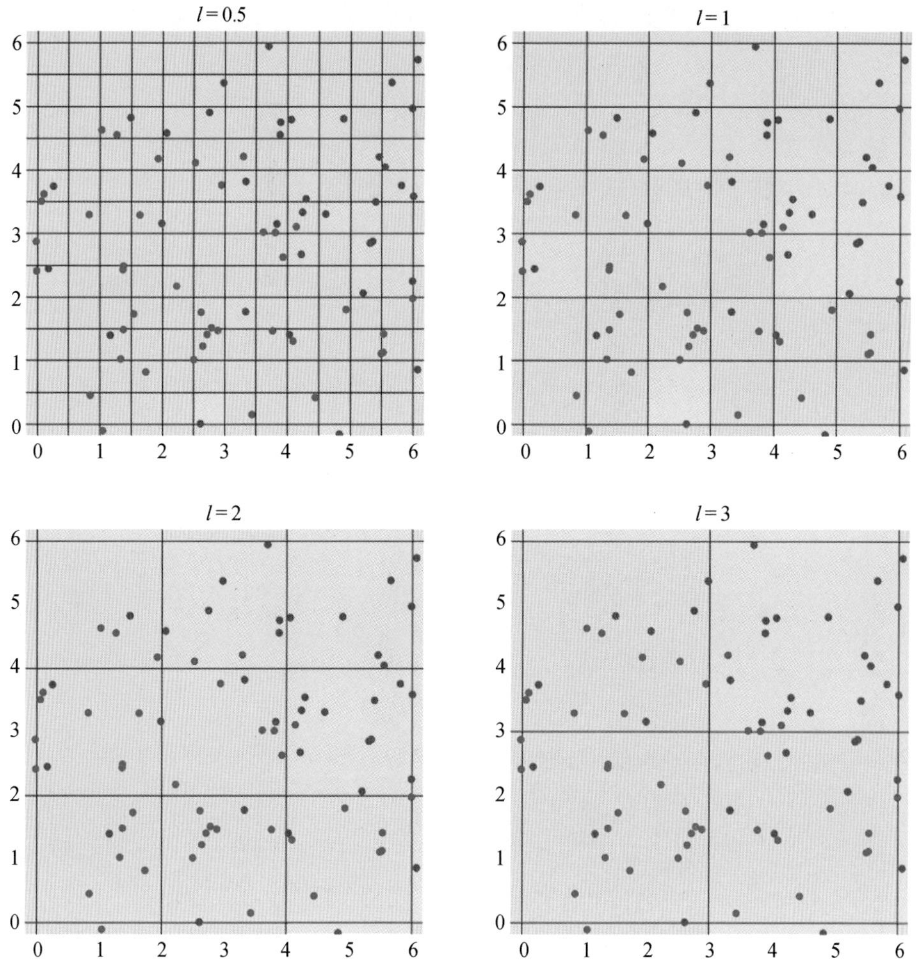
$l=0.5$
$l=1$
$l=2$
$l=3$

图 5.2

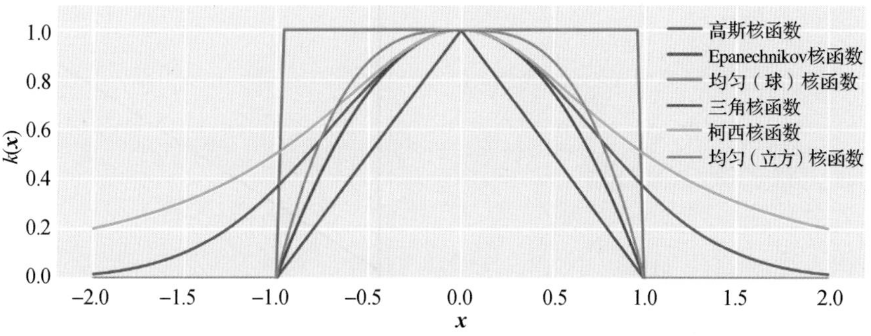
高斯核函数
Epanechnikov核函数
均匀（球）核函数
三角核函数
柯西核函数
均匀（立方）核函数
$k(x)$
x

图 5.4

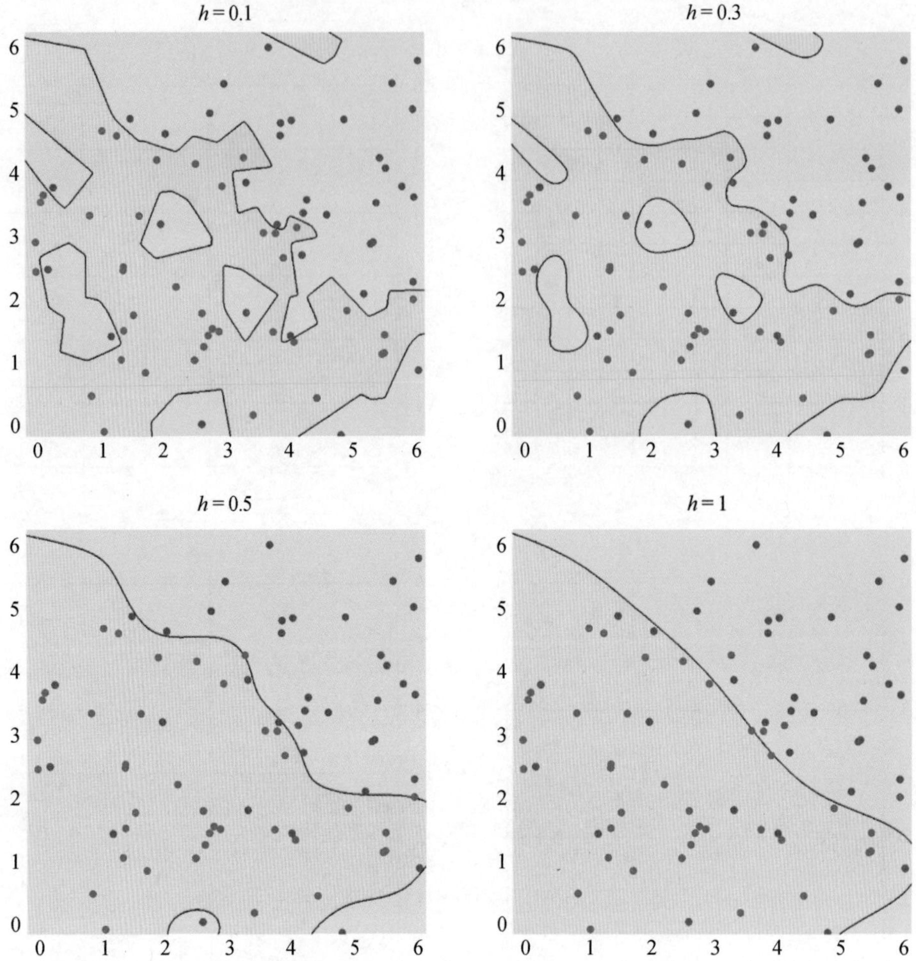
$h=0.1$
$h=0.3$
$h=0.5$
$h=1$
0
1
2
3
4
5
6

图 5.5

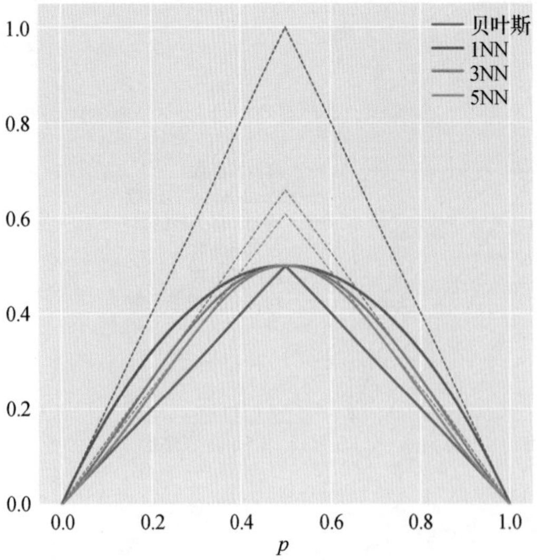
贝叶斯
1NN
3NN
5NN
0.0
0.2
0.4
0.6
0.8
1.0
p

图 5.8

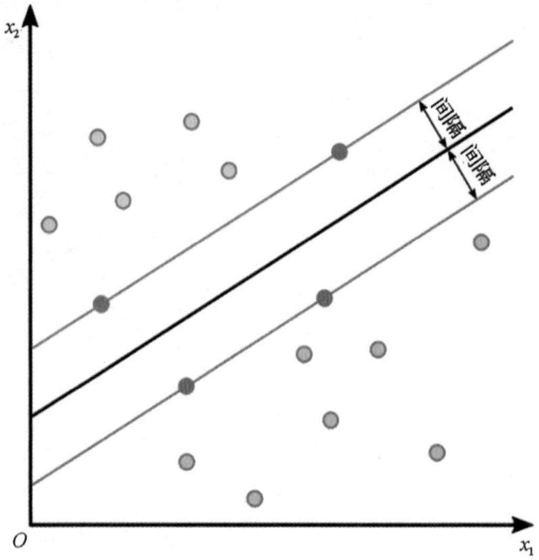
x_2
间隔
间隔
O
x_1

图 6.1

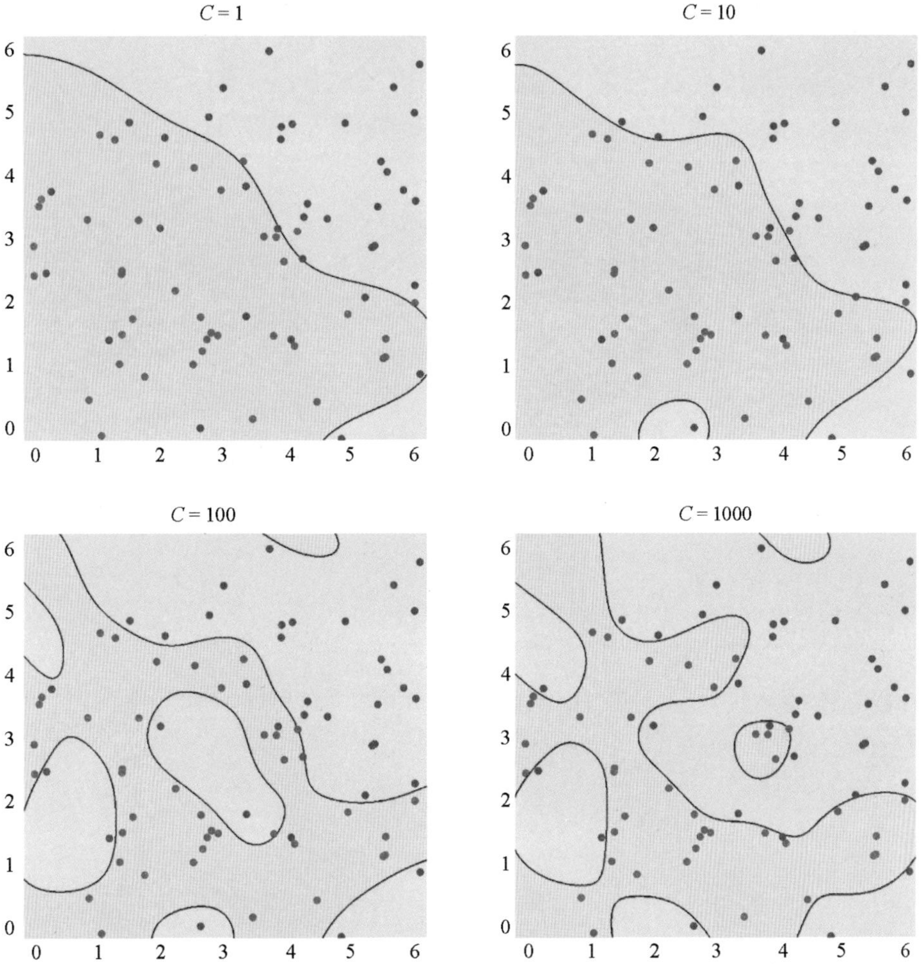

C = 1
C = 10
C = 100
C = 1000

图 6.4

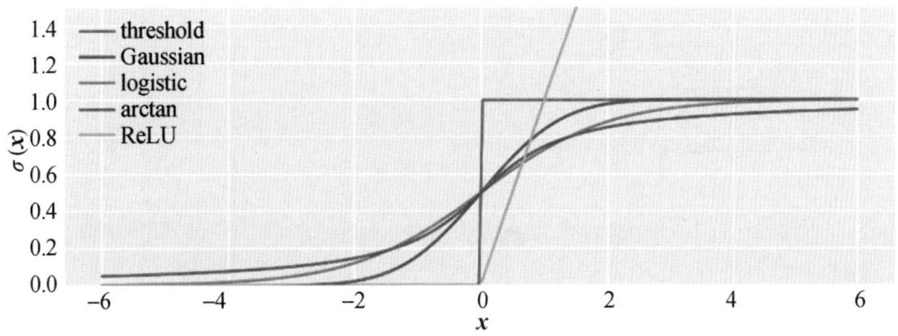

threshold
Gaussian
logistic
arctan
ReLU
σ(x)
x

图 6.6

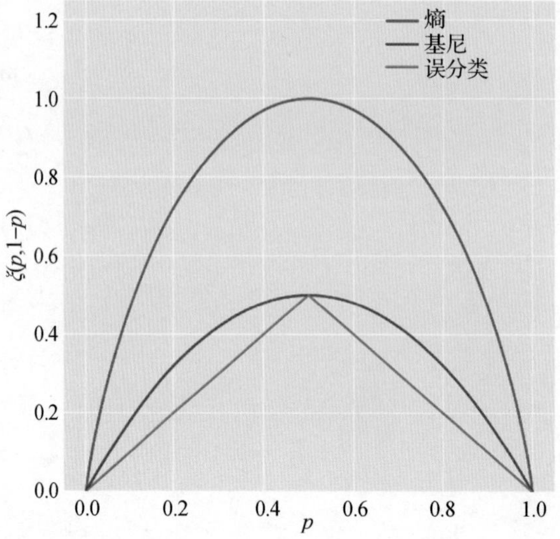

图 6.11

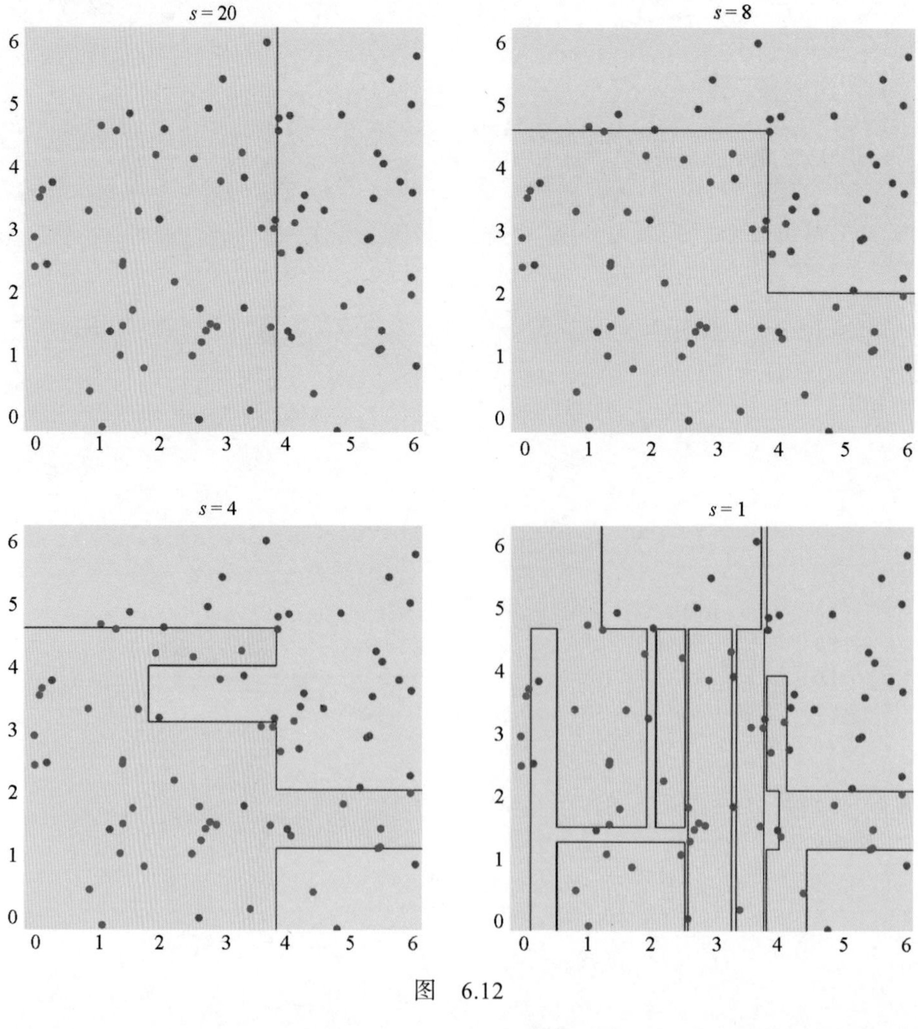

图 6.12

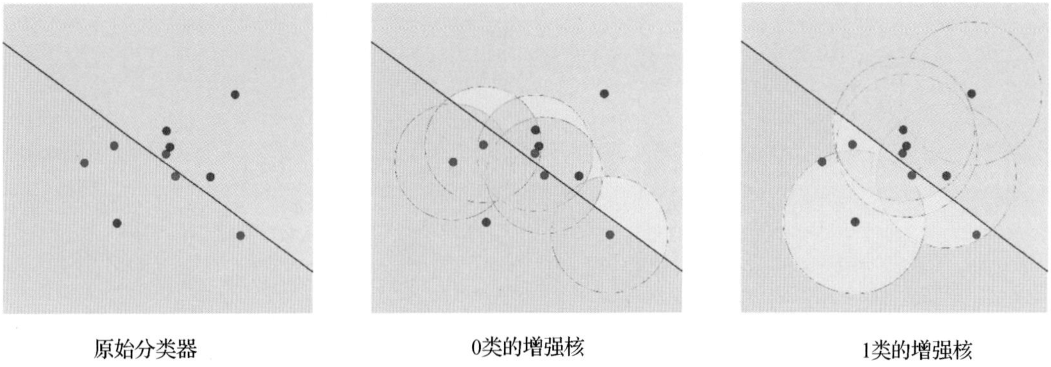

图 7.4

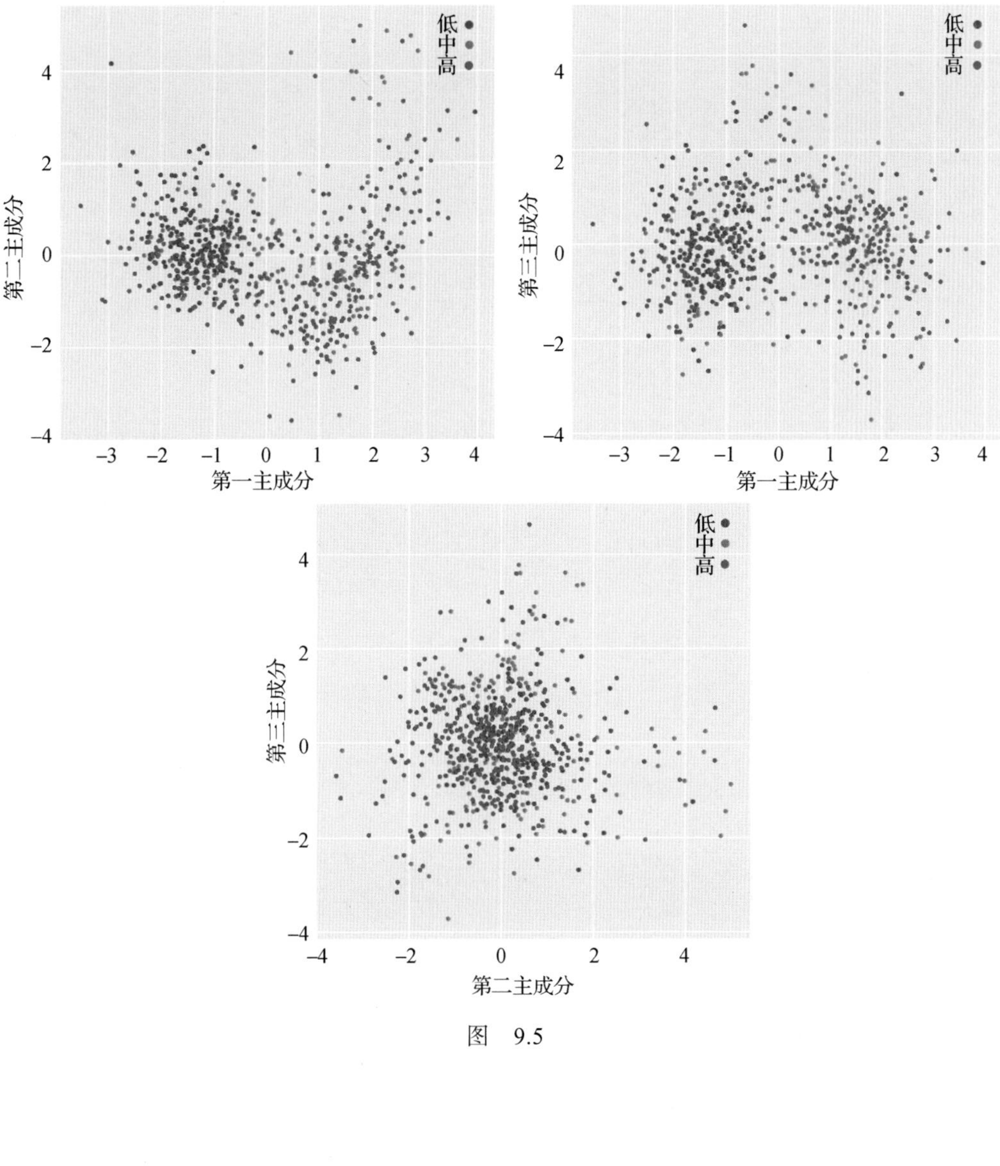

图 9.5

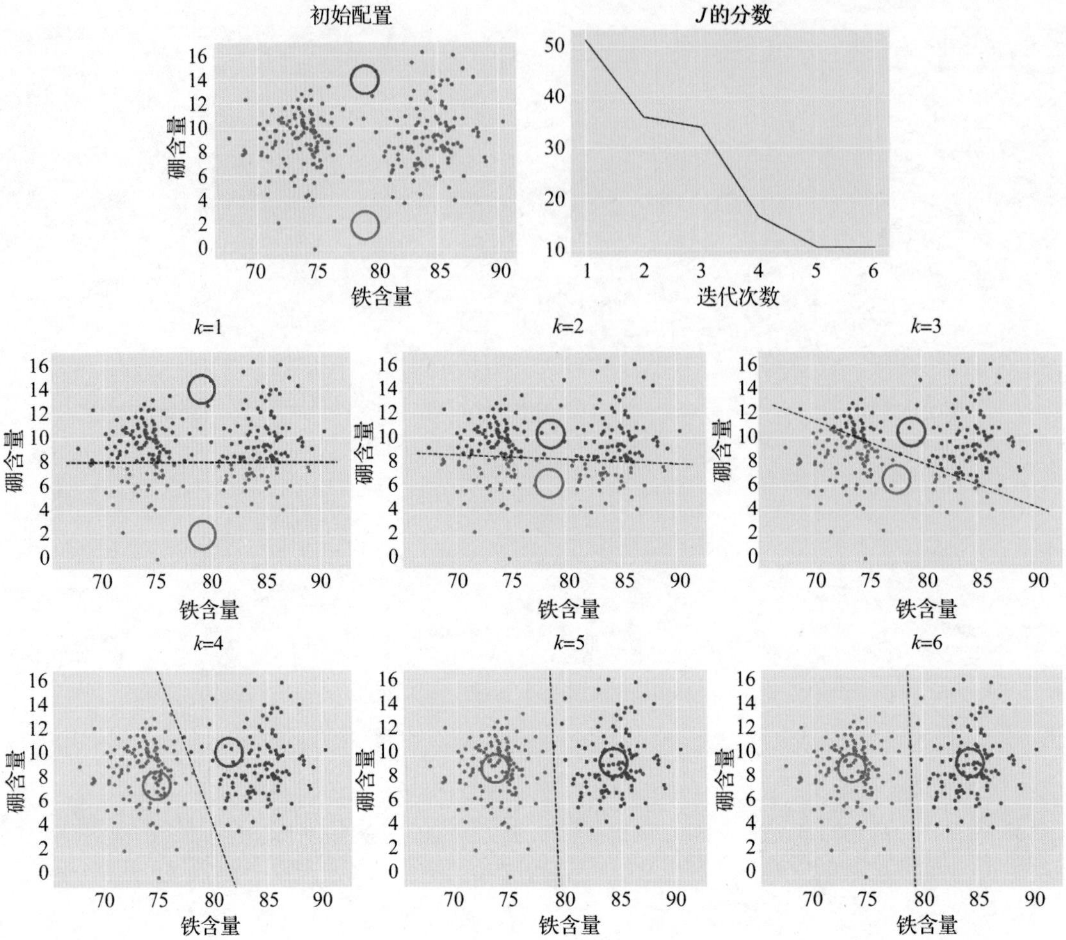
初始配置
J的分数
硼含量
铁含量
迭代次数
k=1
k=2
k=3
k=4
k=5
k=6

图 10.1

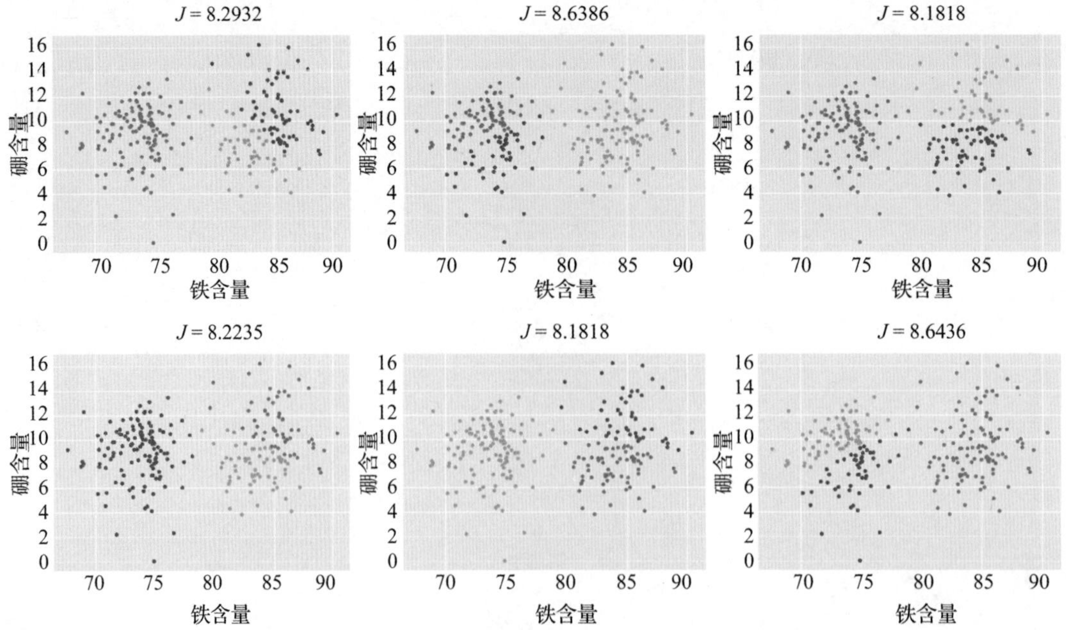
J = 8.2932
J = 8.6386
J = 8.1818
J = 8.2235
J = 8.1818
J = 8.6436
硼含量
铁含量

图 10.2

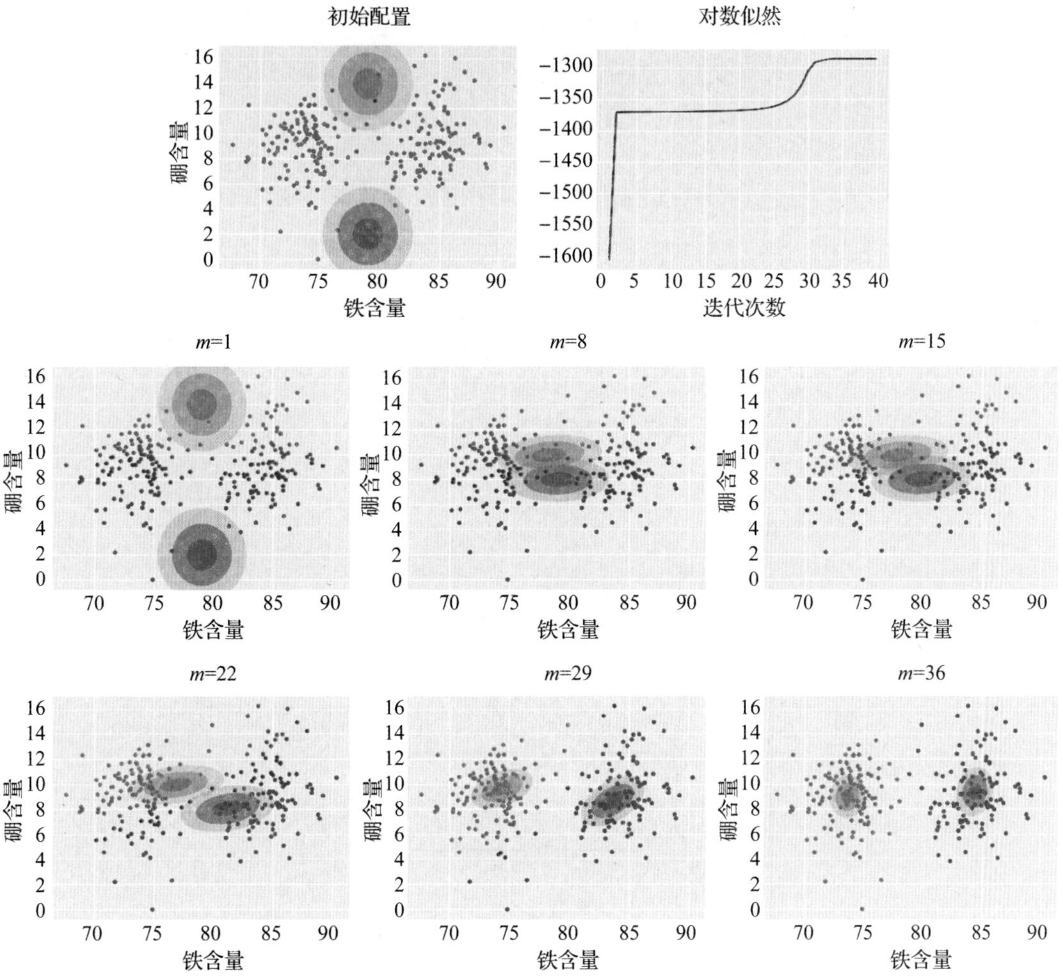

图 10.3

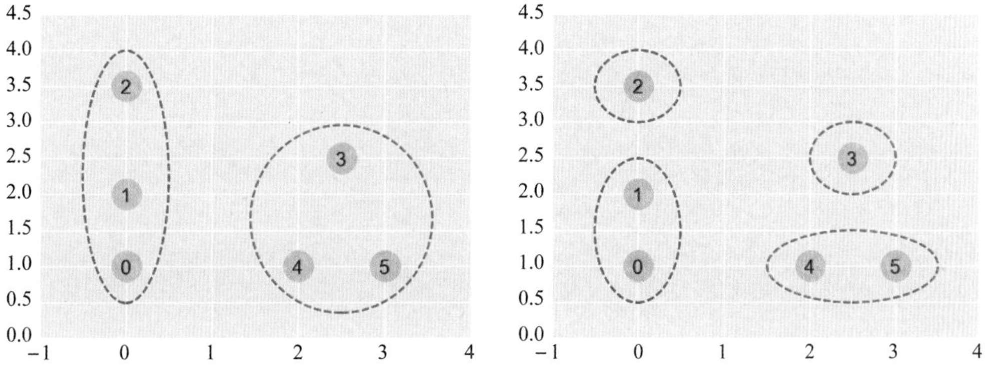

图 10.4

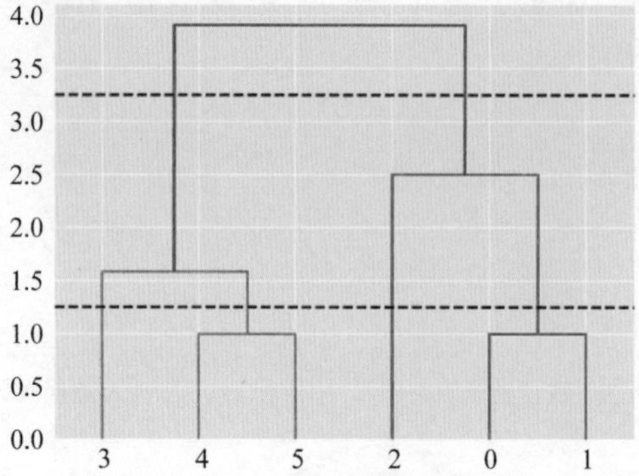

图 10.4 （续）

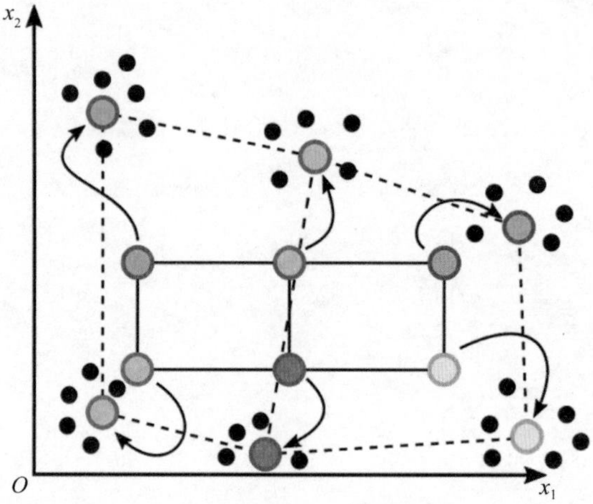

图 10.6

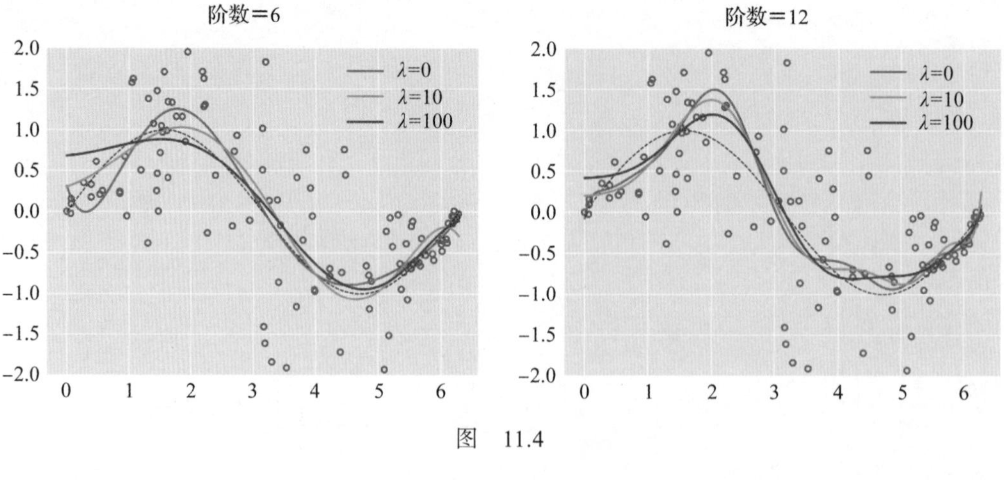

图 11.4

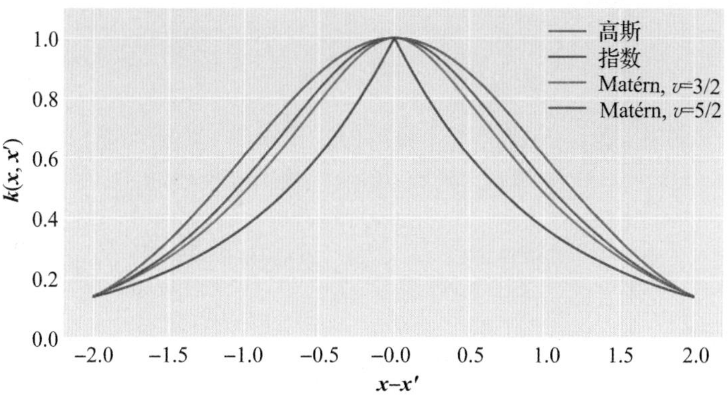

高斯
指数
Matérn, υ=3/2
Matérn, υ=5/2
$k(x, x')$
$x-x'$
1.0
0.8
0.6
0.4
0.2
0.0
−2.0
−1.5
−1.0
−0.5
−0.0
0.5
1.0
1.5
2.0

图 11.5

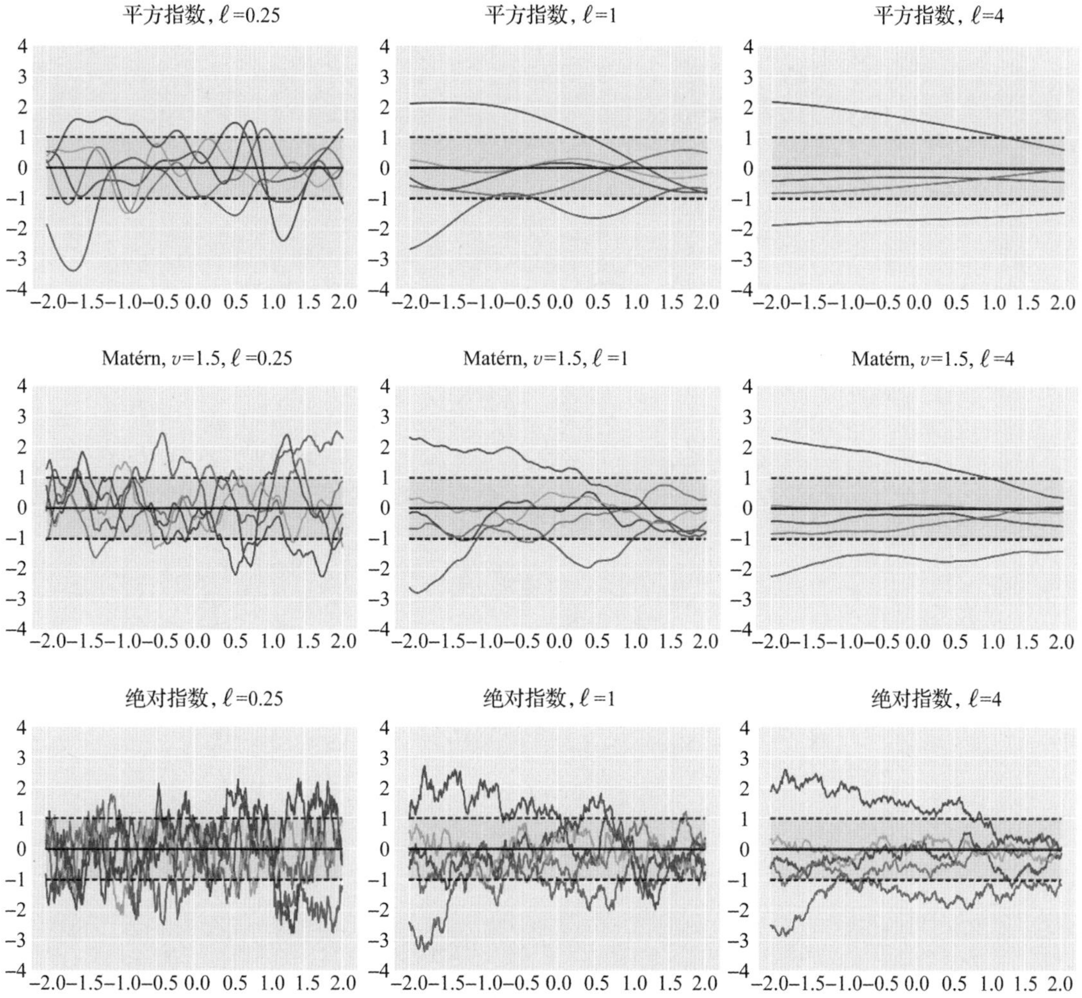

平方指数, ℓ=0.25
平方指数, ℓ=1
平方指数, ℓ=4
Matérn, υ=1.5, ℓ=0.25
Matérn, υ=1.5, ℓ=1
Matérn, υ=1.5, ℓ=4
绝对指数, ℓ=0.25
绝对指数, ℓ=1
绝对指数, ℓ=4
4
3
2
1
0
−1
−2
−3
−4
−2.0
−1.5
−1.0
−0.5
0.0
0.5
1.0
1.5
2.0

图 11.6

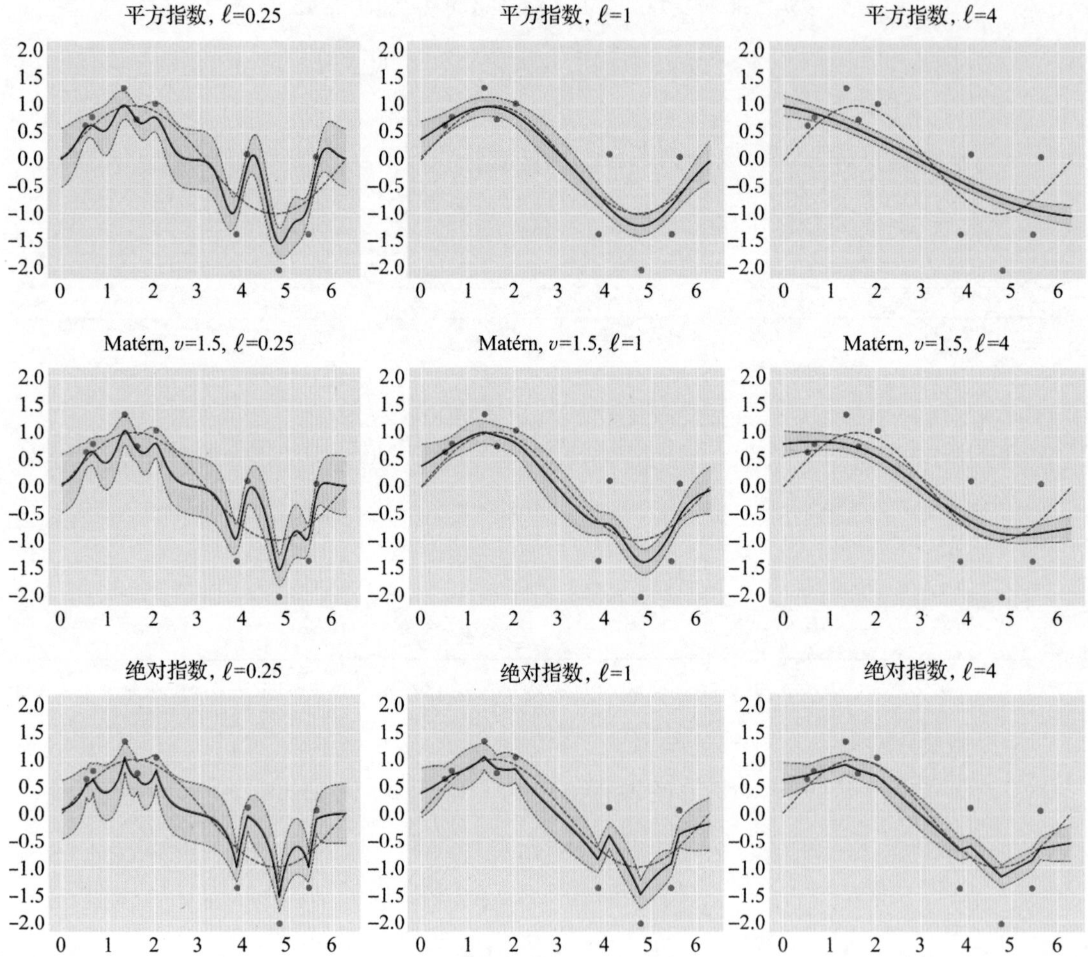
平方指数，ℓ=0.25
平方指数，ℓ=1
平方指数，ℓ=4
Matérn, ν=1.5, ℓ=0.25
Matérn, ν=1.5, ℓ=1
Matérn, ν=1.5, ℓ=4
绝对指数，ℓ=0.25
绝对指数，ℓ=1
绝对指数，ℓ=4

图 11.7

·智能科学与技术丛书·

模式识别和机器学习基础

[美] 乌利塞斯·布拉加－内托 (Ulisses Braga-Neto) 著

潘巍 欧阳建权 刘莹 赵地 苏统华 译

Fundamentals of Pattern Recognition and Machine Learning

机械工业出版社
CHINA MACHINE PRESS

模式识别和机器学习是人工智能应用的基础。本书将模式识别任务按照监督学习和无监督学习两种方式进行组织。第1章讨论模式识别和机器学习的内在关系，介绍了两者的基础知识和模式识别的设计过程。第2章和第3章介绍了最优化的和常规的基于实例的分类问题。第4～6章检验了参数的、非参数的和函数逼近的分类规则。之后在第7章和第8章就分类的误差估计和模型选择对分类模型的性能进行讨论。第9章介绍了能够提高分类模型的性能并减少存储空间的降维技术。第10章和第11章分别介绍了聚类分析技术和回归模型。本书适合相关专业高年级本科生和研究生，以及该领域的从业人员阅读。

图书在版编目（CIP）数据

模式识别和机器学习基础/（美）乌利塞斯·布拉加-内托（Ulisses Braga-Neto）著；潘巍等译．—北京：机械工业出版社，2023.7
（智能科学与技术丛书）
书名原文：Fundamentals of Pattern Recognition and Machine Learning
ISBN 978-7-111-73526-7

Ⅰ.①模…　Ⅱ.①乌…　②潘…　Ⅲ.①模式识别　②机器学习　Ⅳ.①TP391.4　②TP181

中国国家版本馆CIP数据核字（2023）第131841号

机械工业出版社（北京市百万庄大街22号　邮政编码100037）
策划编辑：曲　熠　　　　责任编辑：曲　熠
责任校对：贾海霞　张　薇　　责任印制：张　博
保定市中画美凯印刷有限公司印刷
2023年10月第1版第1次印刷
185mm×260mm·16印张·6插页·427千字
标准书号：ISBN 978-7-111-73526-7
定价：119.00元

电话服务	网络服务
客服电话：010-88361066	机　工　官　网：www.cmpbook.com
010-88379833	机　工　官　博：weibo.com/cmp1952
010-68326294	金　　书　　网：www.golden-book.com
封底无防伪标均为盗版	机工教育服务网：www.cmpedu.com

译者序

随着全球人工智能热潮的兴起，模式识别与机器学习作为人工智能应用的基石得到了飞速发展，并且其理论和应用的发展已突破了许多前人的认知。要想学好人工智能，首先要理解和掌握模式识别与机器学习的基础理论并结合实际应用来验证模型的好坏。根据数据的特性，模式识别任务首先通过先验信息构建数据模型，然后采用误差估计和结构风险最小化来进行模型选择和性能评价，最终得到泛化能力较强的模型。

本书作者 Ulisses Braga-Neto 是模式识别和机器学习领域的著名教授，在模式识别与机器学习课程教学上经验丰富，深知模式识别初学者的诉求所在。你正在阅读的这本书，是 Ulisses Braga-Neto 教授的教学结晶。

本书将模式识别任务按照监督学习和无监督学习两种方式进行组织。同时以不同模式识别任务为出发点，由浅入深且丝丝相扣地梳理出这本书的章节内容。本书各个章节之间也保持了一定的独立性和连贯性，并给出了教学路线和学习内容的推荐，如果你只对特定章节的技术感兴趣，也可以直接跳到对应内容阅读。

本书的第 1 章介绍模式识别和机器学习的内在关系，阐述了模式识别和机器学习的基础知识，给出了模式识别的设计过程。然后在第 2～6 章中，针对存在类别信息的监督学习任务，根据面向数据的特点，逐层递进地给出了对于模式识别中构建分类学习模型的理论分析和实例对比。之后在第 7 章和第 8 章就评价分类模型性能的知识进行了详细的论述和讨论，帮助读者理解分类问题的评价方法。为了提高分类模型的性能并减少存储空间，第 9 章引入降维技术。之后，针对没有类别信息的非监督学习任务，第 10 章引入聚类分析技术。最后，针对连续随机数据，第 11 章讨论回归模型。配合章节的学习内容，精选出实用的 Python 作业，要求使用 Python 语言和机器学习工具包 scikit-learn 来完成练习，这可以带来实践学习的乐趣，并可提高读者对知识的转化效率。书中模式识别和机器学习所涉及的概率与数理统计、矩阵分析和微积分等基础数学知识，在附录中已详细给出，便于读者查阅和学习。如果你对模式识别与机器学习技术感兴趣，那么本书是帮助你快速入门并上手的法宝。

本书的翻译工作由哈尔滨工业大学苏统华教授组织。其中本书的前言、第 1～4 章以及附录由苏统华和潘巍共同翻译完成，第 5～8 章由欧阳建权和潘巍共同翻译完成，第 9 章和第 10 章由刘莹和潘巍共同翻译完成，第 11 章由赵地和潘巍共同翻译完成。另外，蒋雯、任逸晖参与了第 9～10 章的翻译工作，李佳慧、王文科、周宇豪、钱子健参与了第 5～8 章的翻译工作。在初稿的基础上，翻译团队进行了交叉核对，并最终由苏统华和潘巍共同定稿。

本书的翻译过程历时近十个月，在此过程中，得到很多同事、朋友和编辑团队的热心帮助，在此表达我们深深的谢意。

本书涉及的技术较广，鉴于译者水平有限，译文中难免存在一些问题，真诚地希望读者朋友提出宝贵意见。

译者
2023 年 7 月 2 日

前　言

Fundamentals of Pattern Recognition and Machine Learning

“只有受过教育的人才是自由的。”

——古希腊哲学家爱比克泰德（Epictetus）

模式识别和机器学习领域的发展有着悠久而成就卓著的历史。单就教材而言，已有很多该领域的优秀教材，那么我们需要回答为什么仍需要一本全新的教材。本书致力于通过简明的介绍，将理论和实践相结合并且让其更适用于课堂教学。本书的重点是基于Python 编程语言对近期的新方法和应用实例予以展示。本书不会试图对模式识别和机器学习进行百科全书式的面面俱到的介绍，因为该领域发展很快，这种介绍方式是不可能实现的。一本简明的教科书必须有严格的选材要求，本书所选的主题在一定程度上不可避免会取决于我自己的经验和喜好，但我相信它能够使读者精通这一领域所必须掌握的核心知识。本书只要求读者具备本科水平的微积分和概率论知识，同时附录中包含了研究生水平的概率论知识的简要回顾以及书中所需的其他数学方法。

本书是从我在得克萨斯农工大学讲授了十多年的模式识别、生物信息学和材料信息学研究生课程的讲稿发展而来的。本书旨在通过恰当的选题（详细见后），在模式识别或机器学习方面，满足一个或两个学期的具有高年级本科层次或研究生层次的初级课程的教学需求。虽然本书是为课堂教学设计的，但它也可有效地用于自学。

本书并没有对理论知识进行回避，因为对理论知识的理解对于模式识别和机器学习的教学过程尤为重要。模式识别和机器学习领域充满经典的定理，如 Cover-Hart 定理、Stone 定理及其推论、Vapnik-Chervonenkis 定理等。然而，本书试图在理论和实践之间获取平衡。特别是，用贯穿全书的生物信息学和材料信息学的应用数据集实例来解释理论。这些数据集也被用在章末的 Python 作业中。书中所有的插图都是使用 Python 脚本生成的，可以从本书的网站下载。鼓励读者用这些脚本做试验并在 Python 作业中使用它们。本书的网站还包含来自生物信息学和材料信息学应用的数据集，绘图和 Python 作业中会用到它们。根据我在课堂上的经验，一旦学生完成了 Python 作业并使用了来自真实应用的数据，他们对主题的理解就会显著提升。

本书的组织结构如下。第 1 章是对主题动机的概括性介绍。第 2～8 章涉及分类问题。第 2 章和第 3 章是分类的基础章节，主要涉及最优化的和常规的基于实例的分类问题。第 4～6 章检验了三类主要的分类规则：参数的、非参数的和函数逼近的。第 7 章和第 8 章涉及分类的误差估计和模型选择。第 9 章不仅对分类问题的降维方法进行研究，也包括关于无监督方法的学习材料。最后，第 10 章和第 11 章讨论了聚类和回归问题。教师或读者可以灵活地从这些章节中选择主题，并以不同的顺序使用它们。特别是，部分章节末尾的“其他主题”部分涵盖了杂项主题内容，在教学中可以包括也可以不包括这些主题，不会影响课程的连续性。此外，为了方便教师和读者，书中用星号标记了专业性更强的章节，这些部分可以在初读时跳过。

大多数章节末尾的练习部分都包含各种难度的问题，练习中的一些是本章所讨论概念的直接应用，而另一些则介绍了新的概念和理论的扩展，其中有些可能值得在课堂上讨论。大多数章节末尾的 Python 作业要求读者使用 Python 语言和 scikit-learn 工具包实现本章中讨论的方法，并将它们应用于生物信息学和材料信息学应用中的合成和真实数据集。

根据我的教学经验，建议在课堂上按照如下方式使用本书：

1. 一个学期的课程重点可集中在分类问题上，讲授内容包括第 2～9 章，包括大多数标有星号的小节和其他主题部分。
2. 面向应用的一学期课程，授课内容可跳过第 2～8 章中的大部分或所有标有星号的小节和其他主题部分，涵盖第 9～11 章的内容，同时重点讲解各章的 Python 作业。
3. 涵盖整本书的两个学期课程的教学内容包括大部分或所有标有星号的小节以及其他主题部分。

本书的出版要归功于几位前辈。首先，Duda 和 Hart 的经典教材（1973 年首次出版，2001 年的第 2 版加入了 Stork 作为共同作者）几十年来一直是该领域的标准参考材料。此外，Devroye，Györfi and Lugosi ［1996］[⊖] 现在仍然是非参数模式识别的黄金标准。其他对本书存在影响的资料来源包括 McLachlan ［1992］、Bishop ［2006］、Webb ［2002］ 和 James et al. ［2013］。

我要感谢所有现在和过去的合作者，他们帮助我塑造对模式识别和机器学习领域的理解架构。同样，我也要感谢所有的学生，无论是由我指导过他们的研究，还是参加过我讲座的学生，他们都对本书的内容提出了自己的观点和修改意见。我要感谢 Ed Dougherty、Louise Strong、John Goutsias、Ascendino Dias e Silva、Roberto Lotufo、Junior Barrera 和 Severino Toscano，我从他们身上受益匪浅。感谢 Ed Dougherty、Don Geman、Al Hero 和 Gábor Lugosi，在编写本书的时候他们提供了对本书的评论和对我的鼓励。我很感谢 Caio Davi，他为本书绘制了几幅插图。非常感谢当我在纽约市处于困难时期时由 Paul Drougas 在施普林格提供的专家援助。最后，感谢我的妻子 Flávia 以及我的孩子 Maria Clara 和 Ulisses，感谢他们在本书的写作过程中对我充满耐心，并提供了一如既往的支持。

Ulisses Braga-Neto
得克萨斯学院站
2020 年 7 月

⊖ 本书以“作者［年份］”的形式来指代该作者于该年份发表或出版的论文或著作。

目 录

Fundamentals of Pattern Recognition and Machine Learning

第1章

Fundamentals of Pattern Recognition and Machine Learning

概　述

“学者的纪律是献身于追求真理。”

——诺伯特·维纳，《我是一个数学家》，1956年

在对模式识别和机器学习领域的概念进行简要描述后，本章将阐述本书中使用的基本数学概念和符号。然后介绍在监督学习中预测和预测误差的关键概念。之后分类和回归将作为监督学习的主要代表问题被介绍，而PCA和聚类将作为无监督学习的例子被提及。之后将讨论经典的复杂性权衡和监督学习的组成部分。最后给出在生物信息学和材料信息学问题中的分类应用实例。

1.1 模式识别与机器学习

模式(pattern)与*随机性*(randomness)互为相反的概念，并且与一致性和独立性的概念是密切相关的。例如，掷骰子的输出结果是“随机的”，在π的小数部分展开中存在的数字序列也是如此，因为其结果的频率分布是相同的。如果上述情况不发生的话，一系列的结果就*会揭示出一种模式*(revealed a pattern)，在它们的频率分布上以“聚集的簇”的形式出现。从这个意义上来说，模式识别属于*无监督学习*(unsupervised learning)的领域。另一方面，如果两个事件是独立的，则它们之间存在“随机性”。例如，音乐偏好与心脏病的发生是无关的，但食物偏好与心脏病的发生却是相关的：高脂肪饮食习惯与心脏病之间存在某种关联模式。从这个意义上来说，模式识别属于*监督学习*(supervised learning)的领域。

此外，清醒的人类大脑不断地从环境中以视觉、听觉、嗅觉、触觉和味觉信号的形式获取感知信息。人类的大脑是最好的学习系统，它可以处理上述信号数据，从某种意义上说没有一台计算机能够在识别图像、声音和气味等方面始终优于精力充沛的人。机器学习在计算机视觉、机器人、语音识别和自然语言处理等领域的应用一般都以尽可能接近和模拟人脑的性能为目标。

在20世纪60年代执行美国航天计划时，模式识别已成为一个重要的应用工程领域。最初，它被应用于对深空飞行器和探测器传送的数字图像进行分析。从上述图像分析应用开始，现今的模式识别技术已经被扩展到广泛的图像成像、信号处理和许多其他应用中。而机器学习主要起源于神经科学和计算机科学领域，是近年来备受关注的领域。实质上，模式识别和机器学习之间存在着理论重叠和共同的数学背景知识。在本书中，我们把这两个主题的知识作为本书这一整体中的互补部分。与模式识别密切相关的其他领域包括人工智能、数据科学、判别分析和不确定性量化分析。

1.2 数学基础设置

在监督学习中，所求问题的信息可被总结成一个向量$\boldsymbol{X}\in R^d$（也称为特征向量(feature vector))和一个预测的目标(target)$Y \in R$。在实践中，特征向量 $\boldsymbol{X}$ 和目标 Y 之间的关系是不能被确定的，即在实际应用中，存在一个函数 f 使得 $Y=f(\boldsymbol{X})$ 是很少见的。相反，$\boldsymbol{X}$ 和 Y 之间的关系由一个联合特征目标分布(feature-target distribution)$P_{\boldsymbol{X},Y}$ 来决定。见图 1.1 中的示例。这种不确定状态主要是由于以下因素：隐藏或潜在因素，即 Y 依赖但无法观察或测量的因素；在预测 $\boldsymbol{X}$ 本身的值中存在测量噪声。

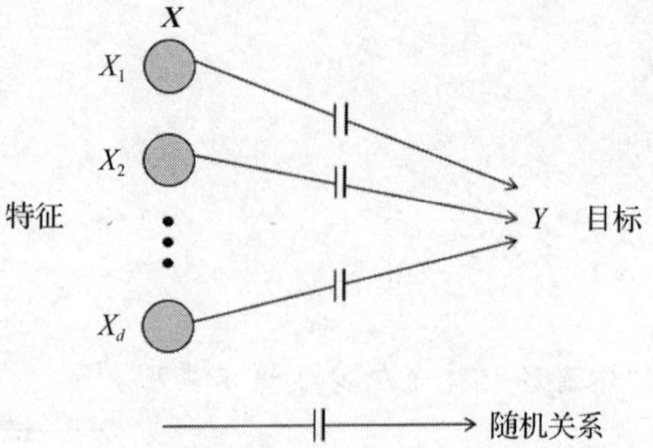

图 1.1　监督学习中特征与目标之间的随机关系

1.3　预测

监督学习的目的是在给定 $\boldsymbol{X}$ 的情况下预测(predict)Y。预测规则(prediction rule)产生一个预测器：存在 ψ：$R^d \to R$，则用 $\psi(\boldsymbol{X})$ 来预测 Y 的值。可以注意到预测器本身不是随机的，这是因为在实践中，人们对确定的预测感兴趣(然而，书中简要地考虑了几个随机 ψ 的例子)。预测器 ψ 的设计使用了联合特征-目标分布 $P_{\boldsymbol{X},Y}$ 的信息，其可以是：

- $P_{\boldsymbol{X},Y}$ 的直接知识。
- $P_{\boldsymbol{X},Y}$ 可通过独立同分布(i. i. d.)样本(sample)$S_n=\{(\boldsymbol{X}_1, Y_1), \cdots, (\boldsymbol{X}_n, Y_n)\}$ 获得关于 $P_{\boldsymbol{X},Y}$ 的间接知识，这通常称为训练数据(training data)。(然而，如 3.5.2 节所示，在某些问题中 i. i. d. 假设其实是不成立的。)

任何预测器设计方法都可采用这两种信息源的结合形式。在 $P_{\boldsymbol{X},Y}$ 的知识为可获得的极端情况下，原则上可以获得最优预测器(optimal predictor)$\psi^*(\boldsymbol{X})$，并且不需要数据(最优预测器在第 2 章和第 11 章中讨论)。另一方面，如果无法获得关于 $P_{\boldsymbol{X},Y}$ 的知识，那么基于数据驱动的预测规则必须完全依赖 S_n。真是无法想象，如果 $P_{\boldsymbol{X},Y}$ 是未知的，在一定的条件下(如 $n \to \infty$ 时)，某些基于数据驱动的预测器是能够得到最优预测器的近似结果的，但是在最坏的情况下，其收敛速度一定是相当缓慢的。而在实际情况下 n 是有限的，存在关于 $P_{\boldsymbol{X},Y}$ 的知识是保证良好性能的必要条件，这被称为没有免费午餐定理(no-free-lunch theorem)(这种收敛问题将在第 3 章讨论)。

1.4　预测误差

预测的有效性和最优性是根据预先指定的损失函数 $\ell: R \times R \to R$ 来定义的，损失函数用于测量预测值 $\psi(\boldsymbol{X})$ 和目标变量 Y 值之间的“距离”。例如，常用的损失函数有二次损失(quadratic loss)$\ell(\psi(\boldsymbol{X}), Y)=(Y-\psi(\boldsymbol{X}))^2$、绝对值损失(absolute difference loss)$\ell(\psi(\boldsymbol{X}), Y)=|Y-\psi(\boldsymbol{X})|$ 和误分类损失(misclassification loss)

$$\ell(\psi(\boldsymbol{X}), Y) = I_{Y \neq \psi(\boldsymbol{X})} = \begin{cases} 1, & Y \neq \psi(\boldsymbol{X}) \\ 0, & Y = \psi(\boldsymbol{X}) \end{cases} \tag{1.1}$$

其中 $I_A \in \{0,1\}$ 是一个指示变量(indicator variable)，当且仅当 A 为真时，$I_A=1$。

在处理随机模型时，预测损失应为随机变量 $\boldsymbol{X}$ 和 Y 的平均形式。从而，ψ 的期望损失(expected loss)或其预测误差(prediction error)被定义为

$$L[\psi]=E[\ell(Y,\psi(\boldsymbol{X}))] \tag{1.2}$$

存在 $\psi\in\mathcal{P}$ 使 $L(\psi)$ 达到最小化，从而得到最优预测器 ψ^*，其中 $\mathcal{P}$ 是所有被考虑的预测器集合。

1.5 监督学习与无监督学习

在监督学习中，目标变量 Y 是已知的并且是可获得的。监督学习问题主要分为两种：

- 在分类(classification)问题中，$Y\in\{0,1,\cdots,c-1\}$，其中 c 为类别(classes)的数量。变量 Y 被称为标签(label)，它只是强调用代号来表示不同类别，而不能代表任何的数字含义。在二分类(binary classification)问题中，$c=2$ 表示其只存在两个类别。例如，二值类别“健康”和“患病”可以分别编码为数字 0 和 1。在这种情况下，预测器被称为分类器(classifier)。分类的损失准则为式(1.1)中的误分类损失，从而式(1.2)产生的分类错误率(classification error rate)为
$$\varepsilon[\psi]=E[I_{Y\neq\psi(\boldsymbol{X})}]=P(Y\neq\psi(\boldsymbol{X})) \tag{1.3}$$
简单来说，即错误分类的概率。在二分类的情况下，由于 $I_{Y\neq\psi(\boldsymbol{X})}=|Y-\psi(\boldsymbol{X})|=(Y-\psi(\boldsymbol{X}))^2$，从而二次、绝对值和误分类损失都可以表示成式(1.3)中的分类错误率。分类是本书主要关注的问题，在第 2～9 章中将进行详尽介绍。
- 在回归(regression)问题中，Y 被表示成数值，它可以是连续的，也可以是离散的。回归中一个常用的损失函数是二次损失，对应的式(1.2)中的预测误差被称为均方误差(mean-square error)。在实值回归中，$Y\in R$ 是一个连续变化的实数。例如，仪器的寿命是一个正实数。回归方法将在第 11 章中进行详细讨论。

在无监督学习(unsupervised learning)中，Y 是不可获得的并且只存在 $\boldsymbol{X}$ 的样本分布信息。因此，它不存在预测和预测误差，并且不能直接给出性能准则的定义。无监督学习方法主要关注 $\boldsymbol{X}$ 分布的内在结构中的探测算法。示例包括降维方法(第 9 章讨论的主成分分析(PCA))和聚类方法(第 10 章将讨论的内容)。

如果目标 Y 仅适用于特征向量 $\boldsymbol{X}$ 的一部分样本，对于这种混合情况，我们称之为半监督学习(semi-supervised learning)，根据 Y 的内在性质，可以是半监督分类或回归问题。半监督学习的主要问题是何时及如何利用缺失 Y 的样本集来提高分类或回归的精度。

除有监督和无监督学习以外，通常与机器学习相关的另一个领域被称作强化学习(reinforcement learning)。然而，它与监督和无监督学习稍有不同，因为它关注环境的持续交互决策，从长期来看可实现最小化成本(或最大化回报)的目标。

1.6 复杂性权衡

复杂性权衡的指标包括样本大小、维数、计算复杂性和可解释性等，它们都是监督学习方法的典型特征。得到这些权衡指标的选择方案往往是很困难的。

一个关键的复杂性权衡特性被称为维数灾难(curse of dimensionality)或峰值现象(peaking phenomenon)：对于固定的样本大小，最初期望的分类错误将随着特征数量的增加而降低，但最终将开始再次增加。这是由于当高维空间的特征维度过大时，就需要增加相应的训练样本数量来设计出性能良好的分类器。峰值现象如图 1.2a 所示，它显示了对于不同训练样本大小的离散分类问题的期望准确度，其中期望准确度作为预测特征数量的

函数。图中展现的情景是根据 G. Hughes 在一篇经典论文中推导出的期望分类准确度的精确公式得到的(这是第一篇证明峰值现象的论文，因此也被称为休斯现象(Hughes Phenomenon))。可以观察到，随着预测特征的数量的增加，准确度先升高然后降低。当存在的样本数量太小(与维数相比)导致分类规则无法被分类器正确学习时，将使预测误差增加，最终产生过拟合(overfitting)。因此，随着样本数量的增加，特征数量的最优值向右移动(即精度“稍后达到峰值”)。对于所有情况，我们可以注意到当训练样本数量为无限大时，期望准确度都会降低到 0.5，但最优分类误差除外。分类误差趋于稳定达到最优时永远不会随着特征的增加而减小(最优分类器和分类误差将在第 2 章中详细介绍)。

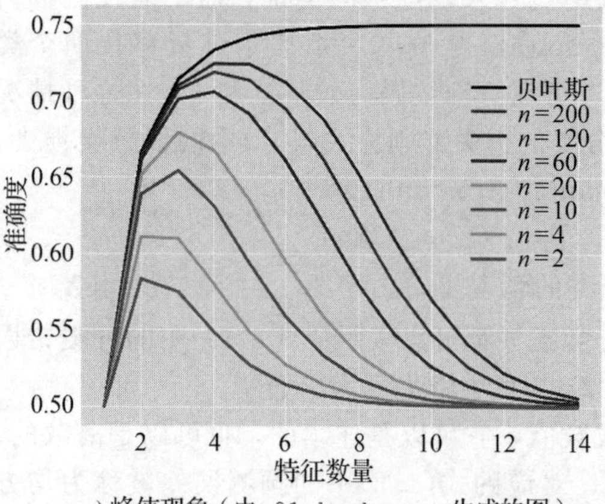

a) 峰值现象(由c01_hughes.py生成的图)

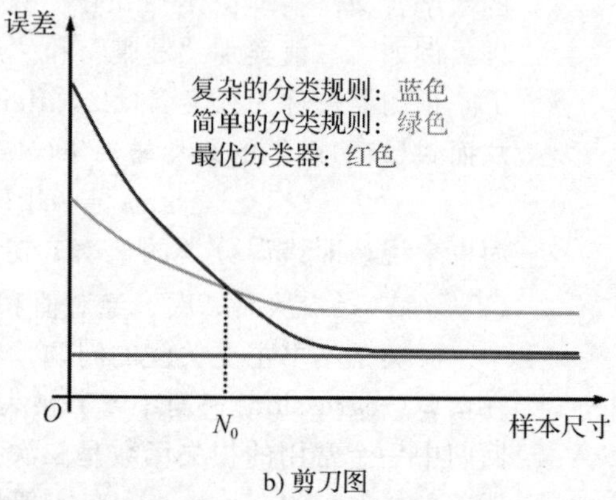

b) 剪刀图

图 1.2 监督学习中两种基本的复杂性权衡

监督学习中另一种复杂性权衡指标叫作剪刀图(scissors plot)，如图 1.2b 所示，它显示了两种分类规则的期望误差和最优分类误差。本例中的复杂分类规则是*一致的*(consistent)，即随着样本量的增加，其期望误差收敛到最优误差，而简单分类规则是不一致的。存在这种可能性，本例中的复杂分类规则是*普遍一致的*(universally consistent)，即在任何特征标签分布下都是一致的(参见第 3 章)。然而，在本例中由于简单分类规则对数据需要较少，从而对小样本表现出更好的性能。存在一个依赖于问题的临界样本量 N_0，在该临界样本量之下处于“小样本”区域，应使用更简单和不一致的分类规则。这里与书中其他地方一样，“小样本”意味着与问题的维度或复杂性相比，训练样本点的数量很少。非常有效的 Vapnik-Chervonenkis 理论(Vapnik-Chervonenkis theory)可提供自由分布结果，将分类性能与样本大小和复杂性之间的比值联系起来(参见第 8 章)。

1.7 设计周期

监督学习问题的典型设计周期如图 1.3 所示。这一过程从*实验设计*(experimental design)的关键步骤开始，包括提出需要解决的问题、确认感兴趣的群体和特征、确定适当的样本大小和抽样机制(例如，群体是联合抽样还是独立抽样)。接下来，执行数据收集步骤，然后执行三个主要步骤：通过*降维*(dimensionality reduction)从数据中提取重要的鉴别信息，通过*预测器设计*(predictor design)来选取分类器或回归器，以及通过*误差估计*(error estimation)来评估所构造的预测器的准确度。如果达不到预计的准确度要求，则该过程可以循环回到降维和预测器设计步骤。如果找不到性能好的预测器，则数据收集过程可能存在缺陷，例如存在坏的传感器。最后，有可能存在设计的实验无法达到良好的效果的情况，在这种情况下，设计过程必须从头重新开始。在本书中，我们主要关注降维、预测器设计和误差估计这三个关键步骤。然而，我们也简要地讨论了实验设计问题，如样本大小和抽样机制对预测精度的影响(参见第3章)。

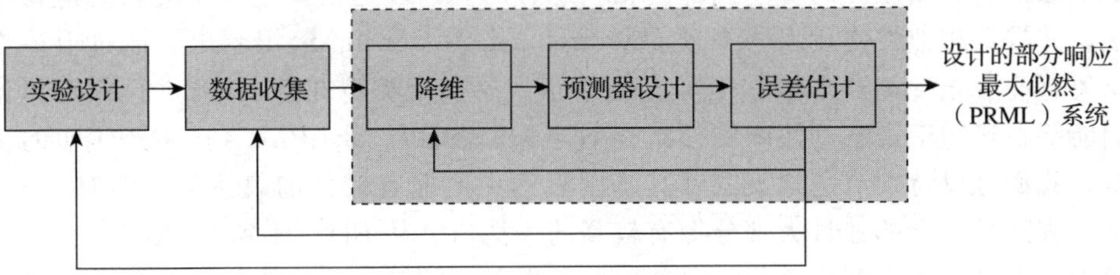

图 1.3 监督学习中的设计周期

1.8 应用实例

在本节中，我们通过两个分别来自生物信息学和材料信息学实际问题的分类示例来说明前面描述的概念。本节还将对上述两个应用领域进行介绍，它们在本书的示例和编程作业中都有所涉及。

1.8.1 生物信息学

现代医学中一个非常重要的难题是利用基因的活性作为预测特征对疾病进行分类。在特定的有机体中的所有细胞都包含相同的基因补充物(DNA)，也称为*基因组*，但不同的细胞类型与基因组中基因激活的不同程度有着内在的联系。基因可以是沉寂的，也可以是活跃的。根据“分子生物学的基本法则”，当基因被激活时，它的基因编码将被转录成信息使者 RNA(mRNA)，RNA 又被依次翻译成蛋白质：

$$\text{DNA}\rightarrow\text{mRNA}\rightarrow\text{蛋白质}$$

一个基因被表达出多少取决于转录了多少 mRNA，从而产生了多少蛋白质。这些可以借助于高通量基因表达实验在基因组水平上进行测量，例如 mRNA 与 DNA *微阵列*(DNA microarray)杂交法，或直接测序法和 mRNA 分子的计数法，也被称为 RNA-seq 技术。在这种背景下，具体的 mRNA 序列也被称为*转录副本*(transcript)。大多数转录副本可以被映射到唯一的基因。

例 1.1 本例涉及对登革热临床结果的预测。登革热是一种病毒性疾病，由伊蚊属蚊子传播并且常在热带地区流行。其临床结果被分为“典型”登革热(DF)和登革热出血热(DHF)两类，前者是一种衰弱性疾病并且通常是非致命性的，而后者死亡率较高。在登革热疾病暴发期间，能够查明病人患病的类别是很重要的，以避免不必要的住院治疗造成医疗服务负担过重。但不幸的是鉴别工作只能在发热后的第二周通过临床方法进行。为了比现有的临床方法更早地预测 DHF 的发生，Nascimento et al. [2009]假定模式识别和机器学习方法可以应用于免疫系统细胞的基因表达的数据。为了证实这一假设，他们应用了一个包含 26 名患者在发热早期的 1981 个基因转录表达的数据集，这些患者后来被诊断为登革热、登革热出血热或非特异性发热(参见附录 A.8.2 节)。图 1.4 显示了在原始数据集中 40 例 DF 和 DHF 患者基因转录副本的微阵列数据。这些转录副本是通过对单变量进行过滤特征选择(filter feature selection)获得的，这部分内容将在第 9 章详细讨论。他们应用的特殊方法是根据 DF 和 DHF 类之间的区分能力对基因转录副本进行排序，将两个样本的 t 检验的检验统计量绝对值作为测度，并保留前 40 个转录副本。图 1.4a 的热图(heatmap)显示了对应 DF 和 DHF 患者的 40 个转录副本的数据矩阵。热图使用色标来表示基因表达程度，即基因表达程度从高到低(关于平均表达)的顺序与热图中从亮红色到亮绿色是一致的。数据矩阵的每一列都是相应患者的基因表达谱。矩阵中的行对应每个基因的表达，并根据相似性使用*层次聚类*(hierarchical clustering)组织起来。通过上述方式生成*树状图*(dendrogram)，如数据矩阵左侧所示。层次聚类将在第 10 章进行详细讨论，它使我们能够在热图中观察到清晰的模式。对于 DF 患者从 SELPLG 到 LRRFIP1 的顶部转录副本，我们可以特别清楚地观察到其基因表达主要拥有较低的表达值，而对于 DHF 患者的基因表达是混合的并且大部分拥有较高的表达值。从 PDCD4 到 CXXC5，在底部的基因转录副本中可以观察到相反的情况。因此，由单一的转录副本构建的简单*单变量分类器*(univariate classifier)可以用来区分两个类的类别。

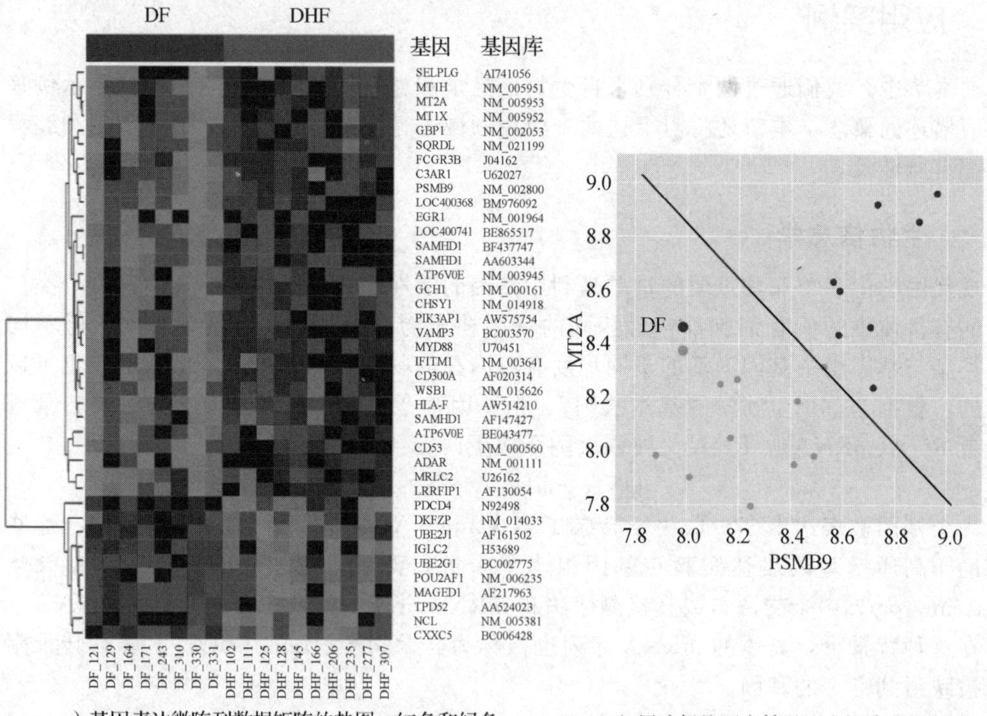

a）基因表达微阵列数据矩阵的热图。红色和绿色色标分别表示高表达值和低表达值。按行进行层次聚类，热图左侧显示出树状图

b）用选择的两个转录副本构造出两变量LDA分类器（由c01_bioex.py生成的图）

图 1.4　登革热预测示例

图 a 来源于 Nascimento et al.[2009]，转载符合知识共享归属(CC BY)许可

然而，使用基于多变量的*多元分类器*(multivariate classifier)可以更准确地区分上述两个类。事实上，在大多数问题中单变量分类器都不够精确，从而要求模式识别和机器学习方法具有与生俱来的多元性。基于 40 个转录副本中的两个基因 PSMB9 和 MTA2，我们用一个二维的分类器来说明多元方法。其*特征空间*(feature space)对应两个变量表达的二维空间。该空间中的每个点代表样本数据中的一个患者，用于训练线性判别分析(Linear Discriminant Analysis，LDA)分类器(参见第 4 章)。该分类器的*决策边界*(decision boundary)是二维空间中的一条直线(和高维空间中的一个超平面)。特征空间、样本点和线性决策边界被绘制在图 1.4b 中。来自数据矩阵上部的转录副本拥有较高的表达值，对应于图中右上方区域，它可用于预测 DF(预后良好)。另一方面，与左下区域相对应的转录副本拥有较低的表达值，可预测 DHF(预后不良)。线性分类器的这种*可解释性*(interpretability)在许多应用中具有很大的优势：便于将简单且可验证的科学假设以易得的现象呈现出来(如果使用复杂的非线性分类规则，则情况并非如此)。它也为使用先验的领域知识来进行验证提供了机会。在这个特定的范例中，最初大家只知道 PSMB9 参与到关键的细胞病毒防御机制中，因此其低表达值与增大暴露于严重的疾病风险相兼容。辨别并挑选出合适的变量是普遍存在的难题，被称为*特征选择*(feature selection)，这是一种降维技术，将在第 9 章详细讨论。

前面提到的误差估计问题涉及如何使用样本数据来估计预测器的误差，如图 1.4a 所示。理想情况下，我们可以获得大量独立的*测试数据*(testing data)，这些数据从未用于训练分类器，并且计算后得到的*测试集误差估计*(test-set error estimate)应为分类器预测的标签和每个测试样本点的实际标签之间的不一致总数除以测试样本总数。上述误差估计是*无偏的*(unbiased)，但其方差依赖测试样本的尺寸，从而只有当存在大量被标记的测试数据时，该估计才是准确的，但这在真实应用中往往是不切实际的要求。在图 1.4b 中，分类器使用整个数据集进行训练，所以没有可用的测试数据。另一种方法可用训练数据自身来测试分类器。在图 1.4 中，我们可以看到对于 18 个训练样本点，分类器产生了一个分错的情况。因此，训练集误差也被称为*表现误差*(apparent error)或*再代入误差估计量*(resubstitution error estimator)，它的值为 1/18≈5.55%。这看起来不错，但必须小心，因为在这里发生的是小样本情况，使得替代误差的估计值存在较大的*乐观偏差*(optimistic bias)，即其平均值明显小于真实误差，从而导致过拟合。分类的误差估计将在第 7 章进行详细讨论。 ■

1.8.2 材料信息学

模式识别和机器学习通常被用在材料科学中以建立*定量结构性质关系*(Quantitative Structure Property Relationship，QSPR)，即将材料的结构或成分与其宏观特性(如强度、柔软性和可锻性等)联系起来的预测模型，最终目的是推进新材料的发现速度。

例 1.2 本例关注的是 Yonezawa et al.[2013]中获得的奥氏体不锈钢样本中原子组成和堆垛层错能(SFE)的实验记录值(有关此数据集的详细信息，参见附录 A.8.4 节)。堆垛层错能的微观特性是与奥氏体钢电阻相关的。实验的目的是建立一个模型，仅根据原子组成的高 SFE 或低 SFE 来对钢样本进行分类。高 SFE 钢在应力作用下不易断裂，它在某些应用中可能是令人向往的。这个数据集包含 17 个特征，对应 473 个钢样本的原子组成(每个原子元素的重量百分比)。我们面临的问题在于数据矩阵包含许多零值，这些零值通常是低于实验数据的灵敏度范围的，因此它们是不可靠的。这些就构成了*缺失值*(missing value)(它可能是由于其他原因产生的，如错误或不完整的实验)。解决这个问题的一个办法是采用*数据填充*(data imputation)方法。例如，一种简单的填充方法是用邻近的平均值填充缺失值。当给定的数据拥有大量的样本和特征时，一个更简单和安全的选择是丢弃包含零值或缺失值的测量值。在本例中，我们丢弃所有样本中包含至少 60%零值的特征，然后移除剩余的包含零值的样本点。剩下的训练样本被分为高 SFE 钢(SFE≥45)和低 SFE 钢(SFE≤35)，SFE 值在两者之间的样本被删除。这就产生了一个精简数据集，包含 123 个样本和 7 个特征。

图 1.5a 绘制了三个原子特征的两类单变量直方图[㊀]，还显示了相应概率密度的核估计(有关核密度估计的讨论，请参阅第 5 章)。图中从左到右，我们可以看到第一个特征(Cr，铬)的类直方图和密度估计之间存在很大的重叠。直观地说，它应该不是区分具有高低堆垛层错能钢样本的好特征。第二个特征(Fe，铁)看起来对分类更有价值，因为在类直方图和密度估计值之间存在较小的重叠。事实上，我们可以画出一个粗略的决策边界，根据该边界，可将比铁的重量小约 67.5%的钢样本预测为高 SFE 材料；否则被预测为低 SFE 材料(换言之，根据该数据集，铁含量和堆垛层错能是负相关的(negatively correlated))。第三个特征(Ni，镍)似乎具有更强的预测能力，因为密度估计值之间的重叠非常小。由此可知镍含量与 SFE 正相关。根据镍含量大约超过 13%的样本可被预测为高 SFE 材料，我们可以画出一个决策边界。上述密度估计是类条件密度(class-conditional density)的近似值(将在第 2 章中进行阐述)，它表明分类误差是由类条件密度间相应的先验概率加权形式来确定的。如例 1.1 中所述，无须对只使用单个特征进行分类进行限制。可以将两个良好的特征 Ni 和 Fe 组合起来以获得一个二元线性分类器(LDA 分类器)，如图 1.5b 所示。图 1.5 中的单变量和双变量分类器都是线性的，因此它们是可被解释的：很容易从中得出铁含量较小并且镍含量较大的钢可能表现出较高的堆垛层错能的结论。

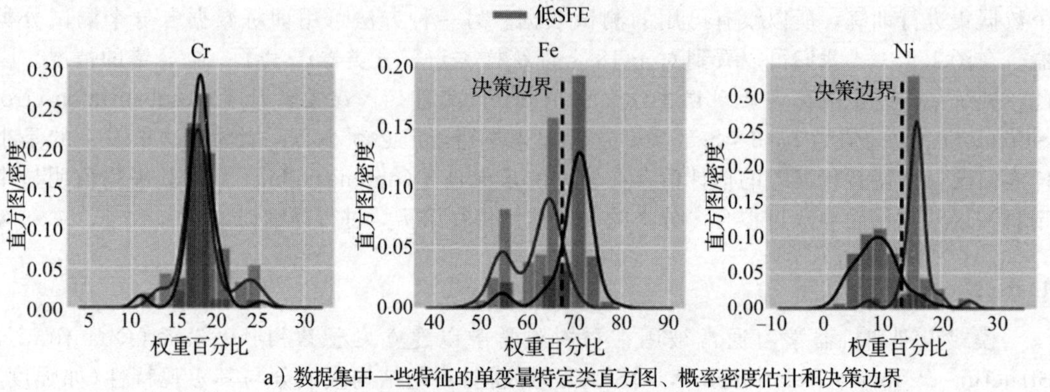

a）数据集中一些特征的单变量特定类直方图、概率密度估计和决策边界

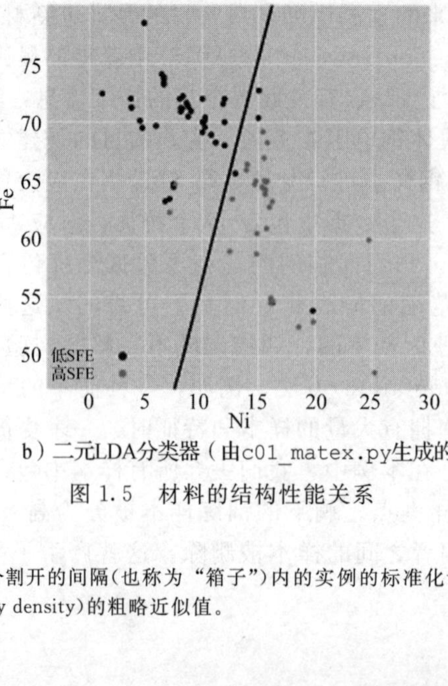

b）二元LDA分类器（由c01_matex.py生成的图）

图 1.5　材料的结构性能关系

㊀ 直方图是对落在将区域分割开的间隔(也称为“箱子”)内的实例的标准化计数表示。直方图是与数值测量相关的概率密度(probability density)的粗略近似值。

在上例中我们注意到二元线性分类器是通过选择两个区分性能较好的单变量特征组合起来实现的，这是一个过滤器特征选择的示例，已经在例 1.2 中提到过。然而，基于理论和经验的考虑表明这可能是一个不好的想法(例如，对其理论结论，请参见第 9 章的 Toussaint 反例)。问题在于关注单个特征会忽略特征结合时发生的协同多元效应。因此，就理论而言，将单独的质量差的特征组合在一起可能会产生一个性能好的分类器；而相反的情况也可能发生，单独的性能好的特征组合在一起可能会产生一个性能差的分类器(这不是常见的情况，但仍然是可能的)。

1.9　文献注释

Duda et al. [2001]从 1973 年第 1 版被刊印以来就作为模式识别的标准参考文献。模式识别中参数方法和非参数方法的经典参考文献分别是 McLachlan[1992]和 Devroye et al. [1996]。其他参考文献包括 Hastie et al. [2001]、Webb[2002]、James et al. [2013]、Bishop[2006]和 Murphy[2012b]。其中后两个参考文献主要从贝叶斯的角度来审视模式识别领域。

Fisher[1936]开创了统计分类领域，介绍了著名的 Iris 数据集。回归是统计学中一个非常古老的难题。拟合回归线的基本方法是最小二乘法，它在两个多世纪前被高斯创造出来。“回归”这个名字是由英国维多利亚统计学家弗朗西斯·高尔顿爵士(Sir Francis Galton)在 19 世纪末创造的，见 Galton[1886]，他观察到父母的身高往往会影响到其孩子的身高(从而，“向着平均值回归”)。Duda et al. [2001]将无监督学习和聚类的研究开端归因于 K. Pearson 在 1894 年开展的关于高斯混合的工作。Hughes[1968]首次分析论证了峰值现象。

Sutton and Barto[1998]通俗地介绍了关于强化学习的领域知识。最近编辑出版的一本关于半监督学习的书(见 Chapelle et al. [2010])对该主题进行了全面概述。

Alberts et al. [2002]是分子生物学的标准参考文献，包括分子生物学的“基本法则”。Schena et al. [1995]和 Lockhart et al. [1996]提供了关于 DNA 微阵列技术的原始论文。而 Marguerat and Bahler[2010]涵盖了 RNA-seq 技术内容。图 1.4b 的分类器的详细描述可参见 Braga Neto[2007]。Kohane et al. [2003] 提供了关于生物信息学的一个很好且通用的参考文献。关于材料信息学的参考文献是 Rajan[2013]最近编辑出版的一本书。

第 2 章

Fundamentals of Pattern Recognition and Machine Learning

最优分类

“尽管我们的知识都来自经验，但并不意味着一切都来自经验。”

——伊曼纽尔·康德，《纯粹理性批判》，1781 年

如第 1 章所讨论的，监督学习的主要目标是在给定测量向量或特征 $\boldsymbol{X}$ 信息的情况下预测目标变量 Y。在分类中，Y 没有数字含义，而是表示许多不同类的编码。如果存在关于联合特征标签分布(feature-label distribution) $P_{\boldsymbol{X},Y}$ 的完整知识，则原则上可以获得最优分类器，而不需要训练数据。在这种情况下，分类变成了一个纯粹的概率问题，而不是统计问题。在这一章中，我们详尽地探讨最优分类的概率问题，包括重要的高斯情况。我们假设 $Y \in \{0,1\}$，在练习部分中，对于 $c>2$，将会考虑将其扩展到多标签情况 $Y \in \{0,1,\cdots,c-1\}$。原因是多标签案例引入了额外的复杂性，它可能会掩盖分类的主要问题，这在二元分类情况中是显而易见的。

2.1 无特征分类

我们从一个非常简单的例子开始，在这个例子中没有测量值或特征作为分类的基础数据。在这种情况下，二元标签 $Y \in \{0,1\}$ 的预测值 $\hat{Y}$ 必须为常数，对于被分类的所有实例总是返回 0 或 1。在这种情况下，似乎很自然地可以做出以下判断：

$$\hat{Y} = \begin{cases} 1, & P(Y=1) > P(Y=0) \\ 0, & P(Y=0) \geqslant P(Y=1) \end{cases} \tag{2.1}$$

即指定为最常见类的标签。概率 $P(Y=1)$ 和 $P(Y=0)$ 称为类先验概率(prior probability)或流行率(prevalence)。(由于 $P(Y=0)+P(Y=1)=1$，因此只需要指定其中一个先验概率。)注意，当且仅当 $P(Y=1)>1/2$ 时，$\hat{Y}=1$。

另外，可为其指派最接近均值 $E[Y]=P(Y=1)$ 的标签。如果预测值 $\hat{Y}$ 的确是最优的，在某种意义上来说它的分类错误率

$$\varepsilon[\hat{Y}] = P(\hat{Y} \neq Y) = \min\{P(Y=1), P(Y=0)\} \tag{2.2}$$

是所有常数预测值中最小的概率，且很容易被验证。可以注意到如果先验概率 $P(Y=1)$ 或 $P(Y=0)$ 中的任何一个很小(即两个类中的一类样本不太可能被观察到)，则 $\varepsilon[\hat{Y}]$ 很小，那么这个没有特征的简单分类器实际上具有很小的分类错误。然而，考虑一种罕见疾病的检测：如果不进行任何检查，显然不能称所有患者为健康的(我们在 2.4 节再讨论这个主题)。

2.2 有特征分类

针对没有特征的情况进行分类存在一些问题：所有被考虑的实例拥有同一标签。幸运

的是，在实践中人们总是可以得到一个特征向量 $\boldsymbol{X}=(X_1,\cdots,X_d)\in R^d$ 来帮助分类；对于 $i=1,\cdots,d$，每个 X_i 是一个特征(feature)，并且 R^d 被称作特征空间(feature space)。

为了明确起见，我们假设 $\boldsymbol{X}$ 在每一类中都存在一个连续的特征向量，这在实践中是一个重要的前提条件。在数学形式上，这意味着在 R^d 上存在两个非负函数 $p(\boldsymbol{x}\mid Y=0)$ 和 $p(\boldsymbol{x}\mid Y=1)$，它们称作类条件密度(class-conditional density)，那么

$$\begin{aligned}P(\boldsymbol{X}\in E,Y=0)&=\int_E P(Y=0)p(\boldsymbol{x}\mid Y=0)\mathrm{d}x\\P(\boldsymbol{X}\in E,Y=1)&=\int_E P(Y=1)p(\boldsymbol{x}\mid Y=1)\mathrm{d}x\end{aligned}\tag{2.3}$$

对于任何波雷耳集合(Borel set)$E\subseteq R^d$，即概率可由其指定的集合㊀，当 $E=R^d$ 时，等式左侧产生先验概率，也能表明其类条件密度的积分为 1。再者，将式(2.3)中的两个方程相加，得到 $p(\boldsymbol{x})=p(Y=0)p(\boldsymbol{x}\mid Y=0)+p(Y=1)p(\boldsymbol{x}\mid Y=1)$。因此，特征-目标分布 $P_{\boldsymbol{X},Y}$ 完全可由类条件密度 $p(\boldsymbol{x}\mid Y=0)$ 和 $p(\boldsymbol{x}\mid Y=1)$ 与先验概率 $p(Y=0)$ 和 $p(Y=1)$ 的加权形式来确定。练习 2.1 和第 3 章简要讨论了离散 $P_{\boldsymbol{X},Y}$ 实例。单变量示例见图 2.1。

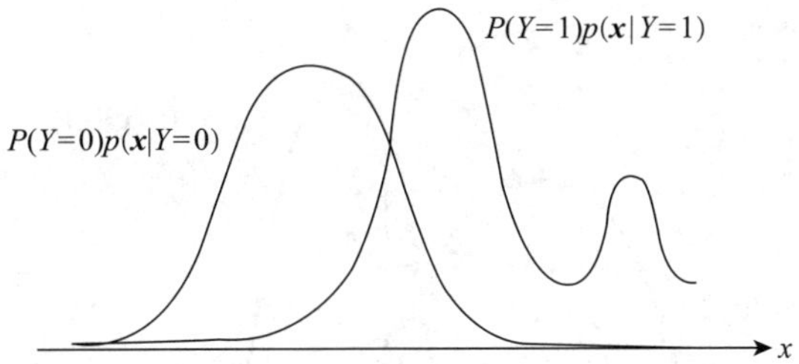

图 2.1　单变量分类问题中的加权类条件密度

假设 $p(\boldsymbol{x})>0$㊁，给定 $\boldsymbol{X}=\boldsymbol{x}$，定义 Y 的后验概率(posterior probability)为

$$\begin{aligned}P(Y=0\mid\boldsymbol{X}=\boldsymbol{x})&=\frac{P(Y=0)p(\boldsymbol{x}\mid Y=0)}{p(\boldsymbol{x})}\\&=\frac{P(Y=0)p(\boldsymbol{x}\mid Y=0)}{P(Y=0)p(\boldsymbol{x}\mid Y=0)+P(Y=1)p(\boldsymbol{x}\mid Y=1)}\\P(Y=1\mid\boldsymbol{X}=\boldsymbol{x})&=\frac{P(Y=1)p(\boldsymbol{x}\mid Y=1)}{p(\boldsymbol{x})}\\&=\frac{P(Y=1)p(\boldsymbol{x}\mid Y=1)}{P(Y=0)p(\boldsymbol{x}\mid Y=0)+P(Y=1)p(\boldsymbol{x}\mid Y=1)}\end{aligned}\tag{2.4}$$

后验概率不是概率密度(例如，它们的积分不为 1)，而是单纯的概率。特别的是它们的值始终介于 0 和 1 之间，且

$$P(Y=0\mid\boldsymbol{X}=\boldsymbol{x})+P(Y=1\mid\boldsymbol{X}=\boldsymbol{x})=1\tag{2.5}$$

对于所有的 $\boldsymbol{x}\in R^d$，则只需要确定其中一个后验概率即可。我们任意选取其中一个后验概率并且定义后验概率函数(posterior-probability function)

$$\eta(\boldsymbol{x})=E[Y\mid\boldsymbol{X}=\boldsymbol{x}]=P(Y=1\mid\boldsymbol{X}=\boldsymbol{x}),\boldsymbol{x}\in R^d\tag{2.6}$$

在接下来的章节中它扮演了重要的角色。单变量示例见图 2.2 所示。

㊀ 在 2.6.3 节和附录 A.1 节中包含完整的技术细节。

㊁ 我们可以假设一个有效的特征空间 $S=\{\boldsymbol{x}\in R^d\mid p(\boldsymbol{x})>0\}$——概率为零的特征空间区域可以忽略不计。

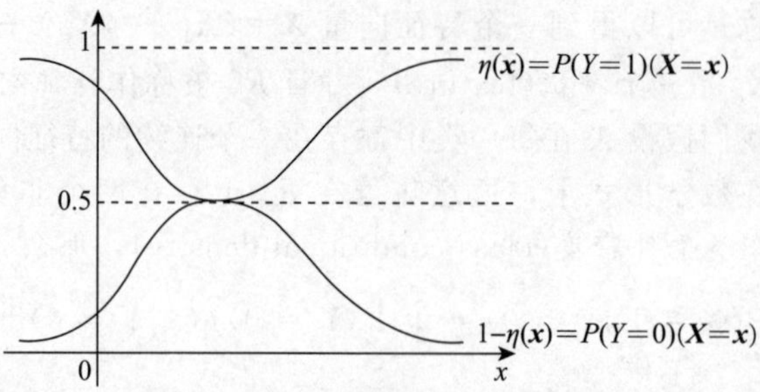

图 2.2　单变量分类问题的后验概率

分类的目的是使用分类器准确地预测 Y，即 $\boldsymbol{X}$ 的一个$\{0,1\}$值函数。在数学形式上，一个分类器可被定义成一个 Borel *可测函数*(Borel-measurable function)ψ：$R^d \to \{0,1\}$，即一种非常通用的函数。它依然可通过计算得到概率，例如分类误差(参见附录 A.1 节)。分类器将特征空间划分为两个子集：0-决策区域$\{\boldsymbol{x}\in R^d \mid \psi(\boldsymbol{x})=0\}$和 1-决策区域$\{\boldsymbol{x}\in R^d \mid \psi(\boldsymbol{x})=1\}$，这两个区域之间的边界称为*决策边界*(decision boundary)。图 2.3 描述了一个具有决策边界 x_0 的单变量分类器。

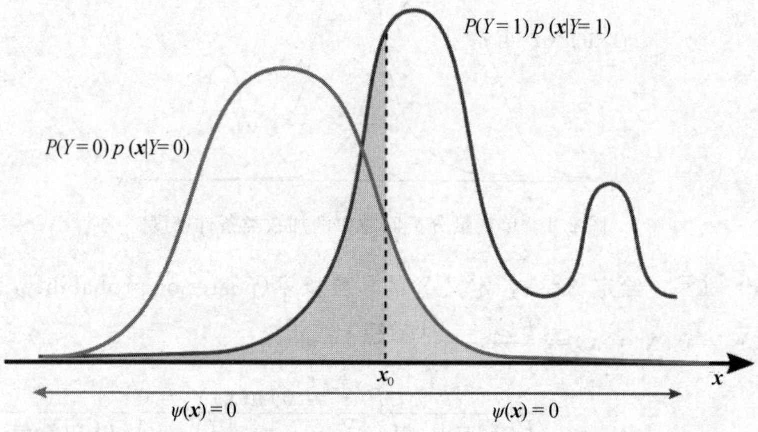

图 2.3　单变量分类器，给出了指示的决策边界 $\boldsymbol{x}_0$ 和相应的决策区域。蓝色和橙色阴影区域分别等于$P(Y=1)\varepsilon^1[\psi]$和$P(Y=0)\varepsilon^0[\psi]$。分类误差是这两个阴影区域的总和

分类器 ψ 的*误差*(error)是错误分类的概率：

$$\varepsilon[\psi]=P(\psi(\boldsymbol{X})\neq Y) \tag{2.7}$$

ψ 的可测量性保证了这个概率可以被明确定义。ψ 的*类特定误差*(class-specific error)被定义为

$$\begin{aligned}\varepsilon^0[\psi]&=P(\psi(\boldsymbol{X})=1\mid Y=0)=\int_{\{\boldsymbol{x}\mid\psi(\boldsymbol{x})=1\}}p(\boldsymbol{x}\mid Y=0)\,\mathrm{d}\boldsymbol{x}\\ \varepsilon^1[\psi]&=P(\psi(\boldsymbol{X})=0\mid Y=1)=\int_{\{\boldsymbol{x}\mid\psi(\boldsymbol{x})=0\}}p(\boldsymbol{x}\mid Y=1)\,\mathrm{d}\boldsymbol{x}\end{aligned} \tag{2.8}$$

在每个类中分别存在确定的错误。在某些情况中，$\varepsilon^0[\psi]$和$\varepsilon^1[\psi]$分别被称为分类器的*假阳性*(false positive)和*假阴性*(false negative)错误率。此外，$1-\varepsilon^1[\psi]$和$1-\varepsilon^0[\psi]$有时分别称为分类器的*灵敏度*(sensitivity)和*特异性*(specificity)。

可以注意到

$$\begin{aligned}\varepsilon[\psi] &= P(\psi(\boldsymbol{X}) \neq Y) = P(\psi(\boldsymbol{X}) = 1, Y = 0) + P(\psi(\boldsymbol{X}) = 0, Y = 1) \\ &= P(\psi(\boldsymbol{X}) = 1 \mid Y = 0)P(Y = 0) + P(\psi(\boldsymbol{X}) = 0 \mid Y = 1)P(Y = 1) \\ &= P(Y = 0)\varepsilon^0[\psi] + P(Y = 1)\varepsilon^1[\psi] \\ &= \int_{\{\boldsymbol{x} \mid \psi(\boldsymbol{x})=1\}} P(Y = 0)p(\boldsymbol{x} \mid Y = 0)\mathrm{d}\boldsymbol{x} + \int_{\{\boldsymbol{x} \mid \psi(\boldsymbol{x})=0\}} P(Y = 1)p(\boldsymbol{x} \mid Y = 1)\mathrm{d}\boldsymbol{x}\end{aligned} \tag{2.9}$$

当 $p=P(Y=1)$时，我们可以得到$\varepsilon[\psi]=(1-p)\varepsilon^0[\psi]+p\varepsilon^1[\psi]$，即由相应的先验概率作为权重的特定类别错误率的线性组合形式。另外，$\varepsilon[\psi]$也可以是对立的决策区域上加权密度的积分之和。该积分为图 2.3 中的阴影区域。

分类器的条件误差(conditional error)被定义为

$$\varepsilon[\psi \mid \boldsymbol{X} = \boldsymbol{x}] = P(\psi(\boldsymbol{X}) \neq Y \mid \boldsymbol{X} = \boldsymbol{x}) \tag{2.10}$$

它可以被解释为“特征空间中每个点 $\boldsymbol{x}$ 的误差”。使用随机变量的“全概率定律”(A.53)，我们可以将分类误差表示为特征空间上的“平均”条件分类误差：

$$\varepsilon[\psi] = E[\varepsilon[\psi \mid \boldsymbol{X} = \boldsymbol{x}]] = \int_{x \in R^d} \varepsilon[\psi \mid \boldsymbol{X} = \boldsymbol{x}]p(\boldsymbol{x})\mathrm{d}\boldsymbol{x} \tag{2.11}$$

因此，知道特征空间中每个点 $\boldsymbol{x} \in R^d$ 的误差外加它的“权重”$p(\boldsymbol{x})$就足以确定总体分类误差。

此外，给定一个分类器 ψ，条件分类误差 $\varepsilon[\psi \mid \boldsymbol{X}=\boldsymbol{x}]$由后验概率函数 $\eta(\boldsymbol{x})$确定，如下所示。

$$\begin{aligned}\varepsilon[\psi \mid \boldsymbol{X} = \boldsymbol{x}] &= P(\psi(\boldsymbol{X}) = 0, Y = 1 \mid \boldsymbol{X} = \boldsymbol{x}) + P(\psi(\boldsymbol{X}) = 1, Y = 0 \mid \boldsymbol{X} = \boldsymbol{x}) \\ &= I_{\psi(\boldsymbol{x})=0} P(Y = 1 \mid \boldsymbol{X} = \boldsymbol{x}) + I_{\psi(\boldsymbol{x})=1} P(Y = 0 \mid \boldsymbol{X} = \boldsymbol{x}) \\ &= I_{\psi(\boldsymbol{x})=0}\,\eta(\boldsymbol{x}) + I_{\psi(\boldsymbol{x})=1}(1 - \eta(\boldsymbol{x})) = \begin{cases}\eta(\boldsymbol{x}), & \text{若 } \psi(\boldsymbol{x}) = 0 \\ 1 - \eta(\boldsymbol{x}), & \text{若 } \psi(\boldsymbol{x}) = 1\end{cases}\end{aligned} \tag{2.12}$$

2.3 贝叶斯分类器

分类性能的主要标准是式(2.7)中的错误率。因此，我们希望找到一个最佳的分类器，使它能最小化分类错误率。

在所有分类器的集合 $\mathcal{C}$ 上，贝叶斯分类器(Bayes classifier)被定义为式(2.7)中最小化分类误差的分类器的形式

$$\psi^* = \arg\min_{\psi \in \mathcal{C}} P(\psi(\boldsymbol{X}) \neq Y) \tag{2.13}$$

换句话说，贝叶斯分类器是一个最优的最小误差分类器。因为 $Y \in \{0,1\}$，我们有

$$\varepsilon[\psi] = P(\psi(\boldsymbol{X}) \neq Y) = E[\,|\psi(\boldsymbol{X}) - Y|\,] = E[\,|\psi(\boldsymbol{X}) - Y|^2] \tag{2.14}$$

因此，贝叶斯分类器也是 MMSE 分类器和最小绝对偏差(MAD)分类器。

式(2.13)可能有多个解，即可能存在多个贝叶斯分类器。事实上，可能存在无限多个贝叶斯分类器，如下所示。原则上，特征-目标分布 $P_{\boldsymbol{X},Y}$ 的知识必须够用，才能获得贝叶斯分类器。下面的定理表明，实际上贝叶斯分类器只需要后验概率函数($\eta(\boldsymbol{x}) = P(Y=1 \mid \boldsymbol{X}=\boldsymbol{x})$)的知识。

定理 2.1（贝叶斯分类器） 分类器

$$\psi^*(\boldsymbol{x}) = \arg\max_i P(Y = i \mid \boldsymbol{X} = \boldsymbol{x}) = \begin{cases}1, & \eta(\boldsymbol{x}) > \dfrac{1}{2} \\ 0, & \text{否则}\end{cases} \tag{2.15}$$

对于 $\boldsymbol{x}\in R^d$，满足式 (2.13)。

证明：(有趣的指标变量)对于所有的 $\psi\in\mathcal{C}$，我们证明 $\varepsilon[\psi]\geqslant\varepsilon^*[\psi]$。由式(2.11)足以说明

$$\varepsilon[\psi|\boldsymbol{X}=\boldsymbol{x}]\geqslant\varepsilon[\psi^*|\boldsymbol{X}=\boldsymbol{x}],\ \text{对于所有}\ \boldsymbol{x}\in R^d \tag{2.16}$$

由式(2.12)可知，对于任意的 $\boldsymbol{x}\in R^d$，我们可将其写为

$$\varepsilon[\psi|\boldsymbol{X}=\boldsymbol{x}]-\varepsilon[\psi^*|\boldsymbol{X}=\boldsymbol{x}]=\eta(\boldsymbol{x})(I_{\psi(\boldsymbol{x})=0}-I_{\psi^*(\boldsymbol{x})=0})+(1-\eta(\boldsymbol{x}))(I_{\psi(\boldsymbol{x})=1}-I_{\psi^*(\boldsymbol{x})=1}) \tag{2.17}$$

现在，对于 $\psi(\boldsymbol{x})$ 和 $\psi^*(\boldsymbol{x})$ 的所有可能性(总共有四种情况)，我们可以看到

$$I_{\psi(\boldsymbol{x})=0}-I_{\psi^*(\boldsymbol{x})=0}=-(I_{\psi(\boldsymbol{x})=1}-I_{\psi^*(\boldsymbol{x})=1}) \tag{2.18}$$

把其代入式(2.17)中，我们得到

$$\varepsilon[\psi|\boldsymbol{X}=\boldsymbol{x}]-\varepsilon[\psi^*|\boldsymbol{X}=\boldsymbol{x}]=(2\eta(\boldsymbol{x})-1)(I_{\psi(\boldsymbol{x})=0}-I_{\psi^*(\boldsymbol{x})=0}) \tag{2.19}$$

现在，只有两种可能性：$\eta(\boldsymbol{x})>1/2$ 或 $\eta(\boldsymbol{x})\leqslant 1/2$。在第一种情况下，式(2.19)中等式右侧括号内的项都是非负的，而在第二种情况下，它们都是负的。那么在任何一种情况下，由式(2.16)可以确保乘积都是非负的。 ■

最佳决策边界是集合$\{\boldsymbol{x}\in R^d\mid\eta(\boldsymbol{x})=1/2\}$。可以注意到它不一定是一个稀疏的边界(例如，一个测度零集)，尽管它通常是这样的。在图 2.2 中的例子中，决策边界是两个后验函数相交的单点，因此在本例中，它是一个测度零集。

在定理 2.1 中，决策边界被分配给类 0，尽管证明过程允许它被分配给类 1，甚至它也被分配给类之间的划分处。因此，所有这些分类器都是最优分类器，因此它们的数量可能是无限的。另外可以注意到贝叶斯分类器被定义为在 $\boldsymbol{x}\in R^d$ 的每个值上局部(逐点)最小化 $\varepsilon[\psi|\boldsymbol{X}=\boldsymbol{x}]$，这也会产生全局最小化 $\varepsilon[\psi]$。因此，贝叶斯分类器既是局部最优的也是全局最优的预测器。

例 2.1[⊖] 根据每天学习课程(S)和做家庭作业(H)的小时数，教育专家已经建立了一个模型来预测新入学的学生是否会通过初级微积分课。使用二元随机变量 Y 对通过/失败进行编码，模型如下所示：

$$Y=\begin{cases}1(\text{通过}), & \text{若}\ S+H+N>5\\ 0(\text{不通过}), & \text{否则}\end{cases} \tag{2.20}$$

存在 $S,H,N\geqslant 0$，在此它们被换算为小时/天等价量，其中 N 是一个不可被观察到的变量，它与动机、注意力和纪律等因素相关。将变量 N 当作噪声项对模型的不确定性进行建模。从而变量 S、H 和 N 被建模为具有参数 $\lambda=1$ 的独立指数分布(指数分布是关于非负连续值变量的常见模型)。我们根据 S 和 H 的观察值来计算一个给定的学生是否会通过课程的最优预测值。可以注意到这是一个最优分类问题，最优预测值可由贝叶斯分类器得到。从定理 2.1 中，我们需要找到当 $\boldsymbol{X}=(S,H)$ 时的后验概率函数 $\eta(\boldsymbol{x})=P(Y=1\mid\boldsymbol{X}=\boldsymbol{x})$，然后将其应用到式(2.15)。使用式(2.20)，我们有

$$\begin{aligned}\eta(s,h)&=P(Y=1\mid S=s,H=h)=P(S+H+N>5\mid S=s,H=h)\\&=P(N>5-(s+h)\mid S=s,H=h)\\&=P(N>5-(s+h))=\begin{cases}e^{s+h-5}, & \text{若}\ s+h<5\\ 1, & \text{否则}\end{cases}\end{aligned} \tag{2.21}$$

其中 $s,h\geqslant 0$。我们可以利用这样一个事实：如果 $\boldsymbol{X}\geqslant 0$，那么具有参数为 λ 的指数随机变

⊖ 例 2.1 和例 2.2 改编自 Devroye et al.[1996]2.3 节中的示例。

量 $\boldsymbol{X}$ 的上尾部为 $P(\boldsymbol{X}>x)=e^{-\lambda x}$（如果 $x<0$，很容易看出它等于 1）。在下一个不等式中，我们还使用了 N 与 S、H 的独立性。因此最优决策边界 $D=\{\boldsymbol{x}\in R^d \mid \eta(\boldsymbol{x})=1/2\}$ 可以被确定为

$$\eta(s,h)=1/2 \Rightarrow e^{s+h-5}=1/2 \Rightarrow s+h=5-\ln 2 \approx 4.31 \tag{2.22}$$

因而，最优决策边界是一条直线。可以注意到 $\eta(s,h)>1/2$，当且仅当 $s+h>5-\ln 2$。因此最佳分类器为

$$\psi^*(s,h)=\begin{cases}1(\text{通过}), & \text{若 } s+h>5-\ln 2\\ 0(\text{不通过}), & \text{否则}\end{cases} \tag{2.23}$$

其中 $s,h\geqslant 0$。换言之，如果给定的学生至少花费约 4.31 小时/日参加研究讲座或做家庭作业，我们得到最优的预测结果是该学生将通过课程。将式(2.23)与式(2.20)进行比较，我们注意到项 ln 2 已经将与缺乏关于 N 的信息的不确定性关联考虑在内。如果没有噪声($N=0$)，则最优的决策边界将在 $s+h=5$ 处——由于 N 引入的不确定性，将使决策边界改变位置。可以注意到这是被量化的不确定性，因为问题的完整概率结构是已知的。详情请参见图 2.4 中的示例。 ■

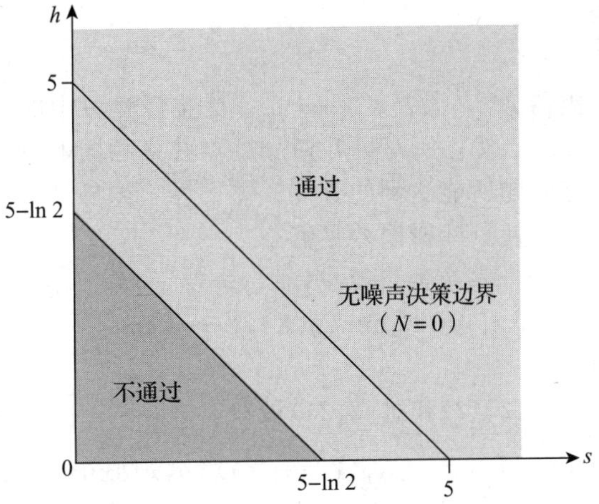

图 2.4　例 2.1 中的最佳分类器

示例的讲述到此为止，下面开始讲解获得贝叶斯分类器的其他方法。首先，注意到式(2.15)等于

$$\psi^*(\boldsymbol{x})=\begin{cases}1, & \eta(\boldsymbol{x})>1-\eta(\boldsymbol{x})\\ 0, & \text{否则}\end{cases} \tag{2.24}$$

其中 $\boldsymbol{x}\in R^d$。从式(2.4)和式(2.24)得出

$$\psi^*(\boldsymbol{x})=\begin{cases}1, & P(Y=1)p(\boldsymbol{x}\mid Y=1)>P(Y=0)p(\boldsymbol{x}\mid Y=0)\\ 0, & \text{否则}\end{cases} \tag{2.25}$$

其中 $\boldsymbol{x}\in R^d$。因此，可以通过比较特征空间中每个点的加权类条件密度来确定贝叶斯分类器。最优决策边界是这些函数相交点的轨迹，一个简单的单变量示例说明参见图 2.5。可以注意到随着 $P(Y=1)$ 或 $P(Y=0)$ 的值变大会促使最优决策边界远离相应的类中心。在 $P(Y=1)=P(Y=0)=1/2$ 的情况下，贝叶斯分类器直接可以通过比较它们彼此未加权的类条件密度来确定。

此外，对式(2.25)进行简单处理后，我们可将贝叶斯分类器表示成以下形式：

$$\psi^*(\boldsymbol{x}) = \begin{cases} 1, & D^*(\boldsymbol{x}) > k^* \\ 0, & \text{否则} \end{cases} \tag{2.26}$$

其中最优判别式(optimal discriminant)$D^*: R^d \to R$ 由下式给出

$$D^*(\boldsymbol{x}) = \ln \frac{p(\boldsymbol{x} \mid Y=1)}{p(\boldsymbol{x} \mid Y=0)} \tag{2.27}$$

其中 $\boldsymbol{x} \in R^d$，具有的最佳阈值为

$$k^* = \ln \frac{P(Y=0)}{P(Y=1)} \tag{2.28}$$

如果 $p(\boldsymbol{x} \mid Y=1)=0$ 或 $p(\boldsymbol{x} \mid Y=0)=0$，我们将 $D^*(\boldsymbol{x})$ 分别定义为 $-\infty$ 或 ∞。$p(\boldsymbol{x} \mid Y=1)$ 和 $p(\boldsymbol{x} \mid Y=0)$ 都为零的情况可以忽略，因为在这种情况下 $p(\boldsymbol{x})=0$。

在统计学文献中最优判别式 D^* 也称为*对数似然函数*(log-likelihood function)。如果 $P(Y=0)=P(Y=1)$(等概率类)，则 $k^*=0$，且判定边界由简单方程 $D^*(\boldsymbol{x})=0$ 隐性确定。在许多情况下，使用判别式比直接使用类条件密度或后验概率函数更方便。判别式的示例将在 2.5 节介绍。

2.4 贝叶斯误差

给定一个贝叶斯分类器 ψ^*，误差 $\varepsilon^* = \varepsilon[\psi^*]$ 是监督学习中的一个基本量，它被称为*贝叶斯误差*(Bayes error)。当然，所有贝叶斯分类器共享相同的贝叶斯误差，并且它是唯一的。贝叶斯误差是给定问题所能达到的分类误差下界。如果希望从数据中设计出一个性能良好的分类器，那么就得使贝叶斯误差足够小。

定理 2.2（*贝叶斯误差*）　*在两类问题中，*

$$\varepsilon^* = E[\min\{\eta(\boldsymbol{X}), 1-\eta(\boldsymbol{X})\}] \tag{2.29}$$

而且，最大值 ε^* 可以取 0.5。

证明：由式(2.11)、式(2.12)和式(2.24)可知

$$\varepsilon^* = \int (I_{\eta(\boldsymbol{X}) \leqslant 1-\eta(\boldsymbol{X})} \eta(\boldsymbol{X}) + I_{\eta(\boldsymbol{X}) > 1-\eta(\boldsymbol{X})} (1-\eta(\boldsymbol{X})))\, p(\boldsymbol{x}) \mathrm{d}\boldsymbol{x} = E[\min\{\eta(\boldsymbol{X}), 1-\eta(\boldsymbol{X})\}] \tag{2.30}$$

现在，对式(2.30)应用定理

$$\min\{a, 1-a\} = \frac{1}{2} - \frac{1}{2}|2a-1|, 0 \leqslant a \leqslant 1 \tag{2.31}$$

可以将其写成

$$\varepsilon^* = \frac{1}{2} - \frac{1}{2} E[|2\eta(\boldsymbol{X}) - 1|] \tag{2.32}$$

由此得到 $\varepsilon^* \leqslant \frac{1}{2}$。 ■

然而，在两类问题中最优误差的最大值是 1/2，并不是 1。通过推理可以直观地理解这一点，如反复抛一个均匀的硬币做出二元决策所产生的长期误差为 50%。贝叶斯误差不能超过分类误差下限。另外，在上一个定理证明中通过式(2.4)，我们可以看出

$$\varepsilon^* = \frac{1}{2} \Leftrightarrow E[|2\eta(\boldsymbol{X}) - 1|] = 0 \Leftrightarrow \eta(\boldsymbol{X}) = \frac{1}{2} \text{ 以概率 } 1 \tag{2.33}$$

(由于期望值不受发生在零概率区域上的变化的影响。)换句话说，当以概率 1 的 $\eta(\boldsymbol{X}) = 1-\eta(\boldsymbol{X}) = 1/2$ 时，可以得到贝叶斯错误率的最大值，即在所有正概率的特征空间区域上

后验概率函数之间不能被分离开(参考图 2.2)。这意味着存在完全混淆的情况，并且在 $Y=0$和 $Y=1$ 之间的 $\boldsymbol{X}$ 特征向量不可能实现类别区分。在这种情况下，所能做的最好的事情实际上相当于抛硬币。而贝叶斯误差为 0.5(或非常接近 0.5)是没有希望的：无论多么复杂的分类方法，都不能实现良好的判别。在这种情况下，必须寻求不同的特征向量 $\boldsymbol{X}$ 来预测 Y。

应用式(2.9)和式(2.25)得到：

$$
\begin{aligned}
\varepsilon^* &= P(Y=0)\varepsilon^0[\psi^*]+P(Y=1)\varepsilon^1[\psi^*] \\
&= \int_{\{\boldsymbol{x} \mid P(Y=1)p(\boldsymbol{x}\mid Y=1)>P(Y=0)p(\boldsymbol{x}\mid Y=0)\}} P(Y=0)p(\boldsymbol{x}\mid Y=0)\mathrm{d}\boldsymbol{x} \\
&\quad + \int_{\{\boldsymbol{x} \mid P(Y=1)p(\boldsymbol{x}\mid Y=1)\leqslant P(Y=0)p(\boldsymbol{x}\mid Y=0)\}} P(Y=1)p(\boldsymbol{x}\mid Y=1)\mathrm{d}\boldsymbol{x}
\end{aligned}
\tag{2.34}
$$

一个简单的单变量问题的示例说明参见图 2.5。橙色和蓝色阴影区域的误差分别等于 $P(Y=1)\varepsilon^1[\psi^*]$和 $P(Y=0)\varepsilon^0[\psi^*]$，贝叶斯误差是这两个区域误差的总和。我们可以看到贝叶斯误差与(加权)类条件密度之间的“重叠”量有关。比较图 2.3 和图 2.5 可以发现对决策边界进行移位会增加分类误差，从而 x^* 确定是最优的。

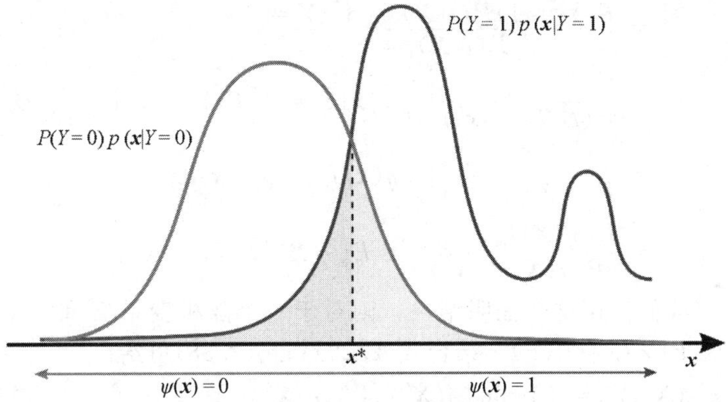

图 2.5　单变量问题中的类条件加权先验概率。最优决策边界是点 x^*。贝叶斯误差是橙色和蓝色阴影区域的总和

定理 2.2 的一个重要结论来自 Jensen 不等式(A.66)的应用：

$$
\begin{aligned}
\varepsilon^* &= E[\min\{\eta(\boldsymbol{X}),1-\eta(\boldsymbol{X})\}] \\
&\leqslant \min\{E[\eta(\boldsymbol{X})],1-E[\eta(\boldsymbol{X})]\} = \min\{P(Y=1),P(Y=0)\}
\end{aligned}
\tag{2.35}
$$

其中我们使用的函数 $f(u)=\min\{u,1-u\}$是凹函数且

$$
E[\eta(\boldsymbol{X})]=\int_{R^d} P(Y=1\mid \boldsymbol{X}=\boldsymbol{x})p(\boldsymbol{x})\mathrm{d}\boldsymbol{x}=P(Y=1) \tag{2.36}
$$

由式(2.35)可知，任何特征向量 $\boldsymbol{X}$ 的最优分类器误差是式(2.2)中无特征的最优分类器的误差下界。(就最佳预测而言，有信息至少与无信息的预测结果一样好。)从式(2.35)也可以知道如果两类中的一类不太可能被观测到，那么无论如何其贝叶斯误差都是较小的。例如在 2.1 节中的罕见疾病示例，其存在比较小的错误率是值得警惕的。这种情况的解决方案是寻找特定类的错误率 $\varepsilon^0[\psi^*]$和$\varepsilon^1[\psi^*]$——希望两者都很小。该观察结果与式(2.34)的含义是一致的：$\varepsilon^*=P(Y=0)\varepsilon^0[\psi^*]+P(Y=1)\varepsilon^1[\psi^*]$，只要 $P(Y=0)$或 $P(Y=1)$都很小，即使$\varepsilon^0[\psi^*]$或$\varepsilon^1[\psi^*]$都很大，贝叶斯误差也会很小。

顺便说一下，在 ε^* 为最优的情况下，“最优的”特定类的错误率$\varepsilon^0[\psi^*]$或$\varepsilon^1[\psi^*]$并不

是最优的：对于给定的分类器 ψ，可能会存在$\varepsilon^0[\psi]<\varepsilon^0[\psi^*]$或$\varepsilon^1[\psi]<\varepsilon^1[\psi^*]$的情况，通过比较式(2.9)和式(2.34)可以看出其实上述两种情况都不会发生。（通常情况下，移动分类器的决策边界可使一个特定类的错误率尽可能小，而使另一个类的错误率增大。）

接下来，我们考虑特征向量变换对贝叶斯误差的影响。在实践中这是很常见的，例如，对数据进行预处理或标准化，或者降维(在第 9 章中将被详细讨论)，是通过转换将数据从高维空间“投影”到低维空间。

定理 2.3 设 $\boldsymbol{X}\in R^p$ 为原始特征向量，t：$R^p\to R^d$ 为特征空间之间的(可测 Borel)变换，并且 $\boldsymbol{X}'=t(\boldsymbol{X})\in R^d$ 为变换后的特征向量。设 $\varepsilon^*(\boldsymbol{X},Y)$和 $\varepsilon^*(\boldsymbol{X}',Y)$为原始和变换后问题所对应的贝叶斯误差。则

$$\varepsilon^*(\boldsymbol{X}',Y)\geqslant\varepsilon^*(\boldsymbol{X},Y) \tag{2.37}$$

如果 t 是可逆的，则上式为等式。

证明：首先我们来证明 $\eta(\boldsymbol{X}')=E[\eta(\boldsymbol{X})\,|\,t(\boldsymbol{X})]$(严格地说，由于通常 η'比 η 更能体现表达方式的差异性，我们应该将 $\eta(\boldsymbol{X}')$写成 $\eta'(\boldsymbol{X}')$，但我们忽略了这种不同，因为不会造成混淆)。利用贝叶斯定理，我们得到：

$$\begin{aligned}\eta(\boldsymbol{x}')&=P(Y=1\,|\,\boldsymbol{X}'=\boldsymbol{x}')=P(Y=1\,|\,t(\boldsymbol{X})=\boldsymbol{x}')\\&=\frac{P(Y=1)P(t(\boldsymbol{X})=\boldsymbol{x}'\,|\,Y=1)}{P(t(\boldsymbol{X})=\boldsymbol{x}')}\\&=\frac{1}{P(t(\boldsymbol{X})=\boldsymbol{x}')}\int_{R^p}p(\boldsymbol{x}\,|\,Y=1)P(Y=1)I_{t(\boldsymbol{x})=\boldsymbol{x}'}\,\mathrm{d}\boldsymbol{x}\\&=\frac{1}{P(t(\boldsymbol{X})=\boldsymbol{x}')}\int_{R^p}\eta(\boldsymbol{x})I_{t(\boldsymbol{x})=\boldsymbol{x}'}\,p(\boldsymbol{x})\,\mathrm{d}\boldsymbol{x}\\&=\frac{E[\eta(\boldsymbol{X})I_{t(\boldsymbol{X})=\boldsymbol{x}'}]}{P(t(\boldsymbol{X})=\boldsymbol{x}')}=E[\eta(\boldsymbol{X})\,|\,t(\boldsymbol{X})=\boldsymbol{x}']\end{aligned} \tag{2.38}$$

该命题被证实后，我们使用这个证明结果，则对于一个随机变量 Z 和一个事件 F 可将其定义为$E[Z|F]=E[ZI_F]/P(F)$。结合式(2.29)和式(2.38)可给出

$$\begin{aligned}\varepsilon^*(\boldsymbol{X}',Y)&=E[\min\{\eta(\boldsymbol{X}'),1-\eta(\boldsymbol{X}')\}]\\&=E[\min\{E[\eta(\boldsymbol{X})\,|\,t(\boldsymbol{X})],1-E[\eta(\boldsymbol{X})\,|\,t(\boldsymbol{X})]\}]\\&\geqslant E[E[\min\{\eta(\boldsymbol{X}),1-\eta(\boldsymbol{X})\}\,|\,t(\boldsymbol{X})]]\\&=\mathrm{E}[\min\{\eta(\boldsymbol{X}),1-\eta(\boldsymbol{X})\}]=\varepsilon^*(\boldsymbol{X},Y)\end{aligned} \tag{2.39}$$

其中的不等式来源于 Jensen 不等式(A.66)，并且总体期望定律(A.82)被用来得到倒数第二个等式。最后，如果 t 是可逆的，则将其结果应用到 t 和 t^{-1} 上得到 $\varepsilon^*(\boldsymbol{X}',Y)\geqslant\varepsilon^*(\boldsymbol{X},Y)$ 和 $\varepsilon^*(\boldsymbol{X},Y)\geqslant\varepsilon^*(\boldsymbol{X}',Y)$。 ■

在监督学习中上述证明结论是一个较为基本的结论，本书中有好几处都使用了这个结论。它指出在特征向量上的变换并没有添加可鉴别信息(事实上，它经常会破坏信息)。因此，在对特征向量进行变换之后，贝叶斯误差不可能减小(事实上，通常会增大)。如果变换是可逆的，那么它不会删除任何信息，从而贝叶斯误差保持不变(即使变换是不可逆的，贝叶斯误差也有可能保持不变，第 9 章给出了相应的示例)。令人遗憾的是，许多有用且有趣的特征向量变换技术——例如降维变换(我们将在第 9 章详细讨论这个主题)——是不可逆的，所以通常会增大贝叶斯误差。另一方面，简单的变换(如缩放、平移和旋转)是可逆的，因此不会对贝叶斯误差产生影响。

例 2.2 延续例 2.1，我们计算贝叶斯误差，即式(2.23)中的分类器误差。我们用两种不同的方法来进行计算。

第一种方法：使用式(2.29)，可得到

$$\begin{aligned}\varepsilon^* &= E[\min\{\eta(S,H),1-\eta(S,H)\}]\\ &= \iint_{\{s,h\geqslant 0\mid \eta(s,h)\leqslant \frac{1}{2}\}} \eta(s,h)p(s,h)\mathrm{d}s\mathrm{d}h + \iint_{\{s,h\geqslant 0\mid \eta(s,h)>\frac{1}{2}\}} (1-\eta(s,h))p(s,h)\mathrm{d}s\mathrm{d}h\\ &= \iint_{\{s,h\geqslant 0\mid 0\leqslant s+h\leqslant 5-\ln 2\}} \mathrm{e}^{-5}\mathrm{d}s\mathrm{d}h + \iint_{\{s,h\geqslant 0\mid 5-\ln 2<s+h\leqslant 5\}} (\mathrm{e}^{-(s+h)}-\mathrm{e}^{-5})\mathrm{d}s\mathrm{d}h\\ &= \mathrm{e}^{-5}\left[(6-\ln 2)^2-\frac{35}{2}\right]\approx 0.0718\end{aligned} \tag{2.40}$$

其中 $\eta(s,h)$ 为式(2.21)中的表达形式并且独立可表示成 $p(s,h)=p(s)p(h)=\mathrm{e}^{-(s+h)}$(其中 $s,h>0$)。因此，约有7.2%的学生预测结果是错误的，他们通过了课程但会被预测为没有通过或者没有通过课程却被预测为通过。

第二种方法：前一种方法需要双重积分。如果可得到式(2.21)中的后验概率函数 $\eta(s,h)$，那么最优分类器仅通过 $s+h$ 依赖于 s 和 h。我们可以说 $U=S+H$ 是基于 (S,H) 的最优分类的*充分统计量*(sufficient statistic)。练习9.4显示了采用充分统计量的贝叶斯误差，在该情况下单变量特征 $U=S+H$ 与使用原始特征向量 (S,H) 相同，即使变换 $s,h\mapsto s+h$ 是不可逆的且定理2.3中的等式也不成立。因此，我们可以根据单变量积分将贝叶斯误差表示为如下形式：

$$\begin{aligned}\varepsilon^* &= E[\min\{\eta(U),1-\eta(U)\}]\\ &= \int_{\{u\geqslant 0\mid \eta(u)\leqslant \frac{1}{2}\}} \eta(u)p(u)\mathrm{d}u + \int_{\{u\geqslant 0\mid \eta(u)>\frac{1}{2}\}} (1-\eta(u))p(u)\mathrm{d}u\\ &= \int_{\{0\leqslant u\leqslant 5-\ln 2\}} \mathrm{e}^{-5}u\mathrm{d}u + \int_{\{5-\ln 2<u\leqslant 5\}} (\mathrm{e}^{-u}-\mathrm{e}^{-5})u\mathrm{d}u\\ &= \mathrm{e}^{-5}\left[(6-\ln 2)^2-\frac{35}{2}\right]\approx 0.0718\end{aligned} \tag{2.41}$$

其中 $U=S+H$ 是一个具有参数 $\lambda=1$ 和 $\lambda=2$ 的伽马随机变量分布，则对于 $u\geqslant 0$ 存在 $p(u)=u\mathrm{e}^{-u}$(关于伽马密度的修订版，请参见附录A.1节)。n 个具有参数 λ 的独立指数随机变量的和是一个具有参数 λ 且 $t=n$ 的伽马随机变量，这是一个普遍的事实。 ■

2.5 高斯模型

我们现在考虑一个重要的特例，当类条件密度为多元高斯分布时

$$p(\boldsymbol{x}\mid Y=i)=\frac{1}{\sqrt{(2\pi)^d\det(\boldsymbol{\Sigma}_i)}}\exp\left[\frac{1}{2}(\boldsymbol{x}-\boldsymbol{\mu})^{\mathrm{T}}\boldsymbol{\Sigma}_i^{-1}(\boldsymbol{x}-\boldsymbol{\mu}_i)\right],\quad i=0,1 \tag{2.42}$$

均值向量 $\boldsymbol{\mu}_0$ 和 $\boldsymbol{\mu}_1$ 位于类的中心，协方差矩阵 $\boldsymbol{\Sigma}_0$ 和 $\boldsymbol{\Sigma}_1$ 明确指定了类条件密度的椭球形状(关于多元高斯及其性质的回顾，请参见附录A.1.7节)。

可以很容易地验证式(2.27)中的最优判别式可被表示为以下形式：

$$D^*(\boldsymbol{x})=\frac{1}{2}(\boldsymbol{x}-\boldsymbol{\mu}_0)^{\mathrm{T}}\boldsymbol{\Sigma}_0^{-1}(\boldsymbol{x}-\boldsymbol{\mu}_0)-\frac{1}{2}(\boldsymbol{x}-\boldsymbol{\mu}_1)^{\mathrm{T}}\boldsymbol{\Sigma}_1^{-1}(\boldsymbol{x}-\boldsymbol{\mu}_1)+\frac{1}{2}\ln\frac{\det(\boldsymbol{\Sigma}_0)}{\det(\boldsymbol{\Sigma}_1)} \tag{2.43}$$

接下来，我们分别对协方差矩阵相等和不同的情况进行讨论。在经典统计学中，将其分别称为*同方差的*(homoskedastic)和*异方差的*(heteroskedastic)模型。在分类中，它们将分别

生成线性和二次最优决策边界。

2.5.1 同方差情况

在同方差情况下，存在 $\boldsymbol{\Sigma}_0=\boldsymbol{\Sigma}_1=\boldsymbol{\Sigma}$。该情况有一些很好的性质，我们将在下面讲解。首先，式(2.43)中的最优判别式在该情况下可以简化为

$$D_L^*(\boldsymbol{x})=\frac{1}{2}(\|\boldsymbol{x}-\boldsymbol{\mu}_0\|_{\boldsymbol{\Sigma}}^2-\|\boldsymbol{x}-\boldsymbol{\mu}_1\|_{\boldsymbol{\Sigma}}^2) \tag{2.44}$$

其中

$$\|\boldsymbol{x}_0-\boldsymbol{x}_1\|_{\boldsymbol{\Sigma}}=\sqrt{(\boldsymbol{x}_0-\boldsymbol{x}_1)^{\mathrm{T}}\boldsymbol{\Sigma}^{-1}(\boldsymbol{x}_0-\boldsymbol{x}_1)} \tag{2.45}$$

是 $\boldsymbol{x}_0$ 和 $\boldsymbol{x}_1$ 间的马氏距离(Mahalanobis distance)。(假设 $\boldsymbol{\Sigma}$ 是严格正定的，可以证明马氏距离是一种真实的距离度量，参见练习 2.10。)可以注意到如果 $\boldsymbol{\Sigma}=\boldsymbol{I}_d$，马氏距离将退化为常规的欧几里得距离。

根据式(2.26)和式(2.44)，贝叶斯分类器可以写成

$$\psi_L^*(\boldsymbol{x})=\begin{cases}1, & \|\boldsymbol{x}-\boldsymbol{\mu}_1\|_{\boldsymbol{\Sigma}}^2<\|\boldsymbol{x}-\boldsymbol{\mu}_0\|_{\boldsymbol{\Sigma}}^2+2\ln\dfrac{P(Y=1)}{P(Y=0)}\\ 0, & 否则\end{cases} \tag{2.46}$$

如果 $P(Y=0)=P(Y=1)$(均等类)，则当 $\|\boldsymbol{x}-\boldsymbol{\mu}_1\|_{\boldsymbol{\Sigma}}<\|\boldsymbol{x}-\boldsymbol{\mu}_0\|_{\boldsymbol{\Sigma}}$ 时，$\psi^*(\boldsymbol{x})=1$，否则 $\psi^*(\boldsymbol{x})=0$。换句话说，对于最接近类中心的 $\boldsymbol{x}$ 将产生最优的预测结果，即 ψ^* 是关于马氏距离的最近均值分类器。当 $\boldsymbol{\Sigma}=\boldsymbol{I}_d$ 时，它通常可以表示成在欧几里得距离意义上的最近均值分类器——显然，对于任意方差参数 $\sigma^2>0$ 且 $\boldsymbol{\Sigma}=\sigma^2\boldsymbol{I}_d$，上述情况依然成立。

尽管看起来是相反的，但通过简单的代数运算可知式(2.44)中的判别式是 $\boldsymbol{x}$ 的线性函数：

$$D_L^*(\boldsymbol{x})=(\boldsymbol{\mu}_1-\boldsymbol{\mu}_0)^{\mathrm{T}}\boldsymbol{\Sigma}^{-1}\left(\boldsymbol{x}-\frac{\boldsymbol{\mu}_0+\boldsymbol{\mu}_1}{2}\right) \tag{2.47}$$

从式(2.26)可知贝叶斯分类器也可以写成

$$\psi_L^*(\boldsymbol{x})=\begin{cases}1, & \boldsymbol{a}^{\mathrm{T}}\boldsymbol{x}+b>0\\ 0, & 否则\end{cases} \tag{2.48}$$

其中

$$\begin{aligned}\boldsymbol{a}&=\boldsymbol{\Sigma}^{-1}(\boldsymbol{\mu}_1-\boldsymbol{\mu}_0)\\ b&=(\boldsymbol{\mu}_0-\boldsymbol{\mu}_1)^{\mathrm{T}}\boldsymbol{\Sigma}^{-1}\left(\frac{\boldsymbol{\mu}_0+\boldsymbol{\mu}_1}{2}\right)+\ln\frac{P(Y=1)}{P(Y=0)}\end{aligned} \tag{2.49}$$

因此，最优决策边界是 R^d 的一个超平面，由方程 $\boldsymbol{a}^{\mathrm{T}}\boldsymbol{x}+b=0$ 确定。如果 $P(Y=0)=P(Y=1)$(均等类)，则类中心间的中点 $\boldsymbol{x}_m=(\boldsymbol{\mu}_0+\boldsymbol{\mu}_1)/2$ 满足 $\boldsymbol{a}^{\mathrm{T}}\boldsymbol{x}_m+b=0$，这表明超平面通过 $\boldsymbol{x}_m$。假如法向量 $\boldsymbol{a}=\boldsymbol{\Sigma}^{-1}\boldsymbol{\mu}_1-\boldsymbol{\mu}_0$ 与向量 $\boldsymbol{\mu}_1-\boldsymbol{\mu}_0$ 共线，最终超平面将与类中心 $\boldsymbol{\mu}_0$ 和 $\boldsymbol{\mu}_1$ 的连接轴垂直，这可能发生在两种情况下：1)$\boldsymbol{\Sigma}=\sigma^2\boldsymbol{I}_d$(欧几里得最近均值分类器情况)；2)$\boldsymbol{\mu}_1-\boldsymbol{\mu}_0$ 是 $\boldsymbol{\Sigma}^{-1}$ 或 $\boldsymbol{\Sigma}$ 的特征向量。后一种情况意味着椭球体密度等值线的其中一个主轴与类中心之间的轴共线。关于 $P(Y=0)=P(Y=1)$的二维示例，见图 2.6a 和图 2.6b。(在一般情况下，即 $P(Y=0)\neq P(Y=1)$时，决策边界只不过是偏离了最有可能类的中心。)

同方差情况的另一个非常有用的性质是最优分类误差可表示为闭合形式，如下所示。首先，根据式(2.47)和附录 A.1.7 节中的高斯随机向量性质，$D_L^*(\boldsymbol{X})\mid Y=0\sim\mathcal{N}\left(-\frac{1}{2}\delta^2,\delta^2\right)$和

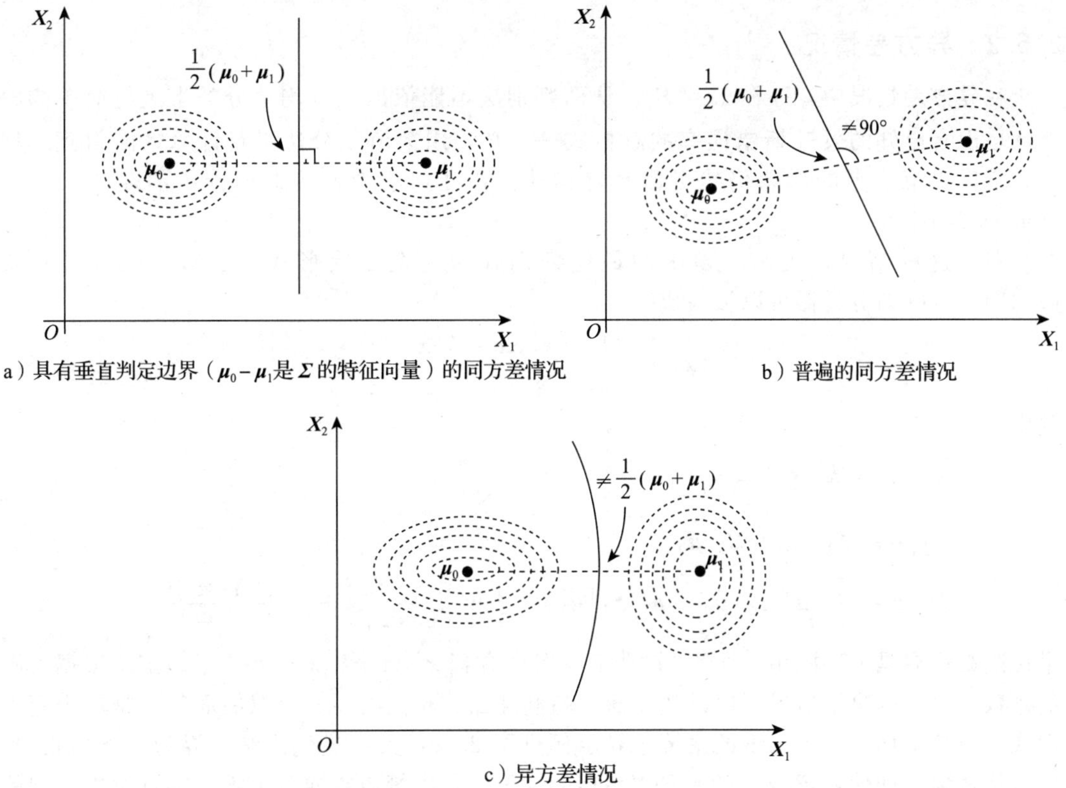

a）具有垂直判定边界（$\boldsymbol{\mu}_0-\boldsymbol{\mu}_1$是$\boldsymbol{\Sigma}$的特征向量）的同方差情况　b）普遍的同方差情况

c）异方差情况

图 2.6　在二维特征空间中当 $P(Y=0)=P(Y=1)$时的高斯类条件密度和最优决策边界

$D_L^*(\boldsymbol{X})\mid Y=1\sim\mathcal{N}\left(\frac{1}{2}\delta^2,\delta^2\right)$，其中

$$\delta=\sqrt{(\boldsymbol{\mu}_1-\boldsymbol{\mu}_0)^{\mathrm{T}}\boldsymbol{\Sigma}^{-1}(\boldsymbol{\mu}_1-\boldsymbol{\mu}_0)} \tag{2.50}$$

是类中心间的马氏距离。由此可见

$$\begin{aligned}\varepsilon^0[\psi_L^*]&=P(D_L^*(\boldsymbol{X})>k^*\mid Y=0)=\Phi\left(\frac{-k^*-\frac{1}{2}\delta^2}{\delta}\right),\\ \varepsilon^1[\psi_L^*]&=P(D_L^*(\boldsymbol{X})\leqslant k^*\mid Y=1)=\Phi\left(\frac{k^*-\frac{1}{2}\delta^2}{\delta}\right)\end{aligned} \tag{2.51}$$

其中 $k^*=\ln P(Y=0)/P(Y=1)$并且 $\Phi(\cdot)$是标准 $\mathcal{N}(0,1)$高斯随机变量的累积分布函数，因此贝叶斯误差可由下式得出：

$$\varepsilon_L^*=c\Phi\left(\frac{k^*-\frac{1}{2}\delta^2}{\delta}\right)+(1-c)\Phi\left(\frac{-k^*-\frac{1}{2}\delta^2}{\delta}\right) \tag{2.52}$$

其中 $c=P(Y=1)$。当 $P(Y=0)=P(Y=1)=0.5$ 时，则

$$\varepsilon^0[\psi_L^*]=\varepsilon^1[\psi_L^*]=\varepsilon_L^*=\Phi\left(-\frac{\delta}{2}\right) \tag{2.53}$$

可以注意到不管 $P(Y=0)$和 $P(Y=1)$的值是多少，错误率$\varepsilon^0[\psi_L^*]$，$\varepsilon^1[\psi_L^*]$和ε_L^*都是类中心间的马氏距离δ的递减函数。实际上，当 $\delta\to\infty$时$\varepsilon^0[\psi_L^*]$，$\varepsilon^1[\psi_L^*]$，$\varepsilon_L^*\to0$。

2.5.2 异方差情况

在异方差情况中，存在$\boldsymbol{\Sigma}_0 \neq \boldsymbol{\Sigma}_1$。从而判别法不能依据最近均值分类来进行简单的解释，也没有已知的贝叶斯错误率的解析式——必须用数值积分法进行计算才能得到。然而，最优决策边界的形状仍然可以精确描述：在几何学中称为曲面族中的超二次曲面(hyperquadric)。

对于这种情况，式(2.43)中的最优判别式为完全二次形式。根据式(2.26)和式(2.43)，贝叶斯分类器可以被写成

$$\psi_Q^*(\boldsymbol{x}) = \begin{cases} 1, & \boldsymbol{x}^{\mathrm{T}}\boldsymbol{A}\boldsymbol{x} + \boldsymbol{b}^{\mathrm{T}}\boldsymbol{x} + c > 0 \\ 0, & \text{否则} \end{cases} \tag{2.54}$$

其中

$$\begin{aligned} \boldsymbol{A} &= \frac{1}{2}(\boldsymbol{\Sigma}_0^{-1} - \boldsymbol{\Sigma}_1^{-1}) \\ \boldsymbol{b} &= \boldsymbol{\Sigma}_1^{-1}\boldsymbol{\mu}_1 - \boldsymbol{\Sigma}_0^{-1}\boldsymbol{\mu}_0 \\ \boldsymbol{c} &= \frac{1}{2}(\boldsymbol{\mu}_0^{\mathrm{T}}\boldsymbol{\Sigma}_0^{-1}\boldsymbol{\mu}_0 - \boldsymbol{\mu}_1^{\mathrm{T}}\boldsymbol{\Sigma}_1^{-1}\boldsymbol{\mu}_1) + \frac{1}{2}\ln\frac{\det(\boldsymbol{\Sigma}_0)}{\det(\boldsymbol{\Sigma}_1)} + \ln\frac{P(Y=1)}{P(Y=0)} \end{aligned} \tag{2.55}$$

最优决策边界是R^d中的一个超二次曲面，可由方程$\boldsymbol{x}^{\mathrm{T}}\boldsymbol{A}\boldsymbol{x}+\boldsymbol{b}^{\mathrm{T}}\boldsymbol{x}+\boldsymbol{c}=0$来确定。根据不同的系数，生成的决策边界可以是超球面、超椭球面、超抛物面、超双曲面甚至是单个超平面或一对超平面。一个二维的决策边界示例见图2.6c，其中最优决策边界为一条抛物线。可以注意到，即使在$P(Y=0)=P(Y=1)$的情况下，决策边界通常也不会穿过类中心间的中点。如果想进一步了解异方差情形，请参阅练习2.9中的几个附加示例。

2.6 其他主题

2.6.1 极小极大分类

如果无法获得先验概率$P(Y=1)$和$P(Y=0)$的知识，则暗指式(2.26)中的最佳阈值$k=\ln P(Y=0)/P(Y=1)$也是未知的，且贝叶斯分类器将无法被确定下来。在本节中，对于上述情况我们将展示一种基于极小极大(minimax)准则的最优求解过程仍然能够被定义。当先验概率未知且无法得到可靠的估计(或根本无法估计)时，我们对第4章中的参数分类规则进行讨论后将可以解决其相关问题。

给定一个分类器ψ，而式(2.8)中的错误率$\varepsilon^0[\psi]$和$\varepsilon^1[\psi]$不依赖$P(Y=1)$和$P(Y=0)$，但是它们是可获得的(即使总体错误率$\varepsilon[\psi]$不存在)。那么式(2.26)中的最优判别式D^*也是可以得到的，但最优阈值$k^* = \ln P(Y=0)/P(Y=1)$是不可知的。分类器可定义为

$$\psi_k^*(\boldsymbol{x}) = \begin{cases} 1, & D^*(\boldsymbol{x}) > \mathrm{k} \\ 0, & \text{否则} \end{cases} \tag{2.56}$$

对于$k \in R$，存在错误率$\varepsilon^0[\psi]=\varepsilon^0[\psi_k^*]$和$\varepsilon^1[\psi]=\varepsilon^1[\psi_k^*]$。随着$k$的增加，$\varepsilon^0(k)$会减小但$\varepsilon^1(k)$会增大，而随着$k$降低将会产生相反的效果。当$k$变化时，较好的判别式拥有一致地较小错误率$\varepsilon^0(k)$和$\varepsilon^1(k)$。相应的在信号检测领域中，$1-\varepsilon^1(k)$对$\varepsilon^0(k)$的绘图通常被称为受试者工作特征(Receiver Operating Characteristic，ROC)曲线，它通常被用来评估判别式的辨别能力。或者，可以使用ROC曲线下的面积(AUC)来评估判别式，AUC

越大相对应的判别式性能越好。

假定 $P(Y=1)$和 $P(Y=0)$ 的特定选择使得每个分类器ψ_k^* 都是贝叶斯分类器，其中 $k=\ln P(Y=0)/P(Y=1)$。回忆式(2.34)与贝叶斯分类器相对应的贝叶斯误差 $\varepsilon^*(k)$是$\varepsilon^0[\psi]$与$\varepsilon^1[\psi]$的线性组合，由此得出可获得的贝叶斯误差最大值为 $\max\{\varepsilon^0(k),\varepsilon^1(k)\}$。极小极大准则将寻找值 k_{mm}，它最小化贝叶斯错误的最大可能值：

$$k_{\mathrm{mm}} = \arg\min_k \max\{\varepsilon^0(k),\varepsilon^1(k)\} \tag{2.57}$$

它生成的极小极大分类器(minimax classifier)为

$$\psi_{\mathrm{mm}}(\boldsymbol{x}) = \psi_{k_{\mathrm{mm}}}^*(\boldsymbol{x}) = \begin{cases} 1, & D^*(\boldsymbol{x}) > k_{\mathrm{mm}} \\ 0, & \text{否则} \end{cases} \tag{2.58}$$

存在一个不严格的分布形式，即错误率的连续性。下面的定理描述了极小极大阈值 k_{mm}和极小极大分类器ψ_{mm}的特性。

定理 2.4 假设错误率$\varepsilon^0[\psi]$和$\varepsilon^1[\psi]$都是关于 k 的连续函数。

(a)极小极大阈值 k_{mm}是唯一存在的实数值，且满足

$$\varepsilon^0(k_{\mathrm{mm}}) = \varepsilon^1(k_{\mathrm{mm}}) \tag{2.59}$$

(b)极小极大分类器的误差等于最大的贝叶斯错误率：

$$\varepsilon^*(k_{\mathrm{mm}}) = \max_k \varepsilon^*(k) \tag{2.60}$$

证明：(a)部分。为了便于记忆，令 $c_0=P(Y=0)$且 $c_1=P(Y=1)$。假设存在一个实数 k_{mm}，使得$\varepsilon^0(k_{\mathrm{mm}})=\varepsilon^1(k_{\mathrm{mm}})$。无论 c_0，c_1 为何值，有$\varepsilon^*(k_{\mathrm{mm}})=c_0\,\varepsilon^0(k_{\mathrm{mm}})+c_1\,\varepsilon^1(k_{\mathrm{mm}})=\varepsilon^0(k_{\mathrm{mm}})=\varepsilon^1(k_{\mathrm{mm}})$。现在假设存在 $k'>k_{\mathrm{mm}}$，使得$\max\{\varepsilon^0(k'),\ \varepsilon^1(k')\}<\max\{\varepsilon^0(k_{\mathrm{mm}}),\ \varepsilon^1(k_{\mathrm{mm}})\}=\varepsilon^*(k_{\mathrm{mm}})$。由于$\varepsilon^0(k)$和$\varepsilon^1(k)$是连续的，它们又分别是关于 k 的严格递增或递减函数。那么存在 δ_0，$\delta_1>0$ 使得$\varepsilon^0(k')=\varepsilon^0(k_{\mathrm{mm}})+\delta_0=\varepsilon^*(k_{\mathrm{mm}})+\delta_0$ 且$\varepsilon^1(k')=\varepsilon^1(k_{\mathrm{mm}})-\delta_1=\varepsilon^*(k_{\mathrm{mm}})-\delta_1$。因此，$\max\{\varepsilon^0(k'),\ \varepsilon^1(k')\}=\varepsilon^*(k_{\mathrm{mm}})+\delta_0>\varepsilon^*(k_{\mathrm{mm}})$与假设存在矛盾。同理，如果存在 $k'<k_{\mathrm{mm}}$，有 δ_0，$\delta_1>0$ 使得$\varepsilon^0(k')=\varepsilon^*(k_{\mathrm{mm}})-\delta_0$ 且$\varepsilon^1(k')=\varepsilon^*(k_{\mathrm{mm}})-\delta_1$，以至于$\max\{\varepsilon^0(k'),\ \varepsilon^1(k')\}=\varepsilon^*(k_{\mathrm{mm}})+\delta_1>\varepsilon^*(k_{\mathrm{mm}})$也与假设矛盾。我们可得到如下结论：如果存在实数 k_{mm}使得$\varepsilon^0(k_{\mathrm{mm}})=\varepsilon^1(k_{\mathrm{mm}})$，则它为$\max\{\varepsilon^0(k),\ \varepsilon^1(k)\}$中的最大值。因为已经假设了$\varepsilon^0[\psi]$和$\varepsilon^1[\psi]$都是关于 k 的连续函数，通过式(2.8)可知当 $k\to\infty$(k 趋于正无穷)时，$\varepsilon^0(k)\to 1$ 且$\varepsilon^1(k)\to 0$；而当 $k\to-\infty$(k 趋于负无穷)时，$\varepsilon^0(k)\to 0$ 且$\varepsilon^1(k)\to 0$。此外，由于$\varepsilon^0[\psi]$和$\varepsilon^1[\psi]$都是关于 k 的连续函数，所以 k_{mm}是唯一的。

(b)部分。定义

$$\varepsilon(c,c_1) = (1-c_1)\varepsilon^0\left(\ln\frac{1-c}{c}\right)+c_1\varepsilon^1\left(\ln\frac{1-c}{c}\right) \tag{2.61}$$

对于任意给定实数 $k=\ln(1-c_1)/c_1$，存在$\varepsilon^*(k)=\varepsilon(c_1,c_2)$。另外，对于所有的 c_1，k_{mm}是一个唯一的实数 $k_{\mathrm{mm}}=\ln(1-c_{\mathrm{mm}})/c_{\mathrm{mm}}$ 使得$\varepsilon^*(k_{\mathrm{mm}})=\varepsilon(c_{\mathrm{mm}},c_{\mathrm{mm}})=\varepsilon(c_{\mathrm{mm}},c_1)$(由于$\varepsilon^0(k_{\mathrm{mm}})=\varepsilon^1(k_{\mathrm{mm}})$)。因此，对于所有的 k，通过贝叶斯误差的定义可以得到$\varepsilon^*(k_{\mathrm{mm}})=\varepsilon(c_{\mathrm{mm}},c_1)\geqslant\varepsilon(c_1,c_1)=\varepsilon^*(k)$。另一方面，$\varepsilon^*(k_{\mathrm{mm}})=\varepsilon(c_{\mathrm{mm}},c_{\mathrm{mm}},)\leqslant\max_{c_1}\varepsilon(c_1,c_1)$。这就证实了$\varepsilon^*(k_{\mathrm{mm}})=\max_{c_1}\varepsilon(c_1,c_1)=\max_k\varepsilon^*(k)$。 ■

将前面 2.5 节中讨论过的高斯同方差模型理论应用到这里。使用本节中的符号形式，可将式(2.51)中的错误率写为：

$$\varepsilon^0(k)=\Phi\left(\frac{-k-\dfrac{1}{2}\delta^2}{\delta}\right)\quad 和 \quad \varepsilon_1(k)=\Phi\left(\frac{k-\dfrac{1}{2}\delta^2}{\delta}\right) \tag{2.62}$$

其中$\delta=\sqrt{(\boldsymbol{\mu}_1-\boldsymbol{\mu}_0)^{\mathrm{T}}\boldsymbol{\Sigma}^{-1}(\boldsymbol{\mu}_1-\boldsymbol{\mu}_0)}$是类中心间的马氏距离，它被假设是已知的，而$\Phi(\cdot)$是标准正态随机变量的累积分布。显然的，$\varepsilon^0[\psi]$和$\varepsilon^1[\psi]$是关于$k$的连续函数，则根据定理2.4可知极小极大阈值$k_{\mathrm{mm}}$是唯一的实数且满足

$$\Phi\left(\frac{k_{\mathrm{mm}}-\dfrac{1}{2}\delta^2}{\delta}\right)=\Phi\left(\frac{-k_{\mathrm{mm}}-\dfrac{1}{2}\delta^2}{\delta}\right) \tag{2.63}$$

因为Φ是单调的，从而上述方程的唯一解是

$$k_{L,\mathrm{mm}}=0 \tag{2.64}$$

其中用下标L来确保与2.5节中同方差情况使用的符号一致。由式(2.47)和式(2.58)可知，高斯同方差情况下的极小极大分类器可由下式给出：

$$\psi_{L,\mathrm{mm}}(\boldsymbol{x})=\begin{cases}1, & (\boldsymbol{\mu}_1-\boldsymbol{\mu}_0)^{\mathrm{T}}\boldsymbol{\Sigma}^{-1}\left(\boldsymbol{x}-\dfrac{\boldsymbol{\mu}_0+\boldsymbol{\mu}_1}{2}\right)\geqslant 0\\ 0, & 否则\end{cases} \tag{2.65}$$

可以注意到在$P(Y=0)=P(Y=1)$的情况中，极小极大分类器相当于贝叶斯分类器的作用。在没有关于$P(Y=0)$和$P(Y=1)$的知识的情况下，极小极大阈值$k_{\mathrm{mm}}=0$是保守的处理方式，即假设它们的概率都等于1/2。然而在异方差高斯模型下，最小极大阈值与0之间会存在较大偏差。

2.6.2　*F*-误差

F-误差(*F*-error)是贝叶斯误差的泛化形式，它能够提供一种类间距离的度量方法，从而可用来度量样本对$(\boldsymbol{X},Y)$的判别质量。假设Y为固定值，*F*-误差可用特征选择和特征提取技术来辨别特征向量$\boldsymbol{X}$的质量，这部分内容将在第9章中被讨论。其思想是，在某些具体情况下，一些*F*-误差可能比贝叶斯误差更容易从数据中估计出来。在贝叶斯误差和分类难度的理论论证中，*F*-误差也是很有用的。最后，它们也具有一定的历史意义。

给定任何凹函数F：$[0,1]\rightarrow[0,\infty)$，相应的*F*-误差被定义为

$$d_F(\boldsymbol{X},Y)=E[F(\eta(\boldsymbol{X}))] \tag{2.66}$$

可以注意到其实贝叶斯误差是一个*F*-误差：

$$\varepsilon^*=E[\min\{\eta(\boldsymbol{X}),1-\eta(\boldsymbol{X})\}]=E[F(\eta(\boldsymbol{X})] \tag{2.67}$$

其中在[0,1]区间上，$F(u)=\min\{u,1-u\}$是非负且凹的。

F-误差族包括多年来被独立引入的许多经典辨别度量。最著名的是最近邻距离(nearest-neighbor distance)：

$$\varepsilon_{\mathrm{NN}}=E[2\eta(\boldsymbol{X})(1-\eta(\boldsymbol{X}))] \tag{2.68}$$

其中在[0,1]区间上，$F(u)=2u(1-u)$是非负且凹的。它是著名Cover-Hart定理结论的一部分，由最近邻分类规则的渐近误差而得名，将在第5章讨论。

定义一个二元熵函数

$$\mathcal{H}(u)=-u\log_2 u-(1-u)\log_2(1-u),\quad 0\leqslant u\leqslant 1 \tag{2.69}$$

信息论中的一个经典度量，即当给定$\boldsymbol{X}$时，Y的条件熵(conditional entropy)被定义为：

$$H(Y\mid\boldsymbol{X})=E[\mathcal{H}(\eta(\boldsymbol{X}))] \tag{2.70}$$

因为函数 $\mathcal{H}(u)$在$[0,1]$上是非负的且凹的，所以这是一个 F-误差。

切尔诺夫误差(Chernoff error)是一种 F-误差，它能够在 $0<\alpha<1$ 中选择出合适的值使得 $F_\alpha(u)=u^\alpha(1-u)^{1-\alpha}$。其特例$F_{1/2}(u)=\sqrt{u(1-u)}$可产生所谓的松下误差(Matsushita error)。

$$\rho = E[\sqrt{\eta(\boldsymbol{X})(1-\eta(\boldsymbol{X}))}] \tag{2.71}$$

参见图 2.7 中的示例，可以注意到在图中

$$\sqrt{u(1-u)} \geqslant 2u(1-u) \geqslant \min\{u,1-u\}, \quad 0 \leqslant u \leqslant 1 \tag{2.72}$$

无论数据分布如何，总有 $\rho \geqslant \varepsilon_{NN} \geqslant \varepsilon^*$。同样，可看出 $H(Y|\boldsymbol{X}) \geqslant \varepsilon_{NN} \geqslant \varepsilon^*$。然而，一般来说 $H(Y|\boldsymbol{X}) \geqslant \rho$ 或 $\rho \geqslant H(Y|\boldsymbol{X})$是不存在的(注意 0 和 1 附近对应曲线的行为变化)。

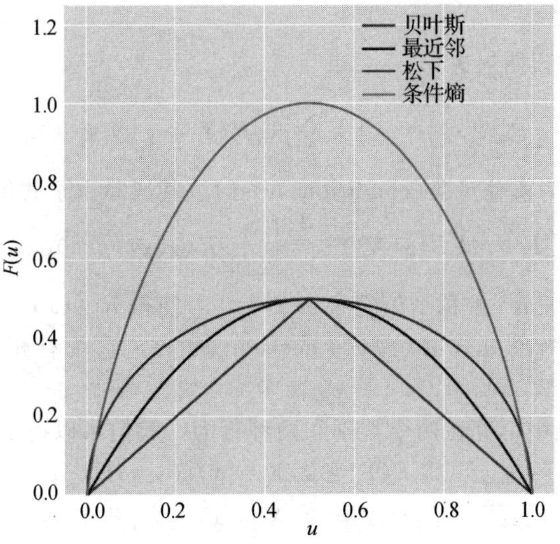

图 2.7　与贝叶斯、最近邻、松下和条件熵误差相对应的 F 函数(由 c02_Ferror.py 生成的图)

下面定理汇集了 F-误差的一些有用性质。(a)～(c)部分是直接可以得到的，而(d)部分的证明方法与定理 2.3 相同。

定理 2.5

(a)F-误差 d_F是非负的，并且如果仅在 $u=0$，1 处存在 $F(u)=0$，当且仅当 $\varepsilon^*=0$ 时 $d_F=0$。

(b)如果在 $u=\frac{1}{2}$时，$F(u)$有最大值；则当且仅当 $\varepsilon^*=\frac{1}{2}$时，$d_F$有最大值。

(c)如果对于所有的 $u\in[0,1]$存在 $F(u)\geqslant\min(u,1-u)$，则 $d_F\geqslant\varepsilon^*$。

(d)给定 $\boldsymbol{X}'=t(\boldsymbol{X})$，其中 t：$R^d\to R^k$ 是一个特征集合的变换。如果 t 是可逆的，则 $d_F(\boldsymbol{X}',Y)\geqslant d_F(\boldsymbol{X},Y)$，且等式成立。

由于定理 2.5 的(a)部分暗示(例如当且仅当 $\varepsilon^*=0$ 时则 $\varepsilon_{NN}=0$)，因此 ε_{NN}为较小的值是可取的。事实上，Cover-Hart 定理(参见第 5 章)指出 $\varepsilon^*\leqslant\varepsilon_{NN}\leqslant 2\varepsilon^*$。相反，根据定 2.5 理的(b)部分，$\varepsilon_{NN}$为较大的值是有问题的。上述内容解释说明了 F-误差与贝叶斯误差的关系，以及它们在特征选择或提取问题中的潜在可用性。

就像定理 2.3 的证明一样，在(d)部分的证明中应用詹森不等式(Jensen's inequality)时要求 F 具有凹性。在定义 F-误差时需要 F 具有凹性的原因在于：在特征向量的可逆变换中不变性对于分类中的任意判别度量都是一个非常值得拥有的性质。

2.6.3 贝叶斯决策理论

贝叶斯决策理论为决策提供了一个通用的处理过程，其中包括的一个特例是最优分类问题。

假设存在一个有限的可能行为(action)集($\alpha(\boldsymbol{x})\in\{\alpha_0,\alpha_1,\cdots,\alpha_{a-1}\}$)，可观察到特征向量 $\boldsymbol{X}=\boldsymbol{x}$ 时采取一个行为 $\alpha(\boldsymbol{x})$。进而假设存在 c 个自然状态(states of nature)，它被编码成 $Y\in\{0,1,\cdots,c-1\}$。每个行为会产生一个损失(loss)

$$\lambda_{ij} = \text{当自然的真实状态为 } j \text{ 时采取行为 } \alpha_i \text{ 的成本} \tag{2.73}$$

行为 α_i 仅可被自然的真实状态 i 所决定，但当 $a>c$ 时，任意的一种额外行为可能被拒绝(rejecting)做出决策。

在观察 $\boldsymbol{X}=\boldsymbol{x}$ 时的预期损失为

$$R[\alpha(\boldsymbol{x})=\alpha_i]=\sum_{j=0}^{c-1}\lambda_{ij}P(Y=j\mid\boldsymbol{X}=\boldsymbol{x}) \tag{2.74}$$

对于给定 $\boldsymbol{X}=\boldsymbol{x}$，它称为条件风险(conditional risk)。其风险由下式给出。

$$R=E[R(\alpha(\boldsymbol{X}))]=\int_{x\in R^d}R(\alpha(\boldsymbol{x}))p(\boldsymbol{x})\mathrm{d}\boldsymbol{x} \tag{2.75}$$

为了最小化 R，对于 $\boldsymbol{x}\in R^d$ 中每个值选择 $\alpha(\boldsymbol{x})=\alpha_i$，使得 $R[\alpha(\boldsymbol{x})=\alpha_i]$取到最小值。这种最优策略被称为贝叶斯决策规则(Bayes decision rule)，它具有相应的最优贝叶斯风险(Bayes risk)R^*。

在 $a=c=2$ 的特例中，存在两个类别和两种行为，我们可以得到

$$\begin{aligned}R[\alpha(\boldsymbol{x})=\alpha_0]&=\lambda_{00}P(Y=0\mid\boldsymbol{X}=\boldsymbol{x})+\lambda_{01}P(Y=1\mid\boldsymbol{X}=\boldsymbol{x})\\R[\alpha(\boldsymbol{x})=\alpha_1]&=\lambda_{10}P(Y=0\mid\boldsymbol{X}=\boldsymbol{x})+\lambda_{11}P(Y=1\mid\boldsymbol{X}=\boldsymbol{x})\end{aligned} \tag{2.76}$$

如果当 $R[\alpha(\boldsymbol{x})=\alpha_0]<R[\alpha(\boldsymbol{x})=\alpha_1]$时，我们决定采取行为 α_0，即如果

$$(\lambda_{10}-\lambda_{00})P(Y=0\mid\boldsymbol{X}=\boldsymbol{x})>(\lambda_{01}-\lambda_{11})P(Y=1\mid\boldsymbol{X}=\boldsymbol{x}) \tag{2.77}$$

上式等于如下形式

$$\frac{p(\boldsymbol{x}\mid Y=0)}{p(\boldsymbol{x}\mid Y=1)}>\frac{\lambda_{01}-\lambda_{11}}{\lambda_{10}-\lambda_{00}}\frac{P(Y=1)}{P(Y=0)} \tag{2.78}$$

利用贝叶斯定理(假设$\lambda_{10}>\lambda_{00}$且$\lambda_{01}>\lambda_{11}$)

损失

$$\begin{aligned}\lambda_{00}&=\lambda_{11}=0\\\lambda_{10}&=\lambda_{01}=1\end{aligned} \tag{2.79}$$

被称为 0-1 损失(0-1 loss)。它是在第 1 章中已经提到过的误分类损失。在这种情况下，式(2.77)等于式(2.26)中贝叶斯分类器的表达式。因此，如果行为 α_i 可以被自然状态 i 所决定(其中 $i=0,1$)，则 0-1 损失情况将导致之前考虑的最优二元分类情况：(条件)风险退化为(条件)分类误差，并且贝叶斯决策规则和贝叶斯风险分别退化为贝叶斯分类器和贝叶斯误差。

式(2.77)通常被用于特定类错误率不对称的分类中，例如在诊断试验中，假阳性的成本 λ_{10} 包括进一步的检查或不必要的治疗，而在某些情况下假阴性可能带来致命的后果，从而应该为其分配更大的成本 λ_{01}。

*2.6.4 分类问题的严格表达

我们的目标是为数据对$(\boldsymbol{X},Y)$构造特征-目标分布$P_{\boldsymbol{X},Y}$，其中$\boldsymbol{X}\in R^d$，$Y\in R$在$\{0,1,\cdots,c-1\}$中取值且$c\geqslant 2$(下面的论点也会对可数无穷类别数量起作用)。本节中提到的概率论概念将在附录A.1节中进行简要地论述。

在R^{d+1}中给定一个波雷耳集合B，它的幂被定义为$B^y=\{\boldsymbol{x}\in R^d \mid (\boldsymbol{x},y)\in B\}$，其中$y=0,1,\cdots,c-1$。从Billingsley[1995]的定理18.1中可以看出，每个B^y都是R^d中的Borel集。下面使用的一个重要性质是集合并集的幂等于集合幂的并集：$(\bigcup B_i)^y=\bigcup B_i{}^y$。

考虑概率测度μ_y，其中在$(R^d,\mathcal{B}^d)$上$y=1,\cdots,c-1$，以及在$(R,\mathcal{B})$上的离散概率测度将质量$p_y>0$置于$y=0,1,\cdots,c-1$上。在$\mathcal{B}^{d+1}$上定义集合函数$P_{\boldsymbol{X},Y}$为

$$P_{\boldsymbol{X},Y}(B)=\sum_{y=0}^{c-1}p_y\mu_y(B^y) \tag{2.80}$$

显然，$P_{\boldsymbol{X},Y}$是非负的，$P_{\boldsymbol{X},Y}(R^{d+1})=\sum_{y=0}^{c-1}p_y\mu_y(R^d)=1$，如果$B_1$，$B_2$，…是在$R^{d+1}$上的互不相交的Borel集，则$P_{\boldsymbol{X},Y}(\bigcup_{i=1}^{\infty}B_i)=\sum_{y=0}^{c-1}p_y\mu_y(\bigcup_{i=1}^{\infty}B_i^y)=\sum_{y=0}^{c-1}p_y\sum_{i=1}^{\infty}\mu_y(B_i^y)=\sum_{i=1}^{\infty}\sum_{y=0}^{c-1}p_y\mu_y(B_i^y)=\sum_{i=1}^{\infty}P_{\boldsymbol{X},Y}(B_i)$。因此，$P_{\boldsymbol{X},Y}$是在$(R^{d+1},\mathcal{B}^{d+1})$上的概率测度。

特征目标对$(\boldsymbol{X},Y)$是与分布$P_{\boldsymbol{X},Y}$相关的随机向量。可以注意到

$$P(Y=y)=P_{\boldsymbol{X},Y}(R^d\times\{y\})=p_y\mu_y(R^d)=p_y \tag{2.81}$$

是类先验概率，其中$y=0,1,\cdots,c-1$。

这个公式是非常通用的：测度μ_y可以是离散的、单调连续的、绝对连续的或者它们的混合形式。在本章中，我们详细讨论的每个测度μ_y都是关于Lebesgue测度的绝对连续实例。在这种情况下，存在一种密度形式(即在R^d上的积分等于1的一个非负函数)，我们可将其表示为$p(\boldsymbol{x}\mid Y=y)$，则

$$\mu_y(E)=\int_E p(\boldsymbol{x}\mid Y=y)\lambda(\mathrm{d}\boldsymbol{x}) \tag{2.82}$$

对于一个Borel集合$E\subseteq R^d$，通过式(2.80)可以得到

$$P(\boldsymbol{X}\in E,Y=y)=P_{\boldsymbol{X},Y}(E\times\{y\})=\int_E P(Y=y)p(\boldsymbol{x}\mid Y=y)\lambda(\mathrm{d}\boldsymbol{x}) \tag{2.83}$$

对于每个$y=0,1,\cdots,c-1$，其形式为式(2.3)的方程。在前面方程式中将所有存在的y值相加可以得到

$$P(\boldsymbol{X}\in E)=\int_E\sum_{y=0}^{c-1}P(Y=y)p(\boldsymbol{x}\mid Y=y)\lambda(\mathrm{d}\boldsymbol{x}) \tag{2.84}$$

它表明$\boldsymbol{X}$本身是关于Lebesgue测度绝对连续的，其密度为

$$p(\boldsymbol{x})=\sum_{y=0}^{c-1}P(Y=y)p(\boldsymbol{x}\mid Y=y) \tag{2.85}$$

另一种方法使用了在$(R^d,\mathcal{B}^d)$上的单个概率测度μ和在R^d上非负μ-可积函数$\eta_y(y=0,1,\cdots,c-1)$作为替代，则对于每个$\boldsymbol{x}\in R^d$，使得$\Sigma\eta_y(\boldsymbol{x})=1$。那么在$\mathcal{B}^{d+1}$上$P_{\boldsymbol{X},Y}$可定义为

$$P_{\boldsymbol{X},Y}(B)=\sum_{y=0}^{c-1}\int_{B^y}\eta_y(\boldsymbol{x})\mu(\mathrm{d}\boldsymbol{x}) \tag{2.86}$$

显然，$P_{\boldsymbol{X},Y}$是非负的，且

$$P_{\boldsymbol{X},Y}(R^{d+1}) = \sum_{y=0}^{c-1}\int_{R^d}\eta_y(\boldsymbol{x})\mu(\mathrm{d}\boldsymbol{x}) = \int_{R^d}\left(\sum_{y=0}^{c-1}\eta_i(\boldsymbol{x})\right)\mu(\mathrm{d}\boldsymbol{x}) = 1 \tag{2.87}$$

如果 $B_1, B_2, \cdots$是 R^{d+1}上互不相交的 Borel 集合，

$$P_{\boldsymbol{X},Y}\left(\bigcup_{i=1}^{\infty} B_i\right) = \sum_{y=0}^{c-1}\int_{\cup_{i=1}^{\infty}B_i^y}\eta_y(\boldsymbol{x})\mu(\mathrm{d}\boldsymbol{x}) = \sum_{i=1}^{\infty}\sum_{y=0}^{c-1}\int_{B_i^y}\eta_y(\boldsymbol{x})\mu(\mathrm{d}\boldsymbol{x}) = \sum_{i=1}^{\infty}P_{\boldsymbol{X},Y}(B_i) \tag{2.88}$$

因此，$P_{\boldsymbol{X},Y}$是$(R^{d+1}, \mathcal{B}^{d+1})$上的一个概率测度。可以注意到

$$P(\boldsymbol{X}\in E) = P_{\boldsymbol{X},Y}(E\times R) = \sum_{y=0}^{c-1}\int_E\eta_y(\boldsymbol{x})\mu(\mathrm{d}\boldsymbol{x}) = \int_E\sum_{y=0}^{c-1}\eta_y(\boldsymbol{x})\mu(\mathrm{d}\boldsymbol{x}) = \int_E\mu(\mathrm{d}\boldsymbol{x}) \tag{2.89}$$

由于 μ 是关于 $\boldsymbol{X}$ 的分布。再次看到上式中特征向量 $\boldsymbol{X}$ 的 μ 也是通用的，它可以是离散的、单调连续的、绝对连续的或者是它们的混合形式。注意到式(2.83)可变成

$$P(\boldsymbol{X}\in E, Y=y) = P_{\boldsymbol{X},Y}(E\times\{y\}) = \int_E\eta_y(\boldsymbol{x})\mu(\mathrm{d}\boldsymbol{x}) = E[\eta_y(\boldsymbol{X})I_E] \tag{2.90}$$

对于每个 $y=0,1,\cdots,c-1$。因此，随机变量 $\eta_y(\boldsymbol{X})$拥有条件概率 $P(Y=y\,|\,\boldsymbol{X})$的特性[Rosenthal，2006，定义 13.1.4]，并且将其写成 $\eta_y(\boldsymbol{x})=P(Y=y\,|\,\boldsymbol{X}=\boldsymbol{x})$。如果具有密度 $p(\boldsymbol{x})$的 $\boldsymbol{X}$ 是绝对连续的，则式(2.90)将变为

$$P(\boldsymbol{X}\in E, Y=y) = \int_E\eta_y(\boldsymbol{x})p(\boldsymbol{x})\lambda(\mathrm{d}\boldsymbol{x}) \tag{2.91}$$

另外，如果 η_y 是绝对连续的，其中 $y=0,1,\cdots,c-1$，则式(2.83)和式(2.91)转化成式(2.4)的形式：

$$\eta_y(\boldsymbol{x}) = P(Y=y\,|\,\boldsymbol{X}=\boldsymbol{x}) = \frac{P(Y=y)p(\boldsymbol{x}\,|\,Y=y)}{p(\boldsymbol{x})} \tag{2.92}$$

式(2.80)中的公式直接具体说明了标签 Y 的分布，而式(2.86)中的公式直接具体阐述了特征向量 $\boldsymbol{X}$ 的分布。但式(2.80)中的公式可能更灵活，因为对于 c 个类，它都能给出每个类的概率测度 μ_y 的规范说明。

2.7　文献注释

Duda et al.[2001]的第 2 章包含了对最优分类的广泛讨论。它特别地包含了在高斯情形下二维和三维最优决策边界的几个有指导意义的图例。

我们对定理 2.1 的证明是基于 Devroye et al.[1996]对定理 2.1 的证明。定理 2.3 来源于 Devroye et al.[1996]的定理 3.3，但我们给出了不同的证明过程。例 2.1 和例 2.2 改编自 Devroye et al.[1996]中 2.3 节中的示例。

准确度(Precision)和*召回率*(recall)是分类器的特异性和敏感性错误率的替代指标(见 Davis and Goadrich[2006])。召回率就是所谓的敏感性 $P(\psi(\boldsymbol{X})=1\,|\,Y=1)$，而准确度被定义为 $P(Y=1\,|\,\psi(\boldsymbol{X})=1)$并可取代特异性作为真阴性率的度量，准确度要求在被归类为正类中存在很少量的负类。如在罕见疾病的影像目标检测中可能存在大多数病例为阴性的情况。然而，准确度受类别先验概率的影响，而特异性则不受其影响(见 Xie and Braga-Neto [2019])。

极小极大估计在统计信号处理中起着重要的作用，例如参见 Poor and Looze[1981]。定理 2.4 在 Esfahani and Dougherty[2014]以及 Braga-Neto and Dougherty[2015]中以不同的形式出现。

对于 F-误差和其他的类距离度量扩展内容，包括几个额外的结果，可参见 Devroye et al.[1996]。

关于概率论存在许多极好的参考文献，下面我们只提及其中的一些。在本科阶段，Ross[1994]提供了对非测度理论概率的深入讨论。在研究生阶段，Billingsley[1995]、Chung[1974]、Loeève [1977]和 Cramér[1999]都是经典的文献，提供了测量理论概率论的严格的数学解释；而 Rosenthal [2006]对其给出了一个时新的简明介绍。

2.8 练习

2.1 假设 $\boldsymbol{X}$ 是一个离散的特征向量，其分布集中在 R^d 中的一个可数集合 $D=\{\boldsymbol{x}^1,\boldsymbol{x}^2,\cdots\}$ 上。推导出式(2.3)、式(2.4)、式(2.8)、式(2.9)、式(2.11)、式(2.30)、式(2.34)和式(2.36)的离散形式。

提示：可以注意到如果 $\boldsymbol{X}$ 是一个离散分布，那么积分运算就变成了求和运算。对于 $\boldsymbol{x}_k\in D, P(\boldsymbol{X}=\boldsymbol{x}_k)$可用来表示 $p(\boldsymbol{x})$，而 $P(\boldsymbol{X}=\boldsymbol{x}_k\mid Y=y)$可用来表示 $p(\boldsymbol{x}\mid Y=y)$，其中 $y=0$，1。

2.2 重做例 2.1 和例 2.2，如果

(a)只有 H 是可以被观察到的。

(b)没有可用的观察结果。

提示：带有统一参数 λ 的 t 个独立同分布指数随机变量之和是一个带有参数 $\lambda>0$ 的伽马随机变量 $\boldsymbol{X}$ 并且 $t=1,2$(在本例中称其为 Erlang 分布)，其上尾部可写为

$$P(\boldsymbol{X}>x)=\left(\sum_{j=0}^{t-1}\frac{(\lambda x)^j}{j!}\right)\mathrm{e}^{-\lambda x} \tag{2.93}$$

其中 $x\geqslant 0$(如果 $x<0$，毫无疑问的上式等于 1)。

2.3 尝试证明下列 $\varepsilon^*=0$ 的情况

(a)证明提供最优判别的“零一定律”：

$$\varepsilon^*=0\Leftrightarrow\eta(\boldsymbol{X})=0\text{ 或 }1\text{ 以概率 }1 \tag{2.94}$$

提示：使用类似于式(2.33)的论证方式。

(b)证明

$$\varepsilon^*=0\Leftrightarrow\text{存在一个函数 }f\text{ s.t. }Y=f(\boldsymbol{X})\text{ 以概率 }1 \tag{2.95}$$

(c)如果类条件密度存在，并且为了简便假设 $P(Y=0)P(Y=1)>0$，证明

$$\varepsilon^*=0\Leftrightarrow P(p(\boldsymbol{X}\mid Y=0)p(\boldsymbol{X}\mid Y=1)>0)=0 \tag{2.96}$$

即类条件密度以概率 1 不存在“重叠”情况。

2.4 下列问题涉及扩展本章中推导出的一些概念到多类情况。存在 $Y\in\{0,1,\cdots,c-1\}$，其中 c 表示类别数，且存在

$$\eta_i(\boldsymbol{x})=P(Y=i\mid\boldsymbol{X}=\boldsymbol{x}),i=0,1,\cdots,c-1,$$

其中每个 $\boldsymbol{x}\in R^d$。可以看出上述的概率都不是独立的，但满足 $\eta_0(\boldsymbol{x})+\eta_1(\boldsymbol{x})+\cdots+\eta_{c-1}(\boldsymbol{x})=1$，所以其中每个函数都存在冗余。在两类情况中，使用单一的 $\eta(\boldsymbol{x})$来实现是易于理解的，但在多个类的情况下使用上面的冗余集被证实是更有利的，如下

所示。

提示：你应该按顺序回答下列问题项，在后续问题的解中可使用前面的答案。

(a)给定一个分类器 ψ: $R^d \to \{0,1,\cdots,c-1\}$，推导它的条件误差 $P(\psi(\boldsymbol{X})\neq Y|\boldsymbol{X}=\boldsymbol{x})$ 为如下形式。

$$P(\psi(\boldsymbol{X}) \neq Y|\boldsymbol{X} = \boldsymbol{x}) = 1 - \sum_{i=0}^{c-1} I_{\psi(x)=i}\,\eta_i(\boldsymbol{x}) = 1 - \eta_{\psi(x)}(\boldsymbol{x})$$

(b)假设 $\boldsymbol{X}$ 存在一个密度函数，推导 ψ 的分类误差为如下形式。

$$\varepsilon = 1 - \sum_{i=0}^{c-1} \int_{\{x|\psi(x)=i\}} \eta_i(\boldsymbol{x})p(\boldsymbol{x})\mathrm{d}\boldsymbol{x}$$

(c)证明贝叶斯分类器的判别函数为如下形式。

$$\psi^*(\boldsymbol{x}) = \underset{i=0,1,\cdots,c-1}{\arg\max}\ \eta_i(\boldsymbol{x}),\quad \boldsymbol{x} \in R^d$$

提示：首先要考虑条件期望误差之间的差异 $P(\psi(\boldsymbol{X})\neq Y|\boldsymbol{X}=\boldsymbol{x})-P(\psi^*(\boldsymbol{X})\neq Y|\boldsymbol{X}=\boldsymbol{x})$。

(d)证明贝叶斯误差为如下形式。

$$\varepsilon^* = 1 - E[\max_{i=0,1,\cdots,c-1} \eta_i(\boldsymbol{X})]$$

(e)证明可能存在叶斯误差的最大值为 $1-1/c$。

2.5 在单变量分类问题中，存在以下模型

$$Y = T[\cos(\pi X) + N],\quad 0 \leqslant X \leqslant 1 \tag{2.97}$$

其中 X 在区间[0,1]上符合均匀分布，$N\sim\mathcal{N}(0,\sigma^2)$是一个高斯噪声项，且 $T[\cdot]$是标准的 0-1 阶跃函数。请给出上述模型的贝叶斯分类器判别函数和贝叶斯误差。

提示：使用$\int_0^{0.5}\Phi(\cos\pi u)\mathrm{d}u \approx 0.36$，其中 Φ 是标准高斯分布的累积分布函数。

2.6 假设存在模型

$$Y = T\Big(\sum_{i=1}^{d} a_i X_i + N\Big)$$

其中 Y 是类别标签，$X\sim\mathcal{N}(0,I_d)$是特征向量，$N\sim\mathcal{N}(0,\sigma^2)$为噪声项，$T(x)=I_{x>0}$ 是标准的 0-1 阶跃函数。假设 X 和 N 是独立的，且 $\|a\|=1$。

(a)给出上述模型的贝叶斯分类器判别函数并证明它是线性的。

(b)给出上述模型的贝叶斯分类误差。

提示：你可以使用随机变量 $Z_i\sim\mathcal{N}(\mu_i,\sigma_i^2)$的独立高斯和形式，其中 Z_i 也高斯分布，其参数为$(\Sigma_i\mu_i,\Sigma_i\sigma_i^2)$，且可以使用下面公式。

$$\int_0^{\infty}\int_u^{\infty} \mathrm{e}^{-\frac{v^2}{2\sigma^2}}\mathrm{d}v\mathrm{e}^{-\frac{u^2}{2}}\mathrm{d}u = \sigma\arctan(\sigma)$$

2.7 考虑以下单变量高斯类条件密度：

$$p(x|Y=0) = \frac{1}{\sqrt{2\pi}}\exp\Big(-\frac{(x-3)^2}{2}\Big)\text{且 } p(x|Y=1) = \frac{1}{3\sqrt{2\pi}}\exp\Big(-\frac{(x-4)^2}{18}\Big)$$

假设类概率是近似相等的，即 $P(Y=0)=P(Y=1)=1/2$。

(a)绘制其密度并以图形方式表示其贝叶斯分类器。

(b)确定其贝叶斯分类器的形式。

(c)确定其贝叶斯分类器的特异性和敏感性。

提示：使用标准高斯累积分布函数(CDF)$\Phi(x)$。

(d)确定其总体贝叶斯误差。

2.8 考虑一般的异方差高斯模型，其中

$$p(\boldsymbol{x}|Y=i) \sim N_d(\boldsymbol{\mu}_i, \boldsymbol{\Sigma}_i), \quad i=0,1$$

给定一个线性分类器

$$\psi(\boldsymbol{x}) = \begin{cases} 1, & g(\boldsymbol{x}) = \boldsymbol{a}^{\mathrm{T}}\boldsymbol{x} + b \geqslant 0 \\ 0, & \text{否则} \end{cases}$$

根据 Φ(标准正态随机变量的累积分布函数)获得分类误差 ψ，其中 $\boldsymbol{a}, \boldsymbol{b}, \boldsymbol{\mu}_0, \boldsymbol{\mu}_1, \boldsymbol{\Sigma}_0$，$\boldsymbol{\Sigma}_1$，$c_0 = P(Y=0)$和 $c_1 = P(Y=1)$为参数。

2.9 由 $P(Y=0)=P(Y=1)$ 确定高斯模型的最优决策边界，且

(a)$\boldsymbol{\mu}_0 = (0,0)^{\mathrm{T}}$，$\boldsymbol{\mu}_1 = (2,0)^{\boldsymbol{T}}$，$\boldsymbol{\Sigma}_0 = \begin{bmatrix} 2 & 0 \\ 0 & 1 \end{bmatrix}$，$\boldsymbol{\Sigma}_1 = \begin{bmatrix} 2 & 0 \\ 0 & 4 \end{bmatrix}$

(b)$\boldsymbol{\mu}_0 = (0,0)^{\mathrm{T}}$，$\boldsymbol{\mu}_1 = (2,0)^{\mathrm{T}}$，$\boldsymbol{\Sigma}_0 = \begin{bmatrix} 2 & 0 \\ 0 & 1 \end{bmatrix}$，$\boldsymbol{\Sigma}_1 = \begin{bmatrix} 4 & 0 \\ 0 & 1 \end{bmatrix}$

(c)$\boldsymbol{\mu}_0 = (0,0)^{\mathrm{T}}$，$\boldsymbol{\mu}_1 = (0,0)^{\mathrm{T}}$，$\boldsymbol{\Sigma}_0 = \begin{bmatrix} 1 & 0 \\ 0 & 1 \end{bmatrix}$，$\boldsymbol{\Sigma}_1 = \begin{bmatrix} 2 & 0 \\ 0 & 2 \end{bmatrix}$

(d)$\boldsymbol{\mu}_0 = (0,0)^{\mathrm{T}}$，$\boldsymbol{\mu}_1 = (0,0)^{\mathrm{T}}$，$\boldsymbol{\Sigma}_0 = \begin{bmatrix} 2 & 0 \\ 0 & 1 \end{bmatrix}$，$\boldsymbol{\Sigma}_1 = \begin{bmatrix} 1 & 0 \\ 0 & 2 \end{bmatrix}$

在上述每种情况下，绘制最优决策边界以及类均值和类条件密度等值线，指示出0-决策区域和1-决策区域。

2.10 如果 $\boldsymbol{\Sigma}$ 是严格正定的，证明式(2.45)中的马氏距离满足下列距离的性质：

(a) $\| \boldsymbol{x}_0 - \boldsymbol{x}_1 \|_{\boldsymbol{\Sigma}} > 0$ 并且 $\| \boldsymbol{x}_0 - \boldsymbol{x}_1 \|_{\boldsymbol{\Sigma}} = 0$ 当且仅当 $\boldsymbol{x}_0 = \boldsymbol{x}_1$。

(b) $\| \boldsymbol{x}_0 - \boldsymbol{x}_1 \|_{\boldsymbol{\Sigma}} = \| \boldsymbol{x}_1 - \boldsymbol{x}_0 \|_{\boldsymbol{\Sigma}}$。

(c) $\| \boldsymbol{x}_0 - \boldsymbol{x}_1 \|_{\boldsymbol{\Sigma}} \geqslant \| \boldsymbol{x}_0 - \boldsymbol{x}_2 \|_{\boldsymbol{\Sigma}} + \| \boldsymbol{x}_1 - \boldsymbol{x}_2 \|_{\boldsymbol{\Sigma}}$(三角不等式)。

2.11 在 R^d 中存在的密度指数族(exponential family)为

$$p(\boldsymbol{x}|\boldsymbol{\theta}) = \alpha(\boldsymbol{\theta})\beta(\boldsymbol{x})\exp\left(\sum_{i=1}^{k} \xi_i(\boldsymbol{\theta})\ \phi_i(\boldsymbol{x})\right) \tag{2.98}$$

其中 $\boldsymbol{\theta} \in R^m$ 是一个参数向量，当 $\alpha, \beta \geqslant 0$ 时 $\alpha, \xi_1, \cdots, \xi_k$：$R^m \to R$ 且 $\beta, \phi_1, \cdots, \phi_k$：$R^m \to R$。

(a)假设存在类条件密度为 $p(\boldsymbol{x}|\boldsymbol{\theta}_0)$和 $p(\boldsymbol{x}|\boldsymbol{\theta}_1)$。证明贝叶斯分类的形式为

$$\psi^*(\boldsymbol{x}) = \begin{cases} 1, & \sum_{i=1}^{k} a_i(\boldsymbol{\theta}_0, \boldsymbol{\theta}_1)\phi_i(\boldsymbol{x}) + b(\boldsymbol{\theta}_0, \boldsymbol{\theta}_1) > 0 \\ 0, & \text{否则} \end{cases} \tag{2.99}$$

它称为广义线性分类器(generalized linear classifier)。在变换后的特征向量 $\boldsymbol{X}' = (\phi_1(\boldsymbol{X}), \cdots, \phi_k(\boldsymbol{X})) \in R^k$ 中决策边界是线性的，而在原始特征空间中一般是非线性的。

(b)证明参数为 $\lambda > 0$ 的指数随机变量、参数为 $\lambda, t > 0$ 的伽马(gamma)随机变量和参数为 $a, b > 0$ 的贝塔(beta)随机变量(参见附录 A.1.4 节)都属于指数分布族。在每种情况下给出贝叶斯分类器的形式。

(c)证明具有参数 $\boldsymbol{\mu}, \boldsymbol{\Sigma} > 0$ 的多元高斯随机变量属于指数分布族。证明由式(2.99)得到的贝叶斯分类器与式(2.54)和式(2.55)中的贝叶斯分类器是相吻合的。

2.12 假设对同一个人进行重复测量 $\boldsymbol{X}^{(j)} \in R^d$，其中 $j=1,\cdots,m$。例如，这些测量可能是每小时或每天重复一次(它在医学研究和工业环境中都比较常见)。假设多个测量值采用以下相加模型：

$$\boldsymbol{X}^{(i)} = \boldsymbol{Z} + \boldsymbol{\varepsilon}^{(i)}, \quad i=1,\cdots,m \tag{2.100}$$

其中 $\boldsymbol{Z}|Y_i=j \sim \mathcal{N}(\boldsymbol{\mu}_j, \boldsymbol{\Sigma}_j)$ 和 $\boldsymbol{\varepsilon}^{(j)} \sim \mathcal{N}(0, \boldsymbol{\Sigma}_{\text{err}})(j=0,1,\ i=1,\cdots,m)$ 分别表示“信号”和“噪声”。假设噪声向量间以及噪声向量和信号向量间是独立的。在这种情况下，我们希望得到一个最优的分类器。最简单的方法是将所有测量值叠加在一个特征向量 $\boldsymbol{X}=(\boldsymbol{X}^{(1)},\cdots,\boldsymbol{X}^{(m)}) \in R^{dm}$ 上。

(a)当 $\boldsymbol{x}=(\boldsymbol{x}^{(1)},\cdots,\boldsymbol{x}^{(m)}) \in R^{dm}$ 是堆叠特种空间中的一个点时，证明在式(2.27)中最优的判别式 $D^*(\boldsymbol{x})$ 为

$$D^*(\boldsymbol{x}) = \frac{1}{2}(\bar{\boldsymbol{x}}-\boldsymbol{\mu}_0)^{\mathrm{T}}(\boldsymbol{\Sigma}_0+\boldsymbol{\Sigma}_{\text{err}}/m)^{-1}(\bar{\boldsymbol{x}}-\boldsymbol{\mu}_0) - \frac{1}{2}(\bar{\boldsymbol{x}}-\boldsymbol{\mu}_1)^{\mathrm{T}}(\boldsymbol{\Sigma}_1+\boldsymbol{\Sigma}_{\text{err}}/m)^{-1}(\bar{\boldsymbol{x}}-\boldsymbol{\mu}_1)$$
$$+\frac{1}{2}\ln\frac{\det(\boldsymbol{\Sigma}_0+\boldsymbol{\Sigma}_{\text{err}}/m)}{\det(\boldsymbol{\Sigma}_1+\boldsymbol{\Sigma}_{\text{err}}/m)} + \frac{m-1}{2}\text{Trace}(\bar{\boldsymbol{\Sigma}}(\boldsymbol{\Sigma}_0^{-1}-\boldsymbol{\Sigma}_1^{-1})) \tag{2.101}$$

其中

$$\bar{\boldsymbol{x}} = \frac{1}{m}\sum_{j=1}^{m}\boldsymbol{x}^{(j)} \tag{2.102}$$

且

$$\bar{\boldsymbol{\Sigma}} = \sum_{j=1}^{m}(\boldsymbol{x}^{(j)}-\bar{\boldsymbol{x}})(\boldsymbol{x}^{(j)}-\bar{\boldsymbol{x}})^{\mathrm{T}} \tag{2.103}$$

比较式(2.43)和式(2.101)。当 $m=1$ 时会发生什么？

提示：注意到

$$\boldsymbol{X}|Y=k \sim \mathcal{N}(\boldsymbol{\mu}_k \otimes \boldsymbol{1}_m, \boldsymbol{\Sigma}_k \otimes \boldsymbol{1}_m\boldsymbol{1}_m^{\mathrm{T}} + \boldsymbol{\Sigma}_{\text{err}} \otimes I_m), \quad k=0,1 \tag{2.104}$$

其中 $\boldsymbol{1}_m$ 是一个 $m\times1$ 单位向量，而“⊗”表示矩阵的 Kronecker 积。

(b)为贝叶斯分类器编写一个类似于式(2.54)和(2.55)的表达式。

(c)将(a)项和(b)项转化为同方差的情况 $\boldsymbol{\Sigma}_0=\boldsymbol{\Sigma}_1$。为贝叶斯分类器写出一个类似于式(2.48)和式(2.49)的表达式。给出类似于式(2.52)的贝叶斯误差表达式。随着 m 的增加，贝叶斯误差会发生什么变化？

2.13 在单变量模式识别问题中，如果 $Y=0$，特征 $\boldsymbol{X}$ 在区间[0,2]上是一致的，且如果 $Y=1$，特征 $\boldsymbol{X}$ 在区间[1,3]上是一致的。假设不同标签的概率是相同的，请计算：

(a)贝叶斯分类器判别式 ψ^*。

(b)贝叶斯误差 ε^*。

(c)渐近最近邻误差 ϵ_{NN}。

2.14 考虑以下类间距离的度量：

$$\tau = E[8\eta(X)^2(1-\eta(X))^2]$$

并且在提议的关系式中存在 $\epsilon^* \leqslant \tau \leqslant \epsilon_{\text{NN}}$。

(a)无论 (X,Y) 的分布如何，表明总有 $\tau \leqslant \epsilon_{\text{NN}}$ 存在。

提示：你可以用 $1-5x+8x^2-4x^3 \geqslant 0$，其中 $0 \leqslant x \leqslant 1$ 的例子来说明。

(b)当不存在 $\epsilon^* \leqslant \tau$ 时，给出 (X,Y) 的分布。

提示：考虑一下 $\eta(X)=0.1$ 时会发生什么。

2.15 本题关注带有拒绝选项的分类问题。假设有 c 个类和 $c+1$ 个“行为”($\alpha_0,\alpha_1,\cdots,\alpha_c$)。对于 $i=0,\cdots,c-1$，行为 α_i 只能被分类到类别 i，然而行为 α_c 被拒绝；也就是说，由于缺乏足够的证据，可放弃参加其中的任何一个类别。上述问题可以被建模为贝叶斯决策理论问题，其中当真实自然状态 j 时执行行为 α_i 的成本 λ_{ij} 为

$$\lambda_{ij}=\begin{cases}0, & i=j,\text{对于 } i,j=0,\cdots,c-1\\ \lambda_r, & i=c\\ \lambda_m, & \text{否则}\end{cases}$$

其中 λ_r 是与拒绝相关的成本，λ_m 是错误分类一个样本的成本。根据后验概率 $\eta_i(\boldsymbol{x})$ (见前面的问题)和成本参数确定最优决策函数 $\alpha^*: R^d\to\{\alpha_0,\alpha_1,\cdots,\alpha_c\}$。正如预期的那样，拒绝情况发生将取决于相对成本比例 λ_r/λ_m。请解释当该比率为 0、0.5 或大于等于 1 时会发生什么？

2.9 Python 作业

2.16 假设在例 2.1 中的模型是

$$Y=\begin{cases}1(\text{通过}), & \text{若 } S+H+N>\kappa\\ 0(\text{不通过}), & \text{否则}\end{cases}\tag{2.105}$$

其中给定一个实值阈值 $\kappa>0$。

(a)证明其贝叶斯分类器判别函数为

$$\psi^*(s,h)=\begin{cases}I_{s+h>\kappa-\ln 2}, & \kappa>\ln 2\\ 1, & 0<\kappa<\ln 2\end{cases}\tag{2.106}$$

特别是，如果 $\kappa<\ln 2$，最优预测是所有学生都能通过这门课。

(b)证明其贝叶斯误差为

$$\varepsilon^*=\begin{cases}\mathrm{e}^{-k}\left[(\kappa+1-\ln 2)^2-\dfrac{\kappa(\kappa+2)}{2}\right], & \kappa>\ln 2\\ 1-\mathrm{e}^{-k}\left[1+\dfrac{\kappa(\kappa+2)}{2}\right], & 0<\kappa<\ln 2\end{cases}\tag{2.107}$$

将其作为 κ 的函数进行绘图，并对生成的图进行解释说明。

(c)对式(2.107)进行微分找出 κ 为何值时将产生最大贝叶斯误差。

(d)证明

$$c=P(Y=1)=\mathrm{e}^{-k}\left[1+\frac{\kappa(\kappa+2)}{2}\right]\tag{2.108}$$

然后像(b)项中绘制贝叶斯误差一样将其作为 κ 的函数绘制出来，证明式(2.35)的边界是成立的。

2.17 本题与附录 A.8.1 节中合成数据的高斯模型有关。

(a)在 $\boldsymbol{\mu}_0=(0,\cdots,0)$，$\boldsymbol{\mu}_1=(1,\cdots,1)$ 且 $P(Y=0)=P(Y=1)$ 的同方差情形下，推导贝叶斯误差的一般表达式。答案可以从参数 k，$\sigma_1^2,\cdots,\sigma_k^2$，$l_1,\cdots,l_k$ 及 $\rho_1,\cdots,\rho_k$ 的角度来回答。

提示：可利用以下事实

$$\begin{bmatrix} 1 & \rho & \cdots & \rho \\ \rho & 1 & \cdots & \rho \\ \vdots & \vdots & & \vdots \\ \rho & \rho & \cdots & 1 \end{bmatrix}_{l\times l}^{-1} = \frac{1}{(1-\rho)(1+(l-1)\rho)} \begin{bmatrix} 1+(l-2)\rho & -\rho & \cdots - & \rho \\ -\rho & 1+(l-2)\rho & \cdots - & \rho \\ \vdots & \vdots & & \vdots \\ -\rho & -\rho & \cdots & 1+(l-2)\rho \end{bmatrix} \tag{2.109}$$

(b) 专门将前面的公式转化为具有相等相关性($\rho_1=\cdots=\rho_k=\rho$)和常数方差($\sigma_1^2=\cdots=\sigma_k^2=\sigma^2$)的等尺寸块 $l_1=\cdots=l_k=l$。根据 d,l,σ 和 ρ 参数，编写程序展现以下结果。

i. 使用 scipy. stats 模块中的 Python 函数 norm. cdf，将绘制贝叶斯误差过程作为一个函数，该函数在 $\sigma\in[0.01,3]$ 中对 $d=20$，$l=4$ 和四个不同的相关度值($\rho=0$，0.25，0.5，0.75)进行绘制(为每个值绘制一条曲线)。确认对于每个 ρ 值贝叶斯误差随 σ 从 0～0.5 单调增加，而 ρ 值越大，贝叶斯误差越大。然后证实特征之间的相关性对分类有决定性作用。

ii. 将绘制贝叶斯误差作为 $d=2,4,6,8,\cdots,40$ 情况的函数，它的固定块大小 $l=4$、方差 $\sigma^2=1$ 并且 $\rho=0$，0.25,0.5,0.75(为每个值绘制一条曲线)。确认随着维数的增加贝叶斯误差单调减小到 0，且对于较小的相关值收敛速度较快。

iii. 对于不同块大小 $l=1,2,4,10$，常数方差 $\sigma^2=2$ 和固定的 $d=20$，将绘制贝叶斯误差作为相关度 $\rho\in[0,1]$的函数(为每个值绘制一条曲线)。确认随相关度的增加贝叶斯误差也单调增加。可以注意到在 $\rho=0$ 附近增长率特别大，这表明贝叶斯误差对接近独立区域的相关性非常敏感。

(c)在异方差情况下，使用数值积分重做(b)项中的绘图工作，其中类别 0 中的特征始终是不相关的。

i. 对于(b)中的 i 和 ii 部分，将 σ 离散化为步长为 0.02 的跨度，对于类别 0 使用 $\rho=0$，对于类别 1 使用 $\rho=0.25,0.5,0.75$(为每个值绘制一条曲线)。

ii. 对于(b)中的 iii 部分，类别 0 使用 $\rho=0$，类别 1 使用 $\rho\in[0,1]$。将 ρ 离散化为步长为 0.02 的跨度。

与同方差情形下的结果进行了比较。

提示：从合成模型中生成大样本量的数据，对其应用最优高斯判别式，并形成经验误差估计。

2.18　具有自由度 $\nu>0$ 的单个学生的 t 随机变量提供了一种“重尾”单峰分布的模型，其密度可由下式给出：

$$f_\mu(x) = K(\nu)\left(1+\frac{x^2}{\nu}\right)^{-\frac{\nu+1}{2}} \tag{2.110}$$

其中 $K(\nu)>0$ 是归一化常数，它使得上述密度的积分为 1。ν 越小，上述密度函数的尾部越粗重，中心矩越小。在 $\nu=1$ 的情况中对应的柯西随机变量没有中心矩。相反，ν 越大，其尾部越细，中心矩越大。可以证明单变量高斯函数是 $\nu\to\infty$ 的极限情况。

分类问题中类条件密度可用平移和缩放的单变量 t 分布来建模为：

$$p(x\mid Y=i) = f_\nu\left(\frac{x-a_i}{b}\right),\quad i=0,1 \tag{2.111}$$

其中 a_0、a_1 和 $b>0$ 在高斯情况下分别扮演 μ_0，μ_1 和 σ 的角色。
假设 $P(Y=0)=P(Y=1)$。
(a)确定贝叶斯分类器的判别函数。
(b)确定贝叶斯误差为具有参数 a_0、a_1、b 和 ν 的函数。为了不丧失一般性，你可以假设 $a_0<a_1$，并根据具有自由度为 ν 的标准学生 t 随机变量的累积密度函数 $F_\nu(t)$ 来给出你的答案。
(c)使用 scipy.stats 模块中的 Python 函数 t.cdf，对于 $\nu=1,2,4,100$ 的情况将绘制贝叶斯误差作为 $(a_1-a_0)/b$ 的函数（$\nu=100$ 情况本质上与高斯情况相一致）。那么 ν 值对贝叶斯误差将产生怎样的影响？贝叶斯误差的最大值和最小值将在哪里出现？

第 3 章

Fundamentals of Pattern Recognition and Machine Learning

基于实例的分类

“我常说当你能度量你所说的话，并用数字将其表达出来时，你就知道了它的一些情况；但当你不能用数字来表达它时，你所知道的知识就是贫乏的并且不能令人满意的。这将作为你要学习知识的开始，但你的思想还几乎没有被提升到科学的阶段。”

——开尔文勋爵，《受欢迎的讲座和演讲》，1889 年

最佳分类要求充分了解特征-目标分布。在实践中，这是一个相对罕见的场景，必须将分布知识与样本数据组合起来获得分类器模型。在本章中，我们将介绍与基于实例的分类相关的基本概念，其中包括分类器设计和错误率，以及一致性。本章中的一节展示了自由分布分类规则存在重要的局限性。本章的材料为接下来的几章在基于实例的分类方面提供了基础。

3.1 分类规则

训练数据(training data)$S_n=\{(\boldsymbol{X}_1,Y_1),\cdots,(\boldsymbol{X}_n,Y_n)\}$由 n 个实例样本的特征向量及其相关的标签组成，它通常通过在实验中 n 个样本的每个向量测度 $\boldsymbol{X}_i$ 产生出来，然后让“专家”对每个样本生成出一个标签 Y_i。我们假设 S_n 是来自特征-目标分布的独立同分布(independent identically distributed，i.i.d)的实例样本集，即实例样本点的集合是独立的，且每个实例样本点都具有分布 $P_{\boldsymbol{X},Y}$(不同的情况参见 3.5.2 节)。对于与特征向量 $\boldsymbol{X}_i$ 对应的每个样本，“专家”产生一个概率为 $P(Y=0\mid\boldsymbol{X}_i)$的标签 $Y_i=0$ 和一个概率为$P(Y=1\mid\boldsymbol{X}_i)$的标签 $Y_i=1$，因此，训练数据中的标签不是“真”标签，因为一般情况下它们并不存在。而这些标签可用精确的概率来假设指派。此外，可以注意到类别 0 和类别 1 中的样本点数量 $N_0=\sum_{i=1}^{n}I_{Y_i=0}$ 和 $N_1=\sum_{i=1}^{n}I_{Y_i=1}$ 分别是具有参数为$(n,1-p)$ 和(n,p)的二项式随机变量，其中 $p=P(Y=1)$。显然，N_0 和 N_1 不是独立的，因为 $N_0+N_1=n$。[⊖]

给定训练数据 S_n 作为输入，分类规则ψ_n 是一个输出训练分类器的算子，下标“n”提醒我们ψ_n 是数据 S_n 的函数(它的作用类似于经典统计学中用于估计的帽子符号)。理解分类器和分类规则之间的区别是很重要的，后者不输出类标签，而是输出分类器。

形式上，让$\mathcal{C}$表示所有分类器的集合，即从 R^d 到$\{0,1\}$的所有(波雷耳可测)函数。然后将分类规则定义为一个映射Ψ_n：$[R^d\times\{0,1\}]^n\to\mathcal{C}$。换句话说，$\Psi_n$ 将样本数据$S_n\in[R^d\times\{0,1\}]^n$映射到分类器$\psi_n=\Psi_n(S_n)\in\mathcal{C}$。

例 3.1 (最近质心分类规则) 考虑以下简单分类器：

$$\psi_n(\boldsymbol{x})=\begin{cases}1, & \|\boldsymbol{x}-\hat{\boldsymbol{\mu}}_1\|<\|\boldsymbol{x}-\hat{\boldsymbol{\mu}}_0\| \\ 0, & \text{否则}\end{cases} \tag{3.1}$$

⊖ 所有概念都可以即刻扩展到任意数量的类 $c>2$。

其中

$$\hat{\boldsymbol{\mu}}_0 = \frac{1}{N_0}\sum_{i=1}^{n}\boldsymbol{X}_i\boldsymbol{I}_{Y_i=0} \quad 和 \quad \hat{\boldsymbol{\mu}}_1 = \frac{1}{N_1}\sum_{i=1}^{n}\boldsymbol{X}_i\boldsymbol{I}_{Y_i=1} \tag{3.2}$$

是每类实例样本的均值。换句话说，分类器将最近(实例)类均值的标签分配给测试点 $\boldsymbol{x}$。这种分类规则能够产生出超平面决策边界是显而易见的。通过将实例样本均值替换为其他类型的质心(如实例样本中位数)，可以得到一系列具有相似目的的分类规则。可以注意到式(2.46)和式(3.1)之间的相似性——更多关于这方面的信息，请参阅第 4 章。■

例 3.2(最近邻分类规则)　给出另一个简单的分类器

$$\psi_n(\boldsymbol{x}) = Y_{(1)}(\boldsymbol{x}) \tag{3.3}$$

其中($\boldsymbol{X}_{(1)}(\boldsymbol{x})$，$Y_{(1)}(\boldsymbol{x})$)是最近的训练样本点：

$$\boldsymbol{X}_{(1)}(\boldsymbol{x}) = \arg\min_{\boldsymbol{X}_1,\cdots,\boldsymbol{X}_n}\|\boldsymbol{X}-\boldsymbol{x}\| \tag{3.4}$$

(如果存在所属不同类的实例样本数量相同，则取索引 i 最小的点)换句话说，分类器将训练数据中最近邻的标签分配给测试样本点 $\boldsymbol{x}$。这种分类规则产生的决策边界是非常复杂的。通过用其他度量(例如，相关性)代替欧几里得范数可以得到一系列相似的分类规则。此外，将 k 个最近训练样本点($k-1$ 产生先前的情况)集合中的多数所拥有的标签赋给测试实例样本点，用奇数 k 避免所属不同类的实例样本数量相同情况，得到了该分类规则的直接推广形式。这被称之为 k-最近邻分类规则，将在第 5 章将对其进行详细的讨论。■

例 3.3(离散直方图分类规则)　假设 $\boldsymbol{X}$ 的分布是集中在 R^d 上有限数量的点$\{\boldsymbol{x}^1,\cdots,\boldsymbol{x}^b\}$，对应测度 $\boldsymbol{X}$ 只能产生有限个不同值的情况。设 U_j 和 V_j 分别表示($\boldsymbol{X}_i=\boldsymbol{x}^j, Y_i=0$)和($\boldsymbol{X}_i=\boldsymbol{x}^j, Y_i=1$)的训练实例样本点数量，其中 $j=1,\cdots,b$。离散直方图规则由下式给出

$$\psi_n(\boldsymbol{x}^j) = \begin{cases} 1, & U_j < V_j \\ 0, & 否则 \end{cases} \tag{3.5}$$

其中 $j=1,\cdots,b$。换句话说，离散直方图规则将把 $\boldsymbol{x}^j$ 在同类中的训练实例样本点的多数所拥有的标签分配给 $\boldsymbol{x}^j$。如果存在所属不同类的实例样本数量相同，则目标标签设置为零，见图 3.1 所示。

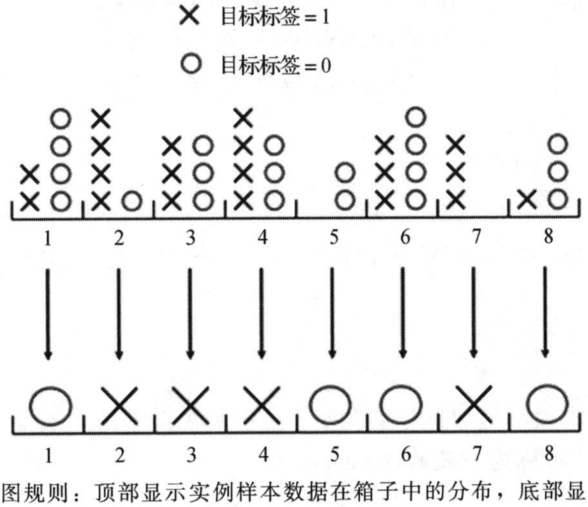

图 3.1　离散直方图规则：顶部显示实例样本数据在箱子中的分布，底部显示所设计的分类器　■

对于小训练样本量，在 U_j 和 V_j 之间发生类别标签数量相同时是有待解决的难题之一(包括缺少类别，即 $U_j=V_j=0$)。除了将分类器任意设置为 0(或 1)外，还可以在整个数

据中使用多数标签来指定分类结果，或者如果 $U_j = V_j$ 的值是偶数，则赋值为 0；而如果是奇数，则赋值为 1。如果在分类规则的定义中允许加入随机因素，也可以用 50%-50% 概率或将观察值的 N_0/n 和 N_1/n 作为概率来随机地指定标签。在这种情况下，存在一个随机分类器：重复为相同的训练数据生成不同分类器。若无特殊说明，后续章节中考虑的所有分类规则都是非随机的(随机分类规则的其他示例，请参阅 3.5.1 节。)

3.2 分类错误率

给定一个分类规则 Ψ_n，在数据 S_n 上训练得到的分类器$\Psi_n = \Psi_n(S_n)$的误差由下式给出

$$\varepsilon_n = P(\Psi_n(S_n)(X) \neq Y | S_n) = P(\psi_n(X) \neq Y | S_n) \tag{3.6}$$

在这里，(X,Y)可以看作是一个*独立*(independent)于 S_n 的测试实例点。注意 ε_n 类似于式(2.7)中定义的分类器错误。然而，这两个错误率之间有一个根本的区别在于 ε_n 是随机实例数据 S_n 的函数，因此它是一个*随机变量*(random variable)。另一方面，假设 Ψ_n 是非随机的，一旦数据 S_n 被指定并固定下来，那么分类误差 ε_n 就是一个普通实数。误差 ε_n 有时被称为*条件误差*(conditional error)，因为它取决于数据。

基于实例分类的另一个重要错误率是*期望误差*(expected error)：

$$\mu_n = E[\varepsilon_n] = P(\psi_n(X) \neq Y) \tag{3.7}$$

该误差率是非随机的。它有时被称为*无条件误差*(unconditional error)。

比较 ε_n 和 μ_n，我们可以观察到条件误差 ε_n 通常是最具实际意义中的一个，由于它是根据手头的实际实例数据制定出来的分类器误差。然而，μ_n 的意义在于它是*数据独立的*(data-independent)——它只是一个分类规则的函数。因此，μ_n 可用于定义分类规则的全局属性，例如一致性(请参阅下一节)。另外，由于 μ_n 是非随机的、有界的、可被制表和可被绘图表示出来的。这些将为分析和实证(模拟)研究提供便利。最后，对于给定不变的实例大小 n，通过比较分类规则性能挑选出最小的期望误差 μ_n 来得到它们的共同准则。

与式(2.8)中所做的类似，我们可以定义特定类的误差率：

$$\begin{aligned} \varepsilon_n^0 &= P(\psi_n(\boldsymbol{X}) = 1 | Y = 0, S_n) \\ \varepsilon_n^1 &= P(\psi_n(\boldsymbol{X}) = 0 | Y = 1, S_n) \end{aligned} \tag{3.8}$$

其分类误差可通过式(2.9)得出：

$$\begin{aligned} \varepsilon[\psi_n] &= P(\psi_n(\boldsymbol{X}) \neq Y | S_n) \\ &= P(\psi_n(\boldsymbol{X}) = 1 | Y = 0, S_n)P(Y = 0) + P(\psi_n(\boldsymbol{X}) = 0 | Y = 1, S_n)P(Y = 1) \\ &= P(Y = 0)\varepsilon_n^0[\psi] + P(Y = 1)\varepsilon_n^1[\psi] \end{aligned} \tag{3.9}$$

*3.3 一致性

一致性与随着样本大小增加且分类误差应接近最优误差的本质要求有关。因此，如果当 $n \to \infty$，分类规则[⊖] 被称为*一致的*(consistent)，

$$\varepsilon_n \to \varepsilon^*, \quad \text{依概率} \tag{3.10}$$

⊖ 在本节中，我们所说的分类规则 Ψ_n 实际上是一个序列形式$\{\Psi_n;\ n=1,2,\cdots\}$。

也就是说，给定任意的$\tau>0$，$P(|\varepsilon_n-\varepsilon^*|>\tau)\to 0$。(见附录 A.1.8 节中关于随机变量收敛模式的回顾)换句话说，对于大实例样本数量 n，ε_n 将与带有较大概率的ε^*很接近。如果 $n\to\infty$，分类规则 Ψ_n 被认为是强一致的

$$\varepsilon_n \to \varepsilon^*,\text{以概率 }1 \tag{3.11}$$

也就是说，$P(\varepsilon_n\to\varepsilon^*)=1$。由于以概率 1 收敛暗示其存在依概率收敛，强一致性暗示其包含普通(“弱”)一致性。强一致性要比普通一致性满足更多苛刻的标准。对于几乎所有可能的训练数据序列$\{S_n;\ n=1,2,\cdots\}$，强一致性大致要求 ε_n 收敛到ε^*。然而，在非常现实的意义上，普通一致性对于实际目的来说已经足够了。此外，有趣的是，所有常用的一致性分类规则被证实都具有强一致性。

前面的定义适用于给定的固定特征-目标分布 $P_{\boldsymbol{X},Y}$，因此分类规则可能在某一特征-目标分布下保持一致，但在其他的特征-目标分布下不一致。在任何分布下，一个普遍(强)的一致分类规则是一致的，因此，通用一致性仅是分类规则的一个特性。

应该记住的是一致性具有大样本特性，因此在小样本量下通常不能表明分类的性能。普遍一致的规则往往可产生复杂的分类器，因此可能产生“剪刀效应”，如 1.6 节所述。

例 3.4（最近质心分类规则的一致性）　式(3.1)中的分类器可以被写成：

$$\psi_n(\boldsymbol{x})=\begin{cases}1, & \boldsymbol{a}_n^{\mathrm{T}}\boldsymbol{x}+\boldsymbol{b}_n>0\\ 0, & \text{否则}\end{cases} \tag{3.12}$$

其中 $\boldsymbol{a}_n=\hat{\boldsymbol{\mu}}_1-\hat{\boldsymbol{\mu}}_0$ 和$\boldsymbol{b}_n=(\hat{\boldsymbol{\mu}}_1-\hat{\boldsymbol{\mu}}_0)(\hat{\boldsymbol{\mu}}_1+\hat{\boldsymbol{\mu}}_0)/2$(使用$\|\boldsymbol{x}-\hat{\boldsymbol{\mu}}\|^2=(\boldsymbol{x}-\hat{\boldsymbol{\mu}})^{\mathrm{T}}(\boldsymbol{x}-\hat{\boldsymbol{\mu}})$)。现在，假设问题的特征-目标分布由多元球面高斯密度 $p(\boldsymbol{x}|Y=0)\sim\mathcal{N}_d(\boldsymbol{\mu}_0,\boldsymbol{I}_d)$和 $p(\boldsymbol{x}|Y=1)\sim\mathcal{N}_d(\boldsymbol{\mu}_1,\boldsymbol{I}_d)$指定，其中 $\boldsymbol{\mu}_0\neq\boldsymbol{\mu}_1$ 且 $P(Y=0)=P(Y=1)$。分类误差由下式给出

$$\begin{aligned}\varepsilon_n&=P(\psi_n(\boldsymbol{X})=1|Y=0)P(Y=0)+P(\psi_n(\boldsymbol{X})=0|Y=1)P(Y=1)\\&=\frac{1}{2}(P(\boldsymbol{a}_n^{\mathrm{T}}\boldsymbol{X}+\boldsymbol{b}_n>0|Y=0)+P(\boldsymbol{a}_n^{\mathrm{T}}\boldsymbol{X}+\boldsymbol{b}_n\leqslant 0|Y=1))\\&=\frac{1}{2}\left(\Phi\left(\frac{\boldsymbol{a}_n^{\mathrm{T}}\boldsymbol{\mu}_0+\boldsymbol{b}_n}{\|\boldsymbol{a}_n\|}\right)+\Phi\left(-\frac{\boldsymbol{a}_n^{\mathrm{T}}\boldsymbol{\mu}_1+\boldsymbol{b}_n}{\|\boldsymbol{a}_n\|}\right)\right)\end{aligned} \tag{3.13}$$

其中$\Phi(\cdot)$是标准高斯的概率密度函数，我们使用了 $\boldsymbol{a}_n^{\mathrm{T}}\boldsymbol{X}+\boldsymbol{b}_n|Y=i\sim\mathcal{N}(\boldsymbol{a}_n^{\mathrm{T}}\boldsymbol{\mu}_i+\boldsymbol{b}_n,\|\boldsymbol{a}_n\|^2)$，其中 $i=0,1$(多元高斯分布特性，请参阅附录 A.1.7 节)。从式(2.53)我们也可知道该问题的贝叶斯误差如下所示。

$$\varepsilon^*=\Phi\left(-\frac{\|\boldsymbol{\mu}_1-\boldsymbol{\mu}_0\|}{2}\right) \tag{3.14}$$

现在，利用大数定律的向量形式(参见定理 A.12)，我们知道当 $n\to\infty$时，以概率 1，$\hat{\boldsymbol{\mu}}_1\to\boldsymbol{\mu}_0$且$\hat{\boldsymbol{\mu}}_1\to\boldsymbol{\mu}_1$，因此 $\boldsymbol{a}_n\to\boldsymbol{a}=\boldsymbol{\mu}_1-\boldsymbol{\mu}_0$ 且$\boldsymbol{b}_n\to\boldsymbol{b}=(\boldsymbol{\mu}_1-\boldsymbol{\mu}_0)(\boldsymbol{\mu}_1+\boldsymbol{\mu}_0)/2$。此外，式(3.13)中的 ε_n 是 $\boldsymbol{a}_n$ 和 $\boldsymbol{b}_n$ 的连续函数。因此，根据连续映射定理(参见定理 A.6)，

$$\varepsilon_n(\boldsymbol{a}_n,\boldsymbol{b}_n)\to\varepsilon_n(\boldsymbol{a},\boldsymbol{b})=\Phi\left(-\frac{\|\boldsymbol{\mu}_1-\boldsymbol{\mu}_0\|}{2}\right)=\varepsilon^*\ \text{以概率 }1 \tag{3.15}$$

很容易被验证。因此，在具有相同方差和相同类的球形高斯密度下最近质心分类规则是强一致的。■

最近质心分类规则不具有普遍一致性。如果协方差矩阵的数据形状不是球形的，或者类条件密度不是高斯的，那么随着实例样本量的增加，分类错误率一般不会收敛到贝叶斯误差。但是如果已知类中的数据至少是近似球形高斯分布，则最近质心规则是“近似一致的”，事实上即使在小样本数量情况下它也可以表现得相当好。

例 3.5（离散直方图规则的一致性）　当 $c_0=P(Y=0)$，$c_1=P(Y=1)$，$p_j=P(\boldsymbol{X}=\boldsymbol{x}^j\mid Y=0)$且 $q_j=P(\boldsymbol{X}=\boldsymbol{x}^j\mid Y=1)$其中 $j=1,\cdots,b$。我们有

$$\eta(\boldsymbol{x}^j)=P(Y=1\mid \boldsymbol{X}=\boldsymbol{x}^i)=\frac{c_1q_j}{c_0p_j+c_1q_j} \tag{3.16}$$

其中 $j=1,\cdots,b$。因此，贝叶斯分类器为：

$$\psi^*(\boldsymbol{x}^j)=I_{\eta(\boldsymbol{x}^j)>1/2}=I_{c_1q_j>c_0p_j} \tag{3.17}$$

其中 $j=1,\cdots,b$，其贝叶斯误差为：

$$\varepsilon^*=E[\min\{\eta(\boldsymbol{X}),1-\eta(\boldsymbol{X})\}]=\sum_{j=1}^{b}\min\{c_0p_j,c_1q_j\} \tag{3.18}$$

现在，式(3.5)中分类器的误差可以写成：

$$\begin{aligned}\varepsilon_n&=P(\psi_n(\boldsymbol{X})\neq Y)=\sum_{j=1}P(\boldsymbol{X}=\boldsymbol{x}^j,\psi_n(\boldsymbol{x}^j)\neq Y)\\&=\sum_{j=1}^{b}[P(\boldsymbol{X}=\boldsymbol{x}^j,Y=0)I_{\psi_n(\boldsymbol{x}^j)=1}+P(\boldsymbol{X}=\boldsymbol{x}^j,Y=1)I_{\psi_n(\boldsymbol{x}^j)=0}]\\&=\sum_{j=1}^{b}[c_0p_jI_{V_j>U_j}+c_1q_jI_{U_j\geqslant V_j}]\end{aligned} \tag{3.19}$$

显然 U_j 是一个具有参数为(n,c_0p_j)的二项式随机变量。可以注意到 U_j 是 n 个训练点中每个样本点以概率 c_0p_j 独立进入“箱”$(\boldsymbol{X}=\boldsymbol{x}^j,Y=0)$的次数，因此 $U_j=\sum_{i=1}^{n}Z_{ji}$，其中 Z_{ji} 是具有参数为 c_0p_j 的独立同分布伯努利随机变量，当 $n\to\infty$ 时，由大数定律可知$U_j/n\xrightarrow{\text{a.s.}}c_0p_j$(参见定理 A.12)。类似地，$V_j$ 是一个具有参数为(n,c_1q_j)的二项式随机变量，且当 $n\to\infty$时，$V_j/n\xrightarrow{\text{a.s.}}c_1q_j$。通过连续映射定理(参见定理 A.6)，只要$c_1q_j\neq c_0p_j$，由 $I_{V_j/n>U_j/n}\xrightarrow{\text{a.s.}}I_{c_1q_j>c_0p_j}$ 可知除了 $u-v=0$ 以外函数 $I_{u-v>0}$ 在任意点都是连续的。但是请注意，我们可以将式(3.18)和式(3.19)分别重写为

$$\varepsilon^*=\sum_{\substack{j=1\\c_0p_j=c_1q_j}}^{b}c_0p_j+\sum_{\substack{j=1\\c_0p_j\neq c_1q_j}}^{b}[c_0p_jI_{c_1q_j>c_0p_j}+c_1q_j(1-I_{c_1q_j>c_0p_j})] \tag{3.20}$$

和

$$\varepsilon_n=\sum_{\substack{j=1\\c_0p_j=c_1q_j}}^{b}c_0p_j+\sum_{\substack{j=1\\c_0p_j\neq c_1q_j}}^{b}[c_0p_jI_{V_j/n>U_j/n}+c_1q_j(1-I_{V_j/n>U_j/n})] \tag{3.21}$$

由此得出$\varepsilon_n\xrightarrow{\text{a.s.}}\varepsilon^*$并且离散直方图规则具有普遍的强一致性(在所有离散特征-目标分布的类别上)。 ■

下面的结果是定理 A.10 的一个简单应用，其结果表明：随着样本量的增加，一致性完全能够用期望分类误差的性能来描述。

定理 3.1　分类规则 Ψ_n 是一致的，当且仅当 $n\to\infty$，

$$E[\varepsilon_n]\to\varepsilon^* \tag{3.22}$$

证明：请注意$\{\varepsilon_n;\ n=1,2,\cdots\}$是一个均匀有界的随机序列，对于任意的 n 存在 $0\leqslant\varepsilon_n\leqslant1$。由于 $\varepsilon_n-\varepsilon^*>0$，根据定理 A.10 可知依概率 $\varepsilon_n\to\varepsilon^*$ 等价于

$$E[\varepsilon_n - \varepsilon^*] = E[|\varepsilon_n - \varepsilon^*|] \to 0 \tag{3.23}$$

即 $E[\varepsilon_n] \to \varepsilon^*$。■

定理 3.1 证明了一个显著的事实：随着 n 的增加，一致性可完全由随机变量 ε_n 的一阶矩来表示。然而这不足以说明它具有强一致性，强一致性通常取决于 ε_n 的整个分布的作用。可注意到 $\{\mu_n;\ n=1,2,\cdots\}$ 是一个实数序列（不是随机变量）并且式(3.22)中的收敛是普通收敛，因此可以绘制出一致性的图形表示。参见图 3.2 中的实例所示，以便于解释预期分类错误率被表示为 n 的一个连续函数。

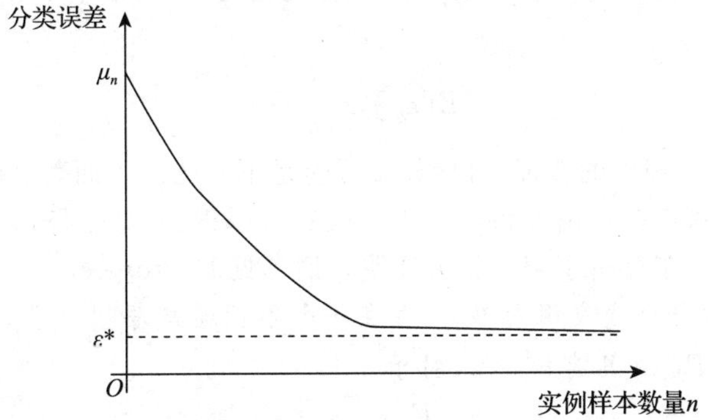

图 3.2　对于一致分类规则的预期分类错误率与实例样本数量的对照表示

例 3.6（最近邻分类规则的一致性）　在第 5 章中，证明了例 3.2 的最近邻分类规则的期望误差满足 $\lim_{n\to\infty} E[\varepsilon_n] \leqslant 2\varepsilon^*$。假设特征-目标分布为 $\varepsilon^*=0$。则根据定理 3.1 可知最近邻分类规则是一致的。■

条件 $\varepsilon^*=0$ 是相当严格的，因为它暗指在类间不存在重叠的实例时可实现完美的判别分类（参见练习 2.3）。事实上，对于任何固定的 $k=1,2,\cdots$，k-最近邻分类规则并不是普遍一致的。然而，我们将在第 5 章中看到的 k-最近邻分类规则是普遍一致的，前提是允许 k 以明确规定的速率随 n 增加。

一致性拥有大样本(large sample)特性，并且对于小样本(small-sample)情况可能是无关紧要的，因为当训练数据量较小时，非一致性分类规则通常比一致性分类规则更好。原因是一致的分类规则（特别是通用的分类规则）往往是比较复杂的，而非一致的分类规则往往是比较简单的。我们在图 1.2b 的“剪刀图”中看到了这种有违直觉的现象。如上所述，图中的蓝色曲线表示一致性分类规则的预期误差，而绿色曲线则不表示它。然而，非一致性分类规则在小样本（在绘图中 $n<N_0$）情况下要比大样本情况的性能更好，而在这种情况下由于过拟合(overfitting)使得复杂一致性规则的性能降低。N_0 的精确值很难被确定下来，因为它取决于分类规则的复杂性、特征向量的维数、维数以及特征-目标的分布。在后面的章节中，我们将讲解更多关于这个主题的内容。

3.4　没有免费午餐定理

普遍一致性的一个显著的特性在于它似乎暗示不需要任何关于特征-目标分布的知识就可以获得最佳性能，即如果存在足够多的实例样本，一个完全基于数据驱动的方法可以获得的性能将任意接近最佳性能。

接下来由 Devroye 及其合作者提出的两个定理表明上述一致性的说法是错误的。这两个定理时常被称为“没有免费午餐”定理，它们暗示必须获得一些关于特征-目标分布的知识来确保可以接受的性能(或者至少避免极差的性能)。其证明的过程是基于找到简单的特征-目标分布(事实上，该分布可能是贝叶斯误差为零的离散分布)是足够“糟糕”的。

第一个定理指出：在有限的样本量下，所有的分类规则都可以是任意差的。在普遍一致的分类规则的情况中，无论 n 有多大，人们永远无法知道在有限样本上获得的性能是否令人满意(除非知道一些关于特征-目标分布的信息)。相关证明，请参阅 Devroye et al. [1996]的定理 7.1。

定理 3.2 对于每个 $\tau>0$、整数 n 和分类规则 Ψ_n，存在特征-目标分布 $P_{\boldsymbol{X},Y}$(具有 $\varepsilon^*=0$)，因此

$$E[\varepsilon_n]\geqslant\frac{1}{2}-\tau \tag{3.24}$$

对于不同的 n，上面定理中的特征-目标分布可能是不同的。下面著名的定理适用于固定的特征-目标分布，并暗指在自由分布的方式中虽然可以得到 $E[\varepsilon_n]\rightarrow\varepsilon^*$，为了保证收敛速度必须对特征-目标分布有所了解。相关证明，请参见 Devroye et al. [1996]的定理 7.2。

定理 3.3 对于每个分类规则 Ψ_n，存在一个单调递减序列 $a_1\geqslant a_2\geqslant\cdots$收敛到零，则存在特征-目标分布 $P_{\boldsymbol{X},Y}$(具有 $\varepsilon^*=0$)对于

$$E[\varepsilon_n]\geqslant a_n \tag{3.25}$$

其中所有 $n=1,2,\cdots$。

对于具有 $\varepsilon^*=0$ 的离散直方图规则，可以证明存在一个常数 $r>0$，使得 $E[\varepsilon_n]<\mathrm{e}^{-rn}$，其中 $n=1,2,\cdots$(请参见练习 3.2)。然而，这并不与定理 3.3 相矛盾，因为常数 $r>0$ 是依赖于分布的。实际上，通过选择分布可以使其尽可能接近于零。

关于没有免费午餐结果的另一个例子，请参见练习 3.4。

3.5 其他主题

3.5.1 集成分类

集成分类规则结合了多个分类规则的多数表决决定。它是一种“群体智慧”原理的应用，可以用于减少过拟合，提高组件分类规则(在某些情况下，称之为弱学习器(weak learner))的准确性。

形式上，给定一组分类规则 $\{\Psi_n^1,\cdots,\Psi_n^m\}$，一个集成分类规则(ensemble classification rule) $\Psi_{n,m}^E$ 产生的分类器为：

$$\psi_{n,m}^E(\boldsymbol{x})=\begin{cases}1, & \dfrac{1}{m}\sum_{j=1}^{m}\Psi_n^j(S_n)(\boldsymbol{x})>\dfrac{1}{2}\\ 0, & 否则\end{cases} \tag{3.26}$$

换句话说，如果大多数组件分类规则在 $\boldsymbol{x}$ 上产生标签 1，则集成分类器将标签 1 分配给测试点 $\boldsymbol{x}$；否则，它将指定标签 0。

在实际应用中，集成分类器几乎都是通过重采样(resampling)产生的。(这是一个通用的过程，当我们在第 7 章讨论误差估计时，它将再次被重点提及。)考虑一个操作 τ：$(S_n,\xi)\mapsto S_n^*$，它对训练数据 S_n 应用“扰动”项并生成一个调整后的数据集 S_n^*。变量 ξ 表示随机因子，在给定数据 S_n 的情况下它使 S_n^* 变成随机的。当一个基础分类规则 Ψ_n 被选

定，利用$\Psi_n^j(S_n)=\Psi_n(\tau(S_n))=\Psi_n(S_n^*)$可以定义组件分类规则。可以注意到由于$\tau$的随机性，它将生成随机的分类规则(random classification rule)。因此，在式(3.26)中的集成分类规则$\psi_{n,m}^E$同样也是随机的。这意味着对于相同的训练数据S_n反复应用$\psi_{n,m}^E$可以得到不同的分类器。在本书中对于随机分类规则，我们将不做详细讨论。

扰动操作τ可能包括随机抽取数据子集、对训练样本添加小的随机噪声和随机翻转标签等。在这里我们详细地讨论一个称作自助(bootstrap)采样的扰动例子。给定一个不变的数据集$S_n=\{(\boldsymbol{X}_1=\boldsymbol{x}_1,Y_1=y_1),\cdots,(\boldsymbol{X}_n=\boldsymbol{x}_n,Y_n=y_n)\}$，由于其经验特征-目标分布(empirical feature-label distribution)是一个离散分布，则它的概率质量函数为$\hat{P}(\boldsymbol{X}=\boldsymbol{x}_i,Y=y_i)=\frac{1}{n}$，其中$i=1,\cdots,n$。自助样本(bootstrap sample)是来自经验分布的S_n^*样本，它从原始样本S_n中进行n次等可能性的抽取并替换组成的样本。某些采样点将会出现多次，而其他采样点则根本不会出现。任何给定的采样点不出现在S_n^*中的概率为$(1-1/n)^n\approx e^{-1}$。由此可见自助样本大小n大体上为原始样本的$(1-e^{-1})n\approx 0.632n$。式(3.26)中的集成分类规则在本例中被称为自助聚合(bootstrap aggregate)，并且该过程被叫作“bagging”。

3.5.2 混合抽样与独立抽样

到目前为止，前面所作的假设认为训练数据S_n是来自特征-目标分布$P_{\boldsymbol{X},Y}$的独立同分布样本，即样本点集是独立的，每个样本点服从分布$P_{\boldsymbol{X},Y}$。在这种情况下，每个$\boldsymbol{X}_i$被分派到具有概率为$P(Y=0)$的$p(\boldsymbol{x}|Y=0)$或具有概率为$P(Y=1)$的$p(\boldsymbol{x}|Y=1)$。通常来说，每个$\boldsymbol{X}_i$是从种群(population)$p(\boldsymbol{x}|Y=0)$和$p(\boldsymbol{x}|Y=1)$的混合集(mixture)中抽样得到的，其分别具有混合比$P(Y=0)$和$P(Y=1)$。

上述抽样设计在文献中普遍存在——大多数论文和教科书都将其作为默认的假设。然而，假设抽样不是从种群的混合集中抽取，而是分别从每个独立的种群中抽取，使得从$p(\boldsymbol{x}|Y=0)$中抽取非随机数n_0个样本点，而从$p(\boldsymbol{x}|Y=1)$中抽取非随机数n_1个样本点，且$n_0+n_1=n$。上述独立抽样(separate sampling)情况与无约束随机抽样存在非常大差异，在无约束随机抽样中每类的抽样点数N_0和N_1是二项式随机变量(参见3.1节)。此外，在独立抽样中标签$Y_1,\cdots,Y_n$不再是独立的：可知$Y_1=0$提供了关于Y_2状态的有用信息，由于类别0的样本点数量是不变的。在独立抽样情况下存在一个主要的结论是类先验概率$p_0=P(Y=0)$和$p_1=P(Y=1)$不可从数据中估计出来。在随机抽样的情况下，$\hat{p}_0=N_0/n$和$\hat{p}_1=N_1/n$分别是p_0和p_1的无偏估计量。它们也是一致的估计量，即当$n\to\infty$时，由大数定律(定理A.12)可知以概率1，$\hat{p}_0\to p_0$和$\hat{p}_1\to p_1$。因此，只要样本量足够大，$\hat{c}_0$和$\hat{c}_1$将提供合适的先验概率估计。然而，在独立抽样情况中$\hat{c}_0$和$\hat{c}_1$显然是无意义的估计量。事实上，在独立抽样的情况下，不存在p_0和p_1切合实际的估计，因为在训练数据中根本没有关于p_0和p_1的信息。

在生物医学的观察性病例-对照临床研究中，独立抽样是一种非常常见的情况，它通常从人群中分别收集数据，其中独立抽样的样本大小n_0和$n_1(n_0+n_1=n)$是预先定好的实验设计参数。原因在于其中一个群体数据量通常是很小的(例如，一种罕见的疾病)。从健康人群和患病人群的混合样本集中抽样将产生极少量的患病受试者(或无病患者)。因此，回顾性研究(retrospective)通过假设结果(标签)是预先知道的，对于每个人群采用固定数量的成员来实现。

独立抽样可以看作是被限制的随机抽样的一个例子，当在此情况下，相应的限制条件为 $N_0=n_0$，或者为等效地 $N_1=n_1$。在抽样中不考虑这种限制将以两种方式表现出来。首先，它将影响分类器的设计，而其设计过程需要直接或间接地估计 p_0 和 p_1，在此情况下就需要采用其他另类的处理方法，如应用极小极大分类(参见 2.6.1 节)，在第 4 章中将可以看到这方面的例子。其次，它将会影响整个群体的平均性能指标，例如期望分类错误率。在独立采样的限制下，期望的错误率由下式给出

$$\mu_{n_0,n_1}=E[\varepsilon_n|N=n_0]=P(\psi_n(X)\neq Y|N=n_0) \tag{3.27}$$

一般来说，它与无约束的预期错误率 μ_n 是不同的，有时甚至存在很大的差异。如果不考虑用于获取数据的采样机制，可能会对分类算法的性能甚至对分类器本身的精度分析产生实际的负面影响。

3.6 文献注释

Tibshirani et al.[2002]中提出了“最近-收缩质心”算法，它是为了在高维基因表达数据中寻找最近质心分类规则的一个流行版本，其中类的均值是由“收缩质心”估计得到的，即正则化样本均值的估计趋于零(例如 LASSO，它将在第 11 章中讨论，且也是在 Tibshirani et al.[2002]中提出的)。

对于离散直方图规则，Glick[1973]给出关于 $E[\varepsilon_n-\varepsilon^*]$ 到零的收敛速度的一般(依赖于分布)界。它并不与定理 3.3 相矛盾，因为该界是依赖于分布的。

Devroye et al.[1996]讨论了关于“行为良好”分类规则的一致性和强一致性规则的等价关系。

对于分类问题，Wolpert[2001]中证明了著名的“没有免费午餐”定理，虽然使用了不同的证明设置(随机分布和“样本外”分类误差)。

Efron[1979]中提出了自助方法，而 bagging 是在 Breiman[1996]中提出的。boosting 是一种不同的集成方法，其中不同的分类器被顺序地训练，而不是并行训练的，前面分类器做出的决策通过分配给训练点的权重影响后面分类器做出的决策(见 Freund[1990])。

对于混合与独立抽样问题的广泛处理，可参见 McLachlan[1992]。Braga Neto and Dougherty[2015]也详细地讨论了这一主题。有关生物医学研究中独立取样的更多内容，请参见 Zolman[1993]。

3.7 练习

3.1　推导离散直方图规则的期望分类误差为：

$$E[\varepsilon_n]=c_1+\sum_{j=1}^{b}(c_0p_j-c_1q_j)\sum_{\substack{k,l=0\\k<l\\k+l\leqslant n}}^{n}\frac{n!}{k!l!(n-k-l)!}(c_0p_j)^k(c_1q_j)^l(1-c_0p_j-c_1q_j)^{n-k-l} \tag{3.28}$$

提示：首先推导

$$E[\varepsilon_n]=\sum_{j=1}^{b}[c_0p_jP(V_j>U_j)+c_1q_jP(U_j\geqslant V_j)] \tag{3.29}$$

3.2　对于 $\varepsilon^*=0$ 的离散直方图规则和其在类别 0 的方面采用平分决胜，推导

$$E[\varepsilon_n] < e^{-rn} \tag{3.30}$$

对于 $n=1,2,\cdots$，当 $r>0$ 时存在

$$r = \ln\left(\frac{1}{1-cs}\right) \tag{3.31}$$

其中 $c=P(Y=1)$ 和 $s=\min\{s_j=P(\boldsymbol{X}=\boldsymbol{x}^j \mid Y=1)$ 限制条件为 $s_j \neq 0\}$。如果其在类别 1 的方面存在平分决胜，则有相同的结果成立，$Y=1$ 将被 $Y=0$ 替换。

提示：使用式(3.29)并且存在如果 $\varepsilon^*=0$ 时分布 $\{p_j\}$ 和 $\{q_j\}$ 不重叠的事实。(事实上，在这种情况下，唯一的误差源来自空单元的平分决胜。)

3.3 如果期望的分类误差序列 $\{\mu_n;\ n=1,2,\cdots\}$ 对于任何特征-目标分布 $P_{\boldsymbol{X},Y}$ 都是非递增的，那么对应的分类规则被称作是智能的。它表达出的必然要求：无论特征-目标的分布如何，随着样本大小的增加，期望的分类误差永远不会增加。

(a)考虑一个简单的单变量分类规则，如果 $\sum_{i=1}^{n} I_{X_i>0,Y_i=1} > \sum_{i=1}^{n} I_{X_i>0,Y_i=0}$，那么 $\psi_n(x)=I_{x>0}$，否则 $\psi_n(x)=I_{x\leqslant 0}$(该分类器将把 $\boldsymbol{x}$ 具有相同符号的训练点中的多数标签分配给 $\boldsymbol{x}$)。证明该分类规则是智能的。

(b)证实最近邻分类规则是不智能的。

提示：假定存在某个单变量特征-目标分布，使得 (X,Y) 等于以概率 $p<1/5$ 的 $(0,1)$ 并且等于以概率 $1-p$ 的 $(Z,0)$，其中 Z 是区间 $[-1000,1000]$ 上的均匀随机变量。现在可以计算 $E[\varepsilon_1]$ 和 $E[\varepsilon_2]$。(这个例子是由 Devroye et al. [1996]给出的。)

3.4 (不存在超级分类规则)证明对于每个分类规则 Ψ_n，存在另一个分类规则 Ψ'_n，它的分类误差为 ε'_n 且特征-目标分布为 $P_{\boldsymbol{X},Y}$(具有 $\varepsilon^*=0$)，则

$$E[\varepsilon'_n] < E[\varepsilon_n],\quad \text{对于所有 } n \tag{3.32}$$

提示：找到一个特征-目标分布 $P_{\boldsymbol{X},Y}$，使得 $\boldsymbol{X}$ 是聚集在 R^d 上有限数量的点，Y 是 $\boldsymbol{X}$ 的一个确定性函数。

3.5 在标准抽样情况下，存在 $i=1,\cdots,n$，使得 $P(Y_i=0)=p_0=P(Y=0)$ 和 $P(Y_i=0)=p_0=P(Y=0)$。证明在独立抽样情况下(参见 3.5.2 节)，我们有

$$P(Y_i=0 \mid N_0=n_0)=\frac{n_0}{n} \text{ 和 } P(Y_i=1 \mid N_0=n_0)=\frac{n_1}{n} \tag{3.33}$$

其中 $i=1,\cdots,n$。

提示：在 $N_0=n_0$ 的限制下，只有标签 $Y_1,\cdots,Y_n$ 的顺序可能是随机的。因此，在所有 $\binom{n}{n_0}$ 的可能序列上 $f(Y_1,\cdots,Y_n \mid N_0=n_0)$ 符合离散均匀分布。

3.8 Python 作业

3.6 对于同方差情况，即 $\boldsymbol{\mu}_0=(0,\cdots,0)$、$\boldsymbol{\mu}_1=(1,\cdots,1)$、$P(Y=0)=P(Y=1)$ 及 $k=d$ (独立特征)，使用附录 A.8.1 节中的合成数据模型从 $n=20$ 到 $n=100$ 中的每种样本大小生成大量(例如，$M=1000$)的训练数据集，其中步长为 10、$d=2,5,8$ 以及 $\sigma=1$。在上述每种情况下用平均 ε_n 来获得最近质心分类器的期望分类误差 $E[\varepsilon_n]$ 的近似值，使用精确公式(3.13)对 M 个合成训练数据集进行计算。对于 $d=2,5,8$ 绘制 $E[\varepsilon_n]$ 的过程作为样本大小的函数(用线连接各个点以获得平滑曲线)。对你所看到

的现象进行解释说明。

3.7 （与不可靠的老师一起学习）　假定在训练数据 $S_n=\{(\boldsymbol{X}_1,Y_1),\cdots,(\boldsymbol{X}_n,Y_n)\}$ 中的标签以概率 $t<1/2$ 进行翻转。也就是说，观测数据实际上是 $\overline{S}_n=\{(\boldsymbol{X}_1,Z_1),\cdots,(\boldsymbol{X}_n,Z_1)\}$，其中 $Z_i=1-Y_i$ 以概率 p 存在，否则 $Z_i=Y_i$，独立于每个 $i=1,\cdots,n$。

(a)重做 Python 作业 3.6，其中 $t=0.1$ 到 $t=0.5$，步长为 0.1。对于 t 的每个值加上原始结果($t=0$)，绘制相同的图将 $E[\varepsilon_n]$ 作为 n 的函数，其中 $d=2,5,8$。对你所看到的现象进行解释说明。

(b)在此，我们试图使用拒绝处理过程对标签的不可靠性进行恢复：计算每个训练点到其所属类的中心的距离 $d(\boldsymbol{X}_i,\hat{\boldsymbol{\mu}}_j)$。如果 $d(\boldsymbol{X}_i,\hat{\boldsymbol{\mu}}_j)>2\sigma$，然后翻转相应的标签 Z_i，否则接受标签的值。每次翻转后更新质心（这意味着你浏览数据的顺序可能会改变其结果）。重做带有校正功能的(a)项并对结果进行比较。

参数分类

"但科学真正的荣耀在于我们能够找到一种思维方式，使得规则显而易见。"

——理查德·费曼，《费曼物理学讲座》，1965年

在本章和下一章中，我们将讨论可从数据中估计出特征标签分布的简单分类规则。如果不知道数据分布仅知道数据分布中的几个数值参数，则这些算法被称为参数分类规则。在给出参数分类规则的一般定义之后，我们将讨论重要的高斯判别情况，包括线性和二次判别分析及其变种，然后对逻辑斯谛分类(logistic classification)进行讨论。其他主题包括高斯判别分析的扩展(所谓的正则化判别分析)和贝叶斯参数分类。

4.1 参数替换规则

在参数方法中，我们假设关于特征-目标分布的知识被表示成一系列概率密度函数 $\{p(\boldsymbol{x}|\boldsymbol{\theta})\,|\,\boldsymbol{\theta}\in\boldsymbol{\Theta}\subseteq R^m\}$，对于"真实"参数值 $\boldsymbol{\theta}_0^*,\boldsymbol{\theta}_1^*\in R^m$，则类的条件密度为 $p(\boldsymbol{x}|\boldsymbol{\theta}_0^*)$ 和 $p(\boldsymbol{x}|\boldsymbol{\theta}_1^*)$。基于样本数据 $S_n=\{(\boldsymbol{X}_1,Y_1),\cdots,(\boldsymbol{X}_n,Y_n)\}$，设 $\boldsymbol{\theta}_{0,n}$ 和 $\boldsymbol{\theta}_{1,n}$ 是 $\boldsymbol{\theta}_0^*$ 和 $\boldsymbol{\theta}_1^*$ 的估计量。通过将 $\boldsymbol{\theta}_{0,n}$ 和 $\boldsymbol{\theta}_{1,n}$ 替换到式(2.27)中的最优判别表达形式，可得到基于样本的参数替换(parametric plug-in)判别式：

$$D_n(\boldsymbol{x})=\ln\frac{p(\boldsymbol{x}|\boldsymbol{\theta}_{1,n})}{p(\boldsymbol{x}|\boldsymbol{\theta}_{0,n})} \tag{4.1}$$

在式(2.26)中的贝叶斯分类器公式中替换上述信息得到参数分类器：

$$\psi_n(\boldsymbol{x})=\begin{cases}1, & D_n(\boldsymbol{x})>k_n\\ 0, & \text{否则}\end{cases} \tag{4.2}$$

例 4.1 考虑指数密度族(参见练习 2.11)：

$$p(\boldsymbol{x}|\boldsymbol{\theta})=\alpha(\boldsymbol{\theta})\beta(\boldsymbol{x})\exp\Big(\sum_{i=1}^{k}\xi_i(\boldsymbol{\theta})\,\phi_i(\boldsymbol{x})\Big) \tag{4.3}$$

很容易看出基于实例样本的判别式为

$$D_n(\boldsymbol{x})=\sum_{i=1}^{k}[\xi_i(\boldsymbol{\theta}_{1,n})-\xi_i(\boldsymbol{\theta}_{0,n})]\phi_i(\boldsymbol{x})+\ln\frac{\alpha(\boldsymbol{\theta}_{1,n})}{\alpha(\boldsymbol{\theta}_{0,n})} \tag{4.4}$$

特别地，判别式不依赖于 $\beta(\boldsymbol{x})$。这足以说明只有在类条件密度中具有识别能力的信息是与分类相关的。 ■

存在几种获得阈值 k_n 的选择，按优先顺序大致的排列如下：

(1)如果实际患病率 $c_0=P(Y=0)$ 和 $c_1=P(Y=1)$ 是已知的(例如，根据疾病分类的公共卫生记录)，则应使用最佳阈值 $k^*=\ln c_0/c_1$，如式(2.28)所示。

(2)如果 c_0 和 c_1 未知，但训练样本量是中等较大的，并且抽样是随机的(i.i.d.)，那么根据式(2.28)可以使用估计值

$$k_n = \ln \frac{N_0/n}{N_1/n} = \ln \frac{N_0}{N_1} \tag{4.5}$$

其中 $N_0 = \sum_{i=0}^{n} I_{Y_i=0}$ 和 $N_1 = \sum_{i=0}^{n} I_{Y_i=1}$ 是特定类的样本大小。

(3)如果 c_0 和 c_1 未知，且样本量较小或抽样不是随机的(例如，参见 3.5.2 节)，则可以使用极小极大法(参见 2.6.1 节)来得到 k_n。

(4)改变 k_n 的值，使用误差估计方法搜索其最佳值(参见第 7 章)。

(5)在一些应用中，由于标记数据的成本因素，样本量可能很小，可能存在大量未标记的数据(例如，在许多图像应用中都存在这种情况)。假设未标记数据与训练数据是拥有相同分布的独立同分布样本，练习 4.1 中讨论了估算 c_0 和 c_1 以及得到 k_n 的方法。

上述第(4)项中的方法产生了受试者工作特征(ROC)曲线的估计值(参见 2.6.1 节)。对于许多分类规则来说，建立 ROC 曲线并不是那么简单，而式(4.2)中给出的参数分类器却可以较容易地建立 ROC 曲线。

另一种获取参数替换分类器的方法假设后验概率函数 $\eta(\boldsymbol{x}|\boldsymbol{\theta}^*)$ 是参数族 $\{\eta(\boldsymbol{x}|\boldsymbol{\theta}) | \boldsymbol{\theta} \in \boldsymbol{\Theta} \subseteq R^m\}$ 中的一个成员。根据式(2.15)中贝叶斯分类器公式，在分类器中替换 $\boldsymbol{\theta}^*$ 的 $\boldsymbol{\theta}_n$ 估计值：

$$\psi_n(\boldsymbol{x}) = \begin{cases} 1, & \eta(\boldsymbol{x}|\boldsymbol{\theta}_n) > \dfrac{1}{2} \\ 0, & \text{否则} \end{cases} \tag{4.6}$$

可以注意到这种方法避免了处理多个参数 $\boldsymbol{\theta}_0^*$ 和 $\boldsymbol{\theta}_1^*$ 以及判别阈值 k_n 的选择。在实践中，它的缺点通常在于相对于直接用后验概率函数其更容易对问题的类条件密度进行建模。我们将在下一节中看到上述两种参数化方法的示例。

4.2 高斯判别分析

参数分类规则中最重要的一类，即用均值向量 $\boldsymbol{\mu}$ 和协方差矩阵 $\boldsymbol{\Sigma}$ 作为参数的多元高斯密度：

$$p(\boldsymbol{x}|\boldsymbol{\mu},\boldsymbol{\Sigma}) = \frac{1}{\sqrt{(2\pi)^d \det(\boldsymbol{\Sigma})}} \exp\left[-\frac{1}{2}(\boldsymbol{x}-\boldsymbol{\mu})^{\mathrm{T}} \boldsymbol{\Sigma}^{-1}(\boldsymbol{x}-\boldsymbol{\mu})\right] \tag{4.7}$$

这种情况被称为高斯判别分析。它是在 2.5 节讨论的最优高斯情况下基于实例的替换版本。式(4.2)中的参数判别式对应替换估计值$(\hat{\boldsymbol{\mu}}_0,\hat{\boldsymbol{\Sigma}}_0)$和$(\hat{\boldsymbol{\mu}}_1,\hat{\boldsymbol{\Sigma}}_1)$[⊖]或在式(2.43)中最优判别式的真实参数$(\boldsymbol{\mu}_0,\boldsymbol{\Sigma}_0)$和$(\boldsymbol{\mu}_1,\boldsymbol{\Sigma}_1)$：

$$D_n(\boldsymbol{x}) = \frac{1}{2}(\boldsymbol{x}-\hat{\boldsymbol{\mu}}_0)^{\mathrm{T}} \hat{\boldsymbol{\Sigma}}_0^{-1}(\boldsymbol{x}-\hat{\boldsymbol{\mu}}_0) - \frac{1}{2}(\boldsymbol{x}-\hat{\boldsymbol{\mu}}_1)^{\mathrm{T}} \hat{\boldsymbol{\Sigma}}_1^{-1}(\boldsymbol{x}-\hat{\boldsymbol{\mu}}_1) + \frac{1}{2}\ln\frac{\det(\hat{\boldsymbol{\Sigma}}_0)}{\det(\hat{\boldsymbol{\Sigma}}_1)} \tag{4.8}$$

关于参数$(\boldsymbol{\mu}_0,\boldsymbol{\Sigma}_0)$和$(\boldsymbol{\mu}_1,\boldsymbol{\Sigma}_1)$的不同假设将导致不同的分类规则，接下来我们将研究这些规则。

4.2.1 线性判别分析

这是 2.5 节中基于实例版本的同方差高斯情况。均值向量的最大似然估计量由样本均

⊖ 在这种情况下，我们采用了经典的统计符号 $\hat{\boldsymbol{\mu}}$，$\hat{\boldsymbol{\Sigma}}$，而不是 $\boldsymbol{\mu}_n$，$\boldsymbol{\Sigma}_n$。

值给出：

$$\hat{\boldsymbol{\mu}}_0=\frac{1}{N_0}\sum_{i=1}^{n}\boldsymbol{X}_i\boldsymbol{I}_{Y_i=0}\quad 和 \quad \hat{\boldsymbol{\mu}}_1=\frac{1}{N_1}\sum_{i=1}^{n}\boldsymbol{X}_i\boldsymbol{I}_{Y_i=1} \tag{4.9}$$

其中 $N_0=\sum_{i=1}^{n}\boldsymbol{I}_{Y_i=0}$ 和 $N_1=\sum_{i=1}^{n}\boldsymbol{I}_{Y_i=1}$ 是对于特定类的样本大小。在同方差假设下 $\boldsymbol{\Sigma}_0=\boldsymbol{\Sigma}_1=\boldsymbol{\Sigma}$，$\boldsymbol{\Sigma}$ 的极大似然估计是

$$\hat{\boldsymbol{\Sigma}}^{\mathrm{ML}}=\frac{N_0}{n}\hat{\boldsymbol{\Sigma}}_0^{\mathrm{ML}}+\frac{N_1}{n}\hat{\boldsymbol{\Sigma}}_1^{\mathrm{ML}} \tag{4.10}$$

其中

$$\hat{\boldsymbol{\Sigma}}_0^{\mathrm{ML}}=\frac{1}{N_0}\sum_{i=1}^{n}(\boldsymbol{X}_i-\hat{\boldsymbol{\mu}}_0)(\boldsymbol{X}_i-\hat{\boldsymbol{\mu}}_0)^{\mathrm{T}}I_{Y_i=0} \tag{4.11}$$

$$\hat{\boldsymbol{\Sigma}}_1^{\mathrm{ML}}=\frac{1}{N_1}\sum_{i=1}^{n}(\boldsymbol{X}_i-\hat{\boldsymbol{\mu}}_1)(\boldsymbol{X}_i-\hat{\boldsymbol{\mu}}_1)^{\mathrm{T}}I_{Y_i=1} \tag{4.12}$$

为了得到无偏估计量，通常考虑样本协方差估计量(sample covariance estimator)$\hat{\boldsymbol{\Sigma}}_0=N_0/(N_0-1)\hat{\boldsymbol{\Sigma}}_0^{\mathrm{ML}}$，$\hat{\boldsymbol{\Sigma}}_1=N_1/(N_1-1)\hat{\boldsymbol{\Sigma}}_1^{\mathrm{ML}}$ 和 $\hat{\boldsymbol{\Sigma}}=n/(n-2)\hat{\boldsymbol{\Sigma}}^{\mathrm{ML}}$，则它可以被写为：

$$\hat{\boldsymbol{\Sigma}}=\frac{(N_0-1)\hat{\boldsymbol{\Sigma}}_0+(N_1-1)\hat{\boldsymbol{\Sigma}}_1}{n-2} \tag{4.13}$$

该估计量被称为综合样本协方差矩阵(pooled sample covariance matrix)。如果 $N_0=N_1$，它退化到$\frac{1}{2}(\hat{\boldsymbol{\Sigma}}_0+\hat{\boldsymbol{\Sigma}}_1)$，即样本达到平衡状态(balanced)。

LDA 判别式(LDA discriminant)将式(4.8)中的$\hat{\boldsymbol{\Sigma}}_0$ 和$\hat{\boldsymbol{\Sigma}}_1$ 替换成综合样本协方差矩阵$\hat{\boldsymbol{\Sigma}}$，从而有

$$D_{L,n}(\boldsymbol{x})=(\hat{\boldsymbol{\mu}}_1-\hat{\boldsymbol{\mu}}_0)^{\mathrm{T}}\hat{\boldsymbol{\Sigma}}^{-1}\left(\boldsymbol{x}-\frac{\hat{\boldsymbol{\mu}}_0+\hat{\boldsymbol{\mu}}_1}{2}\right) \tag{4.14}$$

当 $D_n=D_{L,n}$时，由式(4.2)可给出 LDA 分类器。判别式 $D_{L,n}$也称为 Anderson 的 W 统计量(Anderson's W statistic)。

与 2.5 节中的同方差高斯情况类似，LDA 分类器产生一个由方程 $\boldsymbol{a}_n^{\mathrm{T}}\boldsymbol{x}+\boldsymbol{b}_n=k_n$ 确定的超平面决策边界，其中

$$\begin{aligned}\boldsymbol{a}_n&=\hat{\boldsymbol{\Sigma}}^{-1}(\hat{\boldsymbol{\mu}}_1-\hat{\boldsymbol{\mu}}_0)\\ \boldsymbol{b}_n&=(\hat{\boldsymbol{\mu}}_0-\hat{\boldsymbol{\mu}}_1)^{\mathrm{T}}\hat{\boldsymbol{\Sigma}}^{-1}\left(\frac{\hat{\boldsymbol{\mu}}_0+\hat{\boldsymbol{\mu}}_1}{2}\right)\end{aligned} \tag{4.15}$$

在 2.6.1 节中显示了对于同方差高斯情况极小极大阈值为 $k_{\mathrm{mm}}=0$。因此，如果真实的概率 $P(Y=0)$和 $P(Y=1)$是不可知的，并且样本量较小或者采用的抽样方式是非随机的，则通常选取 $k_{\mathrm{mm}}=0$ 作为 LDA 的阈值。(参见 4.1 节中关于选择阈值的讨论。)在这种情况下，决策超平面穿过样本均值间的中点 $\hat{\boldsymbol{x}}_{\mathrm{m}}=(\hat{\boldsymbol{\mu}}_0+\hat{\boldsymbol{\mu}}_1)/2$。

综合样本协方差矩阵的估计 $\hat{\boldsymbol{\Sigma}}$ 涉及 $d+d(d-1)/2$ 个参数(因为协方差矩阵是对称的)。在小样本情况下，当训练样本点的数目 n 比维数 d 小时，将引起许多问题。如果 d 与 n 近似相等时，则趋向于对 $\boldsymbol{\Sigma}$ 的大特征值的估计过高，而对 $\boldsymbol{\Sigma}$ 的小特征值的估计过低。后一种情形意味着 $\hat{\boldsymbol{\Sigma}}$ 成为近乎奇异的矩阵，使得对它进行的数值计算难以处理。以下 LDA 的变种，按总体协方差矩阵 $\boldsymbol{\Sigma}$ 的估计量的限制条件进行递增排序，在小样本情况下

它们可能比标准 LDA 表现出更好的性能。

(1)对角化 LDA(Diagonal LDA，DLDA)。$\boldsymbol{\Sigma}$ 的估计量被限定为一个对角矩阵 $\hat{\boldsymbol{\Sigma}}_D$。对角线元素是沿着每个维度的单变量汇总的样本方差，即

$$(\hat{\boldsymbol{\Sigma}}_D)_{jj} = (\hat{\boldsymbol{\Sigma}})_{jj} \tag{4.16}$$

其中 $(\hat{\boldsymbol{\Sigma}}_D)_{jk}=0$ 且 $j\neq k$。

(2)最近均值分类器(Nearest-Mean Classifier，NMC)。$\boldsymbol{\Sigma}$ 的估计量被限制为具有相等对角线元素的对角矩阵 $\hat{\boldsymbol{\Sigma}}_M$。公共值是所有维度上的样本方差：

$$(\hat{\boldsymbol{\Sigma}}_M)_{jj} = \hat{\sigma}^2 = \sum_{k=1}^{d}(\hat{\boldsymbol{\Sigma}})_{kk} \tag{4.17}$$

其中 $(\hat{\boldsymbol{\Sigma}}_M)_{jk}=0$ 且 $j\neq k$。从式(4.15)中 $\boldsymbol{a}_n$ 的表达式，可以清楚地看出判定边界垂直于样本均值的连接线。进而，项 $1/\hat{\sigma}^2$ 同时出现在 $\boldsymbol{a}_n$ 和 b_n 中。当选择 $k_n=0$ 时，该项将被省略掉，并且生成的分类器将不依赖于 $\hat{\sigma}$(它不需要被估算)。此外，分类器将最接近 $\boldsymbol{x}$ 的样本均值的标签分配给测试点 $\boldsymbol{x}$。在这种情况下，只需要估计样本均值就足够了。

(3)协方差替换(covariance plug-ln)。如果 $\boldsymbol{\Sigma}$ 被假设是已知的或可以被推测到的，则可以用它代替在式(4.14)中的 $\hat{\boldsymbol{\Sigma}}$。像 NMC 的情况一样，只需要估计样本均值就足够了。

在小样本情况下，存在平衡模型的自由度的其他 $\boldsymbol{\Sigma}$ 收缩(shrinkage)估计，参见文献注释。

例 4.2　分类问题中的训练数据为：

$$S_n=\{((1,2)^{\mathrm T},0),((2,2)^{\mathrm T},0),((2,4)^{\mathrm T},0),((3,4)^{\mathrm T},0),((4,5)^{\mathrm T},1),\\((6,4)^{\mathrm T},1),((6,6)^{\mathrm T},1),((8,5)^{\mathrm T},1)\}$$

假设 $k_n=0$，我们可以得到下面的 LDA、DLDA 和 NMC 决策边界。首先，我们计算样本估计：

$$\begin{aligned}
\hat{\boldsymbol{\mu}}_0 &= \frac{1}{4}\left(\begin{bmatrix}1\\2\end{bmatrix}+\begin{bmatrix}2\\2\end{bmatrix}+\begin{bmatrix}2\\4\end{bmatrix}+\begin{bmatrix}3\\4\end{bmatrix}\right)=\begin{bmatrix}2\\3\end{bmatrix}\\
\hat{\boldsymbol{\mu}}_1 &= \frac{1}{4}\left(\begin{bmatrix}4\\5\end{bmatrix}+\begin{bmatrix}6\\4\end{bmatrix}+\begin{bmatrix}6\\6\end{bmatrix}+\begin{bmatrix}8\\5\end{bmatrix}\right)=\begin{bmatrix}6\\5\end{bmatrix}\\
\hat{\boldsymbol{\Sigma}}_0 &= \frac{1}{3}\left(\begin{bmatrix}-1\\-1\end{bmatrix}[-1\quad -1]+\begin{bmatrix}0\\-1\end{bmatrix}[0\quad -1]+\begin{bmatrix}0\\1\end{bmatrix}[0\quad 1]+\begin{bmatrix}1\\1\end{bmatrix}[1\quad 1]\right)=\frac{2}{3}\begin{bmatrix}1 & 1\\1 & 2\end{bmatrix}\\
\hat{\boldsymbol{\Sigma}}_1 &= \frac{1}{3}\left(\begin{bmatrix}-2\\0\end{bmatrix}[-2\quad 0]+\begin{bmatrix}0\\-1\end{bmatrix}[0\quad -1]+\begin{bmatrix}0\\1\end{bmatrix}[0\quad 1]+\begin{bmatrix}2\\0\end{bmatrix}[2\quad 0]\right)=\frac{2}{3}\begin{bmatrix}4 & 0\\0 & 1\end{bmatrix}\\
\hat{\boldsymbol{\Sigma}} &= \frac{1}{2}(\hat{\boldsymbol{\Sigma}}_0+\hat{\boldsymbol{\Sigma}}_1)=\frac{1}{3}\begin{bmatrix}5 & 1\\1 & 3\end{bmatrix}\Rightarrow\hat{\boldsymbol{\Sigma}}^{-1}=\frac{3}{14}\begin{bmatrix}3 & -1\\-1 & 5\end{bmatrix}
\end{aligned} \tag{4.18}$$

二维 LDA 决策边界可由 $a_{n,1}x_1+a_{n,2}x_2+b_n=0$ 给定，其中

$$\begin{aligned}
\begin{bmatrix}a_{n,1}\\a_{n,2}\end{bmatrix} &= \hat{\boldsymbol{\Sigma}}^{-1}(\hat{\boldsymbol{\mu}}_1-\hat{\boldsymbol{\mu}}_0)=\frac{3}{14}\begin{bmatrix}3 & -1\\-1 & 5\end{bmatrix}\begin{bmatrix}4\\2\end{bmatrix}=\frac{3}{7}\begin{bmatrix}5\\3\end{bmatrix}\\
b_n &= (\hat{\boldsymbol{\mu}}_0-\hat{\boldsymbol{\mu}}_1)^{\mathrm T}\hat{\boldsymbol{\Sigma}}^{-1}\left(\frac{\hat{\boldsymbol{\mu}}_0+\hat{\boldsymbol{\mu}}_1}{2}\right)=\frac{3}{14}[-4\quad -2]\begin{bmatrix}3 & -1\\-1 & 5\end{bmatrix}\begin{bmatrix}4\\4\end{bmatrix}=-\frac{96}{7}
\end{aligned} \tag{4.19}$$

因此，LDA 决策边界可由 $5x_1+3x_2=32$ 给定。另一方面，将 $\boldsymbol{\Sigma}$ 的非对角线元素归零可得到 $\boldsymbol{\Sigma}_D$，则

$$\hat{\boldsymbol{\Sigma}}_{\mathrm{D}} = \frac{1}{3}\begin{bmatrix}5 & 0\\0 & 3\end{bmatrix} \Rightarrow \hat{\boldsymbol{\Sigma}}_{\mathrm{D}}^{-1} = \frac{1}{5}\begin{bmatrix}3 & 0\\0 & 5\end{bmatrix} \tag{4.20}$$

DLDA 决策边界可由 $c_{n,1}x_1 + c_{n,2}x_2 + d_n = 0$ 给定，其中

$$\begin{bmatrix}c_{n,1}\\c_{n,2}\end{bmatrix} = \hat{\boldsymbol{\Sigma}}_{\mathrm{D}}^{-1}(\hat{\boldsymbol{\mu}}_1 - \hat{\boldsymbol{\mu}}_0) = \frac{1}{5}\begin{bmatrix}3 & 0\\0 & 5\end{bmatrix}\begin{bmatrix}4\\2\end{bmatrix} = \frac{2}{5}\begin{bmatrix}6\\5\end{bmatrix}$$

$$d_n = (\hat{\boldsymbol{\mu}}_0 - \hat{\boldsymbol{\mu}}_1)^{\mathrm{T}}\,\hat{\boldsymbol{\Sigma}}^{-1}\left(\frac{\hat{\boldsymbol{\mu}}_0 + \hat{\boldsymbol{\mu}}_1}{2}\right) = \frac{1}{5}[-4 \quad -2]\begin{bmatrix}3 & 0\\0 & 5\end{bmatrix}\begin{bmatrix}4\\4\end{bmatrix} = -\frac{88}{5} \tag{4.21}$$

因此，DLDA 决策边界可由 $6x_1 + 5x_2 = 44$ 给定。至于 NMC 决策边界，则可由 $e_{n,1}x_1 + e_{n,2}x_2 + f_n = 0$ 给定，其中

$$\begin{bmatrix}e_{n,1}\\e_{n,2}\end{bmatrix} = \hat{\boldsymbol{\mu}}_1 - \hat{\boldsymbol{\mu}}_0 = \begin{bmatrix}4\\2\end{bmatrix} \tag{4.22}$$

$$d_n = (\hat{\boldsymbol{\mu}}_0 - \hat{\boldsymbol{\mu}}_1)^{\mathrm{T}}\left(\frac{\hat{\boldsymbol{\mu}}_0 + \hat{\boldsymbol{\mu}}_1}{2}\right) = [-4 \quad -2]\begin{bmatrix}4\\4\end{bmatrix} = -24 \tag{4.23}$$

因此，NMC 决策边界可由 $2x_1 + x_2 = 12$ 确定。

图 4.1 给出了从训练数据得到的叠加在一起的 LDA、DLDA 和 NMC 决策边界。由于选择 $k_n = 0$，我们可以看到所有三个决策边界都经过两类均值之间的中点。然而，只有 NMC 决策边界垂直于连接两个样本均值的线。 ■

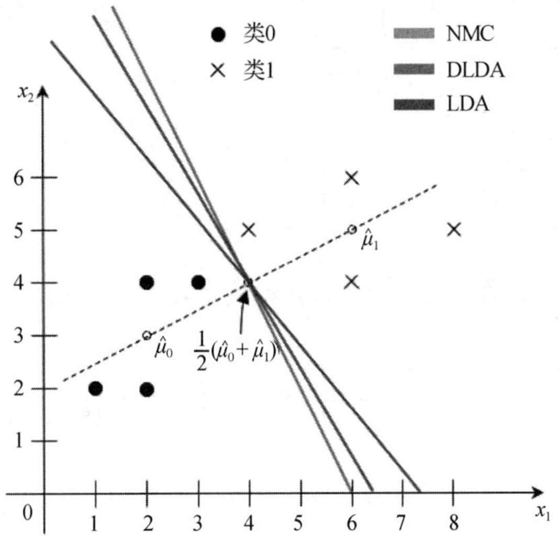

图 4.1　例 4.2 中的样本数据和线性决策边界

4.2.2　二次判别分析

二次判别分析是 2.5 节中在异方差高斯情况下的基于实例的版本。QDA 判别式(QDA discriminant)是式(4.8)中使用样本均值 $\hat{\boldsymbol{\mu}}_0$ 和 $\hat{\boldsymbol{\mu}}_1$ 及其在上一节中介绍的样本协方差矩阵 $\hat{\boldsymbol{\Sigma}}_0$ 和 $\hat{\boldsymbol{\Sigma}}_1$ 的简单通用的判别形式。

很容易证明 QDA 分类器决策边界生成一个由方程 $\boldsymbol{x}^{\mathrm{T}}\boldsymbol{A}_n\boldsymbol{x} + \boldsymbol{b}_n^{\mathrm{T}}\boldsymbol{x} + c_n = k_n$ 确定的超平面决策边界，其中

$$\begin{aligned}\boldsymbol{A}_n &= -\frac{1}{2}(\hat{\boldsymbol{\Sigma}}_1^{-1}-\hat{\boldsymbol{\Sigma}}_0^{-1})\\ \boldsymbol{b}_n &= \hat{\boldsymbol{\Sigma}}_1^{-1}\hat{\boldsymbol{\mu}}_1-\hat{\boldsymbol{\Sigma}}_0^{-1}\hat{\boldsymbol{\mu}}_0\\ \boldsymbol{c}_n &= -\frac{1}{2}(\hat{\boldsymbol{\mu}}_1^{\mathrm{T}}\hat{\boldsymbol{\Sigma}}_1^{-1}\hat{\boldsymbol{\mu}}_1-\hat{\boldsymbol{\mu}}_0^{\mathrm{T}}\hat{\boldsymbol{\Sigma}}_0^{-1}\hat{\boldsymbol{\mu}}_0)-\frac{1}{2}\ln\frac{|\hat{\boldsymbol{\Sigma}}_1|}{|\hat{\boldsymbol{\Sigma}}_0|}\end{aligned}\tag{4.24}$$

显然，在$\hat{\boldsymbol{\Sigma}}_0=\hat{\boldsymbol{\Sigma}}_1=\hat{\boldsymbol{\Sigma}}$ 的条件下，式(4.15)中的 LDA 参数可由式(4.24)得到。最优的 QDA 决策边界是在 R^d 中的超二次曲面，如 2.5.2 节中所述：超球面、超椭球、超抛物面、超双曲面和单超平面或双超平面。QDA 与 LDA 不同的是决策边界通常不会穿过类均值之间的中点，即使类是几乎均等的。QDA 与 LDA 的情况一样，为了应付小样本将会使用在协方差矩阵估计值$\hat{\boldsymbol{\Sigma}}_0$ 和$\hat{\boldsymbol{\Sigma}}_1$ 来得到符合对角线、球面和协方差替换的约束以及其他收缩性约束。

例 4.3　分类问题中的训练数据为：

$$\begin{aligned}S_n=\{&((1,0)^{\mathrm{T}},0),\ ((0,1)^{\mathrm{T}},0),\ ((-1,0)^{\mathrm{T}},0),\ ((0,-1)^{\mathrm{T}},0),\\ &((2,0)^{\mathrm{T}},1),\ ((0,2)^{\mathrm{T}},1),\ ((-2,0)^{\mathrm{T}},1),\ ((0,-2)^{\mathrm{T}},1)\}\end{aligned}$$

假设 $k_n=0$，我们得到下面的 QDA 决策边界。如例 4.2 所示，我们首先计算样本估计值：

$$\begin{aligned}\hat{\boldsymbol{\mu}}_0 &= \frac{1}{4}\left(\begin{bmatrix}1\\0\end{bmatrix}+\begin{bmatrix}0\\1\end{bmatrix}+\begin{bmatrix}-1\\0\end{bmatrix}+\begin{bmatrix}0\\-1\end{bmatrix}\right)=\begin{bmatrix}0\\0\end{bmatrix}\\ \hat{\boldsymbol{\mu}}_1 &= \frac{1}{4}\left(\begin{bmatrix}2\\0\end{bmatrix}+\begin{bmatrix}0\\2\end{bmatrix}+\begin{bmatrix}-2\\0\end{bmatrix}+\begin{bmatrix}0\\-2\end{bmatrix}\right)=\begin{bmatrix}0\\0\end{bmatrix}\\ \hat{\boldsymbol{\Sigma}}_0 &= \frac{1}{3}\left(\begin{bmatrix}1\\0\end{bmatrix}[1\quad 0]+\begin{bmatrix}0\\1\end{bmatrix}[0\quad 1]+\begin{bmatrix}-1\\0\end{bmatrix}[-1\quad 0]+\begin{bmatrix}0\\-1\end{bmatrix}[0\quad -1]\right)=\frac{2}{3}\boldsymbol{I}_2\Rightarrow\hat{\boldsymbol{\Sigma}}_0^{-1}=\frac{3}{2}\boldsymbol{I}_2\\ \hat{\boldsymbol{\Sigma}}_1 &= \frac{1}{3}\left(\begin{bmatrix}2\\0\end{bmatrix}[2\quad 0]+\begin{bmatrix}0\\2\end{bmatrix}[0\quad 2]+\begin{bmatrix}-2\\0\end{bmatrix}[-2\quad 0]+\begin{bmatrix}0\\-2\end{bmatrix}[0\quad -2]\right)=\frac{8}{3}\boldsymbol{I}_2\Rightarrow\hat{\boldsymbol{\Sigma}}_1^{-1}=\frac{3}{8}\boldsymbol{I}_2\end{aligned}\tag{4.25}$$

二维 QDA 决策边界可由方程 $a_{n,11}x_1^2+2a_{n,12}x_1x_2+a_{n,22}x_2^2+b_{n,1}x_1+b_{n,2}x_2+c_n=0$ 确定，其中

$$\begin{aligned}\begin{bmatrix}a_{n,11} & a_{n,12}\\ a_{n,12} & a_{n,22}\end{bmatrix} &= -\frac{1}{2}(\hat{\boldsymbol{\Sigma}}_1^{-1}-\hat{\boldsymbol{\Sigma}}_0^{-1})=\frac{9}{16}\begin{bmatrix}1 & 0\\ 0 & 1\end{bmatrix}\\ \begin{bmatrix}b_{n,1}\\ b_{n,2}\end{bmatrix} &= \hat{\boldsymbol{\Sigma}}_1^{-1}\hat{\boldsymbol{\mu}}_1-\hat{\boldsymbol{\Sigma}}_0^{-1}\hat{\boldsymbol{\mu}}_0=\begin{bmatrix}0\\0\end{bmatrix}\\ c_n &= -\frac{1}{2}(\hat{\boldsymbol{\mu}}_1^{\mathrm{T}}\hat{\boldsymbol{\Sigma}}_1^{-1}\hat{\boldsymbol{\mu}}_1-\hat{\boldsymbol{\mu}}_0^{\mathrm{T}}\hat{\boldsymbol{\Sigma}}_0^{-1}\hat{\boldsymbol{\mu}}_0)-\frac{1}{2}\ln\frac{|\hat{\boldsymbol{\Sigma}}_1|}{|\hat{\boldsymbol{\Sigma}}_0|}=-2\ln 2\end{aligned}\tag{4.26}$$

因此，QDA 决策边界由下式给出

$$\frac{9}{16}x_1^2+\frac{9}{16}x_2^2-2\ln 2=0\Rightarrow x_1^2+x_2^2=\frac{32}{9}\ln 2\tag{4.27}$$

式(4.27)是一个以原点为圆心且半径等于 $4\sqrt{2\ln 2}/3\approx 1.57$ 的圆方程。图 4.2 显示了它在训练数据上得到的 QDA 决策边界。由于类的均值是相同的，所以 QDA 分类器完全可由类间的不同方差来确定。显然，在这种情况下，LDA、DLDA 或 NMC 都无法对其实现任何程度的辨别分类。事实上，对于上述问题没有一个线性分类器(即决策边界为一条线的分类器)能做得很好。它是一个非线性可分数据集(nonlinearly-separable data set)的示例。

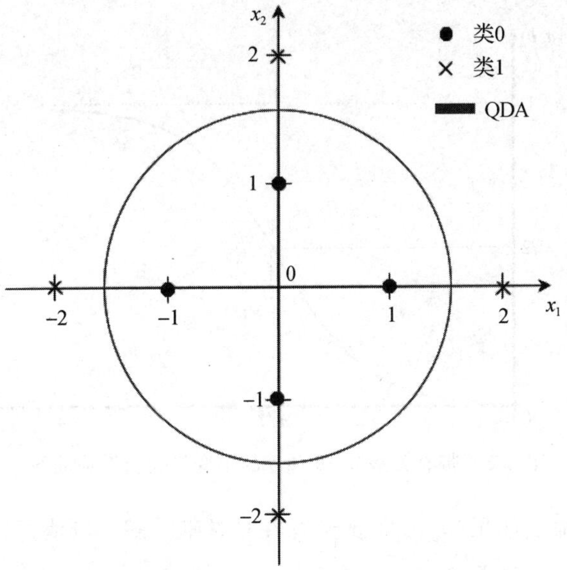

图 4.2 例 4.3 中的样本数据和二次决策边界

4.3 逻辑斯谛分类

逻辑斯谛分类(logistic classification)是 4.1 节讨论的第二类参数分类规则的例子。首先，定义“对数成败比”变换

$$\operatorname{logit}(p)=\ln\left(\frac{p}{1-p}\right),\quad 0<p<1 \tag{4.28}$$

它将区间[0，1]映射到实数线上。对于逻辑斯谛分类，它在多元逻辑空间中的后验概率函数是线性的，带有参数$(\boldsymbol{a},b)$：

$$\operatorname{logit}(\eta(\boldsymbol{x}\mid\boldsymbol{a},\boldsymbol{b}))=\ln\left(\frac{\eta(\boldsymbol{x}\mid\boldsymbol{a},\boldsymbol{b})}{1-\eta(\boldsymbol{x}\mid\boldsymbol{a},\boldsymbol{b})}\right)=\boldsymbol{a}^{\mathrm{T}}\boldsymbol{x}+\boldsymbol{b} \tag{4.29}$$

可以注意到对数成败比变换是必要的，因为概率必须被限制在 0 和 1 之间，否则不能用线性函数来建模。

对式(4.29)求其反函数将生成

$$\eta(\boldsymbol{x}\mid\boldsymbol{a},\boldsymbol{b})=\frac{\mathrm{e}^{\boldsymbol{a}^{\mathrm{T}}\boldsymbol{x}+\boldsymbol{b}}}{1+\mathrm{e}^{\boldsymbol{a}^{\mathrm{T}}\boldsymbol{x}+\boldsymbol{b}}}=\frac{1}{1+\mathrm{e}^{-(\boldsymbol{a}^{\mathrm{T}}\boldsymbol{x}+\boldsymbol{b})}} \tag{4.30}$$

此函数被叫作参数为$(\boldsymbol{a},\boldsymbol{b})$的*逻辑斯谛曲线*(logistic curve)。逻辑斯谛曲线在 x_j 方向上严格递增、恒定或严格递减，分别取决于 $\boldsymbol{a}_j$ 为正、零还是负。参数 $\boldsymbol{a}>\boldsymbol{0}$ 的单变量示例，如图 4.3 所示(该曲线是严格递增)。

逻辑斯谛曲线系数的估计值 $\boldsymbol{a}_n$ 和 $\boldsymbol{b}_n$ 通常可在参数假设 $\eta(\boldsymbol{x}\mid\boldsymbol{a},\boldsymbol{b})$下通过最大化观测数据$S_n$(假设训练特征向量 $\boldsymbol{X}_1,\cdots,\boldsymbol{X}_n$ 是不变的)的条件对数似然 $L(\boldsymbol{a},\boldsymbol{b}\mid S_n)$来获得：

$$\begin{aligned}L(\boldsymbol{a},\boldsymbol{b}\mid S_n)&=\ln\Big(\prod_{i=1}^{n}P(Y=Y_i\mid\boldsymbol{X}=\boldsymbol{X}_i)\Big)=\sum_{i=1}^{n}\ln(\eta(\boldsymbol{X}_i\mid\boldsymbol{a},\boldsymbol{b})^{Y_i}(1-\eta(\boldsymbol{X}_i\mid\boldsymbol{a},\boldsymbol{b}))^{1-Y_i})\\&=\sum_{i=1}^{n}Y_i\ln(1+\mathrm{e}^{-(\boldsymbol{a}^{\mathrm{T}}\boldsymbol{X}_i+\boldsymbol{b})})+(1-Y_i)\ln(1+\mathrm{e}^{\boldsymbol{a}^{\mathrm{T}}\boldsymbol{X}_i+\boldsymbol{b}})\end{aligned} \tag{4.31}$$

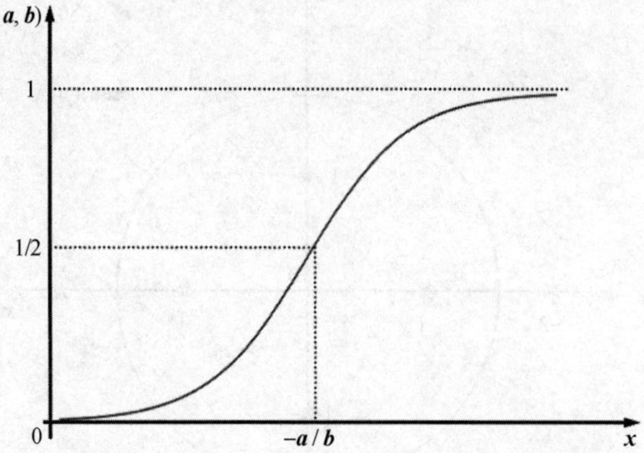

图 4.3　带有参数 $a>0$ 和 b 的单变量逻辑斯谛曲线

此函数是严格凹的，那么如果(a_n, b_n) 的解存在且是唯一解，则满足以下方程：

$$\begin{aligned}
\frac{\partial L}{a_j}(\boldsymbol{a}_n,\boldsymbol{b}_n)&=\sum_{i=1}^{n}\left[Y_i\frac{\mathrm{e}^{-(\boldsymbol{a}_n^{\mathrm{T}}\boldsymbol{X}_i+\boldsymbol{b}_n)}a_{n,j}}{1+\mathrm{e}^{-(\boldsymbol{a}_n^{\mathrm{T}}\boldsymbol{X}_i+\boldsymbol{b}_n)}}+(1-Y_i)\frac{\mathrm{e}^{\boldsymbol{a}_n^{\mathrm{T}}\boldsymbol{X}_i+\boldsymbol{b}_n}a_{n,j}}{1+\mathrm{e}^{\boldsymbol{a}_n^{\mathrm{T}}\boldsymbol{X}_i+\boldsymbol{b}_n}}\right]\\
&=\sum_{i=1}^{n}(Y_i\eta(\boldsymbol{X}_i\,|-\boldsymbol{a}_n,-\boldsymbol{b}_n)a_{n,j}+(1-Y_i)\eta(\boldsymbol{X}_i\,|\,\boldsymbol{a}_n,\boldsymbol{b}_n)\boldsymbol{a}_{n,j})=0,\quad j=1,\cdots,d\\
\frac{\partial L}{b}(\boldsymbol{a}_n,\boldsymbol{b}_n)&=\sum_{i=1}^{n}\left(Y_i\frac{\mathrm{e}^{-(\boldsymbol{a}_n^{\mathrm{T}}\boldsymbol{X}_i+\boldsymbol{b}_n)}}{1+\mathrm{e}^{-(\boldsymbol{a}_n^{\mathrm{T}}\boldsymbol{X}_i+\boldsymbol{b}_n)}}+(1-Y_i)\frac{\mathrm{e}^{\boldsymbol{a}_n^{\mathrm{T}}\boldsymbol{X}_i+\boldsymbol{b}_n}}{1+\mathrm{e}^{\boldsymbol{a}_n^{\mathrm{T}}\boldsymbol{X}_i+\boldsymbol{b}_n}}\right)\\
&=\sum_{i=1}^{n}(Y_i\eta(\boldsymbol{X}_i\,|-\boldsymbol{a}_n,-\boldsymbol{b}_n)+(1-Y_i)\eta(\boldsymbol{X}_i\,|\,\boldsymbol{a}_n,\boldsymbol{b}_n))=0
\end{aligned}\tag{4.32}$$

这是一个 $d+1$ 强耦合非线性方程组，它必须用迭代数值方法来求解。然后用估计值 $\boldsymbol{a}_n$ 和 $\boldsymbol{b}_n$ 替换式(4.30)和式(4.6)中的形式，得到逻辑斯谛分类器：

$$\psi_n(\boldsymbol{x})=\begin{cases}1, & \dfrac{1}{1+\mathrm{e}^{-(\boldsymbol{a}_n^{\mathrm{T}}\boldsymbol{x}+\boldsymbol{b}_n)}}>\dfrac{1}{2}\\ 0, & 否则\end{cases}=\begin{cases}1, & \boldsymbol{a}_n^{\mathrm{T}}\boldsymbol{x}+\boldsymbol{b}_n>0\\ 0, & 否则\end{cases}\tag{4.33}$$

也许令人惊讶的是逻辑斯谛分类器是一个线性分类器，其超平面决策边界可由参数 $\boldsymbol{a}_n$ 和 $\boldsymbol{b}_n$ 确定。

4.4　其他主题

4.4.1　正则化判别分析

在 4.2 节中讨论的 NMC、LDA 和 QDA 分类规则可以进行组合来获得具有中间性特征的混合分类规则。

特别地，参数的估计是参数分类所面临的难题之一。当样本量相对于维数较小时，估计会变得不准确并且所设计的分类器性能也会变差。例如，在小样本条件下 $\hat{\boldsymbol{\Sigma}}$ 成为一个糟糕的 $\boldsymbol{\Sigma}$ 估计：$\boldsymbol{\Sigma}$ 的小特征值容易被估计过低，而 $\boldsymbol{\Sigma}$ 的大特征值容易被估计过高。也可能 $\hat{\boldsymbol{\Sigma}}$

的所有的特征值都太小并且矩阵不能求逆。

在上述三个规则中，QDA 需要的数据最多，其次是 LDA，然后是 NMC。LDA 可以被看作是一种通过汇集所有可用数据估计单个样本协方差矩阵来正则化(regularize)或缩小(shrink)QDA 的尝试范围的方法。要控制从 QDA 到 LDA 的收缩程度可以通过引入一个参数 $0\leqslant\alpha\leqslant 1$ 并且设置

$$\hat{\boldsymbol{\Sigma}}_i^R(\alpha)=\frac{N_i(1-\alpha)\hat{\boldsymbol{\Sigma}}_i+n\alpha\hat{\boldsymbol{\Sigma}}}{N_i(1-\alpha)+n\alpha} \tag{4.34}$$

对于 $i=0,1$，$\hat{\boldsymbol{\Sigma}}$ 是综合样本方差矩阵，并且 $\hat{\boldsymbol{\Sigma}}_i$ 和 N_i 是单个样本协方差矩阵和样本大小。注意到 $\alpha=0$ 将引发 QDA，而 $\alpha=1$ 引发 LDA。$0<\alpha<1$ 将在 QDA 和 LDA 间产生混合分类规则。

为了在不过度增加偏差的情况下获得更合适的正则化参数，可以进一步向着 $\hat{\boldsymbol{\Sigma}}_i^R(\alpha)$ 的平均特征值乘以单位矩阵的方向收缩，再引入一个参数 $0\leqslant\beta\leqslant 1$(它具有减小大特征值和增大小特征值的作用，从而可以抵消前面提到的偏置效应)：

$$\hat{\boldsymbol{\Sigma}}_i^R(\alpha,\beta)=(1-\beta)\hat{\boldsymbol{\Sigma}}_i^R(\alpha)+\beta\frac{\operatorname{trace}(\hat{\boldsymbol{\Sigma}}_i(\alpha))}{d}\boldsymbol{I}_d \tag{4.35}$$

其中 $i=0,1$。请注意当 $\alpha=\beta=1$ 时生成 NMC。因此，此规则的范围是从 QDA 到 LDA 再到 NMC 以及中间情况，具体取决于所选的 α 和 β 值。这被称为正则化判别分析(regularized discriminant analysis)。可参见图 4.4 中的示例。对于 $i=0,1$，"未知"顶点 $\alpha=0$ 和 $\beta=1$ 相当于 $\hat{\boldsymbol{\Sigma}}_0^R=m_0\boldsymbol{I}_d$ 和 $\hat{\boldsymbol{\Sigma}}_1^R=m_1\boldsymbol{I}_d$，其中 $m_i=\operatorname{trace}(\hat{\boldsymbol{\Sigma}}_i)/d\geqslant 0$。结果表明当 $m_0\neq m_1$ 时将产生球形决策边界($m_0=m_1$ 产生平面 NMC)：

$$\left\|\boldsymbol{X}-\frac{m_1\hat{\boldsymbol{\mu}}_0-m_0\hat{\boldsymbol{\mu}}_1}{m_1-m_0}\right\|^2=\frac{m_1m_0}{m_1-m_0}\left(\frac{\|\hat{\boldsymbol{\mu}}_1-\hat{\boldsymbol{\mu}}_0\|^2}{m_1-m_0}+d\ln\frac{m_1}{m_0}\right) \tag{4.36}$$

α 和 β 的每个不同值对应不同的分类规则。因此，这两个参数与例如高斯判别分析中的均值和协方差矩阵是不属于同一类的。选择 α 和 β 的值相当于选择一个分类规则，这一过程被称为模型选择(model selection)(参见第 8 章)。

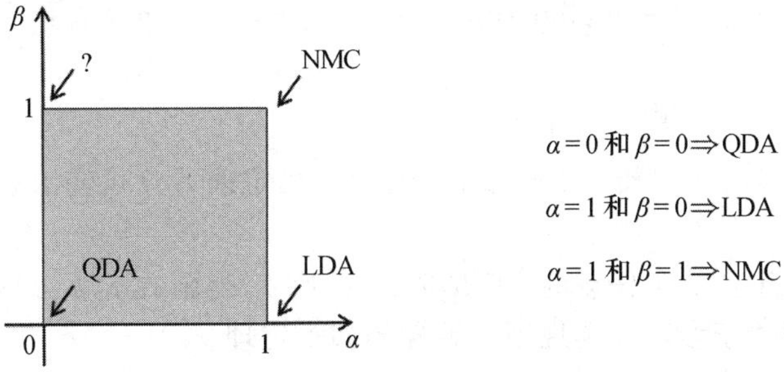

图 4.4 正则化判别分析的参数空间

*4.4.2 参数规则的一致性

可以预期到如果估计量 $\boldsymbol{\theta}_{0,n}$ 和 $\boldsymbol{\theta}_{1,n}$ 是一致的，意味着当 $n\to\infty$ 时依概率 $\boldsymbol{\theta}_{0,n}\to\boldsymbol{\theta}_0^*$ 和 $\boldsymbol{\theta}_{1,n}\to\boldsymbol{\theta}_1^*$，此外当先验概率 $P(Y=0)$ 和 $P(Y=1)$ 已知或者也可以一致地被估计出来，则依概率 $\varepsilon_n\to\varepsilon^*$，即相应的参数分类规则是一致的。但事实并非如此，因为需要额外的平滑条

件。下面的例子说明了上述内容。

例 4.4　考虑一组由下式指定的单变量高斯分布族的参数分类

$$p(x|\theta)=\begin{cases}\mathcal{N}(\theta,\mathbf{1}), & \theta\leqslant 1\\ \mathcal{N}(\theta+1,\mathbf{1}), & \theta>1\end{cases} \tag{4.37}$$

其中 $\theta\in R$。假设类先验概率已知并且 $P(Y=0)=P(Y=1)=1/2$，(未知)参数的真值为 $\theta_0^*=-1$ 和 $\theta_1^*=1$。使用式(2.53)能够得到贝叶斯误差：

$$\varepsilon_L^*=\Phi\left(-\frac{|\theta_1^*-\theta_0^*|}{2}\right)=\Phi(-1)\approx 0.1587 \tag{4.38}$$

一个简单的计算可以揭示 $D_n(x)=\ln p(x|\theta_{1,n})/p(x|\theta_{0,n})=a_nx+b_n$ 是一个线性判别式，其参数为

$$\begin{aligned}a_n&=(\theta_{1,n}-\theta_{0,n})+(I_{\theta_{1,n}>1}-I_{\theta_{0,n}>1})\\ b_n&=-a_n\left(\frac{\theta_{0,n}+\theta_{1,n}}{2}+\frac{I_{\theta_{0,n}>1}+I_{\theta_{1,n}>1}}{2}\right)\end{aligned} \tag{4.39}$$

并且分类误差等于(参见练习 4.3)：

$$\varepsilon_n=\frac{1}{2}\left[\Phi\left(\frac{a_n\theta_0+b_n}{|a_n|}\right)+\Phi\left(-\frac{a_n\theta_1+b_n}{|a_n|}\right)\right] \tag{4.40}$$

自然估计量 $\theta_{0,n}$ 和 $\theta_{1,n}$ 为常用的样本均值。根据大数定律(参见定理 A.12)，当 $n\to\infty$ 时以概率 1 使得 $\theta_{0,n}\to\theta_0^*=-1$ 和 $\theta_{1,n}\to\theta_1^*=1$。函数 $I_{\theta>1}$ 在 $\theta_0^*=-1$ 处是连续的，且这暗示着以概率 1 使得 $I_{\theta_{0,n}>1}\to 0$。然而，在 $\theta_1^*=1$ 处 $I_{\theta>1}$ 是不连续的，并且 $I_{\theta_{1,n}>1}$ 不收敛，如以概率 1 使得 $\liminf I_{\theta_{1,n}>1}=0$ 且 $\limsup I_{\theta_{1,n}>1}=1$。事实上，由于 Φ 是一个连续递增函数，由式(4.40)可知，以概率 1

$$\begin{aligned}\liminf\varepsilon_n&=\frac{1}{2}\left[\Phi\left(\liminf\frac{a_n\theta_0+b_n}{|a_n|}\right)+\Phi\left(-\liminf\frac{a_n\theta_1+b_n}{|a_n|}\right)\right]\\ &=\Phi(-1)=\varepsilon^*\approx 0.1587\end{aligned} \tag{4.41}$$

但是

$$\begin{aligned}\limsup\varepsilon_n&=\frac{1}{2}\left[\Phi\left(\limsup\frac{a_n\theta_0+b_n}{|a_n|}\right)+\Phi\left(-\limsup\frac{a_n\theta_1+b_n}{|a_n|}\right)\right]\\ &=\Phi\left(-\frac{1}{2}\right)\approx 0.3085\end{aligned} \tag{4.42}$$

因为不存在 $I_{\theta_{1,n}>1}$ 和 ε_n 的以概率 1 收敛的子序列，由定理 A.9 可知依概率 ε_n 不收敛到 ε^*。

■

上例的困境在于：对于任意的 $x\in R$ 值，在 $\theta=\theta_1$ 处函数 $p(x|\theta)$ 是不连续的。闲话少说，我们可以得到关于参数分类规则一致性的如下定理。

定理 4.1　如果在 $\boldsymbol{X}$ 测度中对于几乎无处不在的 $\boldsymbol{\theta}_0^*$ 和 $\boldsymbol{\theta}_1^*$ 真实值，参数类条件密度函数 $p(\boldsymbol{X}|\boldsymbol{\theta})$ 是连续的，且如果依概率 $\boldsymbol{\theta}_{0,n}\to\boldsymbol{\theta}_0^*$、$\boldsymbol{\theta}_{1,n}\to\boldsymbol{\theta}_1^*$ 且 $k_n\to k^*$，则依概率 $\varepsilon_n\to\varepsilon^*$ 并且式(4.2)给出的参数分类规则是一致的。

证明：给定 $\boldsymbol{x}\in\boldsymbol{X}$，如果在 $\boldsymbol{\theta}_0^*$ 和 $\boldsymbol{\theta}_1^*$ 处的 $p(\boldsymbol{x}|\boldsymbol{\theta})$ 是连续的，且 $\boldsymbol{\theta}_{0,n}\xrightarrow{P}\boldsymbol{\theta}_0^*$ 和 $\boldsymbol{\theta}_{1,n}\xrightarrow{P}\boldsymbol{\theta}_1^*$，则

$$D_n(\boldsymbol{x})=\ln\frac{p(\boldsymbol{x}|\boldsymbol{\theta}_{1,n})}{p(\boldsymbol{x}|\boldsymbol{\theta}_{0,n})}\xrightarrow{P}\ln\frac{p(\boldsymbol{x}|\boldsymbol{\theta}_1^*)}{p(\boldsymbol{x}|\boldsymbol{\theta}_0^*)}=D^*(\boldsymbol{x}) \tag{4.43}$$

通过连续映射定理(参见定理 A.6)。现在，根据有界收敛定理(参见定理 A.11)，式(4.2)的参数分类器条件分类误差可由下式给出

$$
\begin{aligned}
\varepsilon[\psi_n \mid \boldsymbol{X}=\boldsymbol{x}] &= P(D_n(\boldsymbol{X}) > k_n \mid \boldsymbol{X}=\boldsymbol{x}, Y=0, S_n)P(Y=0) \\
&\quad + P(D_n(\boldsymbol{X}) \leqslant k_n \mid \boldsymbol{X}=\boldsymbol{x}, Y=1, S_n)P(Y=1) \\
&= E[I_{D_n(\boldsymbol{x})-k_n>0} \mid \boldsymbol{X}=\boldsymbol{x}, Y=0, S_n]P(Y=0) \\
&\quad + E[I_{D_n(\boldsymbol{x})-k_n\leqslant 0} \mid \boldsymbol{X}=\boldsymbol{x}, Y=1, S_n]P(Y=1) \\
&\xrightarrow{P} E[I_{D^*(x)-k^*>0} \mid \boldsymbol{X}=\boldsymbol{x}, Y=0]P(Y=0) \\
&\quad + E[I_{D^*(\boldsymbol{x})-k^*\leqslant 0} \mid \boldsymbol{X}=\boldsymbol{x}, Y=1]P(Y=1) \\
&= P(D^*(\boldsymbol{x})-k^* > 0 \mid \boldsymbol{X}=\boldsymbol{x}, Y=0]P(Y=0) \\
&\quad + P(D^*(\boldsymbol{x})-k^* \leqslant 0 \mid \boldsymbol{X}=\boldsymbol{x}, Y=1]P(Y=1) \\
&= \varepsilon[\psi^* \mid \boldsymbol{X}=\boldsymbol{x}]
\end{aligned}
\tag{4.44}
$$

其中 $I_{D_n(x)-k_n} \xrightarrow{P} I_{D^*(x)-k}$。但由于在 $\boldsymbol{X}$ 上它在以概率 1 成立，有界收敛定理的另一个应用可给出 $\varepsilon_n = E[\varepsilon[\psi_n \mid \boldsymbol{X}]] \xrightarrow{P} E[\varepsilon[\psi^* \mid \boldsymbol{X}]] = \varepsilon^*$。

可以注意到上述定理包括了当 $k^* = \ln P(Y=0)/P(Y=1)$ 是已知的情况(在这种情况下，设置 $k_n \equiv k^*$)。考虑将高斯判别分析作为一个应用实例。在该情况下，对于 $\boldsymbol{x}$、$\boldsymbol{\mu}$ 和 $\boldsymbol{\Sigma}$ 的任何值 $p(\boldsymbol{x} \mid \boldsymbol{\mu}, \boldsymbol{\Sigma})$ 都是连续的。由于样本均值作为样本协方差矩阵的估计量是一致的(例如，参见 Casella and Berger [2002])，并且使用 $k_n = \ln N_0/N_1$ 进行估计，它在随机抽样下是一致的。如果它们各自的分布假设成立，那么从定理 4.1 可以看出 NMC、LDA、DLDA 及 QDA 分类规则是一致的(NMC 的一致性在第 3 章中给出了直观的证明)。

更通俗地说，当且仅当对于 $i=1,\cdots,k$，函数 α 和 ξ_i 在 $\boldsymbol{\theta}_0^*$ 和 $\boldsymbol{\theta}_1^*$ 处是连续的，那么式(4.3)中的指数密度 $p(\boldsymbol{x} \mid \boldsymbol{\theta})$ 满足定理 4.1 中的条件。则使用一致性估计就可以得到一致的分类规则。

如果将参数分类规则替换成式(4.6)中的形式，则将产生与定理 4.1 相似的结果。下面定理的证明留作练习来完成。

定理 4.2 如果在 $\boldsymbol{X}$ 测度中对于几乎无处不在的 $\boldsymbol{\theta}^*$ 真实值，参数类条件密度函数 $\eta(\boldsymbol{x} \mid \boldsymbol{\theta})$ 是连续的，且如果依概率 $\boldsymbol{\theta}_n \to \boldsymbol{\theta}^*$，则依概率 $\varepsilon_n \to \varepsilon^*$ 并且式(4.6)给出的参数分类规则是一致的。

对于 $\boldsymbol{x} \in R^d$ 的任意值，式(4.30)中的多元逻辑函数 $\eta(\boldsymbol{x} \mid \boldsymbol{a}, \boldsymbol{b})$ 对于 $\boldsymbol{a}$ 和 $\boldsymbol{b}$ 的所有值显然是连续的。此外，4.3 节讨论的最大似然估计 $\boldsymbol{a}_n$ 和 $\boldsymbol{b}_n$ 原则上是一致的(如果忽略了数值计算中引入的近似值)。因此，根据定理 4.2，在式(4.29)中的参数假设下逻辑斯谛分类规则是一致的。

4.4.3 贝叶斯参数规则

参数估计的贝叶斯方法将产生贝叶斯参数分类规则。在很多应用中可以找到这些分类规则(参见文献注释)。它们允许通过参数的“先验”分布将先验知识引入分类问题。贝叶斯分类规则在小样本和高维情况下特别有效，即使在先验知识的信息不足时也是如此。贝叶斯统计是一个有着悠久历史的经典理论，在这里我们没有足够的篇幅来准确地再现它(但可参阅文献注释)。在本节中，我们仅简要介绍它在参数分类中的应用。

我们有一系列概率密度函数$\{p(\boldsymbol{x}|\boldsymbol{\theta})|\boldsymbol{\theta}\in\boldsymbol{\Theta}\subseteq R^d\}$。但是现在真实的参数值$\boldsymbol{\theta}_0$和$\boldsymbol{\theta}_1$（注意我们删掉了星号）被假定为随机变量。这意味着存在一个联合分布$p(\boldsymbol{\theta}_0,\boldsymbol{\theta}_1)$，它被称为先验分布（或者更精简地称之为“先验”）。正如我们在这里将要做的，通常假设$\boldsymbol{\theta}_0$和$\boldsymbol{\theta}_1$在观察数据上是独立的，在这种情况下$p(\boldsymbol{\theta}_0,\boldsymbol{\theta}_1)=p(\boldsymbol{\theta}_0)p(\boldsymbol{\theta}_1)$且存在个体$\boldsymbol{\theta}_0$和$\boldsymbol{\theta}_1$先验信息。为了简单起见，我们将假设$c=P(Y=1)$是已知的（或者能够被精确估计出来），但是也可以将其作为贝叶斯参数。

贝叶斯推理背后的思想是使用数据S_n更新先验分布，利用贝叶斯定理，以获得后验(posterior)分布：

$$p(\boldsymbol{\theta}_0,\boldsymbol{\theta}_1|S_n)=\frac{p(S_n|\boldsymbol{\theta}_0,\boldsymbol{\theta}_1)p(\boldsymbol{\theta}_0,\boldsymbol{\theta}_1)}{\int_{\boldsymbol{\theta}_0,\boldsymbol{\theta}_1}p(S_n|\boldsymbol{\theta}_0,\boldsymbol{\theta}_1)p(\boldsymbol{\theta}_0,\boldsymbol{\theta}_1)\mathrm{d}\boldsymbol{\theta}_0\mathrm{d}\boldsymbol{\theta}_1} \tag{4.45}$$

分布

$$p(S_n|\boldsymbol{\theta}_0,\boldsymbol{\theta}_1)=\Pi_{i=1}^n(1-c)^{1-y_i}p(\boldsymbol{x}_i|\boldsymbol{\theta}_0)^{1-y_i}c^{y_i}p(\boldsymbol{x}_i|\boldsymbol{\theta}_1)^{y_i} \tag{4.46}$$

是在特定带有$\boldsymbol{\theta}_0$和$\boldsymbol{\theta}_1$的模型下观察数据的似然形式。假设存在一个封闭形式的解析表达式用于计算$p(S_n|\boldsymbol{\theta}_0,\boldsymbol{\theta}_1)$，这就构成了贝叶斯统计中的参数（基于模型）假设（一些现代贝叶斯方法试图从数据来估计可能性，参见文献注释）。我们注意到式(4.45)中分母充当了规范化常数（它不是一个参数化函数），因此它通常可被简写成$p(\boldsymbol{\theta}_0,\boldsymbol{\theta}_1|S_n)\propto p(S_n|\boldsymbol{\theta}_0,\boldsymbol{\theta}_1)p(\boldsymbol{\theta}_0,\boldsymbol{\theta}_1)$。此外，可以证明如果假设$\boldsymbol{\theta}_0$和$\boldsymbol{\theta}_1$对于观察数据集$S_n$是独立的，之后它们仍然如此，因此$p(\boldsymbol{\theta}_0,\boldsymbol{\theta}_1|S_n)=p(\boldsymbol{\theta}_0|S_n)p(\boldsymbol{\theta}_1|S_n)$（参见练习7.12）。

贝叶斯分类是基于这样一种思想，即通过积分参数计算每个标签的预测密度(predictive density)$p_0(\boldsymbol{x}|S_n)$和$p_1(\boldsymbol{x}|S_n)$：

$$p_0(\boldsymbol{x}|S_n)=\int_{R^m}p(\boldsymbol{x}|\boldsymbol{\theta}_0)p(\boldsymbol{\theta}_0|S_n)\mathrm{d}\boldsymbol{\theta}_0\ 且\ p_1(\boldsymbol{x}|S_n)=\int_{R^m}p(\boldsymbol{x}|\boldsymbol{\theta}_1)p(\boldsymbol{\theta}_1|S_n)\mathrm{d}\boldsymbol{\theta}_1 \tag{4.47}$$

基于实例的判别式可以用通常的方式来定义：

$$D_n(\boldsymbol{x})=\ln\frac{p_1(\boldsymbol{x}|S_n)}{p_0(\boldsymbol{x}|S_n)} \tag{4.48}$$

并且贝叶斯分类器可由下式定义。

$$\psi_n(\boldsymbol{x})=\begin{cases}1, & D_n(\boldsymbol{x})>\ln\dfrac{c_0}{c_1}\\ 0, & 否则\end{cases} \tag{4.49}$$

例 4.5 在高斯情况下的贝叶斯参数分类问题已经得到了广泛的研究。在这里我们考虑在式(4.7)中的多元高斯参数族$p(\boldsymbol{x}|\boldsymbol{\mu},\boldsymbol{\Sigma})$，其中类的均值为$\boldsymbol{\mu}_0$和$\boldsymbol{\mu}_1$以及类的协方差矩阵为$\boldsymbol{\Sigma}_0$和$\boldsymbol{\Sigma}_1$一般都是未知的，并带有“模糊的信息”的$p(\boldsymbol{\mu}_i)\propto 1$和$p(\boldsymbol{\Sigma}^{-1})\propto|\boldsymbol{\Sigma}_i|^{\frac{d-1}{2}}$（注意到先验知识在$\boldsymbol{\Lambda}=\boldsymbol{\Sigma}^{-1}$中被定义，也称其为“精度矩阵”）。然而这些先验知识是不合适的，也就是说，它们不能像通常的密度函数那样使得其的积分结果为1。它们也是“不详尽的”，大致来说它们不偏向于参数的任何特定值。事实上，在整个R^d空间上先验知识是“一致的”。然而，从这些先验知识中得到后验信息是合适的。

可以证明上述情况的预测密度可由下式给出

$$p_i(\boldsymbol{x}|S_n)=t_{N_i-d}\left(\boldsymbol{x}|\hat{\boldsymbol{\mu}}_i,\frac{N_i^2-1}{N_i-d}\hat{\boldsymbol{\Sigma}}_i\right),\quad 对于\ i=0,1 \tag{4.50}$$

其中$\hat{\boldsymbol{\mu}}_0$、$\hat{\boldsymbol{\mu}}_1$、$\boldsymbol{\Sigma}_0$ 和$\boldsymbol{\Sigma}_1$ 是通常的样本均值和样本协方差矩阵，并且$t_\nu(\boldsymbol{a},B)$是一个具有 μ 自由度的多元变量 t 的密度：

$$t_\nu(\boldsymbol{a},B)=\frac{\Gamma\left(\frac{\nu+d}{2}\right)}{\Gamma\left(\frac{\nu}{2}\right)(\nu\pi)^{\frac{p}{2}}\,|B|^{\frac{1}{2}}}\left[1+\frac{1}{\nu}(\boldsymbol{x}-\boldsymbol{a})^{\mathrm{T}}B^{-1}(\boldsymbol{x}-\boldsymbol{a})\right]^{-\frac{\nu+d}{2}} \tag{4.51}$$

其中 $\Gamma(t)$为伽马函数(参见附录 A.1 节)。可以看出该分类器的判决边界是多项式形式。事实上，在进一步假设参数的情况下，就像在一般的异方差高斯情况下一样，可以证明它是一个二次决策边界。 ■

4.5 文献注释

线性判别分析有着悠久的历史，它最初是基于 Fisher[1936]的思想(“Fisher 判别式”，参见 9.1 节)，由 Wald[1944]开发出来，并由 Anderson[1951]给出了今天已知的形式。对于在高斯类条件密度下 LDA 分类误差的性质已存在大量的研究成果。例如，John[1961]在单变量情况下确定了真实分类误差的准确分布和期望，并且在多变量情况下假设协方差矩阵 $\boldsymbol{\Sigma}$ 在判别的公式中是已知的。在 $\boldsymbol{\Sigma}$ 不可知的情况下，使用样本协方差矩阵 $\boldsymbol{S}$ 进行判别是非常困难的，并且 John[1961]只给出了真实误差分布的渐近近似结果。在同一年的出版物中，Bowker[1961]提供了一种 LDA 判别的统计表示形式，而 Sitgreaves[1961]给出了在每个类别的样本数相等时判别式在无穷级数上的精确分布。一些经典文献研究了在参数高斯假设下 LDA 的真实分类误差的分布和矩，使用精确或近似的方法，如 Harter[1951]、Sitgreaves[1951]、Bowker and Sitgreaves[1961]、Teichroew and Sitgreaves[1961]、Okamoto[1963]、Kabe[1963]、Hills[1966]、Raudys[1972]、Anderson[1973]、Sayre[1980]。McLachlan[1992]和 Anderson[1984]对这些方法进行了广泛的调查分析，而 Wyman et al.[1990]对文献中关于高斯判别真实误差的几个渐近结果进行了严谨的调查和数值比较实验。Raudys and Young[2004]第 3 章给出了类似结果的调查结果并被发表在俄文文献中。McFarland and Richards[2001，2002]给出了多元异方差情况下 QDA 判别的统计表示形式。

此外，对于最近均值分类和对角 LDA，其他基于协方差矩阵收缩的方法包括：①矩阵存在常数对角线元素 $\hat{\sigma}^2$ 和常数非对角线(常数协方差)元素 $\hat{\rho}$；②对角线元素 $\hat{\sigma}_i^2$ 是不同的，非对角线元素是非零的且不能被估计出来的，可由“完备的”协方差($\hat{\sigma}_i^2\ \hat{\sigma}_j^2$;3)给出对角线元素 $\hat{\sigma}_i^2$ 是不同的，但非对角线元素是恒等于 $\hat{\rho}$ 的。参见 Schafer and Strimmer[2005]对收缩方法的广泛讨论。在极端高维的情况下，样本的收缩意味着样本本身可能是有用的，就像 Tibshirani et al.[2002]中提出的最近收缩质心方法一样，已经在第 3 章的文献注释部分被提到过。

协方差插入分类器是由 John[1961]提出的。在 Braga-Neto and Dougherty[2015]中，它被称为 John 的线性判别式。

有关方程组(4.32)数值解的详细信息，请参见 Casella and Berger[2002]的 12.6.4 节。

Jeffreys[1961]是贝叶斯统计的经典参考文献。Robert[2007]提出了一种现代的综合处理方法。根据引用了 Aitchison and Dunsmore[1975]的 McLachlan[1992]，Geisser[1964]首次提出了贝叶斯参数分类，他对单变量和多变量高斯情况进行了广泛的研究，并指出贝叶斯预测密度的思想可以追溯到 Jeffreys[1961]，甚至用可信的论据说明了可追溯到 Fisher [1935]。Dalton and Dougherty[2013]给出了称之为最优贝叶斯分类器(Optimal Bayesian Classifier，OBC)的方法，它在最小化所有模型类的后验预期分类误差的意义上是最优的。有关例 4.5 的更多详细信息，请参见下面的参考资料，例如，贝叶斯分类器的决策边界变为二次的条件。Braga-Neto et al. [2018]中对贝叶斯分类算法在生物信息学若干问题中的应用进行了综述。

4.6 练习

4.1 如 4.1 节所述，在式(4.2)中有几个设置阈值 k_n 的选项。其中之一就是从数据 S_n 中得到估计 $\hat{c}_0$ 和 $\hat{c}_1$，并设置 $k_n = \ln \hat{c}_0/\hat{c}_1$。然而，如果数据 S_n 是在独立采样下获得的，则不可能估计出 c_0 和 c_1，因为数据不包含关于它们的信息。估计这些概率在其他情况下也很重要，例如确定疾病流行率。但是，假设通过混合采样获得的大量未标记数据$S_m^u = \{\boldsymbol{X}_{n+1}, \cdots, \boldsymbol{X}_{n+m}\}$是可用的(这在许多应用中是常见的)，并且存在一个固定的分类器(例如，它可能是在原始数据 S_n 上训练的分类器)。然后，在S_m^u 中由 ψ 分派到类别 0 和类别 1 的样本点的比例 $R_{0,m}$和$R_{1,m}$是 c_0 和 c_1 的估计量。

(a)请给出

$$
\begin{aligned}
E[R_{0,m}] &= c_0(1-\varepsilon^0) + c_1\varepsilon^1 \\
E[R_{1,m}] &= c_0\varepsilon^0 + c_1(1-\varepsilon^1)
\end{aligned}
\tag{4.52}
$$

其中

$$
\begin{aligned}
\varepsilon^0 &= P(\psi(\boldsymbol{X}) = 1 \mid Y = 0) \\
\varepsilon^1 &= P(\psi(\boldsymbol{X}) = 0 \mid Y = 1)
\end{aligned}
\tag{4.53}
$$

可得出结论估计量 $R_{0,m}$和 $R_{1,m}$通常是有偏的，除非分类器 ψ 是完美的，或 $\varepsilon^1/\varepsilon^0 = c_1/c_0$。

提示：注意到 $mR_{0,m}$和 $mR_{1,m}$都服从二次分布。

(b)给出

$$
\mathrm{Var}(R_{0,m}) = \mathrm{Var}(R_{1,m}) = \frac{1}{m}(c_0(1-\varepsilon^0) + c_1\varepsilon^1)(c_1(1-\varepsilon^1) + c_0\varepsilon^0) \tag{4.54}
$$

(c)现在假设 ε^0 和 ε^1 是已知的或可以被精确估计的(估计 ε^0 和 ε^1 不需要 c_0 和 c_1 的知识)。请给出

$$
c_{0,m} = \frac{R_{0,m} - \varepsilon^1}{1-\varepsilon^0-\varepsilon^1} \quad 和 \quad c_{1,m} = \frac{R_{1,m} - \varepsilon^0}{1-\varepsilon^0-\varepsilon^1} \tag{4.55}
$$

分别是 c_0 和 c_1 的无偏估计，使得 $c_{1,m} = 1 - c_{0,m}$。此外，利用(b)项的结果表明 $c_{0,m}$ 和 $c_{1,m}$分别是 c_0 和 c_1 的一致估计，即当 $m \to \infty$时依概率 $c_{0,m} \to c_0$ 和 $c_{1,m} \to c_1$。只要 m 不太小，将得到式(4.2)中阈值 k_n 的良好估计 $c_{0,m}/c_{1,m}$。

提示：首先证明带有渐近消失方差的无偏估计是一致的。

4.2 将二分类规则扩展到 K 类($K>2$)的一种常用方法是一对一方法，即在所有类别对之间训练 $K(K-1)$分类器，并用多数表决来指定标签。

(a)使用一对一方法构造出一个参数插入分类的多类版本形式。

(b)如果类 i 和类 j 之间的阈值 $k_{ij,n}$可由 $\ln \hat{c}_j/\ln \hat{c}_i$ 给出，则一对一参数分类规则等价于简单决策

$$
\psi_n(\boldsymbol{x}) = \arg \max_{k=1,\cdots,K} \hat{c}_k p(\boldsymbol{x} \mid \boldsymbol{\theta}_{k,n}), \quad \boldsymbol{x} \in R^d \tag{4.56}
$$

(为简单起见，你可以忽略类别个数相同的可能性。)

(c)应用(a)项和(b)项中的方法，构造出高斯判别分析的多类版本形式。在所有阈值都等于零的多类 NMC 情况下，其决策边界是什么样子的呢？

4.3 在常规高斯模型中存在 $p(\boldsymbol{x}|Y=0)\sim\mathcal{N}_d(\boldsymbol{\mu}_0,\boldsymbol{\Sigma}_0)$ 和 $p(\boldsymbol{x}|Y=1)\sim\mathcal{N}_d(\boldsymbol{\mu}_1,\boldsymbol{\Sigma}_1)$，拥有分类错误率$\varepsilon_n=P(\psi_n(\boldsymbol{X})\neq Y|S_n)$的任意线性分类器形式为

$$\psi_n(\boldsymbol{x})=\begin{cases}1, & \boldsymbol{a}_n^{\mathrm{T}}\boldsymbol{x}+\boldsymbol{b}_n>\boldsymbol{0}\\ 0, & \text{否则}\end{cases} \tag{4.57}$$

(到目前为止讨论的例子包括 LDA 及其变种，以及逻辑斯谛分类器)可以容易地从 Φ 角度计算出(标准正态随机变量的累积分布函数)分类器参数 $\boldsymbol{a}_n$ 和 $\boldsymbol{b}_n$ 以及分布参数 $c=P(Y=1)$、$\boldsymbol{\mu}_0$、$\boldsymbol{\mu}_1$、$\boldsymbol{\Sigma}_0$ 和 $\boldsymbol{\Sigma}_1$。

(a)请给出

$$\varepsilon_n=(1-c)\Phi\left(\frac{\boldsymbol{a}_n^{\mathrm{T}}\boldsymbol{\mu}_0+\boldsymbol{b}_n}{\sqrt{\boldsymbol{a}_n^{\mathrm{T}}\boldsymbol{\Sigma}_0\boldsymbol{a}_n}}\right)+c\Phi\left(-\frac{\boldsymbol{a}_n^{\mathrm{T}}\boldsymbol{\mu}_1+\boldsymbol{b}_n}{\sqrt{\boldsymbol{a}_n^{\mathrm{T}}\boldsymbol{\Sigma}_1\boldsymbol{a}_n}}\right) \tag{4.58}$$

提示：在每一类中判别式 $\boldsymbol{a}_n^{\mathrm{T}}\boldsymbol{x}+\boldsymbol{b}_n$ 都是一个简单的高斯分布。

(b)如果 $c=1/2$，则计算例 4.2 中 NMC、LDA 和 DLDA 分类器的误差，其中 $\boldsymbol{\mu}_0=\begin{bmatrix}2\\3\end{bmatrix}$，$\boldsymbol{\mu}_1=\begin{bmatrix}6\\5\end{bmatrix}$，$\boldsymbol{\Sigma}_0=\begin{bmatrix}1&1\\1&2\end{bmatrix}$和 $\boldsymbol{\Sigma}_1=\begin{bmatrix}4&0\\0&1\end{bmatrix}$。哪个分类器的性能是最好的？

4.4 即使在高斯情况下，二元分类器的分类误差一般也需要数值积分来计算。然而，在一些特殊的简单情况下，可以得到其精确的解。假设一个二维高斯问题，存在 $P(Y=1)=1/2$、$\boldsymbol{\mu}_0=\boldsymbol{\mu}_1=0$、$\boldsymbol{\Sigma}_0=\sigma_0^2\boldsymbol{I}_2$ 和 $\boldsymbol{\Sigma}_1=\sigma_1^2\boldsymbol{I}_2$。为了进一步明确参数，假设 $\sigma_0<\sigma_1$。

(a)贝叶斯分类器为

$$\psi^*(\boldsymbol{x})=\begin{cases}1, & \|\boldsymbol{x}\|>r^*\\ 0, & \text{否则}\end{cases}\quad \text{其中} r^*=\sqrt{2\left(\frac{1}{\sigma_0^2}-\frac{1}{\sigma_1^2}\right)^{-1}\ln\frac{\sigma_1^2}{\sigma_0^2}} \tag{4.59}$$

特别地，最优决策边界是半径为 r^* 的圆。

(b)相应的贝叶斯误差为

$$\varepsilon^*=\frac{1}{2}-\frac{1}{2}(\sigma_1^2/\sigma_0^2-1)\mathrm{e}^{-(1-\sigma_0^2/\sigma_1^2)^{-1}\ln\sigma_1^2/\sigma_0^2} \tag{4.60}$$

特别地，贝叶斯误差仅是 σ_1^2/σ_0^2 方差比函数，且当 $\sigma_1^2/\sigma_0^2\to\infty$时$\varepsilon^*\to 0$。

提示：使用极坐标分析并求解所需积分。

(c)将最优分类器与例 4.3 中的 QDA 分类器进行比较。计算 QDA 分类器的误差，并与贝叶斯误差进行比较。

4.5 (在噪声中检测信号)假设通过噪声信道发送一条(非随机)消息 $s=(s_1,\cdots,s_d)$。在时间 $t=k$ 时，如果该消息出现，则接收器将读取

$$\boldsymbol{X}_k=\boldsymbol{s}+\varepsilon_k \tag{4.61}$$

否则，接收器将读取

$$\boldsymbol{X}_k=\varepsilon_k \tag{4.62}$$

其中$\varepsilon_k\sim\mathcal{N}(0,\boldsymbol{\Sigma})$是噪声项(请注意噪声与消息存在相互关联影响)。问题是检测在 t 时刻是否有消息或只有噪声。假设用前 n 个时间点来“训练”接收器，例如，在 $t=1,\cdots,n/2$ 处发送消息，$t=n/2+1,\cdots,n$ 处不发送任何消息。

(a)将上述问题构造成一个线性判别分析问题。找出 LDA 检测器(根据信号和噪声值写出 LDA 的系数)。

(b)根据分类器系数和 $s=(s_1,\cdots,s_d)$及其 $\boldsymbol{\Sigma}$ 的值，给出 LDA 检测器的误差。

(c)根据 $s=(s_1,\cdots,s_d)$、$\boldsymbol{\Sigma}$ 和训练样本大小 n 的值，尽可能多地阐述问题的困难所在。

4.6　考虑式(4.6)中的参数分类规则。

(a)证明

$$\varepsilon_n-\varepsilon^* \leqslant 2E[\,|\eta(\boldsymbol{X}|\boldsymbol{\theta}_n)-\eta(\boldsymbol{X}|\boldsymbol{\theta}^*)\|\ S_n] \tag{4.63}$$

提示：给定 S_n，存在

$$\begin{aligned}\varepsilon[\psi_n|\boldsymbol{X}=\boldsymbol{x}]-\varepsilon[\psi^*|\boldsymbol{X}=\boldsymbol{x}]&=2\left|\eta(\boldsymbol{x}|\boldsymbol{\theta}^*)-\frac{1}{2}\right|I_{\psi_n(\boldsymbol{x})\neq\psi^*(\boldsymbol{x})}\\&\leqslant 2|\eta(\boldsymbol{x}|\boldsymbol{\theta}_n)-\eta(\boldsymbol{x}|\boldsymbol{\theta}^*)|\end{aligned} \tag{4.64}$$

则可得到在 $\boldsymbol{X}$ 上的期望值。

(b)可以得出结论：如果 $\eta(\boldsymbol{X}|\boldsymbol{\theta})$在 $\boldsymbol{\theta}^*$ 处是连续的，从某种意义上说 $\boldsymbol{\theta}_n\xrightarrow{P}\boldsymbol{\theta}^*$ 暗示着$\eta(\boldsymbol{X}|\boldsymbol{\theta}_n)\xrightarrow{L^1}\eta(\boldsymbol{X}|\boldsymbol{\theta}^*)$，如果 $\boldsymbol{\theta}_n$ 满足上述要求则分类规则是一致的。将其与定理4.2进行比较。

4.7　Python 作业

4.7　对于二维的同方差情况，使用附录 A.8.1 节中的合成数据模型(其中 $\boldsymbol{\mu}_0=(0,0)$、$\boldsymbol{\mu}_1=(1,1)$、$P(Y=0)=P(Y=1)$、$\sigma=0.7$ 并且特征间是独立的)设置 np.random.seed 为 0 以获得再现性，并以 10 为步长为从 $n=20$ 到 $n=100$ 的每个样本大小生成训练数据集。通过使用 np.mean 和 np.cov 计算样本均值和样本协方差矩阵，并应用相应的公式获得与上述数据对应的 LDA、DLDA 和 NMC 决策边界。同时确定该问题的最优分类器。

(a)绘制数据(使用 O 标记来表示类别 0 的样本，使用 X 标记来表示类别 1 的样本)使其呈现出最优分类器和设计出的 LDA、DLDA 和 NMC 分类器的叠加决策边界。描述你所看到的。

(b)使用下面两种方法计算所有分类器的误差：

i. 贝叶斯误差公式(2.53)和其他误差公式(4.58)。

ii. 计算测试集大小 $M=100$ 上的误差比。比较分类器之间误差以及精确的(i 项)与近似的(ii 项)之间的计算方法。

(c)以 10 为步长为 $n=20$ 到 $n=100$ 的每个样本大小生成大量(例如 $N=1000$)的合成训练数据集。对于每个数据集，使用精确公式(无须绘制任何分类器)获得 LDA、DLDA 和 NMC 分类器的误差，并对 $N=1000$ 数据集进行平均以获得对于每个分类器的 $E[\varepsilon_n]$的精确近似值。对于每个分类器，将其估计的期望误差作为 n 的函数绘制出来。用 $\sigma=0.5$ 和 $\sigma=1$ 重复上述工作。阐述你能观察到了什么?

4.8　将线性判别分析应用于已在第 1 章中提到的堆垛层错能(SFE)数据集(参见附录 A.8.4 节)。将 SFE 的值分成两类：低的(SFE≤35)和高的(SFE≥45)，其中不包括中间值。

(a)如 1.8.2 节所述，应用 c01_matex.py 中的预处理步骤获得尺寸为 123(样本数量)×7(特征数量)的数据矩阵。定义低的(SFE≤35)和高的(SFE≥45)数据标签。选取前 20%的样本点作为训练数据，其余 80%作为测试数据。

(b)使用 `scipy.stats` 模块中的 `ttest_ind` 函数，对训练数据应用 Welch 的两样本 t 检验，并生成一个包含预测值、T 统计量和 p 值的表，按最大的绝对 T 统计量进行降序排列。

(c)选取数据中的前两个特征作为预测因子来设计一个 LDA 分类器(这是一个滤波特征选择的例子，将在第 9 章中讨论)。将训练数据绘制成带有重叠的 LDA 决策边界形式。用先前获得的重叠的 LDA 决策边界来绘制测试数据。在训练和测试数据上估计分类错误率。阐述你观察到什么。

(d)用数据中的前三个、前四个和前五个特征作为预测因子重复上述步骤。估计训练和测试数据的误差(不需要绘制分类器图)。阐述你能观察到什么。

第5章

Fundamentals of Pattern Recognition and Machine Learning

非参数分类

“科学的任务是既要扩大我们的经验范围，又要使其变得更有序。”

——尼尔斯·玻尔，《原子理论与自然的描述》，1934年

非参数分类规则与参数分类规则在一个关键方面有所不同：非参数分类规则没有对分布的形状进行假设，而是通过平滑化处理的方法得到分布形状的近似结果。这使得非参数分类规则可以不受分布影响，产生复杂的决策边界，从而在许多情况下实现普遍一致性。与参数化情况相比，非参数化情况对数据的需求量要更多，并且增加了过拟合的风险。此外，所有非参数分类规则都引入了控制平滑量的自由参数，这些参数需要通过模型选择标准来进行确定。本章中，在讨论了非参数分类规则的一般性质后，我们介绍了直方图分类规则、最近邻分类规则和核分类规则。接下来，我们还讨论了著名的Cover-Hart定理和Stone定理对非参数分类规则渐进性的影响。

5.1 非参数替换规则

非参数方法是在对现有数据进行平滑化处理的基础上，获得类条件概率密度函数的近似值 $P_n(\boldsymbol{x}|Y=0)$ 和 $P_n(\boldsymbol{x}|Y=1)$，或者近似值 $\eta_n(\boldsymbol{x})=P_n(Y=1|\boldsymbol{X}=\boldsymbol{x})$ 的后验概率函数，然后代入贝叶斯分类器的定义中。在已知样本大小和分布复杂性的情况下，此过程的一个关键是选择合适的平滑量。

例5.1 图5.1使用基于核的近似操作来进行平滑化处理。如果应用的平滑度太小(图5.1a)，即核标准差(也称为带宽)太小，则得到的近似值结果较差，这样得到的近似值太接近真实数据，容易导致过拟合。另一方面，如果应用了过多的平滑处理(图5.1c)，即核标准差过大，则得到的近似值结果同样是差的，无法捕获到数据的结构，从而导致欠拟合。在这个例子中，图5.1b采用了合适的核标准差和平滑量。在这种情况下，核带宽是一个需要用户设置的自由变量，而在非参数分类方法中该参数为常数。

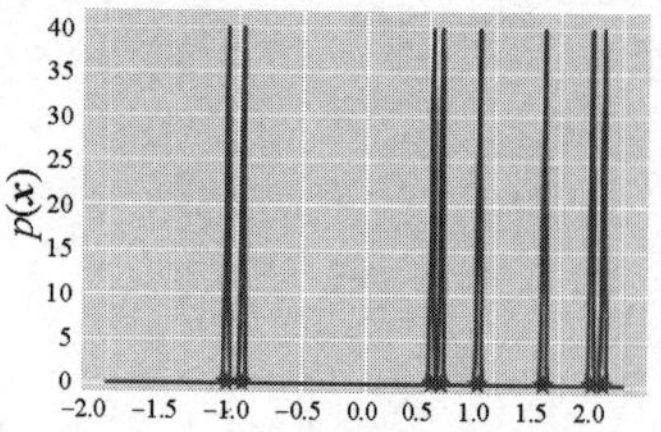

$\sigma=0.01$

a)

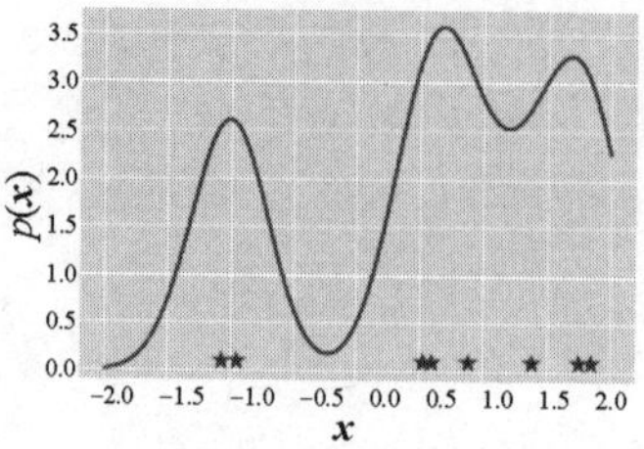

$\sigma=0.3$

b)

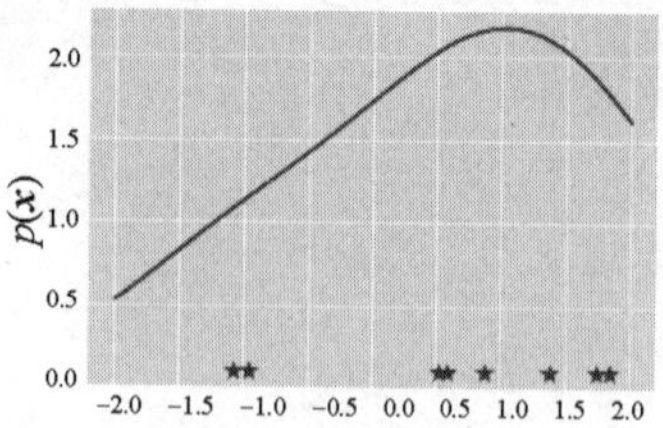

$\sigma=1$

c)

图5.1 使用不同核标准差的样本数据和基于核的平滑化处理(由 c05 kern dnst.py 产生的图) ■

在这里，我们将重点讨论后验概率函数 $\eta(\boldsymbol{x})$ 的平滑估计量 $\eta_n(\boldsymbol{x})$(这包括非参数分类

规则最常见的示例)。给定训练数据$S_n=\{(\boldsymbol{X}_1,Y_1),\cdots,(\boldsymbol{X}_n,Y_n)\}$，我们考虑以下类型的一般近似情况：

$$\eta_n(\boldsymbol{x})=\sum_{i=1}^{n}W_{n,i}(\boldsymbol{x},\boldsymbol{X}_1,\cdots,\boldsymbol{X}_n)\boldsymbol{I}_{Y_i=1} \tag{5.1}$$

其中权重$W_{n,i}(\boldsymbol{x},\boldsymbol{X}_1,\cdots,\boldsymbol{X}_n)$满足

$$W_{n,i}(\boldsymbol{x},\boldsymbol{X}_1,\cdots,\boldsymbol{X}_n)\geqslant 0,i=1,\cdots,n \text{ 且 } \sum_{i=1}^{n}W_{n,i}(\boldsymbol{x},\boldsymbol{X}_1,\cdots,\boldsymbol{X}_n)=1,\text{对于所有 } \boldsymbol{x}\in R^d \tag{5.2}$$

每个$W_{n,i}(\boldsymbol{x},\boldsymbol{X}_1,\cdots,\boldsymbol{X}_n)$在形成估计值$\eta_n(\boldsymbol{x})$时，对相应的训练点$(\boldsymbol{X}_i,Y_i)$进行加权。当作为$\boldsymbol{x}$的函数时，可以通过点对点的方式来改变权重的大小，而当其作为$\boldsymbol{X}_1,\cdots,\boldsymbol{X}_n$的函数时，权重取决于训练特征向量的整个空间结构。为了便于记忆，我们用$W_{n,i}(\boldsymbol{x})$表示权重，其中$W_{n,i}(\boldsymbol{x})$是$\boldsymbol{X}_1,\cdots,\boldsymbol{X}_n$的隐函数。

很容易被验证，非参数替换分类器可由下式给出

$$\psi_n(\boldsymbol{x})=\begin{cases}1, & \eta_n(\boldsymbol{x})>\frac{1}{2},\\0, & \text{否则}\end{cases}=\begin{cases}1, & \sum_{i=1}^{n}W_{n,i}(\boldsymbol{x})\boldsymbol{I}_{Y_i=1}>\sum_{i=1}^{n}W_{n,i}(\boldsymbol{x})\boldsymbol{I}_{Y_i=0}\\0, & \text{否则}\end{cases} \tag{5.3}$$

这可以看作在$\boldsymbol{x}$上添加每个数据点$(\boldsymbol{X}_i,Y_i)$的“影响力”，并为其指定最具影响力的类标签(以任意确定的方式建立的联系在类别0的方向上被终止)。通常来说，$W_{n,i}(\boldsymbol{x})$与欧氏距离$\|\boldsymbol{x}-\boldsymbol{X}_i\|$成反比，因此当$\boldsymbol{X}_i$更接近于$\boldsymbol{x}$时，训练样本点$(\boldsymbol{X}_i,Y_i)$的“影响力”较大，反之则较小。这种空间一致性假设是非参数分类的关键前提，事实上，也是所有平滑方法的关键前提：在空间上彼此接近的点比彼此远离的点更有可能来自同一类。在接下来的几节中，我们将考虑基于这种方法的非参数分类规则的具体例子。

5.2　直方图分类

直方图分类规则是基于特征空间的分区。分区是指从特征空间R^d到幂集$\mathcal{P}(R^d)$的映射A，即包括R^d所有子集的族，使得

$$A(\boldsymbol{x}_1)=A(\boldsymbol{x}_2)\text{ 或 }A(\boldsymbol{x}_1)\cap A(\boldsymbol{x}_2)=\varnothing,\quad\text{对于所有 }\boldsymbol{x}_1,\boldsymbol{x}_2\in R^d \tag{5.4}$$

并且

$$R^d=\bigcup\nolimits_{\boldsymbol{x}\in R^p}A(\boldsymbol{x}) \tag{5.5}$$

因此，分割区域由平铺整个特征空间R^d的非重叠区域$A(\boldsymbol{x})$组成。

一般直方图分类规则如式(5.3)的形式，其权重为

$$W_{n,i}(\boldsymbol{x})=\begin{cases}\frac{1}{N(\boldsymbol{x})}, & \boldsymbol{X}_i\in A(\boldsymbol{x}),\\0, & \text{否则}\end{cases} \tag{5.6}$$

其中$N(\boldsymbol{x})$表示$A(\boldsymbol{x})$中训练样本点的总数。只有与测试样本点在同一区域内的点才会对后验概率估计做出贡献(等距)，从而对分类做出贡献。

我们可以看到，直方图分类器将属于该区域训练样本点中的多数标签作为该分区的标签。根据式(5.3)，以任意确定的方式建立的联系在类别0的方向上被终止。可以注意到，这相当于用分割区域对特征空间进行量化或离散化操作，然后应用例3.3的离散直方图规

则。而在立方直方图规则中，分割区域是一个规则的网格，每个区域是一个边长为 l 的(超)立方体。

例 5.2　图 5.2 显示了在以(2,2)和(4,4)为中心、方差为 4 的球形高斯密度采样数据上，通过立方直方图分类规则产生的分类器，其中每个类的样本数量为 50。因此，最佳决策边界是一条经过点(3,3)，斜率为 $-45°$的直线。我们可以看到，直方图分类规则产生的结果无法很好地逼近最优分类器，因为网格大小不合适(这也是第 6 章中的 CART 规则面临的问题)。请注意，l 起到了平滑参数的作用：如果对于样本量来说太小，则区域内没有足够的点来正确估计后验概率，而如果对于样本量来说太大，则后验概率的估计不会太准确。在非常小的网格中(例如 $l=0.5$)，会产生很多空白区域，这将造成“0－0”平局，它将在接近类别 0 时被终止(在 Python 作业 5.8 中，我们将考虑使用随机平局来代替)。

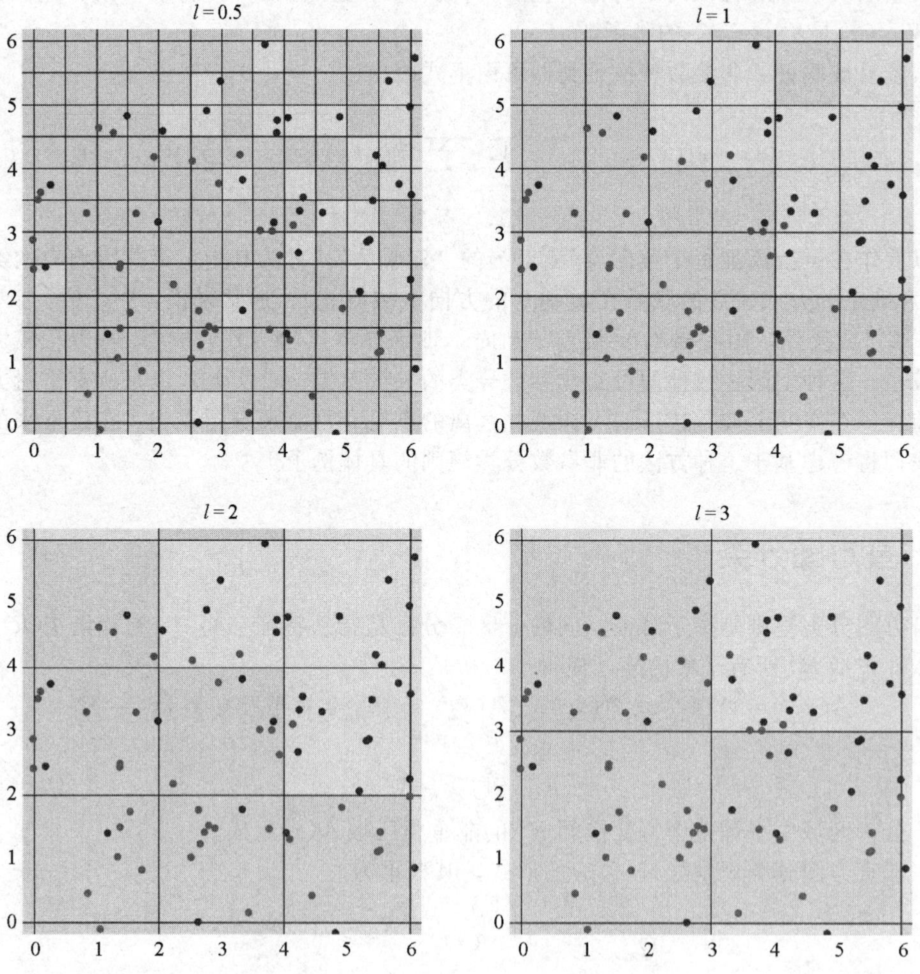

图 5.2　由立方直方图分类规则在合成高斯训练数据上产生的分类器(由 c05_cubic.py 生成的图)

■

5.3　最近邻分类

k-最近邻(k-Nearest Neighbor，kNN)分类规则是最古老、最著名(也是研究最多)的非参数分类规则。训练数据中测试点的类标签是由 k 最近邻点的多数标签所决定。通过简单地将 k 值设置为奇数，避免了直方图分类规则存在的一个主要问题——消除了标签之间可能存在的联系。此外，与直方图分类规则不同，kNN 分类规则能够适应任意形状或方向分布的数据集。如果 $k=1$，分类器简单地将最近训练点的标签赋给测试点。如著名的 Cover-Hart 定理所示，如果样本容量足够大，那么这个简单的最近邻(1NN)规则会出奇好，我们将在下文中进行进一步的探讨。然而，由于过拟合，1NN 规则在小样本情况下可能非常糟糕。如果类之间存在大量重叠，也会导致性能较差。有理论和经验证据表明，无论是在大样本还是小样本情况下，3NN 和 5NN 规则都比 1NN 规则的表现好得多。

kNN 分类规则如式(5.3)的形式，其权重为

$$W_{n,i}(\boldsymbol{x})=\begin{cases}\dfrac{1}{k}, & \boldsymbol{X}_i \text{ 是 } \boldsymbol{x} \text{ 的 } k\text{-最近邻} \\ 0, & \text{否则}\end{cases} \tag{5.7}$$

因此，只有在测试点附近的 k 个近邻点才会对后验概率估计做出(同等)贡献，从而对分类做出贡献。可以根据 k-最近邻之间的距离排序，赋予不同的权重，从而得到加权的 kNN 分类规则。除了欧氏距离之外的距离公式也可以使用。如上所述，k 的选择是一个模型选择问题，在大多数情况下，$k=3$ 或 $k=5$ 通常是不错的选择。

例 5.3　图 5.3 显示了标准 kNN 分类规则在图 5.2 中的训练数据上生成的分类器。从图中可以看出，所有情况下的决策边界都是复杂的，尤其在 1NN 情况下更是如此。事实上，我们可以看到，由于样本量小、重叠密度大，导致 1NN 分类器生成的数据过拟合。相比之下，在 3NN 分类规则和 5NN 分类规则情况下产生的分类器表现要更好。7NN 规则在 5NN 规则的基础上进行了一些改进，但改进程度不大。kNN 分类规则产生了一个逼近最优边界的决策边界(如前一节所述，一条斜率为 $-45°$ 的直线穿过图的中心)。请注意，k 是平滑参数，其解释与其他非参数分类规则相同：如果与问题的样本大小/复杂度相比，k 值太小(例如 $k=1$)，则会由于缺乏平滑而导致过拟合，如果 k 太大，则后验概率估计可能会变得不准确。k 的选择是一个模型选择问题(请参阅第 8 章)。Python 作业 5.9 表明，在此示例中，k 的值应进一步增大。

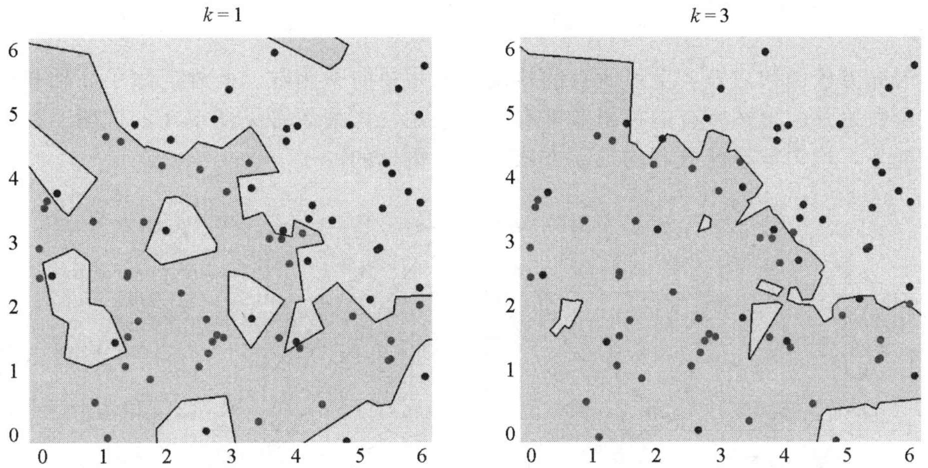

图 5.3　图 5.2 中的训练数据由 kNN 分类规则生成的分类器(由 c05_knn.py 生成的图)

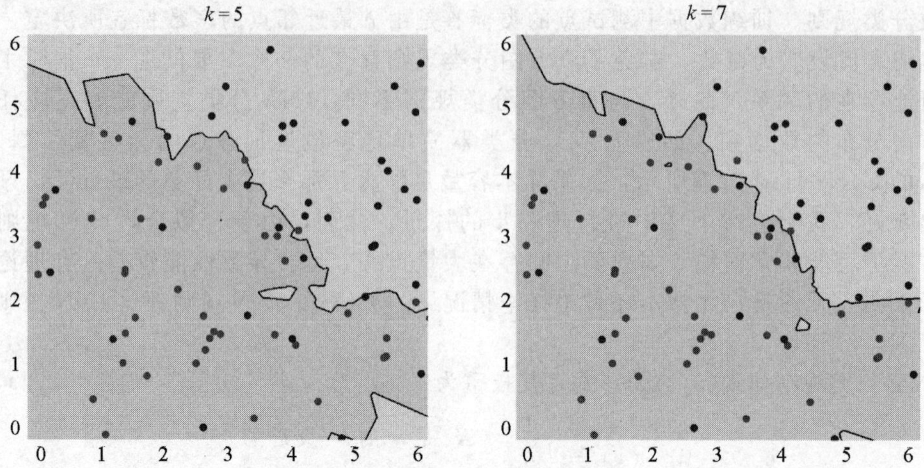

图 5.3 (续)

5.4 核分类

核函数是一个非负函数 $k: R^d \to R$。核规则是一种非常通用的非参数分类规则，其中式(5.3)和式(5.1)中的权重函数 $W_{n,i}$ 可以用核函数来表示。核函数是 $\|\boldsymbol{x}\|$ 的单调递减函数，也称为径向基函数(RBF)。以下是核函数的一些例子：

- 高斯核函数：$k(\boldsymbol{x})=\mathrm{e}^{-\|\boldsymbol{x}\|^2}$
- 柯西核函数：$k(\boldsymbol{x})=\dfrac{1}{1+\|\boldsymbol{x}\|^{d+1}}$
- 三角核函数：$k(\boldsymbol{x})=(1-\|\boldsymbol{x}\|)\boldsymbol{I}_{\{\|\boldsymbol{x}\|\leqslant 1\}}$
- Epanechnikov 核函数：$k(\boldsymbol{x})=(1-\|\boldsymbol{x}\|^2)\boldsymbol{I}_{\{\|\boldsymbol{x}\|\leqslant 1\}}$
- 均匀(球)核函数：$k(\boldsymbol{x})=\boldsymbol{I}_{\{\|\boldsymbol{x}\|\leqslant 1\}}$
- 均匀(立方)核函数：

$$k(\boldsymbol{x})=\begin{cases}1, & |x_j|\leqslant \dfrac{1}{2}, \text{对于所有 } j=1,\cdots,d \\ 0, & \text{否则}\end{cases} \tag{5.8}$$

除了均匀立方核函数之外，上述所有的核函数都是径向基函数。此外，除了高斯核函数和柯西核函数之外，上述所有的核函数都有边界限制。详情请参见图 5.4 的说明。注意在单变量情况下，均匀球核函数和均匀立方核函数是重合的。

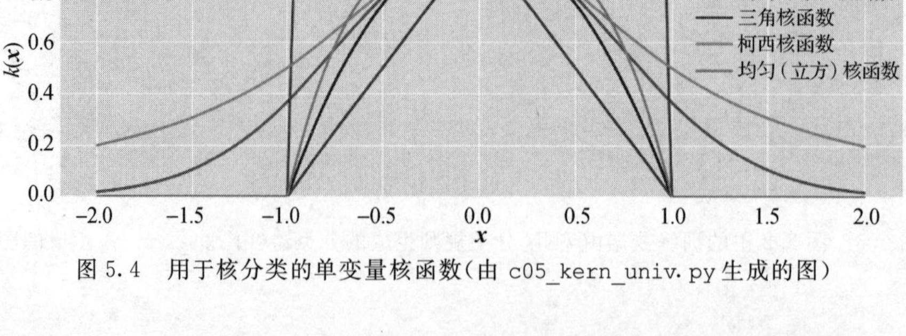

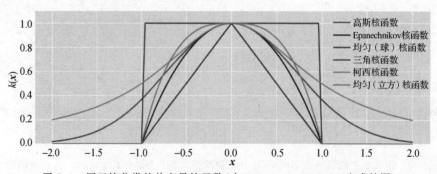

图 5.4 用于核分类的单变量核函数(由 c05_kern_univ.py 生成的图)

核分类规则如式(5.3)的形式，其权重函数为

$$W_{n,i}(\boldsymbol{x})=\frac{k\left(\dfrac{\boldsymbol{x}-\boldsymbol{X}_i}{h}\right)}{\sum_{i=1}^{n}k\left(\dfrac{\boldsymbol{x}-\boldsymbol{X}_i}{h}\right)} \tag{5.9}$$

其中平滑参数 h 为核带宽。在这种情况下，式(5.3)中的非参数分类器可以写为

$$\psi_n(\boldsymbol{x})=\begin{cases}1, & \sum_{i=1}^{n}k\left(\dfrac{\boldsymbol{x}-\boldsymbol{X}_i}{h}\right)\boldsymbol{I}_{\{Y_i=1\}}\geqslant\sum_{i=1}^{n}k\left(\dfrac{\boldsymbol{x}-\boldsymbol{X}_i}{h}\right)\boldsymbol{I}_{\{Y_i=0\}}\\ 0, & \text{否则}\end{cases} \tag{5.10}$$

因此，将测试点 $\boldsymbol{x}$ 上核值较大的类标签分配给 $\boldsymbol{x}$。这和物理学上的类比关系相似，不同类的训练点代表符号相反的电荷，并在 $\boldsymbol{x}$ 处计算出静电势，根据静电势的符号分配相应的类标签。

例 5.4 图 5.5 显示了由高斯 RBF 核分类规则在图 5.2 和图 5.3 的训练数据上生成的分类器。我们可以看到，随着带宽的增加，决策边界变得逐渐平滑。如果带宽 h 太小(即 $h=0.1$ 和 $h=0.3$)，则规则过于“局部”(只有最近的点对测试点 $\boldsymbol{x}$ 有影响)，容易导致过拟合。在 $h=1$ 时，决策边界非常接近最优边界(一条斜率为 $-45°$ 的直线穿过图的中心)。通过对图 5.3 和图 5.5 进行对比是很有启发意义的。我们可以看到，$h=0.1$ 的核分类器与 1NN 分类器非常相似。在带宽如此小的情况下，离测试点最近的训练点对其的影响将远远大于其他训练点对测试点的影响，核分类器在本质上是一个 1NN 分类器。然而，随着 h 的增加，所表现的情况是不同的：我们可以看到，高斯 RBF 核分类规则比 kNN 分类规则产生更平滑的决策边界。如果 h 过大，核分类规则会变得过于“全局”(离 $\boldsymbol{x}$ 较远的点也会对 $\boldsymbol{x}$ 施加一定的影响)，从而导致欠拟合。一般情况下，h 的最佳取值都是根据模型选择准则来确定(参见第 8 章)。Python 作业 5.10 表明，在本例中 h 的值应该进一步增大。

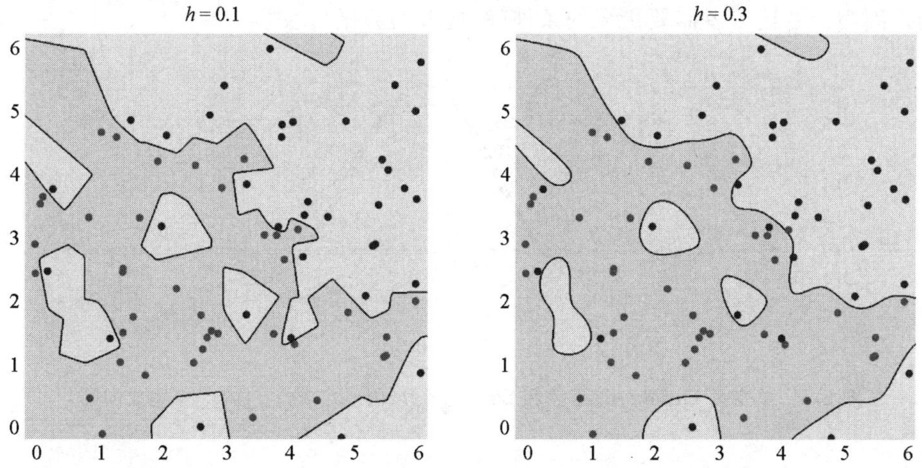

图 5.5 高斯 RBF 核分类规则在图 5.2 和图 5.3 的训练数据上生成的分类器(由 c05_kernel.py 生成的图)

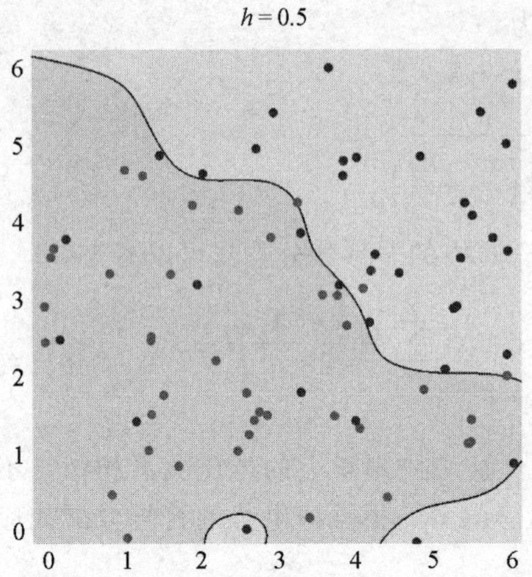

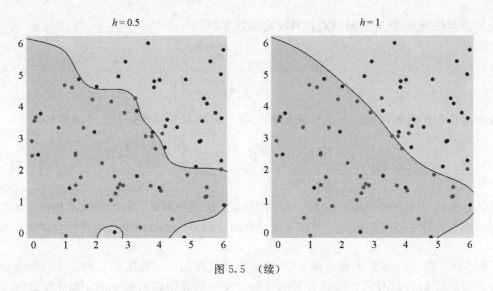

图 5.5　（续）

请注意，对于任意的 $\boldsymbol{x}\in R^d$，$k(\boldsymbol{x})\geqslant 0$ 是必要条件，以确保式(5.9)中的权重非负，并使式(5.1)成为后验概率函数的“合理”估计。然而，式(5.10)中的非参数核分类器的表达式并不要求 k 为非负值，即 k 取负值仍然可以将核非参数分类器视为一个有效的分类器。例如，Hermite 核函数：

$$k(\boldsymbol{x}) = (1-\|\boldsymbol{x}\|^2)\mathrm{e}^{-\|\boldsymbol{x}\|^2} \tag{5.11}$$

和 Sinc 核函数：

$$k(\boldsymbol{x}) = \frac{\sin(\pi\|\boldsymbol{x}\|)}{\pi\|\boldsymbol{x}\|} \tag{5.12}$$

以上两个核函数取负值(有关单变量示例，请参见图 5.6)仍可用于核分类。实际上，在一些例子中，Hermite 核函数的性能优于其他非负核函数(请参见练习 5.7)。这说明了分类估计和分布估计是不同的问题。例如，需要好的密度估计函数来设计好的分类器的说法是错误的，因为前者比后者需要更多的条件(和更多的数据)。

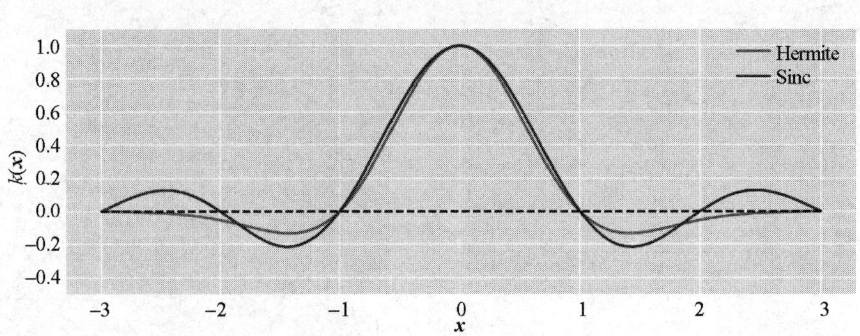

图 5.6　单变量 Hermite 核函数和 Sinc 核函数(由 c05_kern_neg.py 生成的图)

5.5　Cover-Hart 定理

在本节中，我们给出了一个来自 Cover 和 Hart[1967]的著名结论，关于 kNN 分类规则期望误差的渐近性。它常被表述为“大样本最近邻分类器的误差不能低于贝叶斯误差的两倍”。下面我们来研究一下这个思想的严格表述。为了方便起见，我们将结果分为三个独立的定理(但仍然统称为“Cover-Hart 定理”)。其中一个定理在本节得到证明，另外两个定理在附录 A.4 节中得到证明。

第一个定理表明，在样本容量趋于无穷时，NN 分类规则的误差小于贝叶斯分类器误差的两倍。这是一个与分布无关的结果，也就是说，它适用于任意特征标签分布情况。详情参见附录 A.4 节。

定理 5.1 (Cover-Hart 定理) NN 分类规则的期望误差满足

$$\varepsilon_{NN} = \lim_{n\to\infty} E[\varepsilon_n] = E[2\eta(\boldsymbol{X})(1-\eta(\boldsymbol{X}))] \tag{5.13}$$

从中得出的结论是

$$\varepsilon_{NN} \leqslant 2\varepsilon^*(1-\varepsilon^*) \leqslant 2\varepsilon^* \tag{5.14}$$

回顾一下，ε_{NN}在前面的式(2.68)中已经定义过了，在这里它被称为最近邻距离(*F*-误差的一个例子)。定理 5.1 的第一部分表明，这实际上是 NN 分类规则的渐近误差。

定理 5.1 将 NN 规则的渐近分类误差置于区间内

$$\varepsilon^* \leqslant \varepsilon_{NN} \leqslant 2\varepsilon^*(1-\varepsilon^*) \tag{5.15}$$

显然，如果$\varepsilon^*=0$，也就是说当间隔缩小为零$\varepsilon_{NN}=\varepsilon^*$(则 NN 规则是连续的)。下一个定理说明在一般情况下何时达到公式(5.15)中的上下限。

定理 5.2 NN 规则的渐近分类误差满足

(a)当且仅当 $\eta(\boldsymbol{X})\in\{\varepsilon^*,1-\varepsilon^*\}$的概率为 1 时，$\varepsilon_{NN}=2\varepsilon^*(1-\varepsilon^*)$成立。

(b)当且仅当 $\eta(\boldsymbol{X})\in\left\{0,\frac{1}{2},1\right\}$的概率为 1 时，$\varepsilon_{NN}=\varepsilon^*$成立。

证明：根据定理 5.1 的证明，我们可以得到

$$\varepsilon_{NN} = 2\varepsilon^*(1-\varepsilon^*) - 2\mathrm{Var}(\min\{\eta(\boldsymbol{X}),1-\eta(\boldsymbol{X})\}) \tag{5.16}$$

有关说明，请参见图 5.7。因此，当且仅当 $\mathrm{Var}(\min\{\eta(\boldsymbol{X}),1-\eta(\boldsymbol{X})\})=0$ 时，$\varepsilon_{NN}=2\varepsilon^*(1-\varepsilon^*)$成立，并且当且仅当 $\min\{\eta(\boldsymbol{X}),1-\eta(\boldsymbol{X})\}$是常数，概率为 1 时存在。即，当$0\leqslant a\leqslant 1,\eta(\boldsymbol{X})=a$ 或 $1-a$。当$\varepsilon^*=a$，见(a)项。现在，将式(5.16)重写为

$$\varepsilon_{NN} = 2\varepsilon^* - 2E[\min\{\eta(\boldsymbol{X}),1-\eta(\boldsymbol{X})\}^2] \tag{5.17}$$

令 $r(\boldsymbol{X})=\min\{\eta(\boldsymbol{X}),1-\eta(\boldsymbol{X})\}$。要得到$\varepsilon_{NN}=\varepsilon^*$，我们需要令 $2E[r^2(\boldsymbol{X})]=\varepsilon^*=E[r(\boldsymbol{X})]$，即 $E[2r^2(\boldsymbol{X})-r(\boldsymbol{X})]=0$。但是由于 $2r^2(\boldsymbol{X})-r(\boldsymbol{X})\geqslant 0$，这就要求 $2r^2(\boldsymbol{X})-r(\boldsymbol{X})=0$，即 $r(\boldsymbol{X})\in\left\{0,\frac{1}{2}\right\}$的概率为 1，见(b)项。

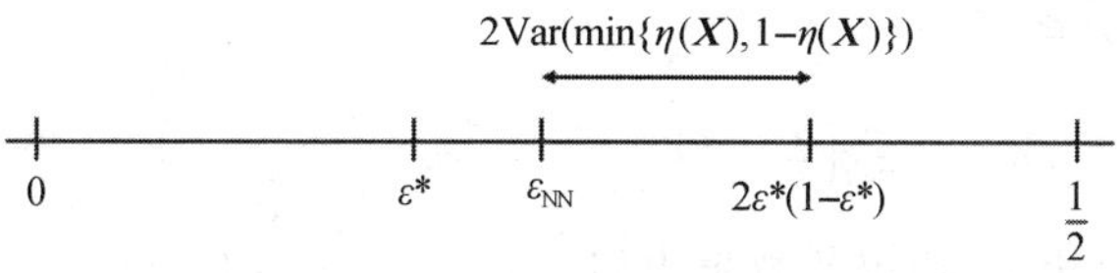

图 5.7 渐近 NN 分类误差ε_{NN}和贝叶斯误差ε^*之间的关系 ■

先前的定理表明，下限ε^*和上限 $2\varepsilon^*(1-\varepsilon^*)$仅在非常特殊的情况下才可以达到，但是它们是可以实现的，这表明 Cover-Hart 定理中的不等式是经过严格定义的(不需要改进)。该定理还表明，当且仅当类条件密度不重叠($\eta(\boldsymbol{X})=0$ 或 1)或当它们重叠($\eta(\boldsymbol{X})=1/2$)时彼此相等，NN 分类规则才是连续的。

定理 5.3 可以推广到奇数 $k>1$ 的 kNN 分类规则，如下一个定理所示。请参见附录

A. 4 节以获取证明。

定理 5.3　对于奇数 $k>1$ 的 kNN 分类规则的预期误差满足

$$\varepsilon_{k\mathrm{NN}}=\lim_{n\to\infty}E[\varepsilon_n]=E[\alpha_k(\eta(\boldsymbol{X}))] \tag{5.18}$$

其中 $\alpha_k(p)$ 是一个 $k+1$ 阶的多项式，由以下公式给出

$$\alpha_k(p)=\sum_{i=0}^{(k-1)/2}\binom{k}{i}p^{i+1}(1-p)^{k-i}+\sum_{i=(k+1)/2}^{k}\binom{k}{i}p^{i}(1-p)^{k+1-i} \tag{5.19}$$

由此可见

$$\varepsilon_{k\mathrm{NN}}\leqslant a_k\,\varepsilon^* \tag{5.20}$$

其中常数 $a_k>1$ 为一条从原点到 $\alpha_k(p)$ 的切线的斜率，即 a_k 满足以下条件

$$a_k=\alpha_k'(p_0)=\frac{\alpha_k(p_0)}{p_0} \tag{5.21}$$

对于某些 $p_0\in\left[0,\frac{1}{2}\right]$。

请注意，当 $k=1$ 时，$\alpha_1(p)=2p(1-p)$，并且

$$\alpha'_1(p_0)=2-4p_0=\frac{2p_0(1-p_0)}{p_0}=\frac{\alpha_1(p_0)}{p_0}\Rightarrow p_0=0 \tag{5.22}$$

从而 $a_1=\alpha_1'(0)=2$，可推导出原始 Cover-Hart 定理中的式(5.13)和式(5.14)。

当 $k=3$ 时，$\alpha_3(p)=p(1-p)^3+6p^2(1-p)^2+p^3(1-p)$，因此

$$\varepsilon_{3\mathrm{NN}}=E[\eta(\boldsymbol{X})(1-\eta(\boldsymbol{X}))^3]+6E[\eta(\boldsymbol{X})^2(1-\eta(\boldsymbol{X}))^2]+E[\eta(\boldsymbol{X})^3(1-\eta(\boldsymbol{X}))] \tag{5.23}$$

另外，可以得出(5.21)中 p_0 的解为

$$(p_0)^3-\frac{4}{3}(p_0)^2+\frac{1}{4}p_0=0 \tag{5.24}$$

得到三个解：

$$p_0^1=0$$
$$p_0^2=\frac{4+\sqrt{7}}{6} \tag{5.25}$$
$$p_0^3=\frac{4-\sqrt{7}}{6}$$

第一个候选项 p_0^1 无效，因为切线不在 $\alpha_k(p)$ 之上，第二个候选项 p_0^2 无效，因为 $p_0^2>1$，而最后一个有效且可以算出：

$$a_3=\alpha'_3\left(\frac{4-\sqrt{7}}{6}\right)=\frac{17+7\sqrt{7}}{27}\approx 1.3156 \tag{5.26}$$

因此，$\varepsilon_{3\mathrm{NN}}\leqslant 1.316\,\varepsilon^*$ 比$\varepsilon_{\mathrm{NN}}$约束的效果更好：$a_1=2>a_3=1.316$。

请注意，$\varepsilon_{k\mathrm{NN}}=E[\alpha_k(\eta(\boldsymbol{X}))]$是 F-误差的通用形式，定义见 2.6.2 节。如图 5.8 所示，当 $k=1$ 时，函数 $\alpha_k(p)$的图像在 $p\in[0,1]$中下凹，所以$\varepsilon_{\mathrm{NN}}$是一个 F-误差。

从图 5.8 可知，对于任意的 $p\in[0,1]$，$\alpha_1(p)\geqslant\alpha_3(p)\geqslant\alpha_5(p)\geqslant\cdots\geqslant\min\{p,1-p\}$成立，由此可以得出：

$$\varepsilon_{\mathrm{NN}}\geqslant\varepsilon_{3\mathrm{NN}}\geqslant\varepsilon_{5\mathrm{NN}}\geqslant\cdots\geqslant\varepsilon^* \tag{5.27}$$

实际上，可以证明$\varepsilon_{k\mathrm{NN}}\to\varepsilon^*$ 等同于 $k\to\infty$。

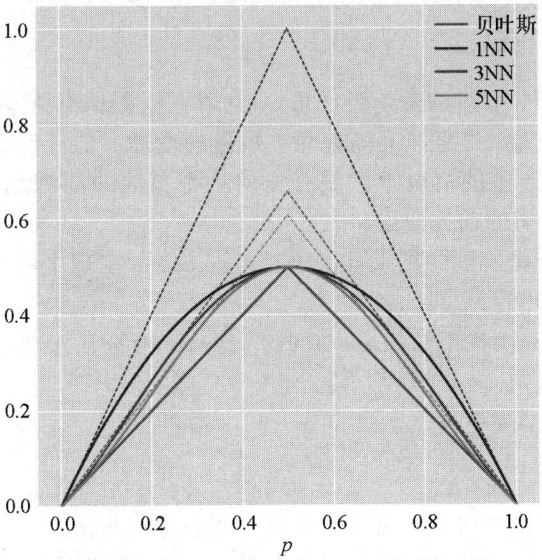

图 5.8　在区间 $p\in[0,1]$内绘制多项式 $\alpha_k(p)$（实线）和函数 $a_k\min\{p,1-p\}$（虚线）的曲线，当 $a_k>1$ 时可以取得最小值。可以看出 a_k 是一条从原点到 $\alpha_k(p)$的切线的斜率。此外，函数 $\min\{p,1-p\}$（红色）代表贝叶斯误差（由 c05_knn_thm.py 生成的图）

*5.6　Stone 定理

由于非参数分类规则的自由分布性质，使得它们成为通用一致性规则的最佳选择。但是，如果平滑量值是固定的而不是随样本大小变化的函数，那么该规则就不是普遍适用的，如 5.3 节所证明的最近邻数为 k 的 kNN 分类规则。

Stone 定理是证明存在普遍一致规则的第一个方法，通过证明式(5.3)的非参数分类规则在任意特征标签分布下都可以保持一致性，只要随着样本量的增加调整权重大小即可。我们陈述 Stone 定理（有关证明，请参阅附录 A.5 节）并给出其一些推论，这些推论验证了先前研究的非参数分类规则普遍一致性的结果。

Stone 定理实际上是一个关于非参数回归一致性的结果，而不是关于非参数分类。此外，事实证明，Stone 定理可以通过下面的引理应用于非参数分类，其证明见练习 4.6。

引理 5.1　如果 $E[|\eta_n(\boldsymbol{X})-\eta(\boldsymbol{X})|]\to 0$，$n\to\infty$，则由定理(5.1)～定理(5.3)指定的非参数分类规则具有一致性。

由于 $E[X]^2\leqslant E[X^2]$（因为$(X)=E[(X-E[X])^2]=E[X^2]-E[X]^2\geqslant 0$），所以证明其一致性的充分条件是当 $n\to\infty$时，$E[(\eta_n(\boldsymbol{X})-\eta(\boldsymbol{X}))^2]\to 0$。换句话说，在$L^1$ 或L^2 范式中，对 $\eta(\boldsymbol{X})$进行相同的回归估计，就能得到相同的分类结果。

定理 5.4（Stone 定理）　对于$(\boldsymbol{X},Y)$的所有分布，只要权重具有以下性质，就可以证明定理(5.1)～定理(5.3)规定的分类规则具有普遍一致性

(i) 当 $n\to\infty$时，对于任意的 $\delta>0$，都有 $\sum_{i=1}^{n} W_{n,i}(\boldsymbol{X})\boldsymbol{I}_{\|\boldsymbol{X}_i-\boldsymbol{X}\|>\delta}\xrightarrow{P}0$。

(ii) 当 $n\to\infty$时，$\max\limits_{i=1,\cdots,n} W_{n,i}(\boldsymbol{X})\xrightarrow{P}0$。

(iii) 存在一个常数 $c\geqslant 1$，使得对于每个非负可积分函数 f：$R^d\to R$，对于任意的 $n\geqslant$

1，都有 $E\left[\sum_{i=1}^{n} W_{n,i}(\boldsymbol{X}) f(\boldsymbol{X}_i)\right] \leqslant cf(\boldsymbol{X})$。

Stone 定理中的条件(i)说的是，当任意 $\delta>0$ 时，以测试点 $\boldsymbol{X}$ 为中心、δ 为半径的球，其权重随着 $n\to\infty$ 趋于零。这意味着随着样本数量的增加，估计变得越来越不准确。条件(ii)说的是，在权重趋于零的情况下，没有任何一个单独的训练点可以主导推理。最后，条件(iii)是定理证明所需的前提假设。

以下关于直方图分类规则的结果可以通过验证 Stone 定理中的条件来证明。直接证明参见 Devroye et al. [1996]。

定理 5.5 (直方图分类规则的普遍一致性)　令 A_n 为分区序列，$N_n(\boldsymbol{x})$ 为区域 $A(\boldsymbol{x})$ 中的训练点数量。如果满足

(i)依概率 $\mathrm{diam}[A_n(\boldsymbol{X})] = \sup_{\boldsymbol{x},\boldsymbol{y}\in A_n(\boldsymbol{X})} \|\boldsymbol{x}-\boldsymbol{y}\| \to 0$。

(ii)依概率 $N_n(\boldsymbol{X})\to\infty$。

则 $E[\varepsilon_n]\to\varepsilon^*$，可以证明直方图分类规则具有普遍一致性。

上一个定理的条件(i)和条件(ii)分别对应 Stone 定理的条件(i)和条件(ii)。Stone 定理的应用说明了这个问题：条件(i)表示，在测试点附近的训练数据影响区域需要收敛于零，而条件(ii)表示，此过程必须足够缓慢，以保证在该区域的训练点数量足够多。这是得到后验概率函数精准度和通用估计量的两个条件。条件(iii)是 Stone 定理证明的必要条件，也可以通过条件(iii)证明 Stone 定理成立。

作为上述定理的一个推论，我们得到了三次直方图规则的普遍一致性，在这种情况下，分区的索引由超立方体边 h_n 所确定。证明结果由定理 5.5 的检验条件(i)和条件(ii)组成。

定理 5.6 (三次直方图规则的通用一致性)　令 $V_n = h_n^d$ 是所有超立方体空间的共同体积。如果当 $h_n\to 0$(即 $V_n\to 0$)，$n\to\infty$ 时，$nV_n\to\infty$，则可以推断出 $E[\varepsilon_n]\to\varepsilon^*$ 且三次直方图规则具有普遍一致性。

Stone 论文的主要成果之一是证明了 kNN 分类规则的普遍一致性，这适用于一些不同的权重族，包括标准 kNN 规则的统一权重问题。

定理 5.7 (kNN 规则的通用一致性)　如果当 $K\to\infty$，$n\to\infty$ 时，$K/n\to 0$，则对于任意分布 $E[\varepsilon_n]\to\varepsilon^*$，可以得出 kNN 分类规则具有普遍一致性。

前面定理的证明是以定理 5.5 的条件为基础的，不过这被证明是一项重要的任务。详细的证明在 Stone[1977]和 Devroye et al. [1996]中可以找到。

在核分类规则的情况下，直接应用 Stone 定理是有问题的。如果存在类条件密度函数，那么任何一致的核密度估计都会得到相同的分类规则。下列的结果在 Devroye et al. [1996]中得到了证明，并且不需要对(核的)分布进行任何假设。

定理 5.8 (核规则的普遍一致性)　如果核函数 k 非负、连续、可积，并且在原点的邻域内不趋于零，当 $h_n\to 0$，$n\to\infty$ 时，$nh_n^d\to\infty$，则可以得出核规则具有(强)通用一致性。

5.7　文献注释

非参数分类方法包括了监督学习中一些最经典的工作。通过 Fix and Hodges [1951] 中对 k-最近邻分类规则上的开拓性工作为该领域揭开了序幕，它表明："需要有一个区分过程，其有效性暗示着不需要常态性假设、同阶假设或其他参数形式的假设所隐含的知识

量。”其他具有里程碑式意义的工作包括 Cover and Hart[1967]关于 kNN 规则渐进错误率的论文(其中出现了定理 5.1)，以及 Stone[1977]关于非参数规则的普遍一致性的论文。此外，在 Devroye et al. [1996]中详细介绍了非参数分类方法。

5.8　练习

5.1　假设实验者想要使用二维直方图分类规则，使用边长为h_n 的正方形单元。并且对于任意的数据分布，都可以随着样本量 n 的增加而达到一致性。如果实验者令h_n 减小为$h_n=1/\sqrt{n}$，是否可以保证该分类规则保持一致性？为什么？如果不可以，他们将如何修改h_n 的降低率以达到一致性？

5.2　假设实验者想要使用 kNN 分类规则，使得随着样本量 n 的增加而达到一致性。在下列的备选方案中，回答实验者能否成功以及为什么可以成功。

(a)实验者不知道(X,Y)的分布，令 k 增长为 $k=\sqrt{n}$。

(b)实验者不知道(X,Y)的分布，但知道 $\varepsilon^*=0$ 及 k 为常数，如 $k=3$。

5.3　举例说明，由 Hermite 核函数分类规则所产生的分类误差要比其他核函数分类规则产生的分类误差小。

提示：考虑一个简单的离散单变量分布，在 $x=0$ 和 $x=2$ 处相等，其中 $\eta(0)=0$，$\eta(1)=1$。

5.4　将 Cover-Hart 定理扩展到 M 类，证明

$$\varepsilon^* < \varepsilon_{\mathrm{NN}} < \varepsilon^*\left(2-\frac{M}{M-1}\varepsilon^*\right) \tag{5.28}$$

提示：当 $i=1,\cdots,M$ 时，与定理 5.1 的证明进行对比，主要区别在于贝叶斯误差ε^*和条件错误率 $P(\psi_n(\boldsymbol{X})\neq Y\mid \boldsymbol{X},\boldsymbol{X}_1,\cdots,\boldsymbol{X}_n)$是用后验概率函数$\eta_i(\boldsymbol{X})=P(Y=i\mid \boldsymbol{X})$来表示。应用不等式

$$L\sum_{l=1}^{L}a_l^2 \geqslant \left(\sum_{l=1}^{L}a_l\right)^2 \tag{5.29}$$

5.5　证明$\varepsilon_{k\mathrm{NN}}\leqslant\tilde{\alpha}_k(\varepsilon^*)$，其中$\tilde{\alpha}_k$是 α_k 在区间$[0,1]$中的最小凹函数，即$\tilde{\alpha}_k$是最小凹函数，使得当 $0\leqslant p\leqslant 1$ 时，$\tilde{\alpha}_k(p)\geqslant\alpha_k(p)$。注意：$\tilde{\alpha}_1=\alpha_1$，给出通用不等式$\varepsilon_{NN}\leqslant 2\varepsilon^*(1-\varepsilon^*)$。对于奇数 $k\geqslant 3$，$\tilde{\alpha}_k\neq\alpha_k$。

5.6　假设分类问题中的特征 X 是区间$[0,1]$中的实数。假设每类的可能性相同，其中 $p(x\mid Y=0)=2xI_{\{0\leqslant x\leqslant 1\}}$，$p(x\mid Y=1)=2(1-x)I_{\{0\leqslant x\leqslant 1\}}$。

(a)求出贝叶斯误差ε^*。

(b)求出神经网络分类规则的渐进错误率$\varepsilon_{\mathrm{NN}}$。

(c)求出有限数量 n 的神经网络分类规则 $E[\varepsilon_n]$。

(d)证明 $E[\varepsilon_n]\to\varepsilon_{\mathrm{NN}}$，$\varepsilon^*<\varepsilon_{\mathrm{NN}}<2\varepsilon^*(1-\varepsilon^*)$。

5.7　考虑在 R^2 中具有等可能类的问题，使得 $p(\boldsymbol{x}\mid Y=0)$在以$(-3,0)$为圆心的单位半径圆盘上均匀分布，而 $p(\boldsymbol{x}\mid Y=1)$在以$(3,0)$为圆心的单位半径圆盘上均匀分布。由于类条件密度不重叠，所以$\varepsilon^*=0$。

(a)结果表明 1NN 分类规则的预期误差严格小于 $k>1$ 的其他 kNN 分类规则的误差。这表明，尽管 1NN 分类规则在实际应用中往往表现不佳，但并不是所有的 1NN 分

类规则都受到 k 值较大的最近邻规则支配。

提示：预期分类误差就是无条件概率 $P(\psi_n(\boldsymbol{X})\neq Y)$。

(b)证明对于常数 k，$\lim_{n\to\infty}E[\varepsilon_n]=0$。

提示：见定理 5.3。

(c)证明对于常数 n，$\lim_{k\to\infty}E[\varepsilon_n]=1/2$。当 k 比 n 大得多时，会导致过拟合。

(d)证明如果 k_n 是变量，对任意的 n 来说 $k_n<n$ 都成立，则 $\lim_{n\to\infty}E[\varepsilon_n]=0$。

5.9 Python 作业

5.8 本作业涉及例 5.2。

(a)修改 c05_cubic.py 中的代码，可以得到 $l=0.3,0.5,1,2,3,6$ 和 $n=50,100,250,500$ 的图。此外，得到并绘制分类器在$[-6,9]\times[-6,9]$范围内的数据，以便于对整个数据进行可视化处理。为了便于可视化，你可能需要将标记数量从 12 个减少到 8 个。哪些分类器最接近最优分类器？如何从欠拟合或者过拟合的角度来解释？

编码提示：为了生成与图 5.2 中相同的训练数据($n=50$)，必须先通过模拟得到 0 类数据之后，再模拟得到 1 类数据。这可以通过使用 Python 的列表功能来实现，代码段为

```
N= [50, 100, 250, 500]
X= [ [mvn.rvs (mm0, Sig, n), mvn.rvs (mm1, Sig, n)] for n in N]
```

可以通过遍历此列表来访问数据集。

(b)在等概率类的条件假设下，通过在类大小为 $M=500$ 的独立大数据集上进行测试，得到(a)部分中 24 个分类器的错误率估计值(对所有分类器使用相同的测试集)。估计平均值等于所有分类器在测试集上的错误率总和除以 $2M$(由于测试样本量较大，这个测试集误差估计值会接近真实的分类误差，这将在第 7 章中看到)。使用式(2.50)和式(2.53)计算贝叶斯误差(在这种情况下，不需要使用测试集)。生成一个包含(a)部分中分类器的图及其测试集错误率的表格。请给出前五个最小的错误率所对应的样本量 n 和网格大小 l。

(c)如果作为样本量的函数，则(b)部分中的分类误差会产生锯齿曲线，因为它们对应单个分类器的随机错误率。研究样本量影响的正确方法是考虑预期错误率，可以通过对不同 n 和 l 的组合重复进行 R 次实验，并计算平均错误率来进行估计。绘制出这些预期分类误差估计值的图，估计值是样本数量 n 和网格大小 l($R=50$)的函数。预期错误率是否接近贝叶斯误差，以及它们之间如何比较？绘制出关于 l 和 n 的预期错误率函数的图。n 和 l 应该如何取值？(这是一个模型选择问题)根据定理 5.6，你如何解释你的结论？

(d)使用直方图分类规则重复(a)～(c)部分，该规则以同等的概率随机断开 0 类和 1 类之间的联系。这是否会明显改变实验结果？

编码提示：使用 rnd.binomial (1, 0.5)命令生成一个等概率的伯努利随机变量。为了生成与(a)～(c)部分相同的训练数据集和测试数据集，请在代码开始部分设置相同的随机变量并生成数据集。

5.9 本作业涉及例 5.3。

(a)修改 c05_knn.py 中的代码，以获得 $k=1,3,5,7,9,11$ 和 $n=50,100,250,500$ 的图。在[−3,9]×[−3,9]范围内绘制分类器，并将标记数量从 12 个减少到 8 个，以方便可视化处理。哪种分类器更接近最优分类器？你如何从欠拟合/过拟合角度来解释这一点？参见 Python 作业 5.8 的(a)部分的编码提示。

(b)使用与 Python 作业 5.8(b)部分相同的程序，计算(a)部分中每个分类器的测试集误差。生成包含(a)部分中分类器的图及测试集错误率的表格。哪些样本大小和相邻训练点数量的组合会产生前 5 个最小的错误率？

编码提示：根据 sklearn.neighbors.KNeighborsClassifier 的 score 方法返回对输入数据集拟合的分类器的准确性。

(c)计算(a)部分中 kNN 分类规则的期望错误率，使用与 Python 作业 5.8 的(c)部分相同的程序。由于此处的误差计算速度更快，因此可以使用较大的值 $R=200$，以便更好地估计预期错误率。样本量对应的值域应该取多大？

(d)重复(a)～(c)部分，使用L^1 距离 $d(\boldsymbol{x}_0,\boldsymbol{x}_1)=\sum_{i=1}^{d}|x_{1i}-x_{0i}|$ 来计算最近的邻域。结果是否会发生明显变化？

编码提示：将 sklearn.neighbors.KNeighborsClassifier 的 metric 属性改为 “manhattan”（L^1 距离）。

5.10　本作业涉及例 5.4。

(a)修改 c05_kernel.py 中的代码，得到 $k=1,3,5,7,9,11$ 和 $n=50,100,250,500$ 的图，在[−3,9]×[−3,9]范围内绘制分类器，并将标记数量从 12 个减少到 8 个，以方便可视化处理。哪种分类器更接近最优分类器？你如何从欠拟合/过拟合的角度来解释这一点？参见 Python 作业 5.8 的(a)部分的编码提示。

(b)计算(a)部分中分类器的测试集误差，使用与 Python 作业 5.8(b)部分相同的程序。生成一个包含(a)部分中分类器的图及其测试集错误率的表格。哪些样本大小和核带宽的组合能产生前 5 个最小的错误率？

(c)使用与 Python 作业 5.8(c)部分相同的程序，计算(a)部分中高斯核分类规则的预期错误率。由于此处的误差计算速度更快，因此可以使用较大的值 $R=200$，以便更好地估计预期错误率。样本量对应的核带宽该取多大？

(d)使用 Epanechnikov 核函数重复(a)～(c)部分，与高斯核函数不同，Epanechnikov核函数有界的约束。结果会有什么变化？

编码提示：将 sklearn.neighbors.KernelDensity 的核属性改为 “epanechnikov”。

5.11　(非线性可分离数据)　在前面的编码任务中，最优决策边界是线性的。然而，非参数规则最适合在非线性问题中使用。使用复合高斯生成的数据重复 Python 作业 5.8～Python 作业 5.10，其中 0 类集合的中心在(2，2)和(4，4)，而 1 类集合的中心在(2，4)和(4，2)。此外，假设所有协方差矩阵都是方差为 4 的球面。

第 6 章

Fundamentals of Pattern Recognition and Machine Learning

函数逼近分类

“这就是为什么理性的科学家都不声称知道任何自然过程的最终原因，或者宣称自己知道是什么导致了宇宙中任何现象的起因，因为这些基本原则的起源和原理是完全不为人所知的。”

——大卫·休谟，《人类理智研究》，1748 年

到目前为止，我们看到的所有分类规则都是替换分类规则，也就是说，它们可以被看作使用训练数据来进行分布估计。我们现在考虑另一种思路：通过优化误差准则，迭代地调整训练数据的判别决策边界。这在某些方面和人类的学习过程相似，并且正是许多流行的分类规则背后的基本思想：支持向量机、神经网络、决策树和基于秩的分类器。我们将在本章对这些分类规则进行逐一研究。

6.1 支持向量机

Rosenblatt 感知器于 20 世纪 50 年代末提出，是第一个函数近似分类规则。假设线性判别函数为

$$g_n(x) = a_0 + \sum_{i=1}^{d} a_i x_i \tag{6.1}$$

对于 $\boldsymbol{x} \in R^d$，分类器由下式确定

$$\psi_n(\boldsymbol{x}) = \begin{cases} 1, & \text{若 } a_0 + \sum a_i x_i \geqslant 0 \\ 0, & \text{否则} \end{cases} \tag{6.2}$$

感知器算法迭代调整（“学习”）参数 $a_0, a_1, \cdots, a_d$，为了在训练数据上最大化与ψ_n 的性能相关的经验标准。

现在，考虑感知器算法的另一个版本，它试图调整线性判别器，使间隔（即分离超平面与最近的数据点之间的距离）达到最大。在这种情况下，可分超平面称为*最大间隔超平面*，而位于边界超平面上的最近数据点就是*支持向量点*。最大间隔超平面与每个边界超平面之间的距离称为*间隔*。参见图 6.1，以 $d=2$ 为例进行说明。请注意，最大间隔超平面由支持向量点所决定（例如，移动其他数据点不会改变超平面，只要它们离超平面的距离比边距远即可）。由此产生的分类规则称为*线性支持向量机*（Support Vector Machine，SVM）。本节将讨论几种不同的 SVM 分类规则，包括线性支持向量机和非线性支持向量机，它们都是基于这个简单的思想。我们可以看到，非线性支持向量机是一种特殊的非参数核分类器。

6.1.1 可分数据的线性支持向量机

在本节中，我们将描述一种确定最大间隔超平面的算法。我们假定数据是线性可分离的，如图 6.1 所示，这一假设将在 6.1.2 节中进行展开。

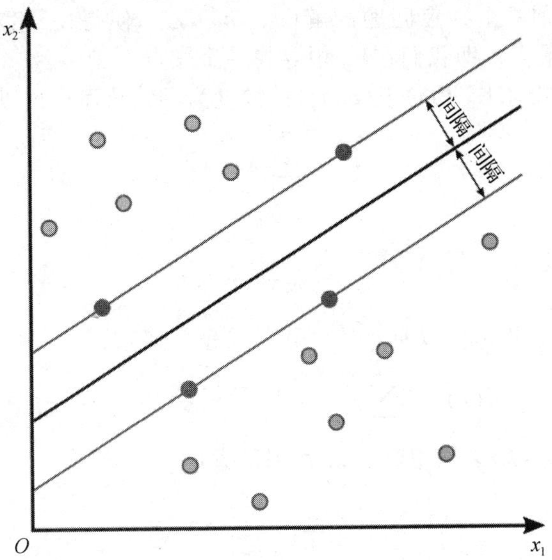

图 6.1　在 $d=2$ 的情况下，由最大边际超平面、边际超平面和支持向量机所生成的样本数据。其中，决策边界是支持向量机中的一个函数

考虑到式(6.2)中的线性分类器。如果我们改变常规做法，给类分配标签 $y_i=-1$ 和 $y_i=1$，那么如果满足以下条件，就可以对每个训练点进行正确分类：

$$y_i(\boldsymbol{a}^{\mathrm{T}}\boldsymbol{x}_i+\boldsymbol{a}_0)>\boldsymbol{0},\quad i=1,\cdots,n \tag{6.3}$$

其中 $\boldsymbol{a}=(\boldsymbol{a}_1,\cdots,\boldsymbol{a}_d)$。加上边距约束，我们可以将约束条件改为

$$y_i(\boldsymbol{a}^{\mathrm{T}}\boldsymbol{x}_i+\boldsymbol{a}_0)\geqslant \boldsymbol{b},\quad i=1,\cdots,n \tag{6.4}$$

其中 $\boldsymbol{b}>\boldsymbol{0}$ 是一个待定的参数。当且仅当所有训练点都小于决策超平面 $\boldsymbol{b}/\|\boldsymbol{a}\|$ 的距离时，约束条件(6.4)成立(参见练习 6.1)。由于参数 $\boldsymbol{a}$、$\boldsymbol{a}_0$ 和 $\boldsymbol{b}$ 可以在不改变约束条件的情况下进行自由缩放，因此它们的值是不确定的。为了解决这个问题，我们可以令 $\boldsymbol{b}=\boldsymbol{1}$，约束条件变为：

$$y_i(\boldsymbol{a}^{\mathrm{T}}\boldsymbol{x}_i+\boldsymbol{a}_0)\geqslant 1,\quad i=1,\cdots,n \tag{6.5}$$

在 $\boldsymbol{b}=\boldsymbol{1}$ 时，边距变为 $\boldsymbol{1}/\|\boldsymbol{a}\|$，与超平面的距离为 $\boldsymbol{1}/\|\boldsymbol{a}\|$ 的点就是边距向量。(我们将在后续确定要使其成为支持向量点所需要满足的条件。)

为了得到最大间隔超平面，我们需要最大化 $\boldsymbol{1}/\|\boldsymbol{a}\|$，相当于最小化 $\|\boldsymbol{a}\|^2=\frac{1}{2}\boldsymbol{a}^{\mathrm{T}}\boldsymbol{a}$，因此要解决的优化问题是：

$$\begin{cases}\min & \dfrac{1}{2}\boldsymbol{a}^{\mathrm{T}}\boldsymbol{a}\\ \text{s.t.} & y_i(\boldsymbol{a}^{\mathrm{T}}\boldsymbol{x}_i+\boldsymbol{a}_0)\geqslant \boldsymbol{1},\quad i=1,\cdots,n\end{cases} \tag{6.6}$$

这是在$(\boldsymbol{a},\boldsymbol{a}_0)$中具有凸代价函数仿射不等式约束的凸优化问题。在这种情况下，最优解的充要条件是满足 KKT 条件(Karush-Kuhn-Tucker conditions)。请参阅附录 A.3 节以了解所需的优化解决方法。

原始拉格朗日函数将约束编码作为代价函数，如下所示：

$$L_P(\boldsymbol{a},\boldsymbol{a}_0,\boldsymbol{\lambda})=\frac{1}{2}\boldsymbol{a}^{\mathrm{T}}\boldsymbol{a}-\sum_{i=1}^{n}\lambda_i(y_i(\boldsymbol{a}^{\mathrm{T}}\boldsymbol{x}_i+\boldsymbol{a}_0)-\boldsymbol{1}) \tag{6.7}$$

其中，$\lambda_i\geqslant 0$ 是第 i 个约束点(数据点)的拉格朗日乘数，其中 $i=1,\cdots,n$，$\boldsymbol{\lambda}=(\lambda_1,\cdots,\lambda_n)$。

如附录 A.3 节所示，前一个约束问题的解$(\boldsymbol{a}^*, \boldsymbol{a}_0^*, \boldsymbol{\lambda}^*)$使得$L_p$ 相对于$(\boldsymbol{a}, \boldsymbol{a}_0)$达到最小，并使其相对于 $\boldsymbol{\lambda}$ 达到最大，即我们在L_p 中寻找一个鞍点。

KKT 平稳性条件要求L_p 相对于$(\boldsymbol{a}, \boldsymbol{a}_0)$的梯度为零，从而得出以下方程式：

$$\boldsymbol{a} = \sum_{i=1}^{n} \lambda_i y_i \boldsymbol{x}_i \tag{6.8}$$

并且

$$\sum_{i=1}^{n} \lambda_i y_i = 0 \tag{6.9}$$

将它们代入L_p 可消除 $\boldsymbol{a}$ 和 $\boldsymbol{a}_0$，从而产生二次拉格朗日函数：

$$L_D(\boldsymbol{\lambda}) = \sum_{i=1}^{n} \lambda_i - \frac{1}{2} \sum_{i=1}^{n} \sum_{j=1}^{n} \lambda_i \lambda_j y_i y_j \boldsymbol{x}_i^{\mathrm{T}} \boldsymbol{x}_j \tag{6.10}$$

在约束条件下，函数$L_D(\boldsymbol{\lambda})$必须相对于 λ_i 达到最大：

$$\lambda_i \geqslant 0 \quad 且 \quad \sum_{i=1}^{n} \lambda_i y_i = 0 \tag{6.11}$$

这是一个二次规划问题，可以通过数值解来完成。

根据 KKT 互补松弛条件，当 $\lambda_i^* = 0$ 时

$$y_i((\boldsymbol{a}^*)^{\mathrm{T}} \boldsymbol{x}_i + \boldsymbol{a}_0^*) > 1（无效或松弛约束）\tag{6.12}$$

当 $\lambda_i^* > 0$ 时，支持向量就是训练样本点$(\boldsymbol{x}_i, y_i)$，即

$$y_i((\boldsymbol{a}^*)^{\mathrm{T}} \boldsymbol{x}_i + \boldsymbol{a}_0^*) = 1（有效或严格约束）\tag{6.13}$$

当约束存在且$\lambda_i^* = 0$ 时，退化情况是不违反互补松弛条件的，而只是涉及间隔，并不限制该解。

一旦找到$\boldsymbol{\lambda}^*$，解向量 $\boldsymbol{a}^*$ 可以由式(6.8)所确定：

$$\boldsymbol{a}^* = \sum_{i=1}^{n} \lambda_i^* y_i \boldsymbol{x}_i = \sum_{i \in \mathcal{S}} \lambda_i^* y_i \boldsymbol{x}_i \tag{6.14}$$

其中 $\mathcal{S} = \{i \mid \lambda_i^* > 0\}$是支持向量指示集。注意到$\lambda_i^*$ 越大，对应的支持向量对方向向量 $\boldsymbol{a}^*$ 的影响越大。截距 a_0^* 可以由支持向量所确定，因为约束条件$(\boldsymbol{a}^*)^{\mathrm{T}} \boldsymbol{x}_i + \boldsymbol{a}_0^* = y_i$ 是有效的，或者截距可以通过下列函数求和而得到更高的数值精度：

$$|\mathcal{S}| a_0^* + (\boldsymbol{a}^*)^{\mathrm{T}} \sum_{i \in \mathcal{S}} \boldsymbol{x}_i = \sum_{i \in \mathcal{S}} y_i \tag{6.15}$$

从而得到：

$$a_0^* = -\frac{1}{|\mathcal{S}|} \sum_{i \in \mathcal{S}} \sum_{j \in \mathcal{S}} \lambda_i^* y_i \boldsymbol{x}_i^{\mathrm{T}} \boldsymbol{x}_j + \frac{1}{|\mathcal{S}|} \sum_{i \in \mathcal{S}} y_i \tag{6.16}$$

收集所有结果后，最大间隔超平面分类器由下式得出：

$$\psi_n(\boldsymbol{X}) = \begin{cases} 1, & 若 \sum_{i \in \mathcal{S}} \lambda_i^* y_i \boldsymbol{x}_i^{\mathrm{T}} \boldsymbol{x} - \frac{1}{|\mathcal{S}|} \sum_{i \in \mathcal{S}} \sum_{j \in \mathcal{S}} \lambda_i^* y_i \boldsymbol{x}_i^{\mathrm{T}} \boldsymbol{x}_j + \frac{1}{|\mathcal{S}|} \sum_{i \in \mathcal{S}} y_i > 0 \\ 0, & 否则 \end{cases} \tag{6.17}$$

尽管表达式看起来很复杂，但这是带有超平面决策边界的线性分类器。请注意，分类器只是支持向量的函数，而不涉及其他训练样本点。此外，它是 $\boldsymbol{x}^{\mathrm{T}} \boldsymbol{x}'$内积的函数，在后续的章节中这一事实是很重要的。

6.1.2　一般线性支持向量机

上一节中给出的算法很简单，但是在实践中往往不可用，因为无法保证训练数据线性可

分(除非贝叶斯误差为零并且类条件密度是线性可分的)。幸运的是，对于非线性可分数据可以通过修改基本算法来完成。从而引出了本节中描述的一般线性支持向量机分类规则。

为了处理非线性可分数据，人们引入非负松弛变量 $\boldsymbol{\xi}=(\xi_1,\cdots,\xi_n)$，每个约束条件都有一个松弛度，从而得到一组新的 $2n$ 个约束条件：

$$y_i(\boldsymbol{a}^{\mathrm{T}}\boldsymbol{x}_i+\boldsymbol{a}_0)\geqslant 1-\xi_i \quad 且 \quad \xi_i\geqslant 0, i=1,\cdots,n \tag{6.18}$$

如果$\xi_i>0$，则对应的训练点是一个*离群值*，即它离超平面的距离比边缘更近，这有可能导致错误分类。为了控制松弛度，人们在函数中引入一个惩罚项 $C\sum_{i=1}^{n}\xi_i$，那么它就变成：

$$\frac{1}{2}\boldsymbol{a}^{\mathrm{T}}\boldsymbol{a}+C\sum_{i=1}^{n}\xi_i \tag{6.19}$$

常数 C 的作用是调节异常值出现时的惩罚度。如果 C 很小，则惩罚力度很小，解包含异常值的可能更大。如果 C 很大，惩罚力度就很大，因此解包含异常值的可能性更小。这意味着 C 值偏小有利于软间隔，因此过拟合程度更小，而 C 值偏大会导致硬间隔，因此过拟合程度更大。总而言之，过拟合的程度与 C 值的大小成正比。而 C 过小则可能导致欠拟合，即允许的松弛度过大，导致分类器根本无法拟合数据。

现在，优化问题可总结为：

$$\begin{aligned}
\min \quad & \frac{1}{2}\boldsymbol{a}^{\mathrm{T}}\boldsymbol{a}+C\sum_{i=1}^{n}\xi_i \\
\text{s.t.} \quad & y_i(\boldsymbol{a}^{\mathrm{T}}\boldsymbol{x}_i+a_0)\geqslant 1-\xi_i, \quad i=1,\cdots,n \\
& \xi_i\geqslant 0, \quad i=1,\cdots,n
\end{aligned} \tag{6.20}$$

这是在$(\boldsymbol{a},a_0,\boldsymbol{\xi})$中具有仿射约束的凸问题。我们采用和可分离变量情况相似的解法。这次有 $2n$ 个约束条件，因此总共有 $2n$ 个拉格朗日乘数：$\boldsymbol{\lambda}=(\lambda_1,\cdots,\lambda_n)$和 $\boldsymbol{\rho}=(\rho_1,\cdots,\rho_n)$。原始函数可以写成：

$$\begin{aligned}
L_P(\boldsymbol{a},a_0,\boldsymbol{\xi},\boldsymbol{\lambda},\boldsymbol{\rho}) &= \frac{1}{2}\boldsymbol{a}^{\mathrm{T}}\boldsymbol{a}+C\sum_{i=1}^{n}\xi_i-\sum_{i=1}^{n}\lambda_i(y_i(\boldsymbol{a}^{\mathrm{T}}\boldsymbol{x}_i+a_0)-1+\xi_i)-\sum_{i=1}^{n}\rho_i\xi_i \\
&= \frac{1}{2}\boldsymbol{a}^{\mathrm{T}}\boldsymbol{a}-\sum_{i=1}^{n}\lambda_i(y_i(\boldsymbol{a}^{\mathrm{T}}\boldsymbol{x}_i+a_0)-1)+\sum_{i=1}^{n}(C-\lambda_i-\rho_i)\xi_i
\end{aligned} \tag{6.21}$$

这相当于前面的原函数(6.7)加上一个额外的项 $\sum_{i=1}^{n}(C-\lambda_i-\rho_i)\xi_i$。令$L_p$ 对 $\boldsymbol{a}$ 和 $\boldsymbol{a}_0$ 的偏导数为零，得到与可分离情况相同的方程(6.8)和方程(6.9)。令L_p 对ξ_i 的偏导数为零，则得到附加的方程为

$$C-\lambda_i-\rho_i=0, \quad i=1,\cdots,n \tag{6.22}$$

将这些方程代入L_p 显然会得到相同的二次拉格朗日函数的泛函(6.10)，该泛函必须在同样的约束条件(6.11)下进行，使得 $\boldsymbol{\lambda}$ 达到最大，加上附加的约束条件：

$$\lambda_i\leqslant C, \quad i=1,\cdots,n \tag{6.23}$$

式(6.23)可由式(6.22)和非负条件$\rho_i\geqslant 0$ 得出，其中 $i=1,\cdots,n$。如上所述，可以通过二次规划方法获得解$(\boldsymbol{\lambda}^*,\boldsymbol{\rho}^*)$。

离群值是支持向量$(\boldsymbol{x}_i,y_i)$，其中

$$\xi_i^*>0\Rightarrow\rho_i^*=0\Rightarrow\lambda_i^*=C \tag{6.24}$$

如果 $0<\lambda_i^*<C$，则$(\boldsymbol{x}_i, y_i)$是正则支持向量，即它位于其中一个边缘超平面上。我们把这些支持向量称为边缘向量。

注意，$C=\infty$对应数据可分离的情况。在这种情况下，不存在离群值，所有的支持向量都是间隔向量(不存在$\lambda_i=C$ 的情况)。当 C 为常数时，有可能出现离群值。如果 C 值较小，则约束条件$\lambda_i\leqslant C$ 是有效的(即$\lambda_i=C$)，会有更多的离群值出现。如果 C 值较大，则会出现相反的情况，离群值更少。这与 C 值决定过拟合程度的结论是一致的。

如前所述，解向量 $\boldsymbol{a}^*$ 由下列公式给出

$$\boldsymbol{a}^* = \sum_{i=1}^{n} \lambda_i^* y_i \boldsymbol{x}_i = \sum_{i\in\mathcal{S}} \lambda_i^* y_i \boldsymbol{x}_i \tag{6.25}$$

截距 a_0^* 由有效约束$(\boldsymbol{a}^*)^{\mathrm{T}}\boldsymbol{x}_i+a_0^*=y_i$ 和$\xi_i^*=0$ 确定，即对 $0<\lambda_i^*<C$(间隔向量)的约束，或由下式确定：

$$|\mathcal{S}_m| a_0^* + (\boldsymbol{a}^*)^{\mathrm{T}} \sum_{i\in\mathcal{S}_m} \boldsymbol{x}_i = \sum_{i\in\mathcal{S}_m} y_i \tag{6.26}$$

其中$\mathcal{S}_m=\{i\mid 0<\lambda_i^*<C\}\subseteq\mathcal{S}$是间隔向量索引集，由此可得到

$$a_0^* = -\frac{1}{|\mathcal{S}_m|}\sum_{i\in\mathcal{S}}\sum_{j\in\mathcal{S}_m}\lambda_i^* y_i \boldsymbol{x}_i^{\mathrm{T}}\boldsymbol{x}_j + \frac{1}{|\mathcal{S}_m|}\sum_{i\in\mathcal{S}_m} y_i \tag{6.27}$$

因此，一般的线性 SVM 分类器由下式确定：

$$\psi_n(\boldsymbol{x}) = \begin{cases} 1, & 若\sum_{i\in\mathcal{S}}\lambda_i^* y_i \boldsymbol{x}_i^{\mathrm{T}}\boldsymbol{x} - \frac{1}{|\mathcal{S}_m|}\sum_{i\in\mathcal{S}}\sum_{j\in\mathcal{S}_m}\lambda_i^* y_i \boldsymbol{x}_i^{\mathrm{T}}\boldsymbol{x}_j + \frac{1}{|\mathcal{S}_m|}\sum_{i\in\mathcal{S}_m} y_i > 0 \\ 0, & 否则 \end{cases} \tag{6.28}$$

此外，该分类器仅是支持向量和 $\boldsymbol{x}^{\mathrm{T}}\boldsymbol{x}'$内积的函数。

6.1.3　非线性支持向量机

非线性 SVM 背后的思想是将上一节中的通用算法应用于变换空间 R^p 中，其中 $p>d$。如果 p 足够大，就可以使数据在高维空间中线性可分(或接近)。如果使用 ϕ：$R^d\to R^p$ 变换，那么将前面的推导公式中的 $\boldsymbol{x}$ 替换为 $\phi(\boldsymbol{x})$。因此，原空间 R^d 中的非线性 SVM 分类器由下式确定：

$$\psi_n(\boldsymbol{x}) = \begin{cases} 1, & 若\sum_{i\in\mathcal{S}}\lambda_i^* y_i \phi(\boldsymbol{x}_i)^{\mathrm{T}}\phi(\boldsymbol{x}) - \frac{1}{|\mathcal{S}_m|}\sum_{i\in\mathcal{S}}\sum_{j\in\mathcal{S}_m}\lambda_i^* y_i \phi(\boldsymbol{x}_i)^{\mathrm{T}}\phi(\boldsymbol{x}_j) + \frac{1}{|\mathcal{S}_m|}\sum_{i\in\mathcal{S}_m} y_i > 0 \\ 0, & 否则 \end{cases} \tag{6.29}$$

这通常会产生一个非线性的决策边界。

如果需要计算高维变换，看起来这个分类规则就不那么适用了。幸运的是，由于核技巧的存在，情况并非如此。让我们引入一个核函数：

$$k(\boldsymbol{x},\boldsymbol{x}') = \phi^{\mathrm{T}}(\boldsymbol{x})\phi(\boldsymbol{x}'),\quad \boldsymbol{x},\boldsymbol{x}'\in R^d \tag{6.30}$$

与第 5 章中的核函数不同的是，这个核函数是特征空间中两点的函数(这些核函数将在第 11 章中再次出现)。核技巧通过使用 $k(\boldsymbol{x},\boldsymbol{x}')$来完全地避免计算 $\phi(\boldsymbol{x})$。线性 SVM 分类器(6.28)只是形式为 $\boldsymbol{x}^{\mathrm{T}}\boldsymbol{x}'$的内积的函数，因此非线性 SVM 分类器(6.29)仅是 $k(\boldsymbol{x},\boldsymbol{x}')=\phi(\boldsymbol{x})^{\mathrm{T}}\phi(\boldsymbol{x}')$的函数。为了确定支持向量和相关的拉格朗日乘数，需要最大化对偶函数：

$$L_D(\boldsymbol{\lambda}) = \sum_{i=1}^{n}\lambda_i - \frac{1}{2}\sum_{i=1}^{n}\sum_{j=1}^{n}\lambda_i\lambda_j y_i y_j k(\boldsymbol{x}_i,\boldsymbol{x}_j) \tag{6.31}$$

其中 $\boldsymbol{\lambda}$ 受下列条件约束

$$0 \leqslant \lambda_i \leqslant C \quad 且 \quad \sum_{i=1}^{n} \lambda_i y_i = 0 \tag{6.32}$$

原始的二次函数(6.10)只是项 $\boldsymbol{x}_i^{\mathrm{T}}\boldsymbol{x}_j$ 的函数。

一旦确定 $\boldsymbol{\lambda}^*$，非线性 SVM 分类器就可以由下式给出：

$$\psi_n(\boldsymbol{x}) = \begin{cases} 1, & 若 \sum_{i \in \mathcal{S}} \lambda_i^* y_i k(\boldsymbol{x}_i, \boldsymbol{x}) - \frac{1}{|\mathcal{S}_m|} \sum_{i \in \mathcal{S}} \sum_{j \in \mathcal{S}_m} \lambda_i^* y_i k(\boldsymbol{x}_i, \boldsymbol{x}_j) + \frac{1}{|\mathcal{S}_m|} \sum_{i \in \mathcal{S}_m} y_i > 0 \\ 0, & 否则 \end{cases} \tag{6.33}$$

这是一种稀疏核分类规则，其中只有训练集的子集(支持向量)对决策有影响。此外，通过相应的支持向量灵敏度参数 λ_i^* 对核的影响进行加权。

接下来的问题是，是否有必要指定 $\phi(\boldsymbol{x})$ 并使用式(6.30)来构造一个核函数。我们接下来会看到，没必要指定 $\phi(\boldsymbol{x})$。因为只要满足一定的条件，就可以直接指定函数 $k(\boldsymbol{x},\boldsymbol{x}')$。$k(\boldsymbol{x},\boldsymbol{x}')$ 可以表示为某个空间中的内积 $\phi^{\mathrm{T}}(\boldsymbol{x})\phi(\boldsymbol{x}')$(该空间可以是无限维空间)。可以证明，当且仅当满足下列条件时成立：

- k 是对称的：对于任意的 $\boldsymbol{x},\boldsymbol{x}' \in R^d$，$k(\boldsymbol{x},\boldsymbol{x}')=k(\boldsymbol{x}',\boldsymbol{x})$。
- k 为正半定的：

$$\int k(\boldsymbol{x},\boldsymbol{x}')g(\boldsymbol{x})g(\boldsymbol{x}')\mathrm{d}\boldsymbol{x}\mathrm{d}\boldsymbol{x}' \geqslant 0 \tag{6.34}$$

  对于任意平方可积分函数 $g:R^d \to R$，即函数 g 满足 $\int g^2(\boldsymbol{x})\mathrm{d}\boldsymbol{x} < \infty$。

该结果称为 Mercer 定理，上面的条件就是 Mercer 定理的条件。

在应用过程中使用的一些核函数如下：

- 多项式核函数。$k(\boldsymbol{x},\boldsymbol{x}')=(1+\boldsymbol{x}^{\mathrm{T}}\boldsymbol{x}')^p$，对于 $p=1,2,\cdots$。
- 高斯核函数。$k(\boldsymbol{x},\boldsymbol{x}')=\exp(-\gamma \|\boldsymbol{x}-\boldsymbol{x}'\|^2)$，对于 $\gamma>0$。
- sigmoid 核函数。$k(\boldsymbol{x},\boldsymbol{x}')=\tanh(\gamma\boldsymbol{x}^{\mathrm{T}}\boldsymbol{x}'-\delta)$。

在支持向量机中，高斯核函数也称为径向基核函数(Radial Basis Function，RBF)。上述所有的核函数示例都满足 Mercer 定理中的条件(对于 sigmoid 核函数，当 γ 和 δ 是特定值的时候才成立)，因此对于合适的映射 ϕ，存在 $k(\boldsymbol{x},\boldsymbol{x}')=\phi^{\mathrm{T}}(\boldsymbol{x})\phi(\boldsymbol{x}')$。在高斯核函数的情况下，映射 ϕ 到无限维空间，所以不能精确计算(而我们不需要计算)。核参数的选择是一个模型选择问题，如第 6 章中的平滑参数示例。在某些情况下，可以基于数据自动进行选择，如在 scikit-learn 的 RBF SVM 实现中的参数 γ。

例 6.1 (XOR 数据集)⊖　XOR(读作 “X-or”)数据集是二维中最简单的(即点数最少的)非线性可分离数据集(有关更多信息，请参见第 8 章)。数据集为 $S_n=\{((-1,1),-1),((1,-1),-1),((-1,-1),1),((1,1),1)\}$。见图 6.2a。令 $C=1$ 并考虑阶数 $p=2$ 的多项式核函数：

$$k(\boldsymbol{x},\boldsymbol{x}') = (1+\boldsymbol{x}^{\mathrm{T}}\boldsymbol{x}')^2 = (1+x_1x_1'+x_2x_2')^2 \tag{6.35}$$

可以注意到二次函数(6.10)可以简化为：

$$L_D(\boldsymbol{\lambda}) = \boldsymbol{\lambda}^{\mathrm{T}}\mathbf{1} - \frac{1}{2}\boldsymbol{\lambda}^{\mathrm{T}}H\boldsymbol{\lambda} \tag{6.36}$$

其中 $H_{ij}=y_iy_jk(\boldsymbol{x}_i,\boldsymbol{x}_j)$。在本例中，

⊖ 本示例改编自 Duda et al.[2001]第 5 章中的示例 2。

$$
\boldsymbol{H}=\begin{bmatrix} 9 & -1 & -1 & 1 \\ -1 & 9 & 1 & -1 \\ -1 & 1 & 9 & -1 \\ 1 & -1 & -1 & 9 \end{bmatrix} \tag{6.37}
$$

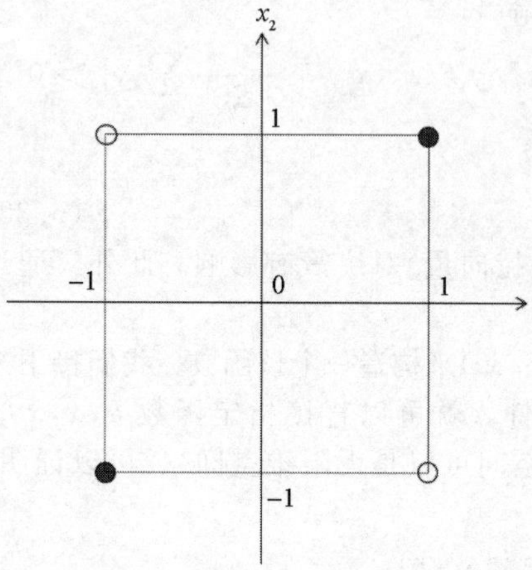

a）训练数据，其中实心和空心点分别对应标签1和标签−1

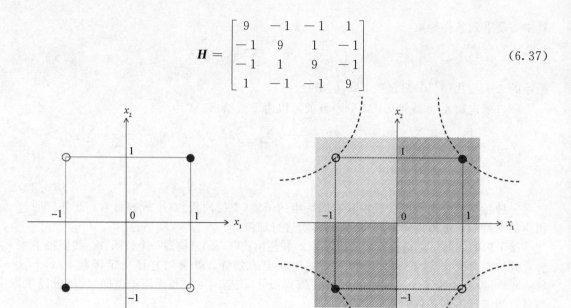

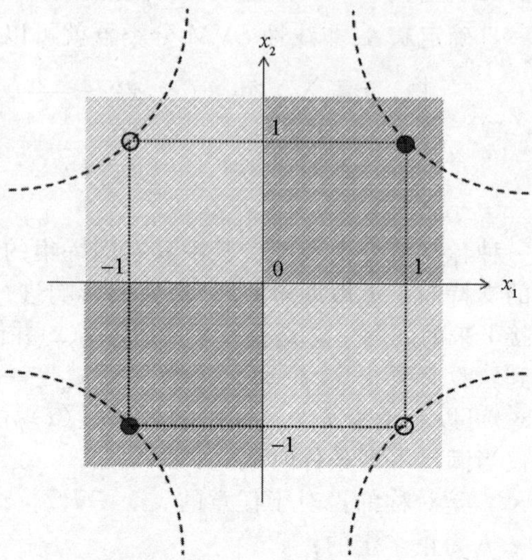

b）SVM分类器，其中深色和浅色决策区域分别对应标签1和标签−1。虚线代表双曲线边界

图 6.2　基于 XOR 数据集的非线性 SVM

在此示例中，通过分析要使得$L_D(\boldsymbol{\lambda})$达到最大化。首先，我们在式(6.36)中得到$L_D(\boldsymbol{\lambda})$的梯度并令其为零：

$$
\frac{\partial L_D}{\partial \boldsymbol{\lambda}}=\boldsymbol{H\lambda}-\boldsymbol{1}=0 \Rightarrow \boldsymbol{H\lambda}=\boldsymbol{1} \tag{6.38}
$$

因此，我们需要求解下列方程组：

$$
\begin{aligned}
9\lambda_1-\lambda_2-\lambda_3+\lambda_4&=1\\
-\lambda_1+9\lambda_2+\lambda_3-\lambda_4&=1\\
-\lambda_1+\lambda_2+9\lambda_3-\lambda_4&=1\\
\lambda_1-\lambda_2-\lambda_3+9\lambda_4&=1
\end{aligned} \tag{6.39}
$$

这个方程组的解是$\lambda_1^*=\lambda_2^*=\lambda_3^*=\lambda_4^*=\dfrac{1}{8}$。因为$\boldsymbol{H}$为正定矩阵，所以$L_D(\boldsymbol{\lambda})$是严格凹函数并且$\dfrac{\partial L_D}{\partial \boldsymbol{\lambda}}=0$是无约束全局最大值的充要条件。因为向量$\boldsymbol{\lambda}^*=\left(\dfrac{1}{8},\dfrac{1}{8},\dfrac{1}{8},\dfrac{1}{8}\right)^{\mathrm{T}}$是条件(6.32)定义的可行域内部点，所以$\boldsymbol{\lambda}^*$是二次函数的解（注意，一般情况，4 个训练点为支持向量和间隔向量）。将这些值代入式(6.33)，得到非线性 SVM 分类器的简单表达式

$$
\psi_n(\boldsymbol{x})=\begin{cases}1, & 若\ x_1x_2>0\\ 0, & 否则\end{cases} \tag{6.40}
$$

决策边界为$x_1x_2=0$，这是直线$x_1=0$和$x_2=0$的并集。边缘边界为由等于±1 的判别式所确定的点的轨迹。在这种情况下，我们可以得到通过训练数据点的双曲线$x_1x_2=\pm 1$。分类器见图 6.2b。可以看出，这种非线性分类器能够分离 XOR 数据集，即得到训练数据的零误差。

在之前的推导中，从未将数据映射到高维空间。让我们来研究一下，即使这不是 SVM 分类的必要步骤。将式(6.35)展开

$$k(\boldsymbol{x},\boldsymbol{x}') = 1+2x_1x'_1+2x_2x'_2+2x_1x_2x'_1x'_2+x_1^2(x'_1)^2+x_2^2(x'_2)^2 \\ = \phi^{\mathrm{T}}(\boldsymbol{x})\phi(\boldsymbol{x}') \tag{6.41}$$

其中

$$\boldsymbol{z} = \phi(\boldsymbol{x}) = (z_1,z_2,z_3,z_4,z_5,z_6) = (1,\sqrt{2}x_1,\sqrt{2}x_2,\sqrt{2}x_1x_2,x_1^2,x_2^2) \tag{6.42}$$

因此，将变换函数映射到六维空间。原始数据点被投影到

$$\begin{aligned} \boldsymbol{z}_1 &= \phi((-1,1)) = (1,-\sqrt{2},\sqrt{2},-\sqrt{2},1,1) \\ \boldsymbol{z}_2 &= \phi((1,-1)) = (1,\sqrt{2},-\sqrt{2},-\sqrt{2},1,1) \\ \boldsymbol{z}_3 &= \phi((-1,-1)) = (1,-\sqrt{2},-\sqrt{2},\sqrt{2},1,1) \\ \boldsymbol{z}_4 &= \phi((1,1)) = (1,\sqrt{2},\sqrt{2},\sqrt{2},1,1) \end{aligned} \tag{6.43}$$

在该六维空间中，由支持向量机得出的超平面决策边界具有以下参数：

$$\boldsymbol{a}^* = \sum_{i=1}^{4}\lambda_i^* y_i\boldsymbol{z}_i = (0,0,0,1/\sqrt{2},0,0)^{\mathrm{T}} \tag{6.44}$$

和

$$a_0^* = -\frac{1}{4}\sum_{i=1}^{4}\sum_{j=1}^{4}\lambda_i^* y_i\boldsymbol{z}_i^{\mathrm{T}}\boldsymbol{z}_j + \frac{1}{4}\sum_{i=1}^{4}y_i = 0 \tag{6.45}$$

因此，决策边界为

$$(\boldsymbol{a}^*)^{\mathrm{T}}\boldsymbol{z} + a_0^* = z_4/\sqrt{2} = 0 \Rightarrow z_4 = 0 \tag{6.46}$$

其中间隔为 $\boldsymbol{1}/\|\boldsymbol{a}^*\| = \sqrt{2}$，而边界超平面为

$$(\boldsymbol{a}^*)^{\mathrm{T}}\boldsymbol{z} + a_0^* = z_4/\sqrt{2} = \pm 1 | \Rightarrow z_4 = \pm\sqrt{2} \tag{6.47}$$

我们无法在六维空间中将数据集或边界可视化。然而，我们可以看出 z_1，z_5 和 z_6 在变换后的数据点(见式(6.43))中是常数。因此，这个变换是针对三维子空间 z_2，z_3 和 z_4 的定义。在该子空间中，数据位于以原点为中心、边长为 $\sqrt{2}$ 的立方体的四个顶点上，决策边界 $z_4=0$ 是一个经过原点并垂直于 z_4 的平面，而边缘边界是平面 $z_4=\pm\sqrt{2}$。我们可以看到，来自类 -1 的点在平面 $z_4=-\sqrt{2}$ 上，而来自类 1 的点在平面 $z_4=\sqrt{2}$ 上。有关说明请参见图 6.3。可以注意到这里的数据是线性可分离的(线性可分的四个点集至少为三维。有关更多信息，请参见第 8 章)。还要注意的是，在 $z_4=\sqrt{2}x_1x_2$ 的情况下，式(6.46)和式(6.47)在原始空间中会产生和以前相同的决策和边缘边界。 ■

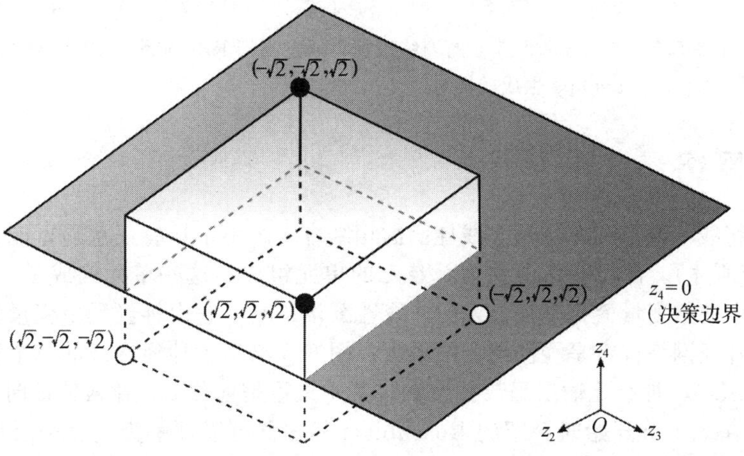

图 6.3　将 XOR 数据集投影到一个线性可分离的三维子空间中。SVM 决策边界是经过原点的平面

例 6.2 图 6.4 显示了由非线性 SVM 在图 5.2、图 5.3 和图 5.5 中通过合成高斯训练数据产生的分类器。高斯 RBF 核函数中 $\gamma=1/2$，C 为变量。这些图表明，在任何情况下的决策边界都是复杂的，特别是在 C 值较大的情况下，在这种情况下，不允许出现异常值和过拟合。在 $C=1$ 的情况下，非线性 SVM 产生的决策边界与最优决策边界相差不大(一条斜率为 $-45°$ 的直线穿过图的中心)。C 的选择是一个模型选择问题(请参阅第 8 章)。■

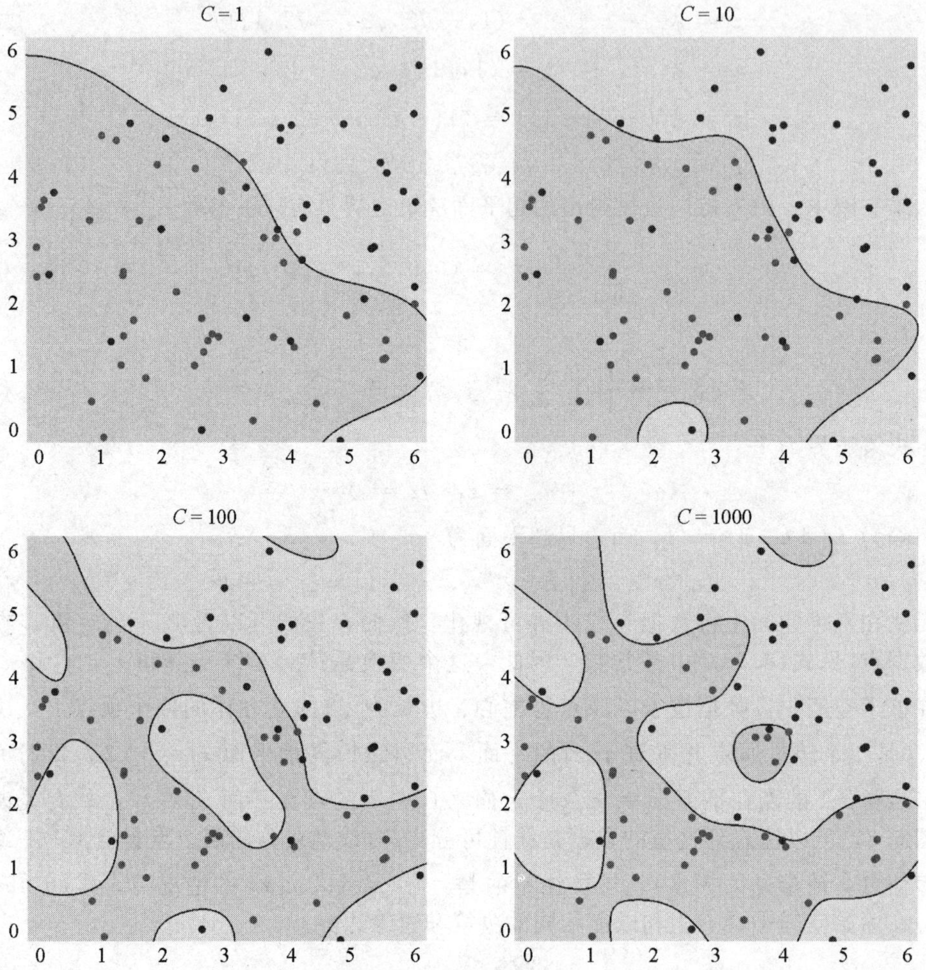

图 6.4 基于图 5.2、图 5.3 和图 5.5 的训练数据，通过高斯 RBF 非线性 SVM 规则生成的分类器(由 c06_svm.py 生成的图)

6.2 神经网络

神经网络将线性函数和单变量非线性函数相结合，产生了具有任意逼近能力的复杂判别式(如 6.2.2 节所述)。神经网络由称为*神经元*的单元组成，这些单元构成了一个多层组织。每个神经元产生的单变量*输出*是神经元的非线性*激活函数*，它由神经元单变量输入的线性组合组成，其中神经网络权重是线性组合的系数。图 6.5 给出了神经网络的三个连续层。神经元激活函数是 $\alpha(\boldsymbol{x})$，神经元输出函数是 $\beta(\boldsymbol{x})$，其中权重是标量 w，输入特征向量是 $\boldsymbol{x}$。

请注意，在 6.1 节开始时介绍的 Rosenblatt 感知器可以理解为具有单层神经网络的分类器。因此，具有多个神经元的神经网络也被称为多层感知器。

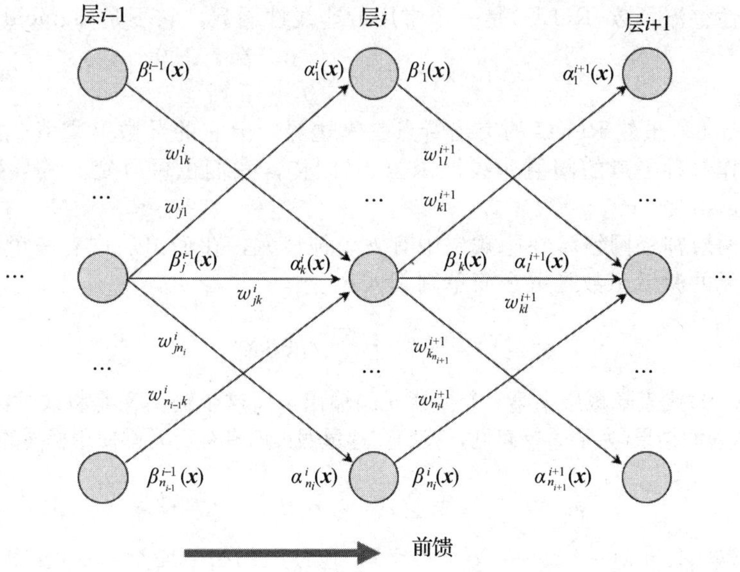

图 6.5 神经网络的三个连续层

单变量非线性函数通常是 sigmoid 函数，即非递减函数 $\sigma(x)$，使得 $\sigma(-\infty)=-1$，$\sigma(\infty)=1$。以下是一些示例：

- threshold sigmoid

$$\sigma(x)=\begin{cases}1, & 若\ x>0\\ 0, & 否则\end{cases} \tag{6.48}$$

- logistic sigmoid

$$\sigma(x)=\frac{1}{1+\mathrm{e}^{-x}} \tag{6.49}$$

- arctan sigmoid

$$\sigma(x)=\frac{1}{2}+\frac{1}{\pi}\arctan(x) \tag{6.50}$$

- Gaussian sigmoid

$$\sigma(x)=\Phi(x)=\frac{1}{2\pi}\int_{-\infty}^{x}\mathrm{e}^{-\frac{u^2}{2}}\mathrm{d}u \tag{6.51}$$

这些非线性函数因其斜率(导数)而有所不同，从非常陡峭(阈值)到非常平滑(弧度)。正如图 6.6 所示，这种特性在反向传播训练中尤为重要。

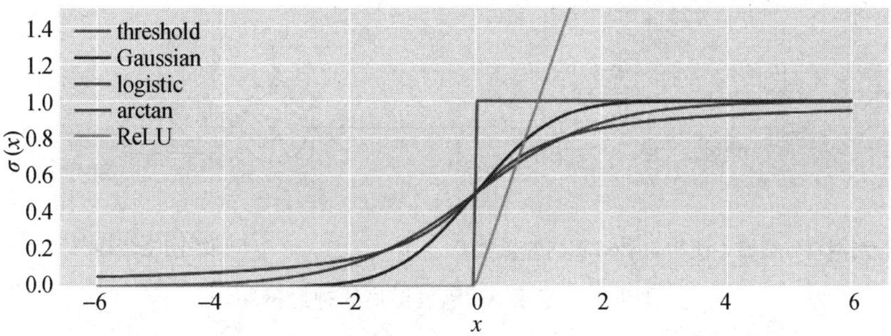

图 6.6 神经网络非线性函数(由 c06_nonlin.py 生成的图)

此外，线性整流函数(ReLU)是一个常用的非线性函数，它不是 sigmoid 函数：

$$\sigma(x)=\max(x,0)=\begin{cases}x, & \text{若 } x>0 \\ 0, & \text{否则}\end{cases} \tag{6.52}$$

有关说明见图 6.6。虽然 ReLU 的突出特点是无边界，但它的导数是阈值非线性的，所以它也可以被看作一种平滑的阈值非线性函数。(同样，我们也可以定义其导数为其他非线性函数，如 logistic、arctan 等。)

考虑一个两层神经网络，在隐藏层中有 k 个神经元，在输出层中有一个神经元。该网络中输出神经元的激活函数是一个简单判别式：

$$\zeta(\boldsymbol{x})=c_0+\sum_{i=1}^{k}c_i\,\xi_i(\boldsymbol{x}) \tag{6.53}$$

其中$\xi_i(\boldsymbol{x})=\sigma(\phi(\boldsymbol{x}))$代表隐藏层中第 i 个神经元的输出，而这个输出又是将线性激活函数 $\phi_i(\boldsymbol{x})$ 代入非线性函数σ的结果(为了简单起见，我们在这里假设所有神经元都使用相同的非线性函数)。

$$\phi_i(\boldsymbol{x})=b_i+\sum_{j=1}^{d}a_{ij}x_j,\quad i=1,\cdots,k \tag{6.54}$$

对于权重之和$(k+1)+k(d+1)=k(d+2)+1$，该神经网络的向量参数(权重)为

$$\boldsymbol{w}=(c_0,\cdots,c_k,a_{10},\cdots,a_{1d},\cdots,a_{k1},\cdots,a_{kd}) \tag{6.55}$$

因此，随着 k 和 d 的增加，该两层网络中的权重约等于 $k\times d$。

通过在零点处设置判别式的阈值，可以得到神经网络分类器：

$$\psi_n(\boldsymbol{x})=\begin{cases}1, & \zeta(\boldsymbol{x})>0 \\ 0, & \text{否则}\end{cases} \tag{6.56}$$

如果输出神经元的非线性函数是阈值 sigmoid，则可作为神经网络的输出。

由于隐藏层将原始特征空间非线性地映射到其他空间，所以神经网络类似于非线性 SVM，而输出层则通过线性决策(超平面)作用于变换后的特征。原始特征空间中的决策是非线性的。

例 6.3[⊖]　我们使用由一层隐藏层组成的神经网络来分离例 6.1 中的 XOR 数据集，该隐藏层由两个神经元组成。将权重手动设置为 $k(d+2)+1=9$，以使得数据的经验误差为零。神经网络分类器和其相对应的图见图 6.7。隐藏层中的两个感知器生成 1 类决策区域的上下线性边界，而输出层感知器生成决策区域的标签。

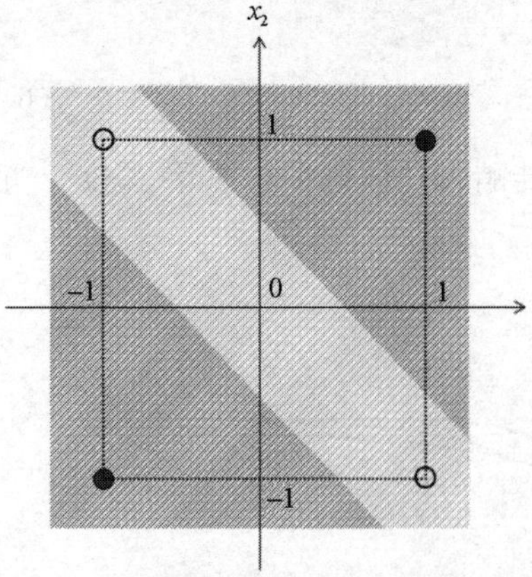

a）原始数据和神经网络分类器（使用与图6.2相同的颜色）

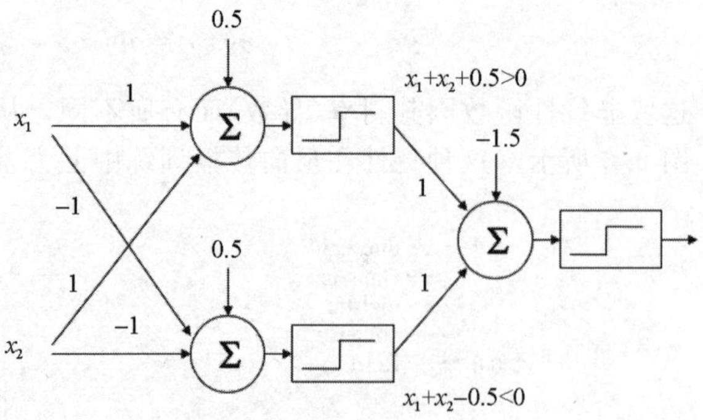

b）神经网络结构图

图 6.7　基于 XOR 数据集的神经网络　■

⊖ 本示例改编自 Duda et al. [2001]图 6.1 中的示例。

例 6.4　图 6.8 显示了由神经网络生成的分类器，该神经网络是基于图 6.4 的训练数据得出的。隐藏层由多个逻辑 sigmoid 型神经元组成。这些图表明，随着神经元数量的增加，过拟合的程度也随之上升。

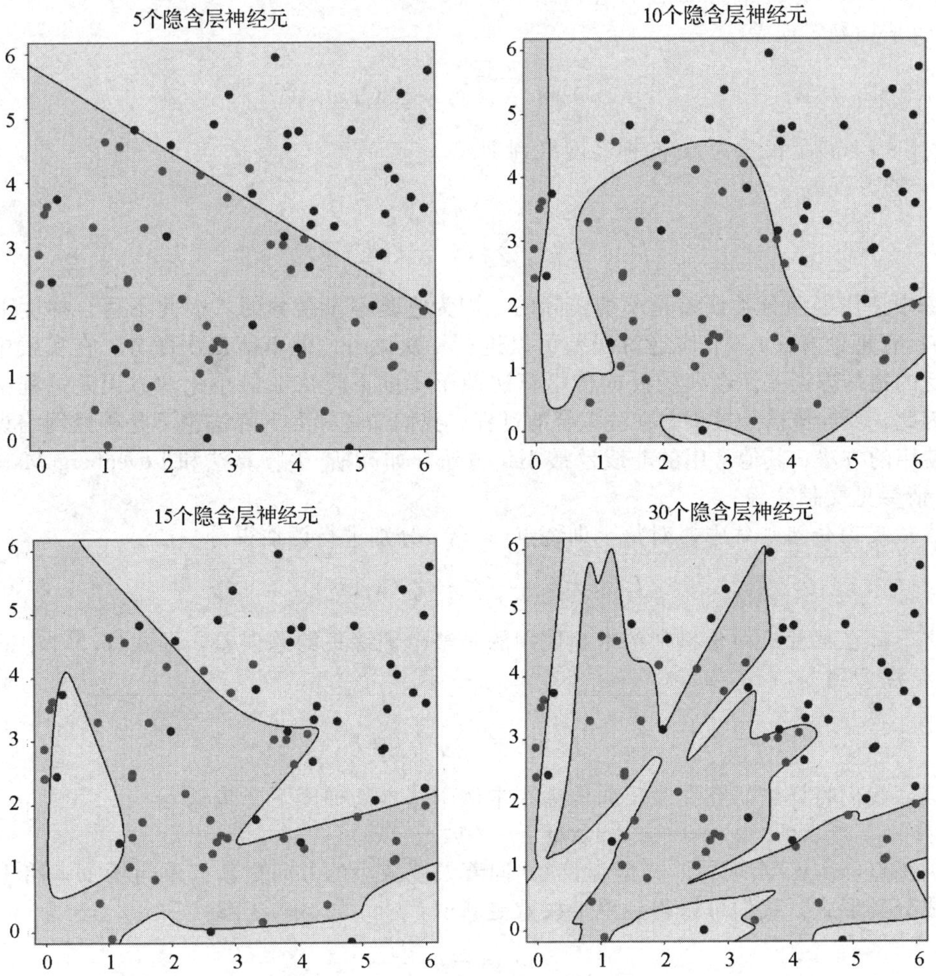

图 6.8　由具有一个隐藏层的神经网络产生的分类器和基于图 6.4 中的训练数据得到的逻辑 sigmoid 型函数(由 c06_nnet.py 生成的图)

在 5 个隐藏神经元的情况下，神经网络会产生一个近乎线性的决策边界，这个边界接近于最优边界(一条斜率为$-45°$的线穿过图的中心)。神经元的数量和结构的选择是一个模型选择问题(请参见第 8 章)。 ■

6.2.1　反向传播训练

所有神经网络训练方法的目的都是使经验分数 $J(\boldsymbol{w})$最小化，这是神经网络预测训练数据标签的好坏的函数。由于问题的复杂性，这种最小化需要经过多次迭代。这是通过标记训练数据得到的“奖励和惩罚”来对权重进行反复调整的过程，其中标记的训练数据是通过与生物神经网络中的学习进行比较得到的。给定数据$S_n=\{(\boldsymbol{x}_1,y_1),\cdots,(\boldsymbol{x}_n,y_n)\}$(由于阈值为零，因此令 $y_i=\pm1$)，经验得分的例子包括：

- 经验分类误差

$$J(\boldsymbol{w})=\frac{1}{n}\sum_{i=1}^{n}I_{y_i\neq\psi_n(\boldsymbol{x}_i;\boldsymbol{w})} \tag{6.57}$$

其中$\psi_n(\cdot;\ \boldsymbol{w})$是权重为 $\boldsymbol{w}$ 的神经网络分类器。

- 平均绝对误差

$$J(\boldsymbol{w})=\sum_{i=1}^{n}|y_i-\zeta(\boldsymbol{x}_i;\boldsymbol{w})| \tag{6.58}$$

其中$\zeta_n(\cdot;\ \boldsymbol{w})$是权重为 $\boldsymbol{w}$ 的神经网络判别式。

- 均方误差

$$J(\boldsymbol{w})=\frac{1}{2}\sum_{i=1}^{n}(y_i-\zeta(\boldsymbol{x}_i;\boldsymbol{w}))^2 \tag{6.59}$$

在训练中使用经验分类误差是不切实际的，因为它是不可微分的，因此不适合梯度下降法(但仍具有理论意义)。平均绝对误差可以进行一次微分，但不能二次微分。在实践中使用最广泛的是均方误差。经典的反向传播算法源于梯度下降法在最小化均方误差过程中的应用。因此，反向传播是最小二乘法拟合的过程。我们知道梯度下降法绝不是神经网络训练中唯一使用的方法。其他常用的非线性最小化方法，如高斯-牛顿算法和 Levenberg-Marquardt 算法(请参见文献注释)。

在线反向传播训练中，对每个训练点$(\boldsymbol{x}_i,y_i)$分别进行评估得分：

$$J_i(\boldsymbol{w})=\frac{1}{2}(y_i-\zeta_n(\boldsymbol{x}_i;\boldsymbol{w}))^2 \tag{6.60}$$

相比之下，在批量反向传播训练中，使用的是整个训练集的总误差，即式(6.59)中的分数$J(\boldsymbol{w})$。注意到

$$J(\boldsymbol{w})=\sum_{i=1}^{n}J_i(\boldsymbol{w}) \tag{6.61}$$

在后续，我们将详细研究在线反向传播。本例中基本的梯度下降步骤为：

$$\Delta\boldsymbol{w}=-\ell\,\nabla_{\boldsymbol{w}}J_i(\boldsymbol{w}) \tag{6.62}$$

即在训练点(x_i,y_i)出现后，根据步长 ℓ，向着误差减小的方向更新权重向量 $\boldsymbol{w}$，将上述内容写成分量形式，我们可以得到单个权重更新值：

$$\Delta w_i=-\ell\frac{\partial J}{\partial w_i} \tag{6.63}$$

反向传播算法应用微积分的链式法则来计算式(6.63)中的偏导数。

整个训练集的单次调用过程被称为 epoch。训练次数通常由 epoch 数值来确定。可以保证式(6.62)中的每次更新都会降低该模型的单项误差$J_i(\boldsymbol{w})$，但总误差 $J(\boldsymbol{w})$可能会增加。然而，从长远来看(经过几个 epoch)，$J(\boldsymbol{w})$整体呈下降趋势。在线反向传播训练除了可以令更新更简单外，还可以避免批分数 $J(\boldsymbol{w})$出现平坦的拼块，导致收敛速度减缓。

让我们研究在单个训练样本点$(\boldsymbol{x},y)$的情况下，如何计算式(6.63)中深度为-2的单隐藏层神经网络的反向传播更新，在这种情况下权重向量 $\boldsymbol{w}$ 由式(6.55)给出。利用人工偏置单元，我们可以写出(在此我们省略了对权重的依赖关系)：

$$\zeta(\boldsymbol{x})=\sum_{i=0}^{k}c_i\,\xi_i(\boldsymbol{x}) \tag{6.64}$$

其中$\xi_i(\boldsymbol{x})=\sigma(\phi(\boldsymbol{x}))$，且

$$\phi_i(\boldsymbol{x})=\sum_{j=0}^{d}a_{ij}x_j,\quad i=1,\cdots,k \tag{6.65}$$

已知输入 $\boldsymbol{x}$，当计算激活函数和输出函数$\phi_i(\boldsymbol{x})$,$\xi_i(\boldsymbol{x})$和 $\zeta(\boldsymbol{x})$时，称神经网络处于前馈模式。

为了找到隐藏层到输出层权重 c_i 的更新，注意到

$$\frac{\partial J}{\partial c_i}=\frac{\partial J}{\partial \zeta}\frac{\partial \zeta}{\partial c_i}=-[y-\zeta(\boldsymbol{x})]\xi_i(\boldsymbol{x}) \tag{6.66}$$

定义输出误差

$$\delta^o=-\frac{\partial J}{\partial \zeta}=y-\zeta(\boldsymbol{x}) \tag{6.67}$$

根据式(6.63)，更新为

$$\Delta c_i=\ell\delta^o\xi_i(\boldsymbol{x}) \tag{6.68}$$

对于输入层到隐藏层的权重 a_{ij}，可得

$$\frac{\partial J}{\partial a_{ij}}=\frac{\partial J}{\partial \phi_i}\frac{\partial \phi_i}{\partial a_{ij}}=\frac{\partial J}{\partial \phi_i}x_j \tag{6.69}$$

其中

$$\frac{\partial J}{\partial \phi_i}=\frac{\partial J}{\partial \zeta}\frac{\partial \zeta}{\partial \xi_i}\frac{\partial \xi_i}{\partial \phi_i}=-\delta^o c_i\sigma'(\phi_i(\boldsymbol{x})) \tag{6.70}$$

定义误差为

$$\delta_i^H=-\frac{\partial J}{\partial \phi_i}=\delta^o c_i\sigma'(\phi_i(\boldsymbol{x})) \tag{6.71}$$

这就是反向传播方程。根据式(6.63)，更新为

$$\Delta a_{ij}=\ell\delta_i^H x_j \tag{6.72}$$

请注意，非线性斜率会影响 δ_i^H 和 a_{ij} 的增量。

综上所述，对这个简单的神经网络进行一次反向传播的迭代过程如下。在每次迭代的开始，新的训练点 $\boldsymbol{x}$ 通过使用旧权重的前馈神经网络，更新所有的神经网络层的激活函数和输出函数。然后使用标签 y 和式(6.67)计算输出误差 δ_0，并使用式(6.68)更新权重 c_i。接下来，使用式(6.71)计算反向传播误差 δ_0，以获得隐藏层的误差 δ_i^H，并使用式(6.72)更新权重 a_{ij}。当根据输出误差 δ^o 计算误差 δ_i^H 时，我们称神经网络处于反向传播模式。

要获得多层神经网络的一般更新方程，请参考图 6.5。在此$\beta_k^i(\boldsymbol{x})=\sigma(\alpha_k^i(\boldsymbol{x}))$，其中

$$\alpha_k^i(\boldsymbol{x})=\sum_{j=0}^{n_{i-1}}w_{jk}^i\beta_j^{i-1}(\boldsymbol{x}) \tag{6.73}$$

现在，

$$\frac{\partial J}{\partial w_{jk}^i}=\frac{\partial J}{\partial \alpha_k^i}\frac{\partial \alpha_k^i}{\partial w_{jk}^i}=-\delta_k^i\beta_j^{i-1}(\boldsymbol{x}) \tag{6.74}$$

其中误差定义为

$$\delta_k^i=-\frac{\partial J}{\partial \alpha_k^i} \tag{6.75}$$

因此，权重w_{jk}^i的更新规则可以写为

$$\Delta w_{jk}^i=-\ell\frac{\partial J}{\partial w_{jk}^i}=\ell\delta_k^i\beta_j^{i-1}(\boldsymbol{x}) \tag{6.76}$$

为了确定 δ_k^i，使用链式法则

$$\delta_k^i=-\frac{\partial J}{\partial \alpha_k^i}=-\sum_{l=1}^{n_{i+1}}\frac{\partial J}{\partial \alpha_l^{i+1}}\frac{\partial \alpha_l^{i+1}}{\partial \alpha_k^i}=\sum_{l=1}^{n_{i+1}}\delta_l^{i+1}\frac{\partial \alpha_l^{i+1}}{\partial \alpha_k^i} \tag{6.77}$$

其中

$$\frac{\partial\alpha_l^{i+1}}{\partial\alpha_k^i}=\frac{\partial\alpha_l^{i+1}}{\partial\beta_k^i}\frac{\partial\beta_k^i}{\partial\alpha_k^i}=w_{kl}^{i+1}\sigma'(\alpha_k^i(\boldsymbol{x})) \tag{6.78}$$

从而得到了反向传播方程：

$$\delta_k^i=\sigma'(\alpha_k^i(\boldsymbol{x}))\sum_{l=1}^{n_{i+1}}w_{kl}^{i+1}\delta_l^{i+1} \tag{6.79}$$

因此，隐藏层的增量由下一层的增量通过反向传播而得到。因为非线性的斜率会影响反向传播方程 δ_k^i，所以同样会影响式(6.76)中w_{jk}^i的增量。SS 在线反向传播训练的过程如下。首先，所有权重均使用随机数进行初始化(它们不能全为零)。在每次反向传播迭代过程中，都会提供一个新的训练点。并且网络会以前馈模式运行，从而对所有的激活函数和输出函数进行更新。然后，权重更新是从输出层反向传播到第一个隐藏层。权重的更新值是取决于从后面的层到前面的层进行反向传播的误差。对训练数据中的点重复此过程，这是一个训练周期。对于预期的周期数，该过程可以继续，并且训练数据可以重复使用。当经验得分函数没有显著改善时，将停止训练。

在实际使用中，训练过程需要尽早停止以避免出现过拟合的情况。这可以通过事先选择一个固定的训练周期数，或者在单独的验证数据集上进行性能评估。关于这一点，将在第 8 章进行进一步探讨。此外，梯度下降可能会得到经验得分函数的局部最小值。解决这个问题的最简单方法是使用不同的随机权重初始化多次训练网络并比较结果。

6.2.2 卷积神经网络

卷积神经网络(Convolutional Neural Network，CNN)有一个特殊的结构，使它们在计算机视觉和图像分析应用中非常有效。尽管它们是在 20 世纪 80 年代发明的，但由于这些网络的深度训练能力和它们在各种任务中卓越的表现，使得最近人们对它的兴趣急剧上升(见文献注释)。

在 CNN 中，有一些特殊的层，被称为卷积层，其中神经元 i 的激活函数 $g(i)$是前一个卷积层神经元 j 的输出函数 $f(i)$。事实上，将第 i 层的神经元排列在大小为 $n\times m$ 的二维数组中(也称为特征图)，对于$(i,j)\in\{(0,0),\cdots,(n,m)\}$，激活函数 $g(i)$和输出函数 $f(i)$之间的关系为

$$g(i,j)=\sum_{(k,l)\in N}w(k,l)f(i+k,j+l) \tag{6.80}$$

其中滤波器 $w(k,l)$是在正方形定义域 N 上的(通常是比较小)数组。为了避免下标$(i+k,j+l)$超出式(6.80)的范围，我们令函数 g 和函数 f 具有相同的维度，并对函数 f 进行零填充，即在其行和列中添加适当数量的零。回顾一下，激活函数 $g(i,j)$需要通过一个非线性函数来得到下一层的输出，这样就可以实现非线性判别(在 CNN 中，通常采用 ReLU 非线性函数)。

定义域一般是以原点为中心的 3×3 数组，$N=\{(-1,-1),(-1,0),\cdots,(0,0),\cdots,(1,0),(1,1)\}$。在这种情况下式(6.80)可以扩展为

$$\begin{aligned}g(i,j)=&w(-1,-1)f(i-1,j-1)+w(-1,0)f(i-1,j)+\cdots+w(0,0)f(i,j)+\cdots+\\&w(1,0)f(i+1,j)+w(1,1)f(i+1,j+1)\end{aligned} \tag{6.81}$$

注意，在这种情况下，每个神经元只与上一层的 9 个神经元相连。在信号和图像处理中，式(6.80)中的求和被称为函数 f 乘函数 w 的卷积(严格地说，这种求和具有相关性，因为定义卷积时需要对定义域 N 进行翻转处理，所以这两种操作是密切相关的)。

定义域 N 上的滤波器 $w(k,l)$指定正在执行操作的值。由下面两个数组确定过滤器第

一个数组进行平均化处理，也就是平滑处理或模糊处理，而第二个数组在垂直方向上进行差异化处理，从而增强水平边缘。CNN 背后的主要思想是，滤波器系数作为神经网络的权重，不是由特定的过程手动指定，而是通过对训练过程中的数据进行学习得到的。

$\frac{1}{9}$	$\frac{1}{9}$	$\frac{1}{9}$
$\frac{1}{9}$	$\frac{1}{9}$	$\frac{1}{9}$
$\frac{1}{9}$	$\frac{1}{9}$	$\frac{1}{9}$

−1	−1	−1
0	0	0
1	1	1

在实际应用中，CNN 的卷积层比上文讨论的要复杂，因为每层神经元实际上是 $n\times m\times r$的排列，而不是一个二维数组。滤波器的维度为 $p\times q\times r$，其中深度 r 必须与前一层的深度相同，目的是使卷积的结果与前一层一样是一个二维的特征图(在深度方向不需要进行零填充)。除此之外，p 和 q 可以自由选择(通常情况下他们的取值非常小，一般在 3×3和 7×7 之间)。然而我们使用的几个不同的滤波器w_k 具有相同的维度，其中 $k=1,\cdots,s$，这意味着激活函数 g 是一个使用合适零填充，维度为 $n\times m\times s$ 的函数。r 和 s 之间没有必要的关系：r 可以小于、等于或大于 s，但通常情况下，在实际应用中 $s\geqslant r$。

例 6.5 令上一层输出函数 f 的输出维度是 $8\times8\times3$(例如，如果输出函数 f 是一个 8×8 的彩色图像，将其输入到第一层，在这种情况下，得到的 3 个特征图由红、绿、蓝组成)。假设总共有 6 个维度为 $3\times3\times3$ 的滤波器(最后一个维度必须是 3，以匹配输出函数 f 的深度)，在高度和宽度都为 1 的前提下，进行零填充，对当前层来说，得到的结果是 $8\times8\times6$的激活函数 g。

在上一个示例中，激活函数 g 与输出函数 f 具有相同的高度 n 和宽度 m。实际上，从一层到另一层的维度减小(即 n 和 m 的减小)可以通过两种不同的方式完成。首先，可以通过跨步来实现降维，即跳过式(6.80)中的某些索引(i,j)。例如，令所有方向上的步幅都为 2，意味着只计算卷积上的点，从而导致激活函数 g 的维度减小 2。在前面的示例中，这将导致 g 激活容积是一个 $4\times4\times6$ 的空间。其次，可以在两个连续的卷积层之间插入一个称为最大池化层的特殊层。最大池化层在每个特征图中构建一个最大滤波器(通常大小为 2×2，步幅为 2)，并且对具有相同深度的下一层产生一个激活量，使得高度和宽度减小。(在最初的 CNN 中，平均池化层也很常见，但现在几乎只使用最大池化层。)

图 6.9 显示了用于图像分类的 VGG16(Visual Geometry Group 16-layer)卷积神经网络架构，它是目前使用深度卷积神经网络的经典示例。VGG16 卷积神经网络通过在所有层中使用高度和宽度为 3×3(或更小)的滤波器来形成特征。其思想是，通过使用最大池化层和大量的卷积层，使得在前期层中具有局部性的小滤波器变成在后期层中非局部特征。在所有的非池化层中都使用了 ReLU 非线性变换。我们可以在图 6.9 中看到，有 16 个非池化隐藏层(加上输出层)，因此命名为 VGG16，同时还有 5 个最大池化层。可以注意到从输入层到输出层，空间的高度和宽度逐渐减小，而深度(即特征图或过滤器的数量)增加。在 softmax 函数前面的最后三层不是卷积层，而是全连接层，即隐藏神经元的普通层。

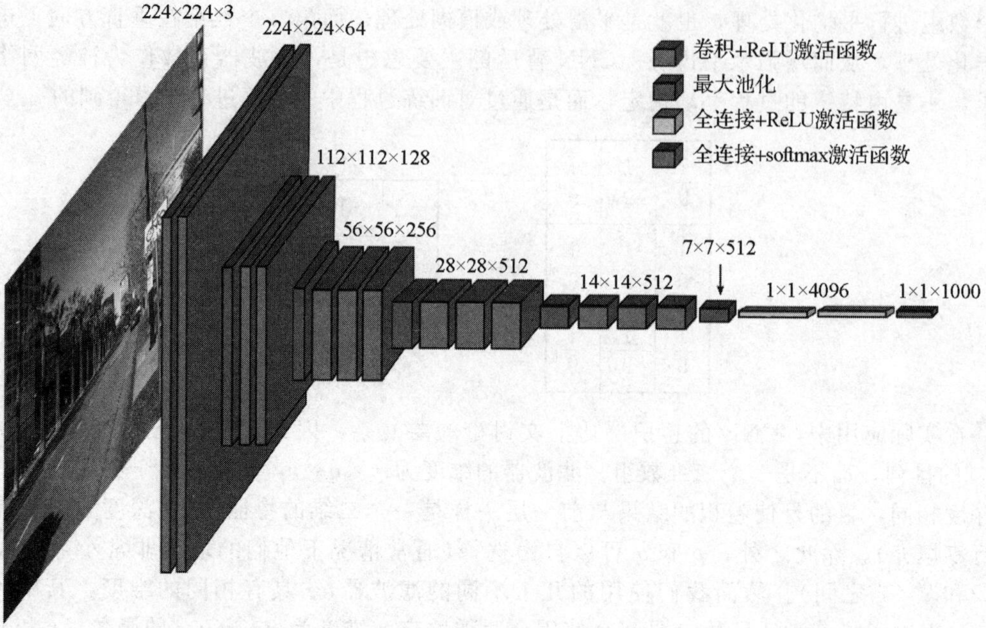

图 6.9　VGG16 网络架构改编自 Hassan[2018]

VGG16 卷积神经网络最初是在 ImageNet Large-Scale Visual Recognition Challenge (ILSVRC)比赛中出现的网络结构，将超大型数据库中的图像分成 1000 个类别。为了处理多个类别，VGG16 卷积神经网络使用具有 1000 个神经元的输出层(与前一节中用于二元分类的单神经元输出层相比)，它使用 softmax 函数作为非线性函数。softmax 是一个多元非线性函数 $S: R^c \to R^c$，其中 c 是类的数目(因此，它不同于前一节中的单变量非线性函数)。softmax 函数中每个分量S_i 为

$$S_i(\boldsymbol{z}) = \frac{e^{z_i}}{\sum_{j=1}^{c} e^{z_j}} \tag{6.82}$$

其中 $i=1,\cdots,c$，而 $\boldsymbol{z}=(z_1,\cdots,z_c)$是输出层的激活函数($\boldsymbol{z}$ 是前一节中的判别式 ζ 的推广)。我们可以看到 softmax 函数将所有激活函数的范围“压缩”到区间[0,1]，并使它们加起来等于 1。因此，输出结果可以理解为离散概率向量，可以通过训练来知道每个类的可能性。

VGG16 网络中的权重总数为 1.38 亿个，这是一个惊人的数字，其中权重总数近 90% 位于最后三个全连接层中(请参阅练习 6.5)。如此庞大的网络需要非常大量的数据，并且很难训练。根据作者的说法，最初在 2014 年最新的高性能计算机上花了 2～3 个星期的时间在 ImageNet 数据库上进行训练，该数据库由大约 1400 万幅图像(截至 2010 年)和 1000 个类别组成。正则化技术(称为*丢弃*)中的一部分神经元(通常为 50%)在每次反向传播迭代期间都会被忽略，而*权重衰减*则通过加上惩罚项，使得权重向量变小，从而限制权重向量的L^2 范数(这与第 11 章中讨论的岭回归相似)，以避免过度拟合。由于这种训练难度，VGG16 和其他类似的深度网络经常与其他成像应用中的预训练权重配合使用，即所谓的迁移学习方法(请参见 Python 作业 6.12)。 ■

*6.2.3　神经网络的普遍逼近性质

在本节中，我们将回顾关于神经网络表达能力的经典方法和最新研究成果。这些结果

未考虑训练，因此它们与普遍一致性没有直接关系(有关此类结果，请参见 6.2.2 节)。本节中的所有定理都没有给出证明，有关资料请参见文献注释。

以下结果在某种程度上解释了神经网络背后的思想。令 $C(\boldsymbol{I}^d)$为在封闭超立方体 $\boldsymbol{I}^d$ 上的连续函数集合。

定理 6.1 (Kolmogorov-Arnold 定理) $f\in C(\boldsymbol{I}^d)$可以写成：

$$f(\boldsymbol{x})=\sum_{i=1}^{2d+1}F_i\Big(\sum_{j=1}^{d}G_{ij}(x_j)\Big) \tag{6.83}$$

其中$F_i:R\to R$ 和$G_{ij}:R\to R$ 是连续函数。

前面的结果保证了可以通过计算单变量函数的有限和得到多变量函数的值，即坐标系上的单变量函数的总和。例如，对于 $d=2$，由 $f(x,y)=xy$ 给出的函数 $f\in C(\boldsymbol{I}^2)$可以写为：

$$f(x,y)=\frac{1}{4}((x+y)^2-(x-y)^2) \tag{6.84}$$

但是，Kolmogorov-Arnold 定理并没有说明如何找到精确计算通用函数 f 所需的函数 F_i 和G_{ij}。此外，函数 F_i 和 G_{ij} 可能非常复杂。神经网络不进行计算精确，而是使用简单函数的组合：线性函数和单变量非线性函数。

由式(6.53)和式(6.54)可得到在隐藏层中具有 k 个神经元的神经网络判别式。该判别式可以用下式表示：

$$\zeta(\boldsymbol{x})=\sum_{i=0}^{k}c_i\sigma\Big(\sum_{j=0}^{d}a_{ij}x_j\Big) \tag{6.85}$$

其中我们使用具有常量单元输出的人工偏置单元，以便将总和中的系数 a_{i0} 和 c_0 包括在内。比较式(6.85)与式(6.83)可知 Kolmogorov-Arnold 结果的相似性。

即使没有得到精确结果，但通过 Cybenko 以下经典定理的意义来看，神经网络是一种通用近似器。

定理 6.2 (Cybenko 定理)　设 $f\in C(\boldsymbol{I}^d)$，对于任意 $\tau>0$ 的情况，在式(6.85)中存在单隐层神经网络判别式 ζ 和 sigmiod 型非线性函数 σ，使得

$$|f(\boldsymbol{x})-\zeta(\boldsymbol{x})|<\tau\text{，对于任意 }\boldsymbol{x}\in\boldsymbol{I}^d \tag{6.86}$$

表述该定理的等效方法如下。如果给定点 $x\in X$，度量空间 X 的子集 A 是密集的，则存在任意逼近它的点 a，且 $a\in A$，即给定任意 $x\in X$ 且 $\tau>0$，在 X 的度量中的球$B(x,\tau)$至少包含 A 的一个点。因此，对于任意的 $x\in X$，可以将其作为 A 中序列$\{a_n\}$的极限。经典示例是在数轴上处处稠密的有理数集。如果 $Z_k(\sigma)$表示在单隐藏层中具有 k 个神经元的神经网络判别式的集合，则定理 6.2 指出 $Z(\sigma)=\bigcup_{k=1}^{\infty}Z_k(\sigma)$在度量空间 $C(\boldsymbol{I}^d)$中是密集的，度量 $\rho(f,g)=\sup\limits_{x\in R^d}|f(\boldsymbol{x})-\mathrm{g}(\boldsymbol{x})|$成立的前提是 σ 为连续的 sigmoid 函数。$\boldsymbol{I}^d$ 上的任何连续函数都是神经网络判别式序列的极限，因此可以通过此类判别式很好地进行近似。我们发现可以将 I^d 替换为R^d 中的任何有界域 D，从而达到修改结果的目的。

由于可以从判别式中定义分类器，因此判别式的稠密性可以转化为神经网络对最佳分类器的普遍近似。以下结果表明了这一点，它是定理 6.2 的推论。

定理 6.3　如果 c_k 是单隐层神经网络的类，其中该网络中有 k 个隐节点和 sigmoid 非线性函数 σ，则对于$(\boldsymbol{X},Y)$的任何分布

$$\lim_{k\to\inf}\inf_{\psi\in\mathcal{C}_k}\varepsilon[\psi]=\varepsilon^* \tag{6.87}$$

因为 ReLU 非线性函数不是 sigmoid 型的，所以不包含在定理 6.2 中。从实际上来讲，它不受边界的限制。在给出 ReLU 的普遍逼近结果之前，我们看出定理 6.2 的前提是必须允许隐藏层中神经元 k 的数量(即神经网络的宽度)可以无限制地增加。其中，仅对神经网络的深度产生限制是这两种层(隐藏层和输出层)。因此，这些定理适用于深度约束网络。

Lu 等人的最新研究成果适用于宽度约束网络，其中每层的最大神经元数量是固定的，层的数量可以自由增加。令 $\xi: R^d \to R$ 是宽度约束网络的判别式(这里我们不做明确表述)。

定理 6.4　令 f 为 R^n 上的可积函数。给定任意的 $\tau>0$，存在具有 ReLU 非线性和宽度小于等于 $d+4$ 的神经网络判别式 ξ，使得

$$\int_{R^n} |f(\boldsymbol{x}) - \xi(\boldsymbol{x})| \, \mathrm{d}\boldsymbol{x} < \tau \tag{6.88}$$

这里的重点是，要获得具有宽度约束神经网络的普遍逼近能力，需要任意数量的层。这被称为深度神经网络。前面的介绍是首选具有小深度(可能只有一个隐藏层)的网络，这里采用的实践范式有了根本转变。

有趣的是，对于任意精度的逼近，深度网络也必须足够(但不是任意)深，正如相同作者的下一个结论所示。

定理 6.5　给定在任何方向上都不是常量的 $f \in C(\boldsymbol{I}^n)$，存在 $\tau^* > 0$，使得

$$\int_{R^n} |f(\boldsymbol{x}) - \xi(\boldsymbol{x})| \, \mathrm{d}\boldsymbol{x} \geqslant \tau^* \tag{6.89}$$

这适用于所有具有 ReLU 非线性和宽度小于等于 $d-1$ 的神经网络判别式 ξ。

6.2.4　普遍一致性定理

6.2.2 节中的结果不考虑数据的影响，它们没有直接衡量神经网络分类的一致性问题。在本节中，我们陈述了无证明的神经网络分类规则的两个强普遍一致性(请参见文献注释)。第一个是基于经验分类误差式(6.57)的最小化，而第二个是基于平均绝对误差式(6.58)的最小化。它们说明了深度为 2 的神经网络的表现能力，与定理 6.2 和定理 6.3(不考虑训练)一致。但考虑到在实践中最小化这些结果的困难程度，这些结果大多只具有理论意义。

第一个结果适用于阈值 sigmoid 和经验误差最小化情况。

定理 6.6　令 Ψ_n 为分类规则，该分类规则使用经验误差的最小值来设计具有 k 个隐藏节点和阈值 sigmoid 型的神经网络。如果在 $k \to \infty$，$n \to 0$ 的前提下，$k \ln n / n \to 0$，则证明 Ψ_n 具有普遍一致性。

对于此类结果，就隐藏层中的神经元 k 的数量而言，定理 6.6 通常要求分类规则的复杂性随着样本大小 n 的增长而缓慢增长。

下一个结果适用于任意 sigmoid 型和绝对误差最小化问题，但必须对输出权重的大小来进行正则化约束。

定理 6.7　令 Ψ_n 为分类规则，该规则使用绝对误差的最小值来设计具有 k_n 个隐藏节点和任意 sigmoid 型的神经网络，其约束是输出权重满足

$$\sum_{i=0}^{k_n} |c_i| \leqslant \beta_n \tag{6.90}$$

如果随着 $n \to \infty$，使得 $k_n \to \infty$，$\beta_n \to \infty$ 和 $\dfrac{k_n \beta_n^2 \ln (k_n \beta_n)}{n} \to 0$，则证明 Ψ_n 具有普遍一致性。

请注意，此结果要求复杂性随着样本大小的增加而缓慢增长，包括隐藏层中的神经元数量 k 和输出权重的约束。

6.3　决策树

决策树分类规则的主要思想是递归地分割空间，就像“20 个问答”的游戏一样。这意味着决策树可以像处理数字特征那样处理分类特征。

决策树的优势之一是它们提供非线性的、复杂的分类器，同时也具有高度的可解释性，即具有推断能力的分类器指定了简单的逻辑规则，这些规则可以被领域专家验证，并帮助生成新的假设。

树状分类器由发生数据分裂的节点层次结构组成，除了进行标签分配的终端叶子节点。所有树状分类器都有一个初始分裂节点，即所谓的根节点，每个分裂节点至少有两个分支。树状分类器的深度是根节点和任何叶子节点之间的最大分裂数。在二叉树中，所有的分裂节点正好有两个子分支。很容易看出，叶子节点对特征空间进行分区，也就是说，它们是不重叠的并且覆盖了整个空间。下面的例子说明了这些概念。

例 6.6　在这里，我们使用具有三个分裂节点和四个叶节点的二叉树来分类例 6.1 中的 XOR 数据集。树状分类器和节点图如图 6.10 所示(我们将对类使用常规标签 0 和 1)。其决策边界和区域与例 6.1 中的非线性 SVM 分类器相同。在该图中，根节点在顶部，叶节点在底部。在这种情况下，每个叶节点对应决策区域的一个不同的矩形连接部分。一般情况下，决策树的每个叶节点都可以由中间带有决策的逻辑“AND(与)”来进行表示。在本例中，最左边的叶节点对应子句“$[x_1\leqslant 0]$AND $[x_2\leqslant 0]$”。可以将不同的叶节点和逻辑“OR(或)”结合。例如，对于当前的树状分类器，我们可以知道

$$\begin{aligned}&\text{类 }0:([x_1\leqslant 0]\text{AND}[x_2>0])\text{OR}([x_1>0]\text{AND}[x_2\leqslant 0])\\&\text{类 }1:([x_1\leqslant 0]\text{AND}[x_2\leqslant 0])\text{OR}([x_1>0]\text{AND }[x_2\leqslant 0])\end{aligned}\tag{6.91}$$

如果可能的话，应进行逻辑简化以获得最简表达式。这说明了决策树分类器的可解释性能力。

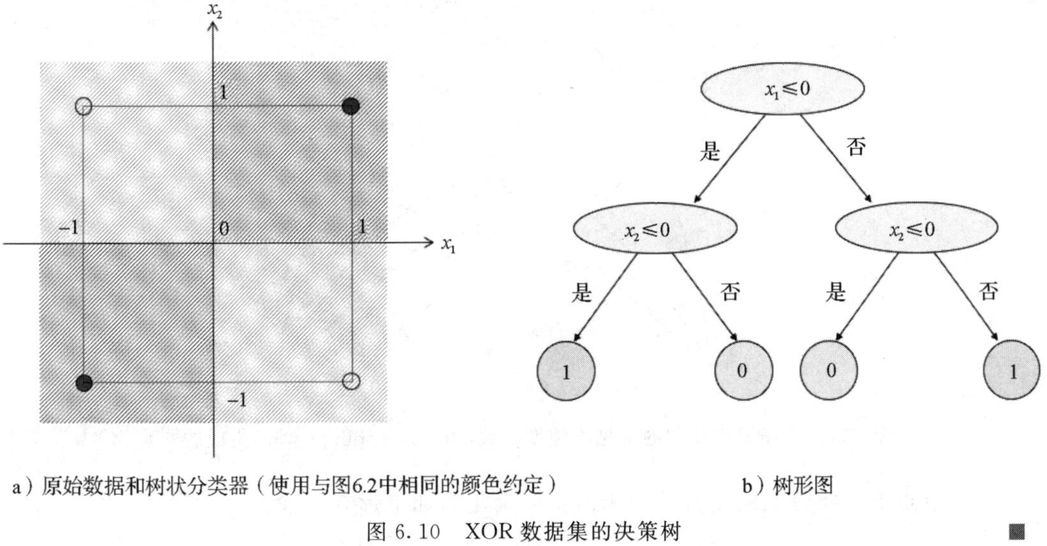

a）原始数据和树状分类器（使用与图6.2中相同的颜色约定）　　b）树形图

图 6.10　XOR 数据集的决策树　■

接下来我们研究如何通过样本数据训练树状分类器。我们考虑著名的分类和回归树(CART)规则，正如例 6.6 的情况，其中每个节点的决策为 $x^j\leqslant\alpha$，x^j 是点 $\boldsymbol{x}$ 的坐标之一。

很明显，它可将特征空间划分为矩形的区域的并集。这里我们考虑用 CART 规则来进行分类，而回归的情况将在 11.5 节中考虑。

对于每个节点，在训练中通过使用不纯度准则来确定要在 j 上分割的坐标和分割的阈值 α。给定节点 R(就 CART 而言，特征空间中存在超矩形区域)，令 $N_i(R)$为 R 中类 i 的训练点数，其中 $i=0,1$。因此，$N(R)=N_0(R)+N_1(R)$是 R 中节点的总数。R 的不纯度定义为

$$\kappa(R) = \xi(p,1-p) \tag{6.92}$$

其中 $p=N_1(R)/N(R)$和 $1-p=N_0(R)/N(R)$。不纯度函数 $\xi(p,1-p)$是非负的且满足以下条件：

(1)对于任意的 $p\in[0,1]$，$\xi(0.5,0.5)\geqslant\xi(p,1-p)$(使得当 $p=1-p=0.5$ 时，$\kappa(R)$最大，即 $N_1(R)=N_0(R)$，对应不纯度的最大值)。

(2)$\xi(0,1)=\xi(1,0)=0$(如果 $N_1(R)=0$ 或 $N_0(R)=0$，也就是说 R 是纯净的，则 $\kappa(R)=0$)。

(3)当 $\xi(p,1-p)$作为 p 的函数，在 $p\in[0,0.5]$时，其随着 p 的增大而增大，而在 $p\in[0.5,1]$时，其随着 p 的增大而减小(因此，随着比值 $N_1(R)/N_0(R)$越接近 1，$\kappa(R)$呈现递增趋势)。

ξ 的三个常见选择是：

(1)熵不纯度。$\xi(p,1-p)=-p\ln p-(1-p)\ln(1-p)$。

(2)基尼或方差不纯度。$\xi(p,1-p)=2p(1-p)$。

(3)误分类不纯度。$\xi(p,1-p)=\min(p,1-p)$。

有关说明，请参见图 6.11。这些函数应该看起来很熟悉，因为它们与第 2 章 F-误差中使用的某些准则是相类似的。它们分别与式(2.69)中的二元熵、式(2.68)中最近邻距离中使用的函数和式(2.67)中贝叶斯误差中使用的函数有关。

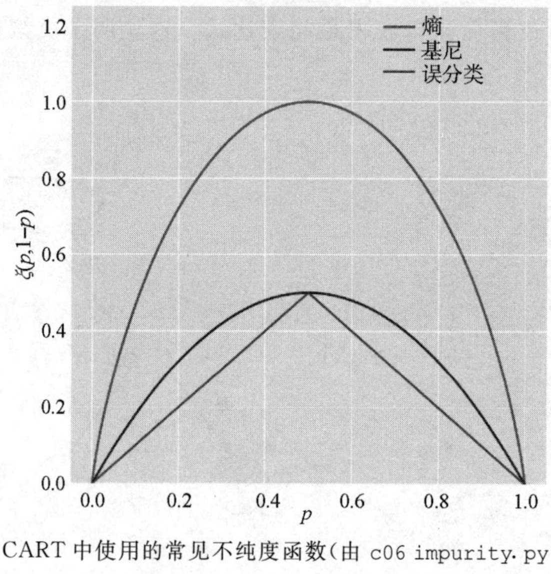

图 6.11 CART 中使用的常见不纯度函数(由 c06 impurity.py 生成的图)

对于节点 R，要分割的坐标 j 和阈值 α 可确定为如下形式。设

$$\begin{aligned} R^j_{\alpha,-} &= x^j \leqslant \alpha \text{ 分割产生的子矩形} \\ R^j_{\alpha,+} &= x^j > \alpha \text{ 分割产生的子矩形} \end{aligned} \tag{6.93}$$

不纯度的下降量定义为

$$\Delta_R(j,\alpha) = \kappa(R) - \frac{N(R^j_{\alpha,-})}{N(R)}\kappa(R^j_{\alpha,-}) - \frac{N(R^j_{\alpha,+})}{N(R)}\kappa(R^j_{\alpha,+}) \tag{6.94}$$

我们的策略是通过搜索 j 和 α 以得到最大化的不纯度下降量。由于数据点和坐标的数量有限，只有有限数量的不同候选分割点(j,α)，因此可以采用遍历搜索(例如，仅考虑沿给定坐标 j 的连续数据点之间的中间点作为候选 α)。在完全树中，当遇到一个纯节点时，分割就会停止，然后将其声明为叶节点，并将其标签赋予其中包含的点。当所有当前节点都是纯节点时，训练就会终止。

但是，一般来说，任何情况下都不应该采用完全树，因为即使在简单的问题中，这样做都肯定会产生过拟合。相反，应使用正则化技术来避免过拟合。此类技术的简单示例包括：

- 停止分裂。称一个节点为叶子，并在以下情况下分配多数标签：节点中的点数少于指定的数量、最佳不纯度的下降量低于指定的阈值，或达到了最大的树深，或叶子节点的数量达到了最大。
- 剪枝。在完全树中连续合并增加杂质最少的相邻叶子节点，直到达到指定的最大不纯度水平。

一种更复杂的停止分裂方式，排除了在任一子节点中留下少于指定数量点的候选分裂。当符合要求的候选分裂不存在时，分裂就会停止。

另一种减少决策树过拟合的正则化策略是使用集成分类方法，在 3.5.1 节中我们进行了描述。例如，在随机森林系列的分类规则中，在随机扰动的数据上训练一些完全树(例如，通过 bagging 算法)，然后通过多数投票来进行联合决策。

例 6.7　图 6.12 显示了由 CART 分类规则在图 6.4 的训练数据上使用基尼不纯度生成的分类器。采用了正则化，因此不允许在任何子节点中留下少于 s 个点的分割。图 6.12 表明随着 s 的减小，过拟合的程度却增加了。在 $s=1$ 的情况下(对应一棵完全生长的树)，表现为总体过拟合，这与先前所说的不应该使用完全树的说法是一致的。而 $s=20$ 的情况就很有趣：只有一个分割，并且决策树由单个节点(即根节点)组成。这种一分为二的决策树被称为树桩，并且效果很好(请参见文献注释)。总是可以通过将 s 设置得足够大来获得树桩(当然，也可以通过将最大深度设置为 1 或将最大叶节点数量设置为 2 来更简单地获得树桩)。正则化参数 s 的选择是一个模型选择问题(请参阅第 8 章)。

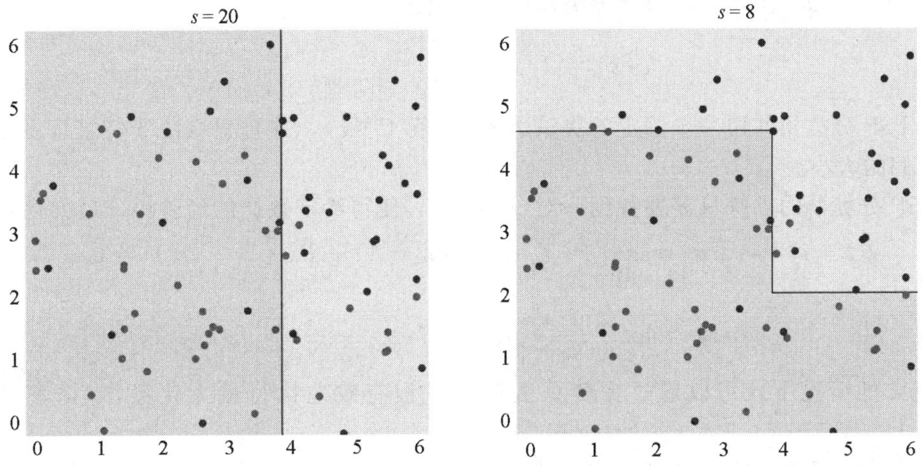

图 6.12　在图 6.4 和图 6.8 的训练数据上，由具有基尼不纯度的 CART 规则产生的分类器。在任一子节点中允许舍弃少于 s 个点的分割。在 $s=1$ 的情况下，对应的是一棵完全树(由 c06 tree.py 生成的图)

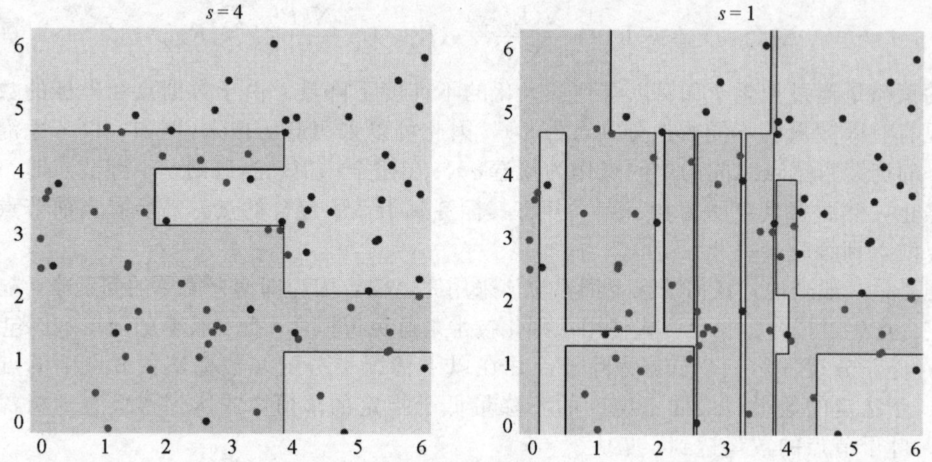

图 6.12 (续)

■

最后，我们可以惊奇地发现基于不纯度分割的 CART 并不是普遍一致的，也就是说，对于每一个不纯度标准，我们都可以找到有误的数据分布。然而，另一些普遍一致的决策树规则还是存在的。例如，如果分割只取决于$\boldsymbol{X}_1,\cdots,\boldsymbol{X}_n$，并且标签只用于叶节点的多数表决，我们就可以应用定理 5.5 来获得普遍的一致性，只要分割满足该定理的条件(i)和条件(ii)。此外，还有一些普遍一致的树规则示例，它们在拆分时使用了类别标签(请参阅文献注释)。

6.4 有序分类器

在本节中，我们简要讨论有序分类规则，这些规则仅基于特征值之间的相对顺序而不是其数值大小。从而使得这些规则能够抵抗噪声和非规范化的数据的影响。有序规则通常会产生简单的分类器，这些分类器不太容易过拟合并且很容易解释。

最高得分对(Top Scoring Pair，TSP)分类规则是最著名的有序分类器。给定两个特征标记 $1\leqslant i, j\leqslant d$，且 $i\neq j$，TSP 分类器由下式给出

$$\psi(\boldsymbol{x}) = I_{x_i<x_j} = \begin{cases}1, & x_i < x_j \\ 0, & \text{否则}\end{cases} \tag{6.95}$$

因此，TSP 分类器使用一个固定的决策边界(一条 45°线)，并且只取决于特征序关系，而不是它们的大小。

TSP 分类器的训练只需要找到一对(i^*,j^*)，使得给定数据的经验得分最大化：

$$\begin{aligned}(i^*,j^*) &= \arg\max_{1\leqslant i,j\leqslant d}\left[\hat{P}(X_i < X_j \mid Y=1) - \hat{P}(X_i < X_j \mid Y=0)\right] \\ &= \arg\max_{1\leqslant i,j\leqslant d}\left[\frac{1}{N_0}\sum_{k=1}^{n} I_{X_{ki}<X_{kj}} I_{Y_k=1} - \frac{1}{N_1}\sum_{k=1}^{n} I_{X_{ki}<X_{kj}} I_{Y_k=0}\right]\end{aligned} \tag{6.96}$$

在 d 很大的情况下，可以通过贪婪算法搜索过程有效地执行最大化操作(请参见文献注释)。

我们将 TSP 归类为函数逼近分类规则，因为它和本章前面所有的分类规则示例一样，试图通过优化经验分数来调整判别式，即简单判别式 $g(\boldsymbol{x})=x_i-x_j$。可以注意到其调整量是很小的，因为在给定所选对$(i^*,j^*)$的情况下，TSP 分类器是与样本数据无关的。

通过 k 个 TSP 分类器之间的多数表决，可以将 TSP 方法扩展到任意数量的 k 对特征。如 3.5.1 节中的集成分类规则中所述，这可以通过摄动法来完成，但是已公布的 k-TSP分类规则根据式(6.96)中的得分来获取前 k 个 TSP。有序分类规则的另一个示例是最高得分中位数(Top-Scoring Medran TSM)算法，该算法基于比较两组特征之间的中位数序关系。

6.5 文献注释

支持向量机是在 Boser et al. [1992]中提出的。我们对 SVM 的讨论大部分遵循 Webb [2002]的内容。

最初在 McCulloch and Pitts [1943]中提出的神经元模型是线性网络，其后触发非线性模型。Rosenblatt 的 Perceptron 算法出现在 Rosenblatt [1957]中，在 Duda et al. [2001]中进行了详尽的描述。在 Murphy [2012a]的 16.5.3 节中详述了神经网络的发展历史，其中反向传播算法的发明归功于 Bryson and Ho [1969]，在 Werbos[1974]和 Rumelhart et al. [1985]中被重新构建。

卷积神经网络至少可以追溯到 Fukushima[1980]提出的 Neocognitron 架构。在 1990 年发表 LeNet-5 架构以识别银行支票中的签名之后，CNN 便广为人知 LeCun et al. [1998]。最终被称为“AlexNet”的是一种创新的 CNN 架构，该架构利用了 ReLU 非线性和 Dropout，在 2012 年赢得了 ImageNet 比赛的冠军(见 Krizhevsky et al. [2012])。VGG16 架构是在 Simonyan and Zisserman [2014]中提出的，该架构介绍了 3×3 小型滤波器的超大型 CNN 的使用。ImageNet 数据库在 Deng et al. [2009]中进行了描述。关于 ImageNet 的统计数据来自 Fei-Fei et al. [2010]。在 Buduma and Locascio [2017]中发现了 CNN 和其他深度神经网络体系结构的最新紧凑型处理方法。

CART 在 Breiman et al. [1984]中被引入。Devroye et al. [1996]的 20.9 节给出了一个反例，表明 CART 不是普遍一致的。另一方面，Devroye et al. [1996]中的定理 21.2 给出了在分割中使用标签的决策树规则必须满足的条件，以达到强一致性。同一作者还继续展示了一些具体的情况，即这种规则是普遍强一致性的。在 Breiman[2001]中探讨了 bagging 在 CART 中的应用。在生物信息学的各个领域，人们对随机森林的应用有相当大的兴趣，例如参见 Alvarez et al. [2005]、Izmirlian [2004]、Knights et al. [2011]。

TSP 分类规则是在 Geman et al. [2004]中引入的，而它的 k-TSP 扩展出现在 Tan et al. [2005]中。TSM 分类规则是在 Afsari et al. [2014]中引入的。后面的参考文献定义了上下文排序(Rank-In-Context，RIC)分类规则，其中包括所有前面的示例作为特殊情况。该参考文献还讨论了寻找得分最高对的贪婪搜索过程。

定理 6.1 出现在 Lorentz[1976]中，也可参见 Devroye et al. [1996]。Girosi and Poggio [1989]引用俄罗斯文献 Vitushkin[1954]中的结果，认为定理 6.1 在实践中没有用，因为涉及的函数具有高度的不规则性。定理 6.2 是 Cybenko[1989]的定理 2。Devroye et al. [1996]的定理 30.4 证明了该定理中假设的 sigmoid 的连续性是不必要的。另见 Hornik et al. [1989]和 Funahashi [1989]。定理 6.3 是 Devroye et al. [1996]的推论 30.1。定理 6.4 和定理 6.5 来自 Lu et al. [2017]。关于非线性最小二乘算法的描述，包括 Gauss-Newton 和 Levenberg-Marquardt 算法，参见 Nocedal and Wright [2006]的第 9 章。定理

6.6 是来自 Faragó 和 Lugosi，而定理 6.7 是来自 Lugosi 和 Zeger，它们是 Devroye et al. [1996]中的定理 30.7 和定理 30.9。

6.6 练习

6.1　考虑一个线性判别式 $g(\boldsymbol{x})=\boldsymbol{a}^{\mathrm{T}}\boldsymbol{x}+\boldsymbol{b}$。

(a)用拉格朗日乘法证明点 $\boldsymbol{x}_0$ 到超平面 $g(\boldsymbol{x})=0$ 的距离由 $|g(\boldsymbol{x}_0)|/\|\boldsymbol{a}\|$ 给出。

提示：设置一个带有平等约束的最小化问题。(理论上与不等式约束的情况类似，只是拉格朗日乘法器没有约束，也不存在互补松弛条件。)

(b)用(a)项中的结果证明线性 SVM 中的边距等于 $\mathbf{1}/\|\boldsymbol{a}\|$。

6.2　证明多项式核 $K(\boldsymbol{x},\boldsymbol{y})=(\mathbf{1}+\boldsymbol{x}^{\mathrm{T}}\boldsymbol{y})^p$ 满足 Mercer 条件。

6.3　证明在第一个隐藏层中具有 k 个阈值 sigmoids 的神经网络产生的决策区域，无论在后续层中使用什么非线性，都等于 k 个半空间的交集，即决策边界是分段线性的。

提示：第一个隐藏层中的所有神经元都是感知器，该层的输出是一个二进制向量。

6.4　由两个隐含层(神经元个数分别 l 和 m)构成的神经网络实现的判别式：

$$\zeta(\boldsymbol{x}) = c_0 + \sum_{i=1}^{l} c_i\,\xi_i(x) \tag{6.97}$$

其中$\xi_i(\boldsymbol{x})=\sigma(\phi_i(x))$，对于 $i=1,\cdots,l$

$$\phi_i(\boldsymbol{x}) = b_{i0} + \sum_{j=1}^{m} b_{ij}\,v_j(x),\quad i=1,\cdots,l \tag{6.98}$$

其中$v_j(x)=\sigma(\chi_j(x))$，对于 $j=1,\cdots,m$

$$\chi_j(\boldsymbol{x}) = a_{j0} + \sum_{k=1}^{d} a_{jk}x_k,\quad j=1,\cdots,m \tag{6.99}$$

(a)确定在反向传播算法中的系数 c_i，b_{ij} 和 a_{jk}。

(b)找出这个问题的反向传播方程。

6.5　对于 VGG16 CNN 架构(见图 6.9)。

(a)确定每个卷积层中使用的滤波器数量。

(b)已知所有滤波器的大小都是 $3\times3\times r$，其中 r 是上一层的深度，确定整个网络中卷积权重的总数。

(c)将全连接层中使用的权重相加，得到 VGG16 使用的权重总数。

6.6　考虑下面描述的 R^2 中的简单 CART 分类器，它由三个分裂节点和四个叶节点组成。

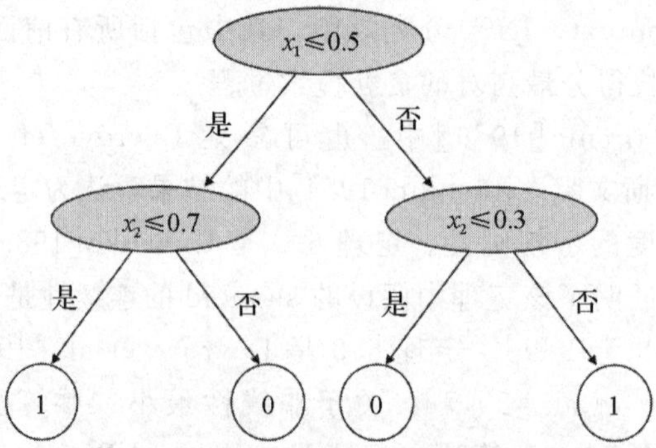

图 6.13　练习 6.6 的图

求一个双隐藏层神经网络的权重，该网络是阈值 sigmoid 型的，其中第一层隐藏层有三个神经元，第二层隐藏层有四个神经元，它们应用了相同的分类器。

提示：注意第一层隐藏层和第二层隐藏层的神经元数量与分裂节点和叶子节点数量之间的对应关系。

6.7　考虑下图中给出的训练数据集。

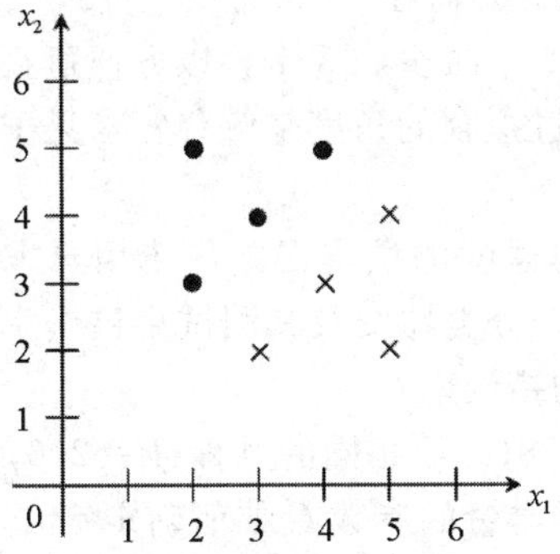

图 6.14　练习 6.7 的示意图

(a)通过检查，找到线性 SVM 超平面 $a_1x_1+a_2x_2+a_0=0$ 的系数并绘制它。边际值是多少？尽可能多地说明与每个点相关联的拉格朗日乘数的值。

(b)运用 CART 规则和误分类杂质规则，在找到一个分裂节点后停止(这就是“1R”或“树桩”规则)。如果最好的拆分结果之间存在并列关系，则选择在每个类别中出现最多次数的错误分组。将这个分类器绘制成叠加在训练数据上的决策边界，以及显示分裂节点和叶节点的二叉决策树。

(c)你如何比较(a)项和(b)项中的分类器？在这个问题上，哪一个更有可能出现较小的分类误差？

6.8　考虑下图中给出的训练数据集。

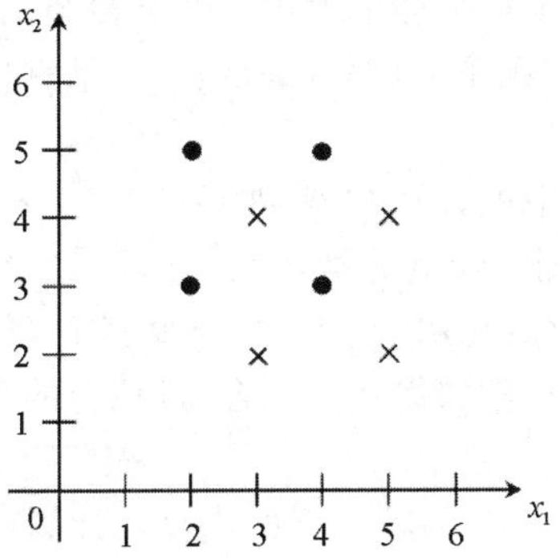

图 6.15　练习 6.8 的示意图

(a)具有两个分裂节点(根节点加另一个节点)的 CART 分类器的误差为 0.125。将这些分类器以决策边界的形式叠加在训练数据上，并以二元决策树的形式显示分裂节点和叶节点。

(b)找出(a)项中两个分类器的神经网络实现的架构和权重。

提示：见习题 6.6。

6.7 Python 作业

6.9　本作业涉及例 6.2。

(a)修改 c06_svm.py 中的代码，获得 C=0.001,0.01,0.1,1,10,100,1000 和 n=50,100,250,500 的图。绘制分类器在[−3,9]×[−3,9]范围内的图，以使整个数据可视化，并将标记数量从 12 个减少到 8 个，以方便可视化。哪种分类器最接近最优分类器？你如何从欠拟合/过拟合的角度来解释？参见 Python 作业 5.8 的(a)项的编码提示。

(b)计算(a)项中每个分类器的测试集误差，使用与 Python 作业 5.8(b)项相同的程序。生成包含(a)项中每个分类器图及其测试集错误率的表。样本量和参数 C 的哪些组合会产生前 5 个最小的错误率？

(c)使用与 Python 作业 5.8(c)项相同的过程(R=200)，为(a)项中的 SVM 分类规则计算预期错误率。每个样本量的参数 C 如何确定？

(d)使用阶数为 p=2 的多项式核重复(a)～(c)项。结果是否有显著变化？

6.10　本作业涉及例 6.4。

(a)修改 c06_nnet.py 中的代码，得到隐藏层中的神经元个数 H=2,3,5,8,10,15,30 和每类中 n=50,100,250,500 的图。绘制分类器在[−3,9]×[−3,9]范围内的图，以使整个数据可视化，并将标记数量从 12 个减少到 8 个，以方便可视化。哪种分类器最接近最优分类器？你如何从欠拟合/过拟合的角度来解释？参见 Python 作业 5.8 的(a)部分的编码提示。

(b)计算(a)项中分类器的测试集误差，使用与 Python 作业 5.8(b)项相同的程序。生成一个包含(a)项中每个分类器图的表格，其内容为其测试集错误率。求出前 5 个最小的错误率所对应的样本大小和隐藏神经元数量？

(c)使用与 Python 作业 5.8(c)项相同的程序(R=200)，计算(a)项中神经网络分类规则的预期错误率。对于每个样本大小，隐藏神经元的数量是多少？

(d)使用 ReLU 非线性规则重复(a)～(c)项。结果有什么变化？

6.11　本作业涉及例 6.7。

(a)修改 c06_tree.py 中的代码以得到 s=20,16,8,5,4,2,120,16,8,5,4,2,1 和 n=50,100,250,500 的图。绘制分类器在[−3,9]×[−3,9]范围内的分布图，使得整个数据可视化，并将标记数量从 12 个减少到 8 个，以方便可视化操作。哪种分类器最接近最优分类器？你如何从欠拟合/过拟合的角度来解释？参见 Python 作业 5.8 的(a)项的编码提示。

(b)使用与 Python 作业 5.8(b)项相同的步骤，计算(a)项中每个分类器的测试集误差。生成包含(a)项中每个分类器图及其测试集错误率的表。求前 5 个最小的错误率所对应的样本大小和参数 s?

(c)使用与 Python 作业 5.8 的(c)项相同的程序，计算(a)项中树分类规则的预期错误率，其中 R=200。其中样本参数 s 应该如何取值？

(d)如果通过将叶节点的数量限制为 l=10，6，4，2(注意 l=2 必须产生一个树桩)来重复 (a)～(c)项。你如何将其与正则化技术的方法进行比较？它在生成准确的树分类器方面是否有效？

6.12　在本作业中，我们将 VGG16 卷积神经网络和高斯径向基函数(RBF)非线性 SVM 应用到卡内基梅隆大学的超高碳钢(UHCS)数据集中(请参阅附录 A.8.6 节)。我们将采用一种转移学习方法，其中使用具有预训练权重的 VGG16 网络来生成训练 SVM 的功能。

我们将根据主要的微观结构对显微照片进行分类。正如附录 A.8.6 节所解释的，总共有七种不同的标签，对应不同热处理过程中产生的不同钢相。训练数据是球状、碳化物网络、珠光体类别中的前 100 个数据点，以及球状体＋魏氏体类别中的前 60 个数据点。其余的数据点将组成各种测试集(更多信息请参见下文)。图 6.16 显示了四个类别所对应的样本显微照片。这些样本的不同之处在于，只要它们具有正确的特征，就可以轻松地对其显微照片进行分类。在此作业中，我们使用 VGG16 的预训练卷积层来进行特征化处理。

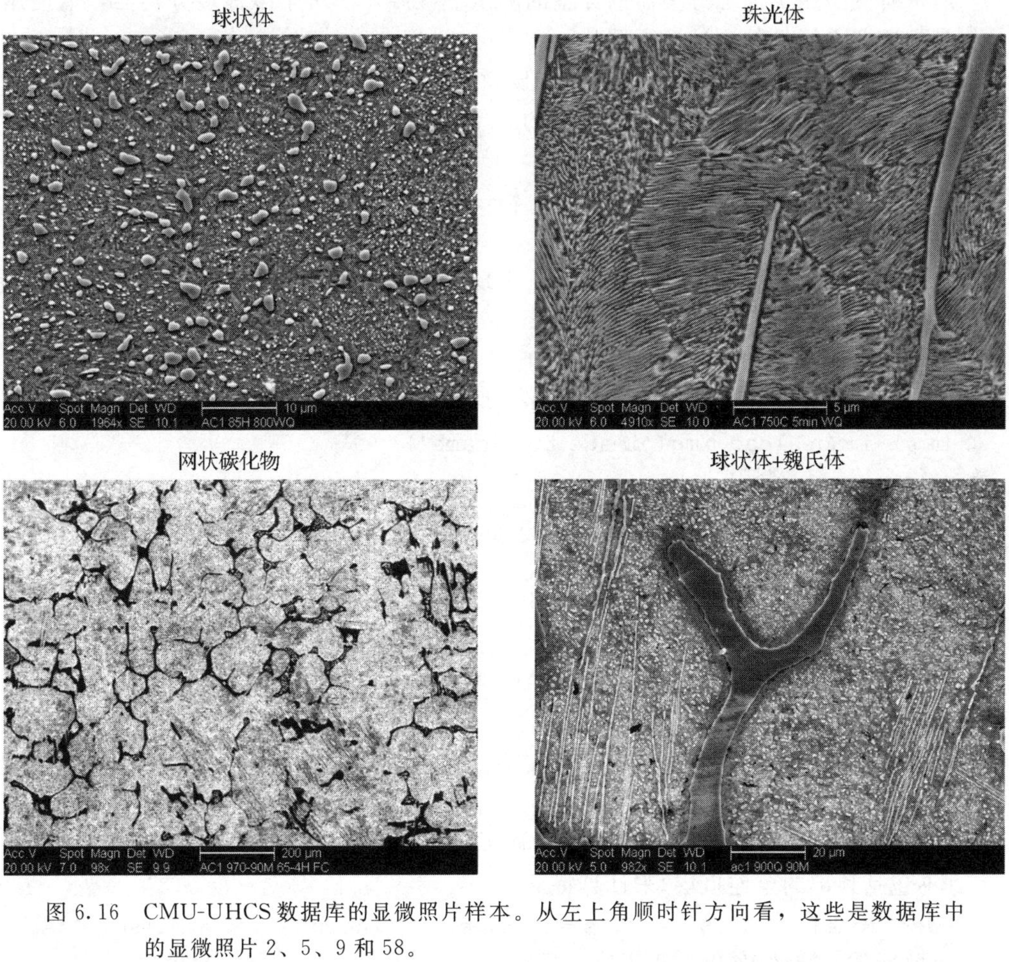

图 6.16　CMU-UHCS 数据库的显微照片样本。从左上角顺时针方向看，这些是数据库中的显微照片 2、5、9 和 58。

资料来源：CMU-UHCS 数据库，Hecht et al. [2017]；DeCost et al. [2017]。请参阅附录 A.8.6 节。经许可使用的图像

要使用的分类规则是径向基函数(RBF)非线性 SVM。我们将使用一对一方法(请参阅练习 4.2)来处理多个标签，其中每对标签进行 C_4^2(4 选 2)=6 个分类问题。给定一个新图像，分别应用六个分类器之一，然后对最常预测的标签进行投票以达成共识。

为了对图像进行特征化，我们将使用 6.2.2 节中讨论的预训练 VGG16 深度卷积神经网络（CNN）。我们将忽略全连接层，仅将特征从输入层传输到最大池化层，使用“通道”平均值作为特征向量(每个通道是对应不同过滤器输出的二维图像)。这将生成长度分别为 64、128、256、512、512 的特征向量(这些长度对应每层中的过滤器数量并且是固定的，与图像大小无关)。在每个成对分类实验中，我们将根据最佳的 10 倍交叉验证误差估计选择五个中的一个特征向量(交叉验证估计器将在第 7 章详细讨论)。

你应该记录以下内容：

(a)使用的卷积层和六个对偶双标签分类器中每个的交叉验证误差估计。

(b)对于先前描述的成对的双标签分类器和多标签一对一投票分类器，在四个类别中的每一个类别的未使用显微照片上的单独测试错误率。对于成对的分类器，仅使用带有两个用于训练分类器的标签的测试显微照片。对于多标签分类器，请使用带有相应四个标签的测试显微照片。

(c)对于混合珠光体＋球状体的测试显微照片，应用训练好的配对分类器和多标签投票分类器。将这两个分类器预测的标签并排打印出来(每张测试显微照片一行)。对你的结果进行评论。

(d)现在将多标签分类器应用于球状体＋魏氏体和马氏体显微图，并打印出预测标签。与(c)项的结果进行比较。

在上述每种情况下，解释你的结果。实现应该使用 scikit-learn 和 Keras python 库。

编码提示：

1. 第一步是读入和预处理每张显微照片并对其进行特征化。这将占用大部分计算时间。首先使用 Keras 图像实用程序读取图像：

```
img = image.load_img('image file name')
x = image.img_to_array(img)
```

接下来，裁剪图像以去除字幕：

```
x = x[0: 484,:,:]
```

添加一个人工尺寸以指定一批图像(因为 Keras 处理了一批图像)：

```
x = np.expand_dims(x,axis = 0)
```

并使用 Keras 函数预处理输入来去除图像均值并执行其他条件：

```
x = preprocess_input(x)
```

请注意，无须缩小图像尺寸，因为在特征化模式下，Keras 可以接受任何输入图像尺寸。

2. 首先通过在特征化模式下将预先训练的 ImageNet 权重指定为基本模型 VGG16(不包括顶部的全连接层)来计算特征：

```
base_model = VGG16(weights = 'imagenet',include_top = False)
```

提取所需的特征图(例如用于第一层)：

```
model = Model(inputs = base_model.input,
outputs = base_model.get_layer('block1_pool').output)
xb = model.predict(x)
```

并计算其平均值

```
F = np.mean(xb,axis = (0,1,2))
```

请注意，必须对每个显微照片重复步骤 1 和 2。

3. 下一步是使用标准 Python 代码通过标签和训练/测试状态分离生成的特征向量。您应该将特征保存到磁盘，因为它们的计算成本很高。

4. 你应该使用 scikit-learn 函数 `svm.SVC` 和 `cross_val_score` 来训练 SVM 分类器并分别计算交叉验证误差率，并记录哪个层产生的效果最佳。调用 `svm.SVC` 时，将核选项设置为“`rbf`”（对应高斯 RBF），将 C 和 gamma 参数分别设置为 1 和“`auto`”。

5. 使用 Python 编程语言获取测试集。使用在上一项中获得的每个成对分类器的相应最佳特征(层)，计算每个成对分类器和多类分类器的测试集误差。对于多类分类器，应使用 scikit-learn 的函数 `OnevsOneClassifier`，该函数具有其自己的内部平局决胜程序。

6. 此外，(c)项和(d)项的分类器和错误率也可以用类似的方法得到。

第 7 章

Fundamentals of Pattern Recognition and Machine Learning

分类误差估计

“科学的游戏原则上是没有尽头的。如果有一天，科学的理论不需要进一步的检验，而且这些理论最终得到证实，那么科学的游戏就结束了。”

——卡尔·波普尔爵士，《科学发现的逻辑》，1935 年

如果知道一个样本的特征标签分布，那么原则上可以精确地计算出分类器产生的结果与实际情况的误差。但在许多实际情况下，这是不现实的，因此有必要利用样本数据来估计分类器的分类误差。如果样本量足够大，可以将可用数据划分为训练样本和测试样本，在训练集上设计分类器，并在测试集上进行评估。在本章中，有大量测试样本点的前提下，这种方法会产生了一个非常准确的分类误差估计量。但是，如果总体样本量较小，则不可能有较大的测试样本，在这种情况下，必须在相同的数据上进行训练和测试。本章对不同的分类误差估计过程以及如何评估其性能进行了全面的阐述。

7.1 误差估计规则

良好的分类规则将产生平均错误率较小的分类器。但是，如果分类规则的错误率无法准确估计，那么该分类规则好吗？换句话说，如果错误率不能用置信度表示，那么错误率小的分类器有用吗？毫无疑问这个问题的答案是否定的。因此，在基本层面上，人们只能结合误差估计规则来谈论分类规则的优良程度。我们将重点讨论基于样本分类器的误差ε_n的估计，因为这是实践中最重要的错误率。其他误差率的估计，例如期望误差率 μ_n 或贝叶斯误差ε^*，在目前的实践中比较少见(不过，我们也对它们进行了讨论)。

形式上，给定分类规则Ψ_n 和样本数据 $S_n=\{(\boldsymbol{X}_1,Y_1),\cdots,(\boldsymbol{X}_n,Y_n)\}$、*误差估计规则*的映射$\Xi_n$：$(\Psi_n,S_n,\xi)\mapsto\hat{\varepsilon}_n$，其中 $0\leqslant\hat{\varepsilon}_n\leqslant 1$ 且 ξ 表示内部不依赖于随机样本数据的 Ξ_n 随机因子(如果有的话)。如果不存在这样的内部随机因子，误差估计规则称为*非随机化的*，否则称为*随机化的*。

如果Ψ_n、S_n 和 ξ 都是固定的，那么$\hat{\varepsilon}_n$被称为固定分类器 $\psi_n=\Psi_n(S_n)$的误差估计。如果只指定Ψ_n，则$\hat{\varepsilon}_n$称为*误差估计量*。在这里需要强调一下误差估计规则是一个通用的过程，但误差估计量与分类规则相关联，因此它们具有不同的特性，在使用不同的分类规则时，执行不同的操作规则。对于特定特征标签分布，给定分类过程的优劣涉及分类误差 ε_n 逼近最佳误差 ε^* 的程度以及误差估计量$\hat{\varepsilon}_n$逼近分类误差 ε_n 的程度。后者取决于随机变量 ε_n 和$\hat{\varepsilon}_n$之间的联合分布。

例 7.1(再代入误差估计规则) 此规则直接在训练样本上对分类器进行测试：

$$\Xi_n^r(\Psi_n,S_n)=\frac{1}{n}\sum_{i=1}^{n}|Y_i=\Psi_n(S_n)(\boldsymbol{X}_i)| \tag{7.1}$$

所得的再代入估计也被称为*表观误差*、*训练误差*或*经验误差*。它只是由Ψ_n 对S_n 本身设计的分类器在S_n 上产生的错误的分数。例如，在图 3.1 中，再代入误差估计值为 13/40＝32.5%。另一方面，第 4 章例 4.2 和例 4.3 中的所有分类器的表观误差为零。注意到式

(7.1)中 ξ 被省略了，因为这是一个非随机误差估计规则。■

例 7.2（交叉验证误差估计规则）　此规则在数据的子集上进行训练，而对剩下的数据进行测试，并对多次重复的结果求平均值。此规则的基础版本被称为 k-折交叉验证，样本集 S_n 被随机划分成等尺寸的 k 个折叠部分，即 $S_{(i)}=\{(\boldsymbol{X}_j^{(i)},Y_j^{(i)})；j=1,\cdots,n/k\}$，其中 $i=1,\cdots,k$（假设 k 能被 n 整除），每个折叠部分数据 $S_{(i)}$ 被排除在分类训练过程之外来获得余下的样本 $S_n-S_{(i)}$，分类规则 $\Psi_{n-n/k}$ 被应用于 $S_n-S_{(i)}$ 样本集上，并且由其产生的分类误差可被估计为其在 $S_{(i)}$ 上产生的错误率。这些 k 个错误率的平均值就是交叉验证的误差估计。

因此，k-折交叉验证误差估计规则可以表示为：

$$\Xi_n^{cv(k)}(\Psi_n,S_n,\xi)=\frac{1}{n}\sum_{i=1}^{k}\sum_{j=1}^{n/k}|Y_j^{(i)}-\Psi_{n-n/k}(S_n-S_{(i)})(\boldsymbol{X}_j^{(i)})| \tag{7.2}$$

随机因子 ξ 指定了 S_n 在折叠中的随机划分，因此，k-折交叉验证通常是一种随机误差估计规则。但是，如果 $k=n$，则每个折叠部分仅包含一个样本点，并且随机性被移除，因为该点只存在一个可能的样本划分。因此，误差估计规则是非随机化的。这就是所谓的留一误差估计规则。■

7.2 误差估计性能

误差估计的性能取决于分类规则、特征标签分布以及样本量。从频率论的角度来看，误差估计的性能是由随机变量 ε_n 和 $\hat{\varepsilon}_n$ 的联合采样决定的，因为它们是随样本数据 S_n 变化的。粗略地说，我们感兴趣的是所有可能样本数据（和随机因素，如果有的话）上的“平均”性能。本节要检验误差估计器的性能标准，包括相对于真实误差、偏差、方差、均方根和一致性的偏差。

7.2.1 偏差分布

由于误差估计器的目的是逼近真实误差，因此偏差 $\hat{\varepsilon}_n-\varepsilon_n$ 的分布是准确度表征的核心，见图 7.1。相比 ε_n 和 $\hat{\varepsilon}_n$ 的联合分布，偏差分布具有单变量分布的优点，它包含在联合分布中含有较大信息量的有用子集。对于指定的特征标签分布和分类规则，在大量模拟训练数据集上偏差分布可由构造出的分类器来进行估计，首先计算估计的真实误差 $\hat{\varepsilon}_n$ 和 ε_n（如果公式可知，则可通过分析计算后者或使用大型独立测试集对其进行估计），然后将差异 $\hat{\varepsilon}_n-\varepsilon_n$ 拟合成一个平滑的有限支持密度形式。

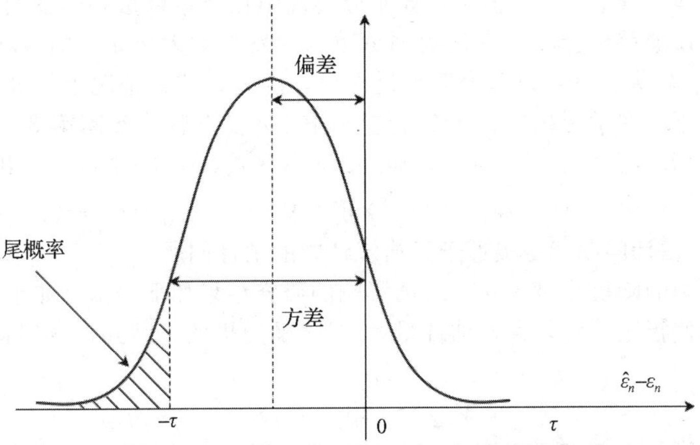

图 7.1　偏差分布和由此得出的一些性能指标

7.2.2　偏差、方差、均方根和尾概率

与偏差分布相关的某些矩和概率对误差估计的性能指标起着关键作用：

1. 偏差

$$\mathrm{Bias}(\hat{\varepsilon}_n)=E[\hat{\varepsilon}_n-\varepsilon_n]=E[\hat{\varepsilon}_n]-E[\varepsilon_n] \tag{7.3}$$

如果 $\mathrm{Bias}(\hat{\varepsilon}_n)<0$，则误差估计器 $\hat{\varepsilon}_n$ 被认为是乐观偏差的，但如果 $\mathrm{Bias}(\hat{\varepsilon}_n)>0$ 则误差估计器 $\hat{\varepsilon}_n$ 被认为是悲观偏差的，如果 $\mathrm{Bias}(\hat{\varepsilon}_n)=0$，则其是无偏的。

2. 偏差方差

$$\mathrm{Var}_{\mathrm{dev}}(\hat{\varepsilon}_n)=\mathrm{Var}(\hat{\varepsilon}_n-\varepsilon_n)=\mathrm{Var}(\hat{\varepsilon}_n)+\mathrm{Var}(\varepsilon_n)-2\mathrm{Cov}(\varepsilon_n,\hat{\varepsilon}_n) \tag{7.4}$$

3. 均方根误差

$$\mathrm{RMS}(\hat{\varepsilon}_n)=\sqrt{E[(\hat{\varepsilon}_n-\varepsilon_n)^2]}=\sqrt{\mathrm{Bias}\ (\hat{\varepsilon}_n)^2+\mathrm{Var}_{\mathrm{dev}}(\hat{\varepsilon}_n)} \tag{7.5}$$

RMS 的平方称为*均方误差*(MSE)。

4. 尾概率

$$P(|\hat{\varepsilon}_n-\varepsilon_n|\geqslant\tau)=P(\hat{\varepsilon}_n-\varepsilon_n\geqslant\tau)+P(\hat{\varepsilon}_n-\varepsilon_n\leqslant-\tau),\tau>0 \tag{7.6}$$

良好的误差估计性能要求偏差(大小)、偏差方差、RMS / MSE 和尾概率尽可能接近零。可以注意到偏差、偏差方差和 MSE 分别是偏差分布的一阶矩、二阶中心矩和偏差分布二阶矩(见图 7.1)。因此，偏差分布应具有以零为中心且尽可能窄而高的形式，也就是说，它应该接近以零为中心的质点。

RMS 通常被认为是最重要的误差估计性能指标。其他性能指标出现在 RMS 的计算公式中。当然，所有五个基本的矩(期望 $E[\varepsilon_n]$ 和 $E[\hat{\varepsilon}_n]$、方差 $\mathrm{Var}(\varepsilon_n)$ 和 $\mathrm{Var}(\hat{\varepsilon}_n)$ 以及协方差 $\mathrm{Cov}(\varepsilon_n,\hat{\varepsilon}_n)$)都出现在 RMS 中。此外，将 $X=|\hat{\varepsilon}_n-\varepsilon_n|^2$ 和 $a=\tau^2$ 应用于 Markov 不等式(A.70)得出

$$P(|\hat{\varepsilon}_n-\varepsilon_n|\geqslant\tau)=P(|\hat{\varepsilon}_n-\varepsilon_n|^2\geqslant\tau^2)\leqslant\frac{E[|\hat{\varepsilon}_n-\varepsilon_n|^2]}{\tau^2}=\left(\frac{\mathrm{RMS}(\hat{\varepsilon}_n)}{\tau}\right)^2,\quad 对于\ \tau>0 \tag{7.7}$$

因此，RMS 值较小意味着尾概率较小。

为了进一步了解偏差，在经典统计学中，仅考虑估计量的方差，在这种情况下偏差为 $\mathrm{Var}(\hat{\varepsilon}_n)$。然而，与经典统计不同，此处估计的数量 ε_n 是随机的。这就是为什么要适当考虑差异量的方差 $\mathrm{Var}(\hat{\varepsilon}_n-\varepsilon_n)$。但是，如果分类规则在样本数量和问题的复杂性方面具有优势，那么分类误差就不会随着变化的训练数据而发生太大变化，即 $\mathrm{Var}\ (\varepsilon_n)\approx 0$。实际上，如果 $\mathrm{Var}(\varepsilon_n)$ 较大，则可以认为存在过拟合，因为在这种情况下，分类规则是在学习变化的数据，而不是在学习固定的特征标签分布(更多内容请参阅第 8 章)。当 $X=\varepsilon_n-E[\varepsilon_n]$ 和 $Y=\hat{\varepsilon}_n-E[\hat{\varepsilon}_n]$ 时，从 Cauchy-Schwarz 不等式(A.68)中可以得出 $\mathrm{Cov}(\varepsilon_n,\hat{\varepsilon}_n)\leqslant\sqrt{\mathrm{Var}(\varepsilon_n)\mathrm{Var}(\hat{\varepsilon}_n)}\approx 0$，因此，通过式(7.4)可知 $\mathrm{Var}(\hat{\varepsilon}_n-\varepsilon_n)\approx\mathrm{Var}(\hat{\varepsilon}_n)$。换句话说，当 $\mathrm{Var}(\varepsilon_n)$ 变小时，估计问题就更接近于经典统计中的估计问题。

误差估计规则的随机化对 $\mathrm{Var}(\hat{\varepsilon}_n)$ 的影响的研究结果如下所示。如果误差估计规则是随机的，那么即使指定了 S_n，误差估计量 $\hat{\varepsilon}_n$ 仍然是随机的。因此，我们将 $\hat{\varepsilon}_n$ 的内部方差定义为：

$$V_{\mathrm{int}}=\mathrm{Var}\ (\hat{\varepsilon}_n|S_n) \tag{7.8}$$

内部方差仅用于度量内部随机因素引起的变异性，而全方差 $\mathrm{Var}(\hat{\varepsilon}_n)$ 可用于度量样本 S_n

和内部随机因素 ξ 共同引起的变异性。在条件方差公式(A.84)中，设 $X=\hat{\varepsilon}_n$ 并且 $Y=S_n$，我们可以得到：

$$\operatorname{Var}(\hat{\varepsilon}_n)=E[V_{\text{int}}]+\operatorname{Var}(E[\hat{\varepsilon}_n|S_n]) \tag{7.9}$$

这个方差的分解式可以解释上面提到的问题。分解式的右边第一项包含了内部方差对总方差的贡献。对于非随机化的 $\hat{\varepsilon}_n$，$V_{\text{int}}=0$，对于随机的 $\hat{\varepsilon}_n$，$E[V_{\text{int}}]>0$。随机误差估计规则(例如交叉验证)试图通过平均和密集计算来减小内部方差。

*7.2.3　一致性

随着样本量的增加，分类误差的渐近性能也需要被考虑。尤其是当 $n\to\infty$ 时，依概率 $\hat{\varepsilon}_n\to\varepsilon_n$，则误差估计量是一致的；而如果以概率 1 收敛，则误差估计量是强一致的。结果表明一致性与偏差分布的尾概率有关：根据概率收敛的定义，$\hat{\varepsilon}_n$ 是一致的当且仅当对于所有的 $\tau>0$，存在

$$\lim_{n\to\infty}P(|\hat{\varepsilon}_n-\varepsilon_n|\geqslant\tau)=0 \tag{7.10}$$

另外，利用定理 A.8 我们还得到，如果满足下列更强的条件，则 $\hat{\varepsilon}_n$ 是强一致的：

$$\sum_{n=1}^{\infty}P(|\hat{\varepsilon}_n-\varepsilon_n|\geqslant\tau)<\infty \tag{7.11}$$

对于所有 $\tau>0$，即为了使其和收敛让尾概率消失得足够快。如果一个估计量是一致的，而与原本的特征标签的分布无关，我们可以说它是普遍一致的。

在第 8 章中可以看到，如果分类规则具有有限的 VC 维，则无论特征标签分布如何，再代入估计量的尾概率都将满足

$$P(|\hat{\varepsilon}_n^r-\varepsilon_n|>\tau)\leqslant 8(n+1)^{V_C}\mathrm{e}^{-n\tau^2/32} \tag{7.12}$$

对于所有 $\tau>0$，其中 V_C 是 VC 维。由于对于所有 $\tau>0$，$\sum_{n=1}^{\infty}(|\hat{\varepsilon}_n^r-\varepsilon_n|\geqslant\tau)P<\infty$，如果 $V_C<\infty$，则再代入估计量通常是一致的。有限的 VC 维在某种意义上可确保分类规则获得良好的性能，当样本大小达到无穷时，生成的分类器达到“稳定”状态，从而使得经验误差收敛到真实误差，样本均值以类似的方式收敛到真实均值。例如，线性分类规则(如 LDA、线性支持向量机和感知器)可以生成简单的超平面决策边界并且拥有有限的 VC 维数，但由最近邻分类规则生成的决策边界太复杂以至于不能使用。随便提一下，第 8 章还将证明当 $n\to\infty$ 时，$|E[\hat{\varepsilon}_n^r-\varepsilon_n]|$ 的计算复杂度是 $O(\sqrt{\ln(n)/n})$，[⊖] 且其不受特征标-签分布的影响，因此假如 VC 维是有限的，那么再代入误差估计量不仅是普遍一致的，而且是普遍渐近无偏的。

如果给定的分类规则是一致的，并且误差估计量是一致的，那么 $\varepsilon_n\to\varepsilon^*$ 和 $\hat{\varepsilon}_n\to\varepsilon_n$ 暗示着 $\hat{\varepsilon}_n\to\varepsilon^*$。因此，如果存在大样本集 S_n，则 $\hat{\varepsilon}_n$ 是贝叶斯误差的良好估计。当然，问题是需要多大的样本量。而 $\hat{\varepsilon}_n$ 向 ε_n 的收敛速度是与分布无关的，但受到一些分类规则和一些误差估计器的约束(稍后会详细介绍)，总会存在 ε_n 缓慢地收敛到 ε^* 的分布，如“没有免费午餐”定理 3.3 所示。除非拥有有关分布的其他信息，否则对于给定的 n 不能保证 $\hat{\varepsilon}_n$ 接近 ε^*。

对于分类问题需要警惕的是，在小样本情况下(即当训练样本的数量对于问题的维数

⊖ 当 $n\to\infty$ 时，记号 $f(n)=O(g(n))$ 表示比值 $\left|f(n)/g(n)\right|$ 是有界的。特别地，$g(n)\to 0$ 暗示着 $f(n)\to 0$ 且其与 $g(n)$ 到零的速度是一样快的。

或复杂性来说很少时)，一致性在选择误差估计器时将起不到重要作用，关键问题是测量准确度，例如可通过 RMS 对其进行测量。

7.3 测试集误差估计

我们通过考虑最合适的一种测试集误差估计，来研究特定的误差估计规则。此误差估计规则假定随机样本集$S_m=\{(\boldsymbol{X}_i^t,Y_i^t);\ i=1,\cdots,m\}$是可用的，称其为*测试数据*，它与训练数据集$S_n$是独立同分布的，且不用于构建分类器。在训练数据上应用分类规则，并将得出的分类器的误差估计作为对测试数据造成的误差率。因此这种测试集或保持误差估计规则的误差估计规则可表示为：

$$\Xi_{n,m}(\Psi_n,S_n,S_m)=\frac{1}{m}\sum_{i=1}^{m}|Y_i^t-\Psi_n(S_n)(\boldsymbol{X}_i^t)| \tag{7.13}$$

这是一个随机误差估计规则，测试数据本身作为内部随机变量因子，$\xi=S_m$。

对于任何给定的分类规则Ψ_n，测试集误差估计量$\hat{\varepsilon}_{n,m}=\Xi_{n,m}(\Psi_n,S_n,S_m)$有几个很好的特点。首先，测试集误差估计量很明显是无偏的，即

$$E[\hat{\varepsilon}_{n,m}\,|\,S_n]=\varepsilon_n \tag{7.14}$$

其中$m=1,2,\cdots$。从这个和大数定律(见定理 A.12)可以得出，给定训练数据S_n，在不考虑特征-标签分布的情况下，当$m\to\infty$时，以概率 1，$\hat{\varepsilon}_{n,m}\to\varepsilon_n$。此外，由式(7.14)可知$E[\hat{\varepsilon}_{n,m}]=E[\varepsilon_n]$。因此，通过 7.2.2 节可知测试集误差估计器也是无偏的：

$$\mathrm{Bias}(\hat{\varepsilon}_{n,m})=E[\hat{\varepsilon}_{n,m}]-E[\varepsilon_n]=0 \tag{7.15}$$

现在，我们可以看出随着测试样本数量趋于无穷大，该随机估计量的内部方差消失。使用式(7.14)可以得到

$$V_{\mathrm{int}}=E[(\hat{\varepsilon}_{n,m}-E[\hat{\varepsilon}_{n,m}\,|\,S_n])^2\,|\,S_n]=E[(\hat{\varepsilon}_{n,m}-\varepsilon_n)^2\,|\,S_n] \tag{7.16}$$

此外，在给定S_n的情况下，$m\,\hat{\varepsilon}_{n,m}$是带有参数$(m,\varepsilon_n)$的二项式分布：

$$P(m\,\hat{\varepsilon}_{n,m}=k\,|\,S_n)=\binom{m}{k}\varepsilon_n^k\,(1-\varepsilon_n)^{m-k} \tag{7.17}$$

其中$k=0,\cdots,m$。从二项式随机变量的方差公式可以得出：

$$\begin{aligned}V_{\mathrm{int}}&=E[(\hat{\varepsilon}_{n,m}-\varepsilon_n)^2\,|\,S_n]=\frac{1}{m^2}E[(m\,\hat{\varepsilon}_{n,m}-m\,\varepsilon_n)^2\,|\,S_n]\\&=\frac{1}{m^2}\mathrm{Var}(m\,\hat{\varepsilon}_{n,m}\,|\,S_n)=\frac{1}{m^2}m(\varepsilon_n 1-\varepsilon_n)=\frac{\varepsilon_n(1-\varepsilon_n)}{m}\end{aligned} \tag{7.18}$$

因此，此估算器的内部方差界为：

$$V_{\mathrm{int}}\leqslant\frac{1}{4m} \tag{7.19}$$

因此，当$m\to\infty$时，$V_{\mathrm{int}}\to 0$。此外，通过使用式(7.9)，我们得出保持估计量的全部方差就是：

$$\mathrm{Var}\ (\hat{\varepsilon}_{n,m})=E[V_{\mathrm{int}}]+\mathrm{Var}(\varepsilon_n) \tag{7.20}$$

如果m越大，使得V_{int}越小(对于足够大的m，式(7.19)可以保证其成立)，保持估计量的方差近似地等于真实误差本身的方差，而n越大，则保持估计量的方差通常越小。

根据式(7.16)和式(7.19)可以得出

$$\mathrm{MSE}\ (\hat{\varepsilon}_{n,m})=E[(\hat{\varepsilon}_{n,m}-\varepsilon_n)^2]=E[E[(\hat{\varepsilon}_{n,m}-\varepsilon_n)^2\,|\,S_n]]=E[V_{\mathrm{int}}]\leqslant\frac{1}{4m} \tag{7.21}$$

因此，我们在 RMS 上得到自由分布界：

$$\mathrm{RMS}(\hat{\varepsilon}_{n,m}) \leqslant \frac{1}{2\sqrt{m}} \tag{7.22}$$

在 $m=400$ 个测试点的情况下，无论分类规则和特征标签分布如何，RMS 均保证不大于 2.5%，这对于大多数应用而言足够准确。

尽管保持估计器具有许多良好的特性，但它仍存在着相当大的缺点。在实践中，总共有 n 个标记的样本点，必须将它们划分为训练集和测试集 S_{n-m} 和 S_m。对于较大的 n，$E[\varepsilon_{n-m}]\approx E[\varepsilon_n]$，因此 $n-m$ 仍然足够大以训练准确的分类器，而 m 仍然足够大以获得良好的(小方差)测试集估计器 $\hat{\varepsilon}_{n,m}$。但是，在科学应用中数据通常是很少的，并且 $E[\varepsilon_{n-m}]$ 相对于 $E[\varepsilon_n]$ 可能太大(即性能损失可能太大，请参见图 7.2)，m 可能太小(导致测试集误差估计器不准确)，或两者皆有之。将一部分样本留作测试意味着可用于设计分类器的数据较少，因此通常会导致分类器的性能变差，但如果预留较少的点来减少这种不良影响，则没有足够的数据可用于测试。

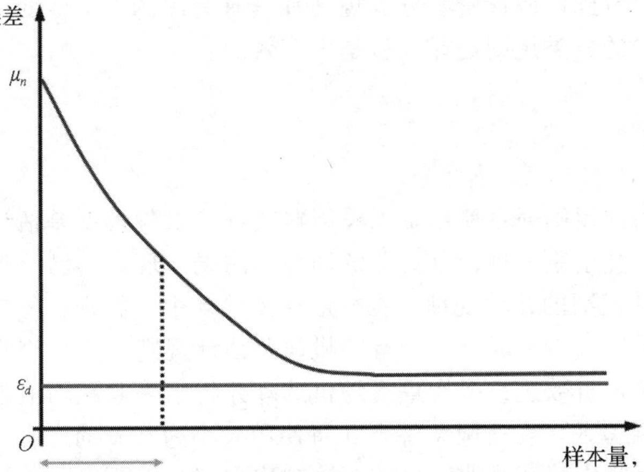

图 7.2　期望误差与训练样本量的函数关系，表明在小样本区域中随着训练样本量的减少，分类性能恶化率升高的问题

如果样本数据有限，则也会使得方差出现问题。如果测试样本的数量 m 较小，则 $\hat{\varepsilon}_{n,m}$ 的方差通常较大，在式(7.22)的 RMS 界可以反映出这种情况。

例如，要使 RMS 的界降低到 0.05，则必须使用 100 个测试点。包含少于 100 个总体样本点的数据集是非常普遍存在的。而且式(7.19)的界是紧密的，这是通过令式(7.18)中的 $\varepsilon_n=0.5$ 来实现的。

总之，在实践中将可用数据分为训练和测试数据是有问题的，因为没有足够的数据来使 n 和 m 足够大。因此，对于大多数据非常宝贵的实际问题，测试集误差估计可以被忽略。在这种情况下，必须使用相同的数据来进行训练和测试。

7.4　再代入误差估计

仅基于训练数据的最简单且最快的误差估计规则是再代入估计规则，定义见先前的例 7.1 中。给定分类规则 Ψ_n，并在 S_n 上构建分类器 $\psi_n=\Psi_n(S_n)$，则再代入误差估计量为

$$\hat{\varepsilon}_n^r = \frac{1}{n}\sum_{i=1}^{n}|Y_i - \psi_n(\boldsymbol{X}_i)| \tag{7.23}$$

另外，可将再代入误差看作是给定训练数据依照经验特征标签分布的分类误差，即概率质量函数 $p_n(\boldsymbol{X},Y)=P(\boldsymbol{X}=\boldsymbol{X}_i,Y=Y_i|S_n)=1/n$，其中 $i=1,\cdots,n$。可以证明，再代入估计量为

$$\hat{\varepsilon}_n^r = E'_{p_n}[|Y - \psi_n(\boldsymbol{X})|] \tag{7.24}$$

再代入误差估计的问题在于它通常存在乐观偏差。也就是说，在大多数情况下，$\text{Bias}(\hat{\varepsilon}_n^r)<0$。如果再代入误差估计的乐观偏差很小，则可能不会引起太大的关注。但是，对于过拟合的分类规则，尤其是在小样本情况下，其乐观偏差往往会变得大得令人无法接受。一个极端的例子是 1-最近邻分类规则，其中对于所有样本大小、分类规则和特征标签分布，存在 $\hat{\varepsilon}_n^r\equiv 0$。尽管再代入误差估计可能会有乐观的倾向，但这种倾向通常会随着样本数量的增加而消失，如下所示。另外，再代入误差估计通常是一种具有低方差的误差估计器。这通常会转化为良好的渐近 RMS 特性。

在第 8 章中可以看到，假设所有分类规则都具有有限的 *VC* 维度，则再代入误差估计作为结构风险最小化的分类规则选择过程是很有效的。

7.5　交叉验证

交叉验证误差估计规则通过使用重采样策略改进了重代入误差估计偏差，在重采样策略中，在数据的不重叠子集上进行分类器的训练和测试。现今，已存在例 7.2 中定义的基本 k-折交叉验证估计规则的几种变种。在分层交叉验证中，类别在每折中以与原始数据相同的比例表示，这可以减少差异。与所有随机误差估计规则一样，交叉验证的内部方差是值得关注的。可以通过折数进行多次重复随机选择并将结果取平均值来减少内部方差。这被称为重复 k-折交叉验证。在极限条件下，将使用大小为 n/k 的所有可能的折数，并且不存在内部方差，估计规则将变为非随机的。这被称为完全 k-折交叉验证。

k-折交叉验证误差估计器最著名的特性是其近乎无偏的特性：

$$E[\hat{\varepsilon}_n^{\text{cv}(k)}] = E[\varepsilon_{n-n/k}] \tag{7.25}$$

这是一个自由分布的特性，只要采样为独立同分布即可成立。（然而，请参见练习 7.10.）这一性质经常被错误地认为 k-折交叉验证误差估计是无偏的，但事实并非如此，因为 $E[\varepsilon_{n-n/k}]\neq E[\varepsilon_n]$。实际上，$E[\varepsilon_{n-n/k}]$通常大于 $E[\varepsilon_n]$，因为前一个误差率是基于较小的样本量，因此 k-折交叉验证错误估计器趋于悲观倾向。为了减少这种偏差，建议增加折数(这反过来会增大估计量方差)。例 7.2 中已经介绍了最大值 $k=n$ 对应留一误差估计量 $\hat{\varepsilon}_n^l$。这通常是偏差最小的交叉验证估计量，其中：

$$E[\hat{\varepsilon}_n^l] = E[\varepsilon_{n-1}] \tag{7.26}$$

关于交叉验证的主要问题不是偏差，而是估计方差。尽管如前面所提及的那样，留一法交叉验证是一个非随机误差估计规则，但留一法误差估计器仍可能表现出较大的方差。较小的内部方差(在这种情况下为零)本身不足以保证其是低方差估计量。由式(7.9)可知交叉验证误差估计量的方差还取决于 $\text{Var}(E[\hat{\varepsilon}_n^{\text{cv}(k)}|S_n])$项，它是与样本$S_n$ 的随机性对应的方差。由于过度拟合将导致样本量较小时，而方差项往往较大，在有留一法的情况下，由于数据折之间的重叠程度较大，验证的情况将变得更糟；在样本量较小的情况下，交叉验证不仅倾向于存在较大的方差，而且存在较大的偏差，甚至与真实误差呈负相关。有关示例

请参见练习 7.10。

交叉验证方差的一个核心因素在于可以试图通过对代理分类器$\psi_{n,i}=\Psi_{n-n/k}(S_n-S_{(i)})$(其中 $i=1,\cdots,k$)的误差估计来得到分类器$\psi_n=\Psi_n(S_n)$的误差估计。如果分类规则不稳定(例如过度拟合)，则从样本中删除不同的样本点集合将会产生完全不同的代理分类器。这个问题用下面的定理可以很好地量化，但没有给出证明过程。如果所设计的分类器不受训练样本点排列顺序的影响，则分类规则是对称的(这涵盖了实践中遇到的绝大多数分类规则)。

定理 7.1 对于对称分类规则Ψ_n，

$$\text{RMS}(\hat{\varepsilon}_n^l)\leqslant\sqrt{\frac{E[\varepsilon_{n-1}]}{n}+6P(\Psi_n(S_n)(X)\neq\Psi_{n-1}(S_{n-1})(\boldsymbol{X}))} \tag{7.27}$$

先前的定理将留一法的 RMS 与分类规则的稳定性相关联：概率 $P(\Psi_n(S_n)(\boldsymbol{X})\neq\Psi_{n-1}(S_{n-1})(\boldsymbol{X}))$越小，即分类规则越稳定(关于删除点)，保证留一法的 RMS 越小。对于 n 很大的情况，$P(\Psi_n(S_n)(\boldsymbol{X})\neq\Psi_{n-1}(S_{n-1})(\boldsymbol{X}))$对于大多数分类规则而言会很小；但是，当 n 较小时，情况就不同了。图 7.3 对此进行了说明，该图显示了由于原始样本遗漏的单个点而导致的不同分类结果。(在每种情况下，这些分类器与原始分类器的区别最大。)我们可以在这些图中观察到 LDA 是这三个分类中最稳定的规则，而 CART 是最不稳定的，而 3NN 显示出适中的稳定性。因此，对于 LDA，$P(\Psi_n(S_n)(\boldsymbol{X})\neq\Psi_{n-1}(S_{n-1})(\boldsymbol{X}))$最小，对于留一法有较小的 RMS，而对于 CART 最大。分类规则的不稳定性与其过度拟合的可能性是相关的。

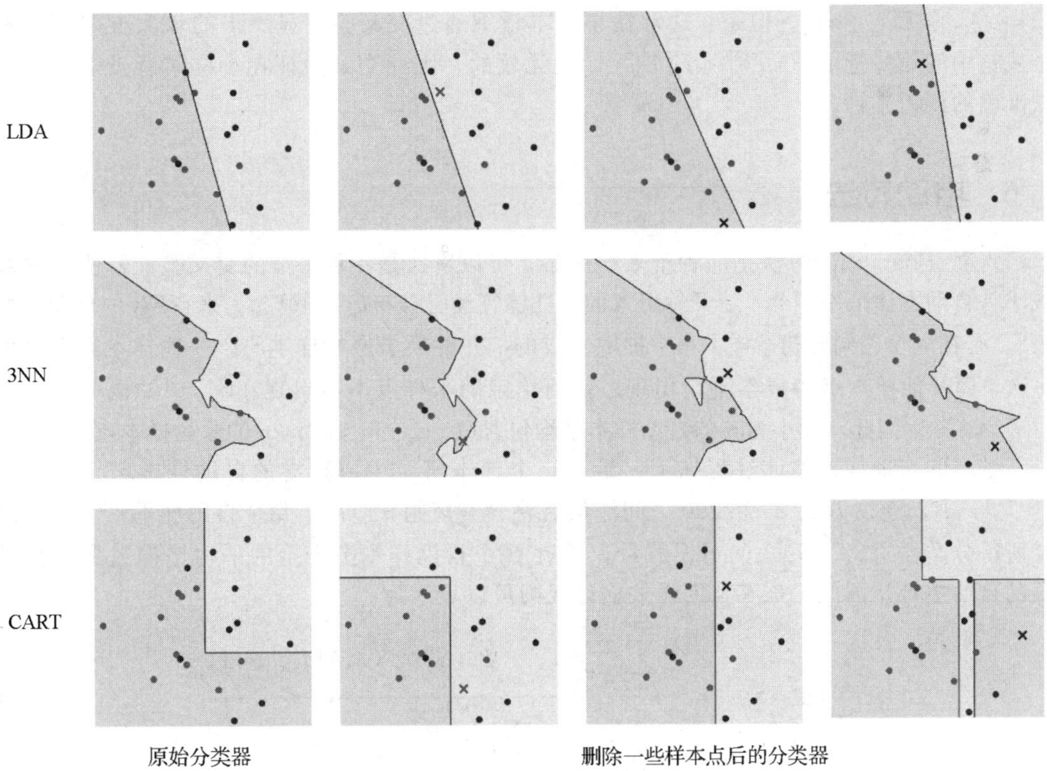

图 7.3 不同分类规则的对比说明。原始分类器和删除一些样本点后的分类器。删除的样本点用“×”表示(由 c07_delete.py 生成的图)

定理 7.1 证明已知 $P(\Psi_n(S_n)(\boldsymbol{X})\neq\Psi_{n-1}(S_{n-1})(\boldsymbol{X}))$ 的界线情况下，留一法估计量的 RMS 上生成自由分布界线非常有用。例如，对于具有随机平局决胜的 kNN 分类规则，仅当删除的点是 $\boldsymbol{X}$ 的 k 个最近点之一时，$\Psi_n(S_n)(\boldsymbol{X})\neq\Psi_{n-1}(S_{n-1})(\boldsymbol{X})$ 才可能。由于对称，这种情况发生的概率为 k/n，所有样本点都有可能位于 $\boldsymbol{X}$ 的 k 个最近邻中。结合 $E[\varepsilon_{n-1}]/n<1/n$，定理 7.1 证实：

$$\text{RMS}(\hat{\varepsilon}_n^l)\leqslant\sqrt{\frac{6k+1}{n}} \tag{7.28}$$

通过式(7.7)，RMS 的界可以产生出尾概率 $P(|\hat{\varepsilon}_n^l-\hat{\varepsilon}_n|\geqslant\tau)$ 的相应界。例如，从式(7.28)可以得出：

$$P(|\hat{\varepsilon}_n^l-\hat{\varepsilon}_n|\geqslant\tau)\leqslant\frac{6k+1}{n\tau^2} \tag{7.29}$$

显然，当 $n\to\infty$ 时，$P(|\hat{\varepsilon}_n^l-\varepsilon_n|\geqslant\tau)\to 0$，即留一法交叉验证对于 kNN 分类是普遍一致的(请参见 7.2.2 节)。

先前的界是“大样本界”。由于自由分布，因此它们是最坏的情况，并且对于较小的 n 而言往往是松散的。不承认这一点可能会导致毫无意义的结果。例如，在 $k=5$ 且 $n=31$ 的情况下，式(7.28)中的界将得出 $\text{RMS}(\hat{\varepsilon}_n^l)\leqslant 1$。为确保 RMS 小于 0.1，必须存在 $n\geqslant 1990$。

最后，我们发现由于 k-折验证依赖于大小为 $n-n/k$ 的样本设计的代理分类器的错误率的平均值，因此它更适合作为 $E[\varepsilon_{n-n/k}]$ 而不是 ε_n 的估计量。如果交叉验证和真实误差方差都较小，则这是一种合理的方法，因为此处的基本原理遵循公式链 $\hat{\varepsilon}_n^{\text{cv}(k)}\approx E[\hat{\varepsilon}_n^{\text{cv}(k)}]=E[\varepsilon_{n-n/k}]\approx E[\varepsilon_n]\approx\varepsilon_n$。但是，通常在小样本量下通过交叉验证显示出的较大方差意味着公式链中的第一近似值 $\hat{\varepsilon}_n^{\text{cv}(k)}\approx E[\hat{\varepsilon}_n^{\text{cv}(k)}]$ 是无效的，因此交叉验证在小样本背景下无法提供准确的误差估计。

7.6 自助方法

自助(Bootstrap)方法是一种重采样策略，可以看作是一种平滑的交叉验证，使得方差减小。自助方法采用了 7.4 节开始引入的特征标签经验分布 $F_{\boldsymbol{XY}}^*$ 的概念。来自 $F_{\boldsymbol{XY}}^*$ 的自助样本集 S_n^* 是在 n 个相同的初始样本集中抽取组成的，并替换了原始样本 S_n。一些样本点将出现多次，而其他样本点将根本不会出现。任何给定的采样点不会出现在 S_n^* 中的概率为 $(1-1/n)^n\approx \mathrm{e}^{-1}$。因此，大小为 n 的自助样本平均包含 $(1-\mathrm{e}^{-1})n\approx 0.632n$ 的原始样本点。

基本的自助误差估计过程如下：给定一个样本 S_n，生成独立的自助样本 $S_n^{*,j}$，其中 $j=1,\cdots,B$，建议 B 在 25 和 200 之间。然后将分类规则 n 应用于每个自助样本 $S_n^{*,j}$，并记录所得分类器对 $S_n-S_n^{*,j}$ 的错误数量。所有 B 个自助样本上产生的平均错误数是分类错误的自助估计。因此，该零自助误差估计规则可以表示为：

$$\Xi_n^{\text{boot}}(\Psi_n,S_n,\xi)=\frac{\sum_{j=1}^{B}\sum_{i=1}^{n}|Y_i-\Psi_n(S_n^{*,j})(\boldsymbol{X}_i)|I_{(\boldsymbol{X}_i,Y_i)\notin S_n^{*,j}}}{\sum_{j=1}^{B}\sum_{i=1}^{n}I_{(\boldsymbol{X}_i,Y_i)\notin S_n^{*,j}}} \tag{7.30}$$

随机因子 ξ 控制 S_n 的重采样来创建自助样本 $S_n^{*,j}$，其中 $j=1,\cdots,B$，因此，零自助是随机误差估计规则。给定分类规则 Ψ_n，零自举误差估计器 $\hat{\varepsilon}_n^{\text{boot}}=\Xi_n^{\text{boot}}(\Psi_n,S_n,\xi)$ 倾向于是 $E[\varepsilon_n]$ 的

悲观偏向估计器，因为可用于分类器设计的样本点数仅平均为 0.632n。

与交叉验证的情况一样，存在基本自助方案的几种变体。在平衡自助法中，使每个采样点在计算中精确地出现 B 次，通过减少与自助采样相关的内部方差，可以减少估计方差。也可以通过增加 B 的值来减小方差。当 B 增大到极限时，将所有自助样本用尽，并且将不存在内部方差，估计规则将变为非随机。这称为完整的零自助误差估计器，且对应自助采样机制的 $\hat{\varepsilon}_n^{\text{boot}}$ 的期望：

$$\hat{\varepsilon}_n^{\text{zero}} = E[\hat{\varepsilon}_n^{\text{boot}} \mid S_n] \tag{7.31}$$

因此，普通的零自助 $\hat{\varepsilon}_n^{\text{boot}}$ 是非随机的完整零自助 $\hat{\varepsilon}_n^{\text{zero}}$ 的随机蒙特卡洛(Monte-Carlo)近似。根据大数定律(参见 A.12 节)，随着自助样本 B 的数量无限制地增长，以概率 1，$\hat{\varepsilon}_n^{\text{boot}}$ 收敛到 $\hat{\varepsilon}_n^{\text{zero}}$。注意此时，$E[\hat{\varepsilon}_n^{\text{boot}}]=E[\hat{\varepsilon}_n^{\text{zero}}]$。零自助误差估计器的悲观偏差通常源于以下事实：$E[\hat{\varepsilon}_n^{\text{boot}}]>E[\hat{\varepsilon}_n^{\text{zero}}]$。

实现完全的零自助估计量的一种实用方法是预先生成所有不同的自助样本(如果 n 不太大，就可以这样做)，并根据每个自助样本形成一个错误率的加权平均，每个自助样本的权重就是它的概率。与交叉验证的情况一样，对于所有自助变种方法，在计算成本和估计方差之间要进行权衡。

0.632 自助误差估计器是(通常乐观的)重新代入和(通常悲观的)零自助估计器的一种凸组合：

$$\hat{\varepsilon}_n^{632} = 0.368\,\hat{\varepsilon}_n^{r} + 0.632\,\hat{\varepsilon}_n^{\text{boot}} \tag{7.32}$$

或者，可以将完整的零自举 $\hat{\varepsilon}_n^{\text{zero}}$ 替换为 $\hat{\varepsilon}_n^{\text{boot}}$。式(7.32)中的权重是启发式设置的，对于给定的特征标签分布和分类规则，它们可能远非最佳。一个由 1NN 规则提供权重的简单例子，即 $\hat{\varepsilon}_n^{r} \equiv 0$。

为了克服这些问题，已经提出了一种寻找权重的自适应方法。其基本思想是，当再代入估计存在异常乐观偏差时，调整再代入估计量的权重，这表明存在严重的过度拟合。给定样本 $S_n=\{(\boldsymbol{X}_1, Y_1), \cdots, (\boldsymbol{X}_n, Y_n)\}$，令

$$\hat{\gamma} = \frac{1}{n^2}\sum_{i=1}^{n}\sum_{j=1}^{n} I_{Y_i \neq \Psi_n(S_n)(\boldsymbol{X}_j)} \tag{7.33}$$

并定义相对的过拟合率：

$$\hat{R} = \frac{\hat{\varepsilon}_n^{\text{boot}} - \hat{\varepsilon}_n^{r}}{\hat{\gamma} - \hat{\varepsilon}_n^{r}} \tag{7.34}$$

可以确定 $\hat{R} \in [0, 1]$，如果 $\hat{R}<0$，则设置 $\hat{R}=0$；如果 $\hat{R}>1$，则设置 $\hat{R}=1$。参数 $\hat{R}$ 通过零自助与再代入估计之间的相对差异来指示过度拟合的程度，差异越大表明过度拟合的程度越高。尽管我们不对其作详细介绍，$\hat{\gamma}-\hat{\varepsilon}_n^{r}$ 可以近似地表示再代入估计产生乐观倾向的最大程度，因此通常 $\hat{\varepsilon}_n^{\text{boot}}-\hat{\varepsilon}_n^{r} \leqslant \hat{\gamma}-\hat{\varepsilon}_n^{r}$。权重

$$\hat{w} = \frac{0.632}{1-0.368\hat{R}} \tag{7.35}$$

替换式(7.32)中的 0.632 以产生 0.632+ 自助误差估计器：

$$\hat{\varepsilon}_n^{632+} = (1-\hat{w})\,\hat{\varepsilon}_n^{r} + \hat{w}\,\hat{\varepsilon}_n^{\text{boot}} \tag{7.36}$$

除了当 $\hat{R}=1$ 时，$\hat{\gamma}$ 替换式(7.36)中的 $\hat{\varepsilon}_n^{\text{boot}}$。如果 $R=0$，则不存在过度拟合，$\hat{w}=0.632$，并且 0.632+ 自助估计等于普通 0.632 自助估计。$R=1$，则存在最大过拟合，$\hat{w}=1$，0.632+ 自助估计等于 $\hat{\gamma}$，并且再代入估计不起作用，因为在这种情况下它不值得信任。当 R 在

0～1 之间变化时，0.632＋自助估计值介于这两个极端值之间。特别是，在所有情况下，我们有 $\hat{\varepsilon}_n^{632+} \geqslant \hat{\varepsilon}_n^{632}$。非负差异 $\hat{\varepsilon}_n^{632+} - \hat{\varepsilon}_n^{632}$ 对应为补偿过多的再替代偏差而引入的“校正”量。

7.7 增强误差估计

根据经验分布 $p_n(\boldsymbol{X},Y)$，再代入估计量被表示成式(7.24)中的形式，该分布仅限于原始数据样本点，对决策边界附近或远离决策边界的点不做区分。若将各点上的概率按经验分布展开，则式(7.24)中的变异减小，因为靠近决策边界的点将比远离决策边界的点有更大的可能流向另一侧的类别。另一种看待这一点的方法是，与决策边界附近的点相比，远离决策边界的点更可靠。对于 $i=1,\cdots,n$，考虑一个称为增强核的 d-变量概率密度函数 $p_i^{\diamond}$。给定样本 $S_n=\{(\boldsymbol{X}_1,Y_1),\cdots,(\boldsymbol{X}_n,Y_n)\}$，增强经验分布 $p_n^{\diamond}(\boldsymbol{X},Y)$ 的概率密度为：[⊖]

$$p_n^{\diamond}(\boldsymbol{x},y)=\frac{1}{n}\sum_{i=1}^{n}p_i^{\diamond}(\boldsymbol{x}-\boldsymbol{X}_i)I_{y=Y_i} \tag{7.37}$$

给定一个分类规则 Ψ_n，并设计的分类器 $\psi_n=\Psi_n(S_n)$，在式(7.24)中用 $p_n^{\diamond}$ 替换 p_n 来获得增强再代入误差估计量：

$$\hat{\varepsilon}_n^{\,\mathrm{br}}=E_{p_n^{\diamond}}[\,|Y-\psi_n(\boldsymbol{X})|\,] \tag{7.38}$$

下面的结果给出了增强再代入误差估计的计算表达式。

定理 7.2　令 $A_j=\{\boldsymbol{x}\in R^d\,|\,\psi_n(\boldsymbol{x})=j\}$，其中 $j=0$，1，是设计的分类器的决策区域。然后，增强再代入误差估算器可以写为：

$$\hat{\varepsilon}_n^{\,\mathrm{br}}=\frac{1}{n}\sum_{i=1}^{n}\left(\int_{A_1}p_i^{\diamond}(x-\boldsymbol{X}_i)\mathrm{d}x\boldsymbol{I}_{Y_i=0}+\int_{A_0}p_i^{\diamond}(\boldsymbol{x}-\boldsymbol{X}_i)\mathrm{d}\boldsymbol{x}\boldsymbol{I}_{Y_i=1}\right) \tag{7.39}$$

证明：从式(7.38)，

$$\begin{aligned}\hat{\varepsilon}_n^{\,\mathrm{br}}&=\int|y-\psi_n(\boldsymbol{x})|\,\mathrm{d}\,F^{\diamond}(\boldsymbol{x},y)\\&=\sum_{y=0}^{1}\int_{R^d}|y-\psi_n(\boldsymbol{x})|\,f^{\diamond}(\boldsymbol{x},y)\mathrm{d}\boldsymbol{x}\\&=\frac{1}{n}\sum_{y=0}^{1}\sum_{i=1}^{n}\int_{R^d}|y-\psi_n(\boldsymbol{x})|\,f_i^{\diamond}(\boldsymbol{x}-\boldsymbol{X}_i)I_{y=Y_i}\,\mathrm{d}\boldsymbol{x}\\&=\frac{1}{n}\sum_{i=1}^{n}\int_{R^d}\psi_n(\boldsymbol{x})\,f_i^{\diamond}(\boldsymbol{x}-\boldsymbol{X}_i)\mathrm{d}\boldsymbol{x}I_{Y_i=0}\\&\quad+\int_{R^d}(1-\psi_n(\boldsymbol{x}))\,f_i^{\diamond}(\boldsymbol{x}-\boldsymbol{X}_i)\mathrm{d}\boldsymbol{x}\boldsymbol{I}_{Y_i=1}\end{aligned} \tag{7.40}$$

但是在 A_0 上 $\psi_n(\boldsymbol{x})=0$，在 A_1 上 $\psi_n(\boldsymbol{x})=1$，由此得出式(7.39)。■

根据标签 $Y_i=0$ 或 $Y_i=1$，式(7.39)中的积分是数据点对误差的贡献。增强再代入估计等于所有误差贡献的总和除以样本点数(参见图 7.4 中的说明，其中增强核由均匀的圆形分布给出)。可以注意到这种情况允许存在部分错误，包括决策边界附近正确分类点的错误。

⊖ 这不是真实密度，因为 Y 是离散的；请参见 2.6.4 节。

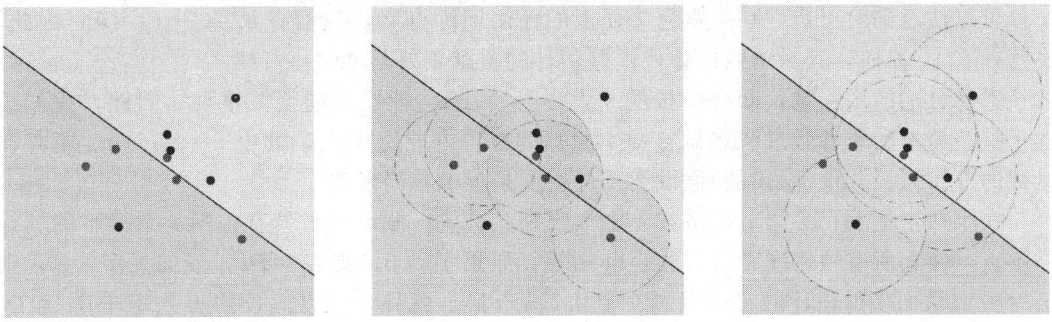

图 7.4　使用统一的圆形增强核对 LDA 进行了增强再代入估计。每个点造成的错误贡献是跨决策边界(如果有)延伸的磁盘状圆缺面积除以整个圆盘的面积。增强再代入误差是所有贡献的总和除以样本点数(c07_ bolst.py 生成的图)

通常，式(7.39)中的积分太复杂，必须进行数值计算。例如，可以应用简单的蒙特卡洛(Monte-Carlo)估计能够得到：

$$\hat{\varepsilon}_n^{\text{br}} \approx \frac{1}{nM}\sum_{i=1}^{n}\left(\sum_{j=1}^{M}\boldsymbol{I}_{X_{ij}\in A_1}\boldsymbol{I}_{Y_i=0}+\sum_{j=1}^{M}\boldsymbol{I}_{X_{ij}\in A_0}\boldsymbol{I}_{Y_i=1}\right) \tag{7.41}$$

其中$\{X_{ij}\,;\ j=1,\cdots,M\}$是从密度 $p_i^\diamond$ 得出的随机点。在这种情况下，由于 MC 采样，估计规则是随机的。

但是，在某些情况下，积分可以以封闭形式进行计算，从而使估计量为非随机的且可以被非常快计算完成。图 7.4 中的示例就是这样一个示例。下一个定理表明，可以使用零均值多元高斯密度作为增强核：

$$p_i^\diamond(\boldsymbol{x})=\frac{1}{\sqrt{(2\pi)^d\det(c_i)}}\exp\left(-\frac{1}{2}\boldsymbol{x}^{\mathrm{T}}C_i^{-1}\boldsymbol{x}\right) \tag{7.42}$$

其中核协方差矩阵 C_i 原则上可对每个训练点$\boldsymbol{X}_i$ 进行区分，并且分类规则可由线性判别式(例如 LDA、线性 SVM 和感知器)产生，也导致了闭式积分。

定理 7.3　令Ψ_n 为线性分类规则，它可被定义为

$$\Psi_n(S_n)(\boldsymbol{x})=\begin{cases}1, & \boldsymbol{a}_n^{\mathrm{T}}\boldsymbol{x}+b_n\leqslant \boldsymbol{0}\\ 0, & \text{否则}\end{cases} \tag{7.43}$$

其中 $\boldsymbol{a}_n\in R^d$ 和 $b_n\in R$ 是基于样本的系数。则高斯增强的再代入误差估算器可以被写为：

$$\hat{\varepsilon}_n^{\text{br}}=\frac{1}{n}\sum_{i=1}^{n}\left[\Phi\left(-\frac{\boldsymbol{a}_n^{\mathrm{T}}\boldsymbol{X}_i+\boldsymbol{b}_n}{\sqrt{\boldsymbol{a}_n^{\mathrm{T}}\boldsymbol{C}_i\boldsymbol{a}_n}}\right)\boldsymbol{I}_{Y_i=0}+\Phi\left(\frac{\boldsymbol{a}_n^{\mathrm{T}}\boldsymbol{X}_i+\boldsymbol{b}_n}{\sqrt{\boldsymbol{a}_n^{\mathrm{T}}\boldsymbol{C}_i\boldsymbol{a}_n}}\right)\boldsymbol{I}_{Y_i=1}\right] \tag{7.44}$$

其中 $\Phi(x)$是标准 $N(0,1)$高斯随机变量的累积分布函数。

证明：通过对式(7.39)和式(7.44)进行比较，可以看出

$$\int_{A_j}p_i^\diamond(\boldsymbol{x}-\boldsymbol{X}_i)\mathrm{d}\boldsymbol{x}=\Phi\left((-1)^j\frac{\boldsymbol{a}_n^{\mathrm{T}}\boldsymbol{X}_i+\boldsymbol{b}_n}{\sqrt{\boldsymbol{a}_n^{\mathrm{T}}\boldsymbol{C}_i\boldsymbol{a}_n}}\right),\quad j=0,1 \tag{7.45}$$

我们显示 $j=1$ 的情况，其他情况完全相似。令 $p_i^\diamond(\boldsymbol{a}-\boldsymbol{a}_i)$为随机向量 $\boldsymbol{Z}$ 的密度。我们有

$$\int_{A_1}p_i^\diamond(\boldsymbol{x}-\boldsymbol{X}_i)\mathrm{d}\boldsymbol{x}=P(\boldsymbol{Z}\in A_1)=P(\boldsymbol{a}_n^{\mathrm{T}}\boldsymbol{Z}+\boldsymbol{b}_n\leqslant\boldsymbol{0}) \tag{7.46}$$

现在，假设 $\boldsymbol{Z}\sim N_d(\boldsymbol{X}_i,\boldsymbol{C}_i)$。从多元高斯的性质(见附录 A.1.7 节)，得出 $\boldsymbol{a}_n^{\mathrm{T}}\boldsymbol{Z}+b_n\sim N(\boldsymbol{a}_n^{\mathrm{T}}\boldsymbol{X}_i+b_n,\boldsymbol{a}_n^{\mathrm{T}}\boldsymbol{C}_i\boldsymbol{a}_n)$。对于高斯随机变量 U，存在结果 $P(U\leqslant 0)=\Phi(-E[U]/\sqrt{Var\ (U)})$。■

可以注意到对于恰好在决策超平面上的任何训练点$\boldsymbol{X}_i$，我们有$\boldsymbol{a}_n^{\mathrm{T}}\boldsymbol{X}_i+\boldsymbol{b}_n=\boldsymbol{0}$，因此，不管标签$Y_i$如何，其对增强的替代误差估计的贡献正好是$\Phi(0)=1/2$。

选择合适的增强量，即增强核的“大小”，对于估计器性能至关重要。因此，我们描述了一个简单的非参数过程来调整样本数据的核协方差矩阵$\boldsymbol{C}_i$，其中$i=1,\cdots,d$。不存在其他的分布假设，仅(隐式的)假设类条件密度是近似单峰形式。

在小样本量下，必须对核协方差施加限制。首先，假设对于具有相同类别标签的训练样本点，使其所有核密度和协方差矩阵相等：如果$Y_i=0$，则$\boldsymbol{C}_i=\boldsymbol{D}_0$，或如果$Y_i=1$，则$\boldsymbol{C}_i=\boldsymbol{D}_1$。从而使得估计的参数量减少到$2d(d+1)$。此外，可以假设协方差矩阵$\boldsymbol{D}_0$和$\boldsymbol{D}_1$是对角的，其对角线元素或核方差为$\sigma_{01}^2,\cdots,\sigma_{0d}^2$和$\sigma_{11}^2,\cdots,\sigma_{1d}^2$。进而使得参数量减少到$2d$。最后，可以假设$\boldsymbol{D}_0=\sigma_0^2\boldsymbol{I}_d$和$\boldsymbol{D}_1=\sigma_1^2\boldsymbol{I}_d$，它们分别对应方差为$\sigma_0^2$和$\sigma_1^2$的球形核，在这种情况下，只有两个参数需要估计。

在对角且球形的情况下，可以对增强和普通再代入估计量之间的关系进行简单解释。随着核方差全部缩小为零，很容易看出增强再代入误差估计量减少到普通的替代误差估计量。另一方面，随着核方差的增加，增强误差估计量与普通误差估计量越来越不同。由于再代入估计通常存在乐观倾向，增大核方差将减少这种偏差，但将其增大太多将最终使估计量变得具有悲观倾向。因此，从偏差的角度来看，通常存在核方差的最优值使得估计器是无偏的。另外，增大核方差通常会减小误差估计器的方差。因此，通过适当地选择核方差，可以同时减少估计器偏差和方差。

如果核密度是多元高斯分布，则在球形和对角的情况下应用式(9.17)和式(9.18)，使得其在特征选择方面具有计算优势。

让我们先考虑一种拟合球形核的方法，在这种情况下，我们需要确定核协方差矩阵$\boldsymbol{D}_0=\sigma_0^2\boldsymbol{I}_d$和$\boldsymbol{D}_1=\sigma_1^2\boldsymbol{I}_d$的核方差$\sigma_0$和$\sigma_1$。普通再引入估计具有乐观倾向的原因在于式(7.23)中的测试点与训练点之间的距离全为零(即测试点为训练点)。增强的估计通过将测试点概率质量散布在训练点上来进行补偿。我们建议找到使测试点尽可能接近训练数据点的真实平均距离的散布量。此处分别通过基于样本中各个点之间的平均最小距离来估算点集Π_0和Π_1之间的真实平均距离d_0和d_1：

$$\hat{d}_j=\frac{1}{n_j}\sum_{i=1}^{n}\Big(\min_{\substack{i'=1,\cdots,n\\ i'\neq i,Y_{i'}=j}}\{\|\boldsymbol{X}_i-\boldsymbol{X}_{i'}\|\}\Big)\boldsymbol{I}_{Y_i=j},\quad j=0,1 \tag{7.47}$$

基本思想是以这样的方式设置核方差σ_j：对于$j=0,1$，从核随机抽取的点到原点的中值距离与估计的平均距离$\hat{d}_j$匹配。这意味着支撑核的一半概率质量(即一半的测试点)将比估计的平均距离离中心更远，另一半将更近。假设此刻一个单位方差核协方差矩阵$\boldsymbol{D}_0=\boldsymbol{I}_d$(修正思路，我们考虑类标号0)。设$R_0$为对应具有累积分布函数$F_{R_0}(x)$的从核密度到原点随机选择的点的距离的随机变量。从核随机抽取的点到原点的中值距离由$\alpha_{d,0}=F_{R_0}^{-1}(1/2)$给出，其中下标$d$明确表示$\alpha_{d,0}$取决于维数。对于核协方差矩阵$\boldsymbol{D}_0=\sigma_0^2\boldsymbol{I}_d$，所有距离都乘以$\sigma_0$。因此，$\sigma_0$是方程式$\sigma_0F_{R_0}^{-1}(1/2)=\sigma\alpha_{d,0}=\hat{d}_0$的解。类标签1的参数是通过将0替换为1获得，因此，核标准差设置为

$$\sigma_j=\frac{\hat{d}_j}{\alpha_{d,j}},\quad j=0,1 \tag{7.48}$$

随着样本量的增加，很容易看到随着$\hat{d}_0$和$\hat{d}_1$减小，因此核方差0和1也减小，并且加强

再代入的偏差校正更少。这与以下事实相符：随着样本量的增加，再代入估计存在较小的乐观倾向。在极限条件下，随着样本量增加到无穷大，核方差趋于零，并且增强再代入估计收敛为再代入估计。

对于所有增强核都具有多元球形高斯密度的特定情况，距离变量 R_0 和 R_1 都具有 d 自由度的 chi 随机变量(chi random variable)分布，且密度为

$$f_{R_0}(r) = f_{R_1}(r) = \frac{2^{1-\frac{d}{2}} r^{d-1} e^{-\frac{r^2}{2}}}{\Gamma\left(\frac{d}{2}\right)} \tag{7.49}$$

其中 Γ 表示伽马函数。对于 $d=2$，这成为众所周知的瑞利密度。可以通过式(7.49)的数值积分来计算累积分布函数 F_{R_0} 或 F_{R_1}，并且可以通过简单的二分查找程序找到点 1/2 处的逆(使用累积分布函数单调增加的事实)，得出维度常数 α_d。在这种情况下，不存在下标“j”是因为类别标签的量纲常数是相同的。然后用 α_d 代替 $\alpha_{d,j}$，如式(7.48)所示来计算核标准差。常数 α_d 仅取决于维数，实际上可以解释为“维数校正”的一种，它会调整估计的平均距离的值来描述特征空间的维数。在球形高斯情况下，最多五个维度的尺寸常数值为 $\alpha_1=0.674$，$\alpha_2=1.177$，$\alpha_3=1.538$，$\alpha_4=1.832$，$\alpha_5=2.086$。

为了拟合对角核，我们需要确定核方差 $\sigma_{01}^2,\cdots,\sigma_{0d}^2$ 和 $\sigma_{11}^2,\cdots,\sigma_{1d}^2$。一种简单的方法是，对于 $k=1$，使用单变量数据 $S_{n,k}=\{(X_{1k},Y_1),\cdots,(X_{nk},Y_n)\}$ 为每个 k 分别估计核方差 σ_{0k}^2 和 σ_{1k}^2，其中 X_{ik} 是向量 $\boldsymbol{X}_i$ 的特征(分量)的 k。这是朴素贝叶斯原理(naive Bayes principle)的应用。我们定义特征 k 的平均最小距离为

$$\hat{d}_{jk} = \frac{1}{n_j}\sum_{i=1}^{n}\Big(\min_{\substack{i'=1,\cdots,n \\ i'\neq i, Y_{i'}=j}}\{\|\boldsymbol{X}_{ik}-\boldsymbol{X}_{i'k}\|\}\Big)\boldsymbol{I}_{Y_i=j},\ j=0,1 \tag{7.50}$$

核标准差被设置为

$$\sigma_{jk} = \frac{\hat{d}_{jk}}{\alpha_{1,j}},\quad j=0,1,\quad k=1,\cdots,d \tag{7.51}$$

在高斯情况下，$\sigma_{jk}=\hat{d}_{jk}/\alpha_1=\hat{d}_{jk}/0.674$，其中 $j=0,1$，$k=1,\cdots,d$。

当由于过拟合分类规则而使再代入误差估计过于乐观时，最好不要扩充错误分类的数据点，因为这会增加误差估计器的乐观偏差。如果分类不正确的数据点不被分配增强核，则可以减少偏差。这样虽然减少了偏差，但增加了方差，因为存在较少的改善。该变体称为半增强再代入误差估计(semi-bolstered resubstitution)。

最后，需要指出增强误差估计在原则上可以应用于任何错误计数的误差估计方法。例如，考虑留一法估计。令 $A_j^i=\{\boldsymbol{x}\in R^d \mid \boldsymbol{\Psi}_{n-I}(S_n-\{(\boldsymbol{X}_i,Y_i)\})(\boldsymbol{x})=j\}$，其中 $j=0,1$，是在删除的样本 $S_n-\{(\boldsymbol{X}_i,Y_i)\}$ 上设计的分类器的决策区域。增强留一估计可通过下式来计算：

$$\hat{\varepsilon}_n^{\,\mathrm{bloo}} = \frac{1}{n}\sum_{i=1}^{n}\left(\int_{A_1^i} p_i^{\diamond}(\boldsymbol{x}-\boldsymbol{X}_i)\,\mathrm{d}\boldsymbol{x}\boldsymbol{I}_{Y_i=0} + \int_{A_0^i} p_i^{\diamond}(\boldsymbol{x}-\boldsymbol{X}_i)\,\mathrm{d}\boldsymbol{x}\boldsymbol{I}_{Y_i=1}\right) \tag{7.52}$$

当积分不能精确计算时，可以采用类似于式(7.41)的蒙特卡罗表达式。

7.8 其他主题

7.8.1 凸误差估计器

给定任意两个误差估计规则，可以通过凸组合获得一个新的误差估计规则(实际上，

存在无穷个新规则)。通常，这样做是为了减少偏差。形式上，给定一个乐观偏差估计器 $\hat{\varepsilon}_n^{\text{opm}}$ 和一个悲观偏差估计器 $\hat{\varepsilon}_n^{\text{psm}}$，我们定义了凸误差估计器：

$$\hat{\varepsilon}_n^{\text{conv}} = w\,\hat{\varepsilon}_n^{\text{opm}} + (1-w)\,\hat{\varepsilon}_n^{\text{psm}} \tag{7.53}$$

其中 $0 \leqslant w \leqslant 1$，$\text{Bias}(\hat{\varepsilon}_n^{\text{opm}}) < 0$，而 $\text{Bias}(\hat{\varepsilon}_n^{\text{psm}}) > 0$。在 7.6 节中讨论的 0.632 自助误差估计器是凸误差估计器的一个示例，其中 $\hat{\varepsilon}_n^{\text{opm}} = \hat{\varepsilon}_n^{\text{boot}}$，$\hat{\varepsilon}_n^{\text{psm}} = \hat{\varepsilon}_n^{r}$，且 $w=0.632$。但是，根据此定义，0.632 ＋自助误差估计却不是凸误差估计，因为其权重不是恒定的。

一个简单的凸估计量使用权重相等的典型乐观偏量估计量和悲观交叉验证量估计量：

$$\hat{\varepsilon}_n^{r,\text{cv}(k)} = 0.5\,\hat{\varepsilon}_u^{r} + 0.5\,\hat{\varepsilon}_u^{\text{cv}(k)} \tag{7.54}$$

下一个定理表明，对于无偏凸误差估计，应该寻找方差低的分量估计器。0.632 自助误差估计器通过将式(7.54)中的高方差交叉验证替换为低方差估计器 $\hat{\varepsilon}_n^{\text{boot}}$ 来解决此问题。

定理 7.4　对于无偏凸误差估计器：

$$\text{MSE}(\hat{\varepsilon}_n^{\text{conv}}) \leqslant \max\{\text{Var}(\hat{\varepsilon}_n^{\text{opm}}), \text{Var}(\hat{\varepsilon}_n^{\text{psm}})\} \tag{7.55}$$

证明：

$$\begin{aligned}
\text{MSE}(\hat{\varepsilon}_n^{\text{conv}}) &= \text{Var}_{\text{dev}}(\hat{\varepsilon}_n^{\text{conv}}) = w^2\,\text{Var}_{\text{dev}}(\hat{\varepsilon}_n^{\text{opm}}) + (1-w)^2\,\text{Var}_{\text{dev}}(\hat{\varepsilon}_n^{\text{psm}}) + \\
&\qquad 2w(1-w)\rho(\hat{\varepsilon}_n^{\text{opm}} - \varepsilon_n, \hat{\varepsilon}_n^{\text{psm}} - \varepsilon_n)\sqrt{\text{Var}_{\text{d}}(\hat{\varepsilon}_n^{\text{opm}})\,\text{Var}_{\text{d}}(\hat{\varepsilon}_n^{\text{psm}})} \\
&\leqslant w^2\,\text{Var}_{\text{dev}}(\hat{\varepsilon}_n^{\text{opm}}) + (1-w)^2\,\text{Var}_{\text{dev}}(\hat{\varepsilon}_n^{\text{psm}}) + \\
&\qquad 2w(1-w)\sqrt{\text{Var}_{\text{d}}(\hat{\varepsilon}_n^{\text{opm}})\,\text{Var}_{\text{d}}(\hat{\varepsilon}_n^{\text{psm}})} \\
&= \left(w\sqrt{\text{Var}_{\text{d}}(\hat{\varepsilon}_n^{\text{opm}})} + (1-w)\sqrt{\text{Var}_{\text{d}}(\hat{\varepsilon}_n^{\text{psm}})}\right)^2 \\
&\leqslant \max\{\text{Var}(\hat{\varepsilon}_n^{\text{opm}}), \text{Var}(\hat{\varepsilon}_n^{\text{psm}})\}
\end{aligned} \tag{7.56}$$

从关系中得出最后的不等式：

$$(wx + (1w)y)^2 \leqslant \max\{x^2, y^2\}, \quad 0 < w < 1 \tag{7.57}$$

■

以下定理为无偏凸估计器比任一分量估计器都更准确提供了充分的条件。

定理 7.5　如果 $\hat{\varepsilon}_n^{\text{conv}}$ 是一个无偏凸估计量，并且

$$|\text{Var}(\hat{\varepsilon}_n^{\text{psm}}) - \text{Var}(\hat{\varepsilon}_n^{\text{opm}})| \leqslant \min\{\text{Bias}(\hat{\varepsilon}_n^{\text{opm}})^2, \text{Bias}(\hat{\varepsilon}_n^{\text{psm}})^2\} \tag{7.58}$$

则

$$\text{MSE}(\hat{\varepsilon}_n^{\text{conv}}) \leqslant \min\{\text{MSE}(\hat{\varepsilon}_n^{\text{opm}}), \text{MSE}(\hat{\varepsilon}_n^{\text{psm}})\} \tag{7.59}$$

证明：如果 $\text{Var}(\hat{\varepsilon}_n^{\text{opm}}) \leqslant \text{Var}(\hat{\varepsilon}_n^{\text{psm}})$，则我们使用定理 7.4 得出

$$\text{MSE}(\hat{\varepsilon}_n^{\text{conv}}) \leqslant \text{Var}(\hat{\varepsilon}_n^{\text{psm}}) \leqslant \text{MSE}(\hat{\varepsilon}_n^{\text{psm}}) \tag{7.60}$$

此外，如果 $\text{Var}(\hat{\varepsilon}_n^{\text{psm}}) - \text{Var}(\hat{\varepsilon}_n^{\text{opm}}) \leqslant \text{Bias}(\hat{\varepsilon}_{\text{n}}^{\text{opm}})^2$，有

$$\begin{aligned}
\text{MSE}(\hat{\varepsilon}_n^{\text{conv}}) &\leqslant \text{Var}(\hat{\varepsilon}_n^{\text{psm}}) \\
&= \text{MSE}(\hat{\varepsilon}_n^{\text{opm}}) - \text{Bias}(\hat{\varepsilon}_n^{\text{opm}})^2 + \text{Var}(\hat{\varepsilon}_n^{\text{psm}}) - \text{Var}(\hat{\varepsilon}_n^{\text{opm}}) \\
&\leqslant \text{MSE}(\hat{\varepsilon}_n^{\text{opm}})
\end{aligned} \tag{7.61}$$

前面的两个公式得出式(7.59)。如果 $\text{Var}(\hat{\varepsilon}_n^{\text{psm}}) \leqslant \text{Var}(\hat{\varepsilon}_n^{\text{opm}})$，则类似推导表明，如果 $\text{Var}(\hat{\varepsilon}_n^{\text{opm}}) - \text{Var}(\hat{\varepsilon}_n^{\text{psm}}) \leqslant \text{Bias}^2(\hat{\varepsilon}_n^{\text{psm}})$ 成立，则式(7.59)成立。因此如果满足式(7.58)，则通常式(7.59)成立。

■

虽然可以通过不要求无偏而达到较低的 MSE，但有关无偏凸估计量的这些不等式具

有很好的洞察力。例如，由于自助方差通常小于交叉验证方差，因此式(7.55)暗示当产生的偏差很小的权重被选择时，包含自举误差估计量的凸组合可能相比包含交叉验证误差估计量的凸组合更准确。

7.8.2 平滑误差估计器

平滑误差估计器试图改善线性分类规则的误差估计器的偏差和方差。它们与增强误差估计器的相似之处在于它们尝试平滑错误计数。首先，请注意，可以将再代入估算器重写为：

$$\hat{\varepsilon}_n^r = \frac{1}{n}\sum_{i=1}^{n}(\psi_n(\boldsymbol{X}_i)\boldsymbol{I}_{Y_i=0} + (1-\psi_n(\boldsymbol{X}_i))\boldsymbol{I}_{Y_i=1}) \tag{7.62}$$

其中$\psi_n = \Psi_n(S_n)$是设计的分类器。分类器ψ_n是一个 0－1 阶跃函数，可以通过以下事实引入方差：决策边界附近的点可以通过训练数据的微小变化将其贡献从 0 更改为 $1/n$(反之亦然)，即使决策边界的相应变化很小，因此真实误差的变化也很小。在小样本设置中，$1/n$ 相对较大。

后面平滑误差估计的想法是在区间$[0,1]$上通过选择适当的平滑函数取值替换掉式(7.62)中的ψ_n，从而降低了原始估计的方差。考虑线性判别式 $W_L(\boldsymbol{X}) = \boldsymbol{a}^{\mathrm{T}}\boldsymbol{X} + \boldsymbol{b}$，$W_L$ 符号给出了点所属的决策区域，其大小度量了该决策的稳健性：可以证明$|W_L(\boldsymbol{X})|$与点 x 到分离超平面的欧几里得距离有关(请参阅练习 6.1)。为了使错误计数平滑，可将单调递增函数 $r: R \to [0,1]$应用于 W_L。函数 r 应该使得 $r(-u) = 1 - r(u)$，$\lim_{u\to-\infty} r(u) = 0$，1 且$\lim_{u\to\infty} r(u) = 1$。平滑再代入估计量由下式给出：

$$\hat{\boldsymbol{\epsilon}}_n^{rs} = \frac{1}{n}\sum_{i=1}^{n}((1 - r(W_I,(\boldsymbol{X}_i)))\boldsymbol{I}_{Y_i=0} + r(W_I,(\boldsymbol{X}_i))\boldsymbol{I}_{Y_i=1}) \tag{7.63}$$

例如，高斯平滑函数由下式确定：

$$r(u) = \Phi\left(\frac{u}{b\hat{\Delta}}\right) \tag{7.64}$$

其中 Φ 是标准高斯变量的累积分布函数，

$$\hat{\Delta} = \sqrt{(\overline{\boldsymbol{X}}_1 - \overline{\boldsymbol{X}}_0)^{\mathrm{T}}\hat{\boldsymbol{\Sigma}}^{-1}(\overline{\boldsymbol{X}}_1 - \overline{\boldsymbol{X}}_0)} \tag{7.65}$$

是类别之间的估计马氏距离(可回忆出 $\hat{\boldsymbol{\Sigma}}$ 是综合样本协方差矩阵)，b 是必须提供的自由参数，这是平滑方法的典型特征。另一个例子是$(-\infty,-b)$上的窗口线性函数 $r(u)=0$，在(b,∞)上 $r(u)=1$，并且在$[-b,b]$上 $r(u)=(u+b)/2b$。通常，函数 r 的选择取决于可调参数，例如前面示例中的 b。参数的选择是一个主要问题，它会影响最终估计量的偏差和方差(请参见文献注释)。

7.8.3 贝叶斯误差估计

到目前为止，本章中概述的所有误差估计规则都具有这样的事实，即它们在计算中不包含有关特征-标签分布的先验知识。遵循 4.4.3 节中的参数贝叶斯分类方法，可以获取基于模型的贝叶斯误差估计规则，如下所述。

如 4.4.3 节所述，我们假设存在一系列概率密度函数$\{p(\boldsymbol{x}|\boldsymbol{\theta})|\boldsymbol{\theta}\in R^m\}$，其中真实参数值 $\boldsymbol{\theta}_0$ 和 $\boldsymbol{\theta}_1$ 是随机变量。这里我们还假设 $c = P(Y=1)$是一个随机变量。因此，该问题通过向量 $\boldsymbol{\Theta} = (c, \boldsymbol{\theta}_0, \boldsymbol{\theta}_1)$进行参数化，并具有先验分布 $p(\boldsymbol{\Theta})$。对于给定的分类器ψ_n，考虑误差率

$$\begin{aligned} \varepsilon_n^0(\boldsymbol{\Theta}) &= P_{\boldsymbol{\Theta}}(\psi_n(\boldsymbol{X}) \neq Y \mid Y=0, S_n) \\ \varepsilon_n^1(\boldsymbol{\Theta}) &= P_{\boldsymbol{\Theta}}(\psi(\boldsymbol{X}) \neq Y \mid Y=1, S_n) \\ \varepsilon_n(\boldsymbol{\Theta}) &= P_{\boldsymbol{\Theta}}(\psi(\boldsymbol{X}) \neq Y \mid S_n) = (1-c)\,\varepsilon_n^0(\boldsymbol{\Theta}) + c\,\varepsilon_n^1(\boldsymbol{\Theta}) \end{aligned} \tag{7.66}$$

贝叶斯误差估计器(Bayesian error estimator) $\hat{\varepsilon}_n^{\text{bayes}}$ 被定义为数据S_n 的函数，使关于真实误差的 MSE 最小化：

$$\hat{\varepsilon}^{\text{bayes}} = \arg\min_{\xi(S_n)} E[(\varepsilon_n(\boldsymbol{\Theta}) - \xi(S_n))^2 \mid S_n] \tag{7.67}$$

众所周知，其解是条件期望：

$$\hat{\varepsilon}^{\text{bayes}} = E[\varepsilon_n(\boldsymbol{\Theta}) \mid S_n] \tag{7.68}$$

是贝叶斯误差估计器的定义。在给定数据S_n 的情况下，期望值是关于 $\boldsymbol{\Theta}$ 的后验分布的：

$$p(\boldsymbol{\Theta} \mid S_n) = \frac{p(S_n \mid \boldsymbol{\Theta})\,p(\boldsymbol{\Theta})}{\int_{\Theta} p(S_n \mid \boldsymbol{\Theta})\,p(\boldsymbol{\Theta})\,\mathrm{d}\boldsymbol{\Theta}} \tag{7.69}$$

其中数据似然由下式确定：

$$p(S_n \mid \boldsymbol{\Theta}) = p(S_n \mid c, \boldsymbol{\theta}_0, \boldsymbol{\theta}_1) = \Pi_{i=1}^{n} (1-c)^{1-y_i}\, p(\boldsymbol{x}_i \mid \boldsymbol{\theta}_0)^{1-y_i} c^{y_i}\, p(\boldsymbol{x}_i \mid \boldsymbol{\theta}_1)^{y_i} \tag{7.70}$$

如 4.4.3 节所述，如果假设参数是先验独立的，即 $p(c,\boldsymbol{\theta}_0,\boldsymbol{\theta}_1)=p(c)p(\boldsymbol{\theta}_0)p(\boldsymbol{\theta}_1)$，则它可以表明观察到参数保持独立数据，即 $p(c,\boldsymbol{\theta}_0,\boldsymbol{\theta}_1 \mid S_n)=p(c \mid S_n)p(\boldsymbol{\theta}_0 \mid S_n)p(\boldsymbol{\theta}_1 \mid S_n)$ (参见习题 7.12)。在这种情况下，贝叶斯误差估计器可以写成

$$\begin{aligned} \hat{\varepsilon}^{\text{bayes}} &= E[\varepsilon_n(\boldsymbol{\Theta}) \mid S_n] = E[(1-c)\,\varepsilon_n^0(\boldsymbol{\theta}_0) + c_n^1(\boldsymbol{\theta}_1) \mid S_n] \\ &= (1-E[c \mid S_n])E[\varepsilon_n^0(\boldsymbol{\theta}_0) \mid S_n] + E[c \mid S_n]E[\varepsilon_n^1(\boldsymbol{\theta}_1) \mid S_n] \\ &= (1-\hat{c}^{\text{bayes}})\,\hat{\varepsilon}^{\text{bayes},0} + \hat{c}^{\text{bayes}}\,\hat{\varepsilon}^{\text{bayes},1} \end{aligned} \tag{7.71}$$

其中

$$\begin{aligned} \hat{c}^{\text{bayes}} &= E[c \mid S_n] = \int_0^1 c\,p(c \mid S_n)\,\mathrm{d}c \\ \hat{\varepsilon}^{\text{bayes},0} &= E[\varepsilon_n^0(\boldsymbol{\theta}_0) \mid S_n] = \int_{R^m} \varepsilon_n^0(\boldsymbol{\theta}_0)\,p(\boldsymbol{\theta}_0 \mid S_n)\,\mathrm{d}\boldsymbol{\theta}_0 \\ \hat{\varepsilon}^{\text{bayes},1} &= E[\varepsilon_n^1(\boldsymbol{\theta}_1) \mid S_n] = \int_{R^m} \varepsilon_n^1(\boldsymbol{\theta}_1)\,p(\boldsymbol{\theta}_1 \mid S_n)\,\mathrm{d}\boldsymbol{\theta}_1 \end{aligned} \tag{7.72}$$

请注意，这些估计量分别取决于单独的后验 $p(c \mid S_n)$，$p(\boldsymbol{\theta}_0 \mid S_n)$和 $p(\boldsymbol{\theta}_1 \mid S_n)$。

c 的先验概率通常选择是 Beta 先验函数，即 $p(c)=\text{Beta}(\alpha,\beta)$(请参阅附录 A.1.4 节)，当可以证明后验是所谓的 Beta 二项式分布，即 $p(c \mid S_n) \propto c^{n_0+\alpha-1}(1-c)^{n_1+\beta-1}$，我们可以得到

$$\hat{c}^{\text{bayes}} = E[c \mid S_n] = \frac{n_1+\beta}{n+\alpha+\beta} \tag{7.73}$$

其中 n_1 是带有标签 1 的观察到的样本点数量。无信息(一致)的先验对应特殊情况 $\alpha=\beta=1$，因此

$$\hat{c}^{\text{bayes}} = \frac{n_1+1}{n+2} \tag{7.74}$$

最后，实践中经常出现的另一种情况是 c 已知，在这种情况下，先验和后验概率是 c 值的单位质量，$\hat{c}^{\text{bayes}}=c$。

例 7.3(离散直方图规则的贝叶斯误差估计器)　如例 3.3 所示，假定 $p(\boldsymbol{x})$集中在 R^d 中有限数量的点 $\{\boldsymbol{x}^1,\cdots,\boldsymbol{x}^b\}$上。假设 b 不太大，我们可以使用原始参数化 $\boldsymbol{\theta}_0=$

$\{p(\boldsymbol{x}^1|Y=0),\cdots,p(\boldsymbol{x}^b|Y=0)\}$和$\boldsymbol{\theta}_1=\{p(\boldsymbol{x}^1|Y=1),\cdots,p(\boldsymbol{x}^b|Y=1)\}$(在$\boldsymbol{\theta}_0$和$\boldsymbol{\theta}_1$中有一个参数是多余的，因为每种情况下的值必须加起来为 1)。先验概率的适当选择是狄利克雷(Dirichlet)分布，对于$\boldsymbol{\theta}_0$和$\boldsymbol{\theta}_1$其分别带有聚集(concentration)参数$(\alpha_1,\cdots,\alpha_b)>0$和$(\beta_1,\cdots,\beta_b)>0$：

$$p(\boldsymbol{\theta}_0)\propto\prod_{j=1}^{b}\boldsymbol{\theta}_0(j)^{\alpha_j-1}\quad 和\quad p(\boldsymbol{\theta}_1)\propto\prod_{j=1}^{b}\boldsymbol{\theta}_1(j)^{\beta_j-1}\tag{7.75}$$

使用与例 3.3 中相同的表示法，可以证明后验概率也是狄利克雷函数，

$$p(\boldsymbol{\theta}_0|S_n)\propto\prod_{j=1}^{b}\boldsymbol{\theta}_0(j)^{U_j+\alpha_j-1}\quad 和\quad p(\boldsymbol{\theta}_1|S_n)\propto\prod_{j=1}^{b}\boldsymbol{\theta}_1(j)^{V_j+\beta_j-1}\tag{7.76}$$

由此，可得到

$$\begin{aligned}\hat{\varepsilon}^{\text{bayes},0}&=E[\varepsilon_n^0(\boldsymbol{\theta}_0)|S_n]=\sum_{j=1}^{b}\frac{U_j+\alpha_j}{n_0+\sum_{k=1}^{b}\alpha_k}\boldsymbol{I}_{U_j<V_j}\\\hat{\varepsilon}^{\text{bayes},1}&=E[\varepsilon_n^1(\boldsymbol{\theta}_1)|S_n]=\sum_{j=1}^{b}\frac{V_j+\beta_j}{n_1+\sum_{k=1}^{b}\beta_k}\boldsymbol{I}_{U_j\geqslant V_j}\end{aligned}\tag{7.77}$$

如果假定 c 为 Beta 先验函数，则可以使用式(7.71)和式(7.73)将完整的贝叶斯误差估计器写作：

$$\hat{\varepsilon}^{\text{bayes}}=\frac{n_0+1}{n+2}\left(\sum_{j=1}^{b}\frac{U_j+1}{n_0+b}\boldsymbol{I}_{U_j<V_j}\right)+\frac{n_1+1}{n+2}\left(\sum_{j=1}^{b}\frac{V_j+1}{n_1+b}\boldsymbol{I}_{U_j\leqslant V_j}\right)\tag{7.78}$$

■

下一个定理是 Fubini 定理(积分阶跃变化)的应用，其特征在于根据式(4.47)中定义的预测密度，对贝叶斯误差估计量进行了描述，为方便起见在此重复给出

$$p_0(\boldsymbol{x}|S_n)=\int_{R^m}p(\boldsymbol{x}|\boldsymbol{\theta}_0)p(\boldsymbol{\theta}_0|S_n)\mathrm{d}\boldsymbol{\theta}_0\ 且\ p_1(\boldsymbol{x}|S_n)=\int_{R^m}p(\boldsymbol{x}|\boldsymbol{\theta}_1)p(\boldsymbol{\theta}_1|S_n)\mathrm{d}\boldsymbol{\theta}_1\tag{7.79}$$

定理 7.6　令 $A_j=\{\boldsymbol{x}\in R^d|\psi_n(\boldsymbol{x})=j\}$(其中 $j=0$，1)，是设计的分类器的决策区域。然后式(7.72)中的特定于类的贝叶斯误差估计器可以写成：

$$\hat{\varepsilon}^{\text{bayes},0}=\int_{A_1}p_0(\boldsymbol{x}|S_n)\mathrm{d}\boldsymbol{x}\quad 且\quad \hat{\varepsilon}^{\text{bayes},0}=\int_{A_0}p_1(\boldsymbol{x}|S_n)\mathrm{d}\boldsymbol{x}\tag{7.80}$$

证明：我们推导出$\hat{\varepsilon}^{\text{bayes},0}$的表达式，因为$\hat{\varepsilon}^{\text{bayes},1}$的表达式是完全类似的。我们有：

$$\varepsilon_n^0(\boldsymbol{\theta}_0)=\int_{A_1}p(x|\boldsymbol{\theta}_0)\mathrm{d}\boldsymbol{x}\tag{7.81}$$

所以

$$\begin{aligned}\hat{\varepsilon}^{\text{bayes},0}&=E[\varepsilon_n^0(\boldsymbol{\theta}_0)|S_n]\\&=\int_{R^m}\int_{A_1}p(\boldsymbol{x}|\boldsymbol{\theta}_0)p(\boldsymbol{\theta}_0|S_n)\mathrm{d}\boldsymbol{x}\mathrm{d}\boldsymbol{\theta}_0\\&=\int_{A_1}\int_{R^m}p(\boldsymbol{x}|\boldsymbol{\theta}_0)p(\boldsymbol{\theta}_0|S_n)\mathrm{d}\boldsymbol{\theta}_0\mathrm{d}\boldsymbol{x}\\&=\int_{A_1}p_0(\boldsymbol{x}|S_n)\mathrm{d}\boldsymbol{x}\end{aligned}\tag{7.82}$$

通过改变积分顺序。■

因此，贝叶斯误差估计器可以写成

$$\hat{\varepsilon}^{\text{bayes}}=(1-\hat{c}^{\text{bayes}})\int_{A_1}p_0(\boldsymbol{x}\mid S_n)\mathrm{d}\boldsymbol{x}+\hat{c}^{\text{bayes}}\int_{A_0}p_1(\boldsymbol{x}\mid S_n)\mathrm{d}\boldsymbol{x} \tag{7.83}$$

7.9 文献注释

误差估计的主题由来已久，并产生了大量文献。四篇主要的综述性论文总结了该领域在 2000 年之前的主要进展：Toussaint［1974］、Hand［1986］、McLachlan［1987］和 Schiavo and Hand［2000］。自 2000 年以来，误差估计模型的最新进展包括选择模型 Bartlett et al.［2002］，加强模型 Braga-Neto and Dougherty［2004］和 Sima et al.［2005b］，特征选择模型 Sima et al.［2005a］、Zhou and Mao［2006］、Xiao et al.［2007］和 Hanczar et al.［2007］，置信区间 Kaariainen and Langford［2005］、Kaariainen［2005］和 Xu et al.［2006］，基于模型的二阶性质 Zollanvari et al.［2011，2012］和贝叶斯误差估计量 Dalton and Dougherty［2011b，c］。在 2015 年出版了一本误差估计的书 Braga-Neto and Dougherty［2015］，其中涵盖了经典研究以及 2000 年以后的发展。在该参考文献中，分类规则和误差估计规则对被称为*模式识别规则*（patternrecognition rule）。

再代入误差估计规则通常认为归功于 Smith［1947］。另一方面，交叉验证被归功于 Lachenbruch and Mickey［1968］、Cover［1969］、Toussaint and Donaldson［1970］、Stone［1974］。Kohavi［1995］命名为完整的交叉验证。有关 k-折交叉验证的近似无偏性公式(7.25)的证明，请参见 BragaNeto and Dougherty［2015］的第 5 章。交叉验证的方差问题早已为人所知。有关进一步的讨论，请参见 Toussaint［1974］、Glick［1978］、Devroye et al.［1996］、Braga-Neto and Dougherty［2004］。定理 7.1 由 Devroye et al.［1996］、Devroye and Wagner［1976］、Rogers and Wagner［1978］提供。这里出现的形式是对 Devroye et al.［1996］中定理 24.2 的略微修改过后的形式。

一般的自助抽样方法应归功于 Efron［1979］。引导程序在分类误差估计中的应用，以及零和 0.632 自助误差估计器，出现在 Efron［1983］中。在后面的参考文献中，推荐了许多 25～200 的自助样本。Chernick［1999］提出平衡的自助引导过程。0.632＋的自助误差估计器是在 Efron and Tibshirani［1997］中提出的。

Braga-Neto and Dougherty［2004］引入增强误差估计，并在 Sima et al.［2005b］、Vu et al.［2008］、Sima et al.［2014］、Jiang and Braga-Neto［2014］中进一步研究。式(7.48)中增强核方差的非参数估计量遵循 Efron［1983］中使用的距离参数。Kimet et al.［2002］提出的类似表达式，在 LDA 的背景下扩展定理 7.2 和式(7.39)。式(7.49)中 chi 密度的表达式来自 Evans et al.［2000］。有关估算加强型留一法估计量的核方差的方法，请参见 Braga-Neto and Dougherty［2004］。朴素贝叶斯误差估计器归功于 Jiang and Braga-Neto［2014］。朴素贝叶斯原理在 Dudoit［2002］中进行了描述。

凸误差估计在 Sima and Dougherty［2006］中进行了深入研究。定理 7.4 和定理 7.5 出现在该参考文献中。另请参见 Toussaint and Sharpe［1974］以及 Raudys and Jain［1991］，其中出现了简单估计量如式(7.54)所示。

LDA 的平滑误差估计归功于 Glick［1978］、Snapinn and Knoke［1985，1989］。基本思想可以应用于任何线性分类规则。已经尝试了几种选择平滑参数的方法，即任意选择

Glick[1978]、Tutz[1985]类之间的分隔的任意函数 Tutz[1985]，假设正常人口的参数估计(Snapinn and Knoke[1985,1989])，以及基于仿真的方法(Hirst[1996])。将平滑扩展到非线性分类规则并不容易，因为通常无法获得合适的判别式。在 Devroye [1996]，以及在 Tutz[1985]中以不同但等效的方法，使用后验概率函数 $\eta(\boldsymbol{x})$的非参数估计量 $\hat{\eta}(\boldsymbol{x})$，如第 5 章所述，以及单调递增函数 r：$[0,1]\to[0,1]$，这样 $r(u)=1-r(1-u)$，$r(0)=0$ 和 $r(1)=1$(这可以简单地是恒等函数 $r(u)=u$)，平滑的替换估计量由式(7.63)像以前一样给出，其中 W_L 替换为 $\hat{\eta}$。在特殊情况下，$r(u)=u$，具有 Lugosi and Pawlak [1994]中的后验概率误差估计量。但是，这种方法取决于估计量的可信度，并且通常缺乏几何解释。

贝叶斯误差估计是在 Dalton and Dougherty [2011b,c]中引入的。有关使用高斯模型的例 7.3 的连续特征空间对应物，请参阅 Dalton and Dougherty [2011a,2012a]。相对于性能，非贝叶斯和贝叶斯误差估计规则之间的关键区别在于后者允许以训练样本为条件来定义 RMS (Dalton and Dougherty[2012a,b])。另见 Braga-Neto and Dougherty [2015]的第 8 章。

最后，我们对高斯下误差估计的分布研究进行评论(有关综合处理，请参见 Braga-Neto and Dougherty [2015]，以及 McLachlan [1992])。首先该领域的英语著作有 Lachenbruch [1965]和 Hills[1966]，尽管几年前用俄语发表了研究结果(Toussaint[1974]和 Raudys and Young[2004])。Hills(1966)为涉及双变量高斯累积分布的单变量情况提供了预期的替换误差估计的精确公式。当在判别式的 $\boldsymbol{\Sigma}$ 表述中已知时，M. Moran 将这个结果扩展到多变量情况(Moran[1975])。Moran 的结果也可以看作是 John [1961]为期望真实误差而给出的类似结果的推广。对于未知的协方差矩阵，McLachlan 为期望的多元误差提供了渐近表达式(McLachlan[1976])，Raudys [1978]也提供了类似的结果。Foley [1972]推导了渐进误差的方差渐近表达式。最后，Raudys 应用了一种双渐进方法，其中样本大小和维数都增加到无穷大，我们称其为“ Raudys-Kolmogorov 方法”，以获取预期的替代误差的简单渐近精确表达式(Raudys[1978])。最近的贡献包括 Zollanvari [2009a，2010，2011，2012]、Vu [2014]、Zollanvari and Dougherty [2014]。

7.10　练习

7.1　假设分类误差ε_n 和误差估计量$\hat{\varepsilon}_n$ 共同为高斯分布，使得

$$\varepsilon_n \sim N(\varepsilon^* + 1/n, 1/n^2), \hat{\varepsilon}_n \sim N(\varepsilon^* - 1/n, 1/n^2), \mathrm{Cov}(\varepsilon_n, \hat{\varepsilon}_n) = 1/(2n^2)$$

其中ε^* 是贝叶斯误差。找到 $\hat{\varepsilon}_n$ 的偏差、偏差方差、RMS、相关系数和尾概率 $P(\hat{\varepsilon}_n-\varepsilon_n<-\tau)$和 $P(\hat{\varepsilon}_n-\varepsilon_n>\tau)$。这个估计是乐观还是悲观？随着样本量的增加，性能会提高吗？估计量是否一致？

7.2　通过简单的模型，你得到了一个误差估计器$\hat{\varepsilon}_n$ 与分类误差ε_n 有关

$$\hat{\varepsilon}_n = \varepsilon_n + Z \tag{7.84}$$

给定训练数据S_n 的随机变量 Z 的条件分布为高斯 $Z\sim N(0,\ 1/n^2)$。$\hat{\varepsilon}_n$ 是随机的还是非随机的？找到内部方差和ε_n。随样本大小的增长而无限制地会发生什么？

7.3　获得一个合理的条件以使误差估计器在 RMS 方面保持一致。
提示：考虑式(7.10)和式(7.11)，然后使用式(7.7)。

7.4　给定 $\mathrm{Var}(\varepsilon_n)\leqslant 5\times10^{-5}$。找到最小的测试样本数 m，这将保证测试集误差估计量$\hat{\varepsilon}_{n,m}$的标准偏差最多为 1%。

7.5　假设给定分类器的误差为$\varepsilon_n=0.1$。如果有$m=20$个测试样本，则求出测试集误差估计$\hat{\varepsilon}_{n,m}$将完全等于ε_n的概率。

7.6　此问题涉及测试集误差估计的其他属性。

(a)证明：

$$\mathrm{Var}\,(\hat{\varepsilon}_{n,m})=\frac{E[\varepsilon_n](1-E[\varepsilon_n])}{m}+\frac{m-1}{m}\mathrm{Var}\,(\varepsilon_n) \tag{7.85}$$

由此证明，作为测试样本数$m\to\infty$，可以得出$\mathrm{Var}(\hat{\varepsilon}_{n,m})\to\mathrm{Var}\,(\varepsilon_n)$。

(b)使用(a)项的结果表明

$$\mathrm{Var}\,(\varepsilon_n)\leqslant\mathrm{Var}(\hat{\varepsilon}_{n,m})\leqslant E[\varepsilon_n](1-E[\varepsilon_n]) \tag{7.86}$$

特别是，这表明当$E\,[\varepsilon_n]$较小时，$\mathrm{Var}(\hat{\varepsilon}_{n,m})$也是如此。

提示：对于任何随机变量X，使得$0\leqslant X\leqslant 1$的概率为1，其中一个具有$\mathrm{Var}(X)\leqslant E[X](1-E[X])$。

(c)证明给定训练数据S_n的尾概率满足：

$$P(|\hat{\varepsilon}_{n,m}-\varepsilon_n|\geqslant\tau|S_n)\leqslant \mathrm{e}^{-2m\tau^2},\text{对于所有}\ \tau>0 \tag{7.87}$$

提示：使用Hoeffding不等式(见定理A.14)。

(d)通过使用大数定律(见定理A.12)，表明在给定训练数据S_n的情况下，以概率1，$\hat{\varepsilon}_{n,m}\to\varepsilon_n$(即相对于测试样本大小而言测试集误差估计量普遍很大)。

(e)重复(d)项，但这一次使用(c)项的结果。

(f)式(7.22)中$\mathrm{RMS}(\hat{\varepsilon}_{n,m})$的界是适用于任意分布的。若基于分布的界为

$$\mathrm{RMS}(\hat{\varepsilon}_{n,m})\leqslant\frac{1}{2\sqrt{m}}\min(1,2\sqrt{E[\varepsilon_n]}) \tag{7.88}$$

7.7　考虑例3.3的离散直方图规则。证明该规则的再引入和留一误差估计量可以分别写为

$$\hat{\varepsilon}_n^{\,r}=\frac{1}{n}\sum_{j=1}^{b}\min\{U_j,V_j\}=\frac{1}{n}\sum_{i=1}^{b}[U_j\boldsymbol{I}_{U_j<V_j}+V_j\boldsymbol{I}_{U_j\geqslant V_j}] \tag{7.89}$$

和

$$\hat{\varepsilon}_n^{\,l}=\frac{1}{n}\sum_{j=1}^{b}[U_j\boldsymbol{I}_{U_j\geqslant V_j}+V_j\boldsymbol{I}_{U_j\geqslant V_j-1}] \tag{7.90}$$

其中$j=1,\cdots,b$的随机变量U_j和V_j在例3.3中定义。

7.8　证明对于离散直方图规则，

$$E[\hat{\varepsilon}_n^{\,r}]\leqslant\varepsilon^*\leqslant E[\varepsilon_n] \tag{7.91}$$

因此，这种情况下的再代入估计量不仅可以保证存在乐观地偏向，而且其期望值为贝叶斯误差提供了一个下限。

提示：使用式(7.89)并应用Jensen不等式(A.66)。

7.9　尽管在前面的问题中显示了在离散直方图分类的情况下保证了乐观的再代入偏差，而且具有大样本属性。

(a)证明$\hat{\varepsilon}_n^{\,r}\to\varepsilon_n$的概率为$n\to\infty$，而不考虑分布，即再代入估计量在总体上是高度一致的。

提示：使用大数定律(见A.12节)。

(b)证明$E[\hat{\varepsilon}_n^{\,r}]\to E[\varepsilon_n]$，其中，$n\to\infty$，再代入估计量是渐近无偏的。鉴于式(7.91)，这意味着$E[\varepsilon_n]$从上方收敛到$\varepsilon_{\mathrm{bay}}$，而$E[\hat{\varepsilon}_n^{\,r}]$从下方收敛到$\varepsilon_{\mathrm{bay}}$，其中$n\to\infty$。

7.10 使用很小的样本量进行交叉验证的效果非常差(甚至是自相矛盾)。考虑 3NN 分类规则的再代入和留一误差估计器 $\hat{\varepsilon}_n^r$ 和 $\hat{\varepsilon}_n^1$，样本大小为 $n=4$，该样本来自两个等似高斯总体的混合体 $\Pi_0 \sim N_d(\boldsymbol{\mu}_0, \boldsymbol{\Sigma})$ 和 $\Pi_1 \sim N_d(\boldsymbol{\mu}_1, \boldsymbol{\Sigma})$。假定 $\boldsymbol{\mu}_0$ 和 $\boldsymbol{\mu}_1$ 相距足够远，使得 $\delta = \sqrt{(\boldsymbol{\mu}_1 - \boldsymbol{\mu}_0)^{\mathrm{T}} \boldsymbol{\Sigma}^{-1} (\boldsymbol{\mu}_1 - \boldsymbol{\mu}_0)} \gg 0$(在这种情况下，贝叶斯误差为 $\varepsilon_{\text{bay}} = \Phi(-\delta/2) \approx 0$)。

(a)对于 $N_0 = N_1 = 2$ 的 S_n 样本(当 $P(N_0=2) = \binom{4}{2} 2^{-4} = 37.5\%$)，请证明 $\varepsilon_n \approx 0$ 但 $\hat{\varepsilon}_n^1 = 1$。

(b)证明 $E[\varepsilon_n] \approx 5/16 = 0.3125$，但 $E[\hat{\varepsilon}_n^l] = 0.5$，所以 $\text{Bias}(\hat{\varepsilon}_n^l) \approx 3/16 = 0.1875$，并且估计器有偏向性。

(c)表明 $\text{Var}_d(\hat{\varepsilon}_n^l) \approx 103/256 \approx 0.402$，它对应 $\sqrt{0.402} = 0.634$ 的标准偏差。

(d)考虑误差估计量 $\hat{\varepsilon}_n$ 与真实误差 ε_n 的相关系数：

$$\rho(\varepsilon_n, \hat{\varepsilon}_n) = \frac{\text{Cov}(\varepsilon_n, \hat{\varepsilon}_n)}{\text{Std}(\varepsilon_n)\text{Std}(\hat{\varepsilon}_n)} \tag{7.92}$$

证明 $\rho(\varepsilon_n, \hat{\varepsilon}_n^l) \approx -0.98$，即估计器与真实误差几乎完全负相关。

(e)为了进行比较，尽管 $E[\hat{\varepsilon}_n^l] = 1/8 = 0.125$，推导出 $\text{Bias}(\hat{\varepsilon}_n^l) \approx -3/16 = 0.1875$，而这恰恰是留一法对偏向的负面影响，$\text{Var}_d(\hat{\varepsilon}_n^l) \approx 77256 \approx 0.027$，标准差 $\sqrt{7}/16 \approx 0.165$，比留一法的方差小几倍，而 $\rho(\varepsilon_n, \hat{\varepsilon}_n^l) \approx \sqrt{3/5} \approx 0.775$，表明重新估计量与真实误差高度正相关。

7.11 增强再代入误差估计器可以写成

$$\hat{\varepsilon}_n^{\text{br}} = \frac{n_0}{n} \int_{A_1} p_{n,0}^{\diamond}(\boldsymbol{x}) \mathrm{d}\boldsymbol{x} + \frac{n_1}{n} \int_{A_0} p_{n,1}^{\diamond}(\boldsymbol{x}) \mathrm{d}\boldsymbol{x} \tag{7.93}$$

当

$$p_{n,0}^{\diamond}(\boldsymbol{x}) = \frac{1}{n_0} \sum_{i=1}^{n} p_i^{\diamond}(\boldsymbol{x} - \boldsymbol{X}_i) \boldsymbol{I}_{Y_i=0} \text{ 且 } p_{n,1}^{\diamond}(\boldsymbol{x}) = \frac{1}{n_1} \sum_{i=1}^{n} p_i^{\diamond}(\boldsymbol{x} - \boldsymbol{X}_i) \boldsymbol{I}_{Y_i=1} \tag{7.94}$$

与式(7.83)中的贝叶斯误差估计器的表达式进行比较。

7.12 证明如果贝叶斯设置中的参数是先验独立的，即 $p(c, \boldsymbol{\theta}_0, \boldsymbol{\theta}_1) = p(c) p(\boldsymbol{\theta}_0) p(\boldsymbol{\theta}_1)$，则观察到数据是相互独立的，即 $p(c, \boldsymbol{\theta}_0, \boldsymbol{\theta}_1 | S_n) = p(c | S_n) p(\boldsymbol{\theta}_0 | S_n) p(\boldsymbol{\theta}_1 | S_n)$。

提示：$p(c, \boldsymbol{\theta}_0, \boldsymbol{\theta}_1 | S_n) = p(c | S_n, \boldsymbol{\theta}_0, \boldsymbol{\theta}_1) p(\boldsymbol{\theta}_0 | \boldsymbol{\theta}_1, S_n) = p(\boldsymbol{\theta}_1 | S_n)$，并且 $S_n = (S_{n_0}, S_{n_1})$，其中 S_{n_0}，S_{n_1} 是特定类的子样本。

7.13 通过推导式(7.79)中的预测密度，然后应用定理 7.6，重做练习 7.3。

7.14 对于离散直方图规则，使用式(7.78)中的狄利克雷先验函数导出贝叶斯误差估计量与式(7.89)中的再代入估计量之间的关系。

7.11 Python 作业

7.15 该任务涉及采用均匀球形核的增强误差估计。

(a)针对均匀球形核情况，开发与式(7.44)和式(7.49)等效的公式，表明在这种情况下维度校正因子由 $\alpha_d = 2^{-1/d}$ 给出。

提示：使用半径而不是球形核的方差更方便。

(b)修改 c07 bolst.py 中的代码，以计算图 7.4 中分类器和数据的增强和半增强再代入估计。与普通的再代入估计和 LDA 分类器的真实误差(由于分布是高斯分布，可以准确找到)进行比较。

(c)重复(b)项总共 $M=1000$ 次，每次使用不同的随机种子，并比较所得的平均误差率。

(d)使用高斯核对重复的(b)项和(c)项进行增强的替代估计，并比较结果。

7.16 考虑附录 A.8.1 节中具有同方差，等可能类的合成数据模型，$d=6$，$\sigma=1,2$，$\rho=0.2,0.8$，$k=2,6$(如果 $k=2$，则$l_1=\lambda_2=3$；特征独立于 $k=6$)。因此，总共有六个不同的模型：独立，低相关和高相关特征，在低方差或高方差下的上述情况。考虑 LDA、QDA、3NN 和线性 SVM 分类规则。

(a)为每个样本大小 $n=20$ 至 $n=100$ 生成大量(例如 $N=1000$)合成训练数据集，以 10 为步长。还生成大小为 $M=400$ 的测试集以进行估计每种情况下的真实分类错误。将式(7.3)～式(7.5)中的性能指标绘制为样本量的函数，以进行再代入、留一法、5 倍交叉验证、0.632 自助和增强再引入的误差估计量。你能观察到什么?

(b)通过 Beta 密度来拟合生成 1000 个样本值，获得上述每种情况的偏差分布(同一图上绘制出所有误差估计量)。你能观察到什么?

7.17 问题 5.8、问题 5.9 和问题 5.10 的(b)～(d)项涉及测试集的错误率。获得有关再引入错误率的相同结果。由于测试集错误率是无偏的，因此可将估计出来的期望再引入错误率和测试集错误率之间的差异作为再引入偏差的估计。作为样本量和各种分类参数的函数，再引入偏差的表现是怎样的?你如何解释这一点?

第 8 章

Fundamentals of Pattern Recognition and Machine Learning

分类模型选择

“不应否认任何理论的终极目标都是尽可能让不可削减的基本元素变得更加简单且更少，但也不能放弃对任何单一经验数据的充分阐释。”

——爱因斯坦，《关于理论物理学的方法》，1933 年

在本章中，我们讨论关于分类的问题：对于一个给定的问题，人们应该选择哪种分类规则？其中一个相关的问题是如何选择一个分类规则的自由参数。例如，如何选择在 kNN 分类中的最近邻 k 的数量，或者如何在核分类规则中选择合适的核带宽，或者如何选择神经网络训练的轮次数量。这些都是模型选择(model selection)问题。正如我们在本章中所指出的那样，这些问题的答案取决于复杂性与样本大小的比率，其中复杂性包括分类规则中的自由度和问题的维数。所有的模型选择过程都在寻找既能很好地拟合训练数据又能对样本大小比率显示出较好的复杂性的分类器。如果样本量比较小，分类规则比较复杂，则必然会发生过拟合，并且对训练数据的良好拟合也不能转化为对未来数据的良好预测。因此，在小样本情况下，受约束的分类规则具有较小的自由度、较小的维度和较简单的决策边界是可取的。本章首先分析了分类的复杂性和 Vapnik-Chervonenkis 的分类理论，然后检验了一些模型选择的实用方法。

8.1 分类复杂性

设 $\mathcal{C}$ 是一个分类器空间，即一个任意的分类器集。分类规则 Ψ_n 是在基于训练数据 S_n 的分类空间 $\mathcal{C}$ 中选择的分类器 ψ_n。例如，LDA、线性 SVM 和感知器分类规则在 R^d 线性分类器的空间 $\mathcal{C}$ 中产生分类器，而 QDA 分类规则在 R^d 二次分类器的空间 $\mathcal{C}'$ 中产生分类器。(在本例中，$\mathcal{C}\subset\mathcal{C}'$。)固定结构 NN 的权重或 LDA 超平面的方向等参数是设计过程的一部分，因此可作为 $\mathcal{C}$ 的一部分来建模。然而，若神经网络中的隐藏层和神经元数或 LDA 分类器的维数等自由参数被假设是固定的，则会导致产生不同的分类器空间 $\mathcal{C}$。

根据分类误差，$\mathcal{C}$ 中最佳的分类器是

$$\psi_{\mathcal{C}} = \arg\min_{\psi\in\mathcal{C}} \varepsilon[\psi] = \arg\min_{\psi\in\mathcal{C}} P[\psi(X) \neq Y] \tag{8.1}$$

其中误差 $\varepsilon_{\mathcal{C}}=\varepsilon[\psi_{\mathcal{C}}]$。此外，假设给定 S_n，设计的分类器为 $\psi_{n,\mathcal{C}}=\Psi_n(S_n)\in\mathcal{C}$，则误差 $\varepsilon_{n,\mathcal{C}}=\varepsilon[\psi_{n,\mathcal{C}}]$。

逼近误差(approximation error)是类中的最佳误差与贝叶斯误差之间的差值：

$$\Delta_{\mathcal{C}} = \varepsilon_{\mathcal{C}} - \varepsilon_d > 0 \tag{8.2}$$

反映了分类规则逼近贝叶斯误差的程度。设计误差(design error)是设计分类器误差与类最佳误差之间的差值：

$$\Delta_{n,\mathcal{C}} = \varepsilon_{n,\mathcal{C}} - \varepsilon_{\mathcal{C}} > 0 \tag{8.3}$$

反映了人们如何利用可用数据设计出 $\mathcal{C}$ 中最好的分类器。在实践中，我们关心的是基于可用数据$\varepsilon_{n,\mathcal{C}}$所设计的分类器的误差。结合前两个方程可以得到：

$$\varepsilon_{n,\mathcal{C}} = \varepsilon_d + \Delta_{\mathcal{C}} + \Delta_{n,\mathcal{C}} \tag{8.4}$$

有关此公式图解，请参见图 8.1。

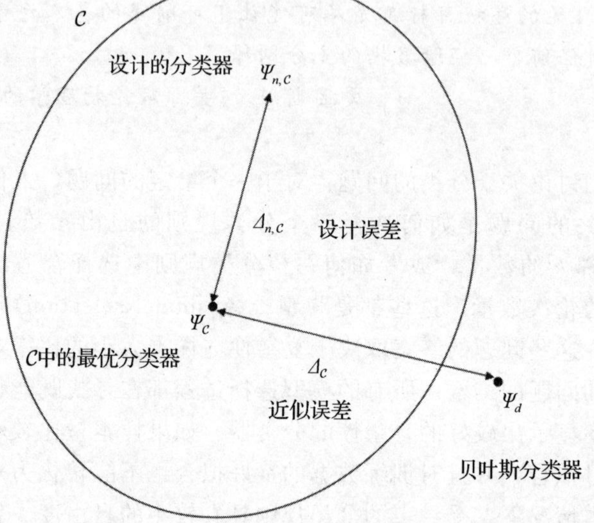

图 8.1　将设计的分类器误差分解为贝叶斯分类器的误差、近似误差和设计误差

如第 3 章所述，一般公认的分类规则性能指标是期望分类误差，它不依赖于特定的数据。在式(8.4)两边同时应用期望可得：

$$E[\varepsilon_{n,\mathcal{C}}] = \varepsilon_d + \Delta_{\mathcal{C}} + E[\Delta_{n,\mathcal{C}}] \tag{8.5}$$

为了选择最佳分类器空间 $\mathcal{C}$，我们希望期望的分类误差 $E[\varepsilon_{n,\mathcal{C}}]$尽可能小。因此，我们希望逼近误差 $\Delta_{\mathcal{C}}$ 和预期的设计误差 $E[\Delta_{n,\mathcal{C}}]$都很小。但是，这通常是不可能的，我们接下来会进行深入探讨。

如前所述，分类规则的复杂性与 $\mathcal{C}$ 的大小有关。分类器空间 $\mathcal{C}$ 越大(即更复杂的分类规则)，可以确保产生越小的逼近误差 $\Delta_{\mathcal{C}}$——如果我们使 $\mathcal{C}$ 足够大，且$\psi_d \in \mathcal{C}$，将得到$\Delta_{\mathcal{C}}=0$。然而，$\mathcal{C}$ 越大通常意味着预期的设计误差越大。如果 $\mathcal{C}$ 变小(即选择更简单的分类规则)，则会产生较小的预期设计误差 $E[\Delta_{n,\mathcal{C}}]$，但会增大逼近误差。在统计学中，这种复杂性困境(complexity dilemma)表示分类的一般偏差-方差困境：一般只能对偏差或方差两者之一进行控制。其中，偏差是$\Delta_{\mathcal{C}}$，方差是 $E[\Delta_{n,\mathcal{C}}]$。

样本量决定了最优操作点处于复杂性困境中的位置。对于大样本，设计问题被最小化($E[\Delta_{n,\mathcal{C}}]$往往很小)，最重要的目标是得到较小的逼近误差 $\Delta_{\mathcal{C}}$，因此在这种情况下，需要使用更加复杂的分类规则。然而，在许多科学领域中都普遍存在的小样本环境中，权衡方案应向另一个方向倾斜。设计问题占主导地位($E[\Delta_{n,\mathcal{C}}]$倾向于变大)并且拥有小的逼近误差 $\Delta_{\mathcal{C}}$ 将变为次要地位。在这种情况下，应避免使用复杂的分类规则。此种情况如图 8.2 所示。由于 $\mathcal{C}'\subset\mathcal{C}$，后者比前者具有更好的性能表现(例如，$\mathcal{C}'$ 和 $\mathcal{C}$ 可以分别表示线性和二次分类器族群)。假设 $n_2 \gg n_1$。我们可以看到，在样本大小为 n_2 的情况下，$\mathcal{C}$ 是更好的分类规则。然而，在样本量为 n_1 的情况下，尽管 $\mathcal{C}'$ 的逼近误差更大，但它的预期设计误差要小得多，这使得它总体上优于 $\mathcal{C}$。

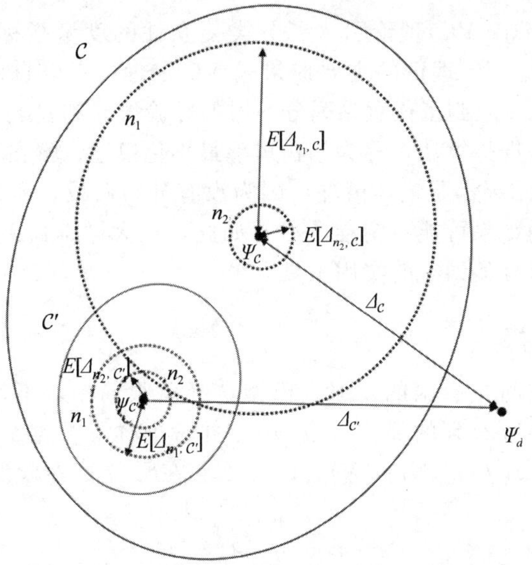

图 8.2　复杂性困境和样本量：$\mathcal{C}$ 更适合 n_2，但 $\mathcal{C}'$ 更适合 n_1

复杂性和样本量之间的关系也可以在剪刀图(scissors plot)中清楚地看到，已经在第 1 章中提及。在图 8.3a 中，我们可以看到，对于 $n>N_0$，更复杂的类 $\mathcal{C}$ 更好，但对于 $n<N_0$，更简单的类 $\mathcal{C}'$ 则更好。N_0 的实际值取决于问题的分布情况。

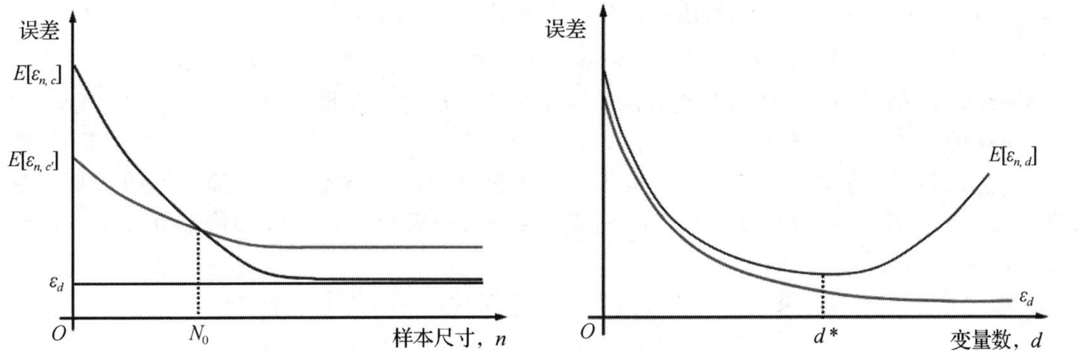

a）剪刀图：对于 $n>N_0$，更复杂的类 $\mathcal{C}$ 更好，但对于 $n<N_0$，更简单的类 $\mathcal{C}'$ 更好

b）峰值现象：随着 d 的增加，ε_d 单调递减，$E[\varepsilon_{n,d}]$ 先减后增

图 8.3　复杂性困境

增加维数 d 与增加 $\mathcal{C}$ 的大小有同样的效果，即增加了分类的复杂性。固定 n，差异

$$E[\varepsilon_{n,d}]-\varepsilon_d=\Delta_d+E[\Delta_{n,d}] \tag{8.6}$$

通常会随着 d 的增加而增加，因为预期的设计误差 $E[\Delta_{n,d}]$ 无法控制。最终的结果是 $E[\varepsilon_{n,d}]$ 开始随着 ε_d 的减小而减少，但最终增加，从而得到最优维数 d^*。举例说明请见图 8.3b。这是第 1 章已经提到的现象，被称为“维数灾难”“峰值现象”和“休斯现象”。请注意，特征选择是一种模型选择问题，在理想情况下，它可将维数减少到最优值 d^*。然而，这个值通常是未知的，因为它取决于样本的大小和问题的分布。

8.2 Vapnik-Chervonenkis 理论

Vapnik-Chervonenkis(VC)理论引入了分类复杂性的度量指标，即打散系数(shatter coefficient)和 VC 维数。VC 理论的主要成果是 VC 定理，它以自由分布的方式，根据打散系数和 VC 维数，统一限制了任意系列分类器的经验误差和真实误差之间的差异。这就产生了一种实用的模型选择算法，称为结构风险最小化模型，将在 8.3 节中进行讨论。

VC 理论中的所有结果都是最坏情况，因为没有分布假设，所以对于特定的特征标签分布和小样本，产生的结果可能不精准。尽管如此，在大样本偏差中，VC 定理仍然是分析真实分类误差与经验分类误差的实用工具。

*8.2.1 有限模型选择

如果分类器 $\mathcal{C}$ 的空间是有限的，那么模型选择就很简单，不需要完全通用的 VC 理论，正如我们在本节中所看到的那样，设 $\psi\in\mathcal{C}$ 并考虑样本数据 $S_n=\{(\boldsymbol{X}_1,Y_1),\cdots,(\boldsymbol{X}_n,Y_n)\}$。$\psi$ 的真实误差是 $\varepsilon[\psi]=P(\mathrm{psi}(\boldsymbol{X})\neq Y)$，而它在 S_n 上的经验误差为

$$\hat{\varepsilon}[\psi]=\frac{1}{n}\sum_{i=1}^{n}I_{\psi(\boldsymbol{X}_i)\neq Y_i} \tag{8.7}$$

如果 ψ 不是 S_n 的函数，那么我们可以从 Hoeffding 不等式(定理 A.14)直接得到尾概率 $P(|\hat{\varepsilon}[\psi]-\varepsilon[\psi]|\geqslant\tau)$ 的上限。要想了解这一点，需考虑独立的二进制随机变量 $W_i=I_{\psi(\boldsymbol{X}_i)\neq Y_i}$，$i=1,\cdots,n$，且令 $Z_n=\sum_{i=1}^{n}W_i=n\,\hat{\varepsilon}[\psi]$。由于 ψ 不是 S_n 的函数，我们有 $E[\hat{\varepsilon}[\psi]]=E[\varepsilon[\psi]]$(如 $\hat{\varepsilon}[\psi]$ 是一个测试集误差估计量)，因此 $E[Z_n]=E[n\,\hat{\varepsilon}[\psi]]=nE[\hat{\varepsilon}[\psi]]=nE[\varepsilon[\psi]]$。将 Hoeffding 不等式应用于 Z_n 得到：

$$P(|\hat{\varepsilon}[\psi]-\varepsilon[\psi]|\geqslant\tau)\leqslant 2\mathrm{e}^{-2n\tau^2},\quad \text{对于所有 } \tau>0 \tag{8.8}$$

不考虑$(\boldsymbol{X},Y)$的分布。不管 $\mathcal{C}$ 是否有限，这个结论都成立。但是，如果 $\psi=\psi_n$ 是使用 S_n 在 $\mathcal{C}$ 中选择的分类器，它就不正确了，比如在本例中 $E[\hat{\varepsilon}[\psi_n]]\neq E[\varepsilon[\psi_n]]$的一般情况下(这里 $\hat{\varepsilon}[\psi_n]$ 是再引入估计量)。由于 ψ_n 是我们真正感兴趣的分类器，所以需要修改分析。解决方案是通过联合界的简单应用，将 $|\hat{\varepsilon}[\psi]-\varepsilon[\psi]|$ 一致地(uniformly)限制在 $\mathcal{C}$ 上。结果体现在以下定理中。

定理 8.1　如果分类器空间 $\mathcal{C}$ 是有限的，则不管$(\boldsymbol{X},Y)$的分布如何，有

$$P(\max_{\psi\in\mathcal{C}}|\hat{\varepsilon}[\psi]-\varepsilon[\psi]|>\tau)\leqslant 2|\mathcal{C}|\mathrm{e}^{-2n\tau^2},\quad \text{对于所有 } \tau>0 \tag{8.9}$$

证明：首先注意到 $\{\max_{\psi\in\mathcal{C}}|\varepsilon[\psi]-\hat{\varepsilon}[\psi]|>\tau\}=\bigcup_{\psi\in\mathcal{C}}\{|\varepsilon[\psi]-\hat{\varepsilon}[\psi]|>\tau\}$。然后我们应用联合界公式(A.10)得到 $P(\max_{\psi\in\mathcal{C}}|\varepsilon[\psi]-\hat{\varepsilon}[\psi]|>\tau)\leqslant\sum_{\psi\in\mathcal{C}}P(|\varepsilon[\psi]-\hat{\varepsilon}[\psi]|>\tau)$。应用式(8.8)得到式(8.9)。■

这里设计的分类器 ψ_n 是 $\mathcal{C}$ 的成员，因此式(8.9)中的界适用于

$$P(\max_{\psi\in\mathcal{C}}|\hat{\varepsilon}[\psi]-\varepsilon[\psi]|>\tau)\leqslant 2|\mathcal{C}|\mathrm{e}^{-2n\tau^2},\quad \text{对于所有 } \tau>0 \tag{8.10}$$

该结果表明，当 $n\rightarrow\infty$ 时，再引入估计量 $\hat{\varepsilon}[\psi]$ 有很大概率会接近真实误差 $\varepsilon[\psi]$(这也意味着通过应用定理 A.8，再引入估计量具有普遍强一致性)。对式(8.10)应用引理 A.1，可以得到

$$E[|\hat{\varepsilon}[\psi_n]-\varepsilon[\psi_n]|]\leqslant\sqrt{\frac{1+\ln 2|\mathcal{C}|}{2n}} \tag{8.11}$$

当复杂性 $\ln|\mathcal{C}|$ 与样本大小 n 之间的比值变小时，其界是较紧的，并且 $E[\hat{\varepsilon}[\psi_n]]$ 肯定接近 $E[\varepsilon[\psi_n]]$（因为 $-E[|Z|]\leqslant E[Z]\leqslant E[|Z|]$）。这意味着相对于样本量而言，复杂性越低，过拟合程度越小。当 $n\to\infty$ 且 $|\mathcal{C}|$ 是一个常数时，$E[\hat{\varepsilon}[\psi_n]]$ 就会趋于 $E[\varepsilon[\psi_n]]$，使得再引入偏差消失。

以上分析基于分类器空间 $\mathcal{C}$ 是有限的。虽然有些分类规则对应有限的 $\mathcal{C}$（例如，有限区域数的直方图规则），但在大多数具有实际意义的情况下，$|\mathcal{C}|$ 不是有限的。将上文的分析结果扩展到任意大小的 $\mathcal{C}$ 来获得 VC 理论的普遍性是必要的。

8.2.2　打散系数与 VC 维度

我们首先定义集合族的打散系数和 VC 维度的重要概念。在下一节中，将其与分类联系起来。

直观地说，一个集合族的复杂性应该与它“挑选出”给定点集的子集有关。接下来我们对其进行正式化描述。对于给定的 n，考虑在 R^d 的一般位置（即两点并不是重叠在一起的，三点不在一条直线上，等等）中的一组点 $x_1,\cdots,x_n$。给定集合 $A\subseteq R^d$，则

$$A\cap\{x_1,\cdots,x_n\}\subseteq\{x_1,\cdots,x_n\} \tag{8.12}$$

是通过 A“选出来”的子集 $\{x_1,\cdots,x_n\}$。现在，考虑 R^d 的一系列子集 $\mathcal{A}$，并且设

$$N_{\mathcal{A}}(x_1,\cdots,x_n)=|\{A\cap\{x_1,\cdots,x_n\}\mid A\in\mathcal{A}\}| \tag{8.13}$$

即可以通过 $\mathcal{A}$ 中的集合来选择 $\{x_1,\cdots,x_n\}$ 的子集数。$\mathcal{A}$ 中的打散系数被定义为

$$s(\mathcal{A},n)=\max_{\{x_1,\cdots,x_n\}}N_{\mathcal{A}}(x_1,\cdots,x_n) \tag{8.14}$$

打散系数 $\{s(\mathcal{A},n);\ n=1,2,\cdots\}$ 测量 $\mathcal{A}$ 的大小或复杂性。注意到对于所有的 n，$s(\mathcal{A},n)\leqslant 2^n$ 都成立。如果 $s(\mathcal{A},n)=2^n$，那么存在一组点 $(x_1,\cdots,x_n)$，使得 $N_{\mathcal{A}}(x_1,\cdots,x_n)=2^n$，我们可以称之为 $\mathcal{A}$ 打散 $\{x_1,\cdots,x_n\}$。这意味着当 $m<n$ 时，$s(\mathcal{A},m)=2^m$。另外，如果 $s(\mathcal{A},n)<2^n$，那么点集 $(x_1,\cdots,x_n)$ 至少包含一个不在 $\mathcal{A}$ 中的子集，当 $m>n$ 时，$s(\mathcal{A},m)<2^m$。因此，存在最大的整数 $k\geqslant 1$，使得 $s(\mathcal{A},k)<2^k$。这个整数称为 $\mathcal{A}$ 的 VC 维数 $V_{\mathcal{A}}$（假设 $|\mathcal{A}|\geqslant 2$）。如果对于所有的 n，存在 $s(\mathcal{A},n)=2^n$，则 $V_{\mathcal{A}}=\infty$，那么 $\mathcal{A}$ 的 VC 维数是 R^d 中可以由 $\mathcal{A}$ 打散出的最大点数。和打散系数一样，$V_{\mathcal{A}}$ 是 $\mathcal{A}$ 大小的测度。

例 8.1　对于射线类 $\mathcal{A}_1=\{(-\infty,a]\mid a\in R\}$

$$s(\mathcal{A}_1,n)=n+1\quad 且\quad V_{\mathcal{A}}=1 \tag{8.15}$$

而对于区间类 $\mathcal{A}_2=\{[a,b]\mid a,b\in R\}$，

$$s(\mathcal{A}_2,n)=\frac{n(n+1)}{2}+1\quad 且\quad V_{\mathcal{A}}=2 \tag{8.16}$$

这些例子可以概括如下：对于“半矩形”类

$$\mathcal{A}_d=\{(-\infty,a_1]\times\cdots\times(-\infty,a_d]\mid(a_1,\cdots,a_d)\in R^d\} \tag{8.17}$$

很容易证明 $V_{\mathcal{A}_d}=d$，而对于矩阵类

$$\mathcal{A}_{2d}=\{[a_1,b_1]\times\cdots\times[a_d,b_d]\mid(a_1,\cdots,a_d,b_1,\cdots,b_d])\in R^{2d}\} \tag{8.18}$$

可以得到 $V_{\mathcal{A}_{2d}}=2d$。■

请注意，在上面的例子中，类 $\mathcal{A}_m$ 有 m 个参数，其 VC 维数是 m，即 VC 维数等于参数的数量。虽然这是直观的，但一般情况并不正确。下面的一个众所周知的例子将着重说明这一点。

例 8.2（单参数，无限 VC 集合族）　设

$$\mathcal{A}=\{A_\omega=\{x\in R\mid\sin(\omega x)>0\}\mid\omega\in R\} \tag{8.19}$$

与例 8.1 中的 $\mathcal{A}_1$ 一样，这是一个一维集合 A_ω 的族，由单个参数 ω 进行索引，$V_{\mathcal{A}}=\infty$。考虑到点集 $\{x_1,\cdots,x_n\}$ 和点的子集 $\{x_{i_1},\cdots,x_{i_m}\}$，使得对于 $i=1,\cdots,n$，$x_i=10^{-i}$。给定 ω，使得 $A_\omega\in\mathcal{A}$ "挑选出" 这个子集，即

$$\omega=\pi\left(1+\sum_{j=1}^{n}y_j\,10^j\right) \tag{8.20}$$

其中对于 $j=1,\cdots,m$，$y_{i_j}=0$，否则 $y_i=1$。这是因为如果 $y_i=0$，$\sin(\omega x_i)>0$；如果 $y_i=1$，$\sin(\omega x_i)<0$（练习 8.1）。因此，$\mathcal{A}$ 打散 $\{x_1,\cdots,x_n\}$，其中 $n=1,2,\cdots$。■

前面的例子表明参数的数量和复杂性之间本质上没有关系。

打散系数的一般界为

$$s(\mathcal{A},n)\leqslant\sum_{i=0}^{V_{\mathcal{A}}}\binom{n}{i},\quad 对于所有\ n \tag{8.21}$$

请注意，例 8.1 中的 $\mathcal{A}_1$ 和 $\mathcal{A}_2$ 达到了这个界，因此它是紧的。假设 $V_{\mathcal{A}}<\infty$，直接遵循二项式定理，则

$$s(\mathcal{A},n)\leqslant(n+1)^{V_{\mathcal{A}}} \tag{8.22}$$

8.2.3　几种分类规则中的 VC 参数

前面的概念可以通过它们之间关联的分类器空间 $\mathcal{C}$ 应用到分类规则中。给定一个分类器 $\psi\in\mathcal{C}$，定义该集合

$$A_\psi=\{x\in R^d\mid\psi(x)=1\} \tag{8.23}$$

也就是说，ψ 的 1 决策区域（这里指定了分类器，因为 0 决策区域为 (A_ψ^C)，并且设 $\mathcal{A}_{\mathcal{C}}=\{A_\psi\mid\psi\in\mathcal{C}\}$，即由 $\mathcal{C}$ 产生的所有 1 决策区域的族。因此，$\mathcal{C}$ 的打散系数 $\mathcal{S}(\mathcal{C},n)$ 和 VC 维度 V_c 被定义为

$$\begin{aligned}\mathcal{S}(\mathcal{C},n)&=s(\mathcal{A}_{\mathcal{C}},n)\\V_{\mathcal{C}}&=V_{\mathcal{A}_{\mathcal{C}}}\end{aligned} \tag{8.24}$$

上一节中定义的所有概念现在都存在一个分类解释。例如，如果 ψ 将标签 1 标记为在子集中的点，将标签 0 标记为不在子集中的点，那么 $\{x_1,\cdots,x_n\}$ 的子集就是通过 ψ 被挑选出来的。如果 $\mathcal{C}$ 中有 2^n 个分类器，将所有可能产生的 2^n 个标签分配给 $\{x_1,\cdots,x_n\}$，则可以通过 $\mathcal{C}$ 将点集 $\{x_1,\cdots,x_n\}$ 打散。此外，前面讨论的所有结果都适用于新的环境。例如，结合式(8.22)、如果 $V_{\mathcal{C}}<\infty$，则

$$\mathcal{S}(\mathcal{C},n)\leqslant(n+1)^{V_{\mathcal{C}}} \tag{8.25}$$

因此，如果 $V_{\mathcal{C}}$ 是有限的，那么 $s(\mathcal{C},n)$ 随着 n 的增加呈多项式增长，而不是指数增长，这在 8.2.4 节中很重要。

接下来给出了常用的分类规则对应的 VC 维度和打散系数的结果。

线性分类规则

线性分类规则是那些能够产生决策超平面边界的分类器的规则，包括 NMC、LDA、感知器和线性支持向量机。设 $\mathcal{C}_d$ 是 R^d 中线性分类器的类，则可以证明

$$\begin{aligned}\mathcal{S}(\mathcal{C}_d,n)&=2\sum_{i=0}^{d}\binom{n-1}{i}\\V_{\mathcal{C}_d}&=d+1\end{aligned} \tag{8.26}$$

事实上，$V_{\mathcal{C}}=d+1$ 意味着存在一组 $d+1$ 个点可以通过 R^d 中的线性分类器打散，而不存在一组 $d+2$ 个点能被打散。以 $d=2$ 为例，根据上面的公式，有

$$
\begin{aligned}
s(\mathcal{C}_2,1) &= 2\binom{0}{0} = 2 = 2^1 \\
s(\mathcal{C}_2,2) &= 2\left[\binom{1}{0}+\binom{1}{1}\right] = 4 = 2^2 \\
s(\mathcal{C}_2,3) &= 2\left[\binom{2}{0}+\binom{2}{1}+\binom{2}{2}\right] = 8 = 2^3 \\
s(\mathcal{C}_2,4) &= 2\left[\binom{3}{0}+\binom{3}{1}+\binom{3}{2}\right] = 14 < 16 = 2^4
\end{aligned}
\tag{8.27}
$$

因此，$V_{\mathcal{C}_2}=3$。这意味着在 R^2 中 3 个点的集合可以被线性分类器打散。事实上，R^2 中的任意 3 个点的集合(在一般位置里)都可以被线性分类器打散，如图 8.4 所示。

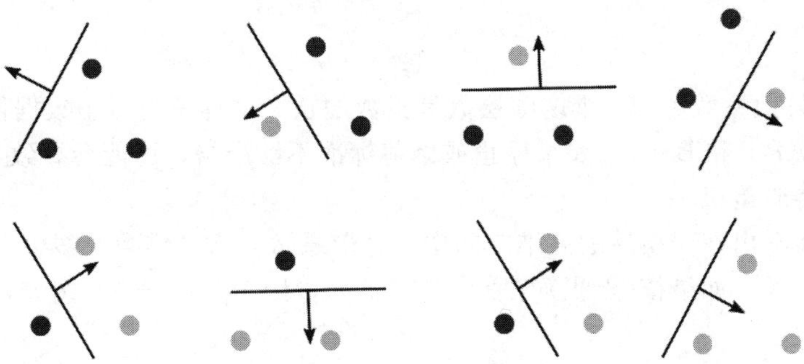

图 8.4　在 R^2 中的 $n=3$ 个点集可以被打散，即通过线性分类规则可以产生 $2^3=8$ 个标签分配。改编自 Burges[1998]的图 1

此外，$V_{\mathcal{C}_2}=3$ 意味着 4 个点的集合(一般位置)不可以被线性分类器打散，因为线性分类器至少有 $2^4-s(\mathcal{C}_2,4)=16-14=2$ 个分配标签不在 $2^4=16$ 种可能性之中。这对应第 6 章中 XOR 数据集的两种变体。有关说明请参见图 8.5。

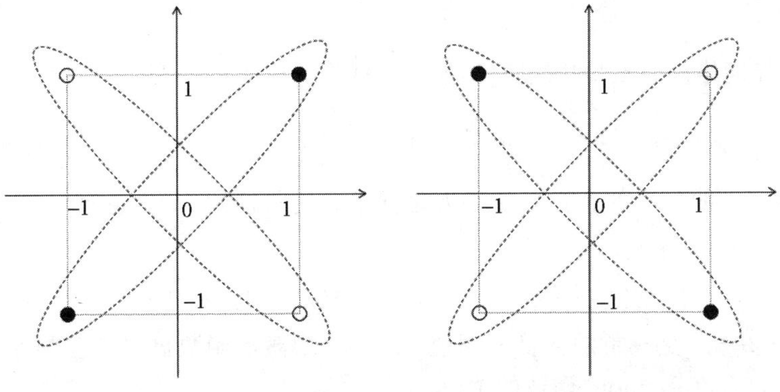

图 8.5　对 R^2 中不能由线性分类器产生的 $n=4$ 个点的两个标签进行分配

线性分类规则的优点是 VC 维度会随变量数量的增加而线性增加。但是，请注意具有相同 VC 维度的线性分类规则可能会表现出不同的性能，特别是在样本较小的情况下。

kNN 分类规则

当 $k=1$ 时，任何由 n 个点组成的集合都可以被打散(生成一个 1NN 分类器来“挑选”子集、从而达到将标签 1 赋给点的子集、将标签 0 赋给点的补集的目的)，因此 1NN 分类规则的 VC 维度是无限的。一些实验表明，当 $k>1$ 时，任意 kNN 分类规则的 VC 维度也可以是无限的。具有有限 VC 维度的类 $\mathcal{C}$ 被称为 VC 类。因此，当 $k>1$ 时，kNN 分类器的 $\mathcal{C}_k$ 类并不是 VC 类。具有无限 VC 维度的分类规则并不一定没用。例如，有实验表明在小样本情况下，3NN 分类规则和 5NN 分类规则表现得很好。此外，Cover-Hart 定理表明渐近 kNN 错误率约等于贝叶斯误差。如 8.2.5 节所述，$V_{\mathcal{C}}=\infty$ 将导致一个非常糟糕的情况。

分类树

深度为 k 的二叉树最多有 2^k-1 个分裂节点和 2^k 个叶子。因此，对于数据独立分割的分类树(即固定分区树分类器)，我们有

$$\mathcal{S}(\mathcal{C},n)=\begin{cases}2^n, & n\leqslant 2^k\\ 2^{2^k}, & n>2^k\end{cases} \tag{8.28}$$

并且 $V_{\mathcal{C}}=2^k$。打散系数和 VC 维度随层数呈指数增长。这种情况对于数据依赖的决策树是不同的(例如 CART 和 BSP)，如果停止或修剪标准不够严格，可能会导致 $V_{\mathcal{C}}=\infty$。

非线性支持向量机

可以容易地看出在变换后的高维空间中，打散系数和 VC 维数与线性分类器的系数相对应。更准确地说，如果核(点积)的最小空间是 m，则 $V_{\mathcal{C}}=m+1$。例如，对于多项式核函数

$$K(x,y)=(x^{\mathrm{T}}y)^p=(x_1y_1+\cdots+x_dy_d)^p \tag{8.29}$$

我们可以得到 $m=\binom{d+p-1}{p}$，即在 $K(x,y)$的展开式中 x_iy_i 的不同幂数，所以 $V_{\mathcal{C}}=\binom{d+p-1}{p}+1$。对于某些核函数，如高斯核函数

$$K(x,y)=\exp(-|x-y|^2/\sigma^2) \tag{8.30}$$

最小空间是无限维的，所以 $V_{\mathcal{C}}=\infty$。

神经网络

对于在神经网络的隐藏层中有 k 个神经元的类 $\mathcal{C}_k$，可以证明

$$V_{\mathcal{C}_k}\geqslant 2\left\lfloor\frac{k}{2}\right\rfloor d \tag{8.31}$$

其中$\lfloor x\rfloor$是代表$\leqslant x$ 的最大的整数。如果 k 是偶数，这将简化为 $V_{\mathcal{C}_k}\geqslant kd$。对于阈值 sigmoid 型函数，$V_{\mathcal{C}_k}<\infty$。实际上

$$\mathcal{S}(\mathcal{C}_k,n)\leqslant(ne)^{\gamma} \quad 且 \quad V_{\mathcal{C}_k}\leqslant 2\gamma\ln_2(e\gamma) \tag{8.32}$$

其中，$\gamma=kd+2k+1$ 是权重的数量。阈值 sigmoid 型激活函数可以产生最小的 VC 维。实际上，当 $k\geqslant 2$，存在 sigmoid 函数的 $V_{\mathcal{C}_k}=\infty$。

直方图规则

对于具有有限数量的分区 b 的直方图规则，很容易看到打散系数为

$$\mathcal{S}(\mathcal{C},n)=\begin{cases}2^n, & n<b\\ 2^b, & n\geqslant b\end{cases} \tag{8.33}$$

因此，VC 维度为 $V_{\mathcal{C}}=b$。

8.2.4 Vapnik-Chervonenkis 定理

著名的 Vapnik-Chervonenkis 定理使用打散系数 $\mathcal{S}(\mathcal{C},n)$ 代替 $|\mathcal{C}|$ 作为 $\mathcal{C}$ 大小的度量，从而使得定理 8.1 对任意的 $\mathcal{C}$ 都成立。证明参见附录 A.6 节。

定理 8.2 (Vapnik-Chervonenkis 定理)　不管 (X,Y) 的分布如何，对于所有的 $\tau>0$，

$$P(\sup_{\psi\in\mathcal{C}}|\hat{\varepsilon}[\psi]-\varepsilon[\psi]|>\tau)\leqslant 8\mathcal{S}(\mathcal{C},n)\mathrm{e}^{-n\tau^2/32} \tag{8.34}$$

如果 $V_{\mathcal{C}}$ 是有限的，我们可以通过不等式(8.25)得到关于 $V_{\mathcal{C}}$ 的界：对于所有的 $\tau>0$，

$$P(\sup_{\psi\in\mathcal{C}}|\hat{\varepsilon}[\psi]-\varepsilon[\psi]|>\tau)\leqslant 8(n+1)^{V_{\mathcal{C}}}\mathrm{e}^{-n\tau^2/32} \tag{8.35}$$

因此，如果 $V_{\mathcal{C}}$ 是有限的，项 $\mathrm{e}^{-n\tau^2/32}$ 占主导地位，并且当 $n\to\infty$，界以指数速度递减。如上一节所述，所设计的分类器 ψ_n 是 $\mathcal{C}$ 中的成员，因此式(8.35)中的界适用：对于所有的 $\tau>0$，

$$P(|\hat{\varepsilon}[\psi_n]-\varepsilon[\psi_n]|>\tau)\leqslant 8(n+1)^{V_{\mathcal{C}}}\mathrm{e}^{-n\tau^2/32} \tag{8.36}$$

这是第 7 章中的等式(7.12)。此外，将引理 A.1 应用到式(8.36)可得出

$$E[|\hat{\varepsilon}[\psi_n]-\varepsilon[\psi_n]|]\leqslant 8\sqrt{\frac{V_{\mathcal{C}}\ln(n+1)+4}{2n}} \tag{8.37}$$

因此，$E[|\hat{\varepsilon}[\psi]-\varepsilon[\psi]|]$ 的复杂度为 $O(\sqrt{V_{\mathcal{C}}\ln n/n})$，由此我们得出结论，如果 $n\gg V_{\mathcal{C}}$，则 $E[\hat{\varepsilon}[\psi]]$ 将逼近 $E[\varepsilon[\psi]]$。这也意味着，对于 $V_{\mathcal{C}}<\infty$，当 $n\to\infty$ 时，再引入估计量是渐近无偏估计。

8.2.5 没有免费午餐定理

与 3.4 节中的情况一样，在自由分布的场景中，人们可以选择一个使分类性能非常差的特征-标签分布。在这里，我们关注的是复杂性和样本量之间的比值 $V_{\mathcal{C}}/n$。在最坏的情况下，正如没有免费午餐定理所证明的那样，比较好的分类性能要求 $n\gg V_{\mathcal{C}}$(众所周知的经验法则 $n\gg 20V_{\mathcal{C}}$)。

定理 8.3　设 $\mathcal{C}$ 是一个 $V_{\mathcal{C}}<\infty$ 的分类器空间，并且 Ω 是所有与 $\varepsilon_{\mathcal{C}}=0$ 对应的随机变量 (X,Y) 的集合。存在

$$\sup_{(X,Y)\in\Omega}E[\varepsilon_{n,\mathcal{C}}]\geqslant\frac{V_{\mathcal{C}}-1}{2\mathrm{e}n}\left(1-\frac{1}{n}\right) \tag{8.38}$$

其中 $n\geqslant V_{\mathcal{C}}-1$。

前面的定理指出在 $\mathcal{C}$ 中可以被分类器分离的所有分布(例如，线性分类规则中的分布都是线性可分的)，除非 $n\gg V_{\mathcal{C}}$，否则最坏情况下的性能仍然远远不为零。

另一方面，如果 $V_{\mathcal{C}}=\infty$，那么就不能使 $n\gg V_{\mathcal{C}}$，并且可以找到一个与 n 无关的最差界(这意味着存在 n 的取值与分类误差无关的情况)。以下定理证明了这一点。

定理 8.4　如果 $V_{\mathcal{C}}=\infty$，则对于任意 $\delta>0$，那么与 $\mathcal{C}$ 相关的任意分类规则，都存在具有 $\varepsilon_{\mathcal{C}}=0$ 的关于 (X,Y) 的特征标签分布，而且

$$E[\varepsilon_{n,\mathcal{C}}]>\frac{1}{2\mathrm{e}}-\delta\quad \text{对于所有 } n>1 \tag{8.39}$$

前面的定理表明，虽然无限 VC 分类规则(如 kNN)在实践中的表现不一定差，但这些规则在最坏情况下的表现很糟糕。

8.3 模型选择方法

模型选择问题如下。假设$\Psi_{n,k}$使用训练数据S_n 在分类器空间 $\mathcal{C}_k$ 中选择对应的分类方法ψ_{n,k_n}，其中 $k=1,\cdots,N$。为了简单起见，在这里我们假设 N 是有限的。这个假设不做过多的限制，因为选择通常是在少量的错误分类规则之间进行的，并且任何连续的自由参数都可以离散到一个有限的网格中(选择过程通常称为网格搜索)。模型选择的目标是在所有候选集中选择一个分类误差最小的$\psi_n=\psi_{n,k_n}\in\mathcal{C}_{k_n}$ 的分类器。那么所选的分类规则为Ψ_{n,k_n}。在接下来的几节中，我们来研究用于解决这个问题的模型选择方法。

8.3.1 验证误差最小化

在这种方法中，所选的分类器ψ_n 在称为验证集的独立样本$S_m=\{(\boldsymbol{X}_1,Y_1),\cdots,(\boldsymbol{X}_m,Y_m)\}$中产生最小错误数。换句话说，

$$\psi_n=\arg\min_{\psi_{n,k}}\hat{\varepsilon}[\psi_{n,k}]=\arg\min_{\psi_{n,k}}\frac{1}{m}\sum_{i=1}^{m}|Y_i-\psi_{n,k}(\boldsymbol{X}_i)| \tag{8.40}$$

然而，我们确实希望选择分类器ψ_n^* 达到最小真实分类误差：

$$\psi_n^*=\arg\min_{\psi_{n,k}}\varepsilon[\psi_{n,k}]=\arg\min_{\psi_{n,k}}E[|Y-\psi_{n,k}(\boldsymbol{X})] \tag{8.41}$$

下文中，我们可以限定基于样本的分类器的真实误差 $\varepsilon[\psi_n]$和最佳分类器的真实误差$\varepsilon[\psi_n^*]$之间的差距(这就是我们所关心的误差)。首先，注意到：

$$\begin{aligned}\varepsilon[\psi_n]-\varepsilon[\psi_n^*]&=\varepsilon[\psi_n]-\hat{\varepsilon}[\psi_n]+\hat{\varepsilon}[\psi_n]-\min_k\varepsilon[\psi_{n,k}]\\&=\varepsilon[\psi_n]-\hat{\varepsilon}[\psi_n]+\min_k\hat{\varepsilon}[\psi_{n,k}]-\min_k\varepsilon[\psi_{n,k}]\\&\leqslant\varepsilon[\psi_n]-\hat{\varepsilon}[\psi_n]+\max_k|\hat{\varepsilon}[\psi_{n,k}]-\varepsilon[\psi_{n,k}]|\leqslant 2\max_k|\hat{\varepsilon}[\psi_{n,k}]-\varepsilon[\psi_{n,k}]\end{aligned} \tag{8.42}$$

其中我们使用了$\varepsilon[\psi_n^*]=\min_k\varepsilon[\psi_{n,k}]$和$\hat{\varepsilon}[\psi_n]=\min_k\hat{\varepsilon}[\psi_{n,k}]$，以及最小值和最大值的性质：

$$\min_k a_k-\min_k b_k\leqslant\max_k(a_k-b_k)\leqslant\max_k|a_k-b_k| \tag{8.43}$$

如定理 8.1 所述，

$$P(\max_k|\hat{\varepsilon}[\psi_{n,k}]-\varepsilon[\psi_{n,k}]>\tau)\leqslant 2N\mathrm{e}^{-2m\tau^2}\quad 对于所有\ \tau>0 \tag{8.44}$$

结合式(8.42)，证明了以下结果。

定理 8.5　*如果使用包含 m 个点的验证集在 N 个选择中选择一个分类器，则所选择的分类器ψ_n 和最佳分类器ψ_n^* 之间的真正误差差异满足*

$$P(\varepsilon[\psi_n]-\varepsilon[\psi_n^*]>\tau)\leqslant 2N\mathrm{e}^{-m\tau^2/2},\quad 对于所有\ \tau>0 \tag{8.45}$$

上述结果证明了，当验证集的大小增加到无穷大时，我们一定会做出正确的选择。与 N 相比，m 越大，界越紧。这与直觉观察相符，即在少数选择项中进行选择比在多数选择项中进行选择更容易。例如，应该避免过于精细的参数网格搜索，如果分类错误对参数的选择不是太敏感，则应该选择粗糙的网格(粗糙的网格也有明显的计算优势)。

请注意，$\hat{\varepsilon}[\psi_n]$不是$\varepsilon[\psi_n]$的无偏估计量，它也没有测试集误差估计量的其他良好属性(请参见练习 8.2)，因为验证集不独立于ψ_n(它被用于选择ψ_n)。事实上，$\hat{\varepsilon}[\psi_n]$作为

$\varepsilon[\psi_n]$的估计量可能是乐观偏向的。这种情况有时被称为“对测试数据的训练”，并且是监督学习中造成错误和误解的主要来源之一。只要承认这一点，使用验证集就是一种完全有效的模型选择方法(如果 m 比 n 大，这确实是一种非常好的方法)。

为了得到 $\varepsilon[\psi_n]$的无偏估计量，需要一个独立于训练和验证集的测试集。这就导致了一个训练-验证-测试的三路策略来分割数据。分类器在不同模型下的训练数据上设计，利用验证数据选择最佳模型，最后利用测试数据评估所选分类器的性能。例如，该策略可用于选择反向传播训练神经网络的轮次数(参见第 6 章)。为了节省计算成本，当验证误差达到第一个局部最小值，而未达到全局最小值时，就可以停止训练(即所选择的训练轮次数)。而测试集不能用于作出此决定，否则误差估计量就不是无偏估计了。

8.3.2　训练集误差最小化

上一节中描述的方法通常是不现实的，原因与关于测试集误差估计给出的原因相同(见第 7 章)：在科学应用中，数据通常稀缺，并且将数据划分为训练和验证集(更不用说保留另一块数据用于测试)变得不切实际，因为人们需要使用所有可用的数据进行训练。在这种情况下，人们可以考虑选择一个数据有效的误差估计器 $\hat{\varepsilon}_n$(即一种使用训练数据估计分类误差的方法)，并选择一个产生最小误差估计的分类器。换句话说，

$$\psi_n = \arg\min_{\psi_{n,k}} \hat{\varepsilon}_n[\psi_{n,k}] \tag{8.46}$$

与之前一样，设ψ_n^* 成为实现最小真实分类误差的分类器：

$$\psi_n^* = \arg\min_{\psi_{n,k}} \varepsilon[\psi_{n,k}] \tag{8.47}$$

不等式(8.42)仍然适用：

$$\varepsilon[\psi_n] - \varepsilon[\psi_n^*] \leqslant 2\max_k |\hat{\varepsilon}_n[\psi_{n,k}] - \varepsilon[\psi_{n,k}]| \tag{8.48}$$

如果误差估计量 $\hat{\varepsilon}_n$ 可以在分类器集中很好地一致地估计误差$\{\psi_{n,k} \mid k=1,\cdots,N\}$，那么右侧界很小，保证了良好的模型选择性能。

然而，关于$\max\limits_k |\hat{\varepsilon}_n[\psi_{n,k}] - \varepsilon[\psi_{n,k}]|$，几乎没有理论上的性能保证。在网格搜索中使用交叉验证选择自由参数的值是很常见的，因为其偏差小。然而，小的偏差并不能保证$|\max\limits_k |\hat{\varepsilon}_n[\psi_{n,k}] - \varepsilon[\psi_{n,k}]||$是小的。然而，如果样本量足够，交叉验证网格搜索可以在实践中正常工作。

8.3.3　结构性风险最小化

结构风险最小化(Structural Risk Minimization，SRM)原理是一种模型选择方法，试图平衡小经验误差与分类规则复杂性。假设 $V_{\mathcal{C}}<\infty$，让我们从重写式(8.35)中的界，去掉上确界和绝对值：

$$P(\varepsilon[\psi] - \hat{\varepsilon}[\psi] > \tau) \leqslant 8(n+1)^{V_{\mathcal{C}}} \mathrm{e}^{-n\tau^2/32}, \text{对于所有 } \tau > 0 \tag{8.49}$$

适用于任何 $\psi \in \mathcal{C}$。设 ξ 在右边，其中 $0 \leqslant \xi \leqslant 1$。对 τ 进行求解并给出答案：

$$\tau(\xi) = \sqrt{\frac{32}{n}\left[V_{\mathcal{C}} \ln(n+1) - \ln\left(\frac{\xi}{8}\right)\right]} \tag{8.50}$$

对于给定的 ξ，因此我们有

$$P(\varepsilon[\psi] - \hat{\varepsilon}[\psi] > \tau(\xi)) \leqslant \xi \Rightarrow P(\varepsilon[\psi] - \hat{\varepsilon}[\psi] \leqslant \tau(\xi)) \geqslant 1 - \xi \tag{8.51}$$

换句话说，不等式

$$\varepsilon[\psi] \leqslant \hat{\varepsilon}[\psi] + \tau(\xi) \tag{8.52}$$

保持的概率至少为 $1-\xi$。但由于这适用于任何 $\psi \in \mathcal{C}$，因此它特别适用于 $\psi = \psi_{n,\mathcal{C}}$，在 S_n 上由 $\mathcal{C}$ 训练得到的分类器。因此，我们可以说下列不等式的概率至少为 $1-\xi$：

$$\varepsilon[\psi_{n,\mathcal{C}}] \leqslant \hat{\varepsilon}[\psi_{n,\mathcal{C}}] + \sqrt{\frac{32}{n}\left[V_{\mathcal{C}} \ln(n+1) - \ln\left(\frac{\xi}{8}\right)\right]} \tag{8.53}$$

式(8.53)右侧的第二项是所谓的 VC *置信度*，并作为一个复杂性惩罚项的函数。虽然 VC 置信度的实际形式可能根据推导而不同，但对于给定的 ξ，它总是只依赖于 $V_{\mathcal{C}}$ 和 n。此外，如果 $n \gg V_{\mathcal{C}}$，它将会变小，否则就会变大。

现在，考虑与分类规则 $\Psi_{n,k}$ 相关的分类空间的嵌套序列 $\{\mathcal{C}_k\}$，其中 $k=1,\cdots,N$。我们的目标是选择一个分类规则，使得分类误差 $\varepsilon[\psi_{n,\mathcal{C}_k}]$ 是最小的。从式(8.53)，可以通过选择一个足够接近 1 的 ξ(例如，$\xi=0.95$，对应 95%的置信度)，通过计算经验误差与 VC 置信度的和

$$\hat{\varepsilon}[\psi_{n,\mathcal{C}_k}] + \sqrt{\frac{32}{n}\left[V_{\mathcal{C}_k} \ln(n+1) - \ln\left(\frac{\xi}{8}\right)\right]} \tag{8.54}$$

对于 $k=1,\cdots,N$，然后选择 k^*，使得其达到最小。因此，我们希望最小化 $\hat{\varepsilon}_{n,\mathcal{C}^k}$ 来实现与数据的良好拟合，但将会对与 n 相比较大的 $V_{\mathcal{C}}$ 进行惩罚。SRM 方法的说明见图 8.6。我们可以看到，随着分类规则的 VC 维度随样本量的增加，经验误差减少，但这被越来越复杂的惩罚项所抵消。最优模型在数据的良好拟合和较低复杂度之间进行了折中处理。

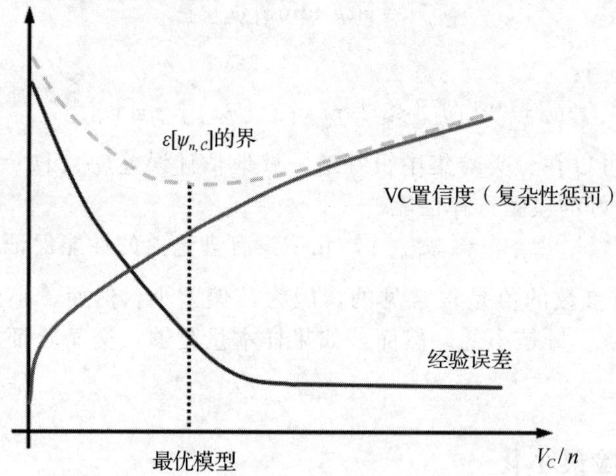

图 8.6　结构风险最小化模型选择方法。随着 $V_{\mathcal{C}}/n$ 的增加，经验误差减小，而复杂性惩罚项增加。该优化模型在较好的拟合数据和较小的复杂度之间取得了较好的折中效果

8.4　文献注释

VC 定理是 Glivenko-Cantelli 定理的扩展，也是经验过程理论的一部分。关于这个话题的一个很好的参考资料是 Pollard [1984]。参见 Devroye et al. [1996]、Vapnik [1998] 和 Castro [2020]。关于 8.2.3 节中的线性、CART 和神经网络分类规则的打散系数和 VC 维度的结果的证明可以在 Devroye et al. [1996]中找到。

没有免费午餐定理 8.4 是 Devroye et al. [1996]中的定理 14.3。而在 Devroye et al.

[1996]的定理 13.2 中证明了式(8.21)中的。$n>20V_{\mathcal{C}}$ 的经验法则出现在 Vapnik[1998]中。

最小描述长度原则(Minimum Description Length，MDL)是 Rissanen[1989]提出的一种信息理论模型选择方法，与 SRM 方法非常相似。它是基于最小化编码设计分类器所需的比特数与编码经验误差所需的比特数的和函数。因此，它试图最大化对数据的拟合，同时惩罚复杂的分类规则。类似于图 8.6 的图也适用于 MDL。

8.5　练习

8.1　提供例 8.2 中缺少的详细信息。

8.2　使用与 8.3.1 节相同的符号，证明

$$E[\varepsilon[\psi_n]-\varepsilon[\psi_n^*]]\leqslant 2\sqrt{\frac{1+\ln 2N}{2m}} \tag{8.55}$$

换句话说，性能的偏差为 $O(\sqrt{\ln N/m})$，因此偏差随着 m 与 N 的比值的增加而减小。

提示：使用定理 8.5 和引理 A.1。

8.3　证明式(8.44)。

8.4　使用与 8.3.1 节相同的符号，证明：

$$P(|\hat{\varepsilon}[\psi_n]-\varepsilon[\psi_n]|>\tau)\leqslant 2N\mathrm{e}^{-2m\tau^2},\quad \text{对于所有 } \tau>0 \tag{8.56}$$

即使 $\hat{\varepsilon}[\psi_n]$ 通常是乐观偏向的，但如果 m 很大(相对于 N)，其高概率是围绕 $\varepsilon[\psi_n]$)。现在用引理 A.1 得到了误差中期望绝对误差的不等式。

提示：为了证明式(8.56)，得到一个合适的不等式，并遵循与之类似的推导来建立定理 8.5。

8.5　假设一个分类规则通过最小化训练数据集中的误差来在空间 $\mathcal{C}$ 中选择一个分类器。例如，这是(离散的和连续的)直方图分类器和神经网络所选择的权值来最小化经验误差的情况。假设 $V_{\mathcal{C}}<\infty$，证明了该分类规则的设计误差式(8.3)被控制为

$$E[\Delta_{n,\mathcal{C}}]\leqslant 16\sqrt{\frac{V_{\mathcal{C}}\ln(n+1)+4}{2n}} \tag{8.57}$$

因此，如果是 $n\gg V_{\mathcal{C}}$，这种分类器设计方法已被 Vapnik 声明为经验风险最小化。

提示：首先推导出与无穷 $\mathcal{C}$(将最小和最大替换为 inf 和 sup)的式(8.48)相似的方程，然后应用 VC 定理和引理 A.1。

8.6　给出 R^2 中二次分类器的类 $\mathcal{C}$，即分类器的公式

$$\psi(\boldsymbol{x})=\begin{cases}1, & \boldsymbol{x}^{\mathrm{T}}\boldsymbol{A}\boldsymbol{x}+\boldsymbol{b}^{\mathrm{T}}\boldsymbol{x}+\boldsymbol{c}>\boldsymbol{0}\\ 0, & \text{否则}\end{cases}$$

其中 $\boldsymbol{A}$ 是一个 2×2 的矩阵，$\boldsymbol{b}\in R^2$，$\boldsymbol{c}\in R$。

(a)通过求出 VC 的界，证明该类具有有限 VC 维度。

提示：使用在 R^d 中分类器的公式

$$\psi(\boldsymbol{x})=\begin{cases}1, & \displaystyle\sum_{i=1}^{r}\boldsymbol{a}_i\,\phi_i(\boldsymbol{x})>\boldsymbol{0}\\ 0, & \text{否则}\end{cases}$$

其中只有 $\boldsymbol{a}_i$ 是变量，而 $\phi_i:R^d\rightarrow R$ 是 x 的固定函数，VC 维数最多为 r。例如，对于

R^2 中的线性分类器，当 $r=3$ 时，$\phi_1(\boldsymbol{x})=x_1$，$\phi_2(\boldsymbol{x})=x_2$ 且 $\phi_3(\boldsymbol{x})=1$。

(b)假设通过选择参数 $\boldsymbol{A}$、$\boldsymbol{b}$ 和 $\boldsymbol{c}$ 来设计二次分类器，以使训练误差最小。(a)项的结果表明，如果已知类条件密度是具有任意均值和协方差矩阵的二维高斯分布，则该分类规则具有强一致性规则，即当 $n\to\infty$ 时，$\varepsilon_n\to\varepsilon^*$。

8.7　在下图中，假设左边的分类器是由 LDA 得到，而右边的分类器是由多项式核函数 $K(\boldsymbol{x},\boldsymbol{y})=(\boldsymbol{x}^{\mathrm{T}}\boldsymbol{y})^2$ 的非线性支持向量机给出。根据结构风险最小化原则，你应该选择哪个分类器？请给出理由。假设置信度 $1-\xi=0.95$。

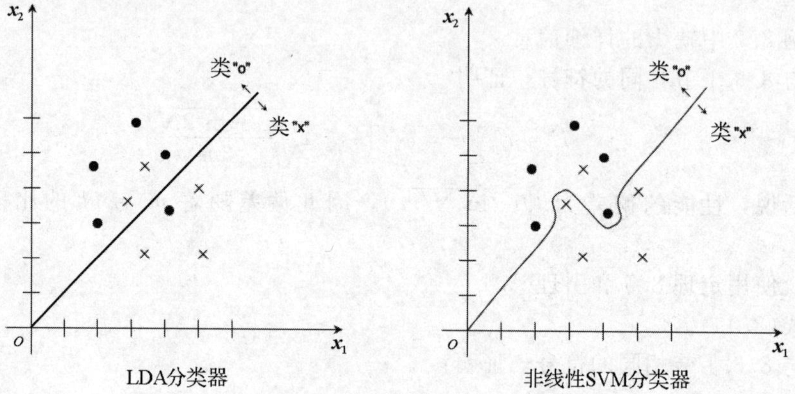

图 8.7　练习 8.7 的图

8.8　假设有两个一维分类规则 Φ_1 和 Φ_2。这些规则产生的分类器决策区域是由 1～2 个区间组成。

(a)确定 Φ_1 和 Φ_2 的 VC 维度。

(b)对于给定的训练数据 S_n，假定 $n=10$，观察到由 Φ_1 生成的分类器在 10 个数据中预测正确 6 个，而由 Φ_2 生成的分类器在 10 个数据中预测正确 9 个。根据结构风险最小化原则，您会选择哪种分类规则？假设置信度为 $1-\xi=0.95$，$\ln(11)=2.4$，$\ln\left(\frac{0.05}{8}\right)=-5$。

降　维

“对于未经训练的调查者来说，最具说服力的特征可能不是经验丰富的科学工作者认为的最基本的特征，但任何物理研究的成功都取决于明智地选择最重要的观察对象。”

——詹姆斯·克拉克·麦克斯韦(1831—1879)，《麦克斯韦科学论文集》

在第2章中可以看到，随着更多特征的加入，贝叶斯误差只能减小或者保持不变。这似乎表明在分类问题中应该使用尽可能多的测量值。然而，随着更多特征的加入，分类规则的预期误差通常会先减小，然后在某一点后误差增大，这是一个著名的违反直觉的事实，称为峰值现象，我们已经在第1章中提到过。此外，在更小的样本量和更复杂的分类规则下，峰值往往出现得更早，即最优的维数更小。因此，为了提高分类精度，降维是必要的，尤其是在测量数据丰富的应用中，例如高分辨率数字音频/图像处理、高通量基因组/蛋白质组数据和长期历史的时间序列数据(例如天气、流行病学和股票定价数据)。除了提高精度，使用特征选择的其他原因还包括减少计算负载(执行时间和数据存储方面)，提高所设计分类器的科学可解释性，以及在二维或三维空间中可视化数据。在本章，我们详细回顾了著名的有监督和无监督降维技术，包括特征提取、过滤和包装特征选择、主成分分析(PCA)、多维缩放(MDS)和因子分析模型。

9.1　面向分类任务的特征提取

降维问题可以形式化如下：给定测量的原始向量 $\boldsymbol{X}\in R^p$，降维得到一个变换 T：$R^p\to R^d$，其中 $d<p$，新的特征向量是 $\boldsymbol{X}'=T(\boldsymbol{X})\in R^d$。例如，在数字图像处理中，向量 $\boldsymbol{X}$ 通常包含图像中的所有像素值，而向量 $\boldsymbol{X}'$ 是小得多的向量，只包含关键的描述性的图像特征(例如，图像区域的方向和形状)。根据图像处理中使用的术语，我们将此过程称为特征提取。

变换后的特征向量 $\boldsymbol{X}'$ 应该最大化一个类可分性判断准则 $J(\boldsymbol{X}',Y)$，以减少判别信息的损失，以下是常见的类可分判断准则的示例。

- 贝叶斯误差：

$$J(\boldsymbol{X}',Y) = 1-\varepsilon^*(\boldsymbol{X}',Y) = 1-E[\min\{\eta(\boldsymbol{X}'),1-\eta(\boldsymbol{X}')\}] \tag{9.1}$$

- F-误差：

$$J(\boldsymbol{X}',Y) = 1-d_F(\boldsymbol{X}',Y) = 1-E[F(\eta(\boldsymbol{X}'))] \tag{9.2}$$

包括渐近最近邻误差 $\varepsilon_{\mathrm{NN}}$、松下误差 ρ 和条件熵 $H(Y|\boldsymbol{X}')$，均在2.6.2节中定义。

- 马氏距离：

$$J(\boldsymbol{X}',Y) = \sqrt{(\boldsymbol{\mu}_1-\boldsymbol{\mu}_0)^{\mathrm{T}}\boldsymbol{\Sigma}^{-1}(\boldsymbol{\mu}_1-\boldsymbol{\mu}_0)} \tag{9.3}$$

式中，$\boldsymbol{\mu}_0$，$\boldsymbol{\mu}_1$ 和 $\boldsymbol{\Sigma}$ 分别是类均值和混合样本的协方差矩阵。

- 给定分类规则 Ψ_n，设计的分类误差：

$$J(\boldsymbol{X}',Y)=1-\varepsilon_n(\boldsymbol{X}',Y)=1-E[|Y-\Psi_n(\boldsymbol{X}',S_n)|] \tag{9.4}$$

- Fisher 判别法：这里 $\boldsymbol{X}'=T(\boldsymbol{X})=\boldsymbol{w}^{\mathrm{T}}\boldsymbol{X}$，$w$ 用来最大化

$$J(\boldsymbol{X}',Y)=\frac{\boldsymbol{w}^{\mathrm{T}}\ \boldsymbol{S}_B w}{\boldsymbol{w}^{\mathrm{T}}\ \boldsymbol{S}_W w} \tag{9.5}$$

  其中

$$\boldsymbol{S}_B=(\hat{\boldsymbol{\mu}}_0-\hat{\boldsymbol{\mu}}_1)(\hat{\boldsymbol{\mu}}_0-\hat{\boldsymbol{\mu}}_1)^{\mathrm{T}} \tag{9.6}$$

  是类间散布矩阵，

$$\boldsymbol{S}_W=(n-2)\hat{\boldsymbol{\Sigma}}=\sum_{i=1}^{n}[(\boldsymbol{X}_i-\hat{\boldsymbol{\mu}}_0)(\boldsymbol{X}_i-\boldsymbol{\mu}_0)^{\mathrm{T}}\boldsymbol{I}_{Y_{i=0}}+(\boldsymbol{X}_i-\hat{\boldsymbol{\mu}}_1)(\boldsymbol{X}_i-\hat{\boldsymbol{\mu}}_1)^{\mathrm{T}}\boldsymbol{I}_{Y_i=1}] \tag{9.7}$$

  是类内散布矩阵，（见练习 9.3）$\boldsymbol{w}^*=\boldsymbol{\Sigma}_W^{-1}(\hat{\boldsymbol{\mu}}_1-\hat{\boldsymbol{\mu}}_0)$ 最大化式(9.5)，且 $\boldsymbol{w}^*$ 与式(4.15)中 LDA 分类器的参数 $\boldsymbol{a}_n$ 是共线性的。因此，在选择适当阈值的情况下，Fisher 判别式可以得出 LDA 分类规则。

除 Fisher 判别法外，以上列出的所有标准都需要知道特征标签分布 $p(\boldsymbol{X}',Y)$。在实践中，它们必须根据数据进行估计。例如，可以使用第 7 章中讨论的任何一种误差估计规则来近似式(9.4)中的标准。

如果特征提取变换 $\boldsymbol{X}_0=T(\boldsymbol{X})$满足 $J(\boldsymbol{X}_0,\ Y)=J(\boldsymbol{X},\ Y)$，则该变换对于假定的类可分离性标准是无损的。例如，如果 J 是任意一种 F-误差(其中包括 Bayes 误差)，则从定理 2.3 得出，如果 T 是可逆的，则它是无损的。无损特征提取将在练习 9.4 中进一步讨论。

在实际应用中，考虑到变换 T 的极端泛化性，获得最佳特征提取变换是一个困难的问题。在图像处理中，经典的方法是人工设计变换 T(例如，计算分割图像区域的不同的几何特性)。随着卷积神经网络的出现(参见 6.2.2 节)，可以从数据中训练特征提取过程并自动选择 T(参见 Python 作业 6.12)。

9.2 特征选择

降维的最简单方法是丢弃冗余的或标签信息量较少的特征，这可以看作是特征提取的特例，其中变换 T 被限制为正交投影。根据定义，相对于特征提取，特征选择是次优的方案，然而，在许多科学应用中，分类模型的可解释性是至关重要的，复杂的特征转换是不受欢迎的。例如，在基因组学中，有必要知道一个小基因集中对疾病或其他状况有预测作用的基因的身份，而由于伦理和科学方面的考虑，在初始的高维空间中对所有基因运用复杂的黑盒函数是不可取的，即使它具有更高的预测能力。(我们将在 9.3 节中看到，通过将特征提取变换限制为线性，PCA 在两种极端方法之间进行折中。)在接下来的几节中，我们将讨论基于穷举和贪婪搜索的各种特征选择算法。我们还将研究特征选择与分类复杂度和误差估计之间的关系。

9.2.1 穷举搜索

设 $A\subset\{1,\cdots,p\}$ 为索引的子集，并定义 $\boldsymbol{X}^A$ 为一组按 A 索引的特征。例如，如果 $A=\{1,p\}$，则 $\boldsymbol{X}^A=\{X_1,X_p\}$是一个二维特征向量，包含原始特征向量 $\boldsymbol{X}\in R^p$ 中的第一个和最后一个特征。设 $J(A)=J(\boldsymbol{X}^A,Y)$给定 A 的类可分性判断准则，穷举特征选择问题就是要找到满足如下条件的 A^*：

$$A^* = \arg\max_{|A|=d} J(A) \tag{9.8}$$

由于这是一个有限优化问题，通过穷举搜索，可以保证在有限的时间内找到最优解：对 $A \subset \{1,\cdots,p\}$ 中所有维度为 d 的子集的特征计算 $J(A)$，并选择最大值。

如果分类误差标准式(9.4)被用作类可分性度量指标，并且标准中使用的分类规则与在选定特征集上训练最终分类器的分类规则相同，则使用分类误差(或者在实践中使用误差估计值)直接搜索最佳特征集，这种方法称为包装特征选择。所有其他情况称为过滤特征选择。例如，使用贝叶斯误差(或其估计值)作为类可分性判断准则是一种过滤特征选择方法。简单地说，过滤特征选择“独立于”用于训练最终分类器的分类规则，而包装特征选择则不是。包装特征选择比过滤特征选择能更好地拟合数据，因为可以将搜索“匹配”到最终所需的分类器。出于同样的原因，在小样本情况下，它可能会导致选择偏差和过拟合，而过滤特征选择更合适。(与书中其他地方一样，“小样本”指的是相对于问题的维度或复杂性而言，只有少量训练数据。)

例 9.1(最大互信息特征选择) 假设式(2.70)中的条件熵用于定义类可分性判断准则：

$$J(A) = 1 - H(Y|\boldsymbol{X}^A) \tag{9.9}$$

那么式(9.8)中的优化问题可以写成：

$$\begin{aligned} A^* &= \arg\max_{|A|=d}(1 - H(Y|\boldsymbol{X}^A)) = \arg\max_{|A|=d}[H(Y) - H(Y|\boldsymbol{X}^A)] \\ &= \arg\max_{|A|=d} I(X^A;Y) \end{aligned} \tag{9.10}$$

其中 $H(Y) = -\sum_{y=0}^{1} P(Y=y)\log_2 P(Y=y)$ 是二进制变量 Y 的熵，它是一个常数，$I(X^A;Y) = H(Y) - H(Y|\boldsymbol{X}^A)$ 是 X^A 和 Y 之间的互信息。这是一种过滤特征选择方法，在实际应用中，互信息必须通过训练数据来估计。 ■

显然，在穷举搜索中要评估的子集的数量是：

$$m = \binom{p}{d} = \frac{p!}{d!(p-d)!} \tag{9.11}$$

因此，穷举特征选择的复杂度是 $O(p^d)$。问题的复杂度随着 p 和 d 的增长而迅速增加。例如，对于不算太大的 $p=100$ 和 $d=10$，要评估的特征集总数大于 10^{13}。

著名的 Cover-Van Campenhout 定理表明，关于类的可分性，从 p 个特征中选取 d 个特征向量，任何排序方式都可能发生。这一结果的证明基于构造一个具有所需属性的简单离散分布(有关更多详细信息，请参阅文献注释)。

定理 9.1(Cover-Van Campenhout 定理) 设 $A_1, A_2, \cdots, A_{2^p}$ 为所有可能子集 $\{1,\cdots,p\}$ 的任意排序，当 $j<j$ 时仅满足约束 $A_i \subset A_j$(因此，$A_1 = \varnothing$ 且 $A_{2^p} = \{1,\cdots,p\}$)，简言之，令 $\varepsilon^*(A) = \varepsilon^*(X^A, Y)$，有这样一种分布 (X,Y) 满足

$$\varepsilon^*(A_1) > \varepsilon^*(A_2) > \cdots > \varepsilon^*(A_{2^p}) \tag{9.12}$$

Cover-Van Campenhout 定理证明，在不知道特征-标签分布的情况下，穷举搜索的指数复杂性是不可避免的。由于贝叶斯误差的单调性，约束 $A_i \subset A_j$(当 $i<j$ 时)是必要的，但是，对于相同大小的特征集，不存在任何限制。

9.2.2 单变量贪婪搜索

在本节和下一节中，我们将考虑几种“贪婪”的特征选择算法，它们试图在不进行穷

举搜索的情况下找到好的特征集。这些方法必然不是最理想的，除非拥有关于特征-标签分布的信息。接下来的讨论中，我们假设没有这样的信息。

快速查找特征集的最简单方法是单独地考虑这些特征。例如，以下是在实践中用于选择特征的启发式方法：

- 保留所有类中高度可变的特征，放弃几乎不变的特征。
- 从每组相互关联的特征簇中保留一个特征，避免关联的特征。
- 保留与标签强相关的特征，丢弃“噪声特征”，即与标签弱相关的特征。

请注意，一个特征可能具有高方差，与所有其他特征不相关，但仍然是噪声特征。同样地，特征可能与目标高度相关，但是由于与其他特征也相关，因此也是冗余的。

在最优单独特征方法中，使用之前的启发式方法对所有特征集进行“过滤”之后，可以对每个原始特征 X_i 应用单变量类可分性判断准则 $J(X_i,Y)$，并选择有最大 J 值的 d 个特征。例如，一种非常流行的方法是使用双样本 t 检验方法的检验统计量的绝对值

$$J(X_i,Y)=\frac{|\hat{\mu}_{i,0}-\hat{\mu}_{i,1}|}{\sqrt{\frac{\hat{\sigma}_{i,0}^2}{n_0}+\frac{\hat{\sigma}_{i,1}^2}{n_1}}} \tag{9.13}$$

对于特征排序，其中 $\hat{\mu}_{i,j}$ 和 $\hat{\mu}_{i,j}^2$ 分别是样本均值和方差(等价地，可以使用检验的 p-值)。

单变量标准检查起来非常简单，而且通常效果很好。但由于一次只考虑一个特征，而忽略了多个特征集之间的多变量关系，这种方法也可能会失败。Toussaint 反例生动地证明了这一事实。

定理 9.2(Toussaint 反例)　假设 $d=3$，给定 Y，存在分布 $(\boldsymbol{X},Y)$ 使得 X_1,X_2 和 X_3 条件独立，并且

$$\varepsilon^*(X_1)<\varepsilon^*(X_2)<\varepsilon^*(X_3) \tag{9.14}$$

使得

$$\varepsilon^*(X_1,X_2)>\varepsilon^*(X_1,X_3)>\varepsilon^*(X_2,X_3) \tag{9.15}$$

因此，最好的 2 个样本特征形成最差的二维特征集，最差的 2 个样本特征形成最好的二维特征集，此外，最好的二维特征集不包含最好的样本特征。

证明：集中在 R^3 空间中的单位立方体 $[0,1]^3$ 顶点上的分布，满足 $P(Y=0)=P(Y=1)=0.5$，且

$$\begin{aligned} P(X_1=1|Y=0)=0.1 \quad & P(X_1=1|Y=1)=0.9 \\ P(X_2=1|Y=0)=0.05 \quad & P(X_2=1|Y=1)=0.8 \\ P(X_3=1|Y=0)=0.01 \quad & P(X_3=1|Y=1)=0.71 \end{aligned} \tag{9.16}$$

在给定 Y 时 X_1，X_2，X_3 独立，具有所需的性质。■

这个结果是惊人的，即使所有的特征是不相关的(事实上是独立的)，仍然有强大的多元效应从而覆盖了单变量的作用。

这类现象中的另一个例子是异或问题(不要将其与前几章中的 XOR 数据集混淆)。

例 9.2(异或问题)　考虑两个独立且相同分布的二进制特征 X_1，$X_2\in\{0,1\}$，其中 $P(X_1=0)=P(X_1=1)=1/2$，并假设 $Y=X_1\oplus X_2$，“$\oplus$”表示逻辑异或操作。因为 Y 是 (X_1,X_2) 的函数且 $\varepsilon^*(X_1,X_2)=0$，然而 $\eta(X_1)=P(Y=1|X_1)\equiv 1/2$，所以 $\varepsilon^*(X_1)=1/2$ 且 $\varepsilon^*(X_2)=1/2$。因此，X_1 和 X_2 各自对 Y 是完全不可预测的，但它们一起就可以完全地预测 Y。■

9.2.3 多变量贪婪搜索

多变量贪婪特征选择算法试图通过评估特征向量而不是单变量特征来解决困扰单变量方法的问题，同时避免对特征集的整个空间进行完全搜索。序列方法通常优于最优单独特征选择(除非遇到严重的小样本情况)。

我们这里只考虑序列多变量贪婪搜索方法，其中特征被顺序地从所需的特征向量中添加或删除，直到一个停止条件得到满足。序列方法可分为自底向上搜索和自顶向下搜索，自底向上搜索是特征向量的长度会随着时间的推移而增加，而自顶向下搜索是特征向量的长度会随着时间的推移而减小。

顺序前向搜索

顺序前向搜索(SFS)每次向工作特征集添加一个特征的算法。

1. 设 $X_{(0)}=\varnothing$。

2. 给定当前的特征集 $X_{(k)}$，利用判断准则 $J(X_{(k)}\cup X_i,Y)$为每个特征 $X_i\notin X_{(k)}$进行评估，并将使评估标准最大的特征 X_i^* 添加到特征集：$X_{(k+1)}=X_{(k)}\cup X_i^*$。

3. 如果 $k=d$ 或评估结果不再提升，则停止。

或者，初始特征向量 $X_{(0)}$可以由小向量(通常设置 $d=2$ 或 $d=3$)组成，这个小向量是通过穷举搜索从 p 个原始特征中获得的。SFS 简单快速，但存在有限视界问题：一旦添加了一个特征，它就会被“冻结”在这个位置，即它永远不能从工作特征集中删除。

顺序后向搜索

顺序后向搜索(SBS)是 SFS 的自顶向下版本。

1. 设 $X_{(0)}=X$。

2. 给定当前特征集 $X_{(k)}$，利用判断准则($X_{(k)}\setminus X_i$，Y)为每个特征 $X_i\in X_{(k)}$进行评估，找到能够最小化 $J(X_{(k)},Y)-J(X_{(k)}\setminus X_i,Y)$的 X，并将其从特征集 $X_{(k+1)}=X_{(k)}\setminus X_i^*$ 中删除。

3. 在 $k=d$ 时停止。

与 SFS 的情况一样，这种方法存在有限视界问题：一旦特征被移除，就永远不能再添加回来。它还有一个额外的缺点，即在算法的初始步骤中必须考虑高维特征集——如果标准 J 涉及分类误差(例如包装特征选择)，这将使 SBS 不适用于 p 值较大的情况。

广义顺序搜索

这是顺序搜索的一种推广，在每个阶段，Z_j 表示少量 r 个特征的组合(当前特征集 $X_{(k)}$中不包括这 r 个特征)，通常 $r=2$ 和 $r=3$。

1. 在广义顺序前向搜索(GSFS)中，最大化 $J(X_{(k)}\cup Z_j,Y)$的组合 Z_j^* 被添加到当前特征集：$X_{(k+1)}=X_{(k)}\cup Z_j^*$。这是一种自下而上的方法。

2. 在广义顺序后向搜索(GSBS)中，最小化 $J(X_{(k)},Y)-J(X_{(k)}\setminus Z_j,Y)$的组合 Z_j^* 被删除出当前特征集：$X_{(k+1)}=X_{(k)}\setminus Z_j^*$。这是一种自上而下的方法。

GSFS 和 GSBS 比常规的 SFS 和 SBS 更精确，但需要更多的计算。不过它们仍然有相同的缺点：存在有限视界和 GSBS 方法在高维特征向量评估方面的问题。

Plus-*l* Take-*r* 搜索

这种方法能够解决前面的顺序搜索方法的有限视界问题，代价是更多的计算。从初始特征集开始，使用 SFS 将 l 个特征添加到当前特征集，然后使用 SBS 删除 r 个特征，并重复该过程，直到满足停止标准。这个过程允许回溯，即可以根据需要经常从工作特征集中添加或删除任何特征。如果 $l>r$，这就是一个自下而上的搜索，而如果 $r>l$，这就是一个自上而下的搜索。

浮动搜索

该方法可视为 Plus-l Take-r 搜索方法的发展，其中 l 和 r 的值可以在特征选择过程的不同阶段发生变化，即“浮动”。浮动搜索的优势在于，可以在“最优”意义上进行回溯。

顺序浮动前向搜索(SFFS)是自下而上的版本，而顺序浮动后向搜索(SFBS)是自上而下的算法。以下过程是 SFFS 算法的常见实例：

1. 设 $X_{(0)}=\varnothing$，并使用 SFS 查找 $X_{(1)}$ 和 $X_{(2)}$。

2. 在第 k 阶段，选择最大化 $J(X_{(k)}\cup X_i,Y)$ 的特征 $X_i\notin X_{(k)}$，然后令 $Z_{(k+1)}=X_{(k)}\cup X_i^*$。

3. 找到使 $J(Z_{(k+1)},Y)-J(Z_{(k+1)}\setminus X_j,Y)$ 最小化的特征 $X_j\in Z_{(k+1)}$。如果 $X_i^*=X_j^*$，使 $X_{(k+1)}=Z_{(k+1)}$，增加 k 并返回步骤 2。

4. 否则，当 $J(Z_{(k)},Y)>J(X_{(k)},Y)$ 或 $k=2$ 时，继续减小 k 并从 $Z_{(k)}$ 中移除特征以形成特征集 $Z_{(k+1)}$，令 $X_{(k)}=Z_{(k)}$，增加 k 并返回步骤 2。

5. 如果 $k=d$ 或结果不再提升，则停止。

9.2.4　特征选择与分类复杂性

特征选择可以理解为对分类规则的一种正则化或约束形式，其目的是降低分类复杂度并提高分类精度。首先，特征选择和分类器的组合定义了原始高维特征空间上的分类规则 Ψ_n^D：如果 Ψ_n^d 表示由 Ψ_n^d 设计出的在较小空间上的分类器，则由 Ψ_n^D 设计出的在较大空间上的分类器由 $\Psi_n^D(\boldsymbol{X})=\Psi_n^d(\boldsymbol{X}')=\Psi_n^d(T_n(\boldsymbol{X}))$ 给出，其中 T_n 是数据相关的。因为 T 是正交投影，所以由 Ψ_n^D 产生的判定边界是由 Ψ_n^d 所产生的判定边界的直角延伸。如果低维空间中的判定边界是一个超平面，那么它在高维空间中仍然是一个超平面，而且是一个不允许沿任何方向定向，但必须与低维空间正交的超平面，见图 9.1。因此，特征选择对应高维空间中分类规则的约束，这可以提高分类精度(在这种情况下，取决于峰值现象)。

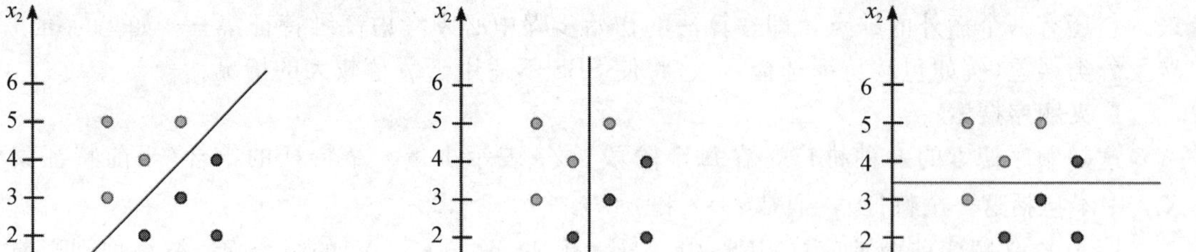

a）无约束分类器　　b）受特征选择约束的分类器　　c）受特征选择约束的分类器

图 9.1　利用线性分类规则的特征选择引入的约束

9.2.5　特征选择与误差估计

在本节中，我们考虑何时可以在特征选择所选择的缩减特征空间中计算误差估计量，以及何时应该在原始空间中计算误差估计量。正如我们下面所讨论的，这是一个具有重要实际影响的主题。

考虑一个误差估计器 $\hat{\varepsilon}_n^D=\Xi_n(\Psi_n^D,S_n^D,\xi)$，$\Psi_n^D$ 是由较小特征空间的分类规则 Ψ_n^d 和特征选择变换 T_n 结合得到的。区分 $\hat{\varepsilon}_n^d$ 和 $\hat{\varepsilon}_n^D$ 是很关键的，其中误差估计 $\hat{\varepsilon}_n^d$ 是通过用 Ψ_n^d 代替 Ψ_n^D 和用 $S_n^d=\{(T_n(\boldsymbol{X}_1),Y_1),\cdots,(T_n(\boldsymbol{X}_n),Y_n)\}$代替 S_n^D 而获得的。如果$\hat{\varepsilon}_n^d=\hat{\varepsilon}_n^D$，则误差估计规则 Ξ_n 是可约的。例如，再代入误差估计规则就是可约的。从图 9.1b 中可以看到：无论是在原始二维特征空间中计算，还是将数据向下投影到选定的变量再计算，再代入误差估计值都是 0.25。如果将测试样本投影到特征选择的同一特征空间，则测试集误差估计规则也是可约的。

另一方面，交叉验证不是一个可约的误差估计规则。考虑留一法：通过舍弃一个点计算估计量 $\hat{\varepsilon}_n^{l,D}$，将特征选择规则应用于被删除的样本，然后在缩减的特征空间中应用 Ψ_n^d，在被删除的样本点上测试(投影到缩减的特征空间后)，重复 n 次，计算平均错误率。因为需要在每次迭代中重新应用特征选择过程，总共 n 次。这一过程被一些作者称为外部交叉验证，确保式(7.26)满足 $E[\hat{\varepsilon}_n^{l,D}]=E[\hat{\varepsilon}_{n-1}^D]$。另一方面，如果在过程开始时应用一次特征选择，然后忽略原始数据，在缩减的特征空间中使用留一法，则会得到一个估计量。这样得到的估计量 $\hat{\varepsilon}_n^{l,D}$ 不仅不同于 $\hat{\varepsilon}_n^{l,D}$，而且不满足式(7.26)的任何一种情形：通常既不满足 $E[\hat{\varepsilon}_n^{l,d}]=E[\varepsilon_{n-1}^D]$也不满足 $E[\hat{\varepsilon}_n^{l,d}]=E[\varepsilon_{n-1}^d]$。前一种情形不成立的事实在直观上很清楚，但后一种情形就不易被察觉到了。这通常也是容易被错误假设为成立的情形。它不成立的原因是特征选择过程使缩减样本产生了偏差 S_n^d，使其具有不同于缩减特征空间中独立生成的数据的采样分布。事实上，$\hat{\varepsilon}_n^{l,d}$ 可能会被过度乐观地偏好，这种现象称为*选择偏差*。与交叉验证一样，自助法是不可约的，在有特征选择的情况下，自助重采样必须应用于原始数据，而不是约简后的数据。

增强的误差估计可以是可约的，也可以是不可约的。为了简单起见，我们在这里集中讨论增强的再代入误差估计。首先要注意的是，如果核密度由独立分量组成，则在原始特征空间 R^D 中式(7.39)确定增强误差估计所需的积分可以在缩减空间 R^d 中等效执行，其方式如下：

$$f_i^{\diamond,D}(\boldsymbol{x})=f_i^{\diamond,d}(\boldsymbol{x})f_i^{\diamond,D-d}(\boldsymbol{x}),\quad 对于\ \boldsymbol{x}\in R^D,i=1,\cdots,n \tag{9.17}$$

其中，$f_i^{\diamond,D}(\boldsymbol{x})$，$f_i^{\diamond,d}(\boldsymbol{x})$和 $f_i^{\diamond,D-d}(\boldsymbol{x})$分别表示原始、缩减和差异特征空间中的密度。一个例子是具有球形或对角协方差矩阵的高斯核密度函数(参见 7.7 节)，对于一组给定的高斯核密度函数满足式(9.17)，

$$\begin{aligned}
\hat{\varepsilon}_n^{\mathrm{br},D}&=\frac{1}{n}\sum_{i=1}^n\Big(I_{y_i=0}\int_{A_1}f_i^{\diamond,d}(\boldsymbol{x}-\boldsymbol{X}_i)f_i^{\diamond,D-d}(\boldsymbol{x}-\boldsymbol{X}_i)\mathrm{d}\boldsymbol{x}+\\
&\qquad I_{y_i=1}\int_{A_0}f_i^{\diamond,d}(\boldsymbol{x}-\boldsymbol{X}_i)f_i^{\diamond,D-d}(\boldsymbol{x}-\boldsymbol{X}_i)\mathrm{d}\boldsymbol{x}\Big)\\
&=\frac{1}{n}\sum_{i=1}^n\Big(I_{y_i=0}\int_{A_1^d}f_i^{\diamond,d}(\boldsymbol{x}-\boldsymbol{X}_i)\mathrm{d}\boldsymbol{x}\int_{R^{D-d}}f_i^{\diamond,D-d}(\boldsymbol{x}-\boldsymbol{X}_i)\mathrm{d}\boldsymbol{x}+\\
&\qquad I_{y_i=1}\int_{A_0^d}f_i^{\diamond,d}(\boldsymbol{x}-\boldsymbol{X}_i)\mathrm{d}\boldsymbol{x}\int_{R^{D-d}}f_i^{\diamond,D-d}(\boldsymbol{x}-\boldsymbol{X}_i)\mathrm{d}\boldsymbol{x}\Big)\\
&=\frac{1}{n}\sum_{i=1}^n\Big(I_{y_i=0}\int_{A_1^d}f_i^{\diamond,d}(\boldsymbol{x}-\boldsymbol{X}_i)\mathrm{d}\boldsymbol{x}+I_{y_i=1}\int_{A_0^d}f_i^{\diamond,d}(\boldsymbol{x}-\boldsymbol{X}_i)\mathrm{d}\boldsymbol{x}\Big)
\end{aligned}\tag{9.18}$$

虽然这是一个重要的节省计算的方法，但这并不意味着只要满足式(9.17)的要求，增

强的再代入总是可约的。可约性还将取决于核密度函数调整到样本数据的方式。即便是高斯核密度，使用由式(7.48)确定方差的球形核密度函数仍会导致一个不可约的增强再代入估计规则。这一点很明显，因为原始特征空间和缩减后的特征空间之间的平均距离估计和维度常数都会发生变化，通常 $\hat{\varepsilon}_n^{\mathrm{br},d} \neq \hat{\varepsilon}_n^{\mathrm{br},D}$。而另一方面，如果核函数是高斯核，则式(7.51)中拟合对角线核密度函数的“朴素贝叶斯”方法将会产生一个可约的增强再代入误差估计规则。这一点很清楚，因为式(9.17)和式(9.18)适用于对角核，而“朴素贝叶斯”方法在原始特征空间和缩减特征空间中产生相同的核方差，因此 $\hat{\varepsilon}_n^{\mathrm{br},d} = \hat{\varepsilon}_n^{\mathrm{br},D}$。

9.3 主成分分析

主成分分析(PCA)是一种非常流行的降维方法，它基于前面提到的启发式算法，根据该算法，低方差特征应该被避免。在 PCA 中，首先应用特征去相关步骤(称为 Karhunen-Loève(KL)变换)，然后保留方差最大的前 d 个独立(变换后)特征。

由于特征去相关的步骤，PCA 被归为特征提取类方法，而不是特征选择。然而，由于 KL 变换是线性的，PCA 中的可解释性并没有被完全牺牲掉，而是将每个选定的特征表示为原始特征的线性组合。从这个意义上说，PCA 可以看作是特征选择和特征提取的折中。此外，线性组合中的系数(被整理成加载矩阵)传达了有关原始特征相对重要性的信息。

PCA 分类的主要问题是它是无监督的，即不考虑 Y 对 X 的依赖性。尽管存在有监督的 PCA 类算法(参见文献注释)，我们在这里只考虑传统的无监督版本。

考虑一个具有均值 $\boldsymbol{\mu}_{\boldsymbol{X}}$ 和协方差矩阵 $\boldsymbol{\Sigma}_{\boldsymbol{X}}$ 的随机向量 $\boldsymbol{X} \in R^p$，由于具有对称性和半正定性，$\boldsymbol{\Sigma}_{\boldsymbol{X}}$ 具有 p 个正交特征向量 $\boldsymbol{u}_1, \cdots, \boldsymbol{u}_p$，以及相关的非负特征值 $\lambda_1 \geqslant \lambda_2 \geqslant \cdots \geqslant \lambda_p \geqslant 0$ (见附录 A.1.7 节和附录 A.2 节)，考虑下式给出的线性(仿射)变换

$$\boldsymbol{Z} = \boldsymbol{U}^{\mathrm{T}}(\boldsymbol{X} - \boldsymbol{\mu}_{\boldsymbol{X}}) \tag{9.19}$$

其中 $\boldsymbol{U} = [\boldsymbol{u}_1, \cdots, \boldsymbol{u}_p]$ 是特征向量矩阵，这是空间 R^p 中的一个旋转(前面有一个去除平均值的平移)，称为(离散)Karhunen-Loève 变换。显然，

$$E[\boldsymbol{Z}] = E[\boldsymbol{U}^{\mathrm{T}}(\boldsymbol{X} - \boldsymbol{\mu})] = \boldsymbol{U}^{\mathrm{T}}(E[\boldsymbol{X}] - \boldsymbol{\mu}_{\boldsymbol{X}}) = 0 \tag{9.20}$$

且

$$\begin{aligned} \boldsymbol{\Sigma}_Z &= E[\boldsymbol{Z}\boldsymbol{Z}^{\mathrm{T}}] = E[\boldsymbol{U}^{\mathrm{T}}(\boldsymbol{X} - \boldsymbol{\mu}_{\boldsymbol{X}})(\boldsymbol{X} - \boldsymbol{\mu}_{\boldsymbol{X}})^{\mathrm{T}}\boldsymbol{U}] \\ &= \boldsymbol{U}^{\mathrm{T}}E[(\boldsymbol{X} - \boldsymbol{\mu}_{\boldsymbol{X}})(\boldsymbol{X} - \boldsymbol{\mu}_{\boldsymbol{X}})^{\mathrm{T}}]\boldsymbol{U} = \boldsymbol{U}^{\mathrm{T}}\boldsymbol{\Sigma}_{\boldsymbol{X}}\boldsymbol{U} = \boldsymbol{\Lambda} \end{aligned} \tag{9.21}$$

其中 $\boldsymbol{\Lambda}$ 是特征值为 $\lambda_1, \cdots, \lambda_p$ 的对角矩阵。当 $\boldsymbol{Z} = (\boldsymbol{Z}_1, \cdots, \boldsymbol{Z}_p)$ 时，前面的推导可以证明

$$\begin{aligned} &E[\boldsymbol{Z}_i] = 0, \quad 对于\ i = 1, \cdots, p \\ &E[\boldsymbol{Z}_i\boldsymbol{Z}_j] = 0, \quad 对于\ i, j = 1, \cdots, p, i \neq j \\ &E[\boldsymbol{Z}_i^2] = \mathrm{Var}(Z_i) = \lambda_i, \quad 对于\ i = 1, \cdots, p \end{aligned} \tag{9.22}$$

也就是说，$\boldsymbol{Z}_i$ 是零均值、不相关的随机变量，其方差等于 $\boldsymbol{\Sigma}_{\boldsymbol{X}}$ 的特征值。由于特征值按降序排列，$\boldsymbol{Z}_1$ 具有最大方差 λ_1，且特征向量 $\boldsymbol{u}_1$ 指向最大方差的方向，因此 $\boldsymbol{Z}_1$ 被称为第一主成分(Principal Component，PC)，第二主成分 $\boldsymbol{Z}_2$ 的方差 λ_2 次之，第三主成分 $\boldsymbol{Z}_3$ 的方差次之，依此类推。虽然我们在这里没有证明，但 $\boldsymbol{u}_2$ 指向垂直于 $\boldsymbol{u}_1$ 可最大方差方向，$\boldsymbol{u}_3$ 指向垂直于 $\boldsymbol{u}_1$ 和 $\boldsymbol{u}_2$ 所张成的空间的最大方差方向，依此类推。在 $p=2$ 的情况下，KL 变换如图 9.2 所示。

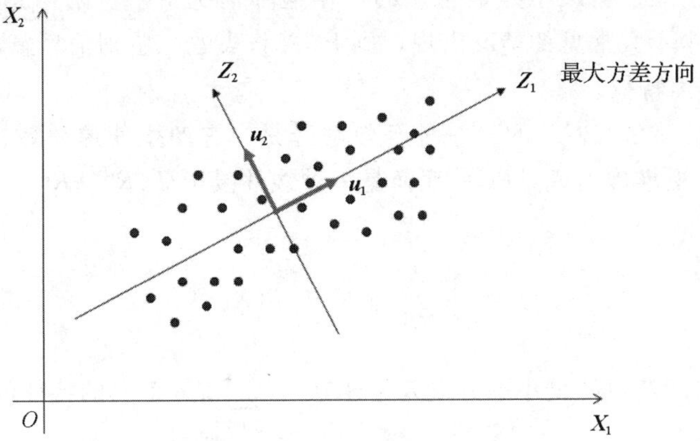

图 9.2 $p=2$ 时的 Karhunen-Loève 变换，数据在旋转轴系统 $\boldsymbol{u}_1 \times \boldsymbol{u}_2$ 中是不相关的

PCA 特征提取变换 $\boldsymbol{X}'=T(\boldsymbol{X})$包括应用 KL 变换，然后保留前 d 个主成分 $\boldsymbol{X}'=(Z_1,\cdots,Z_d)$。换句话说，

$$\boldsymbol{X}' = \boldsymbol{W}^{\mathrm{T}}(\boldsymbol{X}-\boldsymbol{\mu}_{\boldsymbol{X}}) \tag{9.23}$$

其中 $\boldsymbol{W}=[\boldsymbol{u}_1,\cdots,\boldsymbol{u}_d]$是秩为 d 的矩阵(因此 PCA 一般不可逆，并且相对于贝叶斯误差准则，PCA 是有损的)，矩阵 $\boldsymbol{W}$ 称为加载矩阵，(不失一般性)假设 $\boldsymbol{\mu}_{\boldsymbol{X}}$ 为方便容易理解，我们可以看到 $\boldsymbol{Z}_i=\boldsymbol{u}_i^{\mathrm{T}}\boldsymbol{X}$，当 $i=1,\cdots,d$ 时。因为 $\|\boldsymbol{u}_i\|=\boldsymbol{1}$，这是一个加权线性组合。$\boldsymbol{u}_i$ 中的值越大(数量上)，相应的特征在主成分中的相对重要性就越大，这将在下面的例 9.3 中进一步说明。

在实践中，PCA 变换是通过样本数据 $S_n=\{\boldsymbol{X}_1,\cdots,\boldsymbol{X}_n\}$来估计的，其中均值 $\boldsymbol{\mu}_{\boldsymbol{X}}$ 和协方差矩阵 $\boldsymbol{\Sigma}_{\boldsymbol{X}}$ 被它们的样本估计所代替。当 n 相对于 p 很小时，样本协方差矩阵对真实协方差矩阵的估计较差，例如，样本协方差矩阵的小(或大)特征值相对于真实协方差矩阵的特征值是偏低(或偏高)的，如果 n 很小，这种偏差可能很大。

如前所述，PCA 分类的主要问题是它是无监督的，也就是说，它不考虑标签信息(如果未标记的数据非常丰富，这也可能成为一种优势)。PCA 是启发式算法，假定判别信息通常包含在方差最大的方向上。图 9.3 说明了这个问题，其中与图 9.2 有相同的数据，有两个不同的类标签。假设在这个人工示例中，需要执行从 $p=2$ 个特征降维到 $d=1$ 个特

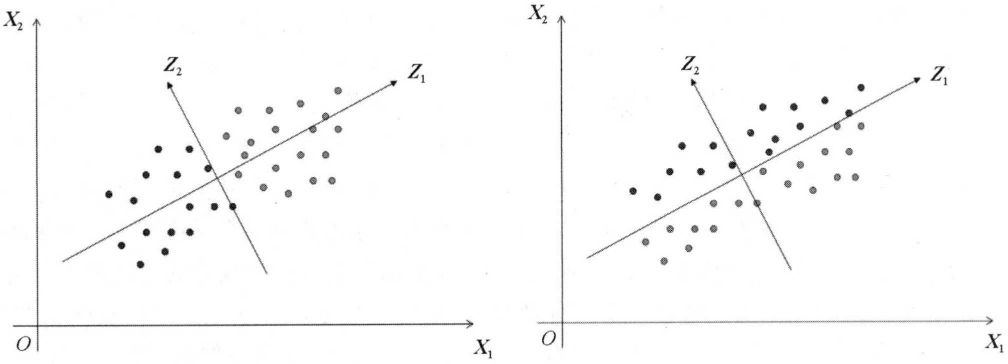

a) 仅第一主成分Z_1就包含了大部分的判别信息 b) 判别信息包含在第二主成分Z_2中，PCA将失效

图 9.3 PCA 用于 $p=2$ 到 $d=1$ 的特征降维

征，图 9.3a 中的情况在实践中是最常见的，在这种情况下，辨别信息蕴含在 $\boldsymbol{Z}_1$ 中。然而，如果图 9.3b 中不太常见的情况出现，则 PCA 将失效：鉴别信息蕴含在被丢弃的特征 $\boldsymbol{Z}_2$ 中，而 $\boldsymbol{Z}_1$ 是噪声特征。

最后，(基于样本的)PCA 的另一种等效解释是，它产生使原始数据空间最小二乘距离最小的子空间。更准确地说，PCA 变换是一种线性投影 $T: R^d \to R^p$，可以使平均平方和最小：

$$J = \frac{1}{n}\sum_{i=1}^{n} \| \boldsymbol{X}_i - T(\boldsymbol{X}_i) \|^2 \tag{9.24}$$

事实上，可以证明所获得的最小平方误差是 $J^* = \sum_{i=p+1}^{d} \lambda_i$（丢弃的特征值之和）。图 9.4 显示了从 $p=2$ 个特征降维到 $d=1$ 个特征的示例，我们可以看到，第一个主成分的方向是数据的最佳拟合线，在这种情况下，平均平方和 J(即所有虚线长度之和除以点数)在这种情况下最小。注意当只有两个分量时，J 是第二个主成分方向上的样本方差，即 λ_2。

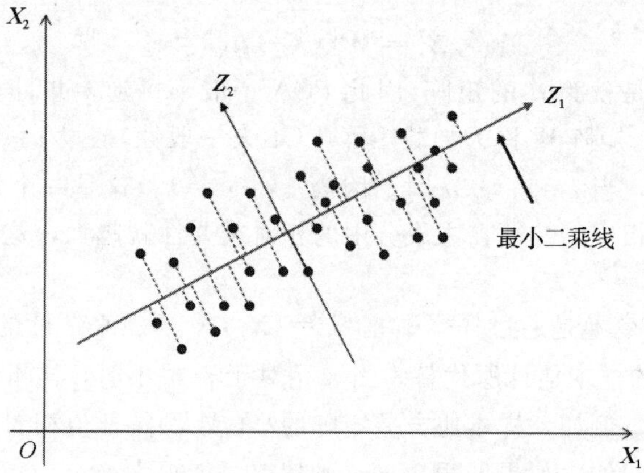

图 9.4　PCA 变换的最小二乘解释，用于从 $p=2$ 个特征降维到 $d=1$ 个特征，平均平方和是所有虚线的长度之和除以点数，这是与第一个主成分对应的线的最小值

例 9.3　本例将 PCA 应用于软磁合金数据集(见附录 A.8.5 节)，在这个数据集中，特征包括材料样品的原子组成百分比和退火温度，但响应变量是它们的磁矫顽力(单位：A/m)。丢弃所有不具有至少 5%非零值的特征(列)，然后丢弃所有不具有矫顽力值的条目(行)(即丢弃 NaN)，剩下的数据矩阵由 741 个材料样品上测量的 12 个特征组成。为了减少数据中的系统趋势，在测量中加入少量的零均值高斯噪声(所有产生的负值都截断为零)，然后对数据进行标准化，使所有特征拥有零均值和单位方差。这样做的目的是因为 PCA 对不同特征的尺度敏感。在这里，原子组成和退火温度是不同尺度的(前者为0～100 尺度，后者为开尔文尺度)。此外，大多数合金的铁和硅含量都很大，如果不归一化，铁、硅和退火温度将错误地主导分析。图 9.5 显示了前 3 个主成分的两两组合，为了研究主成分特征和矫顽力之间的关联，后者分为三类：“低”(矫顽力≤2 A/m)、“中”(2 A/m<矫顽力<8 A/m)和“高”(矫顽力≥8 A/m)，它们分别用红色、绿色和蓝色编码。我们可以看到，矫顽力中的大多数判别信息似乎确实存在于第一个主成分上(参见 Python 作业 9.8)。

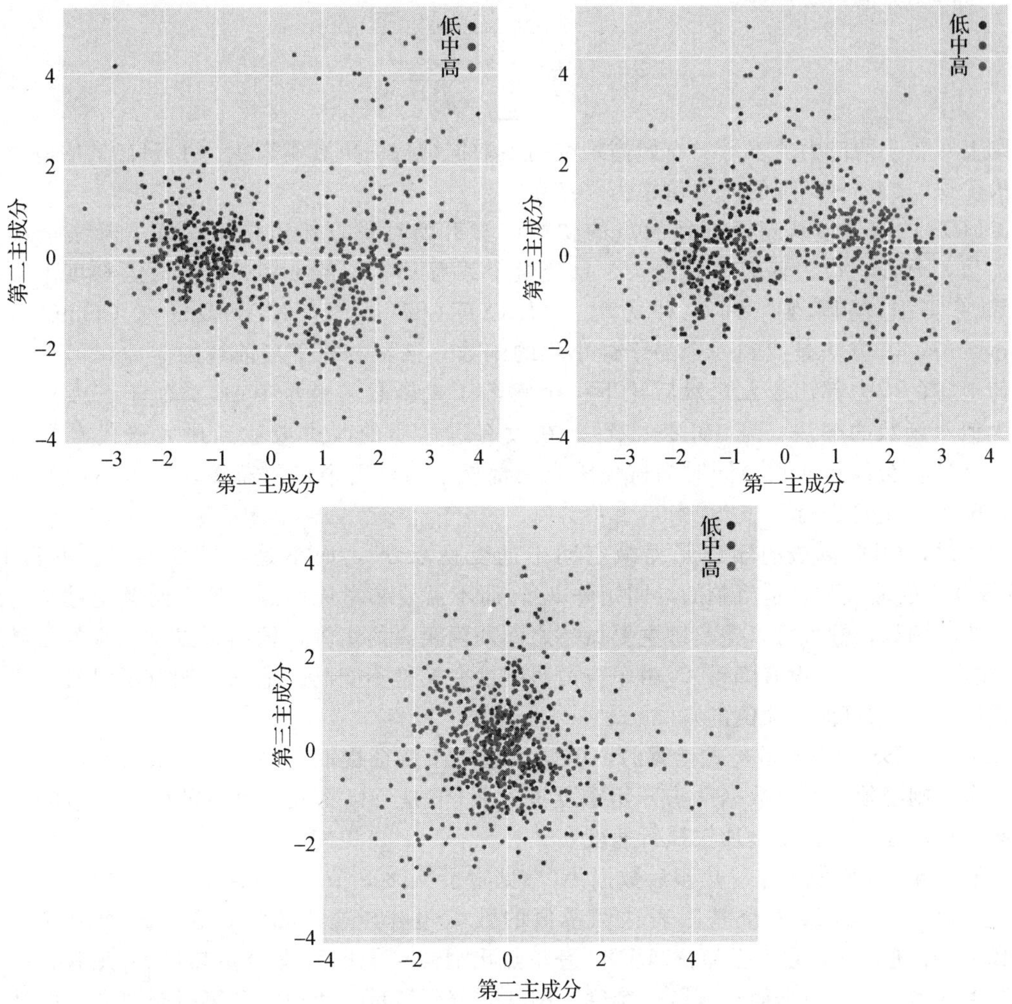

图 9.5 使用软磁合金数据集的 PCA 示例，前 3 个主成分的所有成对组合的图显示，矫顽力中的大多数判别信息似乎位于第一个主成分上(由 c09_PCA.py 绘制而成) ■

9.4 多维缩放

多维缩放(MDS)和 PCA 一样，是一种无监督的降维技术。MDS 背后的主要思想是通过在缩减空间 R^d 中找到最接近原始空间 R^p 中成对异同的点来降低维数，例如，欧氏距离或 1-相关性。这是一种非线性特征提取，因此它可以实现比 PCA 更大的压缩。然而，它的复杂性和转换特征的不可解释性意味着它几乎只被用作数据探索工具：它能使高维数据的一般结构在维度 $d=2$ 或 $d=3$ 的空间中直接可视化。

设 d_{ij} 为原始数据集中 $\boldsymbol{x}_i$ 与 $\boldsymbol{x}_j$ 之间的成对相异度，相异度可能是也可能不是真正的距离度量。一般来说，相异度是一个非负度量，当 $\boldsymbol{x}_i=\boldsymbol{x}_j$，它应该等于零，并且随着点变得不相似，它应该越来越大。成对相异度指标的常见例子包括欧几里得距离和向量 $\boldsymbol{x}_i$ 和向量 $\boldsymbol{x}_j$ 之间的 1-相关系数。

设 δ_{ij} 为变换点 $\boldsymbol{x}'_i=T(\boldsymbol{x}_i)$ 和 $x'_j=T(\boldsymbol{x}_j)$ 之间的成对相异度，MDS 在缩减空间中寻找

$\boldsymbol{x}'_i$，使得应力值最小：

$$S=\sqrt{\frac{\sum_{i,j}(\delta_{ij}-d_{ij})^2}{\sum_{i,j}d_{ij}^2}} \tag{9.25}$$

原则上，较小的应力值表示对原始高维空间中数据结构的更真实表示。小于10%的应力值视为优秀，10%～15%的应力值视为可接受。

MDS的解可以从随机选择的点的初始配置开始计算，然后使用梯度下降法最小化应力值，然而，应力函数非常复杂，且变量个数为$n\times d$，当n和d较大时，梯度下降法计算变得比较困难。另一种方法SMACOF(Scaling by MAjorizing a COmplicated Function)，其方法是找到一个易于最小化的函数，该函数等于当前解的应力，但在其他任何地方的应力都比较大，然后让下一个解等于主函数的最小值(这类似于EM算法中最大似然函数的解法，见10.2.1节)。在没有进一步的改进或达到最大迭代次数的时候，该过程会停止迭代。同时为避免陷入局部极小值，这个过程需要在许多不同的初始随机配置上重复进行。

注意，MDS算法的输出是缩减空间中的变换点x'_i，而不是特征变换T。事实上，MDS算法的输入可以是简单的异同矩阵$\boldsymbol{d}_{ij}$，而不需要参考原始点，这个问题也被称为经典缩放。例如，输入可以是美国主要城市之间两两距离的矩阵，输出可以是国家的二维地图(在这种情况下，没有降维)，由于应力对刚性变换是不变的，地图可能以不寻常的方向生成(例如，它可能是颠倒的)。

由于MDS变换不是显式计算的，因此很难用于特征提取。例如，如果需要添加一个测试点，则必须把整个数据从头开始重复该过程(但是可以将先前计算的解用作新的初始方案，从而在一定程度上加快执行速度)。

例9.4　我们使用登革热预后数据集(参见附录A.8.2节)，已经在第1章中提到。我们将MDS应用于1981个基因表达测量值的数据矩阵，这些测量是在外周血单核细胞(PBMC)中进行的，包括登革热(DF)、登革热出血热(DHF)和非登革热(ND)患者，由临床医生分类，并将数据简化到两个维度。图9.6分别显示了使用欧几里得距离和相关性作为相异度指标的结果，两个散点图都显示了相同的事实，即DHF患者聚集紧密，而ND患者更加分散，这与该组的非特异性一致。DF患者似乎被分为两组，一组类似于DHF组，另一组类似于ND组，说明从ND到DF再到DHF，存在一个连续的频谱。在使用相关性的图中，这些事实似乎更加清晰，也实现了较小的应力。如果令$d=3$而不是$d=2$，运行MDS，我们可以期望应力更小，表示更准确。参见Python作业9.9。 ■

9.5　因子分析

与PCA的观点相反，考虑以下数据生成模型：

$$\boldsymbol{X}=\boldsymbol{WZ}+\boldsymbol{\mu} \tag{9.26}$$

其中$\boldsymbol{Z}$是主分量的向量，$\boldsymbol{W}=[\boldsymbol{u}_1,\cdots,\boldsymbol{u}_p]$是加载矩阵，如前所述。当然，只有在不丢弃主成分并且$\boldsymbol{W}$是满秩的情况下，这种反演才有可能。现在考虑一个秩为d，大小为$d\times p$的矩阵$\boldsymbol{C}$，称为因子加载矩阵。用$\boldsymbol{C}$代替$\boldsymbol{W}$会产生错误(如图9.4中的虚线)，需要通过添加误差项来修改式(9.26)：

$$\boldsymbol{X}=\boldsymbol{CZ}+\boldsymbol{\mu}+\boldsymbol{\varepsilon} \tag{9.27}$$

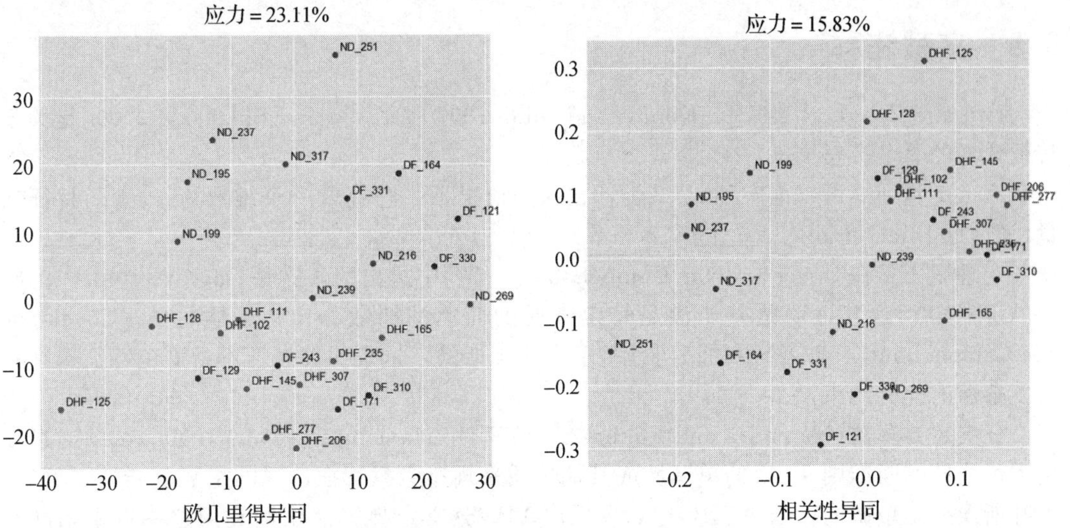

图 9.6 使用基于欧几里得距离和相关性作为相异度指标的登革热基因表达数据集的 MDS 示例(由 c09_MDS.py 绘制而成)

在因子分析模型中，对式(9.27)中的生成模型进行概率处理：假设 $\boldsymbol{Z}$ 是一个零均值、不相关的高斯随机向量，$\boldsymbol{Z} \sim N(0, \boldsymbol{I}_p)$ 称为因子向量，$\boldsymbol{\varepsilon} \sim N(0, \boldsymbol{\Psi})$ 是一个具有任意协方差结构的零均值高斯误差项。显然，生成模型是服从高斯分布的，满足

$$\boldsymbol{X} \sim N(\boldsymbol{\mu}, \boldsymbol{C}\boldsymbol{C}^{\mathrm{T}} + \boldsymbol{\Psi}) \tag{9.28}$$

这是一个潜变量模型，因为观测数据 $\boldsymbol{X}$ 用隐藏变量 $\boldsymbol{Z}$ 表示，见图 9.7。

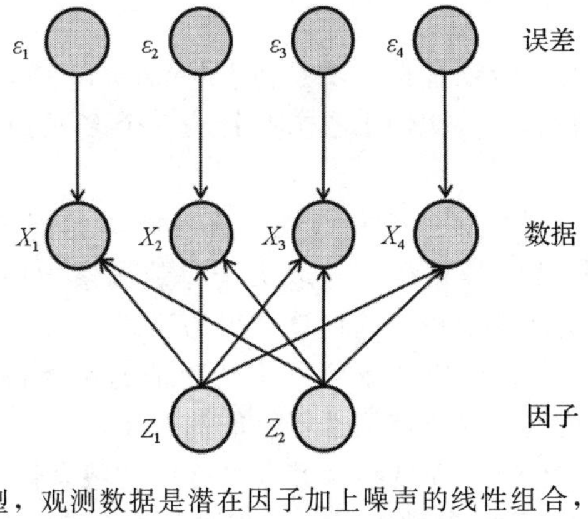

图 9.7 因子分析模型，观测数据是潜在因子加上噪声的线性组合，一般来说，数据均值也必须加上(为了方便起见，这里假设数据为零均值)

在实践中，参数 $\boldsymbol{C}$，$\boldsymbol{\mu}$ 和 $\boldsymbol{\Psi}$ 需要根据数据进行估计，通常采用最大似然估计，特殊情况 $\boldsymbol{\Psi}=\sigma^2\boldsymbol{I}_d$ 被称为概率 PCA。在 $\sigma \to 0$ 的情况下，概率 PCA 退化为经典 PCA。概率 PCA 模型参数的最大似然估计可以以封闭形式获得，概率 PCA 的一个主要兴趣在于应用期望-最大化(EM)算法(参见 10.2.1 节)来解决最大似然问题。即使得到的解是近似的，它也避免了封闭形式求解所要求的协方差矩阵的对角化。这在高维空间中是难以计算的。当限制 $\sigma \to 0$，EM 算法可计算经典 PCA 的解。(详见文献注释。)

9.6 文献注释

Jain and Zongker[1997]、Kohavi and John[1997]、Kudo and Sklansky[2000]是关于特征选择的著名参考文献。

Fisher 判别式可以推广到 $c>2$ 类，在这种情况下，它提取一个维数为 $c-1$ 的特征向量(详情见 Duda et al. [2001]的 3.8.3 节)。

定理 9.1 是在 Cover and van Campenhout[1977]中提出的，这是 Devroye et al. [1996]中的定理 32.1，其证明是基于满足特定性质的简单的离散分布。有趣的是，Cover and van Campenhout[1977]给出的证明是基于多元高斯的，这表明高斯性不是避免特征选择指数复杂性的充分约束。

分支定界算法(Narendra and Fukunaga[1977]和 Hamamoto et al. [1990])试图通过使用类可分性判断准则 $J(A)$ 的单调性或其他性质来规避穷举特征选择的指数复杂性。例如，贝叶斯误差是单调的，当 $A\subseteq B\Rightarrow J(B)\leqslant J(A)$。分支定界算法试图利用这一点来切断在特征向量空间中沿着单调链的搜索。在某些情况下，这可以在多项式时间内找到最佳特征向量，然而这并不违反 Cover-Van Campenhout 定理，因为分支定界算法的最坏情况的性能仍然是指数的。Nilsson et al. [2007]中声称在对分布进行额外限制的情况下，可以在多项式时间内以贝叶斯误差作为类可分性判断准则，找到最佳特征集。

定理 9.2(Toussaint 反例)及其证明见 Toussaint [1971]，它改进了 Elashoff et al. [1967]中的一个早期示例，该示例具有相同的设置，但仅显示 $\varepsilon^*(X_1,X_2)>\varepsilon^*(X_1,X_3)$。Cover[1974]中更进一步，给出了一个例子，给定 Y，其中 X_1 和 X_2 条件独立，$\varepsilon^*(X_1)<\varepsilon^*(X_2)$，但是 $\varepsilon(X_1)>\varepsilon^*(X_2,X_2')$，其中 X_2' 是 X_2 的独立实现，即最好的独立特征比最差特征的重复测量更差。

术语“包装”和“过滤”特征选择似乎是在 John et al. [1994]中提出的，该参考文献还讨论了强相关和弱相关特性。XOR 问题本质上是一个多元预测的例子，在 Martins et al. [2008]中讨论。

Sima et al. [2005a]在一项实证研究中表明，在小样本情况下，简单的 SFS 特征选择可以与复杂得多的 SFFS 算法一样精确，这取决于包装搜索中使用的误差估计器的特性，即优越的误差估计可以补偿搜索中较少的计算带来的误差。

Ambroise and McLachlan[2002]中证明了交叉验证的选择偏差。Hua et al. [2009]中发表了一个用于生成合成数据以研究特征选择性能的有用模型。

Webb[2002]中详细介绍了 PCA 变换及其几种变体的数学性质。在 Bishop[2006]中有详细介绍因子分析和概率 PCA 中参数的最大似然估计，包括 EM 实现。如文中所述，生成了一个 EM 算法，用于计算经典 PCA 的解，从而避免了协方差矩阵的对角化，该算法可被视为迭代调整缩减的 PCA 空间，直到获得最小二乘解(如图 9.4 所示)。

Karhunen-Loève 变换是指将连续参数随机过程扩展为正交函数和乘以不相关的随机变量序列(Stark and Woods[1986])。PCA 变换中使用的离散 KL 变换是有限维随机向量变换的特例。

文中讨论的 MDS 也称为度量 MDS。在非度量 MDS 中，没有试图匹配原始空间和变换空间中的差异，而是简单地匹配它们的排名。当差异的大小并不重要而是它们的相对排名更重要时，这是合适的。计算 MDS 变换的 SMACOF 算法可以应用于度量和非度量

MDS。在 Groenen et al.[2016]中对 SMACOF 算法有精彩的回顾，另见 De Leeuw and Mair[2009]。

9.7 练习

9.1 设 $\boldsymbol{X} \in R^d$ 为一个大小为 d 的特征集，其附加特征 $X_0 \in R$ 是冗余或“噪声”特征，如果在 X_0 加入 $\boldsymbol{X}$ 时没有提升判别力，即如果 $\varepsilon^*(\boldsymbol{X},Y)=\varepsilon^*(\boldsymbol{X}',Y)$，其中 $\boldsymbol{X}'=(\boldsymbol{X},X_0)\in R^{d+1}$，请证明这种不良情形出现的一个充分条件是 X_0 独立于$(\boldsymbol{X},Y)$。

9.2 考虑 R^p 中的标准高斯模型，其中类具有相同的概率，类条件密度为球面单位方差高斯密度(即 $\boldsymbol{\Sigma}_i=\boldsymbol{I}$，对于 $i=0,1$)，模型由类均值 $\boldsymbol{\mu}_1=\boldsymbol{\delta}_{\boldsymbol{a}}$ 和 $\boldsymbol{\mu}_0=\boldsymbol{\delta}_{\boldsymbol{a}}$ 指定，其中 $\boldsymbol{\delta}>\boldsymbol{0}$ 是分离参数，$\boldsymbol{a}=(a_1,\cdots,a_p)$是参数向量。不失一般性，假设 $\|\boldsymbol{a}\|=\boldsymbol{1}$。

(a)在原始特征空间 R^p 中找到最优分类器和最优误差。

(b)根据系数 $a'=(a_{i_1},\cdots,a_{i_d})$，找出原始 p 个特征的特征子集 $\boldsymbol{X}'=(X_{i_1},\cdots,X_{i_d})$的贝叶斯误差。

(c)如果特征选择的准则是贝叶斯误差，那么如何选择向量 $\boldsymbol{X}'$来获得大小为 d 的最佳特征集?

9.3 给定数据 $\boldsymbol{S}_n=\{(\boldsymbol{x}_1,y_1),\cdots,(\boldsymbol{x}_n,y_n)\}$，Fisher 判别式寻找方向向量 $\boldsymbol{w}\in R^d$，使得投影数据 $\tilde{\boldsymbol{S}}_n=\{(\boldsymbol{w}^{\mathrm{T}}x_1,y_1),\cdots,(\boldsymbol{w}^{\mathrm{T}}x_n,y_n)\}$最大限度分离，在这个意义上，准则

$$J(\boldsymbol{w})=\frac{|m_1-m_0|^2}{s_0^2+s_1^2} \tag{9.29}$$

最大化，其中 m_1 和 m_1 是投影数据中特定类的样本均值，

$$s_0=\sum_{i=1}^{n}(\boldsymbol{w}^{\mathrm{T}}\boldsymbol{x}_i-m_0)^2 I_{y_i=0} \quad 且 \quad s_1=\sum_{i=1}^{n}(\boldsymbol{w}^{\mathrm{T}}\boldsymbol{x}_i-m_1)^2 I_{y_i=1} \tag{9.30}$$

分别测量 m_2 和 m_2 周围的数据的散度。这是一个类似 PCA 的线性降维变换。但与 PCA 不同的是，它考虑了标签，因此是有监督的。因此，当降维到 $p=1$ 个特征时，Fisher 判别法优于 PCA。

(a)证明式(9.29)中的 $J(\boldsymbol{w})$可以写成式(9.5)的形式。

(b)通过直接微分，证明 $\boldsymbol{w}^*$ 必须满足所谓的广义特征值问题：

$$\boldsymbol{S}_B\boldsymbol{w}=\lambda\boldsymbol{S}_W\boldsymbol{w} \tag{9.31}$$

对于 $\lambda>0$ 的情况，$\boldsymbol{S}_B$ 和 $\boldsymbol{S}_W$ 如式(9.6)和式(9.7)定义。

提示：使用向量微分公式$(\boldsymbol{w}^{\mathrm{T}}A\boldsymbol{w})'=2A\boldsymbol{w}$。

(c)假设 $\boldsymbol{S}_W$ 是非奇异的，那么 $\boldsymbol{S}_W^{-1}\boldsymbol{S}_B\boldsymbol{w}=\lambda\boldsymbol{w}$，即 $\boldsymbol{w}^*$ 是矩阵 $\boldsymbol{S}_W^{-1}\boldsymbol{S}_B$ 的特征向量。证明 $\boldsymbol{w}^*=\boldsymbol{\Sigma}_W^{-1}(\hat{\boldsymbol{\mu}}_1-\hat{\boldsymbol{\mu}}_0)$是所求的特征向量及其解，此外，$\lambda=J(\boldsymbol{w}^*)$是 $\boldsymbol{S}_W^{-1}\boldsymbol{S}_B$ 的最大特征值(实际上，它是其唯一的非零特征值)。

提示：使用扩展 $\boldsymbol{S}_B=\boldsymbol{v}\boldsymbol{v}^{\mathrm{T}}$，其中 $\boldsymbol{v}=\hat{\boldsymbol{\mu}}_1-\hat{\boldsymbol{\mu}}_0$，矩阵 $\boldsymbol{S}_B$ 是秩为 1 的矩阵，$\boldsymbol{S}_W^{-1}\boldsymbol{S}_B$ 也是这样。(参见附录 A.2 节，有关基本矩阵理论的综述。)

9.4 如果类可分性判断准则不变 $J(\boldsymbol{X}',Y)=J(\boldsymbol{X},Y)$，则特征提取变换是无损的，假设 J 是贝叶斯误差。

(a)证明 $T(\boldsymbol{X})=\eta(\boldsymbol{X})$是一种无损变换 T：$R^p\to[0,1]$。

(b)(Borel 可测)函数 G：$R^d\to R$ 满足：

$$\eta(\boldsymbol{X}) = G(T(\boldsymbol{X}))(\text{以概率 } 1) \tag{9.32}$$

证明变换 T：$R^p \to R^d$ 是无损的。即后验概率只通过 $T(\boldsymbol{X})$ 依赖于 $\boldsymbol{X}$，变换后的特征 $\boldsymbol{X}'=T(\boldsymbol{X})$ 被称为充分统计量。例 2.2 给出了一个充分统计的例子。

(c) 如果 $\eta(X)=\mathrm{e}^{-c|X|}$，对于某些未知的 $c>0$，使用(b)项中的结果找到无损的单变量特征，说明无损特征提取可以在只有部分知识的条件下实现。

(d) 如果 $\eta(X_1,X_2,X_3)=H(X_1X_2,X_2X_3)$，请找到大小为 $d=2$ 的无损特征向量(其中 H：$R^3\to R^2$ 是一个固定的，但未知的函数)。

(e) 请找到一个大小为 $d=2$ 的无损特征向量，

$$\begin{aligned} p(\boldsymbol{X}|Y=0) &= k_0 \ln(1+\|X+b_0\|) \\ p(\boldsymbol{X}|Y=1) &= k_1 \ln(1+\|X-b_0\|) \end{aligned} \tag{9.33}$$

是同概率的类条件密度，其中 k_0，$k_1>0$ 未知。

9.5　验证 Toussaint 反例证明(参见定理 9.2)中所规定的分布确实具有所需的性质。

9.6　在下面两个例子中，请计算，第一个和第二个主成分 Z_1 和 Z_2，作为 $\boldsymbol{X}=(X_1,X_2,X_3,X_4)$ 的函数，并计算 Z_1 和 Z_2 所解释的方差百分比。

(a)

$$\boldsymbol{\mu}_{\boldsymbol{X}} = \begin{bmatrix} 1 \\ 2 \\ -1 \\ 3 \end{bmatrix} \quad \boldsymbol{\Sigma}_{\boldsymbol{X}} = \begin{bmatrix} 1 & 0 & 0 & 0 \\ 0 & 3 & 0 & 0 \\ 0 & 0 & 5 & 0 \\ 0 & 0 & 0 & 2 \end{bmatrix}$$

(b)

$$\boldsymbol{\mu}_{\boldsymbol{X}} = \begin{bmatrix} 1 \\ -1 \\ 2 \\ 3 \end{bmatrix} \quad \boldsymbol{\Sigma}_{\boldsymbol{X}} = \begin{bmatrix} 2 & 0 & 0 & 0 \\ 0 & 4 & 0 & 0 \\ 0 & 0 & 3 & 0 \\ 0 & 0 & 0 & 1 \end{bmatrix}$$

9.8　Python 作业

9.7　此计算机项目将包装特征选择应用于乳腺癌预后基因表达数据(见附录 A.8.3 节)，为了找到良好预后的基因表达特征，并使用测试数据估计其准确性。搜索的准则将仅仅是对每个特征集上设计的分类器的再代入误差估计。将可用数据分为 60%的训练数据和 40%的测试数据。使用训练数据，完成

- 使用穷举搜索找到前 2 个基因。
- 使用顺序前向搜索找到前 3～5 个基因(从上一小题中的特征集开始)。

对应以下分类规则：

- LDA，$p=0.75$。
- 线性 SVM，$C=10$。
- 径向基函数核的非线性 SVM，$C=10$，gamma 设置为“自动”。
- 一个隐藏层中包含 5 个神经元的神经网络，具有 logistic 非线性和 lbfgs 求解器。

同时，使用所有基因(无特征选择)建立这些分类器。如果在特征选择的任何一个步骤中，两个候选特征集具有相同的最小误差，则选择索引最小的一个(按“字典顺序”)。生成一个 20×3 的表格，每行包含 20 个分类中的一个，列中包含每个案例中

发现的基因以及所选特征集的再代入和测试集错误。如何比较不同的分类规则？如何比较所获得的再代入和测试集错误估计？

9.8 本作业涉及 PCA 在软磁合金数据集中(见附录 A.8.5 节)的应用。

(a)通过运行 c09_PCA.py 再现图 9.5 中的曲线图。

(b)将每个主成分带来的方差百分比绘制为主成分数的函数，这被称为 scree 图。现在绘制由主成分带来的累积方差百分比(主成分数的函数)。需要多少主成分才能解释 95%的方差？

编码提示：使用属性 explained_variance_rate_和 cusum()方法。

(c)输出加载矩阵 **W**(这是特征向量矩阵，按主成分从左到右编号)，系数的绝对值表示主成分(**W** 列对应的)中每个原始变量(**W** 行)的相对重要性。

(d)确定哪两个特征对第一主成分的判别能力贡献最大，并使用这两个最重要的特征绘制数据。关于这两个特征对矫顽力的影响，你能得出什么结论？这是 PCA 在特征选择中的应用。

9.9 本作业将 MDS 应用于登革热预后数据集(见附录 A.8.2 节)。

(a)通过运行 c09_PCA.py 再现图 9.6 中的曲线图。

编程提示：从 sklearn 的 0.21.3 版本开始，MDS 类返回一个非归一化的应力值，这不是很有用。为了计算式(9.25)中的归一化的应力值，在 mds.py 文件中函数_smacof_ single()的返回语句之前添加一行：

```
stress = np.sqrt(stress / ((disparities.ravel() * * 2).sum() / 2))
```

(在 anaconda 发行版的本地安装中，此文件位于类似于$ HOME/opt/anaconda3/lib/python3.7/site-packages/sklearn/manifold/的目录中)。

(b)在计算 MDS 之前，如果数据在所有特征中为零均值和单位方差如例 9.3 所示，会发生什么情况？基于这些结果，是否建议将归一化用于 MDS 方法中？与 PCA 情形对比。

(c)分别使用相关性和欧几里得异同度绘制三维 MDS 图。与二维 MDS 的值相比，你对应力值的变化有何观察？

(d)绘制在数据集投影到第一和第二主成分的图(使用归一化)，这些类是否与 MDS 图中的类一样分离？如果没有，你怎么解释？

第 10 章

Fundamentals of Pattern Recognition and Machine Learning

聚　类

“获得智慧的第一步是了解事物本身，这一概念就是对事物有一个真实的理念，人类通过系统地将事物进行分类、赋予它们合适的名字，使得这些事物能够被人们区分。”

——卡尔·林奈，《自然系统》，1735 年

在某些场景中，由于标注数据的代价巨大、难以获得可信赖的标注或者数据本身就属于同一类等种种原因，导致训练数据没有标注。这属于无监督学习的范畴。在第 9 章，我们回顾了无监督的降维技术(PCA 和 MDS)。这一章重点讨论使用无监督学习的方法在原始特征空间中找到潜在的数据分布结构。这些技术可以用来寻找数据中的亚群(簇)以及建立分层的数据表示。如果能够获取标注信息，聚类方法可以用来发现以前未知的类别。在这一章，我们将回顾基本的非层次聚类算法，即 K-Means 算法，以及高斯混合模型(GMM)，它被看作是 K-Means 的概率版本。随后，我们将讨论层次聚类算法以及自组织映射(SOM)聚类算法。

10.1 K-Means 算法

假设数据集 $S_n=\{\boldsymbol{X}_1,\cdots,\boldsymbol{X}_n\}$，$K$-Means 算法的目标是发现 K 个簇中心 $\boldsymbol{\mu}_1,\cdots,\boldsymbol{\mu}_K$($K$ 已知)，把数据集中的每一点 $\boldsymbol{X}_i$ 分配到其中一个簇中。

聚类分配要依靠向量 $\boldsymbol{r}_1,\cdots,\boldsymbol{r}_n$，其中，$\boldsymbol{r}_i$ 是一个长度为 K 的向量，使用“one-hot”编码方案：

$$\boldsymbol{r}_i=(0,0,\cdots,1,\cdots,0,0)^{\mathrm{T}},\quad 对于\ i=1,\cdots,n \tag{10.1}$$

其中，$\boldsymbol{r}_i(k)=1$，当且仅当 $\boldsymbol{X}_i$ 属于第 K 簇，$k=1,\cdots,K$。(任一点仅能属于一个簇)。例如：当 $K=3$ 且 $n=4$ 时，有 $\boldsymbol{r}_1=(1,0,0)$，$\boldsymbol{r}_2=(0,0,1)$，$\boldsymbol{r}_3=(1,0,0)$，$\boldsymbol{r}_4=(0,1,0)$，则 $\boldsymbol{X}_1$，$\boldsymbol{X}_3$分配到簇 1，$\boldsymbol{X}_2$ 分配到簇 3，$\boldsymbol{X}_4$分配到簇 2。

K-Means 算法寻找向量$\{\boldsymbol{\mu}_i\}_{i=1}^{n}$和$\{\boldsymbol{r}_i\}_{k=1}^{K}$，以使所有点到其相应簇中心的距离的归一化和得分最小化：

$$J=\frac{1}{n}\sum_{i=1}^{n}\sum_{k=1}^{K}\boldsymbol{r}_i(k)\parallel\boldsymbol{X}_i-\boldsymbol{\mu}_k\parallel^2 \tag{10.2}$$

此式可通过两个优化步骤的迭代计算完成：

1. 保持当前$\{\boldsymbol{\mu}_k\}_{k=1}^{K}$值不变，寻找$\{\boldsymbol{r}_i\}_{i=1}^{n}$使得 J 值最小(E 步)。
2. 保持当前$\{\boldsymbol{r}_i\}_{i=1}^{n}$值不变，寻找$\{\boldsymbol{\mu}_k\}_{k=1}^{K}$使得 J 值最小(M 步)。

“E 步”和“M 步”的命名方式类似于高斯混合模型的 EM(期望最大化)算法，将在下一节进行讨论。

在“E 步”中，固定当前$\{\boldsymbol{\mu}_k\}_{k=1}^{K}$值，使得 J 最小化的$\{\boldsymbol{r}_i\}_{i=1}^{n}$可通过下式获得：

$$\boldsymbol{r}_i(k)=\begin{cases}1, & 若\ k=\arg\min_{j=1,\cdots,K}\parallel\boldsymbol{X}_i-\boldsymbol{\mu}_j\parallel^2\\ 0 & 否则\end{cases} \tag{10.3}$$

其中 $i=1,\cdots,n$。换句话说，我们只需要将每个点分配到最近的簇均值(中心点)。

在“M 步”中，固定当前$\{\boldsymbol{r}_i\}_{i=1}^n$值，使得 J 最小化的$\{\boldsymbol{\mu}_k\}_{k=1}^K$值可通过简单的微分得到：

$$\frac{\partial J}{\partial \boldsymbol{\mu}_k} = 2\sum_{i=1}^{n}\boldsymbol{r}_i(k) \parallel \boldsymbol{X}_i - \boldsymbol{\mu}_k \parallel = 0 \tag{10.4}$$

从而得到

$$\boldsymbol{\mu}_k = \frac{\sum_{i=1}^{n}\boldsymbol{r}_i(k)\boldsymbol{X}_i}{\sum_{i=1}^{n}\boldsymbol{r}_i(k)} \tag{10.5}$$

其中 $k=1,\cdots,K$。换句话说，我们只需将前面“E 步”中分配到第 k 簇的点的平均值赋给 $\boldsymbol{\mu}_k$。重复 E 步和 M 步，直至 J 值没有明显的变化。详细的流程总结如下：

算法 1　K-Means

1. 初始化 K，$\tau>0$ 和$\{\boldsymbol{\mu}_k^{(0)}\}_{k=1}^K$
2. **repeat**
3. E 步：更新簇分配

$$\boldsymbol{r}_i^{(m+1)}(k) = \begin{cases} 1, & 若\ k = \arg\min_{j=1,\cdots,K} \parallel \boldsymbol{X}_i - \boldsymbol{\mu}_j^{(m)} \parallel^2, \\ 0 & 否则 \end{cases} \quad 对于\ i = 1,\cdots,n$$

4. M 步：更新簇中心

$$\boldsymbol{\mu}_k^{(m+1)} = \frac{\sum_{i=1}^{n}\boldsymbol{r}_i^{(m+1)}(k)\boldsymbol{X}_i}{\sum_{i=1}^{n}\boldsymbol{r}_i^{(m+1)}(k)}, \quad 对于\ k = 1,\cdots,K$$

5. 计算得分：

$$J^{(m+1)} = \frac{1}{n}\sum_{i=1}^{n}\sum_{k=1}^{K}\boldsymbol{r}_i^{(m+1)}(k) \parallel \boldsymbol{X}_i - \boldsymbol{\mu}_k^{(m+1)} \parallel^2$$

6. **until** $|J^{(m+1)} - J^{(m)}| < \tau$

例 10.1　我们将 K-Means 算法应用于软磁合金数据集(详见例 9.3 和附录 A.8.5 节)。为了可视化结果，我们只考虑铁(Fe)和硼(B)原子的特征，在例 9.3 的分析中已讨论了其重要性，同时仅采用数据集中 741 个点的前 250 个点。在 J 的连续取值之间的绝对值差小于 0.005 时，算法停止。本例中，算法在迭代六次后停止。我们发现两个簇分别对应高矫顽力和低矫顽力。图 10.1 展示了初始的配置以及每次 E 步迭代后的结果。

K-Means 算法的一个问题是目标函数 J 中存在多个最小值。为了保证找到一个好的解，最简单的方法是多次随机初始化簇中心并运行算法，而后根据最小得分选择最优值。这种方法时常被称为“随机重启方法”。作为例证，图 10.2 展示了 $K=3$ 时的一些解，数据集与例 10.1 中的相同，经过 10 次迭代和多次随机重启(例 10.1 中，$K=2$ 时获得的解已是最优的)。可以发现目标函数得分的差异很大，说明多次随机重启的必要性。还要注意，相同的解会在不同的标签下多次出现。

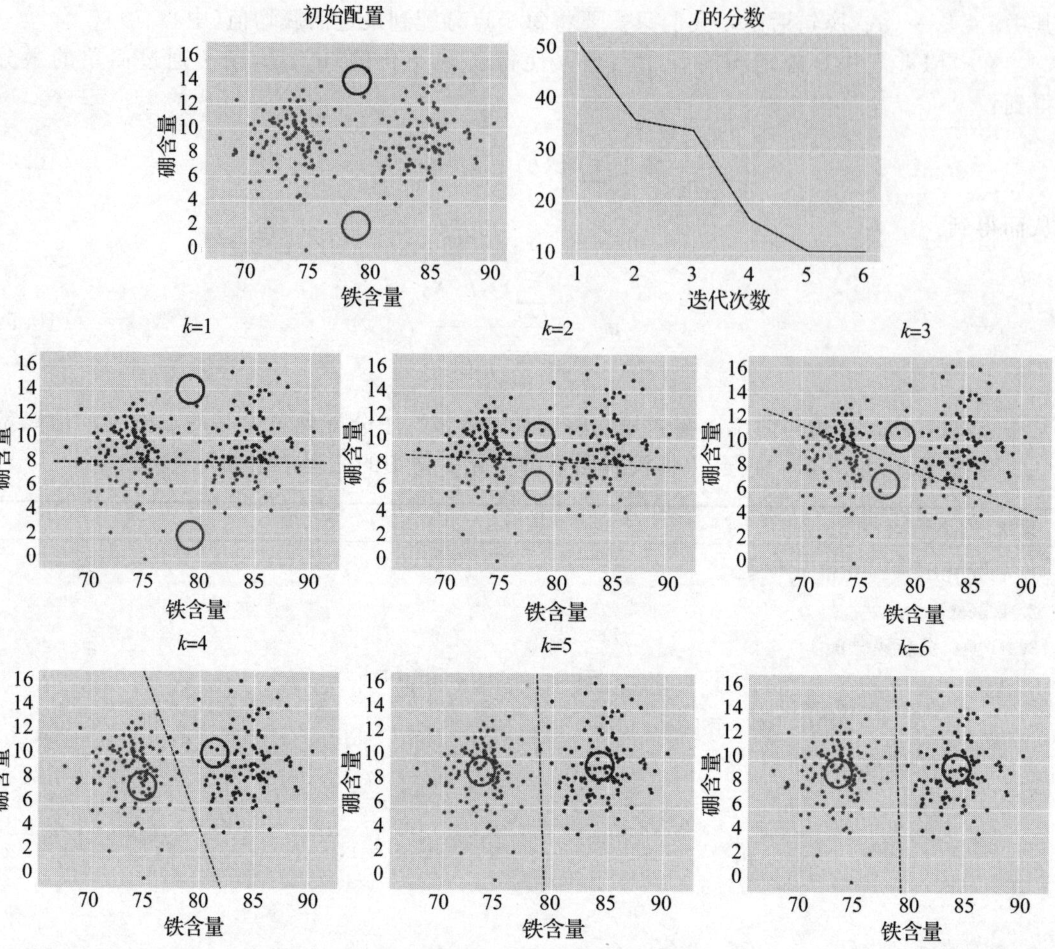

图 10.1　K-Means 算法应用于包含铁(Fe)和硼(B)特征的软磁合金数据集中。左上角的图显示了原始数据和初始平均值(位于圆圈的中心)。右上角的图显示了每次 E 步迭代后目标函数 J 的值。下方的图显示了每次 E 步迭代后的结果，算法在经过 6 次迭代后收敛(由 c10_Kmeans.py 生成的图)

到目前为止，我们一直避免选择 K 簇的数量的问题。实际上，这是一个困难的问题，就像在特征选择中要保留的特征数量或者在 PCA 中要使用的主成分数量一样。我们不能简单地改变 K，而选择 J 的分数最小的解，因为就像在特征选择中一样，当聚类数 K 相对于样本量 N 过大时，会导致得分 J 人为的变小，以致 J 对 K 的曲线通常是单调递减的。因此，需要寻找一个小的 J 值，同时惩罚大的 K 值。实际上，通常使用的一个准则是选择 K^* 值，它对应 J-K 图中首次出现的一个尖锐的“弯头”(一个大幅的下降，然后是稳定的值)。其他准则参见文献注释。

在结束对 K-Means 算法的讨论之前，我们提及一个与之相关的流行变体，即模糊 C-Means 算法。这是 K-Means 算法的一个模糊版本，其中，每个点并不分配到某个簇，而是对每个簇有一个模糊的隶属度。更准确地说，假定每一个向量 $\boldsymbol{r}_i$ 是非负值，使得 $\sum_{k=1}^{K}\boldsymbol{r}_i(k)=1$，其中，$0\leqslant\boldsymbol{r}_i(k)\leqslant 1$ 给出点 $\boldsymbol{X}_i$ 对簇 k 的隶属度。该算法寻找向量 $\{\boldsymbol{\mu}_i\}_{i=1}^{n}$ 和 $\{\boldsymbol{r}_i\}_{k=1}^{K}$ 使得目标函数 J 最小

$$J = \sum_{i=1}^{n}\sum_{k=1}^{K}\boldsymbol{r}_i(k)^s \parallel \boldsymbol{X}_i - \boldsymbol{\mu}_k \parallel^2 \tag{10.6}$$

其中，$s \geqslant 1$ 是一个控制产生的聚类“模糊性”的参数。求解的过程与常规的 K-Means 算法类似，也需要 E 步和 M 步。

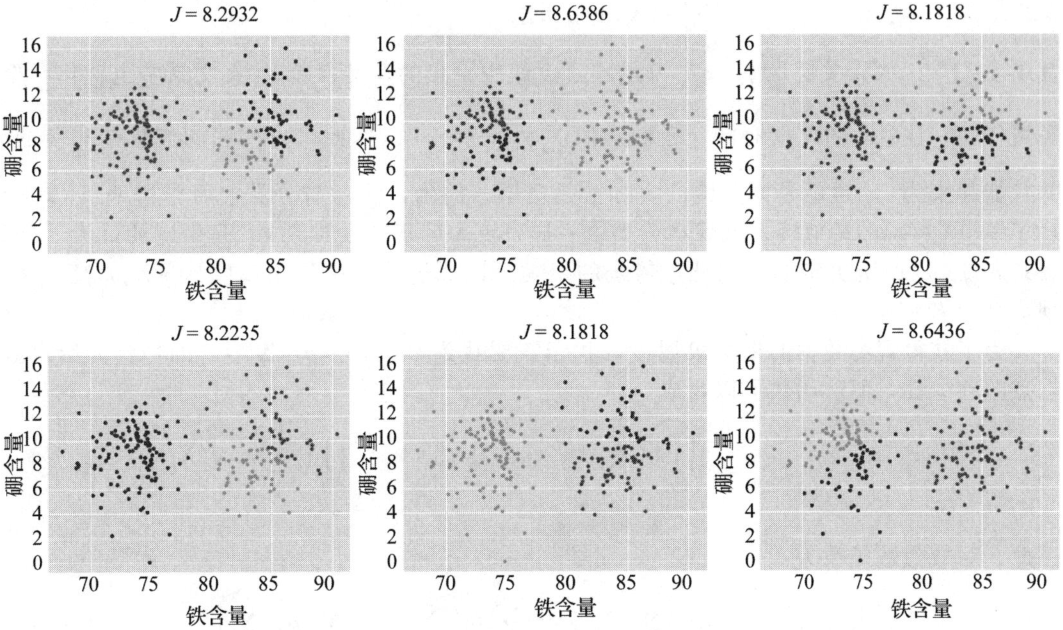

图 10.2 当 $K=3$ 时，簇中心进行不同的随机初始化，经过 10 次迭代得到 J 值的 K-Means 解，使用的数据集与例 10.1 相同。注意，两种方案的结果是相同的，虽然带有不同的标签(由 c10_Kmeans_rndstart.py 生成的图)

10.2 高斯混合模型

K-Means 算法对数据的分布不做任何假设。另一种基于模型的聚类方法是对分布假设一个特定的参数形状并从数据中估计参数(与第 4 章的参数分类规则类似)。对聚类的适当假设是概率密度的混合。在本节中，我们将考虑高斯混合模型(Gaussian Mixture Model，GMM)的重要特例，使用期望-最大化算法来获取参数的最大似然估计。

全体数据分布的 GMM 为：

$$p(\boldsymbol{x}) = \sum_{k=1}^{K}\pi_k \mathcal{N}(\boldsymbol{x} \mid \boldsymbol{\mu}_k, \boldsymbol{\Sigma}_k) \tag{10.7}$$

其中，K 是所需要的簇的数目，$\pi_1, \cdots, \pi_K$ 是非负数且 $\sum_{i=1}^{K}\pi_k = 1$，叫作混合参数。混合参数 π_k 简单地说就是随机点 $\boldsymbol{X}$ 属于簇 $\boldsymbol{C}_k$ 的先验概率。

$$\pi_k = P(\boldsymbol{X} \in C_k) \tag{10.8}$$

其中 $k=1,\cdots,K$，贝叶斯理论允许根据数据计算聚类成员的后验概率：

$$\gamma_k(\boldsymbol{x}) = P(\boldsymbol{X} \in C_k \mid \boldsymbol{X} = \boldsymbol{x})$$

$$
=\frac{p(\boldsymbol{X}=\boldsymbol{x}\mid\boldsymbol{X}\in C_k)P(\boldsymbol{X}\in C_k)}{\sum_{k=1}^{K}p(\boldsymbol{X}=\boldsymbol{x}\mid\boldsymbol{X}\in C_k)P(\boldsymbol{X}\in C_k)}
$$

$$
=\frac{\pi_k\mathcal{N}(\boldsymbol{x}\mid\boldsymbol{\mu}_k,\boldsymbol{\Sigma}_k)}{\sum_{k=1}^{K}\pi_k\mathcal{N}(\boldsymbol{x}\mid\boldsymbol{\mu}_k,\boldsymbol{\Sigma}_k)} \tag{10.9}
$$

其中 $k=1,\cdots,K$，关键量 $\gamma_k(\boldsymbol{x})>0$ 给出了 k 簇中 $\boldsymbol{x}$ 点的聚类隶属度(在文献中也称作“聚类责任”)。注意，对于所有的 $\boldsymbol{x}\in R^d$，有 $\sum_{k=1}^{K}\gamma_k(\boldsymbol{x})=1$。因此，这些簇的成员是非负的，并且加起来为 1，也就是说，他们实际上是概率。的确，注意与分类中后验概率 $\eta_k(\boldsymbol{x})=P(Y=k\mid\boldsymbol{X}=\boldsymbol{x})$的相似性。就像在分类中一样，点 $\boldsymbol{x}$ 属于“硬”簇 k，是由它的最大“软”簇隶属度 $\gamma_k(\boldsymbol{x})$所决定的。因此，传统的聚类可以通过估计聚类隶属度$\{\gamma_k(\boldsymbol{X}_n)\}_{i=1}^{n}$来实现，其中 $k=1,\cdots,K$。

为了获得观测数据的聚类隶属度，我们需要找到参数$\{\pi_k,\boldsymbol{\mu}_k,\boldsymbol{\Sigma}_k\}_{i=1}^{K}$的估计。给定数据点的独立性，似然函数可以写成：

$$
p(S_n\mid\{\pi_k,\boldsymbol{\mu}_k,\boldsymbol{\Sigma}_k\}_{i=1}^{K})=\prod_{i=1}^{n}p(\boldsymbol{X}_i\mid\{\pi_k,\boldsymbol{\mu}_k,\boldsymbol{\Sigma}_k\}_{i=1}^{K})=\prod_{i=1}^{n}\Big(\sum_{k=1}^{K}\pi_k\mathcal{N}(\boldsymbol{X}_i\mid\boldsymbol{\mu}_k,\boldsymbol{\Sigma}_k)\Big) \tag{10.10}
$$

因此，对数似然函数为：

$$
\ln p(S_n\mid\{\pi_k,\boldsymbol{\mu}_k,\boldsymbol{\Sigma}_k\}_{i=1}^{K})=\sum_{i=1}^{n}\ln\Big(\sum_{k=1}^{K}\pi_k\mathcal{N}(\boldsymbol{X}_i\mid\boldsymbol{\mu}_k,\boldsymbol{\Sigma}_\mathrm{k})\Big) \tag{10.11}
$$

最大似然参数估计由下式决定：

$$
\{\hat{\pi}_k,\hat{\boldsymbol{\mu}}_k,\hat{\boldsymbol{\Sigma}}_k\}_{i=1}^{K}=\underset{\{\pi_k,\boldsymbol{\mu}_k,\boldsymbol{\Sigma}_k\}_{i=1}^{K}}{\arg\max}\sum_{i=1}^{n}\ln\Big(\sum_{k=1}^{K}\pi_k\mathcal{N}(\boldsymbol{X}_i\mid\boldsymbol{\mu}_k,\boldsymbol{\Sigma}_k)\Big) \tag{10.12}
$$

在单个高斯函数($K=1$)的情况下，这种最大化可以以封闭形式实现，从而得到常用的样本均值和样本协方差矩阵估计量($\pi_1=1$ 且没有混合参数可估计)。然而，对于 $K\geqslant 2$，最大参数的解析表达式是未知的，并且最大化必须以数值形式进行。理由是式(10.11)中的内求和的存在，这阻止了我们直接对高斯密度求对数。在下一节中，我们将介绍一个著名的数值方法来解决硬最大似然问题。

10.2.1　期望-最大化方法

最大化对数似然公式(10.11)的一种可能性是应用梯度下降算法。这里，我们描述了一种不同的方法，称为*期望-最大化*(*EM 算法*)，它在有“隐藏”变量的模型中实现最大似然估计。EM 算法是一种迭代算法，它保证收敛到似然函数的局部最大值(在附录 A.7 节给出了 EM 算法收敛的证明)。下面我们将看到，EM 算法的 M 步使得式(10.11)中的对数和内和相互转换，以封闭形式呈现优化(对于 M 步)。

首先，我们说明一般情况下的 EM 过程，然后将其专门化到 GMM 中。设 $\boldsymbol{X}$ 表示观测到的训练数据，并设 $\boldsymbol{Z}$ 为 $\boldsymbol{X}$ 所依赖的、但不能直接观测到的隐藏变量。同样，$\boldsymbol{\theta}\in\boldsymbol{\Theta}$ 是模型参数的向量。最大似然估计试图找到 $\boldsymbol{\theta}$ 的值，使得对数似然函数 $L(\boldsymbol{\theta})=\ln p_{\boldsymbol{\theta}}(\boldsymbol{X})$最大化。EM 算法背后的理由是最大化不完全对数似然 $L(\boldsymbol{\theta})$是困难的，然而，完全对数似然 $\ln p_{\boldsymbol{\theta}}(\boldsymbol{Z},\boldsymbol{X})$的最大化是容易的(甚至可能得到一个封闭形式的解)，只要我们能够知道 $\boldsymbol{Z}$ 的

值。为了简化，我们假设 $\boldsymbol{Z}$ 是离散的(这是 GMM 中的情况)。

由于 $\boldsymbol{Z}$ 不可直接获得，因此完全似然 $p_{\boldsymbol{\theta}}(\boldsymbol{Z},\boldsymbol{X})$ 也不是直接可用的，EM 算法提出考虑替代函数

$$Q(\boldsymbol{\theta},\boldsymbol{\theta}^{(m)}) = E_{\boldsymbol{\theta}^{(m)}}[\ln p_{\boldsymbol{\theta}}(\boldsymbol{Z},\boldsymbol{X})\,|\,\boldsymbol{X}] = \sum_{\boldsymbol{Z}} \ln p_{\boldsymbol{\theta}}(\boldsymbol{Z},\boldsymbol{X})\, p_{\boldsymbol{\theta}^{(m)}}(\boldsymbol{Z}|\boldsymbol{X}) \tag{10.13}$$

其中，$\boldsymbol{\theta}^{(m)}$ 是 $\boldsymbol{\theta}$ 的当前估计。式(10.13)中的分数是 $p_{\boldsymbol{\theta}}(\boldsymbol{Z},\boldsymbol{X})$ 在当前的估计值 $\boldsymbol{\theta}^{(m)}$ 下，对于给定 $\boldsymbol{X}$ 的 $\boldsymbol{Z}$ 的条件分布的期望值。因此，未知的隐藏变量 $\boldsymbol{Z}$ 被期望“平均化”了。在附录 A.7 节中可以看出，式(10.13)关于 $\boldsymbol{\theta}$ 的最大化：

$$\boldsymbol{\theta}^{(m+1)} = \arg\max_{\boldsymbol{\theta}} Q(\boldsymbol{\theta},\boldsymbol{\theta}^{(m)}) \tag{10.14}$$

必然提高了对数似然，即 $L(\boldsymbol{\theta}^{(m+1)}) > L(\boldsymbol{\theta}^{(m)})$，除非其已经达到 $L(\boldsymbol{\theta})$ 的局部最大值，在这种情况下，$L(\boldsymbol{\theta}^{(m+1)}) = L(\boldsymbol{\theta}^{(m)})$。EM 算法最初猜想 $\boldsymbol{\theta}=\boldsymbol{\theta}^{(0)}$，然后在估计 $\boldsymbol{\theta}^{(m)}$ 的当前值计算式(10.13)(称为“E 步”)和最大化式(10.14)这两个步骤之间迭代，以得到下一个估算 $\boldsymbol{\theta}^{(m+1)}$。其过程总结如下。

算法 2 期望-最大化(EM)

1. 初始化 $\boldsymbol{\theta}^{(0)}$ 和 $\tau>0$
2. **repeat**
3. E 步：计算 Q 值

$$Q(\boldsymbol{\theta},\boldsymbol{\theta}^{(m)}) = E_{\boldsymbol{\theta}^{(m)}}[\ln p_{\boldsymbol{\theta}}(\boldsymbol{Z},\boldsymbol{X})\,|\,\boldsymbol{X}] = \sum_{\boldsymbol{Z}} \ln p_{\theta}(\boldsymbol{Z},\boldsymbol{X})\, p_{\boldsymbol{\theta}^{(m)}}(\boldsymbol{Z}|\boldsymbol{X})$$

4. M 步：更新参数

$$\boldsymbol{\theta}^{(m+1)} = \arg\max_{\boldsymbol{\theta}} Q(\boldsymbol{\theta},\boldsymbol{\theta}^{(m)})$$

5. 计算对数似然：

$$L(\boldsymbol{\theta}^{(m+1)}) = \ln p_{\boldsymbol{\theta}^{(m+1)}}(\boldsymbol{X})$$

6. **until** $|L(\boldsymbol{\theta}^{(m+1)}) - L(\boldsymbol{\theta}^{(m)})| < \tau$

接下来，我们描述如何利用 EM 方法对高斯混合模型的参数进行估计。设 $\boldsymbol{\theta}=\{\pi_k,\boldsymbol{\mu}_k,\boldsymbol{\Sigma}_k\}_{i=1}^{K}$ 为参数向量，$\boldsymbol{X}=\{\boldsymbol{X}_1,\cdots,\boldsymbol{X}_n\}$ 为观测数据，如式(10.7)，假设观测数据是独立同分布的。隐藏变量 $\boldsymbol{Z}=\{\boldsymbol{Z}_1,\cdots,\boldsymbol{Z}_n\}$ 在这里代表“真正的”簇隶属关系：

$$\boldsymbol{Z}_i = (0,0,\cdots,1,\cdots,0,0)，对于\ i = 1,\cdots,n \tag{10.15}$$

如果 $\boldsymbol{X}_i$ 属于簇 k，则 $\boldsymbol{Z}_i(k)=1$，$k=1,\cdots,K$(每个点只能属于一个簇)。与式(10.1)相比，这与 K-Means 算法使用的是同样的“one-hot”编码方案。

式(10.11)给出不完全对数似然函数

$$L(\boldsymbol{\theta}) = \ln p_{\boldsymbol{\theta}}(\boldsymbol{X}) = \sum_{i=1}^{n} \ln\Big(\sum_{k=1}^{K} \pi_k \mathcal{N}(\boldsymbol{X}_i|\boldsymbol{\mu}_k,\boldsymbol{\Sigma}_k)\Big) \tag{10.16}$$

如前所述，由于存在求和，不能直接对高斯密度求对数，这使得 $L(\boldsymbol{\theta})$ 的最大化变得复杂。然而，完全对数似然如下

$$\ln p_{\boldsymbol{\theta}}(\boldsymbol{Z},\boldsymbol{X}) = \ln\Big(\prod_{i=1}^{n}\prod_{k=1}^{K}\prod_{k}^{\boldsymbol{Z}_i(k)} \mathcal{N}(\boldsymbol{X}_i|\boldsymbol{\mu}_k,\boldsymbol{\Sigma}_k)^{\boldsymbol{Z}_i(k)}\Big) = \sum_{i=1}^{n}\sum_{k=1}^{K} \boldsymbol{Z}_i(k)\ln(\pi_k \mathcal{N}(\boldsymbol{X}_i|\boldsymbol{\mu}_k,\boldsymbol{\Sigma}_k)) \tag{10.17}$$

与式(10.16)相比，EM 的神奇之处就在于它使得式(10.17)中的对数和求和运算相互交

换。式(10.13)中的 Q 函数计算如下(E 步)：

$$\begin{aligned}Q(\boldsymbol{\theta},\boldsymbol{\theta}^{(m)}) &= E_{\boldsymbol{\theta}^{(m)}}\Big[\sum_{i=1}^{n}\sum_{k=1}^{K}\boldsymbol{Z}_i(k)\ln(\pi_k\mathcal{N}(\boldsymbol{X}_i\,|\,\boldsymbol{\mu}_k,\boldsymbol{\Sigma}_k))\,\Big|\,\boldsymbol{X}\Big]\\ &= \sum_{i=1}^{n}\sum_{k=1}^{K}E_{\boldsymbol{\theta}^{(m)}}[\boldsymbol{Z}_i(k)\,|\,\boldsymbol{X}]\ln(\pi_k\mathcal{N}(\boldsymbol{X}_i\,|\,\boldsymbol{\mu}_k,\boldsymbol{\Sigma}_k))\end{aligned} \tag{10.18}$$

其中，

$$\begin{aligned}E_{\boldsymbol{\theta}^{(m)}}[\boldsymbol{Z}_i(k)\,|\,\boldsymbol{X}] &= E_{\boldsymbol{\theta}^{(m)}}[\boldsymbol{Z}_i(k)\,|\,\boldsymbol{X}_i] = P_{\boldsymbol{\theta}^{(m)}}[\boldsymbol{Z}_i(k)=1\,|\,\boldsymbol{X}_i]\\ &= \gamma_k^{(m)}(\boldsymbol{X}_i) = \frac{\pi_k^{(m)}\mathcal{N}(\boldsymbol{X}_i\,|\,\boldsymbol{\mu}_k^{(m)},\boldsymbol{\Sigma}_k^{(m)})}{\sum_{k=1}^{K}\pi_k^{(m)}\mathcal{N}(\boldsymbol{X}_i\,|\,\boldsymbol{\mu}_k^{(m)},\boldsymbol{\Sigma}_k^{(m)})}\end{aligned} \tag{10.19}$$

即 $\boldsymbol{X}_i$ 点在参数向量 $\boldsymbol{\theta}^{(m)}$ 当前值下对于簇 k 的隶属度，其中 $k=1,\cdots,K$ 且 $i=1,\cdots,n$。将其代入式(10.18)，回顾 $\boldsymbol{\theta}=\{\pi_k,\boldsymbol{\mu}_k,\boldsymbol{\Sigma}_k\}_{i=1}^{K}$，得到

$$Q(\{\pi_k,\boldsymbol{\mu}_k,\boldsymbol{\Sigma}_k\}_{i=1}^{K},\{\pi_k^{(m)},\boldsymbol{\mu}_k^{(m)},\boldsymbol{\Sigma}_k^{(m)}\}_{i=1}^{K}) = \sum_{i=1}^{n}\sum_{k=1}^{K}\gamma_k^{(m)}(\boldsymbol{X}_i)\ln(\pi_k\mathcal{N}(\boldsymbol{X}_i\,|\,\boldsymbol{\mu}_k,\boldsymbol{\Sigma}_k)) \tag{10.20}$$

M 步规定：

$$\{\pi_k^{(m+1)},\boldsymbol{\mu}_k^{(m+1)},\boldsymbol{\Sigma}_k^{(m+1)}\}_{i=1}^{K} = \mathop{\arg\max}_{\{\pi_k,\boldsymbol{\mu}_k,\boldsymbol{\Sigma}_k\}_{i=1}^{K}} Q(\{\pi_k,\boldsymbol{\mu}_k,\boldsymbol{\Sigma}_k\}_{i=1}^{K},\{\pi_k^{(m)},\boldsymbol{\mu}_k^{(m)},\boldsymbol{\Sigma}_k^{(m)}\}_{i=1}^{K}) \tag{10.21}$$

这个最大化是比较直接的。通过对 $\boldsymbol{\mu}_k$ 和 $\boldsymbol{\Sigma}_k^{-1}$ 微分，有：

$$\begin{aligned}\frac{\partial Q(\boldsymbol{\theta},\boldsymbol{\theta}^{(m)})}{\partial\boldsymbol{\mu}_k} &= \sum_{i=1}^{n}\gamma_k^{(m)}(\boldsymbol{X}_i)\boldsymbol{\Sigma}_k^{-1}(\boldsymbol{X}_i-\boldsymbol{\mu}_k)=0\\ \frac{\partial Q(\boldsymbol{\theta},\boldsymbol{\theta}^{(m)})}{\partial\boldsymbol{\Sigma}_k^{-1}} &= -\frac{1}{2}\sum_{i=1}^{n}\gamma_k^{(m)}(\boldsymbol{X}_i)(\boldsymbol{\Sigma}_k-(\boldsymbol{X}_i-\boldsymbol{\mu}_k)(\boldsymbol{X}_i-\boldsymbol{\mu}_k)^{\mathrm{T}})=0\end{aligned} \tag{10.22}$$

其中 $k=1,\cdots,K$，解出方程组：

$$\begin{aligned}\boldsymbol{\mu}_k^{(m+1)} &= \frac{\sum_{i=1}^{n}\gamma_k^{(m)}(\boldsymbol{X}_i)\boldsymbol{X}_i}{\sum_{i=1}^{n}\gamma_k^{(m)}(\boldsymbol{X}_i)}\\ \boldsymbol{\Sigma}_k^{(m+1)} &= \frac{\sum_{i=1}^{n}\gamma_k^{(m)}(\boldsymbol{X}_i)(\boldsymbol{X}_i-\hat{\boldsymbol{\mu}}_k^{(m+1)})(\boldsymbol{X}_i-\hat{\boldsymbol{\mu}}_k^{(m+1)})^{\mathrm{T}}}{\sum_{i=1}^{n}\gamma_k^{(m)}(\boldsymbol{X}_i)}\end{aligned} \tag{10.23}$$

其中 $k=1,\cdots,K$，可以证明这个驻点确实是一个极大值点。至于 π_k 的最大化，为约束 $\sum_{k=1}^{K}\pi_k=1$，我们引入拉格朗日乘子 λ 从而寻找 $Q(\boldsymbol{\theta},\boldsymbol{\theta}^{(m)})+\lambda\Big(\sum_{k=1}^{K}\pi_k-1\Big)$ 的一个驻点。对 π_k 微分得到：

$$\frac{\partial Q(\boldsymbol{\theta},\boldsymbol{\theta}^{(m)})}{\partial\pi_k} = \sum_{i=1}^{n}\frac{\gamma_k^{(m)}(\boldsymbol{X}_i)}{\pi_k}+\lambda=0 \tag{10.24}$$

其中 $k=1,\cdots,K$，把这 K 个方程的两边都乘以 π_k(我们假设所有的 π_k 都不为零)，然后把它们相加得到：

$$\sum_{i=1}^{n}\sum_{k=1}^{K}\gamma_k^{(m)}(\boldsymbol{X}_i)+\lambda\sum_{k=1}^{K}\pi_k=0\Rightarrow\lambda=-n \tag{10.25}$$

其中，我们利用 $\sum_{k=1}^{K}\gamma_k^{(m)}(\boldsymbol{X}_i)$ 和 $\sum_{k=1}^{K}\pi_k$ 都等于 1 这一事实。把 $\lambda=-n$ 代入到式(10.24)，解方程得到

$$\pi_k^{(m+1)}=\frac{1}{n}\sum_{i=1}^{n}\gamma_k^{(m)}(\boldsymbol{X}_i) \tag{10.26}$$

其中 $k=1,\cdots,K$。这个过程一直重复，直到对数似然 $L(\boldsymbol{\theta})$没有显著变化。此时，如果需要，可以进行聚类分配，方法是将点 $\boldsymbol{X}_i$ 分配给拥有最大簇成员隶属度的簇k。注意，可以进行其他的硬聚类分配。例如，该算法可能拒绝为点分配任何簇，除非最大的簇隶属度超过预先指定的阈值。整个 EM 过程总结如下。

算法 3 使用 EM 和高斯混合模型聚类

1. 初始化 K，$\tau>0$，$\{\pi_k^{(0)},\ \boldsymbol{\mu}_k^{(0)},\ \boldsymbol{\Sigma}_k^{(0)}\}_{i=1}^{K}$
2. **repeat**
3. E 步：更新簇成员

$$\gamma_k^{(m)}(\boldsymbol{X}_i)=\frac{\pi_k^{(m)}\mathcal{N}(\boldsymbol{X}_i\mid\boldsymbol{\mu}_k^{(m)},\boldsymbol{\Sigma}_k^{(m)})}{\sum_{k=1}^{K}\pi_k^{(m)}\mathcal{N}(\boldsymbol{X}_i\mid\boldsymbol{\mu}_k^{(m)},\boldsymbol{\Sigma}_k^{(m)})}$$

4. M 步：重新估计模型参数

$$\boldsymbol{\mu}_k^{(m+1)}=\frac{\sum_{i=1}^{n}\gamma_k^{(m)}(\boldsymbol{X}_i)\boldsymbol{X}_i}{\sum_{i=1}^{n}\gamma_k^{(m)}(\boldsymbol{X}_i)},$$

$$\boldsymbol{\Sigma}_k^{(m+1)}=\frac{\sum_{i=1}^{n}\gamma_k^{(m)}(\boldsymbol{X}_i)(\boldsymbol{X}_i-\hat{\boldsymbol{\mu}}_k^{(m+1)})(\boldsymbol{X}_i-\hat{\boldsymbol{\mu}}_k^{(m+1)})^{\mathrm{T}}}{\sum_{i=1}^{n}\gamma_k^{(m)}(\boldsymbol{X}_i)}$$

$$\pi_k^{(m+1)}=\frac{1}{n}\sum_{i=1}^{n}\gamma_k^{(m)}(\boldsymbol{X}_i)$$

5. 计算对数似然：

$$L(\{\pi_k^{(m+1)},\boldsymbol{\mu}_k^{(m+1)},\boldsymbol{\Sigma}_k^{(m+1)}\}_{i=1}^{K})=\sum_{i=1}^{n}\ln\left(\sum_{k=1}^{K}\pi_k^{(m+1)}\mathcal{N}(\boldsymbol{X}_i\mid\boldsymbol{\mu}_k^{(m+1)},\boldsymbol{\Sigma}_k^{(m+1)})\right)$$

6. **until** $\left|L(\{\pi_k^{(m+1)},\ \boldsymbol{\mu}_k^{(m+1)},\ \boldsymbol{\Sigma}_k^{(m+1)}\}_{i=1}^{K})-L(\{\pi_k^{(m)},\ \boldsymbol{\mu}_k^{(m)},\ \boldsymbol{\Sigma}_k^{(m)}\}_{i=1}^{K})\right|<\tau$

例 10.2 我们利用例 10.1 中的软磁合金数据集，将 EM 算法应用于 GMM，其中 $K=2$。图 10.3 显示了初始配置、每次迭代的 E 步后的对数似然图，以及每次迭代的 E 步后结果的均匀采样。数据点由绿色、红色和蓝色的二次贝叶斯曲线插值着色，其中，红色代表簇隶属关系的中间步骤值。每个高斯分布都用恒定密度 0.5、1 和 1.5 标准偏差等高线来表示。我们可以看到，红点的出现代表了聚类的不确定性，其在拟合过程的后期会减少。在本例中，L 的先后值之间的绝对差必须小于 5×10^{-8}，算法才能终止。为了避免在对数似然函数的平坦区间内过早终止，这个值需要非常小。

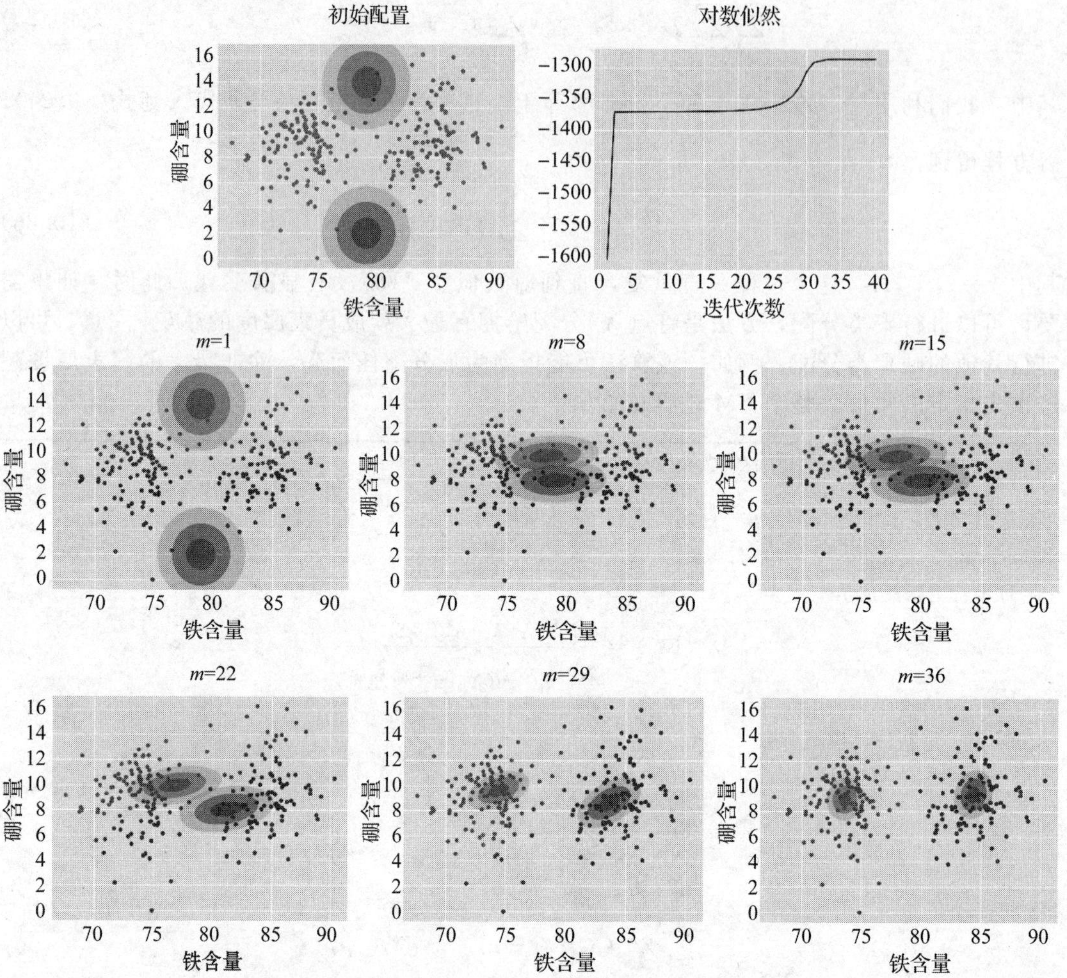

图 10.3　高斯混合模型实例利用包含铁(Fe)和硼(B)特征的软磁合金数据集。左上角显示了原始数据和初始的高斯值。右上方的图显示了每次迭代 E 步后的对数似然值。下方的图显示了每次迭代 E 步后的结果。数据点由绿色、红色和蓝色的二次贝叶斯曲线插值着色，其中，红色代表簇隶属关系的中间步骤值。高斯分布由其恒定密度的 0.5、1 和 1.5 标准偏差等高线表示(由 c10_GMM.py 生成图)　■

一般来说，极大似然估计的一个问题是过拟合。在 GMM 的情况下，如果其中一个高斯密度跌到一个数据点，则有可能人为地产生较大的对数似然值。为此，假设其中一个高斯均值 $\boldsymbol{\mu}_j$ 与训练点 $\boldsymbol{X}_1$ 一致。然后，得到如下形式的对数似然：

$$\mathcal{N}(\boldsymbol{X}_1 \mid \boldsymbol{\mu}_j = \boldsymbol{X}_1, \boldsymbol{\Sigma}_j) = \frac{1}{(2\pi)^{d/2} \mid \boldsymbol{\Sigma}_j \mid^{1/2}} \tag{10.27}$$

通过让 $|\hat{\boldsymbol{\Sigma}}_j| \to 0$，可以无限地增加 L。为了避免这种情况，一个复杂的 GMM 算法的实现会检查是否有任何聚类协方差崩溃到一个数据点，如果是这样，重新初始化该聚类的均值和协方差均值。

10.2.2　与 K-Means 的关系

在例 10.2 中，我们看到，收敛性比 K-Means 算法更复杂，也更慢。部分原因是 K-

Means 算法只需要估计聚类的中心，而 GMM 需要拟合更多的参数。

实际上，K-Means 可以看作是 GMM 聚类的一种极限情况。通过考虑 $\boldsymbol{\Sigma}_k=\sigma^2\boldsymbol{I}$(球面协方差矩阵)可以揭示这种关系。在这种情况下，$\boldsymbol{X}_i$ 的簇隶属度变成：

$$\gamma_k(\boldsymbol{X}_i)=\frac{\pi_k\exp\left(-\|\boldsymbol{x}-\boldsymbol{\mu}_k\|^2/2\sigma^2\right)}{\sum_{k=1}^{K}\pi_k\exp\left(-\|\boldsymbol{x}-\boldsymbol{\mu}_k\|^2/2\sigma^2\right)}\tag{10.28}$$

其中 $k=1,\cdots,K$。设 $\boldsymbol{\mu}_j$ 为最接近 $\boldsymbol{X}_i$ 的均值向量。那么，很容易看出，如果令 $\sigma\to0$，那么 $\gamma_j(\boldsymbol{X}_i)\to1$，而所有其他簇隶属度都趋于 0。换句话说，$\gamma_k(\boldsymbol{X}_i)\to\boldsymbol{r}_i(k)$，聚类分配与 K-Means 算法一样。这表明 K-Means 倾向于寻找球形簇，而 GMM 具有额外的灵活性，能够检测拉长的椭圆形簇。

最后，和 K-Means 算法一样，高斯混合模型中 K 的选择是一个困难的问题。增大 K 会导致过拟合并且人为地增大对数似然值。在对于 K 的图中寻找一个对数似然的“弯部”通常是一个简单而有效的解决方案。

10.3 层次聚类

前面介绍的聚类方法会产生一个固定的数据点簇分配。此外，正如我们在前一节结束前所讨论的，它们倾向于寻找球形或者椭球形的簇。在本节中，我们讨论层次聚类，它消除了这两种限制。采用一个聚类创建的迭代，会得到不同的聚类结果。此外，得到的簇的形状在原则上是任意的。过程描述如下：

- **凝聚**(自底向上)。从单独集群中的每个点开始，迭代地合并簇。
- **分裂**(自顶向下)。从包含所有数据点的单个簇开始，迭代地分裂簇。

这里我们将重点讨论凝聚型层次聚类，这是层次聚类最常见的形式。给定两个簇 C_i 和 C_j(它们只是不相交的、非空的数据点集)，凝聚型层次聚类基于成对相异度的变量 $d(C_i,C_j)$。算法从 n 个单簇(每个单一点看作是一个单簇)开始，将最相似的两个簇(在本例中是点)合并成一个新的簇，即最小化两个簇的成对相异度。接下来，在当前的簇中，两个最相似的簇合并成一个新的簇。这个过程在 $n-1$ 个合并步骤之后一直重复，直到有一个簇能包含所有数据。这个过程的结果通常呈现为一个树形图，这是一个非循环树，其中，每个节点代表一个合并，叶子节点是单独的数据点，根节点是包含所有数据的簇。

通常，树状图是这样绘制的：每个节点的高度等于子簇之间的差异。两个数据点之间的同源距离定义为它们最低共同父节点的高度。在给定高度切割树状图会产生一种传统的向簇分配点的方法。切割不同的高度会产生不同的嵌套簇。图 10.4 给出了一个说明。

自然地，不同的树状图是由不同的成对聚类相异度指标产生的。设 $d(\boldsymbol{x},\boldsymbol{x}')$为点 $\boldsymbol{x}$ 之间的距离度量，$\boldsymbol{x}'\in R^d$，例如欧氏距离或 1-相关性。在层次聚类中最常用的成对聚类相异度指标是：

- 单连接相异度

$$d_s(C_i,C_j)=\min\{d(\boldsymbol{X},\boldsymbol{X}')\mid\boldsymbol{X}\in C_i,\boldsymbol{X}'\in C_j\}\tag{10.29}$$

- 全连接相异度

$$d_s(C_i,C_j)=\max\{d(\boldsymbol{X},\boldsymbol{X}')\mid\boldsymbol{X}\in C_i,\boldsymbol{X}'\in C_j\}\tag{10.30}$$

- 平均连接相异度

$$d_c(C_i,C_j)=\frac{1}{|C_i||C_j|}\sum_{\boldsymbol{X}\in C_i}\sum_{\boldsymbol{X}'\in C_j}d(\boldsymbol{X},\boldsymbol{X}')\tag{10.31}$$

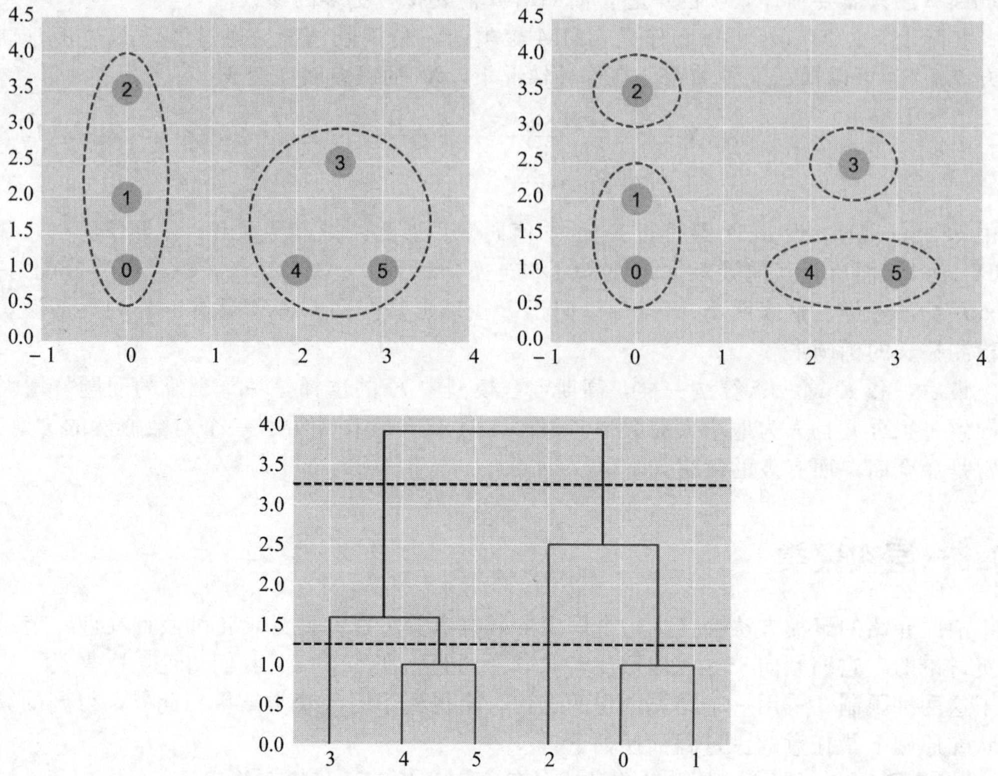

图 10.4　凝聚层次聚类。顶部：原始数据集和两个嵌套聚类。底部：树状图。顶部显示的嵌套聚类是通过在水平虚线所表示的高度处切割树状图获得的(由 c10_hclust.py 生成图)

比较上述的相异度，我们发现单连接是最近邻度量的一种形式，因此倾向于产生拉长的簇，如图 10.4 所示。这种现象被称为**锁链**。另一方面，完全连接是一种最大距离准则，它倾向于产生圆形、紧凑的簇，就像 K-Means 和 GMM 聚类一样。平均连接在这两个极端之间有一个折中行为。

根据层次聚类过程中产生的聚类序列，以及它们之间成对聚类相异度，可以得到一个树状图。注意，该算法实际上并不需要原始数据来构造一个树状图，而只需要所有数据点对之间的成对距离 $d(\boldsymbol{X},\boldsymbol{X}')$ 的矩阵。

例 10.3　这里，我们通过将层次聚类应用于登革热预后数据集继续说明例 9.4。图 10.5 显示了基于数据点之间的相关距离的树状图，分别使用单连接、完全连接和平均连接作为成对相异度。因此，纵轴上的不相似值在 0 和 1 之间，完全连接的差异值最大，单连接的差异值最小。将树状图在最大高度的 85％处进行切割以得到硬聚类分配，以水平虚线显示。获得的簇通过不同的颜色表示。在单连接结果中可以清楚地看到锁链，它形成了一个大型簇(和一个离群簇)。相比之下，完全连接结果产生两个明确定义的簇。平均连接结果介于两者之间。如果我们将它与使用图 9.6 中的相关距离的二维 MDS 图进行比较，我们可以看到它们本质上是一致的。左侧簇包含所有的 DHF 病例，以及 4 例 DF 病例和 2 例 ND 病例。其中一个 ND 病例(病例 199)仅与该簇松散相关(如两例登革出血热病例，病例 125 和病例 128)。右侧簇只包含 DF 和 ND 病例，没有 DHF 病例。这与 MDS 图和例 9.4 观察到的 DF 病例分为两组是一致的，其中一个与 DHF 组的基因表达非常类似，反映了可靠标记这些疾病的难度，因为它们是在一个谱图上。

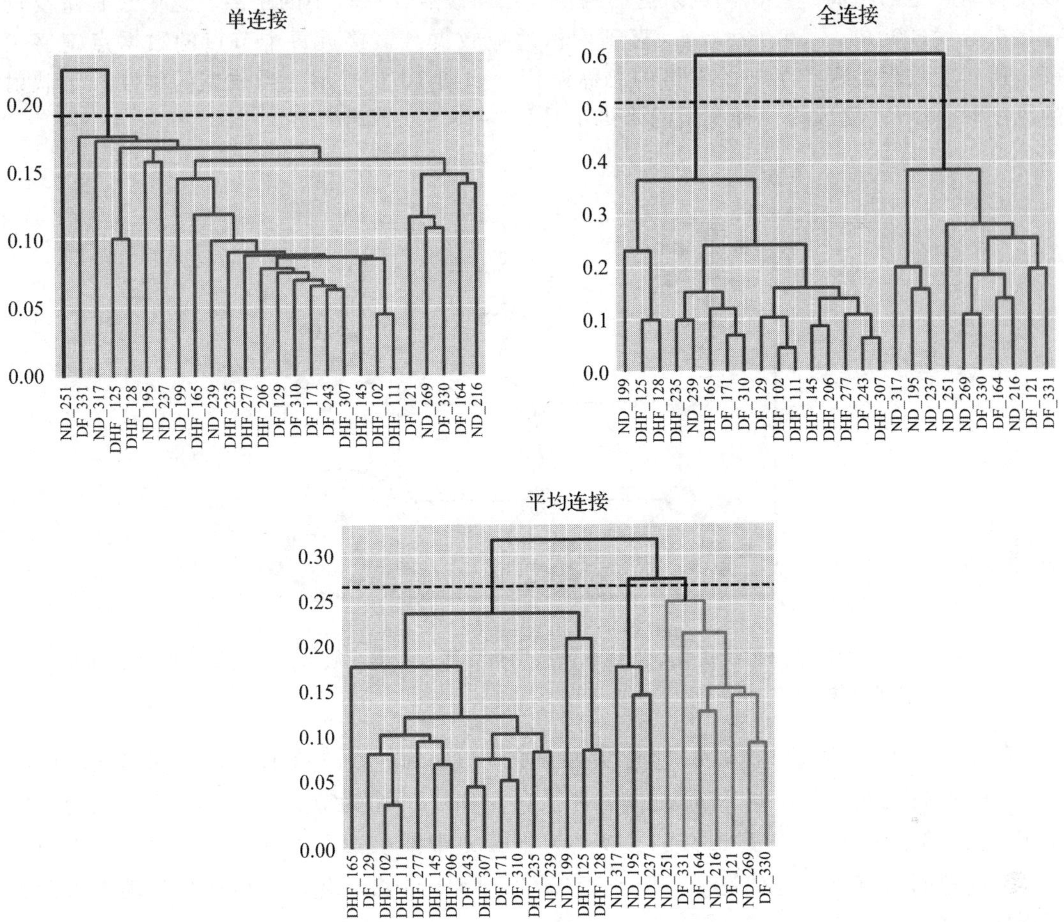

图 10.5 将层次聚类方法应用于登革热预后数据集。由单连接、全连接和平均连接的两两不相似度和数据点之间的相关距离产生树状图。将树状图在最大高度的 85% 处进行切割以得到硬聚类分配，以水平虚线显示。获得的簇通过不同的颜色表示。在单连接结果中可以清楚地看到锁链，完全连接结果产生两个明确定义的簇。平均连接结果介于两者之间（由 cl_DF_hclust.py 生成图） ■

最后，请注意，树状图将在原始高维空间中的数据结构可视化，因此，在这个意义上，它们类似于用在二维或三维空间中可视化数据的降维方法，如 PCA 和 MDS。然而，一个常见的错误是如果两个数据点在树状图中是相邻的，那么就认为它们在原始空间中是临近的。例如，病例 DF331 和病例 ND251 在图 10.5 的平均连接树状图中相邻出现，但实际上，它们非常不相似，因为它们的同源距离在 0.25 左右，接近数据集中最大值的 80%（图 9.6 的相关度量 MDS 图中这些数据点的位置证实了这一点）。

10.4 自组织映射

自组织映射（SOM）是前面讨论的聚类算法的一种流行的替代方法。SOM 迭代地使节点网格适应数据。网格通常是二维的，并且是矩形的，但这并不是必要的。首先，网格节点在特征空间中是任意分布的。然后，随机选择一个数据点，使离该点最近的网格节点向该点移动一定的距离，再让该点附近的网格节点向该点移动较小的距离。这个过程重复进行多次迭代(20 000～50 000 次)，直到网格适应数据。最接近每个节点的数据点定义了簇。所实现的聚类保持了初始网格的总体结构。如图 10.6 所示。当数据的维度大于映射的维度时，SOM 就成为一种有用的降维工具。

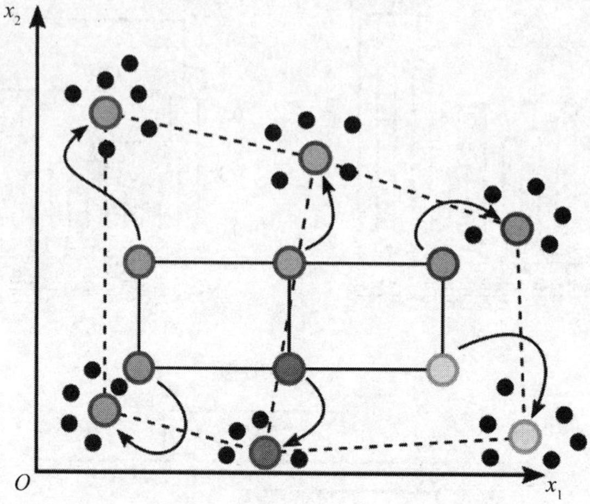

图 10.6 2×3 网格的自组织映射。迭代地调整网格以适应数据，簇被定义为最接近每个节点的点的集合

接下来，我们对 SOM 算法进行更精确的描述。设 $\boldsymbol{u}_1,\cdots,\boldsymbol{u}_N$ 为 SOM 网格节点，$D(\boldsymbol{u}_i,\boldsymbol{u}_j)$为任意两个节点 $\boldsymbol{u}_i$ 和 $\boldsymbol{u}_j$ 之间的距离，$f_k(\boldsymbol{u}_i)\in R^d$ 为节点 $\boldsymbol{u}_i$ 在步骤 k 中映射到的位置。(初始映射 f_0 是任意选择的。)$\boldsymbol{X}^{(k)}$ 为步骤 k 中随机选取的数据点，设 $\boldsymbol{u}^{(k)}$ 为距离 $\boldsymbol{X}^{(k)}$ 最近的网格节点，也就是说，使 $\| f_k(\boldsymbol{u}^{(k)})-\boldsymbol{X}^{(k)} \|$ 最小化。然后通过移动点来调整映射的网络，如下所示：

$$f_{k+1}(\boldsymbol{u}_i)=f_k(\boldsymbol{u}_i)+\lambda(D(\boldsymbol{u}_i,\boldsymbol{u}^{(k)}),k)\| f_k(\boldsymbol{u}_i)-\boldsymbol{X}^{(k)} \| \tag{10.32}$$

$i=1,\cdots,N$，其中，学习率 λ 是两个参数的递减函数。换句话说，当 $D(\boldsymbol{u}_i,\boldsymbol{u}^{(k)})$较大时或者在靠后的迭代中，点 $\boldsymbol{u}_i$ 以更小的步伐向 $\boldsymbol{X}^{(k)}$ 移动。

SOM 可以被看作是一个神经网络，其中，网格节点 $\boldsymbol{u}_1,\cdots,\boldsymbol{u}_N$ 为神经元，权值等于映射点 $f_k(\boldsymbol{u}_1),\cdots,f_k(\boldsymbol{u}_N)$的坐标，每个神经元都被约束以对它的邻居做出类似的反应。在式(10.32)中调整映射点的过程类似于网络训练。这种神经网络被称为 Kohonen 网络。

10.5 文献注释

Jain et al.[1988]和 Kaufman and Rousseeuw[1990]中提供了著名的书籍长度的聚类论述。参见 Webb[2002]第 10 章和 James et al.[2013]10.3 节。在信息论领域，聚类也称为向量量化，用于实现数据压缩(每个簇中心为整个聚类提供一个原型)。参见 Webb[2002]10.5.3 节了解更多的细节。K-Means 算法在 Lloyd[1982]中发表，尽管在 Lloyd 等人之前，K-Means 算法就已经被广泛使用了。EM 算法最初是在 Dempster et al.[1977]中提出的。McLachlan and Krishnan[1997]的第 3 章对其理论特性进行出色的回顾。

在现代，层级聚类的思想可以追溯到 Linnaeus 的自然分类学工作(Linnaeus[1758])。

Ward Jr [1963]提出了使用成对相异度进行凝聚型层次聚类思想。用于分类现存物种的现代系统发生树就是层次聚类树的例子。在生物信息学的宏基因组学领域，系统发生树被用来组织未知的微生物物种，而树状图的叶子被称为操作分类单元(OTU)(Tanaseichuk et al. [2013])。

簇数目选取是聚类中的一个困难的模型选择问题。有 silhouette(Kaufman and Rousseeuw[1990])和 CLEST(Dudoit and Fridlyand[2002])两种方法用于选取簇的数目。Zollanvari et al. [2009b]中发现，当数据是双峰(两个真簇)时，silhouette 和 CLEST 都给出了正确的答案，但对于更大数目的真簇时，CLEST 的性能更好。

有关自组织映射(SOM)算法的更多信息，请参见 Tamayo et al. [1999]。SOM 算法在生物信息学中的另一个应用参见 Zollanvari et al. [2009b]。

与分类和回归不同，定量化聚类误差仍是一个尚未解决的问题。在文献中，这个主题被称为聚类有效性，并通常以特别的方式处理。在 Dougherty and Burn[2004]中，使用随机标记点过程理论严格地解决了聚类有效性问题，该理论定义最优聚类算子，以及聚类算法的训练和测试。

10.6 练习

10.1 对于图 10.7 的数据集，找出 $K=2$ 和 $K=4$ 时 K-Means 算法的所有可能解(使用不同的起点)。如果 $K=3$ 呢？提示：寻找 E 步和 M 步不变的中心位置。

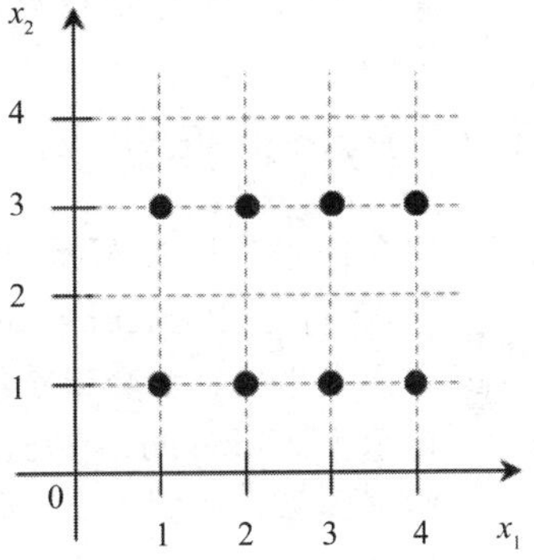

图 10.7　问题 10.1 的示意图

10.2 证明用于高斯混合模型(参见算法 3)的参数估计的 M 步方程可以通过下面的非正式优化过程获得。假设簇隶属度$\{\gamma_k(\boldsymbol{X}_i)\}_{i=1}^n$已知且固定：

(a)找出使对数似然 L 最大的$\{\boldsymbol{\mu}_k\}_{k=1}^K$值，并插入其他量的当前估计。提示：使用微分。

(b)使用前面步骤中的均值估计，找到使对数似然 L 最大的$\{\boldsymbol{\Sigma}_k\}_{k=1}^K$值，并插入 π_k 的当前估计。提示：使用微分。

(c)找到使对数似然 L 最大的$\{\pi_k\}_{k=1}^K$值。提示：由于 $\pi_k\geqslant 0$ 和 $\sum\limits_k \pi_k=1$ 约束，这需要一个比前两个步骤稍微复杂一点的优化过程，涉及拉格朗日乘子。

E 步仅对应根据 M 步中获得的估计$\{\pi_k,\boldsymbol{\mu}_k,\boldsymbol{\Sigma}_k\}_{i=1}^K$更新簇成员隶属度。

10.3 推导出 GMM 算法的 E 步和 M 步，协方差矩阵如下几种情况所示：

(a)相等。

(b)球形但不相等。

(c)球形且相等。

10.4 对图 10.8 中的数据，手动计算树状图，分别使用单连接、完全连接和平均连接的成对相异度。在这些树状图的比较中，你发现了什么？

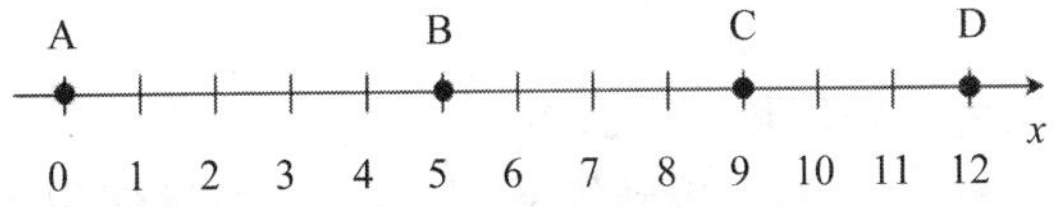

图 10.8　问题 10.4 的示意图

10.5　Ward 方法。考虑一种基于成对相异度 $d(C_i,C_j)$ 的层次聚类方法，其递归定义如下。如果两个簇都只含单个点，那么

$$d(\{\boldsymbol{X}_i\},\{\boldsymbol{X}_j\}) = \|\boldsymbol{X}_i - \boldsymbol{X}_j\|^2 \tag{10.33}$$

就是欧氏距离的平方。否则，如果 C_i 是通过合并 C_{i1} 和 C_{i2} 两个簇而获得的，定义：

$$d(C_i,C_j) = \frac{|C_{i1}|+|C_j|}{|C_i|+|C_j|}d(C_{i1},C_j) + \frac{|C_{i2}|+|C_j|}{|C_i|+|C_j|}d(C_{i2},C_j) - \frac{|C_j|}{|C_i|+|C_j|}d(C_{i1},C_{i2}) \tag{10.34}$$

其中，$|C|$ 代表簇 C 中点的数目。证明这是一个最小方差准则，在凝聚过程的每次迭代中，尽量少地增加簇内方差。

10.6　Lance-Williams 算法是层次聚类算法的一种广泛类别，它基于成对相异度 $d(C_i,C_j)$，其递归定义如下。所有点对之间的距离 $d(\{\boldsymbol{X}_i\},\{\boldsymbol{X}_j\})$ 作为输入。在后续的计算阶段，假设 C_i 是通过合并 C_{i1} 和 C_{i2} 两个簇获得的，定义：

$$d(C_i,C_j) = \alpha_{i1}d(C_{i1},C_j) + \alpha_{i2}d(C_{i2},C_j) + \beta d(C_{i1},C_{i2}) + \gamma|d(C_{i1},C_j) - d(C_{i2},C_j)| \tag{10.35}$$

其中，α_{i1}，α_{i2}，β 和 γ 是由簇大小决定的参数。通过给出的 $d(\{\boldsymbol{X}_i\},\{\boldsymbol{X}_j\})$ 的定义和参数 α_{i1}，α_{i2}，β 和 γ，证明单连接、全连接、平均连接和 Ward 层次聚类方法都属于 Lance-Williams 算法族。

10.7　Python 作业

10.7　这个任务涉及 K-Means 聚类在软磁合金数据集上的应用。

(a)运行 `c10_Kmeans.py`，重新绘制图 10.1 中的所有图。如果使用随机初始化簇中心会发生什么？会影响结果吗？如何影响？

提示：scikit-learn 有 `cluster.Kmeans` 类。然而，显示每次迭代 E 步后的解决方案并不容易，如图 10.1 所示。因此，K-Means 算法是用 `c10_Kmeans.py` 从头开始编码的。

(b)根据“低”矫顽力(≤2A/m)、“中”矫顽力(2～8A/m)和“高”矫顽力(≥8A/m)，分别用红、绿、蓝三色对每个点进行色标。这两个簇与矫顽力值有关？如何相关？

(c)重新生成图 10.2 尝试 $K=4,5,6$，能观察到什么？

10.8　这个任务涉及高斯混合模型聚类在软磁合金数据集上的应用。

(a)运行 `c10_GMM.py`，重新绘制图 10.3 中的所有图。如果使用随机初始化高斯函数会发生什么？会影响结果吗？如何影响？

提示：scikit-learn 有 `mixture.GMM` 类。但是直接从头开始编写 GMM 算法并不困难，并且可以对结果完全控制。

(b)尝试 $K=3,4,5,6$ 的情况，能观察到什么？

(c)修改代码以使用球形和相等的协方差矩阵。如果方差很小，能得到接近 K-Means 的结果吗？

10.9　将层次聚类方法应用于登革热预后数据集。

(a)运行 `c10_DF_hclust.py`，重新绘制图 10.5。如果使用 Ward 连接会如何？（参

见练习10.5。)

(b)重复(a)项，使用欧氏距离代替相关性。与前面的结果以及例9.4中二维MDS图进行比较。

10.10 将层次聚类方法应用于软磁合金数据集。

(a)通过取数据集的第0,12,24,…,132行进行确定性采样。利用欧氏距离构造针对Fe和Si特征的单连接、平均连接和完全连接的树状图。将树状图的叶子标记为“低”矫顽力(<2A/m)、“中”矫顽力(2~8A/m)和“高”矫顽力(>8A/m)。

(b)分别在树状图总高度的85%，70%和60%处进行切割，得到硬聚类。能从中推断出什么?

第 11 章

Fundamentals of Pattern Recognition and Machine Learning

回 归

“未知量的最可能的值将是实际观测值和计算值之间的差的平方和与测量精确相乘后的最小值。”

——卡尔·弗里德里希·高斯，《天体运动论》，1809 年

在回归中，目标是使用样本数据或关于随机向量$(\boldsymbol{X},Y)$的分布的信息，并且可以预测给定特征向量 $\boldsymbol{X}\in R^d$ 的目标 $Y\in R$ 的值。与分类的主要区别在于：在回归中，目标 Y 是一个数值，而不是针对不同类别使用的离散标签编码。

然而，这种表面上的微小差异使得回归在理论与实践中都与分类方法有很大的不同。例如，分类错误不适用于回归模型，并且也没有单一的黄金性能标准。然而，两者也有很多的相似之处，因为第 2～9 章所涉及的关于分类的描述都可以追溯到回归。接下来讨论关于回归的问题，即本章内容。

本章首先讨论最优回归，接着考察基于样本回归的一般属性，随后将介绍回归算法，包括参数回归、非参数回归和函数-近似回归。紧接着详细介绍了一个回归分析中非常经典和有用的工具——参数线性的最小二乘估计。其中在非参数回归部分，主要讨论高斯过程回归，这在许多领域都非常适用。同时我们还探讨了回归的误差估计和变量选择。

11.1 最优回归

假设$(\boldsymbol{X},Y)$是空间 R^{d+1} 中具有联合分布的连续随机向量，即特征-目标分布 $P_{\boldsymbol{X},Y}$ 是由 R^{d+1} 上的密度函数 $p(\boldsymbol{x},y)$确定的。在一些回归中，特别是在经典统计学中，$\boldsymbol{X}$ 不是随机的(例如，单变量 $\boldsymbol{X}$ 可能是一年中的月份)。本节主要讨论 $\boldsymbol{X}$ 是随机的情况，这也是监督学习中最常见的情况。下面的定理 11.1 对于本章非常重要。

定理 11.1 如果 $E[|Y|]<\infty$，则存在函数 f：$R^d\rightarrow R$ 和一个随机变量 ε 使得

$$Y=f(\boldsymbol{X})+\varepsilon \tag{11.1}$$

其中 $E[\varepsilon|\boldsymbol{X}]=0$。

证明：若对于 $\boldsymbol{x}\in R^d$，有 $f(\boldsymbol{x})=E[Y\mid\boldsymbol{X}=\boldsymbol{x}]$，且 $\varepsilon=Y-E[Y\mid\boldsymbol{X}]$，则 $Y=f(\boldsymbol{X})+\varepsilon$ 且

$$E[\varepsilon|\boldsymbol{X}]=E[Y-E[Y|\boldsymbol{X}]|\boldsymbol{X}]=E[Y|\boldsymbol{X}]-E[Y|\boldsymbol{X}]=0 \tag{11.2}$$

其中，积分条件 $E[|Y|]<\infty$由 $E[Y|\boldsymbol{X}]$的定义确定。

上述结果表明，Y 可以分解为 $\boldsymbol{X}$ 的确定性函数 f 和均值为零的加性噪声项 ε。如果 ε 与$(\boldsymbol{X},Y)$相互独立，则称该模型为同方差模型，否则称其为异方差模型。 ■

例 11.1 设 X 是在区间$[0,2\pi]$上的均匀分布，$f(X)=\sin(X)$且 $\varepsilon|X=x\sim N(0,\sigma^2(x))$，其中对于任意的 $A>0$，有

$$\sigma(x)=A(2\pi x-x^2),\quad x\in[0,2\pi] \tag{11.3}$$

这是一个异方差模型，因为它的噪声方差 σ^2 是关于 x 的函数。实际上，很容易得到 σ^2 在 $x=0$ 和 $x=2\pi$ 的两个极值点处的值等于零，并且在区间中点 $x=\pi$ 处有最大值。

图 11.1 显示了式(11.1)在 $A=0.02$(低噪声)和 $A=0.1$(高噪声)的样本，每个样本都满足 $n=120$。同时，也给出了 f 和 1-标准偏差范围。由此可得，若噪声幅度 A 很小，则 f 是 Y 的一个很好的预估式，否则相反。

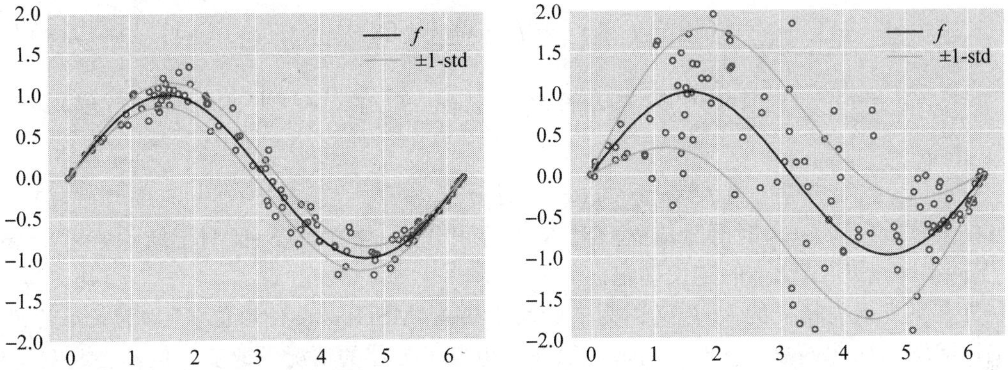

a）低噪声　　b）高噪声

图11.1　带有噪声的正弦数据的回归例子。由图可以看出，如果噪声强度很小，则函数 f 是 Y 的一个很好的预估式，否则相反(由 c11_sine.py 生成的图) ■

由上述例子可知，若噪声方差不是很大，则 f 是 Y 的一个很好的预估式。下面研究预估式 f 在点 $\boldsymbol{x}$ 处的条件回归误差，即

$$L[f](\boldsymbol{x}) = E[\ell(Y,f(\boldsymbol{X}))\,|\,\boldsymbol{X}=\boldsymbol{x}] = \int \ell(y,f(\boldsymbol{x}))p(y\,|\,\boldsymbol{x})\mathrm{d}y, x \in R^d \tag{11.4}$$

其中 $\ell: R\times R \to R$ 是一个合适的损失函数。不仅可以取平方损失函数 $\ell(y,f(\boldsymbol{x}))=(y-f(\boldsymbol{x}))^2$，也可以取绝对值损失函数 $\ell(y,f(\boldsymbol{x}))=|y-f(\boldsymbol{x})|$，以及 Minkowski 损失函数，即对于任意的 $q>0$，有 $\ell(y,f(\boldsymbol{x}))=|y-f(\boldsymbol{x})|^q$。

为了求出与特定 $\boldsymbol{X}$ 值独立的标准，损失函数必须在 $\boldsymbol{X}$ 和 Y 上取平均值。相应地，f 的(无条件)回归误差为

$$L[f] = \iint (y,f(\boldsymbol{x}))p(\boldsymbol{x},y)\mathrm{d}\boldsymbol{x}\mathrm{d}y = E[L[f](\boldsymbol{X})] \tag{11.5}$$

对于给定的损失函数，最优回归函数 f^* 满足表达式

$$f^* = \arg\min_{f\in F} L[f] \tag{11.6}$$

其中 F 是 R^d 上所有 Borel-可测函数集，最优回归误差为 $L^*=L[f^*]$。

回归中最常见的损失函数是平方损失函数。有部分人认为，相对于平方损失函数而言，绝对值损失函数不受离群值的影响。Minkowski 损失函数是一个函数族，其中绝对值损失函数和平方损失函数是它的一个特例(因为在 Minkowski 损失函数的表达式中，当 $q=1$ 时，Minkowski 损失函数变为绝对值损失函数，当 $q=2$ 时，Minkowski 损失函数变为平方损失函数)。在本章中，将重点讨论平方损失函数。但与以分类误差为黄金标准的分类不同，平方损失函数几乎没有普遍适用于回归的最优标准。

定理 11.2 与定理 2.1 是相对应的，它不仅是回归理论中的一个基本定理，也是信号处理中的一个基本定理。

定理 11.2　如果 $E[|Y|]<\infty$，则下列等式是关于平方损失函数的最优回归函数：

$$f^*(\boldsymbol{x})=E[Y|\boldsymbol{X}=\boldsymbol{x}],\quad \boldsymbol{x}\in R^d \tag{11.7}$$

证明：对于任意的 $f\in F$，只需证明 $L^*\leqslant L[f^*]$满足平方损失函数表达式即可。若对于任意的 $\boldsymbol{x}\in R^d$，有

$$\begin{aligned}L[f](\boldsymbol{x})-L[f^*](\boldsymbol{x})&=\int((y-f(\boldsymbol{x}))^2-(y-f^*(\boldsymbol{x}))^2)p(y|\boldsymbol{x})\mathrm{d}y\\&=\int((y-f^*(\boldsymbol{x})+f^*(\boldsymbol{x})-f(\boldsymbol{x}))^2-(y-f^*(\boldsymbol{x}))^2)p(y|\boldsymbol{x})\mathrm{d}y\\&=(f^*(\boldsymbol{x})-f(\boldsymbol{x}))^2-2(f^*(\boldsymbol{x})-f(\boldsymbol{x}))\underbrace{\int(y-f^*(\boldsymbol{x}))p(y|\boldsymbol{x})\mathrm{d}y}_{=0}\\&=(f^*(\boldsymbol{x})-f(\boldsymbol{x}))^2\geqslant 0\end{aligned} \tag{11.8}$$

当且仅当 $f(\boldsymbol{x})=f^*(\boldsymbol{x})$时等号成立。对 $\boldsymbol{X}$ 进行积分后，式(11.8)证明了结论，可积条件 $E[|Y|]<\infty$由 $E[Y|\boldsymbol{X}]$ 的定义确定。 ■

具有平方损失特征的$L[f]$又称为 f 的均方误差(MSE)，条件均值 f^* 称为最小均方误差(MMSE)的回归函数。由于 f 的值可以在一组概率为零的情况下改变，但不会改变$L[f]$的值，因此 MMSE 回归函数是不唯一的。同理可证，条件中值是绝对值损失函数的最优回归函数，称为最小绝对差(MAD)回归函数，而条件中值是 $q\to 0$ 的 Minkowski 损失最佳回归函数，也称为最大后验概率(MAP)回归函数。

定理 11.2 表明，MMSE 回归函数与贝叶斯分类器一样，除了使 $L[f]$最小外，还使每个 $\boldsymbol{x}\in R^d$点处的$L[f](\boldsymbol{x})$最小。根据式(11.4)、式(11.9)以及定理 11.1，可得$\boldsymbol{x}\in R^d$的每个点的最优值为

$$\begin{aligned}L^*(\boldsymbol{x})&=L[f^*](\boldsymbol{x})=\int|y-E[Y|\boldsymbol{X}=\boldsymbol{x}]|^2p(y|\boldsymbol{x})\mathrm{d}y=\mathrm{Var}(Y|\boldsymbol{X}=\boldsymbol{x})\\&=\mathrm{Var}(f(\boldsymbol{x})+\varepsilon|\boldsymbol{X}=\boldsymbol{x})=\mathrm{Var}(\varepsilon|\boldsymbol{X}=\boldsymbol{x})\end{aligned} \tag{11.9}$$

这是所有回归函数在每个给定值 $\boldsymbol{x}\in R^d$处的性能下限。最优回归误差为

$$L^*=L[f^*](x)=E[L^*(\boldsymbol{x})]=E[\mathrm{Var}(Y|\boldsymbol{X})]=E[\mathrm{Var}\ (\varepsilon|\boldsymbol{X})] \tag{11.10}$$

这也给出了所有回归函数的整体性能的下界。在同方差的情况下，就会简化很多。若对于任意的 $\boldsymbol{x}\in R^d$，有

$$L^*=L^*(\boldsymbol{x})=\mathrm{Var}\ (\varepsilon)=\sigma^2(\text{同方差的情况}) \tag{11.11}$$

还要注意，f^*是定理 11.1 分解中的函数 f。

例 11.2　根据上述讨论以及例 11.1，我们注意到 MMSE 回归函数是对于任意的 $x\in[0,2\pi]$，$f(X)=\sin(X)$，其中

$$L^*(x)=\mathrm{Var}(\varepsilon|X=x)=A(2\pi x-x^2),\quad x\in[0,2\pi] \tag{11.12}$$

特别是，$L^*(0)=L^*(2\pi)=0$，使得该问题在区间的极值点是确定的。$L^*(x)$在区间中点 $x=\pi$ 处的极值点是最大的，得到的预测问题也最多。如果要得到与 x 无关的性能指标，需要计算

$$L^*=E[L^*(X)]=A(2\pi E[X]-E[X^2])=\frac{2\pi^2A}{3} \tag{11.13}$$

其中，利用 $E[X]=\pi$ 和 $E[X^2]=\frac{4}{3}\pi^2$ 来表示区间$[0,2\pi]$上的均匀随机变量 X 。同时也观察到 L^* 和总体预测难度随噪声振幅 A 增加而增加(线性关系)。这也验证了图 11.1 中的情况。 ■

最后，考虑到任何回归函数 $f \in F$ 的误差可以分解如下：

$$
\begin{aligned}
L[f] &= E[(Y-f(\boldsymbol{X}))^2] = E[E[(Y-f(\boldsymbol{X}))^2 \mid \boldsymbol{X}]] \\
&= E[E[(f^*(\boldsymbol{X})+\varepsilon-f(\boldsymbol{X}))^2 \mid \boldsymbol{X}]] \\
&= \underbrace{E[(f^*(\boldsymbol{X})-f(\boldsymbol{X}))^2]}_{\text{可约误差}} + \underbrace{E[E[\varepsilon^2 \mid \boldsymbol{X}]]}_{L^*} + 2E[\underbrace{E[\varepsilon \mid \boldsymbol{X}]}_{=0}(f^*(\boldsymbol{X})-f(\boldsymbol{X}))] \\
&= L^* + \bar{L}[f]
\end{aligned}
\tag{11.14}
$$

可约误差 $\bar{L}[f]=E[(f^*(\boldsymbol{X})-f(\boldsymbol{X}))^2]$是最优回归的*剩余误差*(the excess error)，当且仅当 $f(\boldsymbol{X})=f^*(\boldsymbol{X})$且概率为 1 时，它的值为零。注意，该推导过程并不要求同方差。

11.2 基于样本的回归

在实际应用中，联合特征-目标分布 $P_{\boldsymbol{X},Y}$是未知的或只知道一部分，因此无法直接求得最优回归函数 f^*，必须利用样本数据 S_n 去估计 f_n。f_n 基于样本的 MSE 为

$$
L_n = L[f_n] = E[(Y-f_n(\boldsymbol{X}))^2 \mid S_n] \tag{11.15}
$$

因为样本数据 S_n 是随机的，所以 f_n 也是随机的，因此 L_n 也是随机的。并且求得的期望是与数据无关的*期望* MSE $E[L_n]$。

由式(11.14)，可得

$$
\begin{aligned}
E[L_n] &= L^* + E[\bar{L}[f_n]] \\
&= L^* + E[(f^*(\boldsymbol{X})-f(\boldsymbol{X}))^2] \\
&= L^* + E[(f^*(\boldsymbol{X})-f(\boldsymbol{X}))]^2 + \mathrm{Var}(f^*(\boldsymbol{X})-f(\boldsymbol{X})) \\
&= L^* + \mathrm{Bias}(f_n)^2 + \mathrm{Variance}\,(f_n)
\end{aligned}
\tag{11.16}
$$

其中需要用恒等式 $E[Z^2]=E[Z]^2+\mathrm{Var}(Z)$。“偏差”与 f_n 的最优回归函数 f^* 的平均距离有关，如果 $E[f^*(\boldsymbol{X})]=f^*(\boldsymbol{X})$在概率为 1 的区域，则偏差为零。“方差”项衡量 f_n 对数据的敏感性，若 f_n 随不同数据变化很小，则方差也很小，但是数据中很小的扰动也可能导致 f_n 的数据变化很大，得到的方差也较大。通过式(11.14)我们可以看出，偏差和方差都应该尽可能小。一般情况下，小的方差产生的结果通常与大的偏差相关，反之亦然。因此，需要满足偏差-方差权衡。这借用了经典统计学中的参数估计，在经典统计学中，偏差和方差之间存在权衡。

例 11.3 通过对图 11.1b 中的数据用最小二乘多项式回归(该回归算法将在下一节详细描述)来说明偏差-方差权衡。在图 11.2 中，通过递增多项式的阶等一系列回归结果中可以看到这种权衡，并且有最佳回归线。在低阶 0 和 1 处，可以看到欠拟合，同时也出现了较大偏差的情况。在较高阶数处(阶数=24)，存在明显的过拟合和较大的方差的情况。相对来说，较好的结果可以通过 3 阶多项式实现。虽然噪声的方差很大，但是最优的低阶数可以反映正弦数据的简单性。

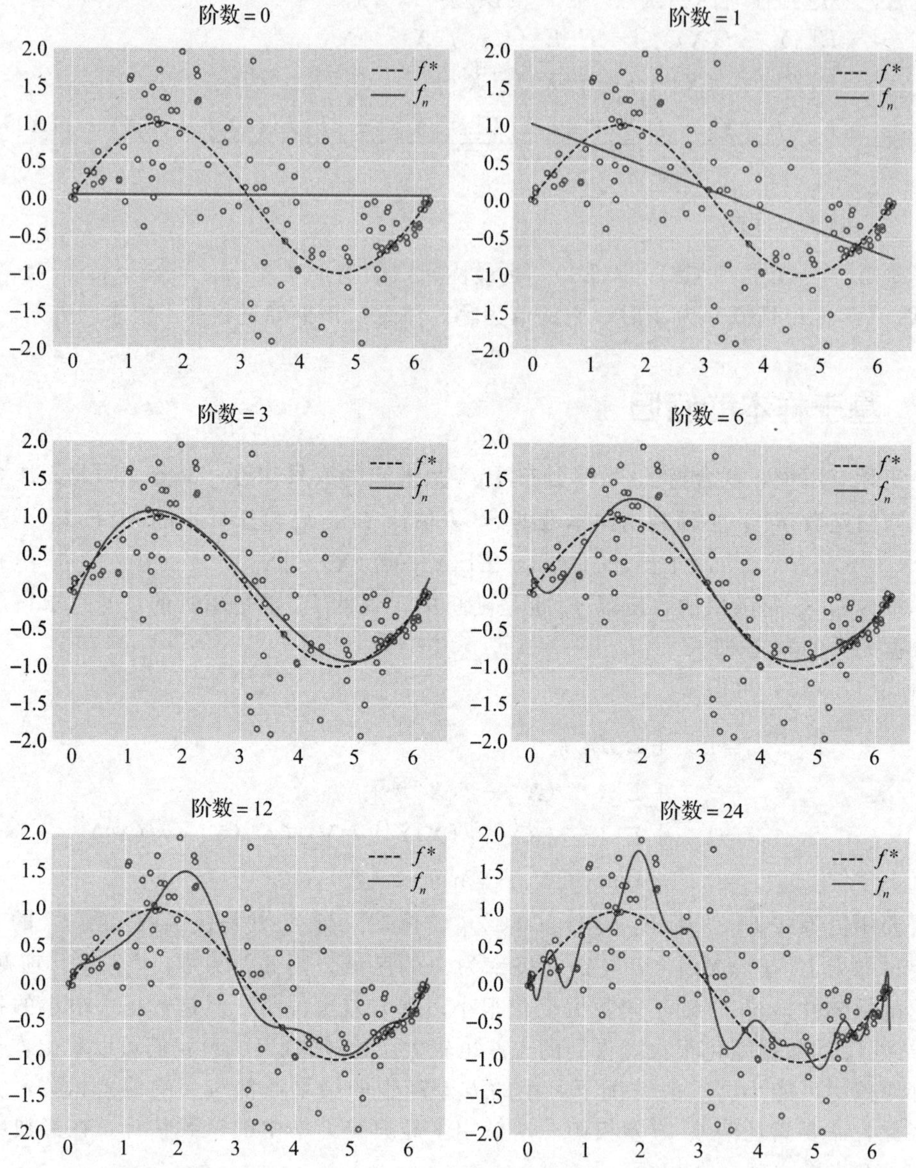

图 11.2 回归中的偏差-方差权衡。图中显示了对图 11.1b 的数据应用最小二乘多项式回归的结果，以增加多项式阶数。并给出最优回归函数。随着多项式阶数的增加，偏差减少但方差增加。较好的结果是用 3 阶的多项式得到的(c11_poly.py 生成的图)

11.3 参数回归

参数回归是参数分类的分支，在第四章中已经讨论过。在参数回归中，定理 11.1 中的一般模型采取以下形式：

$$Y = f(\boldsymbol{X};\boldsymbol{\theta}) + \varepsilon \tag{11.17}$$

其中 $\boldsymbol{\theta} \in \boldsymbol{\Theta} \subseteq R^m$ 是一个参数向量。最优回归 f^* 属于$\{f(\boldsymbol{X};\ \boldsymbol{\theta}) \mid \boldsymbol{\theta} \in \boldsymbol{\Theta}\}$ 族。

参数回归需要找一个基于样本的估计值 $\hat{\boldsymbol{\theta}}_n$，从而使得插入样本的回归函数 $f_n(\boldsymbol{X}) =$

$f(\boldsymbol{X};\hat{\boldsymbol{\theta}}_n)$有较小的回归误差。这个问题的经典解决方案在本章序言高斯的一句话中可以体现出来，它也是最小二乘回归法的起源(参见文献注释)。给定样本数据 $S_n=\{(\boldsymbol{X}_1, Y_1),\cdots,(\boldsymbol{X}_n,Y_n)\}$，参数回归的最小二乘法估计量由式(11.18)给出：

$$\hat{\boldsymbol{\theta}}_n^{\mathrm{LS}} = \arg\min_{\boldsymbol{\theta}\in\boldsymbol{\Theta}}\sum_{i=1}^{n}(Y_i - f(\boldsymbol{X}_i;\boldsymbol{\theta}))^2 \tag{11.18}$$

被最小化的量可以称为*残差平方和*(RSS)。

下一节，我们介绍了最小二乘法在最常见的参数回归形式中的应用，即*线性回归模型*。

11.3.1 线性回归

在统计学中，线性回归模型的基本形式也被称为*多变量线性回归*。式(11.17)的形式是：

$$Y = a_0 + a_1X_1 + \cdots + a_dX_d + \varepsilon \tag{11.19}$$

其中 $\boldsymbol{X}=(X_1,\cdots,X_n)\in R^d$，$\boldsymbol{\theta}=(a_0,a_1,\cdots,a_d)\in R^{d+1}$。

因为前面的模型可以扩展到式(11.20)的*基函数线性回归模型*，所以线性回归这个名称有点迷惑性。

$$\begin{aligned} Y &= \theta_0\,\phi_0(\boldsymbol{X}) + \theta_1\,\phi_1(\boldsymbol{X}) + \cdots + \theta_k\,\phi_M(\boldsymbol{X}) + \varepsilon \\ &= \boldsymbol{\Phi}(\boldsymbol{X})^{\mathrm{T}}\boldsymbol{\theta} + \varepsilon \end{aligned} \tag{11.20}$$

其中 ϕ_i 是 $R^d\to R$ 的基函数，$\boldsymbol{\Phi}=(\phi_1,\cdots,\phi_M)$。$M+1$ 是模型阶数，并且 $\boldsymbol{\theta}=\{\theta_0,\theta_1,\cdots,\theta_M\}\in R^{M+1}$。一般情况下 $M\neq d$。并且基函数是一般函数，不要求是线性的。该模型的关键是*参数*需要有线性关系。式(11.19)中的标准线性模型是一个特例，对于 $i=1,2,\cdots,d$，有 $\phi_0(\boldsymbol{X})=1$，$\phi_1(\boldsymbol{X})=X_1,\cdots,\phi(\boldsymbol{X})=X_d$ 以及 $\theta_i=a_i$。

已经在例 11.3 中讲过的*多项式回归*在基函数线性回归中是很重要的。针对在一元变量的情况，它的形式是：

$$Y = a_0 + a_1X + a_2X^1 + \cdots + a_kX^k + \varepsilon \tag{11.21}$$

当 $i=1,\cdots,k$，该基函数是 $\phi_0(X)=1,\phi_1(X)=X,\phi_2(X)=X^2,\cdots,\phi_k(X)=X^k$，且有 $\theta_i=a_i$。

下面，将介绍最小二乘法参数估计在线性回归中的应用。对于给定的训练数据 $S_n=\{(\boldsymbol{X}_1,Y_1),\cdots,(\boldsymbol{X}_n,Y_n)\}$，假设 $n>k$ 时，每个数据点可写成如下形式：

$$\begin{aligned} Y_1 &= \theta_0\,\phi_0(\boldsymbol{X}_1) + \theta_1\,\phi_1(\boldsymbol{X}_1) + \cdots + \theta_k\,\phi_M(\boldsymbol{X}_1) + \varepsilon_1 \\ Y_2 &= \theta_0\,\phi_0(\boldsymbol{X}_2) + \theta_1\,\phi_1(\boldsymbol{X}_2) + \cdots + \theta_k\,\phi_M(\boldsymbol{X}_2) + \varepsilon_2 \\ &\vdots \\ Y_n &= \theta_0\,\phi_0(\boldsymbol{X}_n) + \theta_1\,\phi_1(\boldsymbol{X}_n) + \cdots + \theta_k\,\phi_M(\boldsymbol{X}_n) + \varepsilon_n \end{aligned} \tag{11.22}$$

式(11.22)用矩阵表示为

$$\boldsymbol{Y}_{n\times 1} = \boldsymbol{H}_{n\times k}(\boldsymbol{X}_1,\cdots,\boldsymbol{X}_n)\boldsymbol{\theta}_{k\times 1} + \varepsilon_{n\times 1} \tag{11.23}$$

此时 $\boldsymbol{Y}=(Y_1,\cdots,Y_n)$，$\boldsymbol{\theta}=(\theta_1,\cdots,\theta_n)$，$\boldsymbol{\varepsilon}=(\varepsilon_1,\cdots,\varepsilon_n)$和

$$\boldsymbol{H}(\boldsymbol{X}_1,\cdots,\boldsymbol{X}_n) = \begin{bmatrix} \phi_0(\boldsymbol{X}_1) & \cdots & \phi_k(\boldsymbol{X}_1) \\ \vdots & & \vdots \\ \phi_0(\boldsymbol{X}_n) & \cdots & \phi_k(\boldsymbol{X}_n) \end{bmatrix} \tag{11.24}$$

为了方便，将省略关于$(\boldsymbol{X}_1,\cdots,\boldsymbol{X}_n)$的依赖关系，在后文中简写成 $\boldsymbol{H}$。

根据式(11.17)和式(11.20)，易得 $f(\boldsymbol{X};\boldsymbol{\theta})=\boldsymbol{\Phi}(\boldsymbol{X})^{\mathrm{T}}\boldsymbol{\theta}$。其中 $\boldsymbol{f}(\boldsymbol{X})=(f(\boldsymbol{X}_1),\cdots, f(\boldsymbol{X}_n))$，可以写成 $\boldsymbol{f}(\boldsymbol{X})=\boldsymbol{H}\hat{\boldsymbol{\theta}}$。也可以将式(11.18)中的最小二乘估计量写为

$$\hat{\boldsymbol{\theta}}_n^{\mathrm{LS}} = \arg\min_{\boldsymbol{\theta}\in\boldsymbol{\Theta}} \|\boldsymbol{Y} - \boldsymbol{f}(\boldsymbol{X})\|^2 = \arg\min_{\boldsymbol{\theta}\in\boldsymbol{\Theta}} (\boldsymbol{Y} - \boldsymbol{H}\hat{\boldsymbol{\theta}})^{\mathrm{T}}(\boldsymbol{Y} - \boldsymbol{H}\hat{\boldsymbol{\theta}}) \tag{11.25}$$

若 $\boldsymbol{H}$ 是满秩矩阵，(一般只需要满足 $n>k$)，则 $\boldsymbol{H}^{\mathrm{T}}\boldsymbol{H}$ 是可逆的，因此解是唯一的且可得(参见练习 11.3)：

$$\hat{\boldsymbol{\theta}}_n^{\mathrm{LS}} = \boldsymbol{H}^{\mathrm{L}}\boldsymbol{Y} = (\boldsymbol{H}^{\mathrm{T}}\boldsymbol{H})^{-1}\boldsymbol{H}^{\mathrm{T}}\boldsymbol{Y} \tag{11.26}$$

其中，$\boldsymbol{H}^{\mathrm{L}}=(\boldsymbol{H}^{\mathrm{T}}\boldsymbol{H})^{-1}\boldsymbol{H}^{\mathrm{T}}$ 是满秩矩阵 $\boldsymbol{H}$ 的左逆。在 $\boldsymbol{x}\in R^d$ 点处的最小二乘回归函数的插值估计是 $f^{\mathrm{LS}}(\boldsymbol{x})=\boldsymbol{\Phi}(\boldsymbol{x})^{\mathrm{T}}\hat{\boldsymbol{\theta}}_n^{\mathrm{LS}}$。

说明一般方法的一个简单且重要的例子是单变量线性回归模型

$$Y = \theta_0 + \theta_1 X + \varepsilon \tag{11.27}$$

其中 θ_0 表示截距，θ_1 表示斜率。对于给定的训练数据 $S_n=\{(X_1,Y_1),\cdots,(X_n,Y_n)\}$，式(11.23)可改写为

$$\begin{bmatrix} Y_1 \\ \vdots \\ Y_n \end{bmatrix} = \begin{bmatrix} 1 & X_1 \\ \vdots & \vdots \\ 1 & X_n \end{bmatrix} \begin{bmatrix} \theta_0 \\ \theta_1 \end{bmatrix} + \begin{bmatrix} \varepsilon_1 \\ \vdots \\ \varepsilon_n \end{bmatrix} \tag{11.28}$$

由式(11.26)可以验证，θ_0 和 θ_1 的最小二乘估计值为

$$\hat{\theta}_{0,n}^{\mathrm{LS}} = \overline{Y} - \hat{\theta}_{1,n}^{\mathrm{LS}}\overline{X},\qquad \hat{\theta}_{1,n}^{\mathrm{LS}} = \frac{\sum_{i=1}^{n}(X_i-\overline{X})(Y_i-\overline{Y})}{\sum_{i=1}^{n}(X_i-\overline{X})^2} \tag{11.29}$$

其中 $\overline{X}=\frac{1}{n}\sum_{i=1}^{n}X_i,\overline{Y}=\frac{1}{n}\sum_{i=1}^{n}Y_i$。在此处，可以看出 $\hat{\theta}_{0,n}^{\mathrm{LS}}=S_{XY}/S_{XX}$，分别是 $\mathrm{Cov}(X,Y)$和 $\mathrm{Var}(X)$的样本估计值的比值。对于任意的 $x\in R$，最优回归线为 $f^{\mathrm{LS}}(x)=\hat{\theta}_{0,n}^{\mathrm{LS}}+\hat{\theta}_{1,n}^{\mathrm{LS}}x$。

例 11.4　将最小二乘法线性回归应用于堆垛层错能(SFE)数据集(参见附录 A.8.4 节)，在第 1 章和第 4 章中已经用于分类。这里没有对 SFE 响应进行量化处理。对数据集进行预处理后，能得到一个包含 123 个样本点和 7 个特征的数据矩阵。图 11.3 分别显示了 SFE 对铁和镍的原子特征最小二乘回归图。从这些图中可知，钢的堆积断层能随着铁(Fe)含量的增加而减少，而在镍(Ni)的情况下，其结论相反。这与例 1.2 中观察到的结果一致。

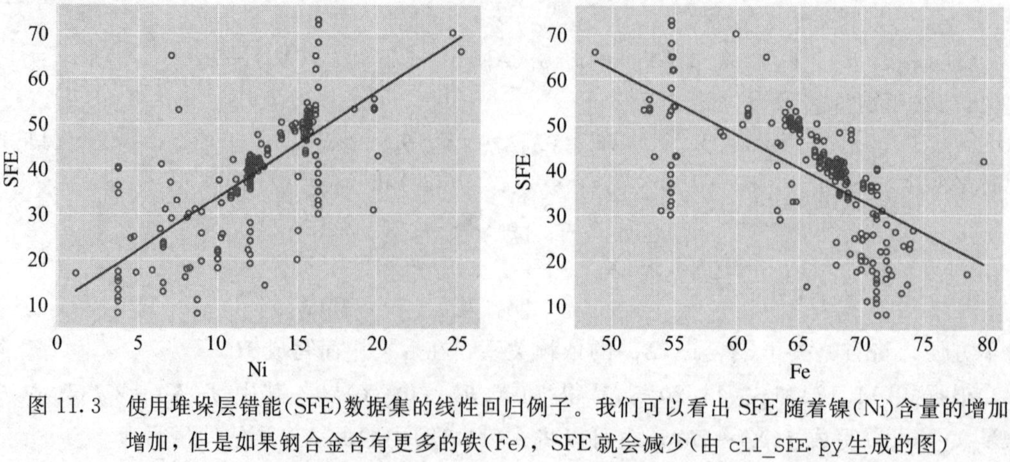

图 11.3　使用堆垛层错能(SFE)数据集的线性回归例子。我们可以看出 SFE 随着镍(Ni)含量的增加而增加，但是如果钢合金含有更多的铁(Fe)，SFE 就会减少(由 c11_SFE.py 生成的图)　■

11.3.2 高斯-马尔可夫定理

最小二乘回归是一个纯粹的确定性程序，因为在式(11.23)中的误差向量 $\boldsymbol{\varepsilon}$ 只代表一个偏差，没有任何统计学特性。因此，最小二乘法对拟合模型的不确定性几乎没有影响。

若将噪声 $\boldsymbol{\varepsilon}$ 看作一个随机向量，则该模型就具有随机性，因此可以讨论估计值 $\hat{\boldsymbol{\theta}}$ 的统计特性。本节中，我们主要讨论高斯-马尔可夫(Gauss-Markov)定理并证明该定理。这是一个经典的结果(在数学中最令人印象深刻的名字之一)，若在最小分布的假设下，上一节中的最小二乘估计量在所有线性估计类中都是方差最小估计无偏量。

首先，给定模型式(11.23)，其描述如下：

$$\boldsymbol{Y}_{n\times 1} = \boldsymbol{H}_{n\times k}(\boldsymbol{X}_1,\cdots,\boldsymbol{X}_n)\boldsymbol{\theta}_{k\times 1} + \varepsilon_{n\times 1} \tag{11.30}$$

其中 H 是关于 $\boldsymbol{X}_1,\cdots,\boldsymbol{X}_n$ 的函数，如前所述。将线性估计值定义为 $\hat{\boldsymbol{\theta}}=\boldsymbol{BY}$，其中 $\boldsymbol{B}$ 是一个 $k\times n$ 的矩阵。若 $E[\hat{\boldsymbol{\theta}}]=\boldsymbol{\theta}$，则该估计是无偏估计。此外，如果 $E[(\hat{\boldsymbol{\theta}}-\boldsymbol{\theta})(\hat{\boldsymbol{\theta}}-\boldsymbol{\theta})^{\mathrm{T}}]$的迹在所有估算量 $\hat{\boldsymbol{\theta}}$ 中是最小的，则它是最小方差也是无偏估计。注意，$E[(\hat{\boldsymbol{\theta}}-\boldsymbol{\theta})(\hat{\boldsymbol{\theta}}-\boldsymbol{\theta})^{\mathrm{T}}]$的迹是无偏估计量 $\hat{\boldsymbol{\theta}}$ 的协方差矩阵，对于 $i=1,2,\cdots,k$，它的迹是每个估计量 $\hat{\theta}_i$ 方差的和。一个线性的、无偏的、方差最小的估计量被称为*最佳线性无偏估计量*(BLUE)。

定理 11.3(高斯-马尔可夫定理) *如果 $E[\boldsymbol{\varepsilon}]=0, E[\boldsymbol{\varepsilon}\boldsymbol{\varepsilon}^{\mathrm{T}}]=\sigma^2 I_n$(零均值不相关的噪声)，那么最小二乘估计量*

$$\hat{\boldsymbol{\theta}}_n^{\mathrm{LS}} = (\boldsymbol{H}^{\mathrm{T}}\boldsymbol{H})^{-1}\boldsymbol{H}^{\mathrm{T}}\boldsymbol{Y} \tag{11.31}$$

具有最优的线性无偏性。

证明：最小二乘法估计量显然是线性的 $\hat{\boldsymbol{\theta}}^{\mathrm{LS}}=\boldsymbol{B}_0\boldsymbol{Y}$，其中 $\boldsymbol{B}_0=(\boldsymbol{H}^{\mathrm{T}}\boldsymbol{H})^{-1}\boldsymbol{H}^{\mathrm{T}}$。接下来，需要说明的是 $\hat{\boldsymbol{\theta}}^{\mathrm{LS}}$是无偏的。首先，

$$\begin{aligned}\hat{\boldsymbol{\theta}}_n^{\mathrm{LS}} &= (\boldsymbol{H}^{\mathrm{T}}\boldsymbol{H})^{-1}\boldsymbol{H}^{\mathrm{T}}\boldsymbol{Y} = (\boldsymbol{H}^{\mathrm{T}}\boldsymbol{H})^{-1}\boldsymbol{H}^{\mathrm{T}}(\boldsymbol{H\theta}+\boldsymbol{\varepsilon}) \\ &= (\boldsymbol{H}^{\mathrm{T}}\boldsymbol{H})^{-1}\boldsymbol{H}^{\mathrm{T}}\boldsymbol{H\theta} + (\boldsymbol{H}^{\mathrm{T}}\boldsymbol{H})^{-1}\boldsymbol{H}^{\mathrm{T}}\boldsymbol{\varepsilon} \\ &= \boldsymbol{\theta} + \boldsymbol{B}_0\boldsymbol{\varepsilon}\end{aligned} \tag{11.32}$$

因此，对于假设 $E[\boldsymbol{\varepsilon}]=0$，有 $E[\hat{\boldsymbol{\theta}}_n^{\mathrm{LS}}]=E[\boldsymbol{\theta}+\boldsymbol{B}_0\boldsymbol{\varepsilon}]=\boldsymbol{\theta}$。现在讨论一个线性估计量 $\hat{\boldsymbol{\theta}}=\boldsymbol{BY}$。若这个估计量是无偏估计，则其期望为

$$E[\hat{\boldsymbol{\theta}}] = E[\boldsymbol{BY}] = E[\boldsymbol{B}(\boldsymbol{H\theta}+\boldsymbol{\varepsilon})] = \boldsymbol{BH\theta} \tag{11.33}$$

等于 $\boldsymbol{\theta}$。即当且仅当 $\boldsymbol{BH}=\boldsymbol{I}$ 时，线性估计量 $\boldsymbol{\theta}=\boldsymbol{BY}$ 是无偏估计。下面按照式(11.32)中的推导方法，可以得出 $\hat{\boldsymbol{\theta}}-\boldsymbol{\theta}=\boldsymbol{B\varepsilon}$。因此无偏估计量 $\hat{\boldsymbol{\theta}}=\boldsymbol{BY}$ 的协方差矩阵为

$$E[(\hat{\boldsymbol{\theta}}-\boldsymbol{\theta})(\hat{\boldsymbol{\theta}}-\boldsymbol{\theta})^{\mathrm{T}}] = E[\boldsymbol{B\varepsilon\varepsilon}^{\mathrm{T}}\boldsymbol{B}^{\mathrm{T}}] = \boldsymbol{B}E[\boldsymbol{\varepsilon\varepsilon}^{\mathrm{T}}]\boldsymbol{B}^{\mathrm{T}} = \sigma^2\boldsymbol{BB}^{\mathrm{T}} \tag{11.34}$$

根据假设 $E[\boldsymbol{\varepsilon\varepsilon}^{\mathrm{T}}]=\sigma^2\boldsymbol{I}$ 以及 $\boldsymbol{BH}=\boldsymbol{I}$，利用无偏性以及 $\boldsymbol{B}_0$ 的定义，易证：

$$\boldsymbol{B}_0\boldsymbol{B}_0^{\mathrm{T}} = \boldsymbol{B}_0\boldsymbol{B}^{\mathrm{T}} = \boldsymbol{B}_0\boldsymbol{B}^{\mathrm{T}} = (\boldsymbol{H}^{\mathrm{T}}\boldsymbol{H})^{-1} \tag{11.35}$$

因此，我们有

$$\begin{aligned}\boldsymbol{BB}^{\mathrm{T}} &= \boldsymbol{BB}^{\mathrm{T}} + \boldsymbol{B}_0\boldsymbol{B}_0^{\mathrm{T}} - \boldsymbol{B}_0\boldsymbol{B}_0^{\mathrm{T}} - \boldsymbol{BB}_0^{\mathrm{T}} \\ &= \boldsymbol{B}_0\boldsymbol{B}_0^{\mathrm{T}} + (\boldsymbol{B}-\boldsymbol{B}_0)(\boldsymbol{B}-\boldsymbol{B}_0)^{\mathrm{T}}\end{aligned} \tag{11.36}$$

可以得出 $\boldsymbol{AA}^{\mathrm{T}}$ 的迹大于等于 0，当且仅当 $\boldsymbol{A}\equiv 0$ 时等号成立。也可得 $\boldsymbol{BB}^{\mathrm{T}}$ 的迹大于等于 $\boldsymbol{B}_0\boldsymbol{B}_0^{\mathrm{T}}$ 的迹，当且仅当 $\boldsymbol{B}=\boldsymbol{B}_0$ 时等号成立。 ■

高斯-马尔可夫定理做了最小的分布假设，即噪声 $\boldsymbol{\varepsilon}$ 是零均值和不相关的(甚至有一个基本无分布的情况，其中允许 $\boldsymbol{\varepsilon}$ 是相关的，参见练习 11.5)。若噪声是高斯噪声，则需要证明最小二乘估计量不仅是 BLUE，同时也是模型的最大似然解。

假设 $\boldsymbol{\varepsilon} \sim N(0,\sigma^2 \boldsymbol{I}_n)$(零均值、不相关、高斯噪声)。则给定数据 $\boldsymbol{X}_1,\cdots,\boldsymbol{X}_n$ 的 $\boldsymbol{Y}$ 的条件分布为:

$$\boldsymbol{Y} = \boldsymbol{H\theta} + \boldsymbol{\varepsilon} \sim N(\boldsymbol{H\theta},\sigma^2 \boldsymbol{I}_n) \tag{11.37}$$

当 $i=1,2,\cdots,n$ 时，对于固定的 σ 和 $\hat{Y}_i = (\boldsymbol{H\theta})_i$ 的情况下，该模型的条件似然函数可以写成

$$L(\boldsymbol{\theta}) = p(\boldsymbol{Y}|\boldsymbol{\theta},\boldsymbol{X}_1,\cdots,\boldsymbol{X}_n) = \prod_{i=1}^{n} \frac{1}{\sqrt{2\pi}\sigma} \exp\left(-\frac{(Y_i - \hat{Y}_i)^2}{2\sigma^2}\right) \tag{11.38}$$

该模型的对数似然值为

$$\ln L(\boldsymbol{\theta}) = \text{const} - \sum_{i=1}^{n} \frac{(Y_i - \hat{Y}_i)^2}{2\sigma^2} \tag{11.39}$$

对于固定的 σ，对数似然的最大值等于 $\sum_{i=1}^{n}(Y_i - \hat{Y}_i)^2$ 平方和的最小值，且 MLE 和最小二乘法估计值是相同的。

为了找到 σ 的 MLE，计算似然函数的最大值

$$L(\sigma^2) = p(\boldsymbol{Y}|\sigma^2,\hat{\boldsymbol{\theta}}^{\mathrm{LS}},\boldsymbol{X}_1,\cdots,\boldsymbol{X}_n) = \prod_{i=1}^{n} \frac{1}{\sqrt{2\pi}\sigma} \exp\left(-\frac{(Y_i - \hat{Y}_i^{\mathrm{LS}})^2}{2\sigma^2}\right) \tag{11.40}$$

当 $i=1,2,\cdots,n$ 时，其中 $\hat{Y}_i^{\mathrm{LS}} = (\boldsymbol{H}\hat{\boldsymbol{\theta}}^{\mathrm{LS}})_i$ 是由最小二乘法(和 MLE)回归预测的值。也可以证明，式(11.40)在该情况下达到最大值

$$\hat{\sigma}^2_{\mathrm{MLE}} = \frac{1}{n}\sum_{i=1}^{n}(Y_i - \hat{Y}_i^{\mathrm{LS}})^2 \tag{11.41}$$

右边是归一化的 RSS。所以为了获得噪声方差的 MLE 估计，只需要用 RSS 除以数据点的数量。

尽管 $\boldsymbol{\theta}^{\mathrm{LS}}$ 是无偏估计(如高斯-马尔可夫定理所示)，MLE 估计量 $\hat{\sigma}^2_{\mathrm{MLE}}$ 却不是无偏估计量。也可以证明，对于有 k 个参数的线性模型，

$$E[\hat{\sigma}^2_{\mathrm{MLE}}] = \frac{n-k}{n}\sigma^2 \tag{11.42}$$

(然而，这是渐近无偏的，所有的 MLE 都有该性质属性)。为了得到一个无偏的估计量，在实践中一般会利用:

$$\hat{\sigma}^2_{\mathrm{unbiased}} = \frac{n-k}{n}\hat{\sigma}^2_{\mathrm{MLE}} = \frac{1}{n-k}\sum_{i=1}^{n}(Y_i - \hat{Y}_i)^2 = \frac{\mathrm{RSS}}{n-k} \tag{11.43}$$

例如，对于直线回归，可以通过 RSS/$n-k$ 来估计误差方差。除非 n 特别小，否则式(11.41)和式(11.43)中的估计量产生非常小的值。

例 11.5 例 11.4 的结果表明，对于铁和镍的 SFE 回归，噪声方差的无偏估计分别为 21 162.86/(211−2)=101.26　17 865.18/(211−2)=85.48。这分别对应 10.06 和 9.25 的标准偏差。 ■

11.3.3 补偿最小二乘法

在某些情况下，需要对参数回归模型的系数进行约束，防止出现过拟合的情况。这也被称为补偿最小二乘法或岭回归。

岭回归是在最小二乘法准则中加入了一个补偿项

$$\hat{\boldsymbol{\theta}}_n^{\mathrm{RIDGE}} = \arg\min_{\boldsymbol{\theta}\in\Theta} \|\boldsymbol{Y} - \boldsymbol{H\theta}\|^2 + \lambda\|\boldsymbol{\theta}\|^2 \tag{11.44}$$

其中 $\lambda>0$ 是一个可调节的参数。补偿项 $\lambda\|\boldsymbol{\theta}\|^2$ 限制参数向量有小的波动。在统计学中，这个过程被称为收缩。关于式(11.44)中最小化问题的解为(参见练习 11.3)：

$$\hat{\boldsymbol{\theta}}_n^{\mathrm{RIDGE}}=(\boldsymbol{H}^{\mathrm{T}}\boldsymbol{H}+\lambda\boldsymbol{I})^{-1}\boldsymbol{H}^{\mathrm{T}}\boldsymbol{Y} \tag{11.45}$$

矩阵 $\boldsymbol{H}^{\mathrm{T}}\boldsymbol{H}$ 的每个特征值都要求 $\lambda>0$，使得该矩阵的条件更好，解更稳定。当 $\lambda=0$ 时可以简化为普通最小二乘回归。λ 越大，回归系数就越接近于零，但不会完全变成零。在 11.7.3 节中，讨论了替代的补偿最小二乘法，该方法可以将回归系数趋近于零，从而产生一个稀疏的解。

例 11.6 图 11.4 描述了 6 阶和 12 阶多项式对图 11.1b 中的数据拟合后得到的岭回归曲线，其中包括 $\lambda=0$(无正则化)的三个不同的 λ 值。为了便于比较，图中还显示了最优的回归结果。观察图形可知，较大的 λ 值会产生更平坦的曲线，相对应的多项式系数减少到零。 ■

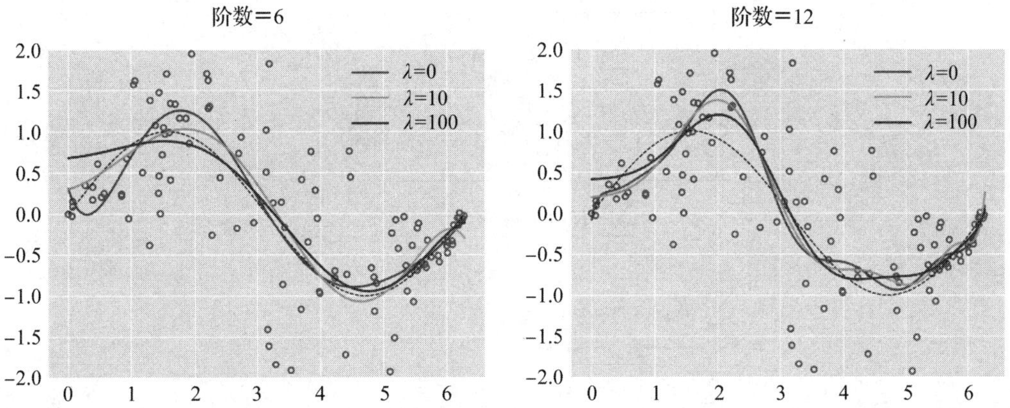

图 11.4 岭回归的例子。阶数为 6 和阶数为 12 的多项式被拟合到图 11.1b 的数据中。较大的 λ 值会产生更平坦的曲线，相对应的多项式系数减少到零的情况。最佳回归结果显示为蓝色虚线(由 c11_poly ridge.py 生成的图)

11.4 非参数回归

回顾定理 11.1 中介绍的关于回归的一般模型：

$$Y=f(\boldsymbol{X})+\varepsilon \tag{11.46}$$

与第 5 章分类的情况相似，可尝试直接估计函数 f 来改变推断的视图，而不是依赖一个参数模型和插入参数来估计。另外，也可以尝试估计最优 MMSE 回归 $f^*(\boldsymbol{x})=E[Y|\boldsymbol{X}=\boldsymbol{x}]$。在这两种情况下，我们对训练数据进行平滑处理，与非参数分类中的情况一样。在本节中，将考虑两种广泛使用的非参数回归方法：一种是非常经典的基于核平滑的方法，另一种是根据贝叶斯推理和高斯过程的更现代的方法。

11.4.1 核回归

正如 5.4 节所定义的，核函数 $K:R^d\to R$ 的一个非负函数，径向基函数(RBF)核是 $\|\boldsymbol{x}\|$ 的单调递减函数。在本节中将给出几个核回归的例子。

给定数据 $S_n=\{(\boldsymbol{X}_1,Y_1),\cdots,(\boldsymbol{X}_n,Y_n)\}$，考虑以下联合密度 $p(\boldsymbol{x},y)$ 和边缘密度 $p(\boldsymbol{x})$ 的核估计：

$$p_n(\boldsymbol{x},y)=\frac{1}{n}\sum_{i=1}^{n}K_h(\boldsymbol{x}-\boldsymbol{X}_i)K_h(y-Y_i)$$
$$p_n(\boldsymbol{x})=\frac{1}{n}\sum_{i=1}^{n}K_h(\boldsymbol{x}-\boldsymbol{X}_i) \tag{11.47}$$

其中 h 是核带宽。(将 $p_n(\boldsymbol{x},y)$ 与式(7.37)中对于 $Y\in\{0,1\}$ 的估计值 $p_n^{\diamond}(\boldsymbol{x},y)$ 进行比较可以说明问题。)通过定义 $p_n(y|\boldsymbol{x})=p_n(\boldsymbol{x},y)/p_n(\boldsymbol{x})$，可以定义一个最优 MMSE 回归的非参数估计量 $f^*(\boldsymbol{x})=E[Y|\boldsymbol{X}=\boldsymbol{x}]$：

$$\begin{aligned}
f_n(\boldsymbol{x}) &= E_n[Y|\boldsymbol{X}=\boldsymbol{x}]=\int y p_n(y|\boldsymbol{x})\mathrm{d}y=\int y\frac{p_n(\boldsymbol{x},y)}{p_n(x)}\mathrm{d}y \\
&=\int y\frac{\sum_{i=1}^{n}K_h(\boldsymbol{x}-\boldsymbol{X}_i)K_h(y-Y_i)}{\sum_{i=1}^{n}K_h(\boldsymbol{x}-\boldsymbol{X}_i)}\mathrm{d}y \\
&=\frac{\sum_{i=1}^{n}K_h(\boldsymbol{x}-\boldsymbol{X}_i)\int yK_h(y-Y_i)\mathrm{d}y}{\sum_{i=1}^{n}K_h(\boldsymbol{x}-\boldsymbol{X}_i)} \\
&=\frac{\sum_{i=1}^{n}K_h(\boldsymbol{x}-\boldsymbol{X}_i)Y_i}{\sum_{i=1}^{n}K_h(\boldsymbol{x}-\boldsymbol{X}_i)}
\end{aligned} \tag{11.48}$$

其中，通过 RBF(径向基函数)假设，可以得到 $\int_y K_h(y-Y_i)\mathrm{d}y=Y_i$。这个估计量也被称为 Nadaraya-Watson 核回归估计量。

11.4.2　高斯过程回归

非参数回归的高斯过程方法使用先验的高斯随机过程直接对函数 f 的空间进行贝叶斯估计。虽然推导方式完全不同，但高斯过程回归也是一种核方法，它与上一节的 Nadaraya-Watson 核回归估计量有关(参见练习 11.8)。

随机过程是实值随机函数 $\{f(\boldsymbol{x},\xi);\ \boldsymbol{x}\in R^d,\xi\in S\}$ 的集合，其中 S 是概率空间 $(S,\mathcal{F},P)$ 中的一个样本空间。对于每个固定的 $\xi\in S$，$f(\boldsymbol{x},\xi)$ 是 $\boldsymbol{x}$ 的一个普通函数，称为过程的样本函数。同样地，对于每个固定的 $\boldsymbol{x}\in R^d$，$f(\boldsymbol{x},\xi)$ 是一个随机变量。对于有限点集 $\boldsymbol{x}_1,\cdots,\boldsymbol{x}_k\in R^d$，$k\geqslant1$，随机过程可以由随机向量 $\boldsymbol{f}=[f(\boldsymbol{x}_1),\cdots,f(\boldsymbol{x}_k)]$ 的分布来表征。如果所有这些随机向量都服从多元高斯分布，那么该随机过程就是一个高斯过程。由于多元高斯分布的性质，高斯随机过程只依赖于均值函数

$$m(\boldsymbol{x})=E[f(\boldsymbol{x})],\quad \boldsymbol{x}\in R^d \tag{11.49}$$

和高斯过程的协方差函数或核

$$k(\boldsymbol{x},\boldsymbol{x}')=E[f(\boldsymbol{x})f(\boldsymbol{x}')]-m(\boldsymbol{x})m(\boldsymbol{x}'),\quad \boldsymbol{x},\boldsymbol{x}'\in R^d \tag{11.50}$$

因此，可以用 $f(\boldsymbol{x})\sim\mathcal{GP}(m(\boldsymbol{x}),k(\boldsymbol{x},\boldsymbol{x}'))$ 来表示高斯过程。

对于任意的 $\boldsymbol{u}\in R^d$ 及有限点集 $\boldsymbol{x},\cdots,\boldsymbol{x}_k\in R^d$，$k\geqslant 1$，如果 $\boldsymbol{f}=[f(\boldsymbol{x}_1),\cdots,f(\boldsymbol{x}_k)]$的分布与 $\boldsymbol{f}_{\boldsymbol{u}}=[f(\boldsymbol{x}_1+\boldsymbol{u}),\cdots,f(\boldsymbol{x}_k+\boldsymbol{u})]$的分布相同，那么称该随机过程是平稳的。也就是说，该过程的有限分布是平移不变的。一个静止过程的协方差函数只能是 $\boldsymbol{x}-\boldsymbol{x}'$的函数(见练习 11.6)。以此类推，若一个协方差函数仅是 $\boldsymbol{x}-\boldsymbol{x}'$的函数，则称其为平稳的。但有一个平稳的协方差函数并不意味着随机过程是平稳的(这只是一个必要条件)。对于任意的 $x\in R^d$，方差函数 $v(\boldsymbol{x})=k(\boldsymbol{x},\boldsymbol{x})$是每个随机变量 $f(\boldsymbol{x})$的方差。如果协方差函数是平稳的，那么方差函数是一个常数，即对于任意的 $\boldsymbol{x}\in R^d$，有 $v(\boldsymbol{x})=\sigma_k^2=k(\boldsymbol{x},\boldsymbol{x})$。最后，如果一个平稳的协方差函数只是 $\|\boldsymbol{x}-\boldsymbol{x}'\|$的函数，那么它就是各向同性的。根据 $k(\boldsymbol{x},\boldsymbol{x}')=k(\boldsymbol{x}',\boldsymbol{x})$可知，一元变量的平稳的协方差函数是自动各向同性的。

各向同性的固定协方差函数的两个重要例子是平方指数

$$k_{\mathrm{SE}}(\boldsymbol{x},\boldsymbol{x}')=\sigma_k^2\exp\left(-\frac{\|\boldsymbol{x}-\boldsymbol{x}\|^2}{2\ell^2}\right)\tag{11.51}$$

和绝对值指数

$$k_{\mathrm{AE}}(\boldsymbol{x},\boldsymbol{x}')=\sigma_k^2\exp\left(-\frac{\|\boldsymbol{x}-\boldsymbol{x}'\|}{\ell}\right)\tag{11.52}$$

这两种情况下，ℓ 表示的是过程的长度尺度。在一元变量情况下，绝对指数是双指数协方差函数 $k(\tau)=\sigma_k^2\exp(-|\tau|/\ell)$，其中 $\tau=x-x'$，因此命名为“绝对指数”。高斯和绝对指数核可看作各向同性平稳 Matérn 协方差函数族中的极值：

$$k_{\mathrm{MAT}}^{v}(\boldsymbol{x},\boldsymbol{x}')=\sigma_k^2\frac{2^{1-v}}{\Gamma(v)}\left(\frac{\sqrt{2v}\,\|\boldsymbol{x}-\boldsymbol{x}'\|}{\ell}\right)^{v}K_v\left(\frac{\sqrt{2v}\,\|\boldsymbol{x}-\boldsymbol{x}'\|}{\ell}\right)\tag{11.53}$$

其中核的阶数 $v>0$，K_v 表示第二类不完全贝塞尔(Bessel)函数。可以证明 $v=1/2$ 是绝对值指数核，且 $v\gg 1$ 时非常接近高斯核(实际上，当 $v\to\infty$时，它收敛于高斯核)。在高斯过程回归中的还有另外两种情况，对于这些情况，式(11.53)采取了简单的形式，即$v=3/2$的情况：

$$k_{\mathrm{MAT}}^{3/2}(\boldsymbol{x},\boldsymbol{x}')=\sigma_k^2\left(1+\frac{\sqrt{3}\,\|\boldsymbol{x}-\boldsymbol{x}'\|}{\ell}\right)\exp\left(-\frac{\sqrt{3}\,\|\boldsymbol{x}-\boldsymbol{x}'\|}{\ell}\right)\tag{11.54}$$

和 $v=5/2$ 情况：

$$k_{\mathrm{MAT}}^{5/2}(\boldsymbol{x},\boldsymbol{x}')=\sigma_k^2\left(1+\frac{\sqrt{5}\,\|\boldsymbol{x}-\boldsymbol{x}'\|}{\ell}+\frac{5\,\|\boldsymbol{x}-\boldsymbol{x}'\|^2}{3\ell^2}\right)\exp\left(-\frac{\sqrt{5}\,\|\boldsymbol{x}-\boldsymbol{x}'\|}{\ell}\right)\tag{11.55}$$

在一元变量的情况下，这些协方差函数的图可参见图 11.5。

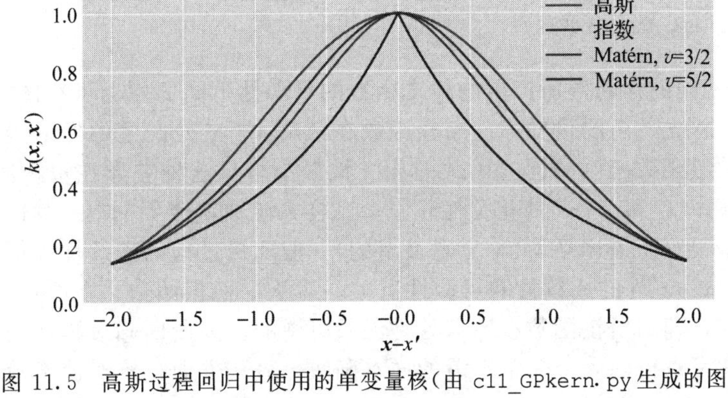

图 11.5　高斯过程回归中使用的单变量核(由 c11_GPkern.py 生成的图)

例 11.7　图 11.6 描述了 $\sigma_k^2=1$ 和不同的长度尺度 ℓ 的平方指数、Matérn($v=3/2$)和绝对值指数核的均值为 0、方差为 1 高斯过程的样本函数。其中，长度尺度 ℓ 控制着样本函数的水平尺度，方差 σ_k^2 控制着垂直尺度。更重要的是，协方差函数决定了样本函数的平滑性。其中高斯核函数产生较为光滑的样本函数，绝对值指数核函数产生的样本函数相对粗糙，而 Matérn 核函数产生样本函数的结果处于两者之间。

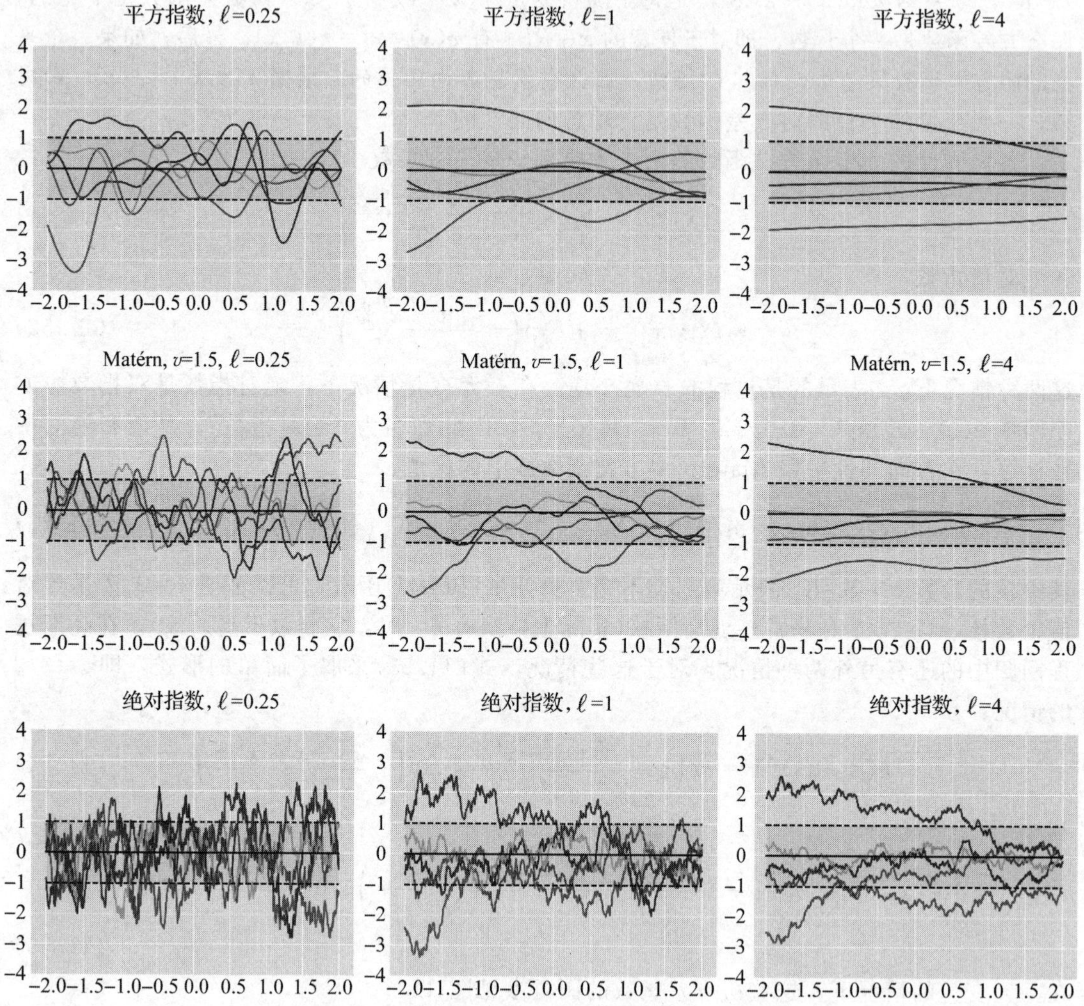

图 11.6　单位方差、零均值高斯过程的样本函数。还显示了常数和方差函数(由 c11_GPsamp.py 生成的图)　■

图 11.6 中不同的核函数所产生的样本函数的平滑性不同的原因可在图 11.5 的协方差函数图中看到。首先，由图可知，高斯核函数在距离 $\boldsymbol{x}-\boldsymbol{x}'$ 处产生的样本函数的相关性最大，绝对值指数核函数产生的样本函数的相关性最小，且这种差异在短距离上会更突出。若相邻的函数值 $f(\boldsymbol{x})$ 和 $f(\boldsymbol{x}')$ 的相关性较强，则样本函数就会更平滑。其次，尽管这一点很复杂，也不是很容易描述平均(均方意义上的)一般随机过程的连续性和可微性与协方差函数 $k(\boldsymbol{x},\boldsymbol{x}')$ 在 $\boldsymbol{x}=\boldsymbol{x}'$ 处的连续性和可微性有关。对于平稳核函数，在原点 $\boldsymbol{x}-\boldsymbol{x}'=0$ 处有连续性和可微性，即高斯核函数在原点处是无限可微的，高斯回归过程在均方意义上是无限可微的，因此可以得到一个非常平滑的样本函数。另一方面，绝对值指数核函数在原点

处是不完全可微的，即高斯过程在任意处都不是均方可微的，所以会产生一个非常粗糙的样本函数。同时，也可证明，具有 Matérn 协方差函数的随机过程是均方可微的$\lceil v \rceil-1$倍，也会产生一个平滑度处于两者之间的样本函数。例如，在均方意义上，$v=3/2$ 和 $v=5/2$ 的高斯过程分别是一次和两次可微的。

实际上，高斯过程的样本函数(如图 11.6 所示)是通过选取一组均匀间隔的有限测试点来模拟的，

$$\boldsymbol{X}^* = (\boldsymbol{x}_1^*, \cdots, \boldsymbol{x}_m^*) \tag{11.56}$$

从多元高斯分布中抽取样本 $\boldsymbol{f}^* = [f(\boldsymbol{x}_1^*), \cdots, f(\boldsymbol{x}_m^*)]$，且 $\boldsymbol{f}^*$ 满足，

$$\boldsymbol{f}^* \sim N(m(\boldsymbol{X}^*), K(\boldsymbol{X}^*, \boldsymbol{X}^*)) \tag{11.57}$$

其中

$$m(\boldsymbol{X}^*) = (m(\boldsymbol{x}_1^*), \cdots, m(\boldsymbol{x}_m^*))^{\mathrm{T}} \tag{11.58}$$

且

$$K(\boldsymbol{X}^*, \boldsymbol{X}^*) = \begin{bmatrix} k(\boldsymbol{x}_1^*, \boldsymbol{x}_1^*) & k(\boldsymbol{x}_1^*, \boldsymbol{x}_2^*) & \cdots & k(\boldsymbol{x}_1^*, \boldsymbol{x}_m^*) \\ k(\boldsymbol{x}_2^*, \boldsymbol{x}_1^*) & k(\boldsymbol{x}_2^*, \boldsymbol{x}_2^*) & \cdots & k(\boldsymbol{x}_2^*, \boldsymbol{x}_m^*) \\ \vdots & \vdots & & \vdots \\ k(\boldsymbol{x}_m^*, \boldsymbol{x}_1^*) & k(\boldsymbol{x}_m^*, \boldsymbol{x}_2^*) & \cdots & k(\boldsymbol{x}_m^*, \boldsymbol{x}_m^*) \end{bmatrix} \tag{11.59}$$

并且应用线性插值(用直线连接这些点)。在高斯过程回归中，虽然讨论了定义在欧几里得空间 R^d 上的随机过程，但实际上只能处理有限维的多元高斯随机向量。

根据前面模拟的讨论结果，下面将阐述高斯过程回归的一个真实目标。即用训练观测值来预测未知函数 f 在给定的任意测试点集的值。考虑一组训练数据 $\boldsymbol{X}=(\boldsymbol{x}_1, \cdots, \boldsymbol{x}_n)$和对应的响应度 $\boldsymbol{Y}=\boldsymbol{f}+\boldsymbol{\varepsilon}$，其中 $\boldsymbol{f}=[f(\boldsymbol{x}_1), \cdots, f(\boldsymbol{x}_n)]$和 $\boldsymbol{\varepsilon}=(\varepsilon_1, \cdots, \varepsilon_n)$。现在只考虑同方差均值为零的高斯噪声的情况，其中 $\boldsymbol{\varepsilon} \sim N(0, \sigma^2 \boldsymbol{I})$，且 $\mathcal{N}$ 与 $\boldsymbol{X}$ 不相关。(注意区别核方差 σ_k^2 与噪声方差 σ^2)。根据测试点 $\boldsymbol{X}^* = (\boldsymbol{x}_1^*, \cdots, \boldsymbol{x}_n^*)$，根据与训练数据相同的方法去预测 $\boldsymbol{f}^* = [f(\boldsymbol{x}_1^*), \cdots, f(\boldsymbol{x}_m^*)]$。贝叶斯范式可以确定后验分布，即向量 $\boldsymbol{f}^*$ 在 $\boldsymbol{Y}$ 下的条件分布，然后对其进行推论。在这种情况下，$\boldsymbol{f}^*$ 的先验分布由式(11.57)～式(11.59)给出。对于高斯过程，该条件分布服从高斯分布，可写成如下的闭型形式。如果 $\boldsymbol{X}$ 和 $\boldsymbol{X}'$是同分布的高斯向量，其多元分布为

$$\begin{bmatrix} \boldsymbol{X} \\ \boldsymbol{X}' \end{bmatrix} \sim \mathcal{N}\left(\begin{bmatrix} \boldsymbol{\mu}_X \\ \boldsymbol{\mu}'_X \end{bmatrix}, \begin{bmatrix} \boldsymbol{A} & \boldsymbol{C} \\ \boldsymbol{C}^{\mathrm{T}} & \boldsymbol{B} \end{bmatrix} \right) \tag{11.60}$$

那么 $\boldsymbol{X}|\boldsymbol{X}'$有一个多元的高斯分布，由下面的公式给出

$$\boldsymbol{X}|\boldsymbol{X}' \sim \mathcal{N}(\boldsymbol{\mu}_X + \boldsymbol{C}\boldsymbol{B}^{-1}(\boldsymbol{X}' - \boldsymbol{\mu}_{X'}), \boldsymbol{A} - \boldsymbol{C}\boldsymbol{B}^{-1}\boldsymbol{C}^{\mathrm{T}}) \tag{11.61}$$

向量 $\boldsymbol{Y}$ 和 $\boldsymbol{f}(\boldsymbol{X}^*)$的联合分布是多元高斯分布：

$$\begin{bmatrix} \boldsymbol{f}^* \\ \boldsymbol{Y} \end{bmatrix} \sim \mathcal{N}\left(0, \begin{bmatrix} K(\boldsymbol{X}^*, \boldsymbol{X}^*) & K(\boldsymbol{X}^*, \boldsymbol{X}) \\ K(\boldsymbol{X}^*, \boldsymbol{X})^{\mathrm{T}} & K(\boldsymbol{X}, \boldsymbol{X}) + \sigma^2 \boldsymbol{I} \end{bmatrix}\right) \tag{11.62}$$

其中 $K(X^*, X^*)$可以根据式(11.59)写出，

$$K(\boldsymbol{X}^*, \boldsymbol{X}^*) = \begin{bmatrix} k(\boldsymbol{x}_1^*, \boldsymbol{x}_1) & k(\boldsymbol{x}_1^*, \boldsymbol{x}_2^*) & \cdots & k(\boldsymbol{x}_1^*, \boldsymbol{x}_n^*) \\ k(\boldsymbol{x}_2^*, \boldsymbol{x}_1^*) & k(\boldsymbol{x}_2^*, \boldsymbol{x}_2^*) & \cdots & k(\boldsymbol{x}_2^*, \boldsymbol{x}_n^*) \\ \vdots & \vdots & & \vdots \\ k(\boldsymbol{x}_m^*, \boldsymbol{x}_1^*) & k(\boldsymbol{x}_m^*, \boldsymbol{x}_2^*) & \cdots & k(\boldsymbol{x}_m^*, \boldsymbol{x}_n^*) \end{bmatrix} \tag{11.63}$$

且

$$K(\boldsymbol{X},\boldsymbol{X})=\begin{bmatrix} k(\boldsymbol{x}_1,\boldsymbol{x}_1) & k(\boldsymbol{x}_1,\boldsymbol{x}_2) & \cdots & k(\boldsymbol{x}_1,\boldsymbol{x}_n) \\ k(\boldsymbol{x}_2,\boldsymbol{x}_1) & k(\boldsymbol{x}_2,\boldsymbol{x}_2) & \cdots & k(\boldsymbol{x}_2,\boldsymbol{x}_n) \\ \vdots & \vdots & & \vdots \\ k(\boldsymbol{x}_n,\boldsymbol{x}_1) & k(\boldsymbol{x}_n,\boldsymbol{x}_2) & \cdots & k(\boldsymbol{x}_n,\boldsymbol{x}_n) \end{bmatrix} \tag{11.64}$$

代入式(11.61)，可得后验分布为

$$\boldsymbol{f}^* \mid \boldsymbol{Y} \sim \mathcal{N}(\overline{\boldsymbol{f}}^*, \mathrm{Var}(\boldsymbol{f}^*)) \tag{11.65}$$

其后验均值向量和后验协方差矩阵为

$$\begin{aligned} \overline{\boldsymbol{f}}^* &= K(\boldsymbol{X}^*,\boldsymbol{X})\left[K(\boldsymbol{X},\boldsymbol{X})^{-1}+\sigma^2 I_n\right]^{-1}\boldsymbol{Y} \\ \mathrm{Var}(\boldsymbol{f}^*) &= K(\boldsymbol{X}^*,\boldsymbol{X}^*)-K(\boldsymbol{X}^*,\boldsymbol{X})\left[K(\boldsymbol{X},\boldsymbol{X})+\sigma^2 I\right]^{-1}K(\boldsymbol{X},\boldsymbol{X}^*) \end{aligned} \tag{11.66}$$

显然，即使先验高斯过程是零均值且具有平稳特性的协方差函数。一般来说，对于后验高斯过程来说，也不再是这样了的情况。

在高斯过程回归中，可以利用条件平均数 $\overline{\boldsymbol{f}}^*$ 估计测试点的 $\boldsymbol{f}^*$ 值，并通过 $\mathrm{Var}(\boldsymbol{f}^*)$ 对角线上的相应元素来估计每个测试点的条件回归误差。并且实际应用中，σ^2 一般都是未知的，所以式(11.66)中使用的值变成一个要选择的参数 σ_p^2，这是在给定的一组测试点集去估计未知函数 f 的全部内容。但要估计整个函数 f 的值可以在密集的测试点上利用插值条件均值(和条件方差值)。在单变量的情况下，与模拟图 11.6 中的先验样本函数的做法相似，通过将估计值与线连接来完成。但若在多元的情况下，则需要更先进的插值方法。

例 11.8　对图 11.1b 中数据的前 10 个点应用高斯过程回归。图 11.7 显示了在不同的长度尺度下(与例 11.7 中的数值相同)，使用平方指数核函数、Matérn 核函数($v=3/2$)和绝对指数核函数拟合高斯过程的结果。在 $\sigma_k^2=0.3$ 和 $\sigma_p^2=0.1$ 时，训练数据用红色圆圈表示，预估的回归结果用黑色实心曲线表示。通过对密集的测试点网格上的后验平均值 $\boldsymbol{f}^*$ 进行线性插值求得。最佳回归显示出来供参考。同时也讨论了一个标准差的置信区间，其边界是通过对测试点网格上的 $\boldsymbol{f}^* \pm \sqrt{\mathrm{Var}(\boldsymbol{f}^*)}$ 进行线性插值得到的。由观察可知，$\ell=0.25$ 对数据进行了欠平滑处理，$\ell=4$ 对数据进行了过度平滑处理，$\ell=1$ 产生了最佳回归结果。正如预期的那样，在没有数据的情况下，尤其是在没有足够平滑的情况下，置信区间在训练点附近更密集，在间隔上更稀疏。最好的结果是由具有中间长度尺度的 RBF 核实现的，在 $\ell=1$ 时，即使没有数据的区域，高斯过程回归线也遵循最佳正弦曲线。其他核函数产生的回归线参差不齐，不适合讨论这个问题。在该问题上，最佳回归线应该是平滑的。将只用 10 个数据点得到的结果与图 11.2 和图 11.4 中的结果进行比较，可知即使在没有数据的区间，也能得到最优正弦波。

在前面的例子中，参数 σ_k^2 和 σ_p^2 是特别设置的。如何以有原则的方式选择参数是一个模型选择问题(见 11.8 节)。接下来，描述了一种流行的模型选择方法——高斯过程回归，寻找参数值最大化，即边际似然的最大值。后者是条件分布 $p(\boldsymbol{Y}\mid X,\boldsymbol{\theta})$ 的贝叶斯术语，其中 $\boldsymbol{\theta}=(\sigma_p^2,\sigma_k^2,\ell)$ 是超参数向量。一般来说，获得边际似然需要复杂的计算，但高斯过程模型下，可以从式(11.62)中求得：$p(\boldsymbol{Y}\mid\boldsymbol{X},\ \boldsymbol{\theta})=\mathcal{N}(0,K(\boldsymbol{X},\boldsymbol{X})+\sigma^2\boldsymbol{I})$。因此，对数似然函数由以下公式给出：

$$\ln p(\boldsymbol{Y}\mid\boldsymbol{X},\boldsymbol{\theta})=-\frac{1}{2}\boldsymbol{Y}^{\mathrm{T}}(K(\boldsymbol{X},\boldsymbol{X})+\sigma^2\boldsymbol{I})^{-1}y-\frac{1}{2}\ln\left|K(\boldsymbol{X},\boldsymbol{X})+\sigma^2\boldsymbol{I}\right|-\frac{n}{2}\ln 2\pi \tag{11.67}$$

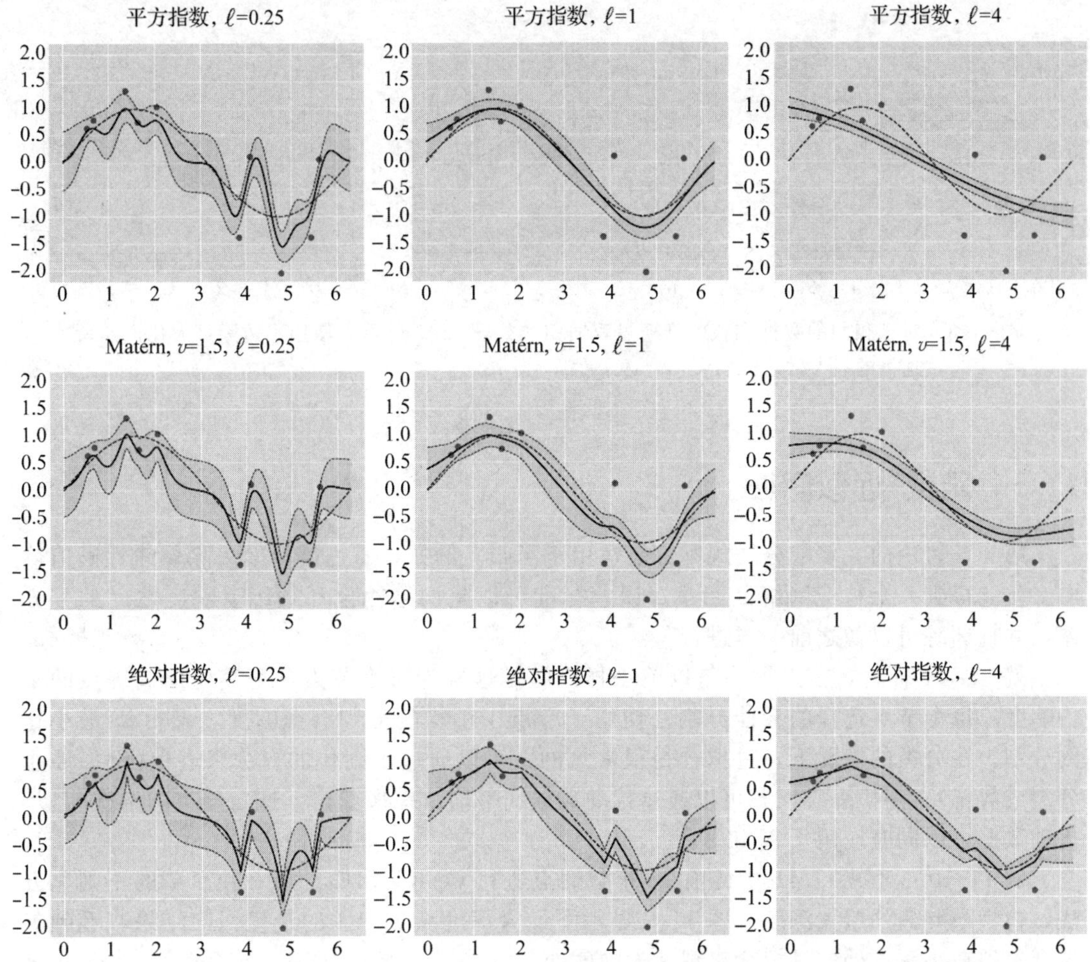

图 11.7 在 $\sigma_k^2=0.3$ 和 $\sigma_p^2=0.1$ 的高斯过程回归的例子。训练数据用红色圆圈表示，预估的回归线用黑色实心曲线表示，加入了一个标准差的置信区间。蓝色虚线表示的是最优回归线。回归线的平滑度从顶部的高斯核到底部的指数核逐渐降低。置信区间在靠近训练点周围的时更窄，远离训练点时更宽。当高斯过程回归线是最优正弦曲线时，即在训练数据集非常稀疏的区间，RBF 核的中间长度尺度 $\ell=1$ 时也能获得最优结果(由 c11_GPfit.py 生成的图) ■

对式(11.67)右边的各种项进行解释：第一项代表对数据的经验拟合，第二项是复杂性补偿项，最后一项是一个归一化常数。通过梯度下降法求式(11.67)的最大值，可得所需的超参数值(通常需要多次随机重启来处理局部最大值)。

例 11.9 对于例 11.8 中使用的相同数据和核，边际似然最大化将产生平方指数核函数的边际最大化似然的值：$\sigma_k^2=0.63$，$\ell=1.39$，$\sigma_p^2=0.53$。Matérn 核函数的边际最大化似然的值 $\sigma_k^2=0.65$，$\ell=1.51$，$\sigma_p^2=0.53$。绝对指数核函数的边际最大化似然的值 $\sigma_k^2=0.74$，$\ell=1.45$，$\sigma_p^2=0.45$。对应的回归线如图 11.8 所示。由观察可知，估计的长度尺度值都非常接近例 11.8 中的中间长度尺度 $\ell=1$。因此，图 11.8 中的图与图 11.7 中的图类似。指数平方核函数与 Matérn 核函数得出的结果非常相似，但不完全相同。

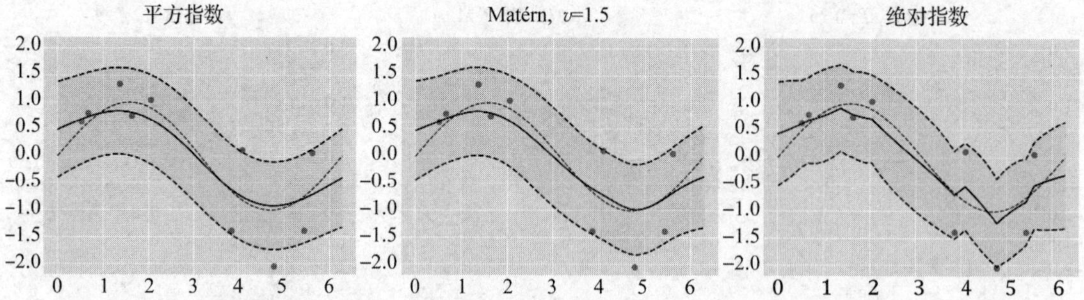

图 11.8 对于相同的数据和核的高斯过程回归线如图 11.7 所示，使用了边际最大化似然所选择的超参数值(c11_GPfitML.py) ■

11.5 函数-近似回归

第 6 章讨论的大多数分类规则都能适用于回归。例如，通过简单地去除非线性阈值输出，就能得到一个神经网络回归量。误差标准可以是网络输出和训练点响度之间的平方差，并且训练可以像之前一样进行。

就 CART 而言，节点拆分与以前一样，但是这次为每个节点分配其内部训练点的平均响度。每个节点选择的最佳分割是使得子节点中平均响度和训练响度之间 RSS 最小化的分割。在分类的情况下，过拟合是很常见的，可以通过正则化的方法来避免(例如停止分裂或剪枝)。随机森林回归可以通过扰动数据和平均结果来获得，这与分类的情况相似。扰动数据可以同时应用于 $\boldsymbol{X}$ 和 Y。

例 11.10 对图 11.1b 中的前 10 个数据点进行 CART 回归。用一种简单的正则化方法，包括限制树的最大深度。图 11.9 显示了最大深度从 1 到 4 的最优回归结果，看到欠拟合出现在小深度处，过拟合出现在大深度处。 ■

将 SVM 应用到回归就不那么简单了。下面简要描述一下该想法。相同的边界概念再次出现，现在这些点应该分布在回归线周围的边界内。但是松弛变量与超出边界标准的异常值有关。与分类一样，只有 SVM(边缘向量和离群向量)可以决定回归曲线。如前所述，非线性回归可以通过核技巧来完成。

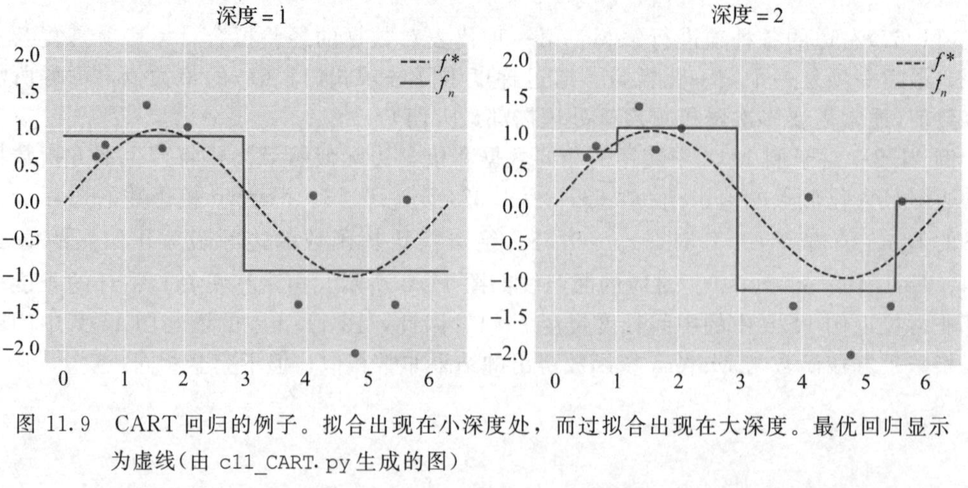

图 11.9 CART 回归的例子。拟合出现在小深度处，而过拟合出现在大深度。最优回归显示为虚线(由 c11_CART.py 生成的图)

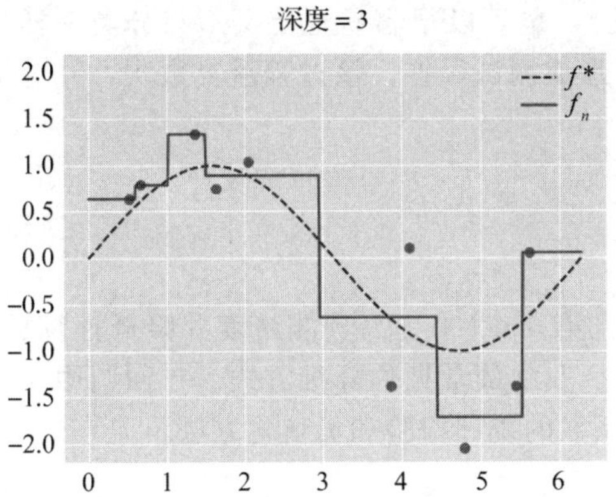

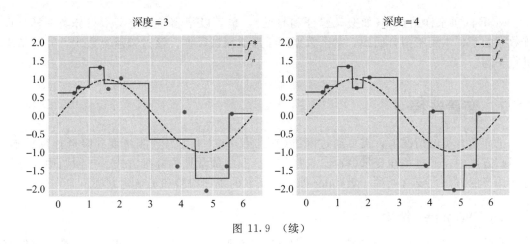

图 11.9 （续）

11.6 误差估计

与第 7 章中的分类理论类似，可以提出一种回归误差估计理论。本节主要讨论回归误差估计。

给定一个测试样本$\{S_m\}=\{(\boldsymbol{X}_i^t,Y_i^t);\ i=1,\cdots,m\}$，不需要使用训练回归函数 f_n。若通过 $\hat{L}_{n,m}$定义一个测试集 MSE 的估计量，其中

$$\hat{L}_{n,m}=\frac{1}{m}\sum_{i=1}^{m}(Y_i^t-f_n(\boldsymbol{X}_i^t))^2 \tag{11.68}$$

则该测试集的误差估计是无偏估计量，因为由下式得出 $E[\hat{L}_{n,m}]=E[L_n]$，其中

$$E[\hat{L}_{n,m}\mid S_n]=L_n \tag{11.69}$$

根据式(11.69)和大数定律(参见定理 A.12)，可得无论特征-标签服从什么分布，给定数据集 S_n，$\hat{L}_{n,m}\to L_n$，当 $m\to\infty$时，其概率为 1。

与前面讨论的条件一样，要使测试集的估计量有良好的性能，n 和 m 都要足够大。如果并非如此，则需对训练数据 S_n 进行 MSE 估计。再引入估计量为

$$\hat{L}_n=\frac{1}{n}\sum_{i=1}^{n}(Y_i-f_n(\boldsymbol{X}_i))^2 \tag{11.70}$$

这是前几节标准化 RSS。在分类的情况下，RSS 是具有更小偏差和灵活性的算法。与分类的情况不同，但另一个问题是 RSS 在区间[0,1]上没有上界。一个常见的替代方法是应用介于 0 和 1 之间的 R^2 统计量。首先，定义不含 $\boldsymbol{X}$ 的 Y 的估计量

$$\overline{Y}=\frac{1}{n}\sum_{i=1}^{n}Y_i \tag{11.71}$$

该估计量的 RSS 是

$$\mathrm{TSS}=\sum_{i=1}^{n}(Y_i-\overline{Y})^2 \tag{11.72}$$

其中 TSS 表示总的平方和。R^2统计量是 RSS 的相对改进，它根据 $\boldsymbol{X}$ 来预测 Y。

$$R^2=\frac{\mathrm{TSS}-\mathrm{RSS}}{\mathrm{TSS}}=1-\frac{\mathrm{RSS}}{\mathrm{TSS}} \tag{11.73}$$

在某些情况下，这也被称为决定系数。

MSE 的重采样估计器(如交叉验证和自助)，也可以很容易地定义。与分类一样，训练数据的子样本用于拟合回归，剩余数据用于形成测试误差。该过程重复数次，并对结果进行平均。

11.7　变量选择

正如在分类的情况下，需要通过降维(参见第 9 章)来提高预测精度并降低计算成本。在回归方法中，通过关注变量(特征)选择作为回归中最常见的降维方式。在回归中，进行变量选择的方法主要有三种 ：wrapper 搜索、系数的统计检验和稀疏化方法。

11.7.1　Wrapper 搜索

回归中的 Wrapper 搜索算法与分类算法完全相似。首先定义了一些经验标准，例如前一节定义的再代入估计(RSS)或 R^2 分数(事实上，最大限度地减少 RSS 相当于对 R^2 进行最大化)。根据所选标准，可以详细地搜索给定大小的最佳特征。在后一种情况下，可以采用顺序向前/向后和浮动搜索，与在分类中一样。

一般情况下，若不知道特征的最优数量，并试图通过 Wrapper 搜索来找到它，则最终会得到一个包含所有变量的过拟合模型。因为 R^2 分数通常只有在添加更多变量时才会增加。避免此问题的最常见方法是使用调整后的 R^2 统计量：

$$\text{调整后的 } R^2 = 1 - \frac{\mathrm{RSS}/(n-d-1)}{\mathrm{TSS}/(n-1)} \tag{11.74}$$

这将补偿变量过多的模型。类似于第 8 章中提到的结构风险最小化和其他复杂性补偿方法。另一种补偿方法回归的标准是 Mallows' Cp，在最小二乘回归的情况下，由下式给出

$$C_p = \frac{\mathrm{RSS}}{n} + \frac{2d}{n}\hat{\sigma}^2 \tag{11.75}$$

其中 $\hat{\sigma}^2$ 是式(11.41)的 MLE 方差估计量。

11.7.2　统计检验

回归系数的统计检验是经典统计学中的典型方法。如在式(11.20)的广义线性模型中，可以检验每个非零系数 $\theta_i(i=1,\cdots,k)$ 的假设，并放弃那些不能拒绝原假设的假设。如常见的逐步搜索算法(包括向后消除)。由于多重测试的问题，该方法在多参数复杂模型中存在多次测试的问题。统计检验为分类中的过滤选择提供了一个对应的方法。

11.7.3　LASSO 和 Elastic Net

参数回归中的稀疏化方法是将模型系数缩小到零，生成包含少量非零元素的稀疏特征向量。根据 11.3.3 节讨论的参数模型的岭回归进行收缩，系数通常不会一直减小到零。若用 L^1 范数替换式(11.44)中的 L^2 范数，则可得 LASSO(最小绝对收缩和选择算子)估计量：

$$\hat{\boldsymbol{\theta}}_n^{\mathrm{LASSO}} = \arg\min_{\boldsymbol{\theta}\in\boldsymbol{\Theta}} \| \boldsymbol{Y} - H\boldsymbol{\theta} \|^2 + \lambda \| \boldsymbol{\theta} \|_1 \tag{11.76}$$

其中，$\hat{\boldsymbol{\theta}}$ 的 L^1 范数是 $\|\hat{\boldsymbol{\theta}}\|_1 = |\hat{\boldsymbol{\theta}}_1| + \cdots + |\hat{\boldsymbol{\theta}}_k|$。LASSO 与岭回归不同，LASSO 的系数可以趋近于零。

Elastic Net 是另一种补偿最小二乘估计量，它结合了 L^1 和 L^2 的补偿量

$$\hat{\boldsymbol{\theta}}_n^{\mathrm{ENet}} = \arg\min_{\boldsymbol{\theta} \in \boldsymbol{\Theta}} \| \boldsymbol{Y} - H\boldsymbol{\theta} \|^2 + \lambda_1 \| \hat{\boldsymbol{\theta}} \|_1 + \lambda_2 \| \hat{\boldsymbol{\theta}} \|_2 \tag{11.77}$$

其中，λ_1，$\lambda_2>0$。因此产生的结果在岭回归和 LASSO 之间。

11.8 模型选择

与在分类中一样，人们会经常遇到在回归算法中选择自由参数值的问题，如多项式回归的阶数、岭回归中的参数 λ、核回归中的带宽和高斯过程回归中的核超参数以及模型中的维度(变量数)。

最简单的方法是进行网格搜索，最小化回归平方的残差和，即训练数据的经验误差。与最小化分类中的经验误差一样，只有当复杂度与样本量之比很小时，该方法才是有效的。其中复杂度包括参数的数量、回归模型的灵活性和问题的维度。否则，可能会出现数据过拟合以及性能不佳的情况。

若复杂度与样本大小的比值不理想的话，则需要考虑某种复杂性补偿。该问题在 11.7.1 节中讨论过，11.7.1 节提出了将调整后的 R^2 得分和 Mallows' Cp 最小化去选择降维变量的数量(这是一个模型选择问题)。其他复杂性补偿方法包括最小化赤池信息准则(AIC)：

$$\mathrm{AIC} = \frac{1}{n\,\hat{\sigma}^2}(\mathrm{RSS} + 2d\,\hat{\sigma}^2) \tag{11.78}$$

以及贝叶斯信息准则(BIC)：

$$\mathrm{BIC} = \frac{1}{n\,\hat{\sigma}^2}(\mathrm{RSS} + \ln(n)d\,\hat{\sigma}^2) \tag{11.79}$$

其中，$\hat{\sigma}^2$ 是式(11.41)的 MLE 方差估计量，d 是线性模型式(11.20)的参数个数，与多元线性回归模型式(11.19)中的变量个数一致。还需要考虑 AIC 与 Mallows' Cp 线性相关的情况。

在回归模型中，有一种结构风险最小化理论。考虑用不同的回归算法相关的实值函数空间的嵌套序列$\{\mathcal{S}_k\}$，其中 $k=1,\cdots,N$。此外，假设 VC 的维度 $V_{\mathcal{S}_k}$ 是有限的，$k=1,\cdots,N$。且 SRM 继续选择具有最小回归误差界限值 $\mathrm{MSE}_{\mathcal{S}_k}$ 的分类(算法)$\mathcal{S}_{k^*}$，若为负，则界限设置为零。其中，

$$\mathrm{MSE}_{\mathcal{S}_k} \leqslant \frac{\mathrm{RSS}_{\mathcal{S}_k}}{n}\left(1 - \sqrt{\frac{V_{\mathcal{S}_k}}{n} + \left(1 - \ln\frac{V_{\mathcal{S}_k}}{n}\right) + \frac{\ln n}{2n}}\right)^{-1} \tag{11.80}$$

(与 8.3.3 节中的 SRM 分类程序进行对比)注意到，VC 的维度和样本大小之间的比值非常重要，与分类算法中的情况一样。比值小的话，可以使式(11.80)的界更小，效果也更好。估计一组实值函数的 VC 维度问题是具有挑战性的，就像在分类中的一组指标函数的情况下一样。对于式(11.20)中的一般线性模型，VC 维度是有限的，等于 $M+1$。

最后，与分类一样，在验证集上寻找第一个局部最小 RSS 和最小化交叉验证的 RSS 也被用于回归的模型选择。

11.9 文献注释

回归和最小二乘法(有些人可能会说，统计推断)的发明归功于高斯——尽管勒让德首先发表了这一观点——他开发它是为了在夜间利用不完整和嘈杂的观测结果，以极高的精

度预测行星体的位置，见 Stigler[1981]。在高斯之前，开普勒就已经使用经验主义的特殊方法发现他的行星运动定律，但牛顿仅用他的万有引力定律就能机械地建立开普勒的所有行星运动定律。在 19 世纪初，高斯似乎是第一个注意到这些模型局限性的人：由于未观测到变量的影响，它们是不准确的，并且没有以一种原则性的方式处理测量中由噪声引起的不确定性。

许多关于回归的文献(特别是统计学的文献)都集中在式(11.19)的多元线性回归模型上。Casella and Berger[2002]的第 11 章和第 12 章总结了回归的经典统计观点，关于直线回归的式(11.41)和式(11.42)的推导可参考 11.3 节。

有关回归中偏差-方差分解的详细讨论，请参考 James et al. [2013]。图 11.2 与 Bishop[2006]中的图 1.4 类似。

我们根据 Stark and Woods[1986] 的 6.6 节证明了高斯-马尔可夫定理。

RSS 是训练数据的经验二次损失误差，因此最小二乘估计是一种经验风险最小化(ERM)方法，与练习 8.5 中讨论的 ERM 分类方法类似。

从工程角度来看，Jazwinski[2007]和 Stark and Woods[1986]是随机过程优秀的参考资料。在这些文献中，用一种简单的方式描述了随机过程的均方连续性和可微性，以及它们与协方差函数的关系。重要的是，要注意随机连续性和可微性，虽然提供了光滑性的一般表示，但不能保证样本函数在所有情况下都是连续和可微的。具有指数分布过渡时间的离散值随机过程提供了一个经典的反例，例如任意连续时间马尔可夫链(如泊松过程，见 Ross[1995])。这类过程在每一点上都是概率为 1 且均方意义上的连续过程，但它们的样本函数在所有点上都不是连续的。如何保证随机连续性和可微性？一般来说，是指样本函数不连续或不可微且概率为正的非“固定”点。因此泊松过程的不连续性可以很好地“展开”。

高斯过程回归的标准参考是 Rasmussen and Williams[2006]。我们对该主题的讨论主要参考该资料，同时也参考了 Bishop[2006]的 6.4 节。尽管最近人们的兴趣激增，但高斯过程回归是一个古老的课题。例如，在地质统计学文献中，高斯过程回归被称为 Kriging (Cressie[1991]和 Stein[2012])。在后一篇参考文献中，Stein 认为由平方指数核函数产生的样本函数的极度光滑性在自然过程中是不可能实现的，因为这需要使用适当阶次的 Matérn 核函数(通常情况下，$v=3/2$ 或 $v=5/2$，因为较大的 Matérn 核函数值与平方指数核函数得出的结果非常相似)。

有关回归的 SVM 算法的详细说明，请参见 Bishop[2006]的 7.2.1 节。在 Tibshirani [1996] 和 Zou and Hastie[2005]中分别介绍了 LASSO 和 Elastic Net。在 Mallows[1973] 中介绍了 Mallows’ Cp。文献中关于 Mallows’ Cp 、AIC 和 BIC 的定义存在一些差异。所以，此处采用的定义如 James 等人[2013]所述。在 Vapnik[1998]详细介绍了回归的 VC 理论，其中包括函数的 VC 维度和复杂性补偿。有关回归中模型选择问题的可读性回顾(包括 VC 理论)可参考 Cherkasky and Ma[2003]。Cherkassky et al. [1999]提出了回归的结构风险最小化(SRM)理论，包括式(11.80)的推导，请参考 Cherkassky[1999]。

11.10　练习

11.1　假设在函数 G 的子集中有最优回归，其中它不一定包含最优二次损失回归函数 $f^*(\boldsymbol{x})=E[Y\,|\,\boldsymbol{X}=\boldsymbol{x}]$：

$$f_G^* = \arg\min_{f\in G} L[f] = \arg\min_{f\in G}\int (y-f(\boldsymbol{x}))^2 p(\boldsymbol{x},y)\mathrm{d}x\mathrm{d}y \tag{11.81}$$

证明：f_G^* 使式(11.14)中的可约误差最小，即在所有函数 $f\in G$ 中到 f^* 的 L^2 距离最小。即

$$f_G^* = \arg\min_{f\in G} E[(f^*(\boldsymbol{X}) - f(\boldsymbol{X}))^2] \tag{11.82}$$

提示：可参考定理 11.2 证明中的步骤。

11.2 假设(X,Y)与 $E[X]=\mu_X$，$\text{Var}(X)=\sigma_X^2$，$E[Y]=\mu_Y$，$\text{Var}(Y)=\sigma_Y^2$ 为联合高斯分布，若 X 和 Y 的相关系数为 ρ。

(a)证明：最优 MMSE 回归是一条直线 $f^*(x)=\theta_0+\theta_1 x$，且参数为

$$\theta_0 = \mu_Y - \theta_1\mu_X \text{ 和 } \theta_1 = \rho\frac{\sigma_Y}{\sigma_X} \tag{11.83}$$

(b)证明：不管 x 取何值，条件最优回归误差和无条件最优回归误差是一致的。

$$L^*(x) = L^* = \sigma_Y^2(1-\rho^2) \tag{11.84}$$

(c)证明：在这种情况下，最小二乘回归是一致的，即当 $n\to\infty$ 时，$\hat{\theta}_{0,n}^{\text{LS}}\to\theta_0$ 和 $\hat{\theta}_{1,n}^{\text{LS}}\to\theta_1$ 的概率相同。

(d)绘制例子 $\sigma_x=\sigma_y$，$\mu_x=0$ 的最优回归线，固定 μ_y 和 ρ 的一些值。请你观察相关系数 ρ 发生了什么变化？当 $\rho=0$ 的时候，该例子又有什么变化？

11.3 对于具有可逆矩阵 $\boldsymbol{H}^{\text{T}}\boldsymbol{H}$ 的一般线性模型式(11.23)。

(a)证明：由式(11.26)给出的一般线性模型的最小二乘估计是唯一的。

提示：对二次函数(11.25)进行微分并将导数设置为零。可以使用向量微分公式：

$$\frac{\partial}{\partial \boldsymbol{u}}\boldsymbol{a}^{\text{T}}\boldsymbol{u} = \boldsymbol{a} \quad \text{和} \quad \frac{\partial}{\partial \boldsymbol{u}}\boldsymbol{u}^{\text{T}}A\boldsymbol{u} = 2A\boldsymbol{u} \tag{11.85}$$

(b)证明：由式(11.45)给出的一般线性模型的岭估计是唯一的。

提示：修改上面的导数。

11.4 (通过原点的线性回归) 给定一组数据 $S_n=\{(X_1,Y_1),\cdots,(X_n,Y_n)\}$，试导出在单变量模型中，斜率的最小二乘估计量：

$$\boldsymbol{Y} = \boldsymbol{\theta X} + \boldsymbol{\varepsilon} \tag{11.86}$$

提示：与式(11.29)中推导过程类似。

11.5 (相关噪声的高斯-马尔可夫理论) 考虑线性模型 $\boldsymbol{Y}=\boldsymbol{H\theta}+\boldsymbol{\varepsilon}$，假设 $\boldsymbol{H}$ 是满秩的。证明：若 $E[\boldsymbol{\varepsilon}]=0$，$E[\boldsymbol{\varepsilon\varepsilon}^{\text{T}}]=\boldsymbol{K}$(其中 $\boldsymbol{K}$ 是对称正定矩阵)，则证明扩展定理 11.3 以及估计量 $\hat{\boldsymbol{\theta}}$ 是最佳线性无偏的，且

$$\hat{\boldsymbol{\theta}} = (\boldsymbol{H}^{\text{T}} K^{-1}\boldsymbol{H})^{-1}\boldsymbol{H}^{\text{T}}\boldsymbol{K}^{-1}\boldsymbol{Y} \tag{11.87}$$

11.6 证明：如果一个随机过程是平稳的，那么它的均值函数 $m(\boldsymbol{x})$是常数，协方差函数 $k(\boldsymbol{x},\boldsymbol{x}')$仅仅是 $\boldsymbol{x}-\boldsymbol{x}'$的函数。我们把具有这些特性的随机过程称为广义平稳随机过程。

11.7 在高斯过程回归中，若响应是无噪声的，即 $\boldsymbol{Y}=\boldsymbol{f}=(f(\boldsymbol{x}_1),\cdots,f(\boldsymbol{x}_n))$，则是基于条件分布 $\boldsymbol{f}^*|\boldsymbol{f}$ 推出的。这种情况下，试推导后验均值和方差函数。假设测试数据等于训练数据，即 $X^*=X$，又将出现什么结果？

11.8 验证式(11.48)中的 Nadaraya-Watson 核回归估计量写成核的有限线性组合，即

$$f_n(\boldsymbol{x}) = \sum_{i=1}^{n} a_{n,i}K_h(\boldsymbol{x}-\boldsymbol{X}_i) \tag{11.88}$$

其中系数 $a_{n,i}$是关于训练数据 $S_n=\{(\boldsymbol{X}_1,Y_1),\cdots,(\boldsymbol{X}_n,Y_n)\}$ 的函数。并证明在式(11.66)中在单个测试点 $\boldsymbol{x}$ 处的高斯过程回归估计量可以写成：

$$\overline{f}^*(\boldsymbol{x}) = \sum_{i=1}^{n} b_{n,i} k(\boldsymbol{x}, \boldsymbol{X}_i) \tag{11.89}$$

其中，可以根据 $k(\cdot,\cdot)$，σ_p^2 和训练数据 S_n 得到 $b_{n,i}$ 的表达式。

11.9 证明：Akaike 的回归信息准则可以写成：

$$\mathrm{AIC} = \frac{1+d/n}{1-d/n}\mathrm{RSS} \tag{11.90}$$

在这种形式中，AIC 也称为最终预报误差(FPE)，见 Akaike[1970]。

11.11 Python 作业

11.10 关于图 11.2、图 11.4、图 11.7、图 11.8 以及图 11.9 中的回归函数

(a)根据标准化的 RSS 对回归函数进行排序，你能得到什么结论？

(b)使用数值积分，根据可约误差 $\overline{L}[f]=E[(f^*(\boldsymbol{X})-f(\boldsymbol{X}))^2]$。对回归函数进行排序，你能得到什么结论？

(c)图 11.2 和图 11.4 中多项式回归的可约误差可通过回归系数进行分析计算。试比较这些回归函数的数值和分析结果。

提示：运行每个图形的 Python 代码可以得到回归函数。

11.11 将线性回归应用到堆垛层错能(SFE)数据集

(a)修改 c11_SFE.py，根据一元线性回归模型(带截距)分别去拟合预处理后剩余的七个变量(其中两个已在例 11.4 中完成)。列出每个模型的拟合系数、标准化的 RSS 和 R^2 统计量。根据 R^2 统计量，在这七个变量中，哪一个是 SFE 的最佳预测因子？分别描绘这七个变量中的 SFE 响应，并叠加回归线。你能得到什么结论？

(b)使用 R^2 统计量作为搜索标准，通过 Wrapper 搜索(1～5 个变量)执行多元线性回归。列出每个模型的标准化的 RSS，R^2 统计量和调整后的 R^2 统计量。根据调整后的 R^2，哪种模型最具预测性？你如何将这些结果与(a)项的结果进行比较？

11.12 将补偿最小二乘多元线性回归应用于 SFE 数据集。

(a)对整个数据矩阵利用岭回归，其中正则化参数 $\lambda=50,30,15,7,3,1,0.30,0.10,0.03,0.01$。不需要对数据应用任何标准化或缩放。试列出每个 λ 值的回归系数。

(b)“系数路径”图描绘了作为正则化参数函数的补偿最小二乘多元线性回归中每个系数的值，并且可以得到岭回归和 LASSO 的系数路径图。试验证 LASSO 生成稀疏解，而岭回归不能生成稀疏解。哪些原子特征产生了 LASSO 系数路径中的最后两个非零系数？这与 Python 作业 11.11 中的结果一致吗？

(c)当 $\lambda=50$ 时，LASSO 应生成一个空模型(所有系数都等于 0，截距等于 SFE 的均值)，而当 $\lambda=30$ 时，LASSO 应生成一个只有一个预测值的模型。用 LASSO 回归线和对应的普通回归线进行叠加，绘制 SFE 对该预测值的响应图。你对该结果如何理解？

11.13 将高斯过程回归应用到 SFE 数据集。

(a)如图 11.7 和图 11.8 所示，对于平方指数、Matérn($v=1.5$)和绝对指数核，根据一个标准偏差置信区间去绘制后验均值函数，超参数利用条件似然最大化法获得。

(b)得到每种情况下的 RSS 和条件似然的最优值，并进行比较。

11.14 普通最小二乘回归使每个点(x_i, y_i)到它们在回归线上的垂直投影(x'_i, y'_i)的垂直距离平方和最小。并且涉及每个点到其水平投影(x''_i, y''_i)和正交投影$(\overline{x}_i, \overline{y}_i)$的平方距离之和回归线的最小化，如下图所示。

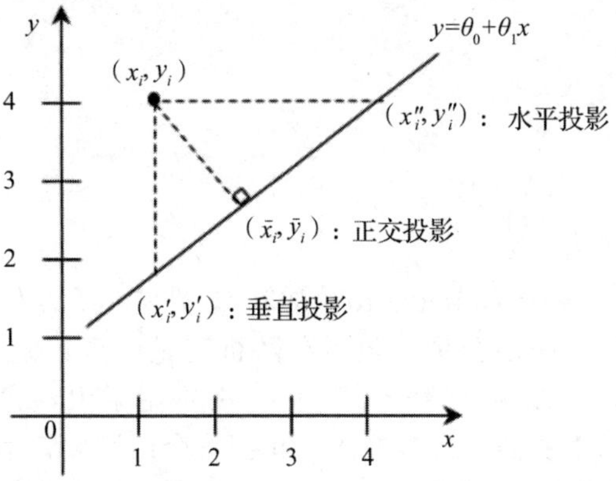

(a)根据式(11.29)(不需要新的推导)，确定使到水平投影的距离平方和最小的参数 θ_0 和 θ_1。

提示：理解 X 和 Y 的作用。

(b)在 Python 作业 11.10 中，将“水平最小二乘”回归应用到 Python 作业 11.10 中的 SFE 数据。画出七个过滤原特征的回归 SFE 结果，并记录每种情况下的残差平方和。你能得到什么结论？

(c)确定正交投影的平方距离之和最小的参数 θ_0 和 θ_1。

提示：根据基本几何确定每个正交距离作为 x_i，y_i，θ_0 和 θ_1 的函数。通过与一般回归情况的比较找到 θ_0 的值，然后根据单变量优化找到 θ_1。

(d)将该正交最小二乘回归应用于图 11.3 中的数据。画出七个过滤原子特征的回归 SFE 结果，并记录每种情况下的残差平方和。你能得到什么结论？

(e)根据图形可以看出，正交回归线总是在垂直回归线和水平回归线之间。对于每个原子特征的过滤堆叠故障能量数据集，通过在同一个图中绘制三条回归线来确认这一点。

附　录

Fundamentals of Pattern Recognition and Machine Learning

A.1　概率论

现代的概率论表述来源于 Kolmogorov[1933]。在 60 页的专题论文中，Kolmogorov 介绍了概率空间的概念、概率的公理化定义和随机变量的现代定义等。有关 Kolmogorov 重要贡献的很好的综述，请参见 Nualart[2004]。在本附录中，我们将回顾研究生阶段的概率论概念，并且包括书中所需的许多概念。我们将介绍测度论的描述，尽管本书中仅在其他主题的加星号的部分需要测度论概念。对于概率论的精彩论述，读者可以参考 Billingsley [1995]、Chung [1974]、Loève [1977]、Cramér[1999]和 Rosenthal [2006]，而 Ross [1994]提供了一个完整的基本非测度论介绍。

A.1.1　样本空间和事件

样本空间 S 是一个试验的所有结果的集合。S 的子集的集类 $\mathcal{F}$ 是 σ-代数，那么它在补、(可数)交和(可数)并运算下是闭合的。在 $\mathcal{F}$ 中的每一组 E 被称为一个事件。因此，事件的补集是事件，并且事件的(可数)并集和交集也都是事件。

如果事件 E 包含试验结果，则称事件 E 发生。对于两个事件 E 和 F，无论何时存在 $E\subseteq F$，E 的发生意味着 F 的发生。补事件 E^c 是一个事件，当且仅当 E 未发生时发生。并事件 $E\cup F$ 是一个事件，当且仅当 E，F 或 E 和 F 同时出现时发生。交事件 $E\cap F$ 也是一个事件，它当 E 和 F 同时出现时发生。最后，如果 $E\cap F=\varnothing$，表示 E 或 F 可能出现，但不能同时出现(它被称为不可能事件)。

例如，如果抛两枚硬币来进行试验，那么

$$S=\{(H,H),(H,T),(T,H),(T,T)\} \tag{A.1}$$

在这种情况下，σ-代数包含 S 的所有子集(S 的任何子集都是事件)。例如，第一枚硬币落下为背面(T)的事件 E 是：$E=\{(T,H),(T,T)\}$。它的补事件E^c 是第一枚硬币落下为正面(H)的事件：$E^c=\{(H,H),(H,T)\}$。这两个事件的并集就是整个样本空间 S，即一个或另一个情况必须发生。交集是不可能发生的事件，即硬币在第一次抛时不可能存在正面和反面同时出现的情况。

另一方面，如果对测量灯泡的寿命进行试验，那么

$$S=\{t\in R\,|\,t\geqslant 0\} \tag{A.2}$$

在这里，不需要将在 S 中所有可能的子集作为事件来考虑，原因将在后面描述。相反，我们考虑最小的 σ-代数包含 S 中所有区间，在 S 中这被称作 Borel σ-代数，并且在它中的事件称为 Borel 集，例如，灯泡将在或早于 t 时刻损坏的事件为 Borel 集 $E=[0,t]$。整个样本空间是可数并集 $\bigcup_{t=1}^{\infty}E_t$，其中$\{E_t;t=1,2,\cdots\}$被称为事件的递增序列。Borel 集可能非常复杂(例如，著名的 Cantor 集就是一个 Borel 集)。有一系列实数不是 Borel 集，但它们非

常奇异并且我们对其不感兴趣。概括起来，R^d 的 Borel σ-代数 $\mathcal{B}^d$ 是最小的 R^d 子集的 σ-代数，它包含 R^d 中所有矩形的集合。如果 $d=1$，我们可以将其写作 $\mathcal{B}^1=\mathcal{B}$。

极限事件被定义如下。给定任意事件序列 $\{E_n;n=1,2,\cdots\}$，lim sup 定义如下：

$$\limsup_{n\to\infty} E_n = \bigcap_{n=1}^{\infty}\bigcup_{i=n}^{\infty} E_i \tag{A.3}$$

我们可以看到对于无限大的数 n，当且仅当 E_n 发生时，$\limsup_{n\to\infty} E_n$ 才发生，也就是说，E_n 不时地发生。该事件也可用 $[E_n i.o.]$ 来表示。另一方面，lim inf 被定义为：

$$\liminf_{n\to\infty} E_n = \bigcup_{n=1}^{\infty}\bigcap_{i=n}^{\infty} E_i \tag{A.4}$$

我们可以看到除有限多个 n 以外，当且仅当 E_n 发生时，$\liminf_{n\to\infty} E_n$ 才发生，也就是说，对于所有 n，E_n 最终仍会不可避免地发生。显然，$\liminf_{n\to\infty} E_n \subseteq \limsup_{n\to\infty} E_n$。如果这两个极限事件是相同的，那么我们定义

$$\lim_{n\to\infty} E_n = \liminf_{n\to\infty} E_n = \limsup_{n\to\infty} E_n \tag{A.5}$$

可以注意到如果 $E_1\subseteq E_2\subseteq\cdots$（递增序列），那么

$$\lim_{n\to\infty} E_n = \bigcup_{n=1}^{\infty} E_n \tag{A.6}$$

然而，如果 $E_1\supseteq E_2\supseteq\cdots$（递减序列），则

$$\lim_{n\to\infty} E_n = \bigcap_{n=1}^{\infty} E_n \tag{A.7}$$

可测空间 $(S,\mathcal{F})$ 是由集合 S 和定义在其上的 σ-代数配对构成。例如，$(R^d,\mathcal{B}^d)$ 是标准的 Borel 可测空间。在两个可测空间 $(S,\mathcal{F})$ 和 $(T,\mathcal{G})$ 之间的可测函数被定义为一个映射 $f: S\to T$ 致使对于每个 $E\in\mathcal{G}$，原像

$$f^{-1}(E) = \{x\in S \mid f(x)\in E\} \tag{A.8}$$

属于 $\mathcal{F}$。如果一个函数是在 $(R^d,\mathcal{B}^d)$ 和 $(R^k,\mathcal{B}^k)$ 之间的可测函数，那么该函数 $f:R^d\to\mathcal{B}^k$ 被称作 Borel 可测。Borel 可测函数是一种非常通用的函数。就本书而言，它可以被认为是一个任意函数。在本书中，所有函数（包括分类器和回归）都被假定是 Borel 可测的。

A.1.2 概率测度

在 $(S,\mathcal{F})$ 上的测度是定义在每个 $E\in\mathcal{F}$ 中的一个实值函数 μ，从而

A1. $0\leqslant\mu(E)\leqslant\infty$。

A2. $\mu(\phi)=0$。

A3. 给定在 $\mathcal{F}$ 中的任意序列 $\{E_n;\ n=1,2,\cdots\}$，使得对于所有的 $i\neq j$ 存在 $E_i\cap E_j=\phi$，

$$\mu\left(\bigcup_{i=1}^{\infty} E_i\right) = \sum_{i=1}^{\infty}\mu(E_i) \quad (\sigma\text{- 代数}) \tag{A.9}$$

三元组 $(S,\mathcal{F},\mu)$ 被称作测度空间。概率测度 P 是使 $P(S)=1$ 的一个测度。概率空间是一个三元组 $(S,\mathcal{F},P)$，由样本空间 S、包含所有感兴趣事件的 σ-代数集类 $\mathcal{F}$ 和概率测度 P 构成。概率空间是随机实验的模型，一旦指定了概率空间，后者的性质就完全确定了。

在 $(R^d,\mathcal{B}^d)$ 中的 Lebesgue 测度是一个测度函数 λ，它符合在 R 中的通常间隔长度的定义，$\lambda([a,b])=b-a$，在 R^2 中矩形的面积，$\lambda([a,b]\times[c,d])=(b-a)(d-c)$，以此类推

对于高维空间也是如此，并可将其唯一地扩展到复杂的(Borel)集。注意到对于所有 $\boldsymbol{x}\in R^2$，$\lambda(\{\boldsymbol{x}\})=0$，因为一个点不具有空间延伸性(因此，区间和矩形是开放的、封闭的还是半开放的都没有区别)。通过 σ-代数，R^d 的任何可数子集的 Lebesgue 测度为零，并且有不可数集的 Lebesgue 测度也为零(例如，在 R 中的 Cantor 集)。Lebesgue 测度零集是非常稀疏的，在零集之外，任何在 R^d 中存在的属性都被称为几乎无处不在的。测度空间(R^d，$\mathcal{B}^d,\lambda$)为数学分析提供了标准设置。

Lebesgue 测度只限于($[0,1],\mathcal{B}_0$)，当 $\mathcal{B}_0$ 是包含所有[0，1]中 Borel 子集的 σ-代数时，由于 $\lambda([0,1])=1$，它是一个概率测度。概率空间($[0,1]$，$\mathcal{B}_0,\lambda$)为在[0,1]上常见的均匀分布提供一种模型。著名的不可能性定理指出不存在定义在($[0,1],2^{[0,1]}$)中的概率测度，其中 $2^{[0,1]}$ 表示[0,1]的所有子集的 σ-代数，对于所有 $x\in[0,1]$使得 $P(\{x\})=0$，见 Billingsley[1995]第 46 页。因此，λ 无法扩展到[0，1]的所有子集。这表明当 λ 的唯一扩展存在时需要限制对 Borel 集的关注度。(Lebesgue 测度可以唯一地扩展到更一般的集合，但这不是我们感兴趣的。)

一个概率测度的以下特性是公理 A1～公理 A3 加之 $P(S)=1$ 要求的直接结果：

P1. $P(E^c)=1-P(E)$。

P2. 若 $E\subseteq F$ 则 $P(E)\leqslant P(F)$。

P3. $P(E\cup F)=P(E)+P(E)-P(E\cap F)$。

P4. (联合界)对于任何事件序列 $E1,E2,\cdots$。

$$P\left(\bigcup_{n=1}^{\infty}E_n\right)\leqslant\sum_{n=1}^{\infty}P(E_n)\tag{A.10}$$

P5.(自下而上的连续性)如果$\{E_n;n=1,2,\cdots\}$是一个递增的事件序列，那么

$$P(E_n)\uparrow P\left(\bigcup_{n=1}^{\infty}E_n\right)\tag{A.11}$$

P6.(自上而下的连续性)如果$\{E_n;\ n=1,2,\cdots\}$是一个递减的事件序列，那么

$$P(E_n)\downarrow P\left(\bigcap_{n=1}^{\infty}E_n\right)\tag{A.12}$$

使用上面的提到的 P5 和 P6，很容易证明

$$P(\liminf_{n\to\infty}E_n)\leqslant\liminf_{n\to\infty}P(E_n)\leqslant\limsup_{n\to\infty}P(E_n)\leqslant P(\limsup_{n\to\infty}E_n)\tag{A.13}$$

由此，概率测度的一般连续性如下：对于任意事件序列$\{E_n;n=1,2,\cdots\}$，

$$P(\lim_{n\to\infty}E_n)=\lim_{n\to\infty}P(E_n)\tag{A.14}$$

在某些情况下，很容易确定 lim sup 和 lim inf 事件的概率。例如，从式(A.13)可以看出，当 $n\to\infty$时，$P(E_n)$仅可收敛到 1 或 0，暗示着 $P(\limsup_{n\to\infty}E_n)=1$ 并且 $P(\liminf_{n\to\infty}E_n)=1$。在一般情况下，确定这些概率的值可能并不简单。Borel-Cantelli 引理给出了 lim sup 概率为 0 和 1 的充要条件(通过恒等式 $P(\liminf E_n)=1-P(\limsup E^c)$，可得出 lim inf 概率的相应结果)。

定理 A.1(Borel-Cantelli 第一引理)　对于任何事件序列 $E_1,E_2,\cdots$

$$\sum_{n=1}^{\infty}P(E_n)<\infty\Rightarrow P([E_n\ \text{i.o.}])=0\tag{A.15}$$

证明：根据概率测度的连续性和联合界可以得到

$$P([E_n\ \text{i.o.}])=P(\bigcap_{n=1}^{\infty}\bigcup_{i=n}^{\infty}E_i)=P(\lim_{n\to\infty}\bigcup_{i=n}^{\infty}E_i)=\lim_{n\to\infty}P(\bigcup_{i=n}^{\infty}E_i)\leqslant\lim_{n\to\infty}\sum_{i=n}^{\infty}P(E_i)\tag{A.16}$$

但如果 $\sum_{n=1}^{\infty} P(E_n) < \infty$，那么最后一个极限必须为零。 ■

如果事件是独立的，则第一引理的逆命题成立。

定理 A. 2(Borel-Cantelli 第二引理)　对于一个事件独立序列 E_1，E_2，…

$$\sum_{n=1}^{\infty} P(E_n) = \infty \Rightarrow P([E_n \text{ i.o.}]) = 1 \tag{A.17}$$

证明：通过概率测度的连续性，有

$$P([E_n \text{ i.o.}]) = P(\bigcap_{n=1}^{\infty} \bigcup_{i=n}^{\infty} E_i) = P(\lim_{n\to\infty} \bigcup_{i=n}^{\infty} E_i) = \lim_{n\to\infty} P(\bigcup_{i=n}^{\infty} E_i) = 1 - \lim_{n\to\infty} P(\bigcap_{i=n}^{\infty} E_i^c) \tag{A.18}$$

其中最后的等式来自 DeMorgan 定律。现在，通过事件独立性，

$$P(\bigcap_{i=n}^{\infty} E_i^c) = \prod_{i=n}^{\infty} P(E_i^c) = \prod_{i=n}^{\infty} (1 - P(E_i)) \tag{A.19}$$

由不等式 $1-x \leqslant e^{-x}$，我们可以得到

$$P(\bigcap_{i=n}^{\infty} E_i^c) \leqslant \prod_{i=1}^{\infty} \exp(-P(E_i)) = \exp(-\sum_{i=n}^{\infty} P(E_i)) = 0 \tag{A.20}$$

由于假设对于所有的 n，$\sum_{i=n}^{\infty} P(E_i) = \infty$。由式(A.18)和式(A.20)可知，$P([E_n \text{ i.o.}])=1$。 ■

A.1.3　条件概率与独立性

考虑一个事件 F 已经发生，为让 E 发生，$E \cap F$ 必须发生的情况。此外，样本空间受限于 F 中的结果，因此必须引入一个归一化因子 $P(F)$。因此，假设 $P(F)>0$，

$$P(E|F) = \frac{P(E \cap F)}{P(F)} \tag{A.21}$$

为了简单起见，通常记 $P(E \cap F) = P(E,F)$ 来表示 E 和 F 的联合概率。从式(A.21)，我们可以得到

$$P(E,F) = P(E|F)P(F) \tag{A.22}$$

这就是所谓的乘法法则。还可以对多个事件设置条件：

$$P(E|F_1,F_2,\cdots,F_n) = \frac{P(E \cap F_1 \cap F_2 \cap \cdots \cap F_n)}{P(F_1 \cap F_2 \cap \cdots \cap F_n)} \tag{A.23}$$

我们能够概括乘法规则，从而有：

$$P(E_1,E_2,\cdots,E_n) = P(E_n|E_1,\cdots,E_{n-1})P(E_{n-1}|E_1,\cdots,E_{n-2})\cdots P(E_2|E_1)P(E_1) \tag{A.24}$$

全概率定律是概率公理和乘法规则的一个结果：

$$P(E) = P(E,F) + P(E,F^c) = P(E|F)P(F) + P(E|F^c)(1-P(F)) \tag{A.25}$$

该特性允许我们根据更简单的条件概率来计算难以回答的无条件概率。它可以通过以下方式扩展到多重条件事件：

$$P(E) = \sum_{i=1}^{n} P(E,F_i) = \sum_{i=1}^{n} P(E|F_i)P(F_i) \tag{A.26}$$

对于成对不相交的F_i，使得$\bigcup F_i \supseteq E$。

概率论最有用的结果之一是贝叶斯定理：

$$P(E|F)=\frac{P(F|E)P(E)}{P(F)}=\frac{P(F|E)P(E)}{P(F|E)P(E)+P(F|E^c)(1-P(E))} \tag{A.27}$$

贝叶斯定理可以解释为“反转”概率 $P(F|E)$来获得概率 $P(E|F)$或“更新”先验概率 $P(E)$以获得“后验概率”概率 $P(E|F)$。

如果事件 E 和 F 的发生并不携带彼此间的信息，则事件 E 和 F 是独立的。假设所有事件都存在非零概率，

$$P(E|F)=P(E) \quad 且 \quad P(F|E)=P(F) \tag{A.28}$$

很容易看出，其等价条件为

$$P(E,F)=P(E)P(F) \tag{A.29}$$

如果 E 和 F 是独立的，那么(E,F^c)，(E^c,F)和(E^c,F^c)组成的对也是独立的。然而，E 独立于F 和G 并不意味着E 独立于$F\cap G$。此外，如果 $P(E,F,G)=P(E)P(F)P(G)$并且每对事件是独立的，则三个事件 E，F，G 是独立的。通过要求联合概率因子和所有事件子集都是独立的，就可以将其扩展到任意数量事件的独立。

最后，我们指定 $P(\cdot|F)$是一个概率测度，因此它满足前面提到的所有性质。特别是，可以用它来定义事件的条件独立性概念。

A.1.4　随机变量

一个随机变量可以粗略地看作是一个“随机数”形式。正式地说，概率空间$(S,\mathcal{F},P)$上定义的随机变量 X 是介于$(R,\mathcal{B})$和$(S,\mathcal{F})$之间的可测函数 X(所需定义见附录 A.1.1 节)。因此，一个随机变量 X 分配给每个结果 $\omega\in S$ 一个实数 $X(\omega)$(参见图 A.1 中的示例)。

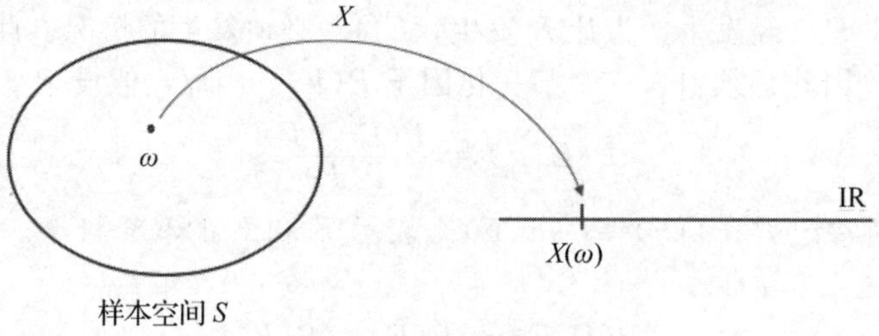

图 A.1　实值随机变量

通过使用集合函数逆的性质，很容易看出集合函数

$$P_X(B)=P(X\in B)=P(X^{-1}(B))，对于 B\in\mathcal{B} \tag{A.30}$$

是$(R,\mathcal{B})$上的概率测度，称之为 X 的分布或定律。(注意到 P_X 是明确的，由于假设 X 是可测量的，因此对于每个 $B\in\mathcal{B}$，$X^{-1}(B)$是 $\mathcal{F}$ 中的一个事件。)如果 $P_X=P_Y$，则 X 与 Y 是同分布的。这并不意味着它们是完全相同的，例如 X 和 Y 在$[0,1]$上服从均匀分布，且 $Y=1-X$。在这种情况下，$P_X=P_Y$，但 $P(X=Y)=0$。另一方面，如果 $P(X=Y)=1$，则 X 和 Y 是同分布的。

累积分布函数(Cumulative Distribution Function，CDF)$F_X:R\to[0,1]$提供了随机变量 X 的另一种特征，可定义如下：

$$F_X(x)=P_X((-\infty,x])=P(X\leqslant x),\quad x\in R \tag{A.31}$$

可以看出，CDF 具有以下特性：

F1. F_X是非递减的，$x_1\leqslant x_2\Rightarrow F(x_1)\leqslant F(x_2)$。

F2. $\lim_{x\to-\infty}F_X(x)=0$ 并且$\lim_{n\to+\infty}F_X(x)=1$。

F3. F_X是右连续的，$\lim_{n\to x_0^+} F_X(x)=F_X(x_0)$。

下面定理值得被关注，它证实了集合函数 P_X中的信息与点函数 F_X中的信息是等价的，有关证明，请参见 Rosenthal[2006]的命题 6.0.2。

定理 A.3　设 X 和 Y 为两个随机变量(可能被定义在两个不同的概率空间上)。那么 $P_X=P_Y$ 当且仅当 $F_X=F_Y$。

此外，可以证明给定$(R,\mathcal{B})$上的概率测度 P_X，在某个概率空间上定义了一个随机变量 X，其分布为 P_X与给定满足上述性质 F1～F3 的任意函数 F_X是等价的，那么存在一个 X，F_X作为它的 CDF，见 Billingsley[1995]定理 14.1。

如果 $X_1,\cdots,X_n$ 是联合分布的随机变量(即定义在同一概率空间上)，则它们是独立的，如果

$$P(\{X_1 \in B_1\} \cap \cdots \cap \{X_n \in B_n\}) = P_{X_1}(B_1)\cdots P_{X_n}(B_n) \tag{A.32}$$

对于任何 Borel 集 $B_1,\cdots,B_n$。等价地，它们是独立的，如果

$$P(\{X_1 \leqslant x_1\} \cap \cdots \cap \{X_n \leqslant x_n\}) = F_{X_1}(x_1)\cdots F_{X_n}(x_n) \tag{A.33}$$

对于任何点 $x_1,\cdots,x_n\in R$。此外，如果 $P_{X_1}=\cdots=P_{X_n}$ 或存在等价的 $F_{X_1}=\cdots=F_{X_n}$，则 $X_1,\cdots,X_n$ 是独立同分布(i. i. d.)的随机变量。

离散随机变量

如果随机变量 X 的分布集中在可数点 $x_1,x_2,\cdots$，即 $P_X(\{x_1,x_2,\cdots\})=1$，则 X 是一个离散的随机变量。例如，设 X 为投掷骰子的数值结果。然后 P_X集中在集合$\{1,2,3,4,5,6\}$上。

本例中 F_X的 CDF 见图 A.2。如图所示，F_X是一个“阶梯”函数，其“跳跃”位于 P_X中的质量点。对于任何离散随机变量 X，这是一个普遍的事实。

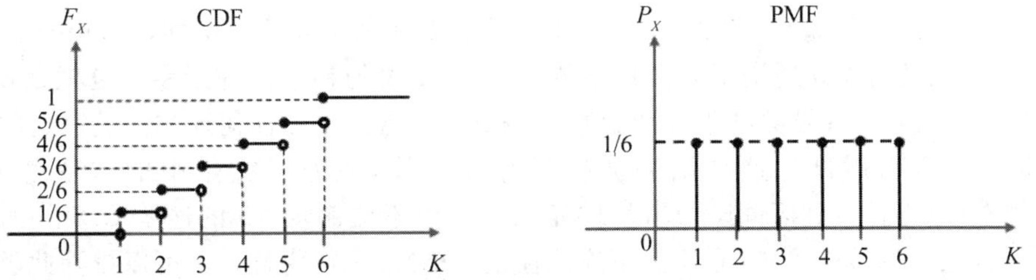

图 A.2　均匀离散随机变量的 CDF 和 PMF

因此，离散随机变量 X 可以完全由 F_X 中跳跃的位置和大小指定(因为 F_X 需要明确给定)。换句话说，离散随机变量 X 由其概率质量函数(Probability Mass Function，PMF)指定，定义如下：

$$p_X(x_k) = P(X = x_k) = F_X(x_k) - F_X(x_k -) \tag{A.34}$$

在所有点 $x_k\in R$ 上使得 $P_X(\{x_k\})>0$。在前面的投掷骰子示例中的 PMF，见图 A.2。

显然，离散随机变量 $X_1,\cdots,X_n$ 是独立的，如果

$$P(\{X_1 = x_{k_1}\} \cap \cdots \cap \{X_n = x_{k_n}\}), = p_{X_1}(x_{k_1})\cdots p_{X_n}(x_{k_n}) \tag{A.35}$$

在所有点集上定义相应的 PMF。

实用的离散随机变量包括前面已经提到的具有 PMF 的一组有限数 K 上的均匀分布随机变量

$$p_X(x_k) = \frac{1}{|K|},\quad k \in K \tag{A.36}$$

参数为 $0<p<1$ 的伯努利分布，服从的 PMF 为

$$\begin{aligned} p_X(0) &= 1-p \\ p_X(1) &= p \end{aligned} \tag{A.37}$$

参数为 $n \in \{1,2,\cdots\}$ 和 $0<p<1$ 的二项分布为

$$p_X(x_k) = \binom{n}{k} p^k (1-p)^{n-k}, \quad k = 0,1,\cdots,n \tag{A.38}$$

参数为 $\lambda > 0$ 的泊松分布为

$$p_X(x_k) = \mathrm{e}^{-\lambda} \frac{\lambda^k}{k!}, \quad k = 0,1,\cdots \tag{A.39}$$

参数为 $0<p<1$ 的几何分布为

$$p_X(x_k) = (1-p)^{k-1} p, \quad k = 1,2,\cdots \tag{A.40}$$

参数为 n 和 p 的二项分布是 n 个独立同分布的参数为 p 的伯努利之和的分布。

连续随机变量

从离散随机变量到连续随机变量的转变是不容易的。连续随机变量 X 应具有以下两个平滑度特性：

C1. F_X是连续的，即不包含阶跃，对于所有的 $x \in R$，$P(X=x)=0$ 。

C2. 有一个非负函数 p_X，那么

$$P(a \leqslant X \leqslant b) = F_X(b) - F_X(a) = \int_a^b p_X(x)\mathrm{d}x \tag{A.41}$$

对于 $a,b \in R$，且 $a \leqslant b$。特别是 $\int_{-\infty}^{\infty} p_X(x)\mathrm{d}x = 1$。

从积分的性质可以得出 C2 蕴含着 C1。然而，概率论中令人惊讶的事实之一是 C1 并不蕴含着 C2，因为存在不满足 C2 的连续 CDF。反例无疑是奇异的。例如，Cantor 函数是在区间$[0,1]$上定义的连续递增函数，其导数在 Cantor 集的补集上等于零，也就是说除从 0 持续增长到 1 以外，其导数几乎处处为零。Cantor 函数几乎在任何地方都是恒定的，但能够连续增长，没有跳跃。这种函数被称为奇异函数（或通俗文献中的“魔鬼阶梯”）。Cantor 函数（适当扩展到区间$[0,1]$以外）定义了一个不能满足 C2 的连续 CDF。如果要求 CDF 具有称之为*绝对连续性*（它比简单连续性更严格）的平滑特性，则可以排除此类奇异示例。事实上，可以证明 F_X的绝对连续性等价于 C2。对于测度为零的任何 Borel 集 B，它也等价于 $P(X \in B)=0$ 的要求，而不仅仅是对 C1 中的间断点或可数点集。确实可以证明任何 CDF 都可以唯一地分解为离散、奇异和绝对连续分量的和。㊀

连续随机变量 X 的定义要求 F_X是绝对连续的，而不仅仅是连续，在满足 C2 情况下，p_X被称之为*概率密度函数*（PDF）。（也许更适合称这些是绝对连续的随机变量，但术语“连续随机变量”被经常使用。）关于均匀连续随机变量的 CDF 和 PDF 的示例，见图 A.3。连续随机变量的 CDF 不必处处可微（在本例中，它在 a 和 b 处不可微）。但在可微的情况下，$\mathrm{d}F_X(x)/\mathrm{d}x = p_X(x)$（当 F_X不可微时，概率密度可以取任意值，这种情况最多发生在一组 Lebesgue 测度零集上）。

实用的连续随机变量包括已经提到的在区间$[a,b]$上的均匀随机变量，具有密度

$$p_X(x) = \frac{1}{b-a}, \quad a < x < b \tag{A.42}$$

㊀ 关于证明和更多细节，读者可参考 Billingsley [1995]的 31 节和 32 节以及 Chung [1974]的第 1 章。Schroeder [2009]的第 7 章描述了 Cantor 函数的构造。

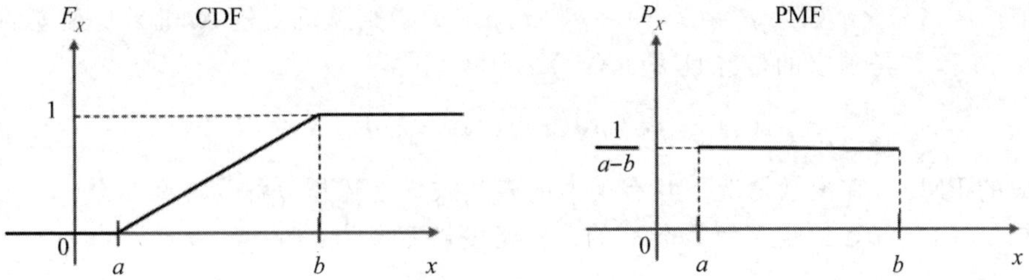

图 A.3 均匀连续随机变量的 CDF 和 PDF

参数为 μ 和 $\sigma>0$ 的单变量高斯随机变量，有

$$p_X(x)=\frac{1}{\sqrt{2\pi\sigma^2}}\exp\left(-\frac{(x-\mu)^2}{2\sigma^2}\right),\quad x\in R \tag{A.43}$$

参数为 $\lambda>0$ 的指数随机变量，有

$$p_X(x)=\lambda e^{-\lambda x},\ x\geqslant 0 \tag{A.44}$$

参数为 λ 和 $t>0$ 的伽马随机变量，有

$$p_X(x)=\frac{\lambda e^{-\lambda x}(\lambda x)^{t-1}}{\Gamma(t)},\ x\geqslant 0 \tag{A.45}$$

其中 $\Gamma(t)=\int_0^{\infty} e^{-u}u^{t-1}\,du$，并且参数为 a，$b>0$ 的贝塔随机变量，有

$$p_X(x)=\frac{1}{B(a,b)}x^{a-1}(1-x)^{b-1},\ 0<x<1 \tag{A.46}$$

其中 $B(a,b)=\Gamma(a+b)/\Gamma(a)\Gamma(b)$。在上述给出的概率密度函数中，高斯函数仅仅是定义在整个实数上的，指数和伽马函数是定义在非负实数上的，而均匀和贝塔函数是有界的。事实上，$[0,1]$上的均匀随机变量是当 $a=b=1$ 时的贝塔随机变量，而指数随机变量是当 $t=1$ 时的伽马随机变量。

一般随机变量

有些随机变量既不是连续的也不是离散的。当然，离散随机变量和连续随机变量的混合就提供了一个例子。这种混合随机变量的 CDF 有跳跃，但它不是阶梯函数。然而，有更多的一般随机变量并不是这种混合变量，例如相应的 Cantor CDF 随机变量。

A.1.5 联合与条件分布

两个服从联合分布的随机变量 X 和 Y 的联合 CDF 是一个F_{XY}：$R\times R\to[0,1]$的函数，可被定义为

$$F_{XY}(x,y)=P(\{X\leqslant x\}\cap\{Y\leqslant y\})=P(X\leqslant x,Y\leqslant y),\quad x,y\in R \tag{A.47}$$

它是角点位于(x,y)的“左下象限”的概率。可以注意到 $F_{XY}(x,\infty)=F_X(x)$并且 $F_{XY}(\infty,y)=F_Y(y)$。它们被称之为边缘 CDF。

如果 X 和 Y 是服从联合分布的连续随机变量，那么我们定义联合密度为

$$p_{XY}(x,y)=\frac{\partial^2 F_{XY}(x,y)}{\partial x\,\partial y}\quad x,y\in R \tag{A.48}$$

其中所有点都可导。在 R^2 上联合密度函数 $p_{XY}(x,y)$的积分为 1。边缘密度可由下式给出

$$\begin{aligned}p_X(x)&=\int_{-\infty}^{\infty}p_{XY}(x,y)\mathrm{d}y,\quad x\in R\\ p_Y(y)&=\int_{-\infty}^{\infty}p_{XY}(x,y)\mathrm{d}x,\quad y\in R\end{aligned} \tag{A.49}$$

对于所有的 $x,y\in R$，如果 $p_{XY}(x,y)=p_X(x)p_Y(y)$，则随机变量 X 和 Y 是独立的。可以看出如果 X 和 Y 是独立的，并且 $Z=X+Y$，则

$$p_Z(z)=\int_{-\infty}^{\infty}p_X(x)p_Y(z-x)\mathrm{d}x,\ z\in R \tag{A.50}$$

对于相应的 PMF，在离散情况下具有类似的表达式。上述积分称为卷积积分。

如果 $p_Y(y)>0$，给定 $Y=y$ 的 X 的条件密度被定义为：

$$p_{X|Y}(x|y)=\frac{p_{XY}(x,y)}{p_Y(y)},\quad x\in R \tag{A.51}$$

对于事件 E，如果 Y 是一个连续的随机变量，当 $P(Y=y)=0$ 时条件概率 $P(E\mid Y=y)$ 需要注意。但只要 $p_Y(y)>0$，就可以定义该概率为(此细节不在本书讲解范围内)：

$$P(E|Y=y)=\int_E p_{X|Y}(x|y)\mathrm{d}x \tag{A.52}$$

随机变量的“全概率定律”是对式(A.26)的推广：

$$P(E)=\int_{-\infty}^{\infty}P(E|Y=y)p_Y(y)\mathrm{d}y \tag{A.53}$$

联合 PMF、边缘 PMF 和条件 PMF 的概念可以用类似的方式来定义。为简洁起见，在本书的论述中省略了这些内容。

A.1.6　期望

随机变量的期望有几个重要的解释，分别是：随机变量的平均值(概率加权)、随机变量分布的概况(有时被称为“位置参数”)和对随机变量未来值的预测。最后一种的含义对于模式识别和机器学习来说是最重要的。

期望可以通过积分的概念来进行形式化表示，接下来我们将简要回顾一下它的表达形式。对于测度空间 $(S,\mathcal{F},\mu)$ 和 Borel 可测函数 $f:S\to R$，它可被定义为积分

$$\int f\mathrm{d}\mu=\int f(\omega)\mu(\mathrm{d}\omega) \tag{A.54}$$

作为 $R\cup\{-\infty,+\infty\}$ 中的一个数字，具体如下。首先，如果 $f=I_A$ 是集合 $A\in\mathcal{F}$ 的指示器，则 $\int f\mathrm{d}u=\mu(A)$，即在一个集合上积分常数“1”恰好产生该集合的测度值。接下来，如果 $f=\sum_{i=1}^{n}x_iI_A$，其中 $x_i\in R$ 和 A_i 是划分 S 而来的可测集，则

$$\int f\mathrm{d}\mu=\sum_{i=1}^{n}x_i\mu(A_i) \tag{A.55}$$

上述的函数 f 是简单的，因为它具有有限数量的值 $x_1,\cdots,x_n$，对于 $i=1,\cdots,n$，有 $f^{-1}(\{x_i\})=A_i$。接下来，对于一般的非负函数 f，其积分可定义为

$$\int f\mathrm{d}\mu=\sup\left\{\int g\mathrm{d}\mu\,|\,g:S\to R\text{ 是简单的且 }g\leqslant f\right\} \tag{A.56}$$

最后，对于常规的 f，定义非负函数 $f^+(\omega)=f(\omega)I_{f(\omega)>0}$ 和 $f^-(\omega)=-f(\omega)I_{f(\omega)\leqslant 0}$。显然，$f=f^++f^-$，因此 f 的积分定义为

$$\int f\mathrm{d}\mu=\int f^+\mathrm{d}\mu-\int f^-\mathrm{d}\mu \tag{A.57}$$

只要 $\int f^+\mathrm{d}\mu$ 和 $\int f^-\mathrm{d}\mu$ 中至少一个是有限的。如果两者都是有限的，那么 $-\infty<\int f\mathrm{d}\mu<$

∞，f 被认为是关于测度 μ 可积的。因为 $|f|=f^+ + f^-$，当且仅当 $\int |f| \mathrm{d}\mu < \infty$ 时 f 是可积的，如果 $\int f^+ \mathrm{d}\mu = \int f^- \mathrm{d}\mu = \infty$，则 f 的积分就根本没有了定义。

在测度零集合上的积分可以被忽略掉：如果在测度零集合之外存在 $f=g$，则 $\int f \mathrm{d}\mu = \int g \mathrm{d}\mu$。因此，如果几乎处处 $f=0$，则 $\int f \mathrm{d}\mu = 0$，且非负 f 的积分为正的，当且仅当在非零测度集上存在 $f>0$。

在集合 $A \in \mathcal{F}$ 上存在 f 的积分，它被定义为 $\int_A f \mathrm{d}\mu = \int I_A f \mathrm{d}\mu$。如果 f 是非负的，则 $v(A) = \int_A f \mathrm{d}\mu$ 是定义在$(S,\mathcal{F})$上的一个测度，f 被称为 v 关于 μ 的密度(该密度在 μ-测度零集合中是唯一的)。很明显，每当 $\mu(A)=0$ 时，$v(A)=0$，任何具有此性质的测度 v 都被称作是关于 μ 的绝对连续(这是前面定义的推广，我们将在后面进行解释)。通过式(A.56)可以证明下面的定理适用于指示器、简单函数和非负函数。

定理 A.4　如果 $g:S \to R$ 是可积的且 $f:S \to R$ 是 v 关于 μ 的密度，那么

$$\int g(\omega) v(d\omega) = \int g(\omega) f(\omega) \mu(\mathrm{d}\omega) \tag{A.58}$$

一般积分具有微积分中熟悉的所有性质，如线性，可以证明，如果 f 和 g 是可积的且 a 和 b 是常数，那么

$$\int (af + bg) \mathrm{d}\mu = a\int f \mathrm{d}\mu + b\int g \mathrm{d}\mu \tag{A.59}$$

如果度量空间是$(R,\mathcal{B},\lambda)$，那么函数 $f:R \to R$ 的积分

$$\int f \mathrm{d}\lambda = \int f(x) \lambda(\mathrm{d}x) \tag{A.60}$$

是 f 的 Lebesgue 积分(如果存在)。可以证明只要 Riemann 积分存在，Lebesgue 积分就与 Riemann 积分一致。但是，积分复杂函数或复杂集合上的函数需要 Lebesgue 积分的完全通用性来保障。经典示例假设给定的 x 是有理数，则函数 $f:S \to R$ 可定义为 $f(x)=1$，否则定义为 $f(x)=0$。注意到 $f=I_{\mathbf{Q}}$是有理数集合 $\mathbf{Q}$ 的指示器。这个函数是非常不规则的(在每一点上是不连续并且不可微的)并且不是 Riemann 可积的。然而，f 是可测的并且是 Lebesgue 可积的，存在 $\int f(x) \lambda(\mathrm{d}x) = \lambda(\mathbf{Q}) = 0$。在附录中前面提到的所有积分，包括式(A.41)，都可视为 Lebesgue 积分。

现在，给定一个定义在概率空间$(S,\mathcal{F},P)$上的随机变量 X，如果期望 $E[X]$存在，根据概率测度 P，期望 $E[X]$只是 S 上 X 的积分：

$$E[X] = \int X \mathrm{d}P = \int X(\omega) P(\mathrm{d}\omega) \tag{A.61}$$

所以期望是一个积分，本节前面提到的所有定义和性质都适用。例如对于一个事件 E，我们得到熟悉的公式 $E[I_E]=P(E)$，以及

$$E[aX + bY] = aE[X] + b[Y] \tag{A.62}$$

对于其中联合分布的可积随机变量 X 和 Y 以及常数 a 和 b，与式(A.59)一致。通过归纳法，它可以扩展到任意有限数量个随机变量。下面是概率论最重要的结果之一，但没有给出证明过程。

定理 A.5（变量变换定理）　如果 $g:R\to R$ 是一个可测函数，那么

$$E[g(X)]=\int_S g(X(\omega))P(\mathrm{d}\omega)=\int_{-\infty}^{\infty}g(x)P_X(\mathrm{d}x) \tag{A.63}$$

其中 P_X 是式(A.30)中定义的 X 的分布。

因此，期望值可以通过实线上的积分来计算。前面的理论是完全通用的，同样适用于连续、离散和更一般的随机变量。

如果 X 是连续的，那么它满足式(A.41)，其中积分应被解释为区间 $[a,b]$ 上的 Lebesgue 积分。可以证明 p_X 是关于 Lebesgue 测度的分布 P_X 的密度。将定理 A.4 和 A.5 结合起来可得出熟悉的公式：

$$E[g(X)]=\int_{-\infty}^{\infty}g(x)p_X(x)\mathrm{d}x \tag{A.64}$$

其中积分是 Lebesgue 积分，如果被积函数是 Riemann 可积的，则该积分可简化为普通积分。如果 $g(x)=x$，则可得到常规定义 $E[X]=\int xp_X(x)\mathrm{d}x$。

另一方面，如果 X 是离散的，那么 P_X 集中在可数个点 $x_1,x_2,\cdots$ 上，并且如果总和是可明确定义的，通过定理 A.5 可得到

$$E[g(X)]=\sum_{k=1}^{\infty}g(x_k)p_X(x_k) \tag{A.65}$$

如果 $g(x)=x$，我们可得到熟悉的公式 $E[X]=\sum_{k=1}^{\infty}x_k p_X(x_k)$。

从现在开始，我们假设随机变量是可积的。如果 $f:R\to R$ 是 Borel 可测且凹的（即 f 位于连接其任何点的直线上），那么 Jensen 不等式为：

$$E[f(X)]\leqslant f(E[X]) \tag{A.66}$$

可以证明对于所有 Borel 可测函数 f，$g:R\to R$，X 和 Y 是独立的当且仅当 $E[f(X)g(Y)]=E[f(X)]E[g(Y)]$。如果该条件至少满足 $f(X)=X$ 和 $g(Y)=Y$，也就是说，如果 $E[XY]=E[X]E[Y]$，则 X 和 Y 被称为不相关的。当然，独立暗示着不相关。只有在特殊情况下逆命题才是正确的，例如联合高斯随机变量。

对于 $1<r<\infty$ 且 $1/r+1/s=1$，Holder 不等式表明

$$E[|XY|]\leqslant E[|X|^r]^{1/r}E[|Y|^s]^{1/s} \tag{A.67}$$

特殊情况 $r=s=2$ 将得到 Cauchy-Schwarz 不等式：

$$E[|XY|]\leqslant\sqrt{E[X^2]E[Y^2]} \tag{A.68}$$

随机变量 X 的期望值受其尾概率分布（通过 $F_X(a)=P(X\leqslant a)$ 和 $1-F_X(a)=P(X\geqslant a)$ 给定）的影响。如果两个的尾概率分布消失得不够快（X 具有“胖尾”），那么 X 将是不可积的，$E[X]$ 就不能被定义。典型例子是柯西随机变量，拥有密度 $p_X(x)=[\pi(1+x^2)]^{-1}$。对于非负随机变量 X，只有一个尾概率分布，即上尾 $P(X>a)$，并且存在一个它与 $E[X]$ 相关的简单公式：

$$E[X]=\int_0^{\infty}P(X>x)\mathrm{d}x \tag{A.69}$$

小的 $E[X]$ 约束了上尾是瘦的。这是通过 Markov 不等式得以保证的：如果 X 是一个非负随机变量，

$$P(X\geqslant a)\leqslant\frac{E[X]}{a}\text{，对于所有 } a>0 \tag{A.70}$$

最后，将一个非负随机变量的指数消失的上尾与其期望的界联系起来的特别结果，对于我

们的目的来说是意义重大的。

引理 A.1 如果 X 是非负随机变量，对于所有 $t>0$ 且给定 a，$c>0$，存在 $P(X>t)\leqslant ce^{-at^2}$，我们有

$$E[X]\leqslant\sqrt{\frac{1+\ln c}{a}} \tag{A.71}$$

证明：注意到 $P(X^2>t)=P(X>\sqrt{t})\leqslant ce^{-at^2}$。从式(A.69)我们可以得到：

$$\begin{aligned}E[X^2]&=\int_0^{\infty}P(X^2>t)\mathrm{d}t=\int_0^{u}P(X^2>t)\mathrm{d}t+\int_u^{\infty}P(X^2>t)\mathrm{d}t\\&\leqslant u+\int_u^{\infty}ce^{-at}\mathrm{d}t=u+\frac{c}{a}e^{-au}\end{aligned} \tag{A.72}$$

通过直接微分，很容易验证右侧的上界在 $u=(\ln c)/a$ 处最小化。将该值替换上界将导致 $E[X^2]\leqslant(1+\ln c)/a$。因此可以得出结果 $E[X]\leqslant\sqrt{E[X^2]}$。■

如果二阶矩存在，随机变量 X 的方差 $\mathrm{Var}(X)$ 就是一个非负量，其定义如下：

$$\mathrm{Var}(X)=E[(X-E[X])^2]=E[X^2]-(E[X])^2 \tag{A.73}$$

随机变量的方差可以解释为：它“散布”在均值周围、它分布的第二概况(“比例参数”)和通过它的期望可以预测其未来值的不确定性。

以下属性直接来自定义：

$$\mathrm{Var}(aX+c)=a^2\mathrm{Var}(X) \tag{A.74}$$

小方差约束随机变量以较大的概率接近其均值。这源自 Chebyshev 不等式：

$$P(|X-E[X]|\geqslant\tau)\leqslant\frac{\mathrm{Var}(X)}{\tau^2},\quad 对于所有\ \tau>0 \tag{A.75}$$

当 $a=\tau^2$ 时对于随机变量 $|X-E[X]|^2$，Chebyshev 不等式可由 Markov 不等式(A.70)得到。

期望具有线性特性，因此，给定任意一对联合分布的随机变量 X 和 Y，一定存在 $E[X+Y]=E[X]+E[Y]$(前提是所有期望存在)。然而，$\mathrm{Var}(X+Y)=\mathrm{Var}(X)+\mathrm{Var}(Y)$ 并不一定是正确的。为了研究这个问题，有必要引入 X 和 Y 之间的*协方差*：

$$\mathrm{Cov}(X,Y)=E[(X-E[X])(Y-E[Y])]=E[XY]-E[X]E[Y] \tag{A.76}$$

如果 $\mathrm{Cov}(X,Y)>0$，则 X 和 Y 是正相关的；否则，它们是负相关的。显然，当且仅当 $\mathrm{Cov}(X,Y)=0$ 时，X 和 Y 是不相关的。很显然，$\mathrm{Cov}(X,X)=\mathrm{Var}(X)$。此外，$\mathrm{Cov}\left(\sum_{i=1}^{n}X_i,\sum_{j=1}^{m}Y_i\right)=\sum_{i=1}^{n}\sum_{j=1}^{m}\mathrm{Cov}(X_i,Y_j)$。

现在，直接从方差的定义可以得出

$$\mathrm{Var}(X_1+X_2)=\mathrm{Var}(X_1)+\mathrm{Var}(X_2)+2\mathrm{Cov}(X_1,X_2) \tag{A.77}$$

通过归纳法可将其扩展到任意数量的随机变量：

$$\mathrm{Var}\left(\sum_{i=1}^{n}X_i\right)=\sum_{i=1}^{n}\mathrm{Var}(X_i)+2\sum_{i<j}\mathrm{Cov}(X_i,X_j) \tag{A.78}$$

因此，如果所有变量都是*两两不相关的*，则它们和的方差等于方差的和。直接从 Cauchy-Schwarz 不等式(A.68)得出 $|\mathrm{Cov}(X,Y)|\leqslant\sqrt{\mathrm{Var}(X)\mathrm{Var}(Y)}$。因此，协方差可以被标准化在区间[−1，1]中，从而：

$$\rho(X,Y)=\frac{\mathrm{Cov}(X,Y)}{\sqrt{\mathrm{Var}(X)\mathrm{Var}(Y)}} \tag{A.79}$$

其中$-1\leqslant\rho(X,Y)\leqslant 1$，这被称作$X$和$Y$之间的相关系数。$|\rho|$越接近1，$X$和$Y$之间的关系就越紧密。当且仅当$Y=a\pm bX$，即$X$和$Y$通过线性(仿射)关系使得彼此完全相关时，将出现$\rho(X,Y)=\pm 1$的极限情况。由于这个原因，$\rho(X,Y)$有时被称作$X$和$Y$之间的线性相关系数，它不能反映变量间的非线性关系。

条件期望允许一个随机变量的值可由其他随机变量的观测值来进行预测，即预测给定数据，而条件方差可提供该预测的不确定性。

如果X和Y是联合连续的随机变量，且对于$Y=y$的条件密度被定义为$p_{X|Y}(x|y)$，则给定$Y=y$的X的条件期望为：

$$E[X|Y=y]=\int_{-\infty}^{\infty}xp_{X|Y}(x|y)\mathrm{d}x \tag{A.80}$$

使用条件PMF对离散随机变量可得到类似的定义。

使用条件期望，对于给定$Y=y$的X的条件方差可定义为：

$$\mathrm{Var}(X|Y=y)=E[(X-E[X|Y=y])^2|Y=y]=E[X^2|Y=y]-(E[X|Y=y])^2 \tag{A.81}$$

期望和方差的大多数性质也适用于条件期望和条件方差，无须修改。例如，$E[\sum_{i=1}^{n}X_i|Y=y]=\sum_{i=1}^{n}E[X_i|Y=y]$和$\mathrm{Var}(aX+c|Y=y)=a^2\mathrm{Var}(X|Y=y)$。

现在，对于$Y=y$的每个值，$E[X|Y=y]$和$\mathrm{Var}(X|Y=y)$都是确定性的量(就像普通的期望和方差一样)。但是，就随机变量本身而言，如果没有指定特定值$Y=y$且允许其随意变化，那么我们可以将$E[X|Y]$和$\mathrm{Var}(X|Y)$视为随机变量Y的函数。它们是有效随机变量的原因并不重要，而且已经超出了我们讨论的范围。

可以证明随机变量$E[X|Y]$的期望恰好是$E[X]$：

$$E[E[X|Y]]=E[X] \tag{A.82}$$

一个等价的说法是：

$$E[X]=\int_{-\infty}^{\infty}E[X|Y=y]p(y)\mathrm{d}y \tag{A.83}$$

在离散情况下具有类似的表达式。套用全概率定律式(A.26)，前面的方程可被称为*全期望定律*。

另一方面，$\mathrm{Var}(X)=E[\mathrm{Var}(X|Y)]$并非如此。其答案稍微复杂一些：

$$\mathrm{Var}(X)=E[\mathrm{Var}(X|Y)]+\mathrm{Var}(E[X|Y]) \tag{A.84}$$

这就是所谓的*条件方差公式*。它是一个“方差分析”公式，因为它将X的总方差分解为“行内”分量和“跨行”分量。可以称其为总方差定律。该公式在第7章中起着关键的作用。

现在，假设我们对使用预测器$\hat{Y}$来预测随机变量Y的值感兴趣。根据某种标准，我们希望$\hat{Y}$是最优的。最广泛使用的标准是*均方误差*：

$$\mathrm{MSE}=E[(Y-\hat{Y})^2] \tag{A.85}$$

可以很容易地证明最小均方误差(MMSE)估计量就是均值$\hat{Y}^*=E[Y]$。这是一个常数估计，因为没有数据可以参考。显然，$\hat{Y}^*$的均方误差(MSE)就是Y的方差。因此，在没有任何额外信息的情况下，最好的方法是预测平均值$E[Y]$，其不确定性等于方差$\mathrm{Var}(Y)$。

如果 Var(Y)非常小，也就是说，如果 Y 中有非常小的不确定性，那么 $E[Y]$实际上可能是一个可接受的估计量。实际上，这种情况很少发生。因此，寻求对辅助随机变量 X(即数据)的观测以改进预测。当然，已知(或希望)X 和 Y 不是独立的，否则就不可能对常数估计进行改进。我们将依赖于数据的估计量 $\hat{Y}=h(X)$的条件 MSE 定义为

$$\mathrm{MSE}(X) = E[(Y-h(X))^2 \mid X] \tag{A.86}$$

通过获得的 X 期望，我们可以得到无条件的 MSE：$E[(Y-h(X))^2]$。在实践中，条件 MSE 通常是最重要的，由于它与手头存在的具体数据有关，而无条件 MSE 是与数据无关的并且是用于比较不同预测器的性能。无论如何，在这两种情况下的 MMSE 估计量都是条件均值 $h^*(X)=E[Y|X]$，如第 11 章所示。这是监督学习中最重要的结果之一。后验概率函数 $\eta(x)=E[Y|X=x]$是 Y 在 X 上的最优回归。如果 Y 是离散的，它通常不是最优估计器，例如在分类的情况中。这是因为 $\eta(X)$可能不在 Y 取值范围内，因此它不能定义有效的估计器。在第二章中显示我们需要将阈值 $\eta(x)$设置为 1/2 来获得 $Y\in\{0,1\}$情况下的最优估计器(最优分类器)。

A.1.7　向量随机变量

前面的理论可以推广到定义在概率空间$(S,\mathcal{F},P)$上的向量随机变量或随机向量。随机向量是一个 Borel 可测函数 $\boldsymbol{X}:S\to R^d$，其概率分布 $P_{\boldsymbol{X}}$ 定义在$(R^d,\mathcal{B}^d)$上。随机向量$\boldsymbol{X}=(X_1,\cdots,X_d)$的分量是在$(S,\mathcal{F},P)$上服从联合分布的随机变量 $\boldsymbol{X}_i$，其中 $i=1,\cdots,d$。如果分量存在，$\boldsymbol{X}$ 的期望值是其分量期望值的向量：

$$E[\boldsymbol{X}] = \begin{bmatrix} E[\boldsymbol{X}_1] \\ \vdots \\ E[\boldsymbol{X}_d] \end{bmatrix} \tag{A.87}$$

在 $d\times d$ 的协方差矩阵中包含着随机向量的二阶矩：

$$\boldsymbol{\Sigma} = E[(\boldsymbol{X}-\boldsymbol{\mu})(\boldsymbol{X}-\boldsymbol{\mu})^{\mathrm{T}}] \tag{A.88}$$

其中对于 i，$j=1,\cdots,d$，使得$\Sigma_{ii}=\mathrm{Var}(\boldsymbol{X}_i)$且$\Sigma_{ij}=\mathrm{Cov}(\boldsymbol{X}_i,\boldsymbol{X}_j)$，并且假设矩阵的分量存在，那么矩阵的期望被定义为其分量的期望值的矩阵。协方差矩阵是实对称的，从而也是可对角化的：

$$\boldsymbol{\Sigma} = \boldsymbol{U}\boldsymbol{D}\boldsymbol{U}^{\mathrm{T}} \tag{A.89}$$

其中 $\boldsymbol{U}$ 是其特征向量的正交矩阵且 $\boldsymbol{D}$ 是其特征值构成的对角矩阵(在附录 A.2 节中给出了矩阵理论基础的回顾)。所有特征值都是非负的($\boldsymbol{\Sigma}$ 是半正定的)。事实上，除了“退化”情况，所有的特征值都是正的，且 $\boldsymbol{\Sigma}$ 是可逆的(在这种情况下，$\boldsymbol{\Sigma}$ 是正定的)。

很容易检验随机向量

$$\boldsymbol{Y} = \boldsymbol{\Sigma}^{-\frac{1}{2}}(\boldsymbol{X}-\boldsymbol{\mu}) = \boldsymbol{D}^{-\frac{1}{2}}\boldsymbol{U}^{\mathrm{T}}(\boldsymbol{X}-\boldsymbol{\mu}) \tag{A.90}$$

具有零均值和协方差矩阵 $\boldsymbol{I}_d$(因此 $\boldsymbol{Y}$ 的所有分量都为零均值、单位方差且是不相关的)。这被称为白化(whitening)或马氏变换(Mahalanobis transformation)。

给定随机向量 $\boldsymbol{X}$ 的 n 个独立同分布的(i. i. d.)样本观测值 $\boldsymbol{X}_1,\cdots,\boldsymbol{X}_n$，则 $\boldsymbol{\mu}=E[\boldsymbol{X}]$的极大似然估计被称为样本均值，它可表示为

$$\hat{\boldsymbol{\mu}} = \frac{1}{n}\sum_{i=1}^{n}\boldsymbol{X}_i \tag{A.91}$$

可以证明该估计是无偏的(即 $E[\hat{\boldsymbol{\mu}}]=\boldsymbol{\mu}$)且是一致的(即当 $n\to\infty$时，$\hat{\boldsymbol{\mu}}$ 以概率收敛到 $\boldsymbol{\mu}$；请

参见附录 A. 1. 8 节和定理 A. 12)。另一方面，样本协方差估计可由下式给出：

$$\hat{\boldsymbol{\Sigma}} = \frac{1}{n-1}\sum_{i=1}^{n}(\boldsymbol{X}_i - \hat{\boldsymbol{\mu}})(\boldsymbol{X}_i - \hat{\boldsymbol{\mu}})^{\mathrm{T}} \tag{A. 92}$$

这是一个 $\boldsymbol{\Sigma}$ 的无偏且一致的估计。

多元高斯分布可能是工程和科学中最重要的概率分布。随机向量 $\boldsymbol{X}$ 服从均值 $\boldsymbol{\mu}$ 和协方差矩阵 $\boldsymbol{\Sigma}$ 的多元高斯分布，如果其密度是

$$p(\boldsymbol{x}) = \frac{1}{\sqrt{(2\pi)^d \det(\boldsymbol{\Sigma})}}\exp\left(-\frac{1}{2}(\boldsymbol{x}-\boldsymbol{\mu})^{\mathrm{T}}\boldsymbol{\Sigma}^{-1}(\boldsymbol{x}-\boldsymbol{\mu})\right) \tag{A. 93}$$

我们记 $\boldsymbol{X}\sim N_d(\boldsymbol{\mu},\boldsymbol{\Sigma})$。

多元高斯函数具有密度不变的椭球形轮廓

$$(\boldsymbol{x}-\boldsymbol{\mu})^{\mathrm{T}}\Sigma^{-1}(\boldsymbol{x}-\boldsymbol{\mu}) = c^2,\ c > 0 \tag{A. 94}$$

椭球体的轴由椭球体的 $\boldsymbol{\Sigma}$ 特征向量给出，并且轴的长度与 $\boldsymbol{\Sigma}$ 特征值成正比。在 $\boldsymbol{\Sigma}=\boldsymbol{\sigma}^2 I_d$ 的情况下，其中 I_d 表示 $d\times d$ 单位矩阵，轮廓为圆心为 $\boldsymbol{\mu}$ 的球形。通过替换式(A. 94)中的$\boldsymbol{\Sigma}=\boldsymbol{\sigma}^2 I_d$，得出轮廓为以下等式：

$$\|\boldsymbol{x}-\boldsymbol{\mu}\|^2 = r^2,\ r > 0 \tag{A. 95}$$

如果 $d=1$，则得到单变量高斯分布 $\boldsymbol{X}\sim\mathcal{N}(\boldsymbol{\mu},\ \boldsymbol{\sigma}^2)$。当 $\boldsymbol{\mu}=0$ 且 $\boldsymbol{\sigma}=1$ 时，$\boldsymbol{X}$ 的 CDF 由下式给出

$$P(\boldsymbol{X}\leqslant \boldsymbol{x}) = \Phi(\boldsymbol{x}) = \int_{-\infty}^{x}\frac{1}{2\pi}\mathrm{e}^{-\frac{u^2}{2}}\mathrm{d}u \tag{A. 96}$$

显然，函数 $\Phi(\cdot)$满足性质 $\Phi(-\boldsymbol{x})=1-\Phi(\boldsymbol{x})$。

以下是多元高斯随机向量 $\boldsymbol{X}\sim\mathcal{N}(\boldsymbol{\mu},\boldsymbol{\Sigma})$的实用性质：

G1. 每个分量 X_i 的密度是单变量高斯 $\mathcal{N}(\boldsymbol{\mu}_i,\boldsymbol{\Sigma}_{ii})$。

G2. X 的分量是独立的当且仅当它们是不相关的，即 $\boldsymbol{\Sigma}$ 是对角矩阵。

G3. 白化变换 $\boldsymbol{Y}=\boldsymbol{\Sigma}^{-\frac{1}{2}}(\boldsymbol{X}-\boldsymbol{\mu})$产生多元高斯 $\boldsymbol{Y}\sim\mathcal{N}(0,I_p)$(因此 $\boldsymbol{Y}$ 的所有分量都是零均值、单位方差和不相关的高斯随机变量)。

G4. 一般来说，如果 $\boldsymbol{A}$ 是非奇异的 $p\times p$ 矩阵且 $\boldsymbol{c}$ 是一个 p 维向量，那么 $\boldsymbol{Y}=\boldsymbol{AX}+\boldsymbol{c}\sim N_p(\boldsymbol{A\mu}+\boldsymbol{c},\boldsymbol{A\Sigma A}^{\mathrm{T}})$。

G5. 当且仅当 $\boldsymbol{A\Sigma B}^{\mathrm{T}}=0$ 时，随机向量 $\boldsymbol{AX}$ 和 $\boldsymbol{BX}$ 是独立的。

G6. 如果 $\boldsymbol{Y}$ 和 $\boldsymbol{X}$ 是联合多元高斯分布，则给定 $\boldsymbol{X}$ 的 $\boldsymbol{Y}$ 的分布也是多元高斯分布。

G7. 最优 MMSE 预测器 $E[\boldsymbol{Y}|\boldsymbol{X}]$是 $\boldsymbol{X}$ 的线性函数。

A. 1. 8　随机序列的收敛性

在模式识别和机器学习中，经常需要研究随机序列的长期性能，例如按样本大小编制索引的真实或估计分类错误率序列。在本节和下一节中，我们将回顾关于随机序列收敛性的基本结果。我们只考虑实值随机变量的情况，但进行适当的修改后几乎所有的定义和结果都可以直接扩展到随机向量。

一个随机序列$\{X_n;\ n=1,2,\cdots\}$是一个随机变量序列。对于随机序列，标准模式的收敛性为：

1. “必然”收敛。在样本空间中，如果对于所有结果 $\omega\in S$，必然存在 $X_n\to X$，则有 $\lim_{n\to\infty}X_n(\omega)=X(\omega)$。

2. 几乎必然(a. s.)收敛或以概率 1 收敛。如果仅对于概率为零的事件不存在逐点收敛，则$X_n\xrightarrow{\text{a. s.}}X$，即

$$P(\{\omega \in S \mid \lim_{n\to\infty} X_n(\omega) = X(\omega)\}) = 1 \tag{A.97}$$

3. L^p-收敛。对于 $p>0$，在 L^p 中存在 $X_n \to X$，也可将其表示为 $X_n \xrightarrow{L^p} X$，如果 $E[|X_n|^p]<\infty$，其中 $n=1,2,\cdots$，存在 $E[|X|^p]<\infty$，并且：

$$\lim_{n\to\infty} E[|X_n - X|^p] = 0 \tag{A.98}$$

特例 L^2 收敛也称为均方(m. s.)收敛。

4. 依概率收敛性。依概率 $X_n \to X$，也可将其表示为 $X_n \xrightarrow{P} X$，如果“错误概率”收敛到零：

$$\lim_{n\to\infty} P(|X_n - X| > \tau) = 0\text{，对于所有 } \tau > 0 \tag{A.99}$$

5. 依分布趋同。依分布 $X_n \to X$，也可将其表示为 $X_n \xrightarrow{D} X$，如果相应的 CDF 收敛：

$$\lim_{n\to\infty} F_{X_n}(a) = F_X(a) \tag{A.100}$$

在所有点 $a \in R$ 上 F_X 是连续的。

在没有证明的情况下，我们给出了各种收敛模式之间的关系：

$$\left.\begin{array}{c}\text{必然} \Rightarrow \text{几乎必然} \\ L^p\end{array}\right\} \Rightarrow \text{概率} \Rightarrow \text{分布} \tag{A.101}$$

因此，必然收敛是最强的收敛模式，而依分布收敛是最弱的。然而，必然收敛是不必要的，几乎必然收敛是被运用的最强收敛模式。另一方面，依分布收敛实际上是 CDF 的收敛，并且它不具有人们期望收敛的所有性质。例如，可以证明依分布 X_n 收敛到 X 和 Y_n 收敛到 Y 通常并不意味着依分布 X_n+Y_n 收敛到 $X+Y$，而在几乎必然、L^p 和依概率收敛中，这是成立的，见 Chung[1974]。

为了显示参数分类规则的一致性(参见第 3 章和第 4 章)，类似于普通收敛，关于以概率 1 和依概率收敛的一个基本事实是它们通过应用连续函数得以成立。以下结果未经证明。

定理 A.6(连续映射定理)　如果 $f:R\to R$ 是关于 X 的连续几何必然收敛，即 $P(X\in C)=1$，其中 C 是 f 的连续点集，则

(i) $X_n \xrightarrow{\text{a.s.}} X$ 意味着 $f(X_n) \xrightarrow{\text{a.s.}} f(X)$。

(ii) $X_n \xrightarrow{P} X$ 意味着 $f(X_n) \xrightarrow{P} f(X)$。

(iii) $X_n \xrightarrow{D} X$ 意味着 $f(X_n) \xrightarrow{D} f(X)$。

一种有趣的特例是 $X=c$，即 X 的分布是 c 处的点质量。在这种情况下，连续映射定理要求 f 仅在 c 处是连续的。

下面的经典结论是没有被证明的。

定理 A.7(控制收敛定理)　如果存在可积随机变量 Y，即 $E[|Y|]<\infty$，有 $P(|X_n|\leqslant Y)=1$，其中 $n=1,2,\cdots$，则 $X_n \xrightarrow{P} X$ 意味着 $E[X_n]\to E[X]$。

下一个结果提供了显示强一致性的常用方法(例如，参见第 7 章)。它是 Borel-Cantelli 第一引理的结果，并且它表明以概率 1 收敛在某种意义上是依概率收敛的“快速”形式。

定理 A.8　如果对于所有 $\tau>0$，$P(|X_n-X|>\tau)\to 0$ 可以足够快地得到

$$\sum_{n=1}^{\infty} P(|X_n - X| > \tau) < \infty \tag{A.102}$$

则 $X_n \xrightarrow{\text{a.s.}} X$。

证明：首先注意到当且仅当 $\tau>0$ 时，样本序列 $X_n(\omega)$ 不能收敛到 $X(\omega)$，从而当 $n\to\infty$ 时 $|X_n(\omega)-X(\omega)|>\tau$ 是无穷大的。因此，对于所有的 $\tau>0$，当且仅当 $P((|X_n-X|>\tau)\text{ i. o. })=0$，使得 $X_n\xrightarrow{P}X$ 是几乎必然收敛的。然后根据 Borel-Cantelli 第一引理可得到证明结果(参见定理 A. 1)。 ■

前面的结果表明依概率收敛可以产生沿子序列的以概率 1 的收敛，它可通过原始序列“下采样”获得，如下所示。

定理 A. 9 如果 $X_n\xrightarrow{P}X$，则存在一个下标索引为 n_k 的递增序列，使得 $X_{n_k}\xrightarrow{\text{a. s.}}X$。

证明：由于对于所有 $\tau>0$，有 $P(|X_n-X|>\tau)\to 0$，我们可以选取下标索引为 n_k 的递增序列，使得 $P(|X_{n_k}-X|>1/k)\leqslant 2^{-k}$。指定任何 $\tau>0$，选取 k_τ 使得 $1/k_\tau<\tau$。我们有

$$\sum_{k=k_\tau}^{\infty}P(|X_{n_k}-X|>\tau)\leqslant\sum_{k=k_\tau}^{\infty}P(|X_{n_k}-X|>1/k)\leqslant\sum_{k=k_\tau}^{\infty}2^{-k}<\infty \tag{A. 103}$$

依据定理 A. 8 可得到 $X_{n_k}\xrightarrow{\text{a. s.}}X$。 ■

前面所述的定理提供了一个依概率 $X_n\to X$ 不收敛的准则：这足以证明不存在以概率 1 收敛到 X 的子序列。该准则被使用在第 4 章中(参见例 4. 4)。

还可以注意到如果 X_n 是单调的且 $P(|X_n-X|>\tau)\to 0$，则 $P((|X_n-X|>\tau)\text{ i. o. })=0$。因此，如果 X_n 是单调的，当且仅当以概率 1，$X_n\to X$ 时，依概率 $X_n\to X$(参见定理 A. 8 的证明)。

在特殊情况下，收敛模式之间的强关联性被保持。特别地，我们在下面证明当随机序列 $\{X_n;\ n=1,\ 2,\ \cdots\}$ 一致有界时，L^p 收敛和依概率收敛是等价的，即如果存在不依赖于 n 的有限数 $K>0$，则

$$|X_n|\leqslant K,\text{以概率 }1,\text{对于所有 }n=1,2,\cdots \tag{A. 104}$$

意味着对于所有 $n=1,2,\cdots$，存在 $P(|X_n|<K)=1$。分类错误率序列 $\{\varepsilon_n;\ n=1,2,\cdots\}$ 是当 $K=1$ 时一致有界随机序列的一个实例，因而这对于我们来说是一个重要的主题。我们有以下的定理。

定理 A. 10 设 $\{X_n;\ n=1,2,\cdots\}$ 是一个一致有界的随机序列。以下陈述是等效的。

(i) $X_n\xrightarrow{L^p}X$，对于某些 $p>0$。

(ii) $X_n\xrightarrow{L^q}X$，对于所有 $q>0$。

(iii) $X_n\xrightarrow{P}X$。

证明：首先要注意的是，为了不失一般性，我们可以假设 $X=0$，从而当且仅当 $X_n-X\to 0$ 时 $X_n\to X$，并且同时 X_n-X 是一致有界的，有 $E[|X_n-X|^p]<\infty$。证明(i)⇔(ii)需要证明对于某些 $p>0$，在 L^p 中 $X_n\to 0$ 暗示着对于所有 $q>0$，在 L^q 中 $X_n\to 0$。首先观察到对于所有的 $q>0$，$E[|X_n|^q]\leqslant E[K^q]=K^q<\infty$。如果 $q>p$，立即得证。设 $0<q<p$，当 $X=X_n^q$，$Y=1$ 且 $r=p/q$，可由 Holder 不等式(A. 67)得到

$$E[|X_n|^q]\leqslant E[|X_n|^p]^{q/p} \tag{A. 105}$$

因此，如果 $E[|X_n|^p]\to 0$，则 $E[|X_n|^q]\to 0$，断言得证。为了证明(ii)⇔(iii)，首先我们通过用 $X=|X_n|^q$ 和 $a=\tau^p$ 写出 Markov 不等式(A. 70)来说明直接含义：

$$P(|X_n|\geqslant\tau)\leqslant\frac{E[|X_n|^p]}{\tau^p},\quad\text{对于所有 }\tau>0 \tag{A. 106}$$

根据假设，不等式右侧表达式变为 0 时，其左侧表达式也变为 0，这相当于 $X=0$ 时的式(A.99)。要显示相反的含义，有

$$E[|X_n|^p]=E[|X_n|^p I_{|X_n|<\tau}]+E[|X_n|^p I_{|X_n|\geqslant\tau}]\leqslant \tau^p+K^p P(|X_n|\geqslant\tau) \tag{A.107}$$

根据假设，对于所有 $\tau>0$，有 $E([|X_n|]\geqslant\tau)\to 0$，从而 $\lim E[|X_n|^p]\leqslant\tau^p$。由于 $\tau>0$ 是任意的，这就得到了我们期望的证明结果。■

前面的定理表明对于一致有界随机序列，收敛模式之间的关系变为：

$$必然 \Rightarrow 几乎必然 \Rightarrow \begin{Bmatrix} L^p \\ 概率 \end{Bmatrix} \Rightarrow 分布 \tag{A.108}$$

作为定理 A.10 的一个简单推论，我们得到了以下有用的结果，它也是定理 A.7 的一个推论。

定理 A.11(有界收敛定理)　如果$\{X_n;\ n=1,2,\cdots\}$是一个一致有界的随机序列，且 $X_n \xrightarrow{P} X$，则 $E[X_n]\to E[X]$。

证明：根据前面的定理，$X_n \xrightarrow{L^1} X$，即 $E[X_n-X]\to 0$。而$|E[X_n-X]|\leqslant E[|X_n-X|]$，因此$|E[X_n-X]|\to 0$ 且 $E[X_n-X]\to 0$。■

例 A.1　为了说明上述概念，考虑一个独立的二元随机变量序列 $X_1,X_2,\cdots$，它们具有在$\{0,1\}$中的值，使得

$$P(\{X_n=1\})=\frac{1}{n},\quad n=1,2,\cdots \tag{A.109}$$

那么$X_n \xrightarrow{P} 0$，对于每个 $\tau>0$，存在 $P(X_n>\tau)\to 0$。根据定理 A.10，也存在$X_n \xrightarrow{L^p} 0$。然而，X_n 不会以概率 1 收敛到 0。实际上

$$\sum_{n=1}^{\infty} P(\{X_n=1\})=\sum_{n=1}^{\infty} P(\{X_n=0\})=\infty \tag{A.110}$$

并且从 Borel-Cantelli 第二引理得出

$$P([\{X_n=1\}\text{i. o.}])=P([\{X_n=0\}\text{i. o.}])=1 \tag{A.111}$$

因此 X_n 不以概率 1 收敛。然而，若想要概率以更快的速度收敛到零，例如

$$P(\{X_n=1\})=\frac{1}{n^2},\quad n=1,2,\cdots \tag{A.112}$$

则 $\sum_{n=1}^{\infty} P(\{X_n=1\})<\infty$ 并且定理 A.8 确保了 X_n 以概率 1 收敛到 0。■

在前面的示例中，注意到存在 $P(X_n=1)=1/n$，当 $n\to\infty$时观察值为 1 的概率变得无穷小，因此，从实践目的出发，序列是由足够大的 n 所组成的全 0 序列。X_n 依概率和依 L^p 概率收敛到 0 是符合上述事实的，但以概率 1 收敛是不符合的。这表明几乎必然收敛可能是一个过于严格的标准，它在实践中不太实用，而依概率和依L^p 概率收敛(假设有界)可能就足够用了。例如，在大多数信号处理应用中都是这种情况，L^2 是常被选择的标准。更通俗地说，工程应用通常关注平均性能和故障率。

A.1.9　渐近定理

概率论中的经典渐近定理是大数定律和中心极限定理，其证明可以在例如 Chung [1974]中找到。

定理 A.12(大数定律)　给定一个独立同分布(i. i. d.)的随机序列$\{X_n;\ n=1,2,\cdots\}$，它拥

有总体有限均值 μ，

$$\frac{1}{n}\sum_{i=1}^{n} X_i \xrightarrow{\text{a.s.}} \mu \tag{A.113}$$

定理 A.13（中心极限定理） 给定一个独立同分布(i.i.d.)的随机序列 $\{X_n;\ n=1,2,\cdots\}$ 具有总体有限均值 μ 和总体有限方差 σ^2，

$$\frac{1}{\sigma\sqrt{n}}\left(\sum_{i=1}^{n} X_i - n\mu\right) \xrightarrow{D} \mathcal{N}(0,1) \tag{A.114}$$

前面的渐近定理关注当 n 接近无穷大时，n 个随机变量之和的性能。了解部分和与有限 n 的期望值之间的差异也是很有用。这个问题由所谓的集中不等式来解决，其中最著名的是由 Hoeffding[1963]推导出来的 Hoeffding 不等式。

定理 A.14（Hoeffding 不等式） 给定独立(不一定相同分布)随机变量 $W_1,\cdots,W_n$，使得 $P(a\leqslant W_i\leqslant b)=1$，其中 $i=1,\cdots,n$，总和 $Z_n=\sum_{i=1}^{n} W_i$ 满足

$$P(|Z_n - E[Z_n]| \geqslant \tau) \leqslant 2\mathrm{e}^{-\frac{2\tau^2}{n(a-b)^2}}，对于所有\ \tau > 0 \tag{A.115}$$

A.2 矩阵理论基础

本节中的材料是对本书中用到的主要矩阵理论的概念和结果的总结。关于深入的讨论研究，参见 Horn and Johnson[1990]。

我们假设读者对向量、矩阵、矩阵积、转置、行列式和矩阵逆的概念都是熟悉的。我们说一组向量 $\{\boldsymbol{x}_1,\cdots,\boldsymbol{x}_n\}$ 是线性相关的，如果方程

$$a_1\boldsymbol{x}_1 + \cdots + a_n\boldsymbol{x}_n = 0 \tag{A.116}$$

满足系数 $a_1,\cdots,a_n$(不全为零)。换句话说，一些向量可以被写为其他向量的线性组合。如果一组向量不是线性相关的，则称之为线性无关的。

矩阵 $\boldsymbol{A}_{m\times n}$ 的秩(rank)是从 $\boldsymbol{A}$ 线性独立向量组中得到其列的最大数目。它也必须等于构成线性独立向量组的最大行数(行秩=列秩)。方阵 $\boldsymbol{A}_{n\times n}$ 是非奇异的且逆 $\boldsymbol{A}^{-1}$ 存在，或者等价于行列式 $|\boldsymbol{A}|$ 是非零的。存在以下有用的事实：

- $\mathrm{rank}(\boldsymbol{A})=\mathrm{rank}(\boldsymbol{A}^{\mathrm{T}})=\mathrm{rank}(\boldsymbol{A}\boldsymbol{A}^{\mathrm{T}})=\mathrm{rank}(\boldsymbol{A}^{\mathrm{T}}\boldsymbol{A})$，其中 $\boldsymbol{A}^{\mathrm{T}}$ 表示矩阵的转置。
- $\mathrm{rank}(\boldsymbol{A}_{m\times n})\leqslant\min\{m,n\}$。当矩阵 $\boldsymbol{A}$ 是满秩，则等式成立。
- $\boldsymbol{A}_{n\times n}$ 是非奇异的，当且仅当 $\mathrm{rank}(\boldsymbol{A})=n$，即 $\boldsymbol{A}$ 是满秩。根据秩的定义，这意味着方程组 $\boldsymbol{A}\boldsymbol{x}=0$ 有唯一解 $\boldsymbol{x}=0$。
- 如果 $\boldsymbol{B}_{m\times m}$ 是非奇异的，则 $\mathrm{rank}(\boldsymbol{B}\boldsymbol{A}_{m\times n})=\mathrm{rank}(\boldsymbol{A})$(与非奇异矩阵相乘可保持秩)。
- $\mathrm{rank}(\boldsymbol{A}_{m\times n})=\mathrm{rank}(\boldsymbol{B}_{m\times n})$，当且仅当存在非奇异矩阵 $\boldsymbol{X}_{m\times m}$ 和 $\boldsymbol{Y}_{n\times n}$ 使得 $\boldsymbol{B}=\boldsymbol{X}\boldsymbol{A}\boldsymbol{Y}$。
- 如果 $\mathrm{rank}(\boldsymbol{A}_{m\times n})=k$，则存在一个非奇异矩阵 $\boldsymbol{B}_{k\times k}$ 和矩阵 $\boldsymbol{X}_{m\times k}$ 及 $\boldsymbol{Y}_{k\times n}$ 使得 $\boldsymbol{A}=\boldsymbol{X}\boldsymbol{B}\boldsymbol{Y}$。
- 作为先前事实的推论，如果 $\boldsymbol{A}$ 是两个向量的乘积 $\boldsymbol{A}=\boldsymbol{x}\boldsymbol{y}^{\mathrm{T}}$，则 $\boldsymbol{A}_{m\times n}$ 是一个秩为 1 的矩阵且 $\boldsymbol{A}=\boldsymbol{x}\boldsymbol{y}^{\mathrm{T}}$，其中 $\boldsymbol{x}$ 和 $\boldsymbol{y}$ 的长度分别为 m 和 n。
- 方阵 $\boldsymbol{A}_{n\times n}$ 的 $\boldsymbol{\lambda}$ 特征值是下面方程的解

$$\boldsymbol{A}\boldsymbol{x} = \lambda\boldsymbol{x},\ x \neq 0 \tag{A.117}$$

在这种情况下，$\boldsymbol{x}$ 是矩阵 $\boldsymbol{A}$ 关于 $\boldsymbol{\lambda}$ 的特征向量。对于复杂的特征值 $\boldsymbol{\lambda}$ 和特征向量 $\boldsymbol{x}$。存在

以下有用的事实：

- 矩阵 $\boldsymbol{A}$ 和 $\boldsymbol{A}^{\mathrm{T}}$ 的特征值是相同的。
- 如果矩阵 $\boldsymbol{A}$ 是实对称的，那么它的所有特征值都是实值。
- 由于矩阵 $\boldsymbol{A}$ 是奇异的，当且仅当存在非零的 $\boldsymbol{x}$ 向量使得 $\boldsymbol{A}\boldsymbol{x}=0$，我们得出结论：$\boldsymbol{A}$ 是奇异的当且仅当存在一个零特征值。

从式(A.117)可知，$\boldsymbol{\lambda}$ 是一个特征值，当且仅当存在非零的 $\boldsymbol{x}$ 向量使得$(\boldsymbol{A}-\boldsymbol{\lambda}\boldsymbol{I}_n)\ \boldsymbol{x}=0$。根据以前的事实，我们得出结论 $\boldsymbol{A}-\boldsymbol{\lambda}\boldsymbol{I}_n$ 是奇异的，即$|\boldsymbol{A}-\boldsymbol{\lambda}\boldsymbol{I}_n|=0$。而 $p(\boldsymbol{\lambda})=|\boldsymbol{A}-\boldsymbol{\lambda}\boldsymbol{I}_n|$ 是一个 n 次多项式，因此它正好有 n 个根(允许根存在多重性)，因此我们证明存在以下有用的事实。

定理 A.15　对于任意方矩阵 $\boldsymbol{A}_{n\times n}$ 存在精确的 n 个(可能是复杂的)特征值$\{\boldsymbol{\lambda}_1,\cdots,\boldsymbol{\lambda}_n\}$，它们是特征多项式 $p(\boldsymbol{\lambda})=|\boldsymbol{A}-\boldsymbol{\lambda}\boldsymbol{I}_n|$ 的根。

如果 $\boldsymbol{A}$ 是一个对角矩阵，特征值很显然就是它对角线上的元素，所以迹 $\mathrm{Trace}(\boldsymbol{A})=\sum_{i=1}^{n}\boldsymbol{\lambda}_i$ 且行列式 $|\boldsymbol{A}|=\prod_{i=1}^{n}\boldsymbol{\lambda}_i$。值得注意的是，对于任何的不一定是对角化的方阵 $\boldsymbol{A}$，迹 $\mathrm{Trace}(\boldsymbol{A})=\sum_{i=1}^{n}\boldsymbol{\lambda}_i$ 且行列式 $|\boldsymbol{A}|=\prod_{i=1}^{n}\boldsymbol{\lambda}_i$ 仍然是正确的。

如果存在非奇异矩阵 $\boldsymbol{S}_{n\times n}$ 使得其等于下式，那么矩阵 $\boldsymbol{B}_{n\times n}$ 与矩阵 $\boldsymbol{A}_{n\times n}$ 是相似的。

$$\boldsymbol{B}=\boldsymbol{S}^{-1}\boldsymbol{A}\boldsymbol{S} \tag{A.118}$$

很容易推断，如果 $\boldsymbol{A}$ 和 $\boldsymbol{B}$ 是相似的，则它们具有相同的特征多项式，因此具有相同的特征值集(然而，具有相同的特征值集不足以说明相似性)。

如果矩阵 $\boldsymbol{A}$ 与可对角化的矩阵 $\boldsymbol{D}$ 相似，则称其为可对角化矩阵。由于相似性与特征多项式的关系，$\boldsymbol{A}$ 的特征值等于 $\boldsymbol{D}$ 对角线上的元素。从而下面的定理很容易被证明。

定理 A.16　矩阵 $\boldsymbol{A}_{n\times n}$ 是可对角化的当且仅当它存在 n 维线性无关的特征向量组。

对于一个实值矩阵 $\boldsymbol{U}_{n\times n}$，如果 $\boldsymbol{U}^{\mathrm{T}}\boldsymbol{U}=\boldsymbol{U}\boldsymbol{U}^{\mathrm{T}}=\boldsymbol{I}_n$，即 $\boldsymbol{U}^{-1}=\boldsymbol{U}^{\mathrm{T}}$，则称它是正交的。显然，当且仅当 $\boldsymbol{U}$ 的列(和行)是实数 R^n 空间中的一组单位范数正交向量时，才会发生这种情况。如果矩阵 $\boldsymbol{A}_{n\times n}$ 可由正交矩阵 $\boldsymbol{U}_{n\times n}$ 对角化，即存在对角矩阵 $\boldsymbol{D}$ 使得 $\boldsymbol{A}=\boldsymbol{U}^{\mathrm{T}}\boldsymbol{D}\boldsymbol{U}$，则称它是正交对角化的。

下列定理是矩阵理论中最重要的结论之一，但没有经过证明。

定理 A.17(谱定理)　如果矩阵 $\boldsymbol{A}$ 是实对称的，则它是正交对角化的。

因而，如果矩阵 $\boldsymbol{A}$ 是实对称的，我们可以将其写作 $\boldsymbol{A}=\boldsymbol{U}^{\mathrm{T}}\boldsymbol{\Lambda}\boldsymbol{U}$ 和 $\boldsymbol{\Lambda}=\boldsymbol{U}^{\mathrm{T}}\boldsymbol{A}\boldsymbol{U}$，其中 $\boldsymbol{\Lambda}$ 是一个对角矩阵包含 $\boldsymbol{A}$ 在其对角线上的 n 个特征值。因此，存在 $\boldsymbol{U}\boldsymbol{A}=\boldsymbol{\Lambda}\boldsymbol{U}$，从而矩阵 $\boldsymbol{U}$ 的第 i 列是矩阵 $\boldsymbol{A}$ 与矩阵 $\boldsymbol{\Lambda}$ 的对角线上位置 i 的特征值相关联的特征向量，其中 $i=1,\cdots,n$。

如果说实对称矩阵 $\boldsymbol{A}_{n\times n}$ 是正定的，那么存在

$$\boldsymbol{x}^{\mathrm{T}}\boldsymbol{A}\boldsymbol{x}>0，\text{对于所有 } \boldsymbol{x}\neq 0 \tag{A.119}$$

如果条件放宽到 $\boldsymbol{x}^{\mathrm{T}}\boldsymbol{A}\boldsymbol{x}\geqslant 0$，则矩阵 $\boldsymbol{A}$ 称为半正定的。正如我们在文中提到的，协方差矩阵至少是半正定的。

下面的定理不难被证明。

定理 A.18　一个实对称矩阵 $\boldsymbol{A}$ 是正定的当且仅当其所有特征值为正值。它是半正定的当且仅当所有特征值都是非负的。

特别的是，正定矩阵 $\boldsymbol{A}$ 是非奇异的。另一个有用的事实是 $\boldsymbol{A}$ 是正定的当且仅当存在一个非奇异矩阵 $\boldsymbol{C}$ 使得 $\boldsymbol{A}=\boldsymbol{C}\boldsymbol{C}^{\mathrm{T}}$。

A.3　拉格朗日乘子优化基础

在本节中，我们将回顾6.1.1节中所需的拉格朗日乘子理论的结果。为简单起见，我们只考虑不等式约束下的极小化问题，它是式(6.6)和式(6.20)给出的线性支持向量机优化问题。我们关于拉格朗日乘子优化的陈述大体遵循 Boyd and Vandenberghe[2004]中第5章的内容，以及 Bertsekas[1995]中第5章和第6章的一些内容。

考虑一般的(不一定是凸的)优化问题：

$$\begin{aligned} \min \quad & f(\boldsymbol{x}) \\ \text{s.t.} \quad & g_i(\boldsymbol{x}) \leqslant 0,\ i=1,\cdots,n \end{aligned} \tag{A.120}$$

其中所有函数都被定义在 R^d 上。

原问题拉格朗日函数(primal Lagrangian functional)被定义为

$$L_P(\boldsymbol{x},\boldsymbol{\lambda}) = f(\boldsymbol{x}) + \sum_{i=1}^{n}\lambda_i g_i(\boldsymbol{x}) \tag{A.121}$$

其中 λ_i 是与约束 $g_i(\boldsymbol{x})\leqslant 0$ 相关的拉格朗日乘子且 $\boldsymbol{\lambda}=(\lambda_1,\cdots,\lambda_n)$。

对偶问题拉格朗日函数被定义为：

$$L_D(\boldsymbol{\lambda}) = \inf_{\boldsymbol{x}\in R^d} L_P(\boldsymbol{x},\boldsymbol{\lambda}) = \inf_{\boldsymbol{x}\in R^d}\left(f(\boldsymbol{x}) + \sum_{i=1}^{n}\lambda_i g_i(\boldsymbol{x})\right) \tag{A.122}$$

利用下确界的性质，我们可以得到

$$\begin{aligned} L_D(\alpha\boldsymbol{\lambda}_1 + (1-\alpha)\boldsymbol{\lambda}_2) &= \inf_{\boldsymbol{x}\in R^d}\left(f(\boldsymbol{x}) + \sum_{i=1}^{n}(\alpha\boldsymbol{\lambda}_{1,i} + (1-\alpha)\lambda_{2,i})\, g_i(\boldsymbol{x})\right) \\ &= \inf_{\boldsymbol{x}\in R^d}\left(\alpha\left(f(\boldsymbol{x}) + \sum_{i=1}^{n}\lambda_{1,i} g_i(\boldsymbol{x})\right) + (1-\alpha)\left(f(\boldsymbol{x}) + \sum_{i=1}^{n}\lambda_{2,i} g_i(\boldsymbol{x})\right)\right) \\ &\geqslant \alpha \inf_{\boldsymbol{x}\in R^d}\left(f(\boldsymbol{x}) + \sum_{i=1}^{n}\lambda_{1,i} g_i(\boldsymbol{x})\right) + (1-\alpha) \inf_{\boldsymbol{x}\in R^d}\left(f(\boldsymbol{x}) + \sum_{i=1}^{n}\lambda_{2,i} g_i(\boldsymbol{x})\right) \\ &= \alpha L_D(\boldsymbol{\lambda}_1) + (1-\alpha) L_D(\boldsymbol{\lambda}_2) \end{aligned} \tag{A.123}$$

其中所有 $\boldsymbol{\lambda}_1$，$\boldsymbol{\lambda}_2\in R^n$ 且 $0\leqslant\alpha\leqslant 1$。因此对偶拉格朗日函数 $L_D(\boldsymbol{\lambda})$ 是一个凹函数。再者，对于所有 $\boldsymbol{x}\in F$，其中 F 是式(A.120)的可行域，并且 $\boldsymbol{\lambda}\geqslant 0$，存在

$$L_P(\boldsymbol{x},\boldsymbol{\lambda}) = f(\boldsymbol{x}) + \sum_{i=1}^{n}\lambda_i g_i(\boldsymbol{x}) \leqslant f(\boldsymbol{x}) \tag{A.124}$$

由于 $g_i(\boldsymbol{x})\leqslant 0$，其中 $i=1,\cdots,n$。从而可知

$$L_D(\boldsymbol{\lambda}) = \inf_{\boldsymbol{x}\in R^d} L_P(\boldsymbol{x},\boldsymbol{\lambda}) \leqslant \inf_{\boldsymbol{x}\in F} f(\boldsymbol{x}) = f(\boldsymbol{x}^*)\text{，对于所有 } \boldsymbol{\lambda}\geqslant 0 \tag{A.125}$$

当存在任意 $\boldsymbol{\lambda}\geqslant 0$ 时，显明 $L_D(\boldsymbol{\lambda})$ 是 $f(\boldsymbol{x}^*)$ 的下限。

下一步自然是最大化这个下限。这将产生对偶优化问题：

$$\begin{aligned} \max \quad & L_D(\boldsymbol{\lambda}) \\ \text{s.t.} \quad & \boldsymbol{\lambda}\geqslant 0 \end{aligned} \tag{A.126}$$

由于代价函数 $L_D(\boldsymbol{\lambda})$ 是凹的(如前所示)且可行域是一个凸集，所以上式中的问题是一个凸优化问题，对此存在许多有效的解决方法。无论式(A.120)中的原始问题是否是凸的，上

式中的问题都是成立的。

如果 $\boldsymbol{\lambda}^*$ 是式(A.126)的解，则由式(A.125)得出 $L_D(\boldsymbol{\lambda}^*)\leqslant f(\boldsymbol{x}^*)$，称其为弱对偶性质。如果等式成立

$$L_D(\boldsymbol{\lambda}^*)=f(\boldsymbol{x}^*) \tag{A.127}$$

则称该问题满足强对偶性质。强对偶性质不总是得以满足的，但是如果存在被称为约束规范的几组条件可以确保强对偶性。对于具有仿射约束的凸优化问题，如式(6.6)和式(6.20)中的线性支持向量机优化问题，只要可行域非空，就存在一个简单的约束规范条件叫作斯莱特条件来保证其强对偶性。

函数 h 被定义在 $W\times Z$ 上，样本点$(\overline{\boldsymbol{w}},\bar{z})$是函数 h 的一个鞍点，其中 $\overline{\boldsymbol{w}}\in W$ 且 $\bar{z}\in Z$，则

$$h(\overline{\boldsymbol{y}},\bar{\boldsymbol{z}})=\inf_{\boldsymbol{w}\in W}h(\boldsymbol{w},\bar{\boldsymbol{z}}) \quad 和 \quad h(\overline{\boldsymbol{y}},\bar{\boldsymbol{z}})=\sup_{\boldsymbol{z}\in Z}h(\overline{\boldsymbol{w}},\boldsymbol{z}) \tag{A.128}$$

在强对偶条件下，

$$\begin{aligned} f(\boldsymbol{x}^*)=L_D(\boldsymbol{\lambda}^*)&=\inf_{\boldsymbol{x}\in R^d}L_P(\boldsymbol{x},\boldsymbol{\lambda}^*)=\inf_{\boldsymbol{x}\in R^d}\left(f(\boldsymbol{x})+\sum_{i=1}^{n}\lambda_i^*\,g_i(\boldsymbol{x})\right)\\ &\leqslant L_P(\boldsymbol{x}^*,\boldsymbol{\lambda}^*)=f(\boldsymbol{x}^*)+\sum_{i=1}^{n}\lambda_i^*\,g_i(\boldsymbol{x}^*)\leqslant f(\boldsymbol{x}^*) \end{aligned} \tag{A.129}$$

第一个不等式由 inf 的定义推导而来，而第二个不等式由 $\lambda_i^*\geqslant 0$ 和 $g_i(\boldsymbol{x}^*)\leqslant 0$ 推导而来，其中 $i=1,\cdots,n$。从式(A.129)可知上述两个不等式都可以保持相等的关系。特别地，

$$L_P(\boldsymbol{x}^*,\boldsymbol{\lambda}^*)=\inf_{\boldsymbol{x}\in R^d}L_P(\boldsymbol{x},\boldsymbol{\lambda}^*) \tag{A.130}$$

另一方面，下面的等式也是成立的

$$\sup_{\boldsymbol{\lambda}\geqslant 0}L_P(\boldsymbol{x}^*,\boldsymbol{\lambda})=\sup_{\boldsymbol{\lambda}\geqslant 0}\left(f(\boldsymbol{x}^*)+\sum_{i=1}^{n}\lambda_i^*\,g_i(\boldsymbol{x}^*)\right)=f(\boldsymbol{x}^*) \tag{A.131}$$

因为 $g_i(\boldsymbol{x}^*)\leqslant 0$，其中 $i=1,\cdots,n$，则在 $\lambda=0$ 处 $f(\boldsymbol{x}^*)$将最大化 $L_P(\boldsymbol{x}^*,\boldsymbol{\lambda})$。由于强对偶性的附加条件的存在，由式(A.129)可知 $f(\boldsymbol{x}^*)=L_P(\boldsymbol{x}^*,\boldsymbol{\lambda}^*)$，因此我们得到

$$L_P(\boldsymbol{x}^*,\boldsymbol{\lambda}^*)=\sup_{\boldsymbol{\lambda}\geqslant 0}L_P(\boldsymbol{x}^*,\boldsymbol{\lambda}) \tag{A.132}$$

由式(A.130)和式(A.132)可知强对偶的性质可使得$(\boldsymbol{x}^*,\boldsymbol{\lambda}^*)$是 $L_P(\boldsymbol{x},\boldsymbol{\lambda})$的鞍点。进而从一般关系上可立即得出

$$f(\boldsymbol{x}^*)=\sup_{\boldsymbol{\lambda}\geqslant 0}L_P(\boldsymbol{x}^*,\boldsymbol{\lambda}) \quad 和 \quad L_D(\boldsymbol{\lambda}^*)=\inf_{\boldsymbol{x}\in R^d}L_P(\boldsymbol{x},\boldsymbol{\lambda}^*) \tag{A.133}$$

反之亦然，如果$(\boldsymbol{x}^*,\boldsymbol{\lambda}^*)$是 $L_P(\boldsymbol{x},\boldsymbol{\lambda})$的鞍点，则强对偶成立。

在强对偶条件下，最优点$(\boldsymbol{x}^*,\boldsymbol{\lambda}^*)$需要同时最小化关于 $\boldsymbol{x}$ 的 $L_P(\boldsymbol{x},\boldsymbol{\lambda})$并且最大化关于 $\boldsymbol{\lambda}$ 的 $L_P(\boldsymbol{x},\boldsymbol{\lambda})$来获得。特别地，最佳点$(\boldsymbol{x}^*,\boldsymbol{\lambda}^*)$要满足

$$\boldsymbol{x}^*=\arg\min_{\boldsymbol{x}\in R^d}L_P(\boldsymbol{x},\boldsymbol{\lambda}^*) \tag{A.134}$$

由于上式是一个无约束(unconstrained)的最小化问题，应用无约束极小化的必要条件。特别地，假设 f 和 g_i 是可微的，其中 $i=1,\cdots,n$，那么一般平稳性条件必须满足：

$$\nabla_{\boldsymbol{x}}L_P(\boldsymbol{x}^*,\boldsymbol{\lambda}^*)=\nabla_{\boldsymbol{x}}f(\boldsymbol{x}^*)+\sum_{i=1}^{n}\lambda_i^*\,\nabla_{\boldsymbol{x}}g_i(\boldsymbol{x}^*)=0 \tag{A.135}$$

式(A.129)的另一个结果为

$$f(\boldsymbol{x}^*)=f(\boldsymbol{x}^*)+\sum_{i=1}^{n}\lambda_i^*\ g_i(\boldsymbol{x}^*)\Rightarrow\sum_{i=1}^{n}\lambda_i^*\ g_i(\boldsymbol{x}^*)=0 \tag{A.136}$$

由此得出以下重要的互补松弛(complementary slackness)条件：

$$\lambda_i^*\ g_i(\boldsymbol{x}^*)=0,\quad i=1,\cdots,n \tag{A.137}$$

它表达的含义是如果一个约束在最优化问题中是无作用的，即 $g_i(\boldsymbol{x}^*)<0$，则相应的最优拉格朗日乘子 λ_i^* 必须为零。相反地，$\lambda_i^*>0$ 表示 $g_i(\boldsymbol{x}^*)=0$，即相应的约束在最优化问题中是起作用的(紧密的)。

我们可以将前面的所有结果总结成下面的经典定理。

定理 A. 19(Karush-Kuhn-Tucker 条件)　*设 $\boldsymbol{x}^*$ 为式(A.120)中原优化问题的解，并且设 $\boldsymbol{\lambda}^*$ 是式(A.126)中对偶优化问题的解，使其满足强对偶条件。再假设 f 和 g_i 是可微的，其中 $i=1,\cdots,n$。则必须满足以下条件：*

$$\begin{aligned}
&\nabla_x L_P(\boldsymbol{x}^*,\boldsymbol{\lambda}^*)=\nabla_x f(\boldsymbol{x}^*)+\sum_{i=1}\lambda_i^*\ \nabla_x g_i(\boldsymbol{x}^*)=0 && \text{(平衡性)}\\
&g_i(\boldsymbol{x}^*)\leqslant 0,\quad i=1,\cdots,n && \text{(原问题可行性)}\\
&\lambda_i^*\geqslant 0,\quad i=1,\cdots,n && \text{(对偶问题可行性)}\\
&\lambda_i^*\ g_i(\boldsymbol{x}^*)=0,\quad i=1,\cdots,n && \text{(互补松弛条件)}
\end{aligned} \tag{A.138}$$

此外，可以证明如果式(A.120)中的原优化问题是具有仿射约束的凸问题，则 KKT 条件也是其最优性的充分条件。

A. 4　Cover-Hart 定理的证明

在本节中，我们将给出定理 5.1 和定理 5.3 的证明。定理 5.1 的证明遵循 Cover and Hart[1967]教材中原始证明的一般结构，但其中存在着一些不同。该证明假设类的条件密度几乎处处存在且连续。Stone[1977]教材给出了一个更一般的证明，它没有假设类的条件密度的存在(也可参见 Devroye et al. [1996]教材的第 5 章)。

定理 5.1 的证明

首先，我们必须证明当 $n\to\infty$ 时一个测试样本点 $\boldsymbol{X}$ 的最近邻 $\boldsymbol{X}_n^{(1)}$ 收敛到 $\boldsymbol{X}$。密度的存在使得这一过程很容易说明。首先注意到对于任意的 $\tau>0$，

$$P(\|\boldsymbol{X}_n^{(1)}-\boldsymbol{X}\|>\tau)=P(\|\boldsymbol{X}_i-\boldsymbol{X}\|>\tau;i=1,\cdots,n)=(1-P(\|\boldsymbol{X}_1-\boldsymbol{X}\|<\tau))^n \tag{A.139}$$

如果我们能证明 $P(\|\boldsymbol{X}_1-\boldsymbol{X}\|<\tau)>0$，那么由式(A.139)可知 $P(\|\boldsymbol{X}_n^{(1)}-\boldsymbol{X}\|<\tau)\to 0$，从而依概率 $\boldsymbol{X}_n^{(1)}\to\boldsymbol{X}$。由于 $\boldsymbol{X}_1$ 和 $\boldsymbol{X}$ 是独立同分布的且其密度为 $p_{\boldsymbol{X}}$，$\boldsymbol{X}_1-\boldsymbol{X}$ 拥有的密度为 $p_{\boldsymbol{X}_1-\boldsymbol{X}}$，由经典卷积公式可得到：

$$p_{\boldsymbol{X}_1-\boldsymbol{X}}(\boldsymbol{x})=\int_{R^d}p_{\boldsymbol{X}}(\boldsymbol{x}+\boldsymbol{u})p_{\boldsymbol{X}}(\boldsymbol{u})\mathrm{d}\boldsymbol{u} \tag{A.140}$$

由上式，我们得到 $p_{\boldsymbol{X}_1-\boldsymbol{X}}(0)=\int_{R^d}p_{\boldsymbol{X}}^2(\boldsymbol{x})\mathrm{d}\boldsymbol{u}>0$。通过积分的连续性，可知 $p_{\boldsymbol{X}_1-\boldsymbol{X}}$在 0 的邻域内必须是非零的，即 $P(\|\boldsymbol{X}_1-\boldsymbol{X}\|<\tau)>0$，如上述被证明那样。现在，设 Y_n'表示最近邻 $\boldsymbol{X}_n^{(1)}$ 的标签。考虑条件错误率

$$P(\psi_n(\boldsymbol{X}) \neq Y \mid \boldsymbol{X}, \boldsymbol{X}_1, \cdots, \boldsymbol{X}_n) = P(Y'_n \neq Y \mid \boldsymbol{X}, \boldsymbol{X}_n^{(1)})$$
$$= P(Y = 1, Y'_n = 0 \mid \boldsymbol{X}, \boldsymbol{X}_n^{(1)}) + P(Y = 0, Y'_n = 1 \mid \boldsymbol{X}, \boldsymbol{X}_n^{(1)})$$
$$= P(Y = 1 \mid \boldsymbol{X}) P(Y'_n = 0 \mid \boldsymbol{X}_n^{(1)}) + P(Y = 0 \mid \boldsymbol{X}) P(Y'_n = 1 \mid \boldsymbol{X}_n^{(1)})$$
$$= \eta(\boldsymbol{X})(1 - \eta(\boldsymbol{X}_n^{(1)})) + (1 - \eta(\boldsymbol{X}))\eta(\boldsymbol{X}_n^{(1)}) \tag{A.141}$$

其中用到了$(\boldsymbol{X}_n^{(1)}, Y'_n)$和$(\boldsymbol{X}, Y)$的独立性。我们现在使用类条件密度存在且是连续的这一假设，这意味着η是连续的。之前我们已经得到了依概率$\boldsymbol{X}_n^{(1)} \to \boldsymbol{X}$。根据连续映射定理(参见定理 A.6)，依概率$\eta(\boldsymbol{X}_n^{(1)}) \to \eta(\boldsymbol{X})$并且

$$P(\psi_n(\boldsymbol{X}) \neq Y \mid \boldsymbol{X}, \boldsymbol{X}_1, \cdots, \boldsymbol{X}_n) \to 2\eta(\boldsymbol{X})(1 - \eta(\boldsymbol{X})) \text{ 依概率} \tag{A.142}$$

由于所有随机变量都可以被界定在区间[0,1]内，我们可以应用有界收敛定理(参见定理 A.11)得到

$$E[\varepsilon_n] = E[P(\psi_n(\boldsymbol{X}) \neq Y \mid \boldsymbol{X}, \boldsymbol{X}_1, \cdots, \boldsymbol{X}_n)] \to E[2\eta(\boldsymbol{X})(1 - \eta(\boldsymbol{X})] \tag{A.143}$$

证明了定理的第一部分。

对于定理的第二部分，设$r(\boldsymbol{X}) = \min\{\eta(\boldsymbol{X}), 1 - \eta(\boldsymbol{X})\}$并且注意到$\eta(\boldsymbol{X})(1 - \eta(\boldsymbol{X})) = r(\boldsymbol{X})(1 - r(\boldsymbol{X}))$。从而可知

$$\varepsilon_{\mathrm{NN}} = E[2\eta(\boldsymbol{X})(1 - \eta(\boldsymbol{X}))] = E[2r(\boldsymbol{X})(1 - r(\boldsymbol{X}))]$$
$$= 2E[r(\boldsymbol{X})]E[(1 - r(\boldsymbol{X}))] + 2\mathrm{Cov}(r(\boldsymbol{X}), 1 - r(\boldsymbol{X})) \tag{A.144}$$
$$= 2\varepsilon^*(1 - \varepsilon^*) - 2\mathrm{Var}(r(\boldsymbol{X})) \leqslant 2\varepsilon^*(1 - \varepsilon^*) \leqslant 2\varepsilon^*$$

是符合要求的。

定理 5.3 的证明

式(5.13)和式(5.14)的证明遵循与$k=1$的情况相同的结构。如前所述，第一步是证明当$n \to \infty$时，$\boldsymbol{X}$的第i近邻$\boldsymbol{X}_n^{(i)}$依概率收敛到$\boldsymbol{X}$，其中$i = 1, \cdots, k$。这是因为对于每一个$\tau > 0$，

$$P(\| \boldsymbol{X}_n^{(i)} - \boldsymbol{X} \| > \tau) = P(\| \boldsymbol{X}_j - \boldsymbol{X} \| > \tau; j = k, \cdots, n)$$
$$= (1 - P(\| \boldsymbol{X}_1 - \boldsymbol{X} \| < \tau))^{n-k-1} \to 0 \tag{A.145}$$

由于$P(\| \boldsymbol{X}_1 - \boldsymbol{X} \| < \tau) > 0$，可参见前一证明所示。接下来，设用$Y_n^{(i)}$表示$\boldsymbol{X}$的最近邻$\boldsymbol{X}_n^{(i)}$的标签，并且考虑条件错误率

$$P(\psi_n(\boldsymbol{X}) \neq Y \mid \boldsymbol{X}, \boldsymbol{X}_1, \cdots, \boldsymbol{X}_n)$$
$$= P\Big(Y = 1, \sum_{i=1}^{k} Y_n^{(i)} < \frac{k}{2} \mid \boldsymbol{X}, \boldsymbol{X}_n^{(1)}, \cdots, \boldsymbol{X}_n^{(k)}\Big) + P\Big(Y = 0, \sum_{i=1}^{k} Y_n^{(i)} > \frac{k}{2} \mid \boldsymbol{X}, \boldsymbol{X}_n^{(1)}, \cdots, \boldsymbol{X}_n^{(k)}\Big)$$
$$= P(Y = 1 \mid \boldsymbol{X}) P\Big(\sum_{i=1}^{k} Y_n^{(i)} < \frac{k}{2} \mid \boldsymbol{X}_n^{(1)}, \cdots, \boldsymbol{X}_n^{(k)}\Big)$$
$$+ P(Y = 0 \mid \boldsymbol{X}) P\Big(\sum_{i=1}^{k} Y_n^{(i)} > \frac{k}{2} \mid \boldsymbol{X}_n^{(1)}, \cdots, \boldsymbol{X}_n^{(k)}\Big)$$
$$= \eta(\boldsymbol{X}) \sum_{i=0}^{(k-1)/2} P\Big(\sum_{j=1}^{k} Y_n^{(j)} = i \mid \boldsymbol{X}_n^{(1)}, \cdots, \boldsymbol{X}_n^{(k)}\Big)$$
$$+ (1 - \eta(\boldsymbol{X})) \sum_{i=(k+1)/2}^{k} P\Big(\sum_{j=1}^{k} Y_n^{(j)} = i \mid \boldsymbol{X}_n^{(1)}, \cdots, \boldsymbol{X}_n^{(k)}\Big) \tag{A.146}$$

其中

$$P(\sum_{j=1}^{k} Y_n^{(j)} = i \mid \boldsymbol{X}_n^{(1)},\cdots,\boldsymbol{X}_n^{(k)}) = \sum_{\substack{m_1,\cdots,m_k \in \{0,1\} \\ m_1+\cdots+m_k=i}} \prod_{j=1}^{k} P(Y_n^{(j)} = m_j \mid \boldsymbol{X}_n^{(j)})$$

$$= \sum_{\substack{m_1,\cdots,m_k \in \{0,1\} \\ m_1+\cdots+m_k=i}} \prod_{j=1}^{k} \eta(\boldsymbol{X}_n^{(j)})^{m_j} (1-\eta(X_n^{(j)}))^{1-m_j} \tag{A.147}$$

使用先前确定的事实依概率 $\boldsymbol{X}_n^{(j)} \to \boldsymbol{X}$，其中 $i=1,\cdots,k$。由分布的连续性假设和连续映射定理(参见定理 A.6)得出

$$P(\sum_{j=1}^{k} Y_n^{(j)} = i \mid \boldsymbol{X}_n^{(1)},\cdots,\boldsymbol{X}_n^{(k)}) \xrightarrow{P} \sum_{\substack{m_1,\cdots,m_k \in \{0,1\} \\ m_1+\cdots+m_k=i}} \prod_{j=1}^{k} \eta(\boldsymbol{X})^{m_j} (1-\eta(\boldsymbol{X}))^{1-m_j}$$

$$= \binom{k}{i} \eta(\boldsymbol{X})^{i} (1-\eta(\boldsymbol{X}))^{k-i} \tag{A.148}$$

且

$$P(\psi_n(\boldsymbol{X}) \neq Y \mid \boldsymbol{X},\boldsymbol{X}_1,\cdots,\boldsymbol{X}_n) \xrightarrow{P} \sum_{i=0}^{(k-1)/2} \eta(\boldsymbol{X})^{i+1}(1-\eta(\boldsymbol{X}))^{k-i} + \sum_{i=(k+1)/2}^{k} \eta(\boldsymbol{X})^{i}(1-\eta(\boldsymbol{X}))^{k+1-i} \tag{A.149}$$

由于所有随机变量都可以被界定在区间[0,1]内，我们可以应用有界收敛定理(参见定理 A.11)得到

$$E[\varepsilon_n] = E[P(\psi_n(\boldsymbol{X}) \neq Y \mid \boldsymbol{X},\boldsymbol{X}_1,\cdots,\boldsymbol{X}_n)]$$

$$\to E\Big[\sum_{i=0}^{(k-1)/2} \eta(\boldsymbol{X})^{i+1}(1-\eta(\boldsymbol{X}))^{k-i} + \sum_{i=(k+1)/2}^{k} \eta(\boldsymbol{X})^{i}(1-\eta(\boldsymbol{X}))^{k+1-i}\Big] \tag{A.150}$$

构建出式(5.13)和式(5.14)。

对于第二部分，和前面一样，我们设 $r(\boldsymbol{X})=\min\{\eta(\boldsymbol{X}),\ 1-\eta(\boldsymbol{X})\}$ 并且注意到 $\eta(\boldsymbol{X})(1-\eta(\boldsymbol{X}))=r(\boldsymbol{X})(1-r(\boldsymbol{X}))$。通过对称原则，很容易看出 $\alpha_k(\eta(\boldsymbol{X}))=\alpha_k(r(\boldsymbol{X}))$。我们寻求一个不等式 $\alpha_k(r(\boldsymbol{X})) \leqslant \alpha_k r(\boldsymbol{X})$，使得

$$\varepsilon_{\mathrm{kNN}} = E[\alpha_k(\eta(\boldsymbol{X}))] = E[\alpha_k(r(\boldsymbol{X}))] \leqslant a_k E[r(\boldsymbol{X})] = a_k \varepsilon^* \tag{A.151}$$

其中存在 $a_k>1$ 尽量的小。但如图 5.8 所示，在 $p\in[0,1/2]$ 范围内 a_k 相当于在 $\alpha_k(p)$ 处的通过原点的切线斜率，因此它必须满足式(5.21)。

A.5　Stone 定理的证明

在本节中，我们给出了定理 5.4 的证明，它基本上遵循了 Devroye et al.[1996]中给出的证明。Stone[1977]中的原始证明具有普遍性，它给予了式(5.2)中关于权重的非负性和规范化的更宽泛的假设，同时在式(5.2)的情况下也证明了定理中给出的关于权重的条件是普遍一致性的充分必要条件。

定理 5.4 的证明

根据引理 5.1 及其后的注释充分说明当 $n\to\infty$ 时 $E[(\eta_n(\boldsymbol{X})-\eta(\boldsymbol{X}))^2]\to 0$。引入平滑

后验概率函数

$$\tilde{\eta}_n(\boldsymbol{x}) = \sum_{i=1}^{n} W_{n,i}(\boldsymbol{x})\eta(\boldsymbol{X}_i) \tag{A.152}$$

平滑后验概率不是一个真正的估计量，由于它是 $\eta(\boldsymbol{x})$ 的函数。但是，它可以将问题分解为两个可处理的部分：

$$\begin{aligned} E[(\eta_n(\boldsymbol{X}) - \eta(\boldsymbol{X}))^2] &= E[(\eta_n(\boldsymbol{X}) - \tilde{\eta}_n(\boldsymbol{X}) + \tilde{\eta}_n(\boldsymbol{X}) - \eta(\boldsymbol{X}))^2] \\ &\leqslant 2E[(\eta_n(\boldsymbol{X}) - \tilde{\eta}_n(\boldsymbol{X}))^2] + 2E[(\tilde{\eta}_n(\boldsymbol{X}) - \eta(\boldsymbol{X}))^2] \end{aligned} \tag{A.153}$$

其中由 $(a+b)^2 \leqslant 2(a^2+b^2)$ 可以得到不等式形式。其余的证明是要证实 $E[(\eta(\boldsymbol{X}) - \tilde{\eta}_n(\boldsymbol{X}))^2] \to 0$ 且 $E[(\tilde{\eta}_n(\boldsymbol{X}) - \eta(\boldsymbol{X}))^2] \to 0$。

对于上式中的第一部分，可以注意到

$$\begin{aligned} E[(\eta_n(\boldsymbol{X}) - \tilde{\eta}_n(\boldsymbol{X}))^2] &= E\Big[\big(\sum_{i=1}^{n} W_{ni}(\boldsymbol{X})(Y_i - \eta(\boldsymbol{X}_i)\big)^2\Big] \\ &= \sum_{i=1}^{n}\sum_{j=1}^{n} E[W_{ni}(\boldsymbol{X})W_{nj}(\boldsymbol{X})(Y_i - \eta(\boldsymbol{X}_i)(Y_j - \eta(\boldsymbol{X}_j)] \\ &= \sum_{i=1}^{n}\sum_{j=1}^{n} E[E[W_{ni}(\boldsymbol{X})W_{nj}(\boldsymbol{X})(Y_i - \eta(\boldsymbol{X}_i)(Y_j - \eta(\boldsymbol{X}_j) \mid \boldsymbol{X}, \boldsymbol{X}_1, \cdots, \boldsymbol{X}_n]] \end{aligned} \tag{A.154}$$

现在，给定 $\boldsymbol{X}, \boldsymbol{X}_1, \cdots, \boldsymbol{X}_n$，$W_{ni}(\boldsymbol{X})$ 和 $W_{nj}(\boldsymbol{X})$ 为常数，且 $Y_i - \eta(\boldsymbol{X}_i)$ 和 $Y_j - \eta(\boldsymbol{X}_j)$ 是零均值随机变量。此外，如果 $i \neq j$，那么 $Y_i - \eta(\boldsymbol{X}_i)$ 和 $Y_j - \eta(\boldsymbol{X}_j)$ 是独立的。因此，对于 $i \neq j$ 存在 $E[W_{ni}(\boldsymbol{X})W_{nj}(\boldsymbol{X})(Y_i - \eta(\boldsymbol{X}_i))(Y_j - \eta(\boldsymbol{X}_j) \mid \boldsymbol{X}, \boldsymbol{X}_1, \cdots, \boldsymbol{X}_n)] = 0$，其我们能够得到

$$\begin{aligned} &E[(\eta_n(\boldsymbol{X}) - \tilde{\eta}_n(\boldsymbol{X}))^2] = \sum_{i=1}^{n} E[W_{ni}^2(\boldsymbol{X})(Y_i - \eta(\boldsymbol{X}_i)^2]] \\ &\leqslant E[\sum_{i=1}^{n} W_{ni}^2(\boldsymbol{X})] \leqslant E[\max_{i=1,\cdots,n} W_{n,i}(\boldsymbol{x}) \sum_{i=1}^{n} W_{ni}(\boldsymbol{X})] = E[\max_{i=1,\cdots,n} W_{n,i}(\boldsymbol{x})] \to 0 \end{aligned} \tag{A.155}$$

是根据 Stone 定理和有界收敛定理 A. 11 的条件(ii)实现的。

第二部分的证明需要更多的技术技巧。首先，给定 $\tau > 0$，寻找一个函数 η^* 使得 $0 \leqslant \eta^* \leqslant 1$，$\eta^*$ 是 $P_{\boldsymbol{X}}$-平方可积的、连续的、具有紧支撑的并且 $E[(\eta^*(\boldsymbol{X}) - \eta(\boldsymbol{X}))^2] < \tau$。而上述的函数是存在的，因为 $\eta(\boldsymbol{x})$ 是 $P_{\boldsymbol{X}}$-可积的(参见 2.6.3 节)并且是平方可积的，因此 $\eta^2(\boldsymbol{x}) \leqslant \eta(\boldsymbol{x})$，并且在平方可积函数集中其具有紧支撑的连续函数集是稠密的。现在，可以将其写成

$$\begin{aligned} &E[(\tilde{\eta}_n(\boldsymbol{X}) - \eta(\boldsymbol{X}))^2] = E\Big[\big(\sum_{i=1}^{n} W_{ni}(\boldsymbol{X})(\eta(\boldsymbol{X}_i) - \eta(\boldsymbol{X}))\big)^2\Big] \\ &\leqslant E\Big[\sum_{i=1}^{n} W_{ni}(\boldsymbol{X})(\eta(\boldsymbol{X}_i) - \eta(\boldsymbol{X}))^2\Big] \\ &= E\Big[\sum_{i=1}^{n} W_{ni}(\boldsymbol{X})\big((\eta(\boldsymbol{X}_i) - \eta^*(\boldsymbol{X}_i)) + (\eta^*(\boldsymbol{X}_i) - \eta^*(\boldsymbol{X})) + (\eta^*(\boldsymbol{X}) - \eta(\boldsymbol{X}))\big)^2\Big] \end{aligned}$$

$$\leqslant 3E\Big[\sum_{i=1}^{n} W_{ni}(\boldsymbol{X})((\eta(\boldsymbol{X}_i)-\eta^*(\boldsymbol{X}_i))^2+(\eta^*(\boldsymbol{X}_i)-\eta^*(\boldsymbol{X}))^2+(\eta^*(\boldsymbol{X})-\eta(\boldsymbol{X}))^2)\Big]$$

$$\leqslant 3E\Big[\sum_{i=1}^{n} W_{ni}(\boldsymbol{X})\,(\eta(\boldsymbol{X}_i)-\eta^*(\boldsymbol{X}_i))^2\Big]$$

$$+3E\Big[\sum_{i=1}^{n} W_{ni}(\boldsymbol{X})\,(\eta^*(\boldsymbol{X}_i)-\eta^*(\boldsymbol{X}))^2\Big]+3E[(\eta^*(\boldsymbol{X})-\eta(\boldsymbol{X}))^2]$$

$$=I+II+III \tag{A.156}$$

其中由 Jensen 不等式得到了第一个不等式，而由$(a+b+c)^2\leqslant 3(a^2+b^2+c^2)$得到了第二个不等式。现在，通过 η^* 的构造和 Stone 定理的条件(iii)可知 $I<3\tau$ 并且 $III<3c\tau$。为了得到 II 的界，可注意到 η^* 在紧支撑上是连续的，并且也是一致连续的。因此，给定 $\tau>0$，存在 $\delta>0$ 使得 $\|\boldsymbol{x}'-\boldsymbol{x}\|<\delta$，意味着对于所有 $\boldsymbol{x}'$，$\boldsymbol{x}\in R^d$，存在 $|\eta^*(\boldsymbol{x}')-\eta^*(\boldsymbol{x})|<\tau$。因此，

$$II\leqslant 3E\Big[\sum_{i=1}^{n} W_{n,i}(\boldsymbol{X})I_{\|\boldsymbol{X}_i-\boldsymbol{X}\|>\delta}\Big]+3E\Big[\sum_{i=1}^{n} W_{n,i}(\boldsymbol{X})\tau\Big]=3E\Big[\sum_{i=1}^{n} W_{n,i}(\boldsymbol{X})I_{\|\boldsymbol{X}_i-\boldsymbol{X}\|>\delta}\Big]+3\tau \tag{A.157}$$

其中我们使用了$|\eta^*(\boldsymbol{x}')-\eta^*(\boldsymbol{x})|\leqslant 1$。利用 Stone 定理的条件(i)和有界收敛定理 A. 11，可得到 $\lim\sup_{n\to\infty} II\leqslant 3\tau$。将其综合起来，

$$\lim\sup_{n\to\infty} E[(\widetilde{\eta}_n(\boldsymbol{X})-\eta(\boldsymbol{X}))^2]\leqslant 3\tau+3c\tau+3\tau=3(c+2)\tau \tag{A.158}$$

由于 τ 是任意的，由此可知 $E[(\widetilde{\eta}_n(\boldsymbol{X})-\eta(\boldsymbol{X}))^2]\to 0$，从而证明完毕。

A. 6　Vapnik-Chervonenkis 定理的证明

在本节中，我们将给出定理 8. 2 的证明。我们的证明结合了 Pollard[1984]和 Devroye et al. [1996]中给出的证明元素，这些内容被认为是由 Dudley[1978]做出的贡献。另外可参见 Casrto[2020]。我们证明了一般形式的结论，然后将其具体化到分类情况。

考虑一个概率空间$(R^p,\mathscr{B}^p,v)$和 n 个独立同分布的随机变量 $Z_1,\cdots,Z_n\sim v$。(有关概率论的回顾，请参见附录 A. 1 节)可以注意到每个 Z_i 实际上是一个随机向量，但在这里我们不使用通常的黑斜体形式，以免混淆符号。在$(R^p,\mathscr{B}^P)$上一个经验测度是随机度量，它是 $Z_1,\cdots,Z_n$ 的函数。标准经验测度v_n 是对所有 Z_i 求和后再乘以 $1/n$，因此

$$v_n(\boldsymbol{A})=\frac{1}{n}\sum_{i=1}^{n} I_{Z_i\in \boldsymbol{A}} \tag{A.159}$$

其中 $\boldsymbol{A}\in\mathscr{B}^P$。根据大数定律(LLN)，当 $n\to\infty$时，对于任何固定的 $\boldsymbol{A}$ 存在$v_n(\boldsymbol{A})\xrightarrow{\text{a.s.}} v(\boldsymbol{A})$。在 VC 定理中，人们反而感兴趣的是 LLN 的统一版本：提供一个适当的集合族 $\mathcal{A}\subset\mathscr{B}^p$，使得$\sup_{\boldsymbol{A}\in\mathcal{A}}|v_n(\boldsymbol{A})-v(\boldsymbol{A})|\xrightarrow{\text{a.s.}}0$。保证$\sup_{\boldsymbol{A}\in\mathcal{A}}|v_n(\boldsymbol{A})-v(\boldsymbol{A})|$和其他各种量的可测量性的一般条件证明在 Pollard[1984]中进行了讨论，下面将默认基于这种情况。

定义第二个(有符号的)经验度量值$\widetilde{v}_n$，它对所有 Z_i 求和后随机地乘以 $1/n$ 或 $-1/n$，即

$$\widetilde{v}_n(\boldsymbol{A})=\frac{1}{n}\sum_{i=1}^{n}\sigma_i I_{Z_i\in \boldsymbol{A}} \tag{A.160}$$

对于 $\mathbf{A}\in\mathcal{A}$，$\sigma_1,\cdots,\sigma_n$ 是拥有 $P(\sigma_1=1)=P(\sigma_1=-1)=1/2$ 的独立同分布随机变量，独立于 $Z_1,\cdots,Z_n$。

事实证明 VC 定理就像定理 8.1 一样，可以通过直接应用联合界式(A.10)和 Hoefffing 不等式(8.8)以及下一个关键引理来证明。

引理 A.2(对称化引理) 不管存在何种衡量尺度 v，

$$P(\sup_{A\in\mathcal{A}}|v_n(\mathbf{A})-v(\mathbf{A})|>\tau)\leqslant 4P(\sup_{A\in\mathcal{A}}|\tilde{v}_n(\mathbf{A})|>\frac{\tau}{4}),\quad \text{对于所有 } \tau>0 \text{ 且 } n\geqslant 2\tau^{-2} \tag{A.161}$$

证明：考虑第二组示例样本 $Z'_1,\cdots,Z'_n\sim v$，它独立于 $Z_1,\cdots,Z_n$ 并且其符号为 $\sigma_1,\cdots,\sigma_n$。在证明的第一部分，我们力求建立在式(A.161)中的 $\sup_{\mathbf{A}\in\mathcal{A}}|v_n(\mathbf{A})-v(\mathbf{A})|$ 尾概率与 $\sup_{\mathbf{A}\in\mathcal{A}}|v'_n(\mathbf{A})-v_n(\mathbf{A})|$ 尾概率的联系，其中

$$v'_n(\mathbf{A})=\frac{1}{n}\sum_{i=1}^{n}I_{Z'_i\in\mathbf{A}} \tag{A.162}$$

对于 $\mathbf{A}\in\mathcal{A}$，在第二部分中关系到式(A.161)中的 $\sup_{\mathbf{A}\in\mathcal{A}}|\tilde{v}_n(\mathbf{A})|$ 尾概率。

注意到无论何时 $\sup_{\mathbf{A}\in\mathcal{A}}|v_n(\mathbf{A})-v(\mathbf{A})|>\tau$，都存在 $\mathbf{A}^*\in\mathcal{A}$，使得它是 $Z_1,\cdots,Z_n$ 的函数且以概率 1 满足 $|v_n(\mathbf{A}^*)-v(\mathbf{A}^*)|>\tau$。换句话说，

$$P\left(|v_n(\mathbf{A}^*)-v(\mathbf{A}^*)|>\tau\,\middle|\,\sup_{\mathbf{A}\in\mathcal{A}}|v_n(\mathbf{A})-v(\mathbf{A})|>\tau\right)=1 \tag{A.163}$$

反过来意味着

$$P(|v_n(\mathbf{A}^*)-v(\mathbf{A}^*)|>\tau)\geqslant P(\sup_{\mathbf{A}\in\mathcal{A}}|v_n(\mathbf{A})-v(\mathbf{A})|>\tau) \tag{A.164}$$

现在，以 $Z_1,\cdots,Z_n$ 为条件，$\mathcal{A}^*$ 被固定下来(非随机的)。可以注意到 $E[v'_n(\mathbf{A}^*)|Z_1,\cdots,Z_n]=v(\mathbf{A}^*)$ 并且 $\mathrm{Var}[v'_n(\mathbf{A}^*)|Z_1,\cdots,Z_n]=v(\mathbf{A}^*)(1-v(\mathbf{A}^*))/n$。因此，我们可以应用 Chebyshev 不等式(A.75)得出：

$$P\left(|v'_n(\mathbf{A}^*)-v(\mathbf{A}^*)|<\frac{\tau}{2}\,\middle|\,Z_1,\cdots,Z_n\right)\geqslant 1-\frac{4v(\mathbf{A}^*)(1-v(\mathbf{A}^*))}{n\tau^2}\geqslant 1-\frac{1}{n\tau^2}\geqslant\frac{1}{2} \tag{A.165}$$

其中 $n\geqslant 2\tau^{-2}$。现在

$$\begin{aligned}P(\sup_{\mathbf{A}\in\mathcal{A}}|v'_n(\mathbf{A})-v_n(\mathbf{A})|>\frac{\tau}{2}|Z_1,\cdots,Z_n)&\geqslant P(|v'_n(\mathbf{A}^*)-v_n(\mathbf{A}^*)|>\frac{\tau}{2}|Z_1,\cdots,Z_n)\\&\geqslant I_{|v_n(\mathbf{A}^*)-v(\mathbf{A}^*)|>\tau}P\left(|v'_n(\mathbf{A}^*)-v(\mathbf{A}^*)|<\frac{\tau}{2}\,\middle|\,Z_1,\cdots,Z_n\right)\geqslant\frac{1}{2}I_{|v_n(\mathbf{A}^*)-v(\mathbf{A}^*)|>\tau}\end{aligned} \tag{A.166}$$

其中第二个不等式可由 $|a-c|>\tau$ 和 $|b-c|<\tau/2$ 表示成 $|b-c|>\tau/2$ 的形式。合并式(A.166)中两边关于 $Z_1,\cdots,Z_n$ 的项并使用式(A.164)得到

$$P(\sup_{\mathbf{A}\in\mathcal{A}}|v'_n(\mathbf{A})-v_n(\mathbf{A})|>\frac{\tau}{2})\geqslant\frac{1}{2}P(\sup_{\mathbf{A}\in\mathcal{A}}|v_n(\mathbf{A})-v(\mathbf{A})|>\tau) \tag{A.167}$$

从而完成了第一部分的证明。接下来，定义

$$\tilde{v}'_n(\mathbf{A})=\frac{1}{n}\sum_{i=1}^{n}\sigma_i I_{Z'_i\in\mathbf{A}} \tag{A.168}$$

其中 $\mathbf{A}\in\mathcal{A}$。从作用在 $\sigma_1,\cdots,\sigma_n$ 的条件上可以看出一个关键观察结果，即 $\sup_{\mathbf{A}\in\mathcal{A}}|v'_n(\mathbf{A})-v_n(\mathbf{A})|$ 与 $\sup_{\mathbf{A}\in\mathcal{A}}|\tilde{v}'_n(\mathbf{A})-\tilde{v}_n(\mathbf{A})|$ 具有相同的分布。因此，

$$P(\sup_{\mathbf{A}\in\mathcal{A}}|v'_n(\mathbf{A})-v_n(\mathbf{A})|>\frac{\tau}{2})=P(\sup_{\mathbf{A}\in\mathcal{A}}|\tilde{v}'_n(\mathbf{A})-\tilde{v}_n(\mathbf{A})|>\frac{\tau}{2})$$
$$\leqslant P(\left\{\sup_{\mathbf{A}\in\mathcal{A}}|\tilde{v}'_n(\mathbf{A})|>\frac{\tau}{4}\right\}\bigcup\left\{\sup_{\mathbf{A}\in\mathcal{A}}|\tilde{v}_n(\mathbf{A})|>\frac{\tau}{4}\right\})$$
$$\leqslant P(\sup_{\mathbf{A}\in\mathcal{A}}|\tilde{v}'_n(\mathbf{A})|>\frac{\tau}{4})+P(\sup_{\mathbf{A}\in\mathcal{A}}|\tilde{v}_n(\mathbf{A})|>\frac{\tau}{4})=2P(\sup_{\mathbf{A}\in\mathcal{A}}|\tilde{v}_n(\mathbf{A})|>\frac{\tau}{4})\tag{A.169}$$

其中第一个不等式由 $|a-b|>\tau/2$ 可表示成 $|a|>\tau/4$ 或 $|b|>\tau/4$ 的形式，而第二个不等式应用了式(A.10)中联合界。结合式(A.167)和式(A.169)就可以证明其引理。■

利用对称化引理，证明下列定理是相当简单的，而且也很有指导意义。

定理 A.20(*一般的 Vapnik-Chervonenkis 定理*)　*不管存在何种衡量尺度* v，

$$P(\sup_{\mathbf{A}\in\mathcal{A}}|v_n(\mathbf{A})-v(\mathbf{A})|>\tau)\leqslant 8\mathcal{S}(\mathcal{A},n)\mathrm{e}^{-n\tau^2/32}\text{，对于所有 }\tau>0\tag{A.170}$$

其中 $\mathcal{S}(\mathcal{A},n)$ 是 $\mathcal{A}$ 的第 n 个打散系数，它可由式(8.14)定义。

证明：对于固定的 $Z_1=z_1,\cdots,Z_n=z_n$，考虑二元向量 $(I_{z_i\in\mathbf{A}},\cdots,\boldsymbol{I}_{z_i\in\mathbf{A}})$，其中 $\mathbf{A}$ 的取值范围为 $\mathcal{A}$。当然，二元向量最多可以有 2^n 个不同的取值。但是，对于给定的 $\mathcal{A}$，不同值的数量可能小于 2^n。事实上，根据在式(8.13)中的定义可得到数量 $N_{\mathcal{A}}(z_1,\cdots,z_n)$，对于在 $z_1,\cdots,z_n$ 中的任何选择，该数量必须小于 $\mathcal{S}(\mathcal{A},n)$ 的打散系数。注意到 $\tilde{v}_n(\mathbf{A})$ 在 $Z_1=z_1,\cdots,Z_n=z_n$ 条件上，通过随机符号 $\sigma_1,\cdots,\sigma_n$，它仍然可以表示为一个随机变量。因为该随机变量是向量 $(\boldsymbol{I}_{z_i\in\mathbf{A}},\cdots,\boldsymbol{I}_{z_i\in\mathbf{A}})$ 的函数，其值的数量为由 $\mathcal{S}(\mathcal{A},n)$ 限定的范围 $\mathcal{A}$ 中的 $\mathbf{A}$。因此，$\sup_{\mathbf{A}\in\mathcal{A}}|\tilde{v}'_n(\mathbf{A})|$ 最多是 $\mathcal{S}(\mathcal{A},n)$ 的最大值，应用式(A.10)中的联合界可以得到如下形式：

$$P(\sup_{\mathbf{A}\in\mathcal{A}}|\tilde{v}_n(\mathbf{A})|>\frac{\tau}{4}|Z_1,\cdots,Z_n)=P(\bigcup_{\mathbf{A}\in\mathcal{A}}\left\{|\tilde{v}_n(\mathbf{A})|>\frac{\tau}{4}\right\}|Z_1,\cdots,Z_n)$$
$$\leqslant\sum_{\mathbf{A}\in\mathcal{A}}P(|\tilde{v}_n(\mathbf{A})|>\frac{\tau}{4}|Z_1,\cdots,Z_n)\leqslant\mathcal{S}(\mathcal{A},n)\sup_{\mathbf{A}\in\mathcal{A}}P(|\tilde{v}_n(\mathbf{A})|>\frac{\tau}{4}|Z_1,\cdots,Z_n)\tag{A.171}$$

对于并、求和以及上确界的理解是有限的。现在我们应用 Hoeffding 不等式(定理 A.14)来约束概率 $P(|\tilde{v}_n(\mathbf{A})|>\frac{\tau}{4}|Z_1,\cdots,Z_n)$。给定 $Z_1=z_1,\cdots,Z_n=z_n$ 的条件，$\tilde{v}_n(\mathbf{A})=\sum_{i=1}^{n}\sigma_i I_A(z_i\in\mathbf{A})$ 是独立的零均值随机变量之和，它的取值被限制在区间 $[-1,1]$ 内(因为它们不是同分布的，则应用定理 A.14 就没有必需)。则由 Hoeffding 不等式得出：

$$P(|\tilde{v}_n(\mathbf{A})|>\frac{\tau}{4}|Z_1,\cdots,Z_n)\leqslant 2e^{-n\tau^2/32}\text{，对于所有 }\tau>0\tag{A.172}$$

应用式(A.171)并且对 $Z_1,\cdots,Z_n$ 两边进行合并可以得到

$$P(\sup_{\mathbf{A}\in\mathcal{A}}|\tilde{v}_n(A)|>\frac{\tau}{4})\leqslant 2\mathcal{S}(\mathcal{A},n)e^{-n\tau^2/32}\text{，对于所有 }\tau>0\tag{A.173}$$

如果 $n<2\tau^{-2}$，式(A.170)中的不等式是可以忽略的。如果 $n\geqslant 2\tau^{-2}$，我们可以应用引理 A.2 并且得到期望的结果。■

如果 $\mathcal{S}(\mathcal{A},n)$ 随 n 阶多项式增长(如果 $\mathcal{A}$ 的 VC 维数是有限的)，则通过应用定理 A.8，由式(A.170)可以得到一致的 LLN：$\sup_{\mathbf{A}\in\mathcal{A}}|v_n(\mathbf{A})-v(\mathbf{A})|\xrightarrow{\text{a.s.}}0$。

将定理 A.20 具体化到分类案例中得到所需的证明结果。

定理 8.2 的证明

考虑概率空间$(R^{d+1},\mathscr{B}^{d+1},P_{\boldsymbol{X},Y})$，其中 $P_{X,Y}$是 2.6.3 节中构造的联合特征-目标概率测度。假设存在独立同分布的训练数据为$S_n=\{(\boldsymbol{X}_1,Y_1),\cdots,(\boldsymbol{X}_n,Y_n)\}$。给定一系列分类器 $\mathcal{C}$，应用定理 A.20 具有参数 $v=P_{\boldsymbol{X},Y}$，$Z_i=(\boldsymbol{X}_i,\ Y_i)\sim P_{\boldsymbol{X},Y}$，其中 $i=1,\cdots,n$，并且 $\widetilde{\mathcal{A}}_{\mathcal{C}}$ 包含所有类型的集合

$$\widetilde{A}_{\psi}=\{\psi(\boldsymbol{X})\neq Y\}=\{\psi(\boldsymbol{X})=1,Y=0\}\cup\{\psi(\boldsymbol{X})=0,Y=1\} \tag{A.174}$$

对于每个 $\psi\in\mathcal{C}$(集合$\widetilde{A}_{\psi}$是 Borel 集，从而分类器是可测量的函数)。因此 $v(\widetilde{A}_{\psi})=\varepsilon[\psi]$，$v_n(\widetilde{A}_{\psi})=\hat{\varepsilon}[\psi]$并且$\sup_{\widetilde{A}_{\psi}\in\widetilde{\mathcal{A}}_{\mathcal{C}}}|v_n(\widetilde{A}_{\psi})-v(\widetilde{A}_{\psi})|=\sup_{\psi\in\mathcal{C}}|\hat{\varepsilon}[\psi]-\varepsilon[\psi]|$。还有待证明的是 $S(\widetilde{\mathcal{A}}_{\mathcal{C}},n)=S(\mathcal{A}_{\mathcal{C}},n)$，其中 $\mathcal{A}_{\mathcal{C}}=\{A_{\psi}|\psi\in C\}$且 A_{ψ}可由式(8.23)定义。首先可以注意到$\widetilde{\mathcal{A}}_{\mathcal{C}}$与 $\mathcal{A}_{\mathcal{C}}$ 之间存在一一对应的关系，因此对于每一个 $\psi\in\mathcal{C}$，我们有$\widetilde{A}_{\psi}=A_{\psi}\times\{0\}\cup A_{\psi}^{\mathcal{C}}\times\{1\}$。给定点集$\{x_1,\cdots,x_n\}$，如果用 A_{ψ}可以挑选出 k 个点，则在集合$\{(x_1,1),\cdots,(x_n,1)\}$里用$\widetilde{A}_{\psi}$也可以挑选出 k 个点，因此 $\mathcal{S}(\mathcal{A}_{\mathcal{C}},n)\leqslant\mathcal{S}(\widetilde{\mathcal{A}}_{\mathcal{C}},n)$。另一方面，给定点集$\{(x_1,0),\cdots,(x_{n_0},0),(x_{n_0+1},1),\cdots,(x_{n_0+n_1},\ 1)\}$，假设$\widetilde{A}_{\psi}$可选择出子集$\{(x_1,0),\cdots,(x_l,0),\ (x)_{n_0+1},1),\cdots,(x_{n_0+m},1)\}$(集合可以被明确地写出，而顺序无关紧要)。然后 A_{ψ}在点集$\{x_1,\cdots,x_{n_0+n_1}\}$中选取出子集$\{x_1,\cdots,x_l,\ x_{n_0+m+1},\ x_{n_0+n}\}$，上述两个子集彼此被唯一地确定，从而 $\mathcal{S}(\widetilde{\mathcal{A}}_{\mathcal{C}},n)\leqslant\mathcal{S}(\mathcal{A}_{\mathcal{C}},n)$。因此，$\mathcal{S}(\widetilde{\mathcal{A}}_{\mathcal{C}},n)=\mathcal{S}(\mathcal{A}_{\mathcal{C}},n)$。(从而，VC 维也是一致的，$V_{\widetilde{\mathcal{A}}_{\mathcal{C}}}=V_{\mathcal{A}_{\mathcal{C}}}$。)

A.7 EM 算法收敛性的证明

在本节我们给出了常规期望最大化算法收敛到对数似然函数的局部最大值的证明过程。

令 $\boldsymbol{X},\boldsymbol{Z},\boldsymbol{\theta}\in\Theta$ 分别表示观测数据、隐变量和模型的向量。EM 方法依赖于 Jensen 不等式的巧妙应用来获得“不完全”对数似然的下界 $L(\boldsymbol{\theta})=\ln p_{\boldsymbol{\theta}}(\boldsymbol{X})$：

$$B(\boldsymbol{\theta})=\sum_{\boldsymbol{Z}}q(\boldsymbol{Z})\ln\frac{p_{\boldsymbol{\theta}}(\boldsymbol{Z},\boldsymbol{X})}{q(\boldsymbol{Z})}\leqslant\ln\sum_{\boldsymbol{Z}}q(\boldsymbol{Z})\frac{p_{\boldsymbol{\theta}}(\boldsymbol{Z},\boldsymbol{X})}{q(\boldsymbol{Z})}=\ln\sum_{\boldsymbol{Z}}p_{\boldsymbol{\theta}}(\boldsymbol{Z},\boldsymbol{X})=L(\boldsymbol{\theta}) \tag{A.175}$$

对于所有的 $\boldsymbol{\theta}\in\Theta$，$q(\boldsymbol{Z})$是具体指定的一个任意概率分布。不等式直接可由对数函数的凹性和 Jensen 不等式得到。

我们希望最大化下界函数 $B(\boldsymbol{\theta})$，使得其达到 $L(\boldsymbol{\theta})$且其值为 $\boldsymbol{\theta}=\boldsymbol{\theta}^{(m)}$。通过观察可知选择 $q(\boldsymbol{Z};\boldsymbol{\theta}^{(m)})=p_{\boldsymbol{\theta}^{(m)}}(\boldsymbol{Z}|\boldsymbol{X})$可以完成这件事。首先，我们将式(A.175)中 $q(\boldsymbol{Z})$替换为上述形式以得到：

$$B(\boldsymbol{\theta},\boldsymbol{\theta}^{(m)})=\sum_{\boldsymbol{Z}}p_{\boldsymbol{\theta}^{(m)}}(\boldsymbol{Z}|\boldsymbol{X})\ln\frac{p_{\boldsymbol{\theta}}(\boldsymbol{Z},\boldsymbol{X})}{p_{\boldsymbol{\theta}^{(m)}}(\boldsymbol{Z}|\boldsymbol{X})} \tag{A.176}$$

现在我们来验证其下界是否是在 $\boldsymbol{\theta}=\boldsymbol{\theta}^{(m)}$处的对数似然：

$$B(\boldsymbol{\theta}^{(m)},\boldsymbol{\theta}^{(m)})=\sum_{\boldsymbol{Z}}p_{\boldsymbol{\theta}^{(m)}}(\boldsymbol{Z}|\boldsymbol{X})\ln\frac{p_{\boldsymbol{\theta}^{(m)}}(\boldsymbol{Z},\boldsymbol{X})}{p_{\boldsymbol{\theta}^{(m)}}(\boldsymbol{Z}|\boldsymbol{X})}=\sum_{Z}p_{\boldsymbol{\theta}^{(m)}}(\boldsymbol{Z}|\boldsymbol{X})\ln p_{\boldsymbol{\theta}^{(m)}}(\boldsymbol{X})$$

$$=\ln p_{\boldsymbol{\theta}^{(m)}}(\boldsymbol{X})\sum_{\boldsymbol{Z}}p_{\boldsymbol{\theta}^{(m)}}(\boldsymbol{Z}|\boldsymbol{X})=L(\boldsymbol{\theta}^{(m)}) \quad (\text{A}.177)$$

EM 背后的主要思想是挑选 $\boldsymbol{\theta}=\boldsymbol{\theta}^{(m+1)}$ 在它的前值 $B(\boldsymbol{\theta}^{(m)},\boldsymbol{\theta}^{(m)})$ 上增加 $B(\boldsymbol{\theta},\boldsymbol{\theta}^{(m)})$，同时也在前值 $L(\boldsymbol{\theta}^{(m)})$ 上使得 $L(\boldsymbol{\theta})$ 增大。它可以被证明成如下形式：

$$\begin{aligned}B(\boldsymbol{\theta}^{(m+1)},\boldsymbol{\theta}^{(m)})-B(\boldsymbol{\theta}^{(m)},\boldsymbol{\theta}^{(m)})&=\sum_{\boldsymbol{Z}}p_{\boldsymbol{\theta}^{(m)}}(\boldsymbol{Z}|\boldsymbol{X})\ln\frac{p_{\boldsymbol{\theta}^{(m+1)}}(\boldsymbol{Z},\boldsymbol{X})}{p_{\boldsymbol{\theta}^{(m)}}(\boldsymbol{Z},\boldsymbol{X})}\\&=\sum_{\boldsymbol{Z}}p_{\boldsymbol{\theta}^{(m)}}(\boldsymbol{Z}|\boldsymbol{X})\ln\frac{p_{\boldsymbol{\theta}^{(m+1)}}(\boldsymbol{Z}|\boldsymbol{X})}{p_{\boldsymbol{\theta}^{(m)}}(\boldsymbol{Z}|\boldsymbol{X})}\\&\quad+\sum_{\boldsymbol{Z}}p_{\boldsymbol{\theta}^{(m)}}(\boldsymbol{Z}|\boldsymbol{X})\ln\frac{p_{\boldsymbol{\theta}^{(n+1)}}(\boldsymbol{X})}{p_{\boldsymbol{\theta}^{(m)}}(\boldsymbol{X})}\\&=-D(p_{\boldsymbol{\theta}^{(m)}}(\boldsymbol{Z}|\boldsymbol{X})\parallel p_{\boldsymbol{\theta}^{(m+1)}}(\boldsymbol{Z}|\boldsymbol{X}))\\&\quad+L(\boldsymbol{\theta}^{(m+1)})-L(\boldsymbol{\theta}^{(m)})\end{aligned} \quad (\text{A}.178)$$

其中 $D(p\parallel q)$是两个概率分布函数之间的库尔贝克-莱布勒（Kullback-Leibler，KL）距离。KL 距离是非负的（Kullback[1968]），当且仅当 $p=q$ 以概率 1 相等。我们可以得到结论

$$B(\boldsymbol{\theta}^{(m+1)},\boldsymbol{\theta}^{(m)})-B(\boldsymbol{\theta}^{(m)},\boldsymbol{\theta}^{(m)})\leqslant L(\boldsymbol{\theta}^{(m+1)})-L(\boldsymbol{\theta}^{(m)}) \quad (\text{A}.179)$$

并且设

$$\boldsymbol{\theta}^{(m+1)}=\arg\max_{\boldsymbol{\theta}\in\boldsymbol{\Theta}}B(\boldsymbol{\theta},\boldsymbol{\theta}^{(m)}) \quad (\text{A}.180)$$

随着对数似然 $L(\boldsymbol{\theta})$的递增，直到达到局部最大值 $L(\boldsymbol{\theta})$为止。⊖ 这一过程的图形化表达，如图 A.4 所示。它可证明 EM 过程最终收敛到的局部极大值 $L(\boldsymbol{\theta})$。现在，

$$B(\boldsymbol{\theta},\boldsymbol{\theta}^{(m)})=\sum_{\boldsymbol{Z}}p_{\boldsymbol{\theta}^{(m)}}(\boldsymbol{Z}|\boldsymbol{X})\ln p_{\boldsymbol{\theta}}(\boldsymbol{Z},\boldsymbol{X})-\sum_{\boldsymbol{Z}}p_{\boldsymbol{\theta}^{(m)}}(\boldsymbol{Z}|\boldsymbol{X})\ln p_{\boldsymbol{\theta}^{(m)}}(\boldsymbol{Z}|\boldsymbol{X}) \quad (\text{A}.181)$$

因为上式中的第二项不依赖于 $\boldsymbol{\theta}$，最大化式（A.180）可仅通过最大化第一项来实现：

$$Q(\boldsymbol{\theta},\boldsymbol{\theta}^{(m)})=\sum_{\boldsymbol{Z}}\ln p_{\boldsymbol{\theta}}(\boldsymbol{Z},\boldsymbol{X})p_{\boldsymbol{\theta}^{(m)}}(\boldsymbol{Z}|\boldsymbol{X})=E_{\boldsymbol{\theta}^{(m)}}[\ln p_{\boldsymbol{\theta}}(\boldsymbol{Z},\boldsymbol{X})|\boldsymbol{X}] \quad (\text{A}.182)$$

未知隐藏变量 $\boldsymbol{Z}$ 为“平均化”的期望值。

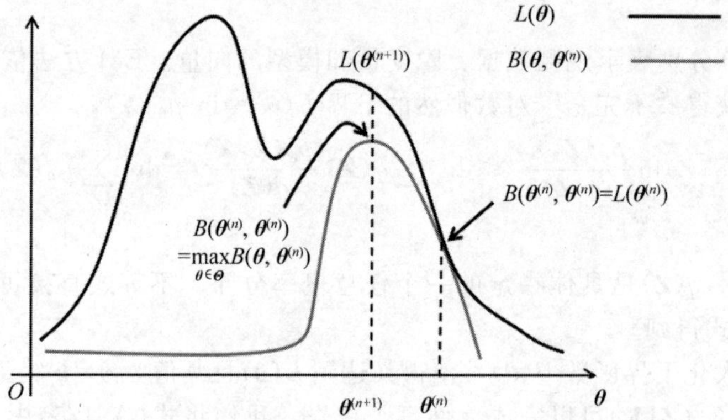

图 A.4　在 $\boldsymbol{\theta}=\boldsymbol{\theta}^{(n)}$ 处对数似然 $L(\boldsymbol{\theta})$达到下限 $B(\boldsymbol{\theta},\boldsymbol{\theta}^{(m)})$。对于参数 $\boldsymbol{\theta}$ 最大化 $B(\boldsymbol{\theta},\boldsymbol{\theta}^{(m)})$，得到 $\boldsymbol{\theta}^{(m+1)}$ 使得 $L(\boldsymbol{\theta})$增大。重复这个过程最终将收敛到 $L(\boldsymbol{\theta})$的局部极大值（图 A.4 改编自 Minka[1998]的图 1）

EM 过程结果包括选择初始猜测值 $\boldsymbol{\theta}=\boldsymbol{\theta}^{(0)}$ 和迭代两个步骤：

⊖　事实上，选择 $\boldsymbol{\theta}^{(m+1)}$，使得恰好满足 $B(\boldsymbol{\theta}^{(m+1)},\boldsymbol{\theta}^{(m)})-B(\boldsymbol{\theta}^{(m)},\boldsymbol{\theta}^{(m)})>0$——这称为“广义期望最大化”。

- E 步。计算 $Q(\boldsymbol{\theta}, \boldsymbol{\theta}^{(m)})$。
- M 步。寻找 $\boldsymbol{\theta}^{(m+1)} = \arg\max_{\boldsymbol{\theta}} Q(\boldsymbol{\theta}, \boldsymbol{\theta}^{(m)})$。

对于 $n=0,1,\cdots$ 直到对数似然 $|\ln L(\boldsymbol{\theta}^{(m+1)}) - \ln L(\boldsymbol{\theta}^{(m)})|$ 改善到低于预先指定的正值。

A.8 本书中用到的数据集

在本节中，我们将介绍本书中使用的合成和真实数据集。真实的数据集可以从本书提供的网站上进行下载。

A.8.1 合成数据

我们采用一个通用的多元高斯模型来生成合成数据，它由以下形式的分块协方差矩阵组成

$$\boldsymbol{\Sigma}_{d\times d} = \begin{bmatrix} \boldsymbol{\Sigma}_{l_1\times l_1} & 0 & \cdots & 0 \\ 0 & \boldsymbol{\Sigma}_{l_2\times l_2} & \cdots & 0 \\ \vdots & \vdots & & \vdots \\ 0 & 0 & \cdots & \boldsymbol{\Sigma}_{l_k\times l_k} \end{bmatrix} \tag{A.183}$$

其中 $l_1+\cdots+l_k=d$。从而，特征被聚集成 k 个独立的群组。如果 $k=d$，则所有特征都是独立的。个体协方差矩阵 $\boldsymbol{\Sigma}_{l_i\times l_i}$ 可以是任意的，但在这里我们将考虑一个简单的参数形式

$$\boldsymbol{\Sigma}_{l_i\times l_i}(\sigma_i^2, \rho_i) = \sigma_i^2 \begin{bmatrix} 1 & \rho_i & \cdots & \rho_i \\ \rho_i & 1 & \cdots & \rho_i \\ \vdots & \vdots & & \vdots \\ \rho_i & \rho_i & \cdots & 1 \end{bmatrix} \tag{A.184}$$

其中对于 $i=1,\cdots,k$，$-1<\rho_i<1$。因此，每个块内的特征都拥有相同的方差 σ_i^2 和相同的相关系数ρ_i。

假设类均值向量 $\boldsymbol{\mu}_0$ 和 $\boldsymbol{\mu}_1$ 及其先验概率 $c_0=P(Y=0)$ 和 $c_1=P(Y=1)$ 是任意给定的。异方差高斯模型由各自指定类的条件协方差矩阵得到的 $\boldsymbol{\Sigma}_0$ 和 $\boldsymbol{\Sigma}_1$ 生成。“噪声特征”可以通过类别间匹配的均值分量和协方差矩阵中对应的单项块来获取。每个噪声特征是一个独立的特征，它在不同的类中具有相同的均值和方差。

Python 脚本 app_synth_data.py 可以基于上述模型生成示例数据。

A.8.2 登革热预后数据集

该数据集来源于在巴西东北部进行的登革热诊断研究中的基因表达微阵列数据。该研究的主要目的是从早期发热患者的周边血液单核细胞(PBMC)的基因表达谱来预测登革热(无论是良性经典型还是危险性出血热)的最终临床结果。Nascimento et al.[2009]中报道了这项研究。也可参见例 1.1。该数据包括 26 个训练样本、1981 个基因和 3 个类别标签，对应 8 个经典登革热(DF)患者、10 个登革热出血热(DHF)患者和 8 个发热性非登革热(ND)患者，它们是由经验丰富的临床医生对其进行的分类。它是一项回顾性研究，即对患者进行了跟踪并且由临床医生对其结果进行验证，但在获得数据时(即症状开始一周内)，它们的状态无法在临床上得以确认。

A.8.3 乳腺癌预后数据集

该数据集在 van de Vijver et al.[2002] 中公布，来自在荷兰进行的乳腺癌预后研究中的基因表达微阵列数据。数据集由 295 个 70 维的训练样本和两个类别标签组成。在回顾性研究中，其特征向量是从 295 个 beast 肿瘤样本中采集的细胞获得的标准化基因表达谱，它是通过对乳腺癌患者多年跟踪并且记录下来的结果。利用这些临床信息，数据创建者将肿瘤样本分为两类："预后良好"组(标签 1)在首次治疗后至少 5 年内不发病，而"预后不良"组在最初 5 年内出现远处转移。在 295 例患者中，有 216 例患者属于"预后良好"类别，其余 79 例患者属于"预后不良"类别。

A.8.4 堆垛层错能数据集

该数据集包含不同化学成分的奥氏体不锈钢样品中的堆垛层错能(SFE)的实验记录值，参见 Yonezawa et al.[2013]。SFE 是一种与奥氏体钢的电阻有关的微观性能。高 SFE 钢不太可能在应变下断裂并且这种性能在某些应用中可能是被期望的。数据集包含 17 个特征、473 个钢试样的原子元素含量和每个钢试样的连续测量 SFE 值。

A.8.5 软磁合金数据集

该数据集是关于铁基纳米晶软磁合金的数据集，它是正在进行的研究工作(见 Wang et al.[2020])的一部分。这个数据集记录了大量磁性合金的原子组成和加工参数以及几种不同的电磁特性。我们特别感兴趣的是对磁矫顽力的性质进行预测。矫顽力值越大，磁化材料的磁滞曲线越宽，可以承受较大的外磁场而不丧失自身的磁化能力。相比之下，矫顽力值越小意味着材料会越快失去磁化能力。例如，大矫顽力材料是制造永磁体的理想材料。

A.8.6 超高碳钢数据集

该数据集是由卡内基梅隆大学提供的超高碳钢(CMU-UHCS)数据集(见 Hecht et al.[2017]和 DeCost et al.[2017])。该数据集由 961 个可经受各种热处理的 645 × 484 高分辨率的钢样本图片组成。图片是通过扫描电镜(SEM)在不同放大倍数下获得的显微照片。它共有 7 种不同的类别标签，对应不同热处理导致的不同钢相(括号内为图片数)：球状渗碳体(374)、网状碳化物(212)、珠光体(124)、珠光体＋球状渗碳体(107)、球状渗碳体＋魏氏体(81)、马氏体(36)、珠光体＋魏氏体(27)。其主要目的是对一个新钢样本显微图片的标签进行预测。

Afsari, B., Braga-Neto, U., and Geman, D. (2014). Rank discriminants for predicting phenotypes from RNA expression. *Annals of Applied Statistics*, 8(3):1469–1491.

Aitchison, J. and Dunsmore, I. (1975). *Statistical Predication Analysis.* Cambridge University Press, Cambridge, UK.

Alberts, B., Bray, D., Lewis, J., Raff, M., Roberts, K., and Watson, J. (2002). *Molecular Biology of the Cell.* Garland, 4th edition.

Alvarez, S., Diaz-Uriarte, R., Osorio, A., Barroso, A., Melchor, L., Paz, M., Honrado, E., Rodriguez, R., Urioste, M., Valle, L., Diez, O., Cigudosa, J., Dopazo, J., Esteller, M., and Benitez, J. (2005). A predictor based on the somatic genomic changes of the brca1/brca2 breast cancer tumors identifies the non-brca1/brca2 tumors with brca1 promoter hypermethylation. *Clin Cancer Res*, 11(3):1146–1153.

Ambroise, C. and McLachlan, G. (2002). Selection bias in gene extraction on the basis of microarray gene expression data. *Proc. Natl. Acad. Sci.*, 99(10):6562–6566.

Anderson, T. (1951). Classification by multivariate analysis. *Psychometrika*, 16:31–50.

Anderson, T. (1973). An asymptotic expansion of the distribution of the studentized classification statistic W. *The Annals of Statistics*, 1:964–972.

Anderson, W. (1984). *An Introduction to Multivariate Statistical Analysis.* Wiley, New York, 2nd edition.

Bartlett, P., Boucheron, S., and Lugosi, G. (2002). Model selection and error estimation. *Machine Learning*, 48:85–113.

Bertsekas, D. (1995). *Nonlinear Programming.* Athena Scientific.

Billingsley, P. (1995). *Probability and Measure.* John Wiley, New York City, New York, third edition.

Bishop, C. (2006). *Pattern Recognition and Machine Learning.* Springer, New York.

Boser, B., Guyon, M., and Vapnik, V. (1992). A training algorithm for optimal margin classifiers. In *Proceedings of the Workshop on Computational Learning Theory.*

Bowker, A. (1961). A representation of Hotelling's t^2 and Anderson's classification statistic w in terms of simple statistics. In Solomon, H., editor, *Studies in Item Analysis and Prediction*, pages 285–292. Stanford University Press.

Bowker, A. and Sitgreaves, R. (1961). An asymptotic expansion for the distribution function of the w-classification statistic. In Solomon, H., editor, *Studies in Item Analysis and Prediction*, pages 292–310. Stanford University Press.

Boyd, S. and Vandenberghe, L. (2004). *Convex optimization.* Cambridge university press.

Braga-Neto, U. (2007). Fads and fallacies in the name of small-sample microarray classification. *IEEE Signal Processing Magazine*, 24(1):91–99.

Braga-Neto, U., Arslan, E., Banerjee, U., and Bahadorinejad, A. (2018). Bayesian classification of genomic big data. In Sedjic, E. and Falk, T., editors, *Signal Processing and Machine Learning for Biomedical Big Data*. Chapman and Hall/CRC Press.

Braga-Neto, U. and Dougherty, E. (2004). Bolstered error estimation. *Pattern Recognition*, 37(6):1267–1281.

Braga-Neto, U. and Dougherty, E. (2015). *Error Estimation for Pattern Recognition*. Wiley, New York.

Breiman, L. (1996). Bagging predictors. *Machine Learning*, 24(2):123–140.

Breiman, L. (2001). Random forests. *Machine Learning*, 45(1):5–32.

Breiman, L., Friedman, J., Olshen, R., and Stone, C. (1984). *Classification and Regression Trees*. Wadsworth.

Bryson, A. and Ho, Y.-C. (1969). *Applied Optimal Control: Optimization, Estimation, and Control*. Blaisdell Publishing Company.

Buduma, N. and Locascio, N. (2017). *Fundamentals of deep learning: Designing next-generation machine intelligence algorithms*. O'Reilly Media, Inc.

Burges, C. J. (1998). A tutorial on support vector machines for pattern recognition. *Data mining and knowledge discovery*, 2(2):121–167.

Casella, G. and Berger, R. (2002). *Statistical Inference*. Duxbury, Pacific Grove, CA, 2nd edition.

Castro, R. (2020). Statistical Learning Theory Lecture Notes. Accessed: Jun 12, 2020. https://www.win.tue.nl/~rmcastro/2DI70/files/2DI70_Lecture_Notes.pdf.

Chapelle, O., Scholkopf, B., and Zien, A., editors (2010). *Semi-Supervised Learning*. MIT Press.

Cherkassky, V. and Ma, Y. (2003). Comparison of model selection for regression. *Neural computation*, 15(7):1691–1714.

Cherkassky, V., Shao, X., Mulier, F. M., and Vapnik, V. N. (1999). Model complexity control for regression using VC generalization bounds. *IEEE transactions on Neural Networks*, 10(5):1075–1089.

Chernick, M. (1999). *Bootstrap Methods: A Practitioner's Guide*. John Wiley & Sons, New York.

Chung, K. L. (1974). *A Course in Probability Theory, Second Edition*. Academic Press, New York City, New York.

Cover, T. (1969). Learning in pattern recognition. In Watanabe, S., editor, *Methodologies of Pattern Recognition*, pages 111–132. Academic Press, New York, NY.

Cover, T. and Hart, P. (1967). Nearest-neighbor pattern classification. *IEEE Trans. on Information Theory*, 13:21–27.

Cover, T. and van Campenhout, J. (1977). On the possible orderings in the measurement selection problem. *IEEE Trans. on Systems, Man, and Cybernetics*, 7:657–661.

Cover, T. M. (1974). The best two independent measurements are not the two best. *IEEE Transactions on Systems, Man, and Cybernetics*, SMC-4(1):116–117.

Cramér, H. (1999). *Mathematical methods of statistics*, volume 43. Princeton university press.

Cressie, N. (1991). *Statistics for Spatial Data*. John Wiley, New York City, New York.

Cybenko, G. (1989). Approximation by superpositions of a sigmoidal function. *Mathematics of control, signals and systems*, 2(4):303–314.

Dalton, L. and Dougherty, E. (2011a). Application of the Bayesian MMSE error estimator for classification error to gene-expression microarray data. *IEEE Transactions on Signal Processing*, 27(13):1822–1831.

Dalton, L. and Dougherty, E. (2011b). Bayesian minimum mean-square error estimation for classification error part I: Definition and the Bayesian MMSE error estimator for discrete classification. *IEEE Transactions on Signal Processing*, 59(1):115–129.

Dalton, L. and Dougherty, E. (2011c). Bayesian minimum mean-square error estimation for classification error part II: Linear classification of Gaussian models. *IEEE Transactions on Signal Processing*, 59(1):130–144.

Dalton, L. and Dougherty, E. (2012a). Exact MSE performance of the Bayesian MMSE estimator for classification error part i: Representation. *IEEE Transactions on Signal Processing*, 60(5):2575–2587.

Dalton, L. and Dougherty, E. (2012b). Exact MSE performance of the Bayesian MMSE estimator for classification error part ii: Performance analysis and applications. *IEEE Transactions on Signal Processing*, 60(5):2588–2603.

Dalton, L. and Dougherty, E. (2013). Optimal classifiers with minimum expected error within a Bayesian framework - part I: Discrete and Gaussian models. *Pattern Recognition*, 46(5):1301–1314.

Davis, J. and Goadrich, M. (2006). The relationship between precision-recall and ROC curves. In *Proceedings of the 23rd international conference on Machine learning*, pages 233–240.

De Leeuw, J. and Mair, P. (2009). Multidimensional scaling using majorization: Smacof in r. *Journal of Statistical Software*, 31(3).

DeCost, B. L., Francis, T., and Holm, E. A. (2017). Exploring the microstructure manifold: image texture representations applied to ultrahigh carbon steel microstructures. *Acta Materialia*, 133:30–40.

Dempster, A. D., Laird, N. M., and Rubin, D. B. (1977). Maximum likelihood from incomplete data via the EM algorithm (with Discussion). *Journal of the Royal Statistical Society, Series B*, 39:1–38.

Deng, J., Dong, W., Socher, R., Li, L.-J., Li, K., and Fei-Fei, L. (2009). Imagenet: A large-scale hierarchical image database. In *2009 IEEE conference on computer vision and pattern recognition*, pages 248–255. Ieee.

Devroye, L., Gyorfi, L., and Lugosi, G. (1996). *A Probabilistic Theory of Pattern Recognition*. Springer, New York.

Devroye, L. and Wagner, T. (1976). Nonparametric discrimination and density estimation. Technical Report 183, Electronics Research Center, University of Texas, Austin, TX.

Dougherty, E. R. and Brun, M. (2004). A probabilistic theory of clustering. *Pattern Recognition*, 37(5):917–925.

Duda, R., Hart, P., and Stork, G. (2001). *Pattern Classification*. John Wiley & Sons, New York, 2nd edition.

Dudley, R. M. (1978). Central limit theorems for empirical measures. *The Annals of Probability*, pages 899–929.

Dudoit, S. and Fridlyand, J. (2002). A prediction-based resampling method for estimating the number of clusters in a dataset. *Genome biology*, 3(7):research0036–1.

Dudoit, S., Fridlyand, J., and Speed, T. (2002). Comparison of discrimination methods for the classification of tumors using gene expression data. *Journal of the American Statistical Association*, 97(457):77–87.

Efron, B. (1979). Bootstrap methods: Another look at the jacknife. *Annals of Statistics*, 7:1–26.

Efron, B. (1983). Estimating the error rate of a prediction rule: Improvement on cross-validation. *Journal of the American Statistical Association*, 78(382):316–331.

Efron, B. and Tibshirani, R. (1997). Improvements on cross-validation: The .632+ bootstrap method. *Journal of the American Statistical Association*, 92(438):548–560.

Elashoff, J. D., Elashoff, R., and COLDMAN, G. (1967). On the choice of variables in classification problems with dichotomous variables. *Biometrika*, 54(3-4):668–670.

Esfahani, S. and Dougherty, E. (2014). Effect of separate sampling on classification accuracy. *Bioinformatics*, 30(2):242–250.

Evans, M., Hastings, N., and Peacock, B. (2000). *Statistical Distributions*. Wiley, New York, 3rd edition.

Fei-Fei, L., Deng, J., Russakovski, O., Berg, A., and Li, K. (2010). ImageNet Summary and Statistics. http://www.image-net.org/about-stats. Accessed: Jan 2, 2020.

Fisher, R. (1935). The fiducial argument in statistical inference. *Ann. Eugen.*, 6:391–398.

Fisher, R. (1936). The use of multiple measurements in taxonomic problems. *Ann. Eugen.*, 7(2):179–188.

Fix, E. and Hodges, J. (1951). Nonparametric discrimination: Consistency properties. Technical Report 4, USAF School of Aviation Medicine, Randolph Field, TX. Project Number 21-49-004.

Foley, D. (1972). Considerations of sample and feature size. *IEEE Transactions on Information Theory*, IT-18(5):618–626.

Freund, Y. (1990). Boosting a weak learning algorithm by majority. In *Proc. Third Annual Workshop on Computational Learning Theory*, pages 202–216.

Fukushima, K. (1980). Neocognitron: A self-organizing neural network model for a mechanism of pattern recognition unaffected by shift in position. *Biological cybernetics*, 36(4):193–202.

Funahashi, K.-I. (1989). On the approximate realization of continuous mappings by neural networks. *Neural networks*, 2(3):183–192.

Galton, F. (1886). Regression towards mediocrity in hereditary stature. *The Journal of the Anthropological Institute of Great Britain and Ireland*, 15:246–263.

Geisser, S. (1964). Posterior odds for multivariate normal classification. *Journal of the Royal Statistical Society: Series B*, 26(1):69–76.

Geman, D., d'Avignon, C., Naiman, D., Winslow, R., and Zeboulon, A. (2004). Gene expression comparisons for class prediction in cancer studies. In *Proceedings of the 36th Symposium on the Interface: Computing Science and Statistics*, Baltimore, MD.

Girosi, F. and Poggio, T. (1989). Representation properties of networks: Kolmogorov's theorem is irrelevant. *Neural Computation*, 1(4):465–469.

Glick, N. (1973). Sample-based multinomial classification. *Biometrics*, 29(2):241–256.

Glick, N. (1978). Additive estimators for probabilities of correct classification. *Pattern Recognition*, 10:211–222.

Groenen, P. J., van de Velden, M., et al. (2016). Multidimensional scaling by majorization: A review. *Journal of Statistical Software*, 73(8):1–26.

Hamamoto, Y., Uchimura, S., Matsunra, Y., Kanaoka, T., and Tomita, S. (1990). Evaluation of the branch and bound algorithm for feature selection. *Pattern Recognition Letters*, 11:453–456.

Hanczar, B., Hua, J., and Dougherty, E. (2007). Decorrelation of the true and estimated classifier errors in high-dimensional settings. *EURASIP Journal on Bioinformatics and Systems Biology*, 2007. Article ID 38473, 12 pages.

Hand, D. (1986). Recent advances in error rate estimation. *Pattern Recognition Letters*, 4:335–346.

Harter, H. (1951). On the distribution of wald's classification statistics. *Ann. Math. Statist.*, 22:58–67.

Hassan, M. (2018). VGG16 convolutional network for classification and detection. https://neurohive.io/en/popular-networks/vgg16/. Accessed: Jan 1, 2020.

Hastie, T., Tibshirani, R., and Friedman, J. (2001). *The Elements of Statistical Learning*. Springer.

Hecht, M. D., Picard, Y. N., and Webler, B. A. (2017). Coarsening of inter-and intra-granular proeutectoid cementite in an initially pearlitic 2C−4Cr ultrahigh carbon steel. *Metallurgical and Materials Transactions A*, 48(5):2320–2335.

Hills, M. (1966). Allocation rules and their error rates. *Journal of the Royal Statistical Society. Series B (Methodological)*, 28(1):1–31.

Hirst, D. (1996). Error-rate estimation in multiple-group linear discriminant analysis. *Technometrics*, 38(4):389–399.

Hoeffding, W. (1963). Probability inequalities for sums of bounded random variables. *Journal of the American Statistical Association*, 58:13–30.

Horn, R. and Johnson, C. (1990). *Matrix Analysis*. Cambridge University Press, New York, NY.

Hornik, K., Stinchcombe, M., and White, H. (1989). Multilayer feedforward networks are universal approximators. *Neural networks*, 2(5):359–366.

Hua, J., Tembe, W., and Dougherty, E. (2009). Performance of feature-selection methods in the classification of high-dimension data. *Pattern Recognition*, 42:409–424.

Hughes, G. (1968). On the mean accuracy of statistical pattern recognizers. *IEEE Transactions on Information Theory*, IT-14(1):55–63.

Izmirlian, G. (2004). Application of the random forest classification algorithm to a SELDI-TOF proteomics study in the setting of a cancer prevention trial. *Ann. NY. Acad. Sci.*, 1020:154–174.

Jain, A. and Zongker, D. (1997). Feature selection: Evaluation, application, and small sample performance. *IEEE Trans. on Pattern Analysis and Machine Intelligence*, 19(2):153–158.

Jain, A. K., Dubes, R. C., et al. (1988). *Algorithms for clustering data*, volume 6. Prentice hall Englewood Cliffs, NJ.

James, G., Witten, D., Hastie, T., and Tibshirani, R. (2013). *An introduction to statistical learning*, volume 112. Springer.

Jazwinski, A. H. (2007). *Stochastic processes and filtering theory*. Courier Corporation.

Jeffreys, H. (1961). *Theory of Probability*. Oxford University Press, Oxford, UK, 3rd edition.

Jiang, X. and Braga-Neto, U. (2014). A naive-Bayes approach to bolstered error estimation in high-dimensional spaces. Proceedings of the IEEE International Workshop on Genomic Signal Processing and Statistics (GENSIPS'2014), Atlanta, GA.

John, G. H., Kohavi, R., and Pfleger, K. (1994). Irrelevant features and the subset selection problem. In *Machine Learning Proceedings 1994*, pages 121–129. Elsevier.

John, S. (1961). Errors in discrimination. *Ann. Math. Statist.*, 32:1125–1144.

Kaariainen, M. (2005). Generalization error bounds using unlabeled data. In *Proceedings of COLT'05*.

Kaariainen, M. and Langford, J. (2005). A comparison of tight generalization bounds. In *Proceedings of the 22nd International Conference on Machine Learning*. Bonn, Germany.

Kabe, D. (1963). Some results on the distribution of two random matrices used in classification procedures. *Ann. Math. Statist.*, 34:181–185.

Kaufman, L. and Rousseeuw, P. J. (1990). *Finding groups in data: an introduction to cluster analysis*, volume 344. John Wiley & Sons.

Kim, S., Dougherty, E., Barrera, J., Chen, Y., Bittner, M., and Trent, J. (2002). Strong feature sets from small samples. *Computational Biology*, 9:127–146.

Knights, D., Costello, E. K., and Knight, R. (2011). Supervised classification of human microbiota. *FEMS microbiology reviews*, 35(2):343–359.

Kohane, I., Kho, A., and Butte, A. (2003). *Microarrays for an Integrative Genomics*. MIT Press, Cambridge, MA.

Kohavi, R. (1995). A study of cross-validation and bootstrap for accuracy estimation and model selection. In *Proc. of Fourteenth International Joint Conference on Artificial Intelligence (IJCAI)*, pages 1137–1143, Montreal, CA.

Kohavi, R. and John, G. (1997). Wrappers for feature subset selection. *Artificial Intelligence*, 97(1–2):273–324.

Kolmogorov, A. (1933). *Grundbegriffe der Wahrscheinlichkeitsrechnung*. Springer.

Krizhevsky, A., Sutskever, I., and Hinton, G. E. (2012). Imagenet classification with deep convolutional neural networks. In *Advances in neural information processing systems*, pages 1097–1105.

Kudo, M. and Sklansky, J. (2000). Comparison of algorithms that select features for pattern classifiers. *Pattern Recognition*, 33:25–41.

Kullback, S. (1968). *Information Theory and Statistics*. Dover, New York.

Lachenbruch, P. (1965). *Estimation of error rates in discriminant analysis*. PhD thesis, University of California at Los Angeles, Los Angeles, CA.

Lachenbruch, P. and Mickey, M. (1968). Estimation of error rates in discriminant analysis. *Technometrics*, 10:1–11.

LeCun, Y., Bottou, L., Bengio, Y., Haffner, P., et al. (1998). Gradient-based learning applied to document recognition. *Proceedings of the IEEE*, 86(11):2278–2324.

Linnaeus, C. (1758). *Systema naturae.* Impensis Laurentii Salvii, 10th edition.

Lloyd, S. (1982). Least squares quantization in PCM. *IEEE transactions on information theory*, 28(2):129–137.

Lockhart, D., Dong, H., Byrne, M., Follettie, M., Gallo, M., Chee, M., Mittmann, M., Wang, C., Kobayashi, M., Horton, H., and Brown, E. (1996). Expression monitoring by hybridization to high-density oligonucleotide arrays. *Nature Biotechnology*, 14(13):1675–1680.

Loève, M. (1977). *Probability Theory I.* Springer.

Lorentz, G. G.(1976). The 13th problem of Hilbert. In *Proceedings of Symposia in Pure Mathematics*, volume 28, pages 419–430. American Mathematical Society.

Lu, Z., Pu, H., Wang, F., Hu, Z., and Wang, L. (2017). The expressive power of neural networks: A view from the width. In *Advances in neural information processing systems*, pages 6231–6239.

Lugosi, G. and Pawlak, M. (1994). On the posterior-probability estimate of the error rate of non-parametric classification rules. *IEEE Transactions on Information Theory*, 40(2):475–481.

Mallows, C. L. (1973). Some comments on C_P. *Technometrics*, 15(4):661–675.

Marguerat, S. and Bahler, J. (2010). RNA-seq: from technology to biology. *Cellular and molecular life science*, 67(4):569–579.

Martins, D., Braga-Neto, U., Hashimoto, R., Bittner, M., and Dougherty, E. (2008). Intrinsically multivariate predictive genes. *IEEE Journal of Selected Topics in Signal Processing*, 2(3):424–439.

McCulloch, W. and Pitts, W. (1943). A logical calculus of the ideas immanent in nervous activity. *Bulletin of Mathematical Biophysics*, 5:115–133.

McFarland, H. and Richards, D. (2001). Exact misclassification probabilities for plug-in normal quadratic discriminant functions. i. the equal-means case. *Journal of Multivariate Analysis*, 77:21–53.

McFarland, H. and Richards, D. (2002). Exact misclassification probabilities for plug-in normal quadratic discriminant functions. ii. the heterogeneous case. *Journal of Multivariate Analysis*, 82:299–330.

McLachlan, G. (1976). The bias of the apparent error in discriminant analysis. *Biometrika*, 63(2):239–244.

McLachlan, G. (1987). Error rate estimation in discriminant analysis: recent advances. In Gupta, A., editor, *Advances in Multivariate Analysis.* D. Reidel, Dordrecht.

McLachlan, G. (1992). *Discriminant Analysis and Statistical Pattern Recognition.* Wiley, New York.

McLachlan, G. and Krishnan, T. (1997). *The EM Algorithm and Extensions.* Wiley-Interscience, New York.

Minka, T. (1998). Expectation maximization as lower bound maximization. Technical report, Microsoft Research. Tutorial published on the web at http://www-white.media.mit.edu/tpminka/papers/em.html.

Moran, M. (1975). On the expectation of errors of allocation associated with a linear discriminant function. *Biometrika*, 62(1):141–148.

Murphy, K. (2012a). *Machine Learning: A Probabilistic Perspective.* MIT Press.

Murphy, K. P. (2012b). *Machine learning: a probabilistic perspective.* MIT press.

Narendra, P. and Fukunaga, K. (1977). A branch and bound algorithm for feature subset selection. *IEEE Trans. on Computers*, 26(9):917–922.

Nascimento, E., Abath, F., Calzavara, C., Gomes, A., Acioli, B., Brito, C., Cordeiro, M., Silva, A., Andrade, C. M. R., Gil, L., and Junior, U. B.-N. E. M. (2009). Gene expression profiling during early acute febrile stage of dengue infection can predict the disease outcome. *PLoS ONE*, 4(11):e7892. doi:10.1371/journal.pone.0007892.

Nilsson, R., Peña, J. M., Björkegren, J., and Tegnér, J. (2007). Consistent feature selection for pattern recognition in polynomial time. *Journal of Machine Learning Research*, 8(Mar):589–612.

Nocedal, J. and Wright, S. (2006). *Numerical optimization.* Springer Science & Business Media.

Nualart, D. (2004). Kolmogorov and probability theory. *Arbor*, 178(704):607–619.

Okamoto, M. (1963). An asymptotic expansion for the distribution of the linear discriminant function. *Ann. Math. Statist.*, 34:1286–1301. Correction: Ann. Math. Statist., 39:1358–1359, 1968.

Pollard, D. (1984). *Convergence of Stochastic Processes.* Springer, New York.

Poor, V. and Looze, D. (1981). Minimax state estimation for linear stochastic systems with noise uncertainty. *IEEE Transactions on Automatic Control*, AC-26(4):902–906.

Rajan, K., editor (2013). *Informatics for Materials Science and Engineering.* Butterworth-Heinemann, Waltham, MA.

Rasmussen, C. E. and Williams, C. K. (2006). *Gaussian processes for machine learning.* MIT Press, Cambridge, MA.

Raudys, S. (1972). On the amount of a priori information in designing the classification algorithm. *Technical Cybernetics*, 4:168–174. in Russian.

Raudys, S. (1978). Comparison of the estimates of the probability of misclassification. In *Proc. 4th Int. Conf. Pattern Recognition*, pages 280–282, Kyoto, Japan.

Raudys, S. and Jain, A. (1991). Small sample size effects in statistical pattern recognition: Recommendations for practitioners. *IEEE Transactions on Pattern Analysis and Machine Intelligence*, 13(3):4–37.

Raudys, S. and Young, D. (2004). Results in statistical discriminant analysis: a review of the former soviet union literature. *Journal of Multivariate Analysis*, 89:1–35.

Rissanen, J. (1989). *Stochastic complexity in statistical inquiry.* World Scientific.

Robert, C. (2007). *The Bayesian Choice: From Decision-Theoretic Foundations to Computational Implementation.* Springer, 2nd edition.

Rogers, W. and Wagner, T. (1978). A finite sample distribution-free performance bound for local discrimination rules. *Annals of Statistics*, 6:506–514.

Rosenblatt, F. (1957). The perceptron – a perceiving and recognizing automaton. Technical Report 85-460-1, Cornell Aeronautical Laboratory, Buffalo, NY.

Rosenthal, J. (2006). *A First Look At Rigorous Probability Theory.* World Scientific Publishing, Singapore, 2nd edition.

Ross, S. (1994). *A first course in probability.* Macmillan, New York, 4th edition.

Ross, S. (1995). *Stochastic Processes.* Wiley, New York, 2nd edition.

Rumelhart, D. E., Hinton, G. E., and Williams, R. J. (1985). Learning internal representations by error propagation. Technical report, California Univ San Diego La Jolla Inst for Cognitive Science.

Sayre, J. (1980). The distributions of the actual error rates in linear discriminant analysis. *Journal of the American Statistical Association*, 75(369):201–205.

Schafer, J. and Strimmer, K. (2005). A shrinkage approach to large-scale covariance matrix estimation and implications for functional genomics. *Statistical Applications in Genetics and Molecular Biology*, 4(1):32.

Schena, M., Shalon, D., Davis, R., and Brown, P. (1995). Quantitative monitoring of gene expression patterns via a complementary DNA microarray. *Science*, 270:467–470.

Schiavo, R. and Hand, D. (2000). Ten more years of error rate research. *International Statistical Review*, 68(3):295–310.

Schroeder, M. (2009). *Fractals, chaos, power laws: Minutes from an infinite paradise.* Dover.

Sima, C., Attoor, S., Braga-Neto, U., Lowey, J., Suh, E., and Dougherty, E. (2005a). Impact of error estimation on feature-selection algorithms. *Pattern Recognition*, 38(12):2472–2482.

Sima, C., Braga-Neto, U., and Dougherty, E. (2005b). Bolstered error estimation provides superior feature-set ranking for small samples. *Bioinformatics*, 21(7):1046–1054.

Sima, C. and Dougherty, E. (2006). Optimal convex error estimators for classification. *Pattern Recognition*, 39(6):1763–1780.

Sima, C., Vu, T., Braga-Neto, U., and Dougherty, E. (2014). High-dimensional bolstered error estimation. *Bioinformatics*, 27(21):3056–3064.

Simonyan, K. and Zisserman, A. (2014). Very deep convolutional networks for large-scale image recognition. *arXiv preprint arXiv:1409.1556.*

Sitgreaves, R. (1951). On the distribution of two random matrices used in classification procedures. *Ann. Math. Statist.*, 23:263–270.

Sitgreaves, R. (1961). Some results on the distribution of the W-classification. In Solomon, H., editor, *Studies in Item Analysis and Prediction*, pages 241–251. Stanford University Press.

Smith, C. (1947). Some examples of discrimination. *Annals of Eugenics*, 18:272–282.

Snapinn, S. and Knoke, J. (1985). An evaluation of smoothed classification error-rate estimators. *Technometrics*, 27(2):199–206.

Snapinn, S. and Knoke, J. (1989). Estimation of error rates in discriminant analysis with selection of variables. *Biometrics*, 45:289–299.

Stark, H. and Woods, J. W. (1986). *Probability, random processes, and estimation theory for engineers.* Prentice-Hall, Inc.

Stein, M. L. (2012). *Interpolation of spatial data: some theory for Kriging.* Springer Science & Business Media.

Stigler, S. M. (1981). Gauss and the invention of least squares. *The Annals of Statistics*, 9:465–474.

Stone, C. (1977). Consistent nonparametric regression. *Annals of Statistics*, 5:595–645.

Stone, M. (1974). Cross-validatory choice and assessment of statistical predictions. *Journal of the Royal Statistical Society. Series B (Methodological)*, 36:111–147.

Sutton, R. S. and Barto, A. G. (1998). *Introduction to reinforcement learning.* MIT press Cambridge.

Tamayo, P., Slonim, D., Mesirov, J., Zhu, Q., Kitareewan, S., Dmitrovsky, E., Lander, E. S., and Golub, T. R. (1999). Interpreting patterns of gene expression with self-organizing maps: methods and application to hematopoietic differentiation. *Proceedings of the National Academy of Sciences*, 96(6):2907–2912.

Tan, A. C., Naiman, D. Q., Xu, L., Winslow, R. L., and Geman, D. (2005). Simple decision rules for classifying human cancers from gene expression profiles. *Bioinformatics*, 21(20):3896–3904.

Tanaseichuk, O., Borneman, J., and Jiang, T. (2013). Phylogeny-based classification of microbial communities. *Bioinformatics*, 30(4):449–456.

Teichroew, D. and Sitgreaves, R. (1961). Computation of an empirical sampling distribution for the w-classification statistic. In Solomon, H., editor, *Studies in Item Analysis and Prediction*, pages 285–292. Stanford University Press.

Tibshirani, R. (1996). Regression shrinkage and selection via the lasso. *Journal of the Royal Statistical Society: Series B (Methodological)*, 58(1):267–288.

Tibshirani, R., Hastie, T., Narasimhan, B., and Chu, G. (2002). Diagnosis of multiple cancer types by shrunken centroids of gene expression. *PNAS*, 99:6567–6572.

Toussaint, G. (1971). Note on optimal selection of independent binary-valued features for pattern recognition. *IEEE Transactions on Information Theory*, 17(5):618.

Toussaint, G. (1974). Bibliography on estimation of misclassification. *IEEE Transactions on Information Theory*, IT-20(4):472–479.

Toussaint, G. and Donaldson, R. (1970). Algorithms for recognizing contour-traced hand-printed characters. *IEEE Transactions on Computers*, 19:541–546.

Toussaint, G. and Sharpe, P. (1974). An efficient method for estimating the probability of misclassification applied to a problem in medical diagnosis. *IEEE Transactions on Information Theory*, IT-20(4):472–479.

Tutz, G. (1985). Smoothed additive estimators for non-error rates in multiple discriminant analysis. *Pattern Recognition*, 18(2):151–159.

van de Vijver, M., He, Y., van't Veer, L., Dai, H., Hart, A., Voskuil, D., Schreiber, G., Peterse, J., Roberts, C., Marton, M., Parrish, M., Astma, D., Witteveen, A., Glas, A., Delahaye, L., van der Velde, T., Bartelink, H., Rodenhuis, S., Rutgers, E., Friend, S., and Bernards, R. (2002). A gene-expression signature as a predictor of survival in breast cancer. *The New England Journal of Medicine*, 347(25):1999–2009.

Vapnik, V. (1998). *Statistical Learning Theory.* Wiley, New York.

Vitushkin, A. (1954). On Hilbert's thirteenth problem. *Dokl. Akad. Nauk SSSR*, 95(4):701–704.

Vu, T., Braga-Neto, U., and Dougherty, E. (2008). Preliminary study on bolstered error estimation in high-dimensional spaces. In *Proceedings of GENSIPS'2008 - IEEE International Workshop on Genomic Signal Processing and Statistics*. Phoenix, AZ.

Vu, T., Sima, C., Braga-Neto, U., and Dougherty, E. (2014). Unbiased bootstrap error estimation for linear discrimination analysis. *EURASIP Journal on Bioinformatics and Systems Biology*, 2014:15.

Wald, A. (1944). On a statistical problem arising in the classification of an individual into one of two groups. *Ann. Math. Statist.*, 15:145–162.

Wang, Y., Tian, Y., Kirk, T., Laris, O., Ross Jr, J. H., Noebe, R. D., Keylin, V., and Arróyave, R. (2020). Accelerated design of Fe-based soft magnetic materials using machine learning and stochastic optimization. *Acta Materialia*, 194:144–155.

Ward Jr, J. H. (1963). Hierarchical grouping to optimize an objective function. *Journal of the American statistical association*, 58(301):236–244.

Webb, A. (2002). *Statistical Pattern Recognition*. John Wiley & Sons, New York, 2nd edition.

Werbos, P. (1974). *Beyond Regression: New Tools for Prediction and Analysis in the Behaviorial Sciences*. PhD thesis, Harvard University, Cambridge, MA.

Wolpert, D. (2001). The supervised learning no-free-lunch theorems. In *World Conference on Soft Computing*.

Wyman, F., Young, D., and Turner, D. (1990). A comparison of asymptotic error rate expansions for the sample linear discriminant function. *Pattern Recognition*, 23(7):775–783.

Xiao, Y., Hua, J., and Dougherthy, E. (2007). Quantification of the impact of feature selection on cross-validation error estimation precision. *EURASIP J. Bioinformatics and Systems Biology*.

Xie, S. and Braga-Neto, U. M. (2019). On the bias of precision estimation under separate sampling. *Cancer informatics*, 18:1–9.

Xu, Q., Hua, J., Braga-Neto, U., Xiong, Z., Suh, E., and Dougherty, E. (2006). Confidence intervals for the true classification error conditioned on the estimated error. *Technology in Cancer Research and Treatment*, 5(6):579–590.

Yonezawa, T., Suzuki, K., Ooki, S., and Hashimoto, A. (2013). The effect of chemical composition and heat treatment conditions on stacking fault energy for Fe-Cr-Ni austenitic stainless steel. *Metallurgical and Materials Transactions A*, 44A:5884–5896.

Zhou, X. and Mao, K. (2006). The ties problem resulting from counting-based error estimators and its impact on gene selection algorithms. *Bioinformatics*, 22:2507–2515.

Zollanvari, A., Braga-Neto, U., and Dougherty, E. (2009a). On the sampling distribution of resubstitution and leave-one-out error estimators for linear classifiers. *Pattern Recognition*, 42(11):2705–2723.

Zollanvari, A., Braga-Neto, U., and Dougherty, E. (2010). Joint sampling distribution between actual and estimated classification errors for linear discriminant analysis. *IEEE Transactions on Information Theory*, 56(2):784–804.

Zollanvari, A., Braga-Neto, U., and Dougherty, E. (2011). Analytic study of performance of error estimators for linear discriminant analysis. *IEEE Transactions on Signal Processing*, 59(9):1–18.

Zollanvari, A., Braga-Neto, U., and Dougherty, E. (2012). Exact representation of the second-order moments for resubstitution and leave-one-out error estimation for linear discriminant analysis in the univariate heteroskedastic Gaussian model. *Pattern Recognition*, 45(2):908–917.

Zollanvari, A., Cunningham, M. J., Braga-Neto, U., and Dougherty, E. R. (2009b). Analysis and modeling of time-course gene-expression profiles from nanomaterial-exposed primary human epidermal keratinocytes. *BMC Bioinformatics*, 10(11):S10.

Zollanvari, A. and Dougherty, E. (2014). Moments and root-mean-square error of the Bayesian MMSE estimator of classification error in the Gaussian model. *Pattern Recognition*, 47(6):2178–2192.

Zolman, J. (1993). *Biostatistics: Experimental Design and Statistical Inference.* Oxford University Press, New York, NY.

Zou, H. and Hastie, T. (2005). Regularization and variable selection via the elastic net. *Journal of the royal statistical society: series B (statistical methodology)*, 67(2):301–320.

推荐阅读

人工智能：原理与实践

作者：（美）查鲁·C. 阿加沃尔 译者：杜博 刘友发 ISBN：978-7-111-71067-7

本书特色

本书介绍了经典人工智能（逻辑或演绎推理）和现代人工智能（归纳学习和神经网络），分别阐述了三类方法：

基于演绎推理的方法，从预先定义的假设开始，用其进行推理，以得出合乎逻辑的结论。底层方法包括搜索和基于逻辑的方法。

基于归纳学习的方法，从示例开始，并使用统计方法得出假设。主要内容包括回归建模、支持向量机、神经网络、强化学习、无监督学习和概率图模型。

基于演绎推理与归纳学习的方法，包括知识图谱和神经符号人工智能的使用。

神经网络与深度学习

作者：邱锡鹏 ISBN：978-7-111-64968-7

本书是深度学习领域的入门教材，系统地整理了深度学习的知识体系，并由浅入深地阐述了深度学习的原理、模型以及方法，使得读者能全面地掌握深度学习的相关知识，并提高以深度学习技术来解决实际问题的能力。本书可作为高等院校人工智能、计算机、自动化、电子和通信等相关专业的研究生或本科生教材，也可供相关领域的研究人员和工程技术人员参考。

推荐阅读

机器学习：从基础理论到典型算法（原书第2版）

作者：（美）梅尔亚·莫里　阿夫欣·罗斯塔米扎达尔　阿米特·塔尔沃卡尔

译者：张文生 杨雪冰 吴雅婧　ISBN：978-7-111-70894-0

本书是机器学习领域的里程碑式著作，被哥伦比亚大学和北京大学等国内外顶尖院校用作教材。本书涵盖机器学习的基本概念和关键算法，给出了算法的理论支撑，并且指出了算法在实际应用中的关键点。通过对一些基本问题乃至前沿问题的精确证明，为读者提供了新的理念和理论工具。

机器学习：贝叶斯和优化方法（原书第2版）

作者：（希）西格尔斯·西奥多里蒂斯　译者：王刚 李忠伟 任明明 李鹏

ISBN：978-7-111-69257-7

本书对所有重要的机器学习方法和新近研究趋势进行了深入探索，通过讲解监督学习的两大支柱——回归和分类，站在全景视角将这些繁杂的方法一一打通，形成了明晰的机器学习知识体系。

新版对内容做了全面更新，使各章内容相对独立。全书聚焦于数学理论背后的物理推理，关注贴近应用层的方法和算法，并辅以大量实例和习题，适合该领域的科研人员和工程师阅读，也适合学习模式识别、统计/自适应信号处理、统计/贝叶斯学习、稀疏建模和深度学习等课程的学生参考。